"十三五"国家重点出版物出版规划项目

现代机械工程系列精品教材

普通高等教育"十一五"国家级规划教材

普通高等教育机械类特色专业教材

机械装备金属结构设计

第 3 版

主编　徐格宁

参编　徐克晋　陆凤仪　郑　荣

　　　翟甲昌　张荣康　周奇才

　　　宋甲宗　王　欣　董　青

　　　戚其松

主审　王金诺　郑惠强

机械工业出版社

本书是"十三五"国家重点出版物出版规划项目——现代机械工程系列精品教材、普通高等教育"十一五"国家级规划教材。

全书共分十二章，分别阐述机械装备金属结构设计的目的、要求、特点、方法和应用场合，金属结构计算原理和基本规定。本书以起重机金属结构设计为主线，详细介绍了金属结构的材料特性与选择原则，起重机整机、结构件工作级别的划分方法，载荷计算及载荷组合，焊缝、铆钉、螺栓连接计算方法，轴向受力、横向受弯、受扭等基本构件的计算方法，柱、梁、桁架、桥架、门架、臂架、塔架等典型机械装备结构的构造和设计方法及步骤。

为便于总结和复习，每章末附有本章小结。为方便设计使用，本书提供了有关结构计算的公式和计算图表及数据。附录中给出了金属结构设计所需的型钢表。

本书全面贯彻国家、行业有关现行标准和法定计量单位，符合工程设计的要求。

本书不仅注重金属结构基本计算原理的阐述，而且坚持理论方法与实际工程相结合，针对产品对象提出分析方法，有的放矢地解决实际工程问题。基本设计内容体现了计算原理的理论性，典型装备设计体现了设计步骤的实践性，引进现行国标体现了设计依据的先进性，结构设计的 3S (Strength，Stiffness，Stability) 基本要求体现了设计方法的系统性。

本书主要作为高等院校机械工程专业机械装备（起重机械、运输机械、工程机械、矿山机械、物流机械等）结构设计的教学用书，也可供有关专业结构方向的工程技术人员参考使用。

图书在版编目（CIP）数据

机械装备金属结构设计/徐格宁主编. —3 版. —北京：机械工业出版社，2018.8

"十三五"国家重点出版物出版规划项目　现代机械工程系列精品教材普通高等教育"十一五"国家级规划教材

ISBN 978-7-111-59835-0

Ⅰ.①机…　Ⅱ.①徐…　Ⅲ.①机械设备-金属结构-结构设计-高等学校-教材　Ⅳ.①TB4

中国版本图书馆 CIP 数据核字（2018）第 088489 号

机械工业出版社（北京市百万庄大街 22 号　邮政编码 100037）
策划编辑：刘小慧　责任编辑：刘小慧　张丹丹　刘丽敏
责任校对：王　延　封面设计：张　静　责任印制：孙　炜
保定市中画美凯印刷有限公司印刷
2019 年 1 月第 3 版第 1 次印刷
184mm×260mm · 31.25 印张 · 768 千字
标准书号：ISBN 978-7-111-59835-0
定价：69.80 元

凡购本书，如有缺页、倒页、脱页，由本社发行部调换
电话服务　　　　　　　　　　网络服务
服务咨询热线：010-88379833　机工官网：www.cmpbook.com
读者购书热线：010-88379649　机工官博：weibo.com/cmp1952
　　　　　　　　　　　　　　教育服务网：www.cmpedu.com
封面无防伪标均为盗版　　金书网：www.golden-book.com

前　　言

本书是"十三五"国家重点出版物出版规划项目——现代机械工程系列精品教材、普通高等教育"十一五"国家级规划教材。

本书自 2009 年出版至今，已有 9 年，解决了特色专业教材的缺失和内容陈旧的问题，满足了企业和研究院所本专业工程技术人员对特色专业教材的日益需求，对教学支撑和工程应用发挥了积极作用。

"百年大计，教育为本；教育大计，教师为本；教师大计，教学为本；教学大计，教材为本；教材大计，适用为本；适用大计，修订为本。"随着科技和经济的发展，对教材的适用性、内容的协调性、标准的一致性和理论的先进性提出了更高要求。

本书第 2 版曾全面贯彻 GB/T 3811—2008《起重机设计规范》，在科学分析的基础上，合理引进国外先进工业国家标准技术成果，最大限度地与国际接轨，统一设计原理和方法，力求适用，形式新颖，计算合理，注重效果。而 GB/T 3811—2008《起重机设计规范》自颁布实施至今已使用 10 年，对我国起重机设计、制造起到了技术规范和指导作用，有力地促进了我国起重机技术的进步和行业发展。随着全球起重机技术的不断进步，ISO 陆续颁布了 ISO 8686-1：1989《起重机　载荷与载荷组合的设计原则　第 1 部分：总则》、ISO 22986：2007《起重机　刚性　桥式和门式起重机》、ISO 20332：2008《起重机　金属结构能力验证》，虽然国内及时对应转化了 GB/T 22437.1—2008《起重机　载荷与载荷组合的设计原则　第 1 部分：总则》、GB/T 30561—2014《起重机　刚性　桥式和门式起重机》、GB/T 30024—2013《起重机　金属结构能力验证》，但 ISO 8686-1：1989《起重机　载荷与载荷组合的设计原则　第 1 部分：总则》已修订为 2012 版，ISO 20332：2008《起重机　金属结构能力验证》已修订为 2013 版，修改调整了定义术语，大幅增加了条款内容。其中 ISO 8686-1：2012《起重机　载荷与载荷组合的设计原则　第 1 部分：总则》已由作者转化为国家标准，完成报批稿，正在国家标准化管理委员会审批中。ISO 20332：2013《起重机　金属结构能力验证》由作者完成国际标准修订立项，完成初稿。

鉴于 ISO 8686-1 和 ISO 20332 的基础性，使得 GB/T 3811—2008《起重机设计规范》的载荷及载荷组合设计原则和计算方法及计算基础数据必须相应更新，以保持《起重机设计规范》的先进性。因此需同步对本书进行修订再版。

本书在 2009 版的基础上，基于 GB/T 22437.1—2008《起重机　载荷与载荷组合的设计原则　第 1 部分：总则》、ISO 8686-1：2012《起重机　载荷与载

荷组合的设计原则　第1部分：总则》、GB/T 30024—2013《起重机　金属结构能力验证》、ISO 20332：2013《起重机　金属结构能力验证》的有关内容，进行了改编和补充。

本书修订内容如下：

（1）载荷组合　采用国际标准的载荷组合：引入安全载荷系数（极限状态法）和强度系数（许用应力法），划分A（无风工作）、B（有风工作）、C（受特殊载荷作用工作或非工作）三种载荷情况，在原有18种（A1~A4、B1~B5、C1~C9）载荷组合的基础上，增加了激活过载保护引起的载荷C10与有效载荷丧失引起的载荷C11，使载荷组合增加至20种。

（2）设计方法　在原"许用应力设计法与极限状态设计法并列使用"表述基础上，增加了"若将GB/T 22437的本部分与GB/T 30024—2013结合使用，则极限状态法为首选的二阶方法"的规定。

（3）设计内容　修改了起升动载系数 ϕ_2 的计算公式及相应数表，增加了五种起升驱动类型的图表和公式；增加了有效载荷意外丧失所引起的动力效应系数 ϕ_8；增加了基于极限状态法-应力幅法关于结构、焊缝、螺栓和销轴的疲劳强度校验计算方法和图表；增加了"对结构计算有利或不利的质量""起重机质量的分项安全系数（极限状态法）""起重机质量的整体安全系数（许用应力法）""计算预变形引起的载荷的分项安全系数""计算刚（整）体稳定性的分项安全系数"以及相应的数据表。

（4）调整勘误　对个别公式、图形、语句的表达形式进行调整，对个别数据错误进行勘误。

本书全面贯彻国家、行业有关最新标准和法定计量单位，符合工程设计的要求。本书的组织结构符合认知规律，逻辑性强，利于掌握，便于应用。学生通过学习和设计实践能较好地掌握金属结构设计的原理和方法，培养机械结构工程师的设计、分析能力和综合创新能力。

本书主要作为高等院校机械工程专业机械装备（起重机械、运输机械、工程机械、矿山机械、物流机械等）结构设计的教学用书，也可供有关专业结构方向的工程技术人员参考使用。

本书由徐格宁教授担任主编，并对全书进行修改、整理、统稿和定稿；由徐克晋教授对全书进行校核和把关。本书的编写分工是：徐格宁教授编写第一章，陆凤仪教授编写第二章以及附录，徐格宁教授、董青、戚其松博士编写第三、四章，徐格宁教授、戚其松博士编写第五章，徐克晋、郑荣教授编写第六章，徐克晋教授编写第七、八章，徐克晋、翟甲昌教授编写第九章，徐格宁、张荣康、周奇才教授编写第十章，徐格宁、张荣康教授、王欣副教授编写第十一章，徐格宁、宋甲宗教授编写第十二章。（徐格宁、徐克晋、陆凤仪、董青、戚其松、郑荣、翟甲昌所在单位为太原科技大学，张荣康所在单位为上海交通大学，周奇才所在单位为同济大学，宋甲宗、王欣所在单位为大连理工大学）。

本书由西南交通大学王金诺教授、同济大学郑惠强教授担任主审，两位教授对书稿进行了认真细致的审阅，提出了宝贵的意见和建议，在此对他们认真负责的精神和付出的辛劳表示衷心的感谢。

限于编者的水平，书中难免存在不妥之处，恳请读者批评指正。

编　者

目　　录

第一章

绪　　论

第一节　机械装备金属结构的定义、作用、发展和特点

一、金属结构的定义

以金属材料轧制成的型钢及钢板作为基本元件，采用铆、焊、栓接等连接方法，按照一定的结构（而非机构）组成规则连接构成能够承受载荷的结构物。

二、金属结构的作用

金属结构作为机械装备的骨架，承受和传递机械装备负担的各种工作载荷、自然载荷以及自重载荷。如桥式起重机的起升载荷是通过起重小车的车轮传递给主梁，主梁再传递给端梁，端梁再通过大车车轮传递给轨道，最终由轨道传递到轨道梁的基础来完成载荷的传承。

金属结构是机械装备的主要组成部分，起到"骨架"的作用，约占整机总重的60%~80%。许多起重机是以金属结构的外形而命名的，如桥式起重机、门式起重机、门座起重机、塔式起重机和桅杆起重机等。

三、金属结构的发展

金属结构是出现较晚的一种结构型式，仅在19世纪后期，由于钢铁工业、铁路、水运的发展，机器制造业的进一步完善，金属结构才得以较快的发展。

金属结构的发展史，是科技进步史的缩影。以起重机为例，最早的起重机是木制的；1827年，出现了第一台用蒸汽机驱动的固定式旋转起重机。1846年，出现了液力机械驱动的起重机。1869年，美国首先制成了第一台40t的蒸汽轨道起重机，1879年英国科尔斯公司制成一台3.5t轨道式抓斗起重机。1880年德国制成了世界上第一台电力拖动的钢制桥式起重机，1889年在码头上出现了门座和半门座起重机。当时的起重机金属结构全是铆接结构。

20世纪以来，钢铁、机械制造业和铁路、港口及交通运输业的发展，促进了起重运输机械的发展，对起重运输机械的性能也提出了更高的要求。1902年和1917年，英国分别制成电传动的和内燃机-机械传动的轨道式起重机；1916年美国开始制造硬橡胶实心轮胎的自行式起重机；1918年，德国生产出第一台履带式起重机；1922年英国开始制造以汽油机为

动力的电传动汽车起重机；1937 年，英国制成充气轮胎的轮式起重机，行驶速度达 15.3km/h，大大提高了工作效率。

特别是 20 世纪开始采用焊接技术后，在金属结构领域引发了重要变革。由于焊接结构对减少钢材用量、改革结构型式、减少制造劳动量、缩短工时等方面都起到了很大的促进作用，因此焊接结构是现代金属结构的特征。

我国是应用起重机械最早的国家之一，古代的祖先采用杠杆及辘轳取水，就是采用起重设备节省人力的范例。由于是人力驱动，故起重能力小，效率很低。

新中国成立前，我国自行设计制造的起重机金属结构很少，绝大多数起重运输设备主要依靠进口。货物的装卸以人力为主。

新中国成立后，随着冶金、钢铁工业的发展，起重运输机械获得了飞速的发展。"一五"期间，相继建立了全国最大的大连起重机器厂、太原重型机器厂。1949 年 10 月，试制成功我国第一台起重量 50t、跨度 22.5m 的桥式起重机。为培养起重机械行业的专门人才，国家在上海交通大学、大连理工大学、太原科技大学、北京科技大学、武汉理工大学、西南交通大学等多所高等工科院校中，创办了起重运输机械专业，为起重机械行业输送了大批高级工程技术人才。

四、金属结构的特点

（1）金属结构计算方法准确，安全可靠　钢材比其他材料（木材、混凝土）强度高，弹性模量大，质地优良，计算结果与实际情况比较符合，能够保证结构的安全。

（2）金属结构自重轻　由于钢材强度高，力学性能稳定，使得结构构件截面最小，自重轻，故运输和架设也较方便。

（3）金属结构制造工业化程度高　由于制造是在设备完善、生产成熟的专用场地进行，故具备成批生产和精度高的特点。

（4）金属结构易于安装　由于金属结构是由一些独立构件、梁、柱等组成，在安装现场便于直接用焊缝、铆钉或螺栓连接，故可机械化施工，安装较迅速。同时部件的更换、修配均很方便。

（5）金属结构便于做成密封的容器　金属结构具有良好的弹塑性、成形性和焊接性，便于制造成耐中、常压的压力容器。

（6）金属结构容易锈蚀　需经常维修，保养维修费用也较高。

（7）金属结构的材料较贵　造价较高，耐高温性能较差。

选用金属结构时应根据上述特点，综合考虑结构物的使用要求、结构安全、经济以及寿命等因素来确定。

第二节　机械装备金属结构的分类和应用

一、金属结构的分类

1. 按照金属结构的构造分类

按照金属结构的构造不同分为格构（桁架）结构和实腹（板梁）结构。

　　格构（桁架）结构由二力杆件连接而成，其特点是杆件长度尺寸较大，而截面尺寸较小。格构结构用型钢制成，多做成桁架和格构柱。如塔式起重机的桁架臂和塔身都是桁架结构（见图1-1），牙轮钻机的钻架采用开式桁架结构（见图1-2）。

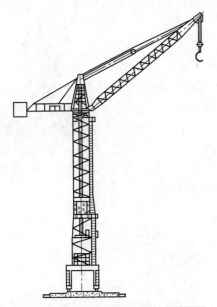

图 1-1　塔式起重机（桁架式臂架）

图 1-2　牙轮钻机（桁架式钻架）

　　实腹（板梁）结构由薄板焊接而成，其特点是长度和宽度尺寸较大，而厚度较小。因此实腹结构又称薄壁结构，如工字形梁、箱形梁和箱形柱等。门式起重机的箱形主梁和变截面箱形支腿（见图1-3），矿用挖掘机的箱形臂架和斗杆（见图1-4），门座起重机的箱形臂架和支腿门架（见图1-5）都是实腹结构。

　　实腹结构自重较大，制造方便，格构结构自重小，但工艺复杂。一般是承载较大、尺寸较小的结构采用实腹结构，而承载较小、尺寸较大的结构采用格构结构。实腹结构和格构结构是起重运输机金属结构中最常用的结构型式。

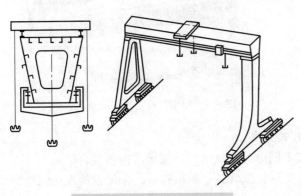

图 1-3　造船箱形门式起重机
（受压弯的支腿和受弯的梁）

图 1-4　矿用挖掘机（箱形臂架）

4

2. 按照金属结构外形分类

按照金属结构外形不同分为门架结构、桥架结构、臂架结构和塔架结构。

门架结构包括叉车的门架（见图1-6）和L形门式起重机的门架（见图1-7），桥架结构如桥式起重机（见图1-8）和核电站环行桥式起重机的桥架（见图1-9），轮式起重机的车架都属于实腹结构。陆地钻井机械（见图1-10）的A型井架，上部是一整体桁架结构，下部采用四根格构柱组成的塔式井架，是目前使用最多的一种格构结构。海洋钻井平台（见图1-11）的金属结构，水下为圆管格构式支承结构，水上平台采用箱形结构，钻机井架和起重设备则采用格构结构。

图1-5 门座起重机（箱形臂架）

图1-6 叉车（门架）

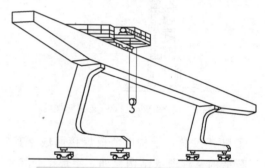

图1-7 L形门式起重机（门架结构）

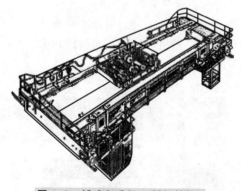

图1-8 桥式起重机（桥架结构）

图1-9 核电站环行桥式起重机的桥架

3. 按照组成金属结构构件之间的连接方式分类

按照组成金属结构构件之间的连接方式不同分为铰接结构、刚接结构和混合结构。

铰接结构中，所有节点都是理想铰，而实际机械装备金属结构真正采用铰接连接是极少的。通常在桁架结构中，杆件主要承受轴向力，而承受弯矩很小，可称为铰接结构。

刚接结构构件间的节点承受较大的弯矩。如门式起重机支腿与主梁间的节点（见图1-3），既有铰接的（柔性），又有刚接的（刚性）。混合结构是兼有铰接和刚接节点的结构，

图 1-10　陆地钻井机械

图 1-11　海洋钻井平台

如电动葫芦梁式起重机的主梁（见图 1-12），可做成桁架和梁混合的桁构结构，门座起重机（见图 1-5）的象鼻架也是桁构结构。

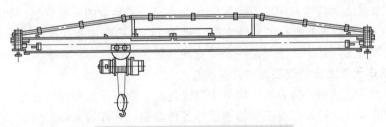

图 1-12　电动葫芦梁式起重机的主梁

4. 按照作用载荷与结构空间相互位置分类

按照作用载荷与结构空间相互位置不同分为平面结构和空间结构。

平面结构的作用载荷和结构各杆件的轴线位于同一平面内，如图 1-13 所示的桁架结构，小车轮压、结构自重载荷与桁架平面共面，所以此桁架结构属于平面结构。

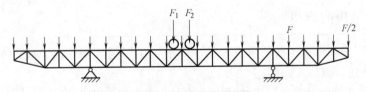

图 1-13　平面桁架结构

当结构杆件的轴线不在一个平面内，或结构杆件轴线虽位于同一平面，但外载荷作用于结构平面外（即平面结构空间受力）时均为空间结构。图 1-14 所示的集装箱门式起重机的门架和图 1-15 所示的轮式起重机的车架，都是空间结构的范例。

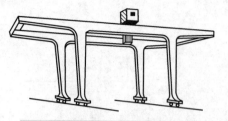

图 1-14　集装箱门式起重机的门架

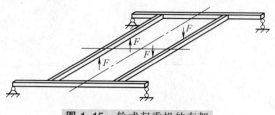

图 1-15　轮式起重机的车架

5. 按照金属结构受力特征分类

按照金属结构受力特征不同分为受弯构件、轴心受力构件、压弯构件、受扭构件和弯扭构件等。

1）受弯构件指主要承受弯矩的构件，如梁和桁架。

2）轴心受力构架指主要承受轴向力的构件，如受压柱。轴向受拉构件的构造接近于柱，归为柱类。

3）压弯构件指同时承受轴向压缩力和弯矩的构件，它是一种偏心受压构件，构造与柱相同，但截面要扩大，如臂架和塔架。

4）受扭构件指承受扭转力矩的构件，如塔式起重机的塔架。

5）弯扭构件指同时承受弯矩和扭矩的构件，如承受偏心载荷作用的桥式起重机的主梁。

这些部件按其力学特性和用途不同可以作为不同机械装备的承载骨架，如塔式起重机的塔架（见图 1-1）和门式起重机的刚性支腿（见图 1-3）均是偏心受压柱，而门式起重机的柔性支腿则是轴心受压柱，其主梁是一个受弯曲的梁。

6. 按照基本元件之间的连接方式分类

按照基本元件之间的连接方式不同分为螺栓连接、铆钉连接和焊缝连接。

金属结构的基本元件是厚度不同的钢板和各种型钢。元件与元件之间，部件与部件之间通常用铆钉、螺栓、焊缝连接。由这些基本元件组成金属结构的构件——梁、柱、桁架等，再由构件组成金属结构整体。

焊缝连接不仅简化了结构，缩短工时，而且大大减轻自重，因此在机械装备金属结构中得到广泛使用。螺栓连接工艺性好，拆装方便，应用广泛。铆钉连接由于自重大，制造工时多等缺点，应用渐少。但由于铆接安全可靠，对受冲击大的重型结构的某些部位仍然使用铆钉连接的构造。

二、金属结构的应用

（1）工业厂房和重型车间的承重骨架　如冶金工厂的炼钢车间、轧钢车间，重型机械制造厂的铸钢车间、锻压车间等。

（2）大跨度建筑物骨架　如飞机库、火车站、剧场、体育馆等。

（3）多层框架结构　如高层楼房、炼油化工设备构架等。

（4）机械装备的骨架　如桥式类型起重机的桥架和门架，塔式起重机的塔架和臂架，石油钻机的井架等结构。

（5）板壳结构　如高炉、大型储油库、船体和煤气库等。

（6）塔桅结构 如矿井钻架、无线电发射塔、航天器发射塔、输电塔等。

（7）桥梁结构 如各种公路、铁路桥梁和车间的承轨梁。

（8）水工建筑物 如水坝闸门、钢管道等。

（9）仓储结构 如自动化立体仓库、车库的骨架、货架等。

综上可见，金属结构应用非常广泛，结构型式多种多样，在国家经济建设中起着重要的作用。

本书涉及的范围有限，不可能逐一介绍，主要对起重机械、工程机械、矿山机械、输送机械等机械装备金属结构的设计理论、典型部件的构造及其计算方法等方面进行重点阐述，便于从事该专业工作的人员学习和掌握其基本内容及设计原理。

第三节 机械装备金属结构的基本要求和发展趋势

一、基本要求

起重机械、工程机械、矿山机械均为重型机械，其特点是作用载荷大，工作繁忙，大多是移动机械，为保证其正常使用，对其金属结构提出如下要求：

（1）力学性能——坚固耐用 金属结构必须保证有足够的承载能力，也就是应保证有足够的强度（静强度，疲劳强度）、刚度（静态刚度，动态刚度）和稳定性（整体稳定，局部稳定，单肢稳定）要求。

（2）工作性能——保证功能 满足工作要求，使用方便。如门式起重机的门架，只有保证足够的工作高度和空间，才能安全地进行装卸作业。工作高度太小，会限制起升高度和起升速度。过腿空间狭窄，会使起吊物品通过支腿架时发生干涉，影响操作视野，降低机械装备的效率。

（3）节材性能——减重节材 结构轻量化，节省材料和资源。金属结构的质量在整机质量中占有很大比例。例如起重机金属结构自重约占总重的 50% ~ 70%，重型起重机则达 90%。这些机械装备多半是移动的，因此，减轻自重不但节省钢材与能耗，而且减轻了机构的负荷和支承基础及厂房的造价，并为运输安装提供了方便。

（4）工艺性能——可制造性 制造工艺性好，工业化程度高，制造成本低，经济性能好。

（5）装运性能——可拆装性 安装迅速，便于运移，维修简便。机械装备的金属结构往往都很庞大，设计时应考虑运输条件，尤其是起重机的桥架、门架常常需要分段或整体运输，水平组装，整体起放。因此，必须要有合理的结构，以满足其运输和安装方便的要求。

（6）美学性能——宜人美观 注重人机系统工程，造型美观大方，色彩调配合理，追求宜人化和人-机-环境协调性设计。

（7）绿色性能——节能环保 制造、使用过程中的节能降耗与环境保护，将设备的设计、制造、运输、安装、检验、监察、维修、报废各过程纳入全生命周期而实现节能、节材、减振、降噪、减排。

（8）安全性能——安全可靠 从设计层面保证机械装备的本质安全，提供安全运行的硬件保证，如安全装置的设计与配置，关键零部件的可靠性以及剩余寿命的评估。

8

上述基本要求既互相联系又互相制约，首先要保证金属结构坚固耐用和使用性能，其次应注意减轻自重，节约钢材，降低成本及运输维修等问题，在可能条件下考虑外形美观。

在设计时应该辩证地处理上述要求。若结构设计较为坚固，性能优良，则会导致耗材较多，整机装备过于笨重，经济成本较高。若单纯追求节省钢材，而忽视使用要求，使机械装备的性能较差或过早损坏，则会导致更大的浪费。同时，还要考虑不同用途的机械装备金属结构的特殊性。如采油井架，除考虑性能好、坚固耐用外，安装运输是否方便也是很重要的。因此，设计机械装备金属结构时，在首先满足坚固耐用、方便使用的前提下，要最大限度地充分利用材料，减轻自重，并结合机械装备的特殊性，注意解决运输、安装、维护、维修、美观等问题。

二、发展趋势

机械装备金属结构的工作特点是受力复杂，自重较重，耗材较多，导致金属结构的成本约占产品总成本的1/3以上。因此在满足使用和力学性能的前提下，合理利用材料，减轻自重，降低制造和运行成本，仍是机械装备金属结构设计制造的发展方向。近几年来，国内外对金属结构进行大量的研究工作，创造出许多新颖结构型式，涌现出先进的设计方法和制造工艺，使金属结构的设计和制造取得很大成就。但是，金属结构的设计和制造仍有不足之处，应进一步完善。

根据对机械金属结构的基本要求，其发展方向和研究的重点是：

1. 研究并广泛运用、推广新的设计理论和设计方法

在机械金属结构中一直使用许用应力设计法，该方法使用简便，能满足设计要求，但缺点是对不同用途、不同工作性质的结构均采用相同的整体安全系数，导致结构耗材盲目，而安全储备失度。随着生产发展的要求和科学研究工作的开展，促使设计理论和计算方法不断改进和完善。当前国内外出现许多新的设计理论、计算方法，提出许多新的参数、数据、计算公式等，主要有：

1）极限状态设计方法。

2）最优化设计方法。

3）有限元设计方法。

4）抗疲劳设计方法。

5）创新设计方法。

6）可靠性设计方法。

7）绿色设计法。

8）虚拟仿真设计方法。

9）并行设计方法。

10）反求设计方法。

11）全生命周期设计法。

12）减量化设计法。

13）动态设计法。

14）网络分析设计方法。

15）预加应力设计方法。

16）抗断裂设计方法。

17）薄板弹塑性失稳的计算方法。

18）寿命评估与预测方法等。

上述设计方法在不同的金属结构类型中有的已被采用或试用，有的尚未应用。极限状态设计方法能正确地考虑载荷作用性质、钢材性能及结构工作特点等因素，分别采用不同的分项安全系数、抗力系数，使计算更为精确，设计更符合实际情况，并能充分地利用材料。例如采用预加应力法设计起重机，金属结构能节省材料30%，采用结构优化设计和CAD技术，能确保结构具有最优的型式和尺寸，简化了设计过程，缩短了设计时间，节省材料15%。采用有限元设计方法，能分析计算复杂的结构，可使计算达到较高的精度，使制造前就可预见装备的动静态性能，降低样机成本30%~40%。此外金属结构可靠性设计方法、抗断裂设计方法等也有了新的进展。而基于优化设计理论的CAD技术和有限元设计方法在金属结构设计中的应用已相当普遍，并不断研制出针对各种类型起重机的成套优化设计和参数化绘图以及计算书自动生成软件，提高了设计速度和质量。

2. 部件标准化、模块化和结构定型系列化

机械金属结构构件、部件的标准化、模块化是结构定型系列化的基础。采用一定规格尺寸的标准构件、部件组装成定型系列产品，能减少结构方案数和设计计算量，大大减少设计工作量。而金属结构构件、部件的标准化、模块化可以实现构件、部件的互换，减少维护时间和成本。结构定型系列化能促进标准零部件的大批生产，构件生产工艺过程也易于程序化，便于使用定型设备组织流水生产作业线，提高生产率，降低成本，又能实现快速安装，保证安装质量。可见，结构定型系列化是简化设计、实现成批生产、缩短工时、降低成本的有效方法，应予足够重视。

我国梁式、桥式、门式、塔式和轮胎起重机等均有系列产品，其他类型起重机也在进行标准化和系列化的工作。

为更好地适应我国加入WTO后的要求，主动与国际"接轨"，应当优先采用国际标准和国外先进工业标准，打破国际的技术壁垒。最新颁布的GB/T 3811—2008《起重机设计规范》在技术上更加先进，在内容上更加丰富，已与当前国际标准和国外先进工业标准取得最大限度的一致。国际上先进的标准和组织有：

1）ISO（International Standardization Organization = International Organization for Standardization）——国际标准化组织。

2）CEN（Comité Européen de Normalisation）——欧洲标准化委员会。

3）FEM（Fédération Européenne de la Manutention = the European Manufacturers Association of Materials Handling, Lifting and Storage Equipment）——欧洲物料搬运、起重和仓储设备制造业协会。

4）DIN（Deutsche Industrie Normen）——德国工业标准。

5）BS（British Standards）——英国标准。

6）JIS（Japanese Industrial Standards）——日本工业标准。

7）ASA（American Standards Association）——美国标准协会。

8）CMAA（Crane Manufacturers Association of America）——美国起重机厂商协会。

3. 总结、创新和推广先进的结构型式

在保证机械装备工作性能的前提下，改进和创造新型结构，是减轻金属结构自重最有效的方法之一。例如采用模压组合截面单梁桥架代替桁构式桥架，既简化了结构，又节省了材料，且方便了运输和安装。采用 L 形单主梁门式起重机（见图1-7）和箱形单主梁桥架（见图1-16），其自重比箱形双梁门式起重机减轻 40% 以

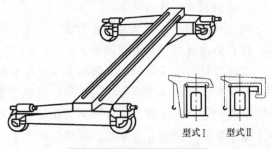

图1-16 箱形单主梁桥架

上。采用三角形截面管结构臂架和封闭截面三支腿门架的门座起重机（见图1-17）比采用矩形截面臂架的四支腿门座起重机自重减轻50%左右。近年来，由于生产的发展、要求钻机增大轴压，加大孔径，增大回转功率，一次钻探到位而不换钻杆，因此需要既保证高度又要兼顾刚度和强度的钻架，于是出现了以方形钢管为骨架的箱形结构钻架（见图1-18），虽比桁架结构钻架（见图1-2）自重稍重，但其刚度和抗扭能力大为增强。由此可见，创新结构型式，不仅能改善性能，满足工作要求，而且能节省钢材，减少能耗，降低制造和运行成本。因此金属结构的合理选型在设计中是十分重要的。

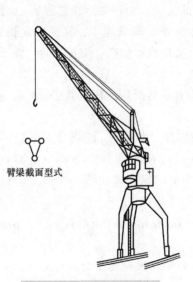

臂梁截面型式

图1-17 门座起重机臂架

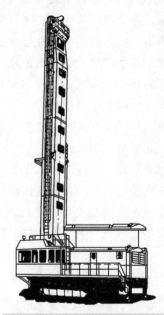

图1-18 箱形钻架的牙轮钻机

4. 继续使用、发展研究具有较高经济指标的合金钢、轻型合金

采用和生产各种新型热轧薄壁型钢和冷弯模压型材以及其他新兴材料，采用高强度低合金结构钢或轻金属铝合金能够保证性能，是节省材料、减轻自重的有效方法。国外已制造过铝合金结构的桥式起重机和门式起重机的桥架、门座起重机的臂架，使其自重减轻30%~60%。德国制造的铝合金箱形单主梁桥式起重机桥架自重比双梁桥架减轻70%左右，从而减小了厂房结构与基础的载荷，降低了投资。我国铝矿资源丰富，采用铝合金前途广阔。

我国生产的低合金结构钢 Q355 早已应用于起重机等大型结构中。由于材质好，强度

高，产品坚固耐用，约可减轻自重达 20% 左右。我国新研制的 Q460 高强度钢，其屈服强度约为 Q235 的 2 倍，可作为起重机结构选用的高强度钢材，已用于国家体育场"鸟巢"主体工程。但对用于由刚度和稳定性条件决定截面的结构并不经济。国外低合金钢发展很快，并已广泛应用，如日本、德国对起重机臂架的主要构件、汽车起重机箱形臂架等常采用抗拉强度达 1000MPa 的合金材料。而我国也有类似的材料，但产量较少。

热轧薄壁型材、冷弯模压型材在金属结构制造中是很有发展前途的材料，它可以设计成任意截面形状，以满足受力要求。在简化结构、节省钢材、减少制造和安装劳动量、缩短工期等方面大有成效。目前，已用于建筑结构中，在电葫芦单梁桥架中也开始采用。今后，应进一步研究、设计适用于机械结构所需的合理型材，添置必要的冷压设备。

日本、德国曾采用工程塑料制造机器的结构和机器零件，我国曾试制过机器的塑料零件，但未系统研究和推广。采用塑料结构在节省钢材、简化制造工艺、减小基础负荷等方面开辟了新的途径。

5. 广泛使用焊接结构，研究新的连接方法

由于生产、科研工作的发展，焊接质量普遍提高，焊接结构在金属结构中的应用也越来越广泛。焊接结构在简化结构型式、减少制造劳动量、缩短工时等方面具有独特的优点。它与铆接结构相比可节省钢材达 30% 以上。

高强度螺栓是近年来新出现的一种连接方法，这种连接利用螺栓具有的较大预紧力，使钢板之间产生很高的摩擦力来传递外力。由于螺栓强度高（经热处理后的抗拉强度不小于900MPa），连接牢固，工作性能好，安装迅速，施工方便，所以它是很有发展前途的一种连接方法。

胶合连接是构件连接的新动向，不久前英国曾以工程塑料为原料用胶合方法制造出起重机结构，大大简化了制造工艺，减轻了自重。我国对工程塑料和胶合剂的研究还处于研发阶段，因此这种连接方法目前尚未采用。

6. 金属结构的大型化

起重、工程、矿山、采油等机械随着国民经济的发展逐渐向大型化、专业化、高效率的方向发展。机械装备的金属结构也越来越庞大，例如，国内外冶金和水电站桥式起重机的起重量已达到 1200t（见图 1-19），国内已生产出起重量 20160t、跨度 125m、起升高度 118m的世界上最大起重量、最大跨度、最大起升高度的固定式桥式起重机（见图 1-20）。日本已造成起重量 700t、跨度 115m、起升高度 85m 的造船门式起重机。国内已设计制造出 900t、跨度 216m、起升高度 90m 的造船门式起重机，11000t 箱形双梁门式起重机，3600～4000t 履带式起重机（见图 1-21）。德国制造出起重量为 840t、跨度 140m、全高 96m 的箱形门式起重机及 1600t 的履带式起重机。英国生产了起重量为 1000t、跨度达 150m 的造船用巨型门式起重机，主梁高达 8m，满载总重为 4000t，是目前世界上最大的门式起重机。国内制造成起重量 200t，跨度为 66.5m，全高为 50m 的造船用箱形单主梁门式起重机（见图 1-3）。挖掘机的铲斗容量也越来越大，我国已制造出斗容量为 $75m^3$（150t）的挖掘机，其自重 1500t，高 22m（见图 1-4）。而美国制造出斗容量为 $169m^3$、机器总重达 13500t、总功率为 50000hp（1hp = 745.7W）的世界最大的挖掘机，国内自主研制成功世界上钻井深度为 12000m 的特深井石油钻机。

图1-19　三峡1200t桥式起重机

图1-20　20160t固定式桥式起重机

图1-21　3600~4000t履带式起重机

　　为了发展国际贸易，需在港口装卸作业中提高车船的货运量和装卸效率，各国都采用了集装箱的运输方式。我国建有集装箱专用码头并研制成功40t的岸边集装箱装卸桥（岸桥）（见图1-22），30.5t的集装箱门式起重机（场桥）和与之配套的搬运跨车，这类装卸桥的金属结构都很庞大，自重达600t以上，高达54m。我国研制的天津港盐（煤）码头机械化装卸系统，包括散料卸船机（见图1-23）、料场门式堆取料机（见图1-24）、散料装船机以及输料栈桥等，总重1400t，高度27m，单机生产率1200t/h，极大地提高了港口装卸能力。

　　起重机的大型化主要是金属结构的大型化。由于结构庞大，给"极限"设计和制造工作带来许多新的技术问题，例如大型结构的空间刚度、动力性能、风振、高腹板局部稳定性、复杂结构焊接、组装质量以及科学的运输方案和快速安装的方法等问题，都需要进行深入探讨和研究，在科学研究和生产实践中进一步解决。

图 1-22　岸边集装箱装卸桥（岸桥）

图 1-23　散料卸船机

图 1-24　料场门式堆取料机

　　上述问题既是设计与生产部门应该注意解决的问题，也是高等学校和科研院所应该研究的课题和方向。因此需要面向实际，面向生产，发现问题，提炼问题，创新理论，加以研究，解决问题，勇于实践，指导工程，不断提高设计水平，严控制造质量，确保产品性能，更好地为国家建设服务，为推动本行业的科学技术进步贡献力量。

第四节　机械装备金属结构的课程特点、课程任务和学习方法

一、课程特点

本课程是高等工科院校机械类专业的主干专业基础课，是理论性和实践性较强的设计性课程。本课程的主要特点是：

（1）涉及先修课程多　本课程建立在多门先修课的基础上，如机械制图、材料力学、结构力学、弹性力学、机械设计、工程材料等，而且要应用先修课的理论解决实际问题。

（2）涉及相关专业课程多　由于金属结构是机械装备的骨架，结构设计通常决定机械装备的总体布局和设计，因此必须对相关专业课程，如起重机械、工程机械等机械装备的工作原理、传动方案有所了解和掌握。

（3）涉及设计规范和标准多　由于设计一台机械装备的结构除要满足强度、刚度、稳定性、工艺性、体积、自重等一系列的要求外，还需要根据使用场合和不同行业甚至国家地区的标准规范进行属地化、区域化、行业化、国家化的协调。

（4）涉及计算公式多　本课程是设计性的课程，设计包含多方面的内容，如载荷计算、强度理论、疲劳计算、变形计算、板的稳定性、振动计算等，从而形成公式多的特点。

（5）涉及表达课程相关内容的图形多　反映材料力学特性、计算力学模型、结构构造特征图形等，形成图形多的特点，但有利于看图学识。

（6）涉及设计计算的表格多　如工作级别表、动载系数表、载荷组合表、各种许用应力表、疲劳计算的应力集中等级表等。

（7）涉及计算的曲线多　如偏斜运行水平侧向力系数曲线，工字钢、H型钢翼缘由轮压产生的局部弯曲应力计算系数曲线等。

二、课程任务

机械装备均由机械系统、电气系统和金属结构组成。金属结构是机械装备的骨架，承受各种载荷和自重载荷。因此，金属结构必须满足一定的强度、刚度和稳定性要求，保证机械装备的正常使用。而机械装备金属结构课程的任务就是运用机械设计、材料力学、结构力学、弹性力学、工程材料等理论知识，研究金属结构的强度、刚度、稳定性（3S—Strength、Stiffness、Stability）以及各种连接的设计理论和计算方法，进而设计出科学合理的机械装备金属结构。

三、学习方法

1）由于本课程是一门理论性、综合性、实践性很强的课程，因此学习中要注意培养和提高自己综合应用各门课程的相关知识、解决实际问题的能力。

2）金属结构的类型虽然繁多，但并非无规律可循。学习时要从各类结构的受力特点和力学性能及适用场合多对比；从结构在机械装备中的作用功能、相互影响、连接关系、支承

情况方面多分析；从金属结构各种构件的设计步骤、分析思路和设计过程的相似性中找规律：需求描述（类型、构造、材料、标准、特点和应用） 工作原理 力学建模 载荷计算 内力分析 3S 2（Strength—静强度，疲劳强度、Stiffness—静态刚度，动态刚度和 Stability——整体稳定，局部稳定） 广义应力计算 广义强度理论 失效形式 设计准则 结构设计 施工设计。

3）影响机械装备技术结构寿命的因素是多方面的，因此在学习时对各种结构的工作能力设计，要注意设计原理和计算公式的适用条件；应根据机械装备结构的实际工作条件"具体问题具体分析"；重点掌握计算公式中各参数的物理意义、各参数之间关系及分析方法。

4）学会在金属结构设计时首先初选参数或由结构设计初定尺寸，然后再进行校核的设计方法。在本课程的学习中，必须明确树立"设计是从无到有""计算是从有到数""绘图是从数到图""制造是从图到物"的创新设计全过程。设计构思是前提，机械装备的作业功能和承载能力由设计方案所决定，计算是基础，为结构设计提供运动学、静力学、动力学的科学依据，机械装备的最终尺寸和形状，则由构造设计确定，而计算所得的数据，经常要被构造设计所修改。

5）本课程具有鲜明的工程性。在设计机械装备金属结构时要进行方案选择、构件选型、材料选择及结构型式的选择；要用到大量的数据、图表、标准等相关资料；并要对计算结果进行分析（如结果需圆整化、系列化、标准化等）。所有这些工程问题处理能力的培养是通过综合本课程的各个教学环节实现的，因此不但要努力学好教材上的内容，而且要认真学好各个实践教学环节的内容。

本 章 小 结

本章主要介绍了机械装备金属结构的定义、作用、历史、特点，根据机械装备金属结构的分类、应用，提出了机械装备金属结构的基本要求，阐述其发展趋势。最后针对机械装备金属结构的课程特点、性质任务，推荐了本课程的学习方法。

本章应了解机械装备金属结构的发展、特点、地位和发展趋势。

本章应理解机械装备金属结构的课程特点、任务和学习方法。

本章应掌握机械装备金属结构的定义、基本要求和作用。

第二章

材　　料

　　材料的选择是金属结构设计中十分重要的环节，材料的合理选择是提高结构质量、降低成本的重要手段。机械装备金属结构通常承受变载荷和冲击载荷，且工作环境一般较恶劣，因此要求金属结构材料具有强度高、塑性好、足够的抗冲击性能和良好的韧性。机械装备金属结构主要为焊接结构，故又要求具有良好的焊接性、时效性和防腐性。

　　机械装备金属结构主要构件常用的材料是普通结构钢（普通碳素钢、优质碳素结构钢、低合金钢及合金结构钢）；铸钢和铝合金具有各自独特的优点，也有一定的应用。由于普通结构钢力学性能良好、规格齐全、价格便宜并能满足结构要求，故得到广泛应用。

第一节　钢材的力学特性及影响因素

一、钢材的力学性能

1. 静强度特性

　　图 2-1 所示为在单向静拉力作用下碳素结构钢材受拉的应力-应变关系（σ-ε）曲线。

　　（1）比例极限 σ_p　从坐标原点 O 到 P 点呈线性关系，是钢材工作的弹性阶段，符合胡克定律 $\sigma = E\varepsilon$，σ_p 为比例极限。钢材的弹性模量 $E = 2.06 \times 10^5 \mathrm{MPa}$。

　　（2）屈服强度 σ_s[⊖]　从 P 点到 S 点，随着载荷的增加，σ-ε 曲线近似呈线性关系，有少量的塑性变形，钢材处于弹塑性阶段。

　　（3）抗拉强度 R_m　在 S 点后的微段，应力无明显增加而出现较大的塑性变形，称为屈服，其产生塑性变形的

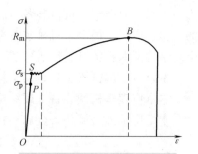

图 2-1　碳素结构钢材受拉的应力-应变关系（σ-ε）曲线

水平段称为流幅或屈服平台，这是钢材的塑性阶段。从 S 点后到 B 点，因应变而硬化，钢材强度有所提高，为强化阶段，直至应力达到抗拉强度 R_m，钢材被拉断，称为塑性破坏。

　　由于钢材的弹性和弹塑性阶段十分接近，因此在设计计算时将钢材视为理想弹塑性材

⊖　GB/T 228.1—2010 中，σ_s 已被 R_{eH} 或 R_{eL} 代替，但本书不特指是上屈服强度或下屈服强度，故仍用 σ_s。

料，即假定钢材在 σ_s 之前为完全弹性的，而在 σ_s 之后为完全塑性的。当应力达到 σ_s 时钢材的弹性已耗尽并开始产生塑性变形而丧失承载能力。这种因钢材丧失弹性性质而退出工作的"破坏"也称为弹性破坏。因此，在工程计算中将屈服强度 σ_s 作为钢材工作的极限应力和标准强度，也是在单向拉力作用下结构进入塑性状态（引起弹性破坏）的判定条件。

2. 疲劳强度特性

（1）疲劳破坏　钢材在连续变化载荷作用下，开始是其组织发生晶粒间的滑移使材料强度降低而丧失继续抵抗外载荷的能力，继而转变为个别晶粒的撕裂而出现裂纹，在连续变化载荷继续作用下，钢材的裂纹扩展加速直至断裂。

（2）疲劳强度　钢材疲劳破坏之前所能承受的最大应力，即在钢材的标准试件上施加一定循环特性的等幅（交变 $r=-1$ 或脉动 $r=0$）应力，由试验得到经过 N 次循环后不发生疲劳破坏的最大应力。

（3）σ-N 曲线　根据一定循环特性试验得到的不同疲劳强度 σ 与相应循环次数 N 而绘制的相关曲线，称为材料的疲劳特性 σ-N 曲线（见图2-2）。

当循环次数 $N \leqslant 10^3$ 时，相应于 σ-N 曲线的 AB 段，屈服强度 σ_s 基本不变，因此可按静强度计算。

当循环次数 $N = 10^3 \sim 10^4$ 时，相应于 σ-N 曲线的 BC 段，由于材料试件破坏时已伴随着塑性变形，此阶段的疲劳现象称为应变疲劳。因该阶段循环次数较少，又称为低周疲劳。

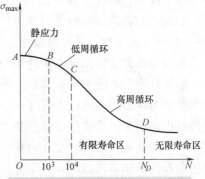

图 2-2　钢材的疲劳特性 σ-N 曲线

当循环次数 $N \geqslant 10^4$ 时，相应于 σ-N 曲线的 CD 段和 D 点以下的曲线所代表的疲劳，统称为高周疲劳，并分为无限寿命区和有限寿命区。大多数机械装备的结构与零件的失效都是由高周疲劳引起的。

钢材的疲劳强度远低于抗拉强度，甚至远低于屈服强度。因此疲劳强度是结构的承载能力的下限。

（4）破坏特点　钢材疲劳破坏与塑性破坏不同，疲劳断裂是疲劳损伤的积累，疲劳裂纹是在重复载荷长期作用下产生的，随着应力循环次数的增加，裂纹沿尖端逐渐扩展，直至剩余未断裂截面不足以承担外载荷而发生突然断裂。因此疲劳破坏具有累积性和突发性的特点。

疲劳破坏时无论是弹塑性材料或是脆性材料，其断口均表现为无明显塑性变形的脆性突然断裂，因此疲劳破坏又具有脆性破坏的特点。

（5）影响因素　钢材的疲劳强度与钢材种类（牌号）、连接接头型式、结构特征、应力变化幅度以及（应力）作用（循环）次数、应力集中等级系数等因素有关，其值由疲劳试验获得。

3. 塑性特性

钢材被拉断时塑性变形的大小，反映了钢材塑性的优劣。钢材的塑性常用拉伸试验的断后伸长率 A 和截面收缩率 Z 来衡量。若试件原标距为 L_0，原截面面积为 A_0，拉断时总伸长量为 ΔL，截面面积收缩量为 ΔA，则钢材的断后伸长率和截面收缩率分别为

$$A = \frac{\Delta L}{L_0} \times 100\%, \quad Z = \frac{\Delta A}{A_0} \times 100\% \tag{2-1}$$

通常 Z 比 A 能更好地表达钢材的塑性性质。

由于钢材的伸长率容易测量，通常以计算长度（标距）为 $5d$（常用）或 $10d$（d 为试件直径）的试件进行拉伸试验，并用 A 或 $A_{11.3}$ 表示钢材的塑性。

A 或 Z 值越大，钢材塑性越好，对局部应力集中的敏感性越小。由于塑性变形能使局部应力趋于均匀，所以使结构突然断裂的危险性变小。

4. 韧性特性

钢材的韧性是表征材料破坏前吸收机械能（冲击吸收能量 K）的能力。钢材单位面积吸收的冲击能量（J/cm²）称为冲击韧度[⊖]。韧性好，表明钢材脆性差，结构抗脆性破坏的能力强。因此，韧性（脆性）是表示钢材脆断性能的指标。

目前，对普通结构钢常用冲击试验来确定钢材韧性的大小。钢材的冲击试验应按 GB/T 229—2007《金属材料夏比摆锤冲击试验方法》的规定进行。

钢材韧性常受到温度变化的影响，低温时钢材韧性急剧下降并且不稳定。

随着科学技术的发展，人们发现用冲击试验方法不能表征高强度钢材的抗脆断性能，而采用断裂力学方法中的应力强度因子 K_{1c} 表示钢材的韧性更确切。由断裂力学理论可知：金属材料内部由先天冶炼过程含有杂质所致，或由后天加工、焊接、热处理等过程产生初始裂纹。含有初始裂纹的构件在外力作用下，其应力达到某临界值时，初始裂纹将迅速扩展，直至引起脆性破坏。根据断裂力学分析钢材裂纹扩展的基础，通过试验数据，建立了断裂应力 σ_c、裂纹深度 a 和钢材韧性之间的关系为

$$\sigma_c \sqrt{a} = K(\text{常数}) \tag{2-2}$$

常数 K 的大小，标志着材料抵抗脆性破坏能力的高低，常用应力强度因子 K_1 来度量。强度因子 K_1 是根据线弹性理论计算的，不同材料不同裂纹的 K_1，计算式也不同。

对于某一种材料，当 K_1 增大到临界值 K_{1c} 时，裂纹就迅速扩展，使构件产生断裂破坏，此时 K_{1c} 值被称为材料的断裂韧度，是材料的一种力学性能，其单位为 N/mm³ᐟ²。低温下 K_{1c} 值急剧降低，钢材容易脆断。

断裂韧度 K_{1c} 随材料的化学成分、热处理状态、加载速度、应力状态、工作温度、钢材轧制方向的不同而异，其大小根据国家标准的试验方法，采用带裂纹的试样在材料试验机上测定。K_{1c} 值越大，表示钢材抵抗脆断的能力越强，反之钢材容易发生脆性破坏。

机械装备结构的主要材料是普通碳素结构钢和低合金结构钢，常温下这些材料的断裂破坏往往由疲劳引起，在低温下材料更容易发生裂纹断裂（脆断），因此需要掌握材料在低温下的断裂韧度才能更合理地使用材料，见第四章第六节。

二、钢材的加工性能

钢材的加工性能是指焊接性能和冷弯性能。

1. 焊接性能

钢材在焊缝冷却后，连接具有完整性（无裂纹）和坚固性，即在各种静、动载荷长期

⊖ 冲击韧度 a_K 已废止。

作用和低温下，连接具有足够的强度和完整性的能力。常以连接的抗裂性和力学性能来检验钢材焊接性能的好坏。

影响焊接性能的因素：

（1）焊接工艺　钢材的焊接过程使连接处受热不均，导致钢材的结晶组织发生变化，当温度在 $200 \sim 300℃$ 范围内时，钢材会发生蓝脆现象而提高了脆性。这将导致裂纹的产生，使焊接性能变差。而焊接性能好则工艺简单；反之，则需要复杂的焊接技术和条件。

（2）含碳量　钢材中含碳量过多，虽能提高钢材的强度，但却降低了钢材的塑性和焊接性能，高碳钢的焊接性能明显恶化。因此，对焊接结构，为使其具有良好的焊接性能，应限制碳的质量分数（$w_C \leq 0.2\%$）。

2. 冷弯性能

钢材的冷弯性能表示其在常温下做 $180°$ 冷弯变形试验而不出现裂纹的性能。按照钢材牌号和厚度（直径）规定出弯心直径与试件厚度的不同比值，此比值越小，表明钢材的冷弯性能越好，塑性越大。

三、钢材的耐久性能

钢材的耐久性能主要以钢材的时效、缓蚀性来表征。

1. 自然时效

钢材在无外载荷作用而长期存放时，因温度变化或因机械作用产生塑性变形，使晶粒中的碳、氮等元素被分离析出，并在晶粒之间形成坚硬的渗碳体，从而使钢材强度提高，塑性、韧性降低的现象称为自然时效。

2. 加工时效

冷加工（如冷轧、冷拔和喷丸）的过程改变钢材的强度、塑性、韧性的现象称为加工时效硬化。

由于时效提高了材料的强度，但同时使材料变硬，增大了脆性，这对受动载荷的结构是十分不利的，所以在金属结构中不考虑材料因时效硬化产生的高强度性能。

钢材时效的敏感程度与加载性质、时效温度、所含杂质、钢材晶粒度等有关。对于承受动载荷的结构，使用时效的钢材容易发生脆性破坏，所以设计时应有足够的安全度。

钢材的锈蚀与钢材的类别和环境有关，选用耐腐蚀的钢材，可延长结构的使用期限。

四、影响钢材性能的主要因素

钢材的性能主要是强度、塑性、韧性和脆性，破坏形式主要是弹性、塑性和脆性破坏。同一种钢材，载荷状态、工作温度不同，其性能和破坏形式也不同。因此，了解钢材性能的影响因素，对正确地选取材料是十分重要的。

1. 化学成分

碳素结构钢中除铁、碳以外，还有锰、硅、硫、磷等元素和氧、氮等气体。

低合金结构钢中还含有铜、铝、钛等少量元素。它们的质量分数 w 影响着钢材的性能。增加碳的质量分数可提高钢的强度，但却降低了塑性和焊接性能，因此在焊接结构钢材中，碳的质量分数应在 0.2% 以下。适量的锰和硅，可提高钢的强度，硅的作用更大，但质量分数增大时会降低钢的塑性、焊接性和耐蚀性，故应对锰、硅的质量分数加以限制。在碳素结构钢中，锰为（1.2~1.5）%，硅不大于0.35%：在低合金结构钢中，锰为（1.2~1.6）%，硅为（0.2~0.55）%。硫、磷是钢的有害成分，硫和铁的化合物硫化铁熔点较低，它在高温下易变脆。磷在低温下使钢变得更脆，因此应严格限制硫、磷的质量分数，通常钢中硫的质量分数不大于0.05%，磷不大于0.045%。铝和钛是强脱氧剂，可使钢的结晶组织细化，提高钢材的韧性和焊接性。铝可延缓钢材时效，钛可降低钢的过热敏感性。氧、氮能使钢材变脆，危害性极大，冶炼和焊接时应严格保护钢材，尽量避免氧、氮侵入钢材内部。

2. 应力状态

不同应力状态对钢材性能有明显的影响。在实际结构中，钢材经常受到多向正应力和切应力的同时作用，在复杂应力作用下，钢材的强度与单向应力作用下的强度截然不同，除了强度发生变化外，塑性、韧性也会发生变化。从图2-3钢材的σ-ε曲线中可以看出：

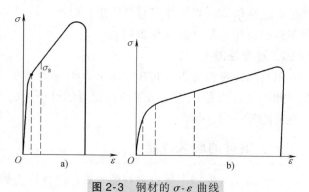

图 2-3　钢材的 σ-ε 曲线

a）同号平面应力状态　b）异号平面应力状态

1) 在同号平面应力状态下，钢材的弹性工作范围及屈服强度均有所提高，塑性变形大为降低。破坏时很少呈现塑性破坏的特征，无明显流幅阶段和径向收缩，材质变得硬脆，如图2-3a所示。

2) 在异号平面应力状态下，情况则完全相反。钢材的弹性工作范围和屈服强度都有所下降，塑性变形却大为增加，容易使结构丧失承载能力，如图2-3b所示。

3) 对同号的三向应力状态和异号的三向应力状态，与平面应力状态的情况相仿。如钢材在三向相等的拉应力作用下会发生脆性破坏。在三向相等的压应力作用下，几乎很难发生破坏。

因此，在动载荷作用下，处于低温工作的承受平面或三向同号拉应力的构件极易发生脆断破坏。

根据最大形状改变比能（第四强度）理论，在复杂多向应力状态下，当钢材形状改变比能等于单向拉伸流动的比能时，钢材即进入塑性状态而发生流幅引起弹性破坏。鉴于第四强度理论最接近于钢材的工作特性，能全面描述钢材由弹性向塑性转化的现象，故以第四强度理论来表征多向应力状态下钢材进入塑性状态的条件，代表多向应力的折算应力为

$$\sigma_{zh} = \sqrt{\sigma_x^2 + \sigma_y^2 + \sigma_z^2 - (\sigma_x\sigma_y + \sigma_y\sigma_z + \sigma_z\sigma_x) + 3(\tau_{xy}^2 + \tau_{yz}^2 + \tau_{zx}^2)} \qquad (2-3)$$

当$\sigma_{zh} \geq \sigma_s$时，钢材处于塑性状态，当$\sigma_{zh} < \sigma_s$时，钢材处于弹性状态。

3. 温度和加载速度

温度变化直接影响着钢材的性能，温度升高，强度下降，温度在200℃以内时，钢材强度基本不变。超过300℃，钢材的屈服强度和强度极限明显下降，会发生蠕滑现象，超过600℃时，钢材强度几乎等于零。当温度下降时，钢材的强度显著提高，而塑性、韧性下降，温度降到一定程度（负温度）时，钢材完全处于脆性状态，这种温度

称为钢材的临界（脆性）转化温度。应力集中的存在更加速了脆性的发展，它也取决于温度的高低。

加载速度的提高（如撞击），能降低钢材的塑性和断裂韧度，增大脆性，其作用相当于温度的降低。当加载速度增大到一定值时，钢材呈现脆性，这时的加载速度称为临界加载速度。

临界转化温度和临界加载速度均与结构缺口效应有关，随着缺口处应力集中的增大，临界转化温度将提高，而临界加载速度会降低。

4. 焊接

焊接过程中，焊缝和主体金属都经过了高温和冷却的变化，靠近焊缝的主体金属结晶组织和力学性能都起了变化。熔合缝处的金属韧性降低了，离开焊缝温度在 1100~1400℃ 范围内的金属为大粒组织，其韧性明显下降；位于 900~1100℃ 范围内的金属为细粒组织，其强度增大；位于 200~350℃ 范围内的金属则变为脆化区。

焊接金属凝固时，晶粒之间会产生不均匀的应力和收缩，容易引起裂纹和残余应力。

5. 应力集中

结构中的应力分布通常都是不均匀的，三向应力可能由三向载荷所引起，但更多情况是由于结构不连续、截面形状突变形成的缺口效应所产生，在孔洞、凹角、裂纹、厚度改变和不平处主应力线将发生转折绕行，应力作用线比较密集和弯曲，出现局部高峰应力，产生应力集中现象（见图 2-4），其中 σ_{ox} 为平均应力。

应力集中高峰点，总是存在着同号的三向拉应力场，它提高了钢材的强度，阻碍了塑性变形的发展，因而增加了脆性，如带突变缺口的试件，其破坏已呈现脆性。

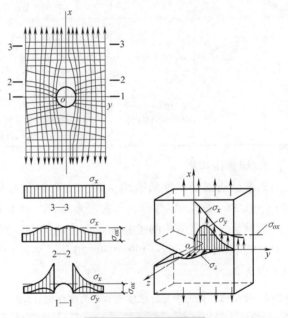

图 2-4 应力集中现象

6. 加工硬化

钢材经冷加工、冷弯和剪切会使钢材产生局部塑性变形，产生硬化或冷化现象，使材料强度提高，塑性、韧性降低，加速时效，材质变硬脆。

第二节 材料的类别、特征和选择

一、材料的类别和特征

金属结构常用的材料，主要是普通碳素结构钢、低合金结构钢和少量的铸钢。其分类、特点、表示方法举例见表 2-1。

表 2-1 金属结构常用的材料分类、特点及表示方法

钢材名称		钢材牌号	表示方法说明
碳素结构钢		Q195 Q215B Q235A Q275	举例 Q235AF Q——代表"屈服强度"的汉语拼音第一个字母 235——屈服强度的数值 A——质量等级代号(A、B、C、D、E、F 共 6 级) F——脱氧方法符号(F、Z、TZ),Z、TZ 可不标
合金钢	低合金结构钢	Q345E Q390B Q420A Q460B Q500C Q550D Q620B Q690C	举例 Q355E Q——代表"屈服强度"的汉语拼音第一个字母 355——屈服强度的数值 E——质量等级代号(A、B、C、D、E、F 共 6 级)
	合金结构钢	30CrMnSi 38CrMoAlA	举例 38CrMoAlA 38——万分之平均含碳量,即碳的质量分数为 0.38% CrMoAl——化学元素代号,铬、钼、铝的代号 A——磷、硫含量较低的高级优质钢
铸钢	铸造碳钢	ZG 230-450 ZG 310-570	举例 ZG230450 ZG——铸钢 230——屈服强度的数值(MPa) 450——抗拉强度(MPa)
	合金铸钢	ZG40Mn2 ZG35Cr1Mo	举例 ZG40Mn2 ZG——铸钢 40——碳的质量分数为 0.35%~0.45% Mn2——合金锰的质量分数为 1.6%~1.8%

1. 碳素结构钢

碳素结构钢是一种低碳结构钢。按照钢材屈服强度的数值,碳素结构钢划分成 Q195、Q215、Q235、Q275 等牌号,屈服强度越高,钢材越硬。

机械装备金属结构的主要承载结构的构件,宜采用力学性能不低于 GB/T 700—2006 中的 Q235 钢和 GB/T 699—1999 中的 20 钢。各种牌号碳素结构钢的牌号、化学成分和力学性能见表 2-2。

表 2-2 碳素结构钢的牌号、化学成分和力学性能 (GB/T 700—2006)

牌号	统一数字代号[1]	质量等级	厚度(或直径)/mm	脱氧方法	化学成分(质量分数,%),不大于				
					C	Si	Mn	P	S
Q195	U11952	—		F、Z	0.12	0.30	0.50	0.035	0.040
Q215	U12152	A	—	F、Z	0.15	0.35	1.20	0.045	0.050
	U12155	B							0.045
Q235	U12352	A		F、Z	0.22	0.35	1.40	0.045	0.050
	U12355	B		F、Z	0.20[2]				0.045
	U12358	C		Z	0.17			0.040	0.040
	U12359	D		TZ				0.035	0.035
Q275	U12752	A	—	F、Z	0.24	0.35	1.50	0.045	0.050
	U12755	B	≤40	Z	0.21			0.045	0.045
			>40		0.22				
	U12758	C		Z	0.20			0.040	0.040
	U12759	D		TZ				0.035	0.035

（续）

牌号	等级	屈服强度 R_{eH}[3]/MPa,不小于						抗拉强度 R_m[4]/MPa	断后伸长率 A(%),不小于					温度 /℃	冲击试验（V型缺口）冲击吸收能量（纵向)/J,不小于
		厚度（或直径)/mm							厚度（或直径)/mm						
		≤16	>16~40	>40~60	>60~100	>100~150	>150~200		≤40	>40~60	>60~100	>100~150	>150~200		
Q195	—	195	185	—	—	—	—	315~430	33	—	—	—	—	—	—
Q215	A	215	205	195	185	175	165	335~450	31	30	29	27	26	—	—
	B													+20	27
Q235	A	235	225	215	215	195	185	370~500	26	25	24	22	21	—	—
	B													+20	27[3]
	C													0	
	D													-20	
Q275	A	275	265	255	245	225	215	410~540	22	21	20	18	17	—	—
	B													+20	27
	C													0	
	D													-20	

① 表中为镇静钢、特殊镇静钢牌号的统一数字代号,而沸腾钢牌号的统一数字代号如下:

　　Q195F——U11950; Q215AF——U12150; Q215BF——U12153; Q235AF——U12350; Q235BF——U12353;

　　Q275AF——U12750。

② 经需方同意,Q235B中碳的质量分数可不大于 0.22%。

③ Q195 的屈服强度值仅作为参考,不作为交货条件。

④ 厚度大于 100mm 的钢材,抗拉强度的下限允许降低 20MPa。

2. 低合金结构钢

低合金结构钢既是低碳钢,又是高强度钢,通过在冶炼过程中添加微量的锰、钒、铌、钛、铬、镍、铜、铝、硅、硼等稀土元素,使钢的强度明显提高。碳的质量分数不超过 0.2%,一般都是镇静钢,力学性能和化学成分均需保证。低合金结构钢的牌号为 Q355、Q390、Q420、Q460 等,其质量等级为 6 级。其中 A 级:无冲击吸收能量要求;B 级:要求提供 20℃冲击吸收能量 $KV \geqslant 34J$(纵向);C 级:要求提供 0℃冲击吸收能量 $KV \geqslant 34J$(纵向);D 级要求提供 -20℃冲击吸收能量 $KV \geqslant 34J$(纵向);E 级要求提供 -40℃冲击吸收能量 $KV \geqslant 31J$(纵向);F 级要求提供 -60℃冲击吸收能量 $kV \geqslant 27J$(纵向)。不同质量等级对碳、硫、磷、铝等含量的要求有所区别。

在相同载荷与结构等边界条件下,所设计的低合金高强度钢结构件截面要比碳素结构钢的截面小,其稳定性和刚性均较差(临界应力小而变形大),而钢材的弹性模量是相同的,因此只有由强度决定结构件截面时,使用低合金高强度钢才是合理的。

当结构需要采用高强度钢材时,可采用力学性能不低于 GB/T 1591—2018 中 Q345、Q390、Q420、Q460、Q500、Q550、Q620、Q690 的钢材。各种牌号低合金结构钢的力学性能见表 2-3 和表 2-4。

3. 铸钢

金属结构的支承部件(支座)常采用铸钢制作,常用的铸钢牌号有 ZG 200-400、ZG 230-450 和 ZG 270-500 等。铸钢应符合 GB/T 11352—2009 或 GB/T 14408—2014 的规定,各种牌号铸钢的力学性能见表 2-5,其特性和应用见表 2-6。

碳素结构钢、低合金结构钢和铸钢的物理性能:弹性模量 $E = 2.06 \times 10^5$ MPa,剪切模量 $G = 7.94 \times 10^4$ MPa,泊松比 $\mu \approx 0.3$,线膨胀系数 $\alpha = 1.2 \times 10^{-5}$℃$^{-1}$,质量密度 $\rho = 7850$kg/m³ = 7.85g/cm³。

24

表2-3　低合金结构钢拉伸性能（GB/T 1591—2018）

牌号		上屈服强度 R_{eH}/MPa（不小于）公称厚度或直径/mm									抗拉强度 R_m/MPa　公称厚度或直径/mm							断后伸长率（拉/压）A(%)					
钢级	质量等级	≤16	>16~40	>40~63	>63~80	>80~100	>100~150	>150~200	>200~250	>250~400	≤40	>40~63	>63~80	>80~100	>100~150	>150~250	>250~400	≤40	>40~63	>63~100	>100~150	>150~250	>250~400
Q355	B、C / D	355	345	335	325	315	295	285	275	265②	470~630	470~630	470~630	470~630	450~600	450~600	450~600②	22/20	21/19	20/18	18/18	17/17	17/17①
Q355N	B、C、D、E、F	355	345	335	325	315	295	285	275	—	470~630	470~630	470~630	470~630	450~600	450~600	—	22	22	21	21	21	—
Q355M	B、C、D、E、F	355	345	335	325	325	320	—	—	—	470~630	450~610	440~600	440~600	430~590	—	—	22	22	22	22	—	—
Q390	B、C / D	390	380	360	340	340	335	—	—	—	490~650	490~650	490~650	490~650	490~650	—	—	21/20	20/19	20/19	19/18	—	—
Q390N	B、C、D、E	390	380	360	340	340	320	310	300	—	490~650	490~650	490~650	490~650	470~620	470~620	—	21/20	20/19	20/19	19/18	19	—
Q390M	B、C、D、E	390	380	360	340	340	320	—	—	—	490~650	480~640	470~630	460~620	450~610	—	—	20	20	20	20	—	—
Q420②③	B、C / D	420	410	390	370	370	350	—	—	—	520~680	520~680	520~680	520~680	500~650	—	—	20	19	19	19	—	—
Q420N	B、C、D、E	420	400	390	370	360	340	330	320	—	520~680	520~680	520~680	520~680	500~650	500~650	—	19	19	18	18	18	—
Q420M	B、C、D、E	420	400	390	380	370	365	—	—	—	520~680	500~660	480~640	470~630	460~620	—	—	19	19	19	19	—	—
Q460②③	C	460	450	430	410	410	390	—	—	—	550~720	550~720	550~720	550~720	530~700	—	—	18	17	17	17	—	—
Q460N	C、D、E	460	440	430	410	400	380	370	350	—	540~720	540~720	540~720	540~720	530~710	510~690	—	18	17	17	17	17	—
Q460M	C、D、E	460	440	430	410	400	385	—	—	—	540~720	530~720	510~690	500~680	490~660	—	—	17	17	17	17	—	—
Q500M	C、D	500	490	480	460	450	—	—	—	—	610~770	600~760	590~750	540~730	—	—	—	17	17	17	—	—	—
Q550M	C、D	550	540	530	510	500	—	—	—	—	670~830	620~810	600~790	590~780	—	—	—	16	16	16	—	—	—
Q620M	C、D	620	610	600	580	—	—	—	—	—	710~880	690~880	670~860	—	—	—	—	15	15	15	—	—	—
Q690M	C、D	690	680	670	650	—	—	—	—	—	770~940	750~920	730~900	—	—	—	—	14	14	14	—	—	—

注：N—正火或正火轧制；M—热机械轧制。
① 当屈服不明显时，可用规定塑性延伸强度 $R_{p0.2}$ 代替上屈服强度。
② 只适用于质量等级为 D 的钢板。
③ 只适用于型钢和棒材。

表 2-4 低合金结构钢冲击试验的试验温度和冲击吸收能量 (GB/T 1591—2018)

牌 号			以下试验温度的冲击吸收能量最小值 KV_2/J								
钢级	质量等级		20℃		0℃		-20℃		-40℃		-60℃	
			纵向	横向	纵向	横向	纵向	横向	纵向	横向	纵向	横向
Q355、Q390、Q420	B		34	27	—	—	—	—	—	—	—	—
Q355、Q390、Q420、Q460	C		—	—	34	27	—	—	—	—	—	—
Q355、Q390	D		—	—	—	—	34[1]	27[1]	—	—	—	—
Q355N、Q390N、Q420N	B		34	27	—	—	—	—	—	—	—	—
Q355N、Q390N、Q420N、Q460N	C		—	—	34	27	—	—	—	—	—	—
	D		55	31	47	27	40[2]	20	—	—	—	—
	E		63	40	55	34	47	27	31[3]	20[3]	—	—
Q355N	F		63	40	55	34	47	27	31	20	27	16
Q355M、Q390M、Q420M	B		34	27	—	—	—	—	—	—	—	—
	C		—	—	34	27	—	—	—	—	—	—
Q355M、Q390M、Q420M、Q460M	D		55	31	47	27	40[2]	20	—	—	—	—
	E		63	40	55	34	47	27	31[3]	20[3]	—	—
Q355M	F		63	40	55	34	47	27	31	20	27	16
	C		—	—	55	34	—	—	—	—	—	—
Q500M、Q550M、Q620M、Q690M	D		—	—	—	—	47[3]	27	—	—	—	—
	E		—	—	—	—	—	—	31[3]	20[3]	—	—

注：当需方未指定试验温度时，正火、正火轧制和热机械轧制的 C、D、E、F 级钢材分别做 0℃、-20℃、-40℃、-60℃冲击。冲击试验取纵向试样。经供需双方协商，也可取横向试样。

[1] 仅适用于厚度大于 250mm 的 Q355D 钢板。

[2] 当需方指定、D 级钢可做-30℃冲击试验时，冲击吸收能量纵向不小于 27J。

[3] 当需方指定、E 级钢可做-50℃冲击试验时，冲击吸收能量纵向不小于 27J，横向不小于 16J。

表 2-5 一般工程用铸造碳钢的力学性能 (GB/T 11352—2009)

牌 号	屈服强度 $R_{eH}(R_{p0.2})/MPa$	抗拉强度 R_m/MPa	伸长率 $A_5(\%)$	按合同规定		
				截面收缩率 $Z(\%)$	冲击吸收能量 KV/J	冲击吸收能量 KV/J
				≥		
ZG 200-400	200	400	25	40	30	47
ZG 230-450	230	450	22	32	25	35
ZG 270-500	270	500	18	25	22	27
ZG 310-570	310	570	15	21	15	24
ZG 340-640	340	640	10	18	10	16

表 2-6 一般工程用铸造碳钢的特性和应用

牌 号	主 要 特 性	应 用 举 例
ZG 200-400	低碳铸钢，韧性及塑性均好，但强度和硬度较低，低温冲击韧性大，脆性转变温度低，导磁、导电性能良好，焊接性好，但铸造性差	机座、电气吸盘、变速器等受力不大，但要求韧性较好的零件
ZG 230-450		用于负荷不大、韧性较好的零件，如轴承盖、底板、阀体、机座、侧架、轧钢机架、箱体、犁柱、砧座等
ZG 270-500	中碳铸钢，有一定的韧性及塑性，强度和硬度较高，切削性良好，焊接性尚可，铸造性能比低碳钢好	应用广泛，用于制作飞轮、车辆车钩、水压机工作缸、机架、蒸汽锤气缸、轴承座、连杆、箱体、曲拐
ZG 310-570		用于重负荷零件，如联轴器、大齿轮、缸体、气缸、机架、制动轮、轴及辊子
ZG 340-640	高碳铸钢，具有高强度、高硬度及高耐磨性，塑性、韧性低，铸造性、焊接性均差，裂纹敏感性较大	起重运输机齿轮、联轴器、齿轮、车轮、阀轮、叉头

4. 连接材料

(1) 焊条、焊丝、焊剂材料 金属结构常用焊条、焊丝、焊剂材料的型号、用途见表 2-7。

表2-7　金属结构常用焊条、焊丝和焊剂

焊接类型	焊条或焊丝型号	用　途	正配焊剂
焊条电弧焊	E4301、E5001 等系列	焊接重要的低碳结构钢	—
	E5015、E5501 等系列	焊接低合金钢和重型结构	—
埋弧焊	H08A、H08E、H08Mn 等	焊接低碳结构钢的一般结构	HJ430
	H08MnA、H10Mn2、H10MnSi 等	焊接低合金钢及抗拉强度 300~400MPa 级钢的结构	HJ431 HJ433
气体保护焊	H08Mn2Si 等	焊接低碳结构钢及抗拉强度为 490MPa 级钢的结构	—

焊条应符合 GB/T 5117—2012《非合金钢及细晶粒钢焊条》，GB/T 5118—2012《热强钢焊条》的规定。焊丝应符合 GB/T 5293—1999《埋弧焊用碳钢焊丝和焊剂》、GB/T 8110—2008《气体保护电弧焊用碳钢、低合金钢焊丝》和 GB/T 14957—1994《熔化焊用钢丝》的规定。

焊条、焊丝和焊剂，应与母材的综合力学性能相适应。

（2）铆钉、螺栓副、销轴材料　铆钉材料宜采用符合 YB/T 4155—2006《标准件用碳素钢热轧圆钢及盘条》规定的 BL2、BL3 圆钢。

普通螺栓材料应符合 GB/T 699—1999《优质碳素结构钢》和 GB/T 700—2006《碳素结构钢》的规定。

高强度螺栓、螺母和垫圈材料应符合 GB/T 1231—2006《钢结构用高强度大六角头螺栓、大六角螺母、垫圈技术条件》或 GB/T 3632—2008《钢结构用扭剪型高强度螺栓连接副》的规定。大于 M24 的扭剪型高强度螺栓副和大于 M30 的高强度螺栓副，应符合 GB/T 3098.1—2010《紧固件机械性能　螺栓、螺钉和螺柱》、GB/T 3098.2—2015《紧固件机械性能　螺母　粗牙螺纹》等的规定。各种规格的螺栓副除选用 GB/T 1231—2006 标准规定的材料外，还可采用 GB/T 3077—2015《合金结构钢》规定的用于 8.8 级的 40Cr 和用于 10.9 级以上的 35CrMo、42CrMo 等钢材。热处理后按螺纹内径计算的抗拉强度：对 45 钢不得小于 900MPa；对 40Cr 钢不得小于 1200MPa。高强度螺栓、螺母和垫圈宜用 45 钢制成，并需热处理。高强度螺栓、螺母和垫圈的应用情况见表 2-8。

表2-8　高强度螺栓、螺母和垫圈的应用情况

类别	性能等级	推荐材料	材料标准	适用规格	螺栓、螺母和垫圈的使用组合		
螺栓	10.9S	20MnTiB	GB/T 3077—2015	≤M24	螺栓	10.9S	8.8S
		40B		≤M24			
		35VB	GB/T 1231—2006 GB/T 3632—2008	≤M30			
		35CrMo	GB/T 3077—2015				
		42CrMo					
			GB/T 3098.1—2010	≥M30			
	8.8S	45	GB/T 699—2015	≤M22	螺母	10H	8H
		35		≤M16			
		40Cr	GB/T 3077—2015				
螺母	10H	35、45	GB/T 699—2015		垫圈	35~45HRC	35~45HRC
		15MnVB	GB/T 1591—2008				
	8H	35	GB/T 699—2015				
垫圈	35~45HRC	35、45、65Mn	GB/T 699—2015				

主要承载连接销轴的材料，宜采用符合 GB/T 699—2015 的 45 钢及符合 GB/T 3077—2015 的 40Cr、35CrMo、42CrMo 等钢材，并进行必要的热处理。

5. 轧制钢板和型钢

热轧厚钢板和带钢应符合 GB/T 709—2006 和 GB/T 3274—2017 的规定。冷轧薄钢板应符合 GB/T 708—2006 的规定。花纹钢板应符合 GB/T 3277—1991 的规定。钢板在设计图中用 "—厚×宽×长" 表示。承载结构所用的钢板厚度不应小于 6mm。

热轧型钢有工字钢、槽钢、角钢、L 型钢、H 型钢、T 型钢、钢管和方钢等，钢轨是一种特殊用途型钢。

角钢分为等边角钢和不等边角钢两种，应符合 GB/T 706—2016 的规定。其型号以边宽的厘米数表示。在设计中，角钢用符号 " " 表示，如边宽 50mm、厚度 5mm、长度 2000mm 的等边角钢，可表示为　50×50×5×2000。焊接结构选用的角钢不应小于 45×45×5。

工字钢应符合 GB/T 706—2016 的规定。其型号以截面高度的厘米数表示。在设计中，用 "I" 表示工字钢，如 20a 工字钢，腿（翼缘）宽 100mm，腰厚 7mm，长度 5000mm，可表示为：I20a-5000 或 I200×100×7×5000。

槽钢应符合 GB/T 706—2016 的规定。其型号以其截面高度的厘米数表示。设计中，用 "[" 表示槽钢，如 40b 槽钢，腿宽 102mm，腰厚 12.5mm，长度 1000mm，可表示为：[40b-1000 或 [400×102×12.5×1000。

H 型钢应符合 GB/T 11263—2017 的规定。H 型钢各向刚度大，是一种截面合理的型钢，在建筑、桥梁、机械结构中应用很多，T 型钢为梁的翼缘部分，多用于冶金起重机偏轨箱形梁轨道下方与主腹板的拼接中。

钢管分为结构用无缝钢管（GB/T 8162—2008）、直缝焊接钢管（GB/T 13793—2016）和低压流体输送用焊接钢管（GB/T 3091—2015）三种。结构设计中主要使用无缝钢管。设计中钢管用 "钢管 ϕ" 表示，如外径 60mm、壁厚 10mm、长度为 10000mm 的无缝钢管，可表示为：无缝管 ϕ60×10×10000。大型方钢管和矩形管是截面合理的型钢，在建筑、桥梁、机械结构中应用较多。

钢轨有方钢（GB/T 702—2017）、起重机钢轨（YB/T 5055—2014）、铁路用热轧钢轨（GB 2585—2007）和轻轨（GB/T 11264—2012）四种。钢轨主要用于起重机中，其他机械少用。方钢和轻轨常用作小车轨道，视起重小车轮压而定，一般使用的方钢边宽在 60mm 左右。中等起重量的起重机轨道可采用铁路用热轧钢轨。大起重量的起重机轨道和起重小车轨道均可采用方钢或起重机钢轨。铺设在地面上的轨道，通常采用铁路用热轧钢轨，车轮压力很大时，可采用起重机钢轨。

以上型钢的尺寸、截面性质参数均列于附录中，以方便使用。

6. 铝合金

铝合金是一种轻金属，它主要由铝、镁、铜、锰、锌、硅等元素炼成。在国外已有很多起重机金属结构、建筑结构用铝合金制造。

铝合金的力学性能很好，与 Q235 钢相比，有如下优点：

1）铝合金密度小（质量密度为 2.64~2.8g/cm³），铝合金的结构比钢结构自重减轻 40%~60%。

2）铝合金强度与钢材（Q235）相近，但用于焊接结构的铝合金强度低一些。

3）铝合金在低温下冲击韧度并不降低。

4）铝合金耐蚀性强，仅与其他金属接触处易腐蚀，不接触处则不易腐蚀。

铝合金主要有以下缺点：

1）铝合金弹性模量低，只为钢材的1/3，因此铝合金结构的弹性变形比钢结构大2倍，且受压杆件的临界应力较低，易于失稳。

2）线膨胀系数高，$\alpha = 2.2 \times 10^{-5} \sim 2.4 \times 10^{-5} ℃^{-1}$，约为钢材的2倍，因此温度升高时产生的变形较大。

3）强度随温度升高而降低，焊接结构的焊缝处，由于焊接退火使强度显著降低。

4）铝合金应在保护气体中施焊（如氩气焊等），需要专用设备，或采用铆接结构。

5）铝合金疲劳强度低，对应力集中较敏感。

6）铝合金价格贵，比钢材贵10倍左右，但制造出金属结构的差价并不大；因为钢的密度比铝大2倍左右，1t铝合金制造的构件要比钢材多许多，所以尽管铝合金有许多缺点，但采用铝合金制造金属结构仍是减轻自重的有效方法之一。

二、材料的选择

金属结构材料的选择既关系到结构的安全性，也关系到合理地利用材料的经济性，因此，选取材料时应考虑结构的重要性、载荷特征、工作级别、应力状态、连接方式、工作环境温度及钢材厚度等因素。

（1）结构重要性　重要场合工作的结构材料要好些，主要受力构件比次要受力构件的材料要好些，格构构件的材料不低于实腹构件。

（2）载荷特征　一般受动载荷或交变载荷的结构材料应好些；有应力集中的构件材料应有良好的塑性。

（3）工作级别　工作级别较高的结构材料要好些。

（4）工作环境　要考虑工作环境温度及变化幅度、有无侵蚀性气体、物质等影响。结构工作环境温度越低，要求材料的韧性越好，在-20℃以下工作的结构，其材料的冲击韧度不得小于$30J/cm^2$，工作温度高于300℃时，钢材会发生蠕滑变形（即徐变），引起结构内力重新分布，造成结构松脱而不能工作。因此，应防止结构在300℃以上环境中工作，必要时需采取有效措施（如隔热板），以降低结构的温度。在侵蚀性气体、物质中工作的结构，应注意钢材的防蚀。

（5）钢材性能与厚度　不同标号的钢材其性能不同。Q195钢强度低，多用于次要构件中，如走台板等。Q215钢塑性和韧性均好，多用来制作铆钉和板结构。Q255、Q275钢含碳量大，强度高，塑性、韧性、焊接性均差，一般不作为结构件，可用来制作螺栓或轨道。Q235镇静钢的强度、韧性、焊接性均好，温度在10℃以上时冲击韧度可达$200J/cm^2$以上，-40℃时约达$120J/cm^2$，其冷脆临界温度为-60℃，可用于低温下工作的结构中。Q235沸腾钢质量差些，但价格便宜，强度、韧性、焊接性也较好，常温下冲击韧度为$100J/cm^2$以上，低温下韧性差，冷脆临界温度在-20～-30℃范围内，板的厚度越大，强度和韧性越低，因此常用于-20℃以上工作的轻型金属结构中。轧制钢材越厚，材质密实性越低，钢材的强度、塑性、韧性、焊接性和冷弯性能越差，所以应尽量选用较薄的钢材。

（6）连接方式　焊接结构所用的材质要比铆接结构好些，否则难以保证焊接性。焊接钢材中，碳的质量分数<0.2%，硫的质量分数<0.05%，磷的质量分数<0.045%。

（7）市场供应 钢材价格的波动性和市场现货、期货的供应周期与采购周期和生产周期的科学匹配情况也是选材时必须考虑的因素。

根据以上因素，材料的选用原则为：

1）不应选用沸腾钢的情况。

对于焊接结构：

① 直接承受动载荷且需要验算疲劳的结构。

② 虽不验算疲劳，但工作环境温度低于-20℃的直接承受动载荷的结构以及受拉、受弯的重要承载结构。

③ 工作环境温度等于或低于-30℃的所有承载结构。

对于非焊接结构：

工作环境温度等于或低于-20℃的直接承受动载荷且需要验算疲劳的结构。

2）对于厚度大于50mm的钢板，用作焊接承载构件时应慎重，其许用应力应适当降低约10%使用；当用作拉伸、弯曲等受力构件时，须增加横向取样的拉伸和冲击吸收能量的检验，以满足设计要求。

3）钢材的技术指标体现在钢材出厂证明书中所提供的技术保证：

①抗拉强度；②伸长率；③屈服强度；④冷弯试验；⑤常温下冲击吸收能量；⑥低温下冲击吸收能量；⑦碳、硫、磷的质量分数。

对机械装备金属结构，前3项是必须保证的；对不受力构件，只保证前2项要求；对冷加工件，应有第4项保证，对受动载荷及低温工作的结构，必须有第5、第6项保证；对焊接结构，必须有第7项保证。总之，保证项数越多，对钢材要求越高，价格越昂贵。

4）在设计高强度钢材的结构构件时，应特别注意选择合理的焊接工艺并进行相应的焊接试验，以减少其制造内应力，防止焊缝开裂及控制高强度钢材结构的变形。

5）室外工作起重机的工作环境温度，在用户未特别提出时，可取为起重机使用地点的年最低日平均温度。对不确定使用地点的起重机，工作环境温度由设计制造单位根据销售情况确定。

6）为使所选的结构件钢材具有足够的抗脆性破坏的安全性，应根据影响脆性破坏的条件来选择钢材的质量组别，即应正确评价导致构件钢材脆性破坏的以下各因素的影响：

①纵向残余拉应力与自重载荷引起的纵向拉应力的联合作用；②构件材料的厚度；③工作环境的温度。

三、影响脆性破坏因素的评价和钢材质量组别的确定

对影响脆性破坏因素进行评价，并对钢材质量组别进行确定，再根据此选择钢材的质量组别，以保证起重机结构钢材抗脆性破坏的安全性。

1. 对影响脆性破坏因素的评价

在起重机金属结构中，导致构件钢材发生脆性破坏的重要影响因素是：

（1）纵向残余拉应力与自重载荷引起的纵向拉应力的联合作用的影响 以自重载荷引起的纵向拉应力 σ_G 和焊接纵向残余拉伸应力的联合作用如图2-5所示。

1）Ⅰ类焊缝。无焊缝或只有横向焊缝，脆性破坏的危险性小。当起重机自重等永久载

荷（γ_p 取 1）引起的结构构件纵向拉伸应力 σ_G 与其钢材的屈服点 σ_s 之比 $\sigma_G/\sigma_s > 0.3$ 时，才考虑此因素对脆性破坏的影响。评价系数 Z_A 按下式计算，即

$$Z_A = \frac{\sigma_G}{0.3\sigma_s} - 1 \qquad (2\text{-}4)$$

式中　Z_A——（确定钢材质量组别的）残余应力影响评价系数；

　　　σ_G——结构构件纵向拉伸应力，单位为 MPa；

　　　σ_s——钢材的屈服强度，单位为 MPa。

2）Ⅱ类焊缝。只有纵向焊缝的结构，脆性破坏的危险性增加。评价系数 Z_A 按下式计算，即

$$Z_A = \frac{\sigma_G}{0.3\sigma_s} \qquad (2\text{-}5)$$

3）Ⅲ类焊缝。焊缝汇聚，高度应力集中，脆性破坏的危险性最大。评价系数 Z_A 按下式计算，即

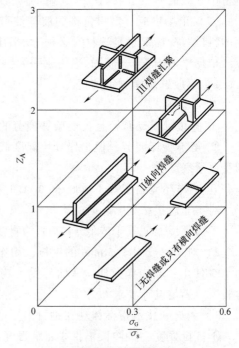

图 2-5　焊缝类型

$$Z_A = \frac{\sigma_G}{0.3\sigma_s} + 1 \qquad (2\text{-}6)$$

在有条件时，宜对Ⅲ类焊缝进行消除残余应力的热处理（温度宜为 $600 \sim 650℃$），处理后可视为Ⅰ类焊缝选取钢材组别。

当钢材的屈强比 $\sigma_s/R_m \geq 0.7$ 时，式（2-4）～式（2-6）中的 σ_s 以 $(0.5\sigma_s + 0.35R_m)$ 代之。

（2）构件材料厚度的影响　构件材料的厚度越大，脆性破坏危险性越大。当 $5mm \leq \delta \leq 20mm$ 时，评价系数 Z_B 按式（2-7）计算；当 $20mm < \delta \leq 100mm$ 时，评价系数 Z_B 按式（2-8）计算，即

$$Z_B = \frac{9}{2500}\delta^2 \qquad (2\text{-}7)$$

$$Z_B = 0.65\sqrt{\delta - 14.81} - 0.05 \qquad (2\text{-}8)$$

式中　Z_B——（确定钢材质量组别的）材料厚度影响评价系数；

　　　δ——构件材料厚度，单位为 mm。

对轧制型材和矩形截面用假想厚度 δ' 来进行评价，δ' 按下述规定确定：

1）对轧制型材。对圆截面，$\delta' = b/1.8$；对方截面，$\delta' = \delta/1.8$。

2）对截面长边为 b、短边为 d 的矩形截面。当两边之比 $b/d \leq 1.8$ 时，$\delta' = b/1.8$；当两边之比 $b/d > 1.8$ 时，$\delta' = d$。

（3）工作环境温度的影响　在室外的起重机结构的工作环境温度取为起重机使用地点的年最低日平均温度。当起重机的结构工作环境温度在 $0℃$ 以下时，随着温度的降低，材料

脆性破坏的危险性增大。不低于-30℃时，评价系数 Z_C 按式（2-9）计算；低于-30℃、高于-55℃时，评价系数 Z_C 按式（2-10）计算，即

$$Z_C = \frac{6}{1600}T^2 \tag{2-9}$$

$$Z_C = \frac{-2.25T-33.75}{10} \tag{2-10}$$

式中 Z_C——（确定钢材质量组别的）工作环境温度影响评价系数；

T——起重机结构的工作环境温度，单位为℃。

2. 所要求的钢材质量组别的确定

将评价系数 Z_A、Z_B、Z_C 相加，得到总评价系数 $\sum Z$，表 2-9 列出了与总评价系数有关的钢材质量组别的划分。表 2-10 给出了钢材质量组别及钢材牌号。

表 2-9 与总评价系数有关的钢材质量组别的划分

总评价系数 $\sum Z = Z_A + Z_B + Z_C$	与表 2-10 对应的钢材质量组别
≤2	1
≤4	2
≤8	3
≤16	4
≤32	5
≤64	6

表 2-10 钢材质量组别及钢材牌号

钢材质量组别	冲击吸收能量 KV_2/J	试验温度 T/℃	钢材牌号	质量等级	国家标准
1	—		Q235	A	GB/T 700—2006
2	27	+20	Q235	B	GB/T 700—2006
	34		Q355、Q390、Q420、Q355N、Q390N、Q420N、Q355M、Q390M、Q420M	B	GB/T 1591—2018
	35		Q355N、Q390N、Q420N、Q460N、Q355M、Q390M、Q420M、Q460M	D	
	63		Q355N、Q390N、Q420N、Q460N、Q355M、Q390M、Q420M、Q460M	E	
	63		Q355N	F	
3	27	0	Q235	C	GB/T 700—2006
	34		Q355、Q390、Q420、Q460、Q355N、Q390N、Q420N、Q460N、Q355M、Q390M、Q420M、Q460M	C	GB/T 1591—2018
	55		Q500M、Q550M、Q620M、Q690M		
4	27	-20	Q235		GB/T 700—2006
	34		Q355、Q390		
	40		Q355N、Q390N、Q420N、Q460N、Q355M、Q390M、Q420M、Q460M	D	GB/T 1591—2018
	47		Q500M、Q550M、Q620M、Q690M		

（续）

钢材质量组别	冲击吸收能量 KV_2/J	试验温度 $T/℃$	钢材牌号	质量等级	国家标准
5	31	-40	Q355N、Q390N、Q420N、Q460N、Q355M、Q390M、Q420M、Q460M、Q500M、Q550M、Q620M、Q690M	E	GB/T 1591—2018
6	27	-60	Q355N、Q355M		

注：1. 如果板材要进行弯曲半径与板厚比小于 10 的冷弯加工，其钢材应适合弯折或冷压折边的要求。

　　2. 除明确规定不应采用沸腾钢的情况外，可适当选用沸腾钢。

设计时上述评价方法，由表 2-9 确定所需钢材的质量组别，然后再由表 2-10 选择与该质量组别相对应的钢材牌号。

本 章 小 结

本章主要介绍了钢材的力学特性及影响因素，阐述材料的类别和特征，并根据材料的选用原则进行材料的选择，最后给出了考虑影响脆性破坏因素评价的钢材质量组别的确定方法，并根据此选择钢材。

本章应了解机械装备金属结构使用钢材的力学特性及影响因素，材料的类别和特征以及相关国家和行业标准。

本章应了解普通结构钢和低合金钢的特点及适用场合，环境温度、工作级别对材料的影响。

本章应掌握材料的选用原则、依据和规定，材料的标准表示方法以及考虑影响脆性破坏因素评价的钢材质量组别确定方法和钢材的选择。

第三章

载荷与载荷组合

金属结构是承载结构,根据用途和机型不同,所承受的外载荷也不相同。准确确定载荷值、科学进行载荷组合及正确进行结构分析与设计,是保证机械装备具有可靠的承载能力和良好的使用性能的重要前提条件。

第一节　载荷的分类

金属结构承受的外载荷,可按以下方法分类:

一、按其作用性质、工作特点和发生频度划分

(1)常规载荷　在起重机正常工作时始终和经常发生的载荷称为常规载荷,包括由重力产生的载荷,由驱动机构或制动器的作用使起重机加(减)速运动而产生的载荷及因起重机结构的位移或变形引起的载荷。在防强度失效、防弹性失稳及有必要进行防疲劳失效的能力验算中应考虑此类载荷。

(2)偶然载荷　在起重机正常工作时不经常发生而偶然出现的载荷称为偶然载荷,包括由工作状态的风、雪、冰、温度变化、坡道及偏斜运行引起的载荷。在防疲劳失效的计算中不考虑此类载荷。

(3)特殊载荷　在起重机非正常或非工作时很少发生的载荷称为特殊载荷,包括由起重机试验、非工作状态风、缓冲力及倾翻、意外停机、传动件失效及起重机基础受到外部激励引起的载荷。在防疲劳失效的计算中不考虑此类载荷。

(4)其他载荷　在起重机非工作时装拆状态发生的载荷即为其他载荷,包括安装载荷、拆卸载荷以及平台和通道上的载荷。此类载荷虽排在最后一种类型,但由于相当多的事故发生在装拆作业阶段,应当给予特别注意。

二、按其作用效果与时间变化相关性划分

(1)静载荷　对结构产生静力作用而与作用时间变化无关的载荷,称为静载荷,如自重载荷与起升载荷的静力作用。

(2)动载荷　对结构产生动力作用而与作用时间变化相关的载荷,称为动载荷,如由于机械装备不稳定运动,各种质量产生的惯性力和由于机械装备工作时产生的碰撞、冲击作用等。

第二节　载荷的计算

结构的载荷值需在设计之初进行确定和计算。而准确确定载荷值将直接影响结构设计的精度和机械装备的安全可靠程度、使用性能。以下介绍确定各类载荷的计算原则和方法。

一、载荷计算原则

1）起重机的载荷计算与载荷组合主要用于验证起重机结构件的防强度失效、防弹性失稳和防疲劳失效的能力，以及起重机的抗倾覆稳定性和抗风防滑移安全性。

2）起重机能力验算时应注意计算模型与实际情况的差异。当载荷引起的效应随时间变化时，应采用等效静载荷进行估算。本书以刚体动力分析方法为计算基础，对于弹性系统的载荷效应，则采用动力载荷系数进行估算模拟，或在有条件的前提下，也可进行弹性动力分析或现场测试。为反映操作平稳程度的不同，应考虑司机实际操作情况的影响。

3）如某载荷不可能出现，则应在验算中略去（如室内起重机不考虑风载荷）。同样，对起重机说明书中禁止出现的、对起重机设计未提出要求的、在起重机设计中已明确要防止或禁止的载荷也不予考虑。

4）结构设计方法有两种：许用应力设计法或极限状态设计法。无论采用何种方法，在确定载荷、动力载荷系数、载荷组合、许用应力和极限设计应力时，都应以相关起重机设计标准，或有效试验或统计数据为基础。

二、载荷计算方法

1. 常规载荷的计算

（1）自重载荷 P_G　自重载荷是指起重机本身的结构、机械设备、电气设备以及在起重机工作时始终附设在其上的某些部件和积结在部件上的物料（如设在起重机上的漏斗料仓、连续输送机及其上的物料）等质量的重力。对某些起重机，自重载荷还应包括结壳物料质量的重力，例如黏结在起重机及其零部件上的煤或类似的其他粉末质量的重力，但起升载荷质量的重力除外。

1）自重载荷的估算。在结构设计之前，结构自重尚未知，必须预先估算。金属结构和机电设备的自重载荷通常远远超过其工作载荷，例如，桥式起重机的自重约为起重量的 2~7 倍，门座起重机的自重约为起重量的 8~25 倍，装卸桥的自重约为起重量的 30~60 倍，由此可见，结构自重载荷产生的应力对总体应力具有较大贡献，所以正确地估算结构的自重载荷对结构设计十分重要。根据设计经验，结构自重通常可参照现有类似结构的自重来确定，或利用设计手册、文献中类似结构的自重数据或公式来计算，需要指出的是估算值需多次试算反复逼近才可获得真实值。

计算金属结构时，结构自重载荷用 P_G 表示，单位为 N 或 kN。对于桁架结构的自重载荷，则视为作用于桁架节点上的节点载荷 F（见图 3-1a），即

$$F = \frac{P_G}{n-1} \tag{3-1}$$

式中　n——桁架的节点数。

而对于实体结构（如梁、刚架），则视为均布载荷 F_q（见图 3-1b），即

$$F_q = \frac{P_G}{S} \tag{3-2}$$

式中 S——实体结构的跨度。

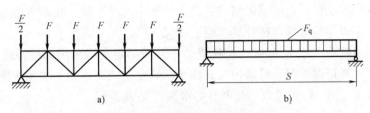

图 3-1 结构自重的作用方式

a）桁架结构 b）实体结构

机械和电气设备的自重载荷，可根据所选用的设备型号由机电产品规格表中查得，用 P_{Gj}、P_{Gd} 表示，视为集中载荷分别作用于结构相应的部位上。

2）自重振动载荷 $\phi_1 P_G$。当起升有效载荷离开地面时，或悬吊在空中的有效载荷突然卸载时，或悬吊在空中的有效载荷下降制动时，起重机自重将受到振动激励而产生增大或减小的动力响应。为了反映振动脉冲响应范围的上下限，以起升冲击系数 ϕ_1 乘以起重机自重载荷来考虑系数的两个限值：$\phi_1 = 1 \pm \alpha$，$0 \leqslant \alpha \leqslant 0.1$。

（2）额定起升载荷 P_Q 额定起升载荷是指起重机起吊额定起重量时能够吊运的物品最大质量（m_Q）与吊具及属具质量（m_0）总和（即总起升质量）的重力，简而言之就是起吊额定起重量时的总起升质量的重力，单位为 N 或 kN。

起升载荷是指起重机在实际的起吊作业中每一次吊运的物品质量（有效起重量）与吊具及属具质量总和（即起升质量）的重力，单位为 N 或 kN。

1）起升动载荷 $\phi_2 P_Q$。当物品无约束地起升离开地面时，物品的惯性力将会使起升载荷出现动载增大的作用。此起升动力效应用一个大于 1 的起升动载系数 ϕ_2 乘以额定起升载荷 P_Q 来考虑，如图 3-2 所示。

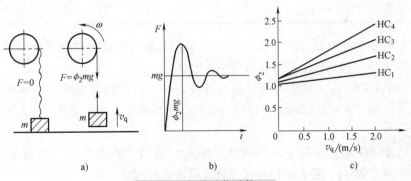

图 3-2 起升动载系数 ϕ_2

2）起升状态级别。由于起重机及其支承的弹性以及起升机构驱动控制的不同，导致起重机起升作业的平稳程度和物品离地的动力特性存在很大差异，因此引入起重机结构及其支承和钢丝绳系统在典型垂直载荷作用下的位移 δ_0 和起升状态级别操作系数 β_2，将起升状态

划分为四个级别 $HC_1 \sim HC_4$：起升离地平稳为 HC_1，起升离地有轻微冲击为 HC_2，起升离地有中度冲击为 HC_3，起升离地有较大冲击为 HC_4。

起升状态级别由典型垂直载荷下的位移 δ_0 和起升状态级别操作系数 β_2 确定（见表3-1），也可由起重机类别选取（见表3-2）。

典型垂直载荷的位移可由起重机结构及其支承和钢丝绳系统，在不考虑增大系数的最大载荷作用下，采用弹性静力学方法计算求得，参见3）。

而最小起升动载系数 $\phi_{2\min}$ 可通过实验或动态分析确定。当采用其他替代方法时，应模拟驱动系统的实际特征以及起重机结构及其支承系统在总载荷作用下的弹性特性。根据模拟结果，确定出与 $\phi_{2\min}$ 和 β_2 相等效的起升状态级别，见表3-3。

表3-1　典型垂直载荷的位移 δ_0 和起升状态级别操作系数 β_2

起升状态级别	δ_0	$\beta_2/(s/m)$	起升状态级别	δ_0	$\beta_2/(s/m)$
HC_1	$0.8m \leqslant \delta_0$	0.17	HC_3	$0.15m \leqslant \delta_0 < 0.3m$	0.51
HC_2	$0.3m \leqslant \delta_0 < 0.8m$	0.34	HC_4	$\delta_0 < 0.15m$	0.68

表3-2　某些起重机的起升状态级别举例

起重机类别	起升状态级别	起重机类别	起升状态级别
人力驱动起重机	HC_1	炉前铸造起重机	
电站起重机，安装起重机，车间起重机	HC_2/HC_3	炉后铸造起重机	
卸船机（用起重横梁、吊钩或夹钳）	HC_3	料箱起重机	HC_3/HC_4
货场起重机（用起重横梁、吊钩或夹钳）		加热炉装取料起重机(用水平夹钳)	
卸船机（用抓斗或电磁盘）	HC_3/HC_4	锻造起重机	HC_4
货场起重机（用抓斗或电磁盘）			

表3-3　最小起升动载系数 $\phi_{2\min}$

起升状态级别	起升驱动类型				
	H1	H2	H3	H4	H5
HC_1	1.05	1.05	1.05	1.05	1.05
HC_2	1.10	1.10	1.05	1.10	1.05
HC_3	1.15	1.15	1.05	1.15	1.05
HC_4	1.20	1.20	1.05	1.20	1.05

常用的起升驱动类型有五种（见表3-4），采用实际旋转或线性起升驱动速度 ω，以及产生的起升力 F 的时间历程来表示，如图3-2所示。

3）起升动载系数 ϕ_2。当从地面加速起升载荷时，载荷惯性力增大了起升载荷的静力值，并使金属结构产生弹性振动，计算结构时考虑铅垂惯性力和振动作用的起升载荷称为起升动载荷 P_d。

结构系统承受的起升动载荷 P_d（或动位移 δ_d）与起升静载荷 P_Q（或静位移 δ_0）的比值称为起升动载系数 ϕ_2，它表示相对起升静载荷增大的程度，即

$$\phi_2 = \frac{P_d}{P_Q} = \frac{\delta_d}{\delta_0} > 1 \tag{3-3}$$

因而计算金属结构所用的起升动载荷为

$$P_d = \phi_2 P_Q \tag{3-4}$$

表 3-4 起升驱动类型

H1——无低速可用或驱动可能无低速起动

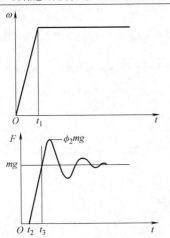

时间历程：

$t=0$：起动

$t=t_1$：$\omega=\omega_{max}$

$t=t_2$：钢丝绳开始张紧（$t_2\approx 0$）

$t=t_3$：开始起升

常规载荷（载荷组合 A、B）：

$\phi_2=\phi_{2max}+\beta_2 v_{qmax}$

实例：有或无低速的笼型电动机

H2——起升驱动仅能在预设时间内以低速起动

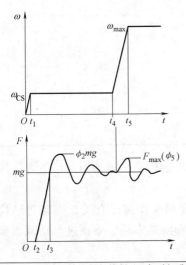

时间历程：

$t=0$：起动

$t=t_1$：$\omega=\omega_{CS}$

$t=t_4$：开始加速至 ω_{max}（$t_4>t_{4min}$）

$t=t_5$：$\omega=\omega_{max}$

$t=t_2$：钢丝绳开始张紧（$t_2\approx 0$）

$t=t_3$：开始起升

常规载荷（载荷组合 A、B）：

$\phi_2=\phi_{2max}+\beta_2 v_{qCS}$

$F_{max}(\phi_5)=mg+\phi_5\left[F_{(f)}-mg\right]$

其中，$F_{(f)}$ 是最终牵引力

附加载荷（载荷组合 C1）：

$\phi_2=\phi_{2max}+\beta_2 v_{qmax}$

实例：存在或者不存在低速的变极笼型电动机。任何情况下能够保证延时 t_{4min}，如时间继电器或者特殊的仪器设备

H3——起升驱动控制保持低速，直到起升载荷离开地面

H3 中 F 和 ω 的时间历程与起升驱动类型 H2 中呈现的一样。然而，尽管在起升驱动类型 H3 下能够保证 $t_3<t_4$，H2 起升驱动类型在载荷保持着地状态时，并不能防止全速起升（例如，松弛绳的误用）。因此，在起升驱动类型 H3 中，对于载荷组合 A 和 B，只计入起升动载系数 $\phi_2=\phi_{2max}+\beta_2 v_{qCS}$ 的常规载荷。实例：任何具有低速驱动和载荷测量装置。当 F 在一段时间内保持不变并且大于 0 时，最大速度才能够被激活（自动或者人工），从而能够确保载荷从地面起升

H4——无级调速起升驱动控制实现连续增速

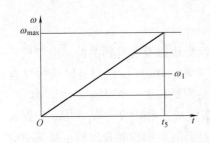

时间历程：

$t=0$：起动

$t=t_5$：$\omega=\omega_{max}$

$t=t_2$：钢丝绳开始张紧

$t=t_3$：开始起升

常规载荷（载荷组合 A、B）：

$\phi_2=\phi_{2max}+0.5\beta_2 v_{qmax}$

附加载荷（载荷组合 C1）：

$\phi_2=\phi_{2max}+\beta_2 v_{qmax}$

（续）

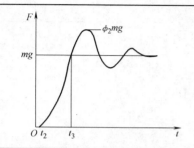

实例：任何具有平稳增速的驱动装置（如坡道型），例如通过变频或者直流电动机或者液压滑阀调速

由于潜在的误用（如起升松弛绳的起动）是不可避免的，因此，应考虑载荷组合 C1

H5——无级调速起升驱动控制自动保证动载系数 ϕ_2 不超过 ϕ_{2min}

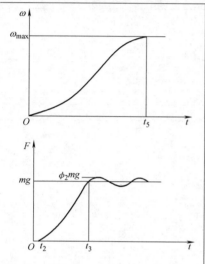

时间历程：

$t = 0$：起动

$t = t_5$：$\omega = \omega_{max}$

$t = t_2$：钢丝绳开始张紧

$t = t_3$：开始起升

常规载荷（载荷组合 A、B）：

$\phi_2 = \phi_{2min}$

附加载荷（载荷组合 C1）：

$\phi_2 = \phi_{2max} + 0.5\beta_2 v_{qmax}$

研究表明，变速升降物品时，物品离地起升比下降制动对结构产生的动力效应更大，因此可仅研究物品离地起升的工况。

动载系数 ϕ_2 由理论和试验研究获得，它不仅与起升速度和操作情况有关，而且与结构的刚度和质量、起升钢丝绳绕组的刚度和起升质量有关。为理解其本质，下面进行动载系数 ϕ_2 的理论推导。

金属结构实际上是一个无限多自由度的振动系统，在工程中通常将其简化成具有多个集中质量的有限自由度等效系统来分析。

物品离地起升过程分为三个阶段：

① 起升机构卷绕起升钢丝绳由松弛到张紧拉直但仍未受力。

② 起升钢丝绳开始受力并逐渐增大，直至与物品的重力相等，结构和起升钢丝绳产生位移但物品未离地。

③ 物品离开地面的瞬间即与结构同时振动。

对结构产生动力效应最大的第三阶段，建立结构、钢丝绳绕组及起升物品的动力学模型（见图 3-3），它是一个二自由度质量-刚度振动系统。应当指出，图 3-3a 模型是以结构（含跨中小车）自重载荷产生的结构静位移位置作为振动系统的原始位置（图中未示出）的。

图 3-3b 中 m_1 和 K_1 分别表示结构的换算质量（含小车质量）和刚度，m_2 和 K_2 分别表示总起升质量和起升钢丝绳绕组的刚度。在分析中忽略钢丝绳的质量和起升机构本身振动的

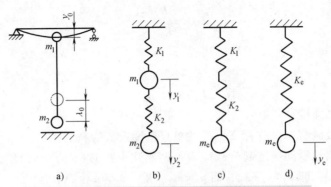

图 3-3　物品刚离地后结构及钢丝绳绕组的动力学模型

影响。

当物品刚离地时，m_1 和 m_2 围绕各自的静力平衡位置（由 m_2g 分别对结构和钢丝绳绕组产生的静位移位置）而振动，若忽略系统阻尼，则该系统的振动为简谐运动。

设物品离地瞬时 m_1 与 m_2 以相同频率做同向一阶主振动，则质点 m_1 及 m_2 的位移方程表示为

$$\left.\begin{array}{l} y_1 = A_1 \sin\omega t \\ y_2 = A_2 \sin\omega t \end{array}\right\} \tag{3-5}$$

式中　A_1、A_2——质点 m_1 及 m_2 的振幅；

　　　ω——圆频率，单位为 rad/s。

当 $t=0$ 时，质点初始位移为零；当 $\omega t = \pi/2$ 时，质点的最大位移为

$$\left.\begin{array}{l} y_{1\max} = A_1 \\ y_{2\max} = A_2 \end{array}\right\} \tag{3-6}$$

质点的运动速度为

$$\left.\begin{array}{l} \dot{y}_1 = A_1 \omega \cos\omega t \\ \dot{y}_2 = A_2 \omega \cos\omega t \end{array}\right\} \tag{3-7}$$

当 $t=0$ 时，质点的最大初速度为

$$\left.\begin{array}{l} \dot{y}_{1\max} = A_1 \omega \\ \dot{y}_{2\max} = A_2 \omega \end{array}\right\} \tag{3-8}$$

而 $\dot{y}_{2\max} = v_0$ 为物品离地速度。显然，质点的最大初速度与振幅成正比。

质点 m_2 的加速度为 $\ddot{y}_2 = -A_2 \omega^2 \sin\omega t$，当 $\omega t = \pi/2$ 时，m_2 有最大加（减）速度 $a = \ddot{y}_{2\max} = -A_2 \omega^2 = -v_0 \omega$。

在多自由度系统的振动中，对工程应用具有实际控制意义的是一阶基频，关键是要找出求解基频的计算方法。为使问题简化，将二自由度系统（见图 3-3c）转换成一个等效的单自由度系统（见图 3-3d）进行研究。将原系统的 m_1 向最大位移质点的 m_2 转化，构成单自由度系统的等效质量 m_e，而等效刚度 K_e 则由 K_1 和 K_2 的串联等效得到，K_e 可根据两个系统在相同外力作用下变形相等条件 $m_e g / K_e = m_e g / K_1 + m_e g / K_2$ 求得

$$K_e = \frac{K_1 K_2}{K_1 + K_2} \tag{3-9}$$

由刚度定义可知

$$K_e = \frac{K_1 K_2}{K_1 + K_2} = \frac{m_e g}{\delta_e} = \frac{m_2 g}{\delta_0} \tag{3-10}$$

式中　g——重力加速度；

δ_e——在等效载荷 $m_e g$ 作用下，等效单自由度系统的静位移；

δ_0——物品离地瞬间额定起升载荷 $m_2 g$ 对结构上物品悬挂点与钢丝绳绕组产生的静位移之和，即 $\delta_0 = y_0 + \lambda_0$，而 $y_0 = m_2 g / K_1$，$\lambda_0 = m_2 g / K_2$。

计算超静定结构的 y_0 时，应考虑冗余约束的影响。设计时若不能预先确定 y_0 和 λ_0 值，则对于桥式起重机，近似取 $y_0 = (1/1000 \sim 1/750)S$，$S$ 为跨度；对于臂架、门座起重机，近似取 $y_0 = (1/250 \sim 1/200)R$，$R$ 为最大幅度；其他起重机可近似取 $\lambda_0 = 0.0029H$，H 为起升钢丝绳滑轮组最大悬挂长度，计算时不再考虑钢丝绳滑轮组的分支数。以上所有参数的单位均为 m。

等效单自由度系统应与原来二自由度系统具有相同的振动形式和频率。

假设 m_e 与 m_2 处的运动位移相同，其运动速度也相同，$y_e = y_2$，$\dot{y}_{e\max} = \dot{y}_{2\max}$，则等效质量可根据两系统最大动能相等原理求得

$$\frac{1}{2} m_e \dot{y}_{e\max}^2 = \frac{1}{2} m_1 \dot{y}_{1\max}^2 + \frac{1}{2} m_2 \dot{y}_{e\max}^2 \tag{3-11}$$

因为质点最大速度与振幅成正比，而与质点处的刚度成反比，于是式（3-11）可改写为

$$m_e \left(\frac{1}{K_e}\right)^2 = m_1 \left(\frac{1}{K_1}\right)^2 + m_2 \left(\frac{1}{K_e}\right)^2 \tag{3-12}$$

解得等效质量为

$$m_e = m_2 + m_1 \left(\frac{K_e}{K_1}\right)^2 = m_2 \left[1 + \frac{m_1}{m_2}\left(\frac{K_e}{K_1}\right)^2\right] = m_2 (1 + \beta) \tag{3-13}$$

式中　β——结构质量对等效质量的影响系数，$\beta = \frac{m_1}{m_2}\left(\frac{K_e}{K_1}\right)^2 = \frac{m_1}{m_2}\left(\frac{y_0}{y_0 + \lambda_0}\right)^2$；

m_1——结构（在其物品悬挂点）的换算质量；

m_2——总起升质量，$m_2 = m_Q + m_0$。

结构的换算质量 m_1：对于桥式起重机，在跨中取桥架（不含端梁）质量的 1/2 与小车质量之和；对于门式起重机，在跨中取桥架（不含支腿与横梁）全长的均布质量乘跨度的 1/2 与小车质量之和，在悬臂端则取此均布质量乘 0.3 倍悬臂长与小车质量之和；对臂架起重机的臂架端点，取为臂架质量的 1/3。

由式（3-10）和式（3-13）得

$$\delta_e = \delta_0 \frac{m_e}{m_2} = \delta_0 (1 + \beta) \tag{3-14}$$

根据等效单自由度系统的简谐运动可知，其自振圆频率为

$$\omega = \sqrt{\frac{K_e}{m_e}} = \sqrt{\frac{m_e g}{m_e \delta_e}} = \sqrt{\frac{g}{\delta_0 (1 + \beta)}} \tag{3-15}$$

求出整个起重机系统的最低圆频率（基频）后，便可求解结构和物品悬挂点处的动载系数。按 m_e 与 m_2 最大初速度相同 $\dot{y}_{e\max} = \dot{y}_{2\max} = v_0$，由式（3-8）知，$m_e$ 的最大振动位移 $y_{e\max} = A_2 = v_0/\omega$；由系统振动产生的动力效应也可用动位移表达，如图 3-3 所示。

系统的最大动位移为

$$\delta_d = \delta_0 + y_{e\max} = \delta_0 + \frac{v_0}{\omega} \tag{3-16}$$

起重机结构在物品悬挂点的动载系数为

$$\phi_2 = \frac{\delta_d}{\delta_0} = \frac{\delta_0 + y_{e\max}}{\delta_0} = 1 + \beta_2 v_q \sqrt{\frac{1+\beta}{g\delta_0}} \tag{3-17}$$

式中　v_q——稳定起升速度，单位为 m/s；

　　　v_0——起升质量离地瞬间的起升速度（$v_0 = \beta_2 v_q$），单位为 m/s；

　　　β_2——与起升状态级别有关的操作系数，见表 3-1；

　　　g——重力加速度，$g = 9.81\mathrm{m/s^2}$。

由式（3-17）可见，当起升速度与起升状态级别一定时，动载系数与系统的刚度和质量有直接关系，刚度越大，δ_0 越小，ϕ_2 越大。

物品快速下降紧急制动时，可取 $\beta_2 \approx 1$，则有

$$\phi_2 = 1 + v_q \sqrt{\frac{1+\beta}{g\delta_0}} \tag{3-18}$$

若不考虑结构（含小车）质量 m_1 对动载系数的影响，则 $\beta = 0$，式（3-17）变为

$$\phi_2 = 1 + \beta_2 v_q \sqrt{\frac{1}{g\delta_0}} \tag{3-19}$$

它可近似用于中、小跨度的起重机结构和慢速下降制动的情况。

当式（3-17）中 $\delta_0 = y_0$，即 $\lambda_0 = 0$ 时，为刚性吊具起重机结构的动载系数，即

$$\phi_2 = \frac{\delta_d}{\delta_0} = \frac{\delta_0 + y_{e\max}}{\delta_0} = 1 + \beta_2 v_q \sqrt{\frac{1+\beta}{gy_0}} \tag{3-20}$$

臂架起重机结构同样可用式（3-17）计算动载系数，也可用简化公式计算，即

$$\phi_2 = 1 + \frac{a_0 v_q}{\sqrt{gy_0}} \tag{3-21}$$

式中　a_0——与起升高度有关的系数，$a_0 = 0.35 \sim 0.5$；

　　$1/\sqrt{gy_0}$——与臂架型式有关的因数，对四连杆臂架为 0.6，对摆动单臂架为 1.6，对于水平臂架为 1.1，单位为 s/m。

由于司机操作情况不同，ϕ_2 值也不同，通常物品离地起升时的动载系数比下降制动时要大，但物品突然离地起升和下降紧急制动时，结构的动载系数比正常操作时要大得多，而物品快速点动升降时出现多次激励振动的叠加，可导致结构动载系数出现最大值，甚至接近或超过 2，此时结构最危险。而此工况在作业中难免，应在设计中特别加以考虑。

在正常操作情况下，用上述公式对各类起重机结构算得的 ϕ_2 一般都小于 2。若算得的 ϕ_2 大于 2，则应控制物品的离地速度（使操作尽可能平稳），且取 $\phi_2 = 2$。

应当指出，通常在设计结构时，对于结构的任何部位和构件均取相同的动载系数值，但

由结构动态分析和试验研究可知[17,27,30]：结构各部位的动载系数（效应）并不相同，并且均大于吊钩处的动载系数，其分布规律是：在结构的物品悬挂点或空间结构的上部构件处，动载系数较小；离物品悬挂点越远的部位或空间结构的中、下部构件处，动载系数居中；靠近结构支承的部位或构件，动载系数最大。其原因：一是进行结构动态分析时，通常将无限自由度系统的结构（将质量集中）简化成有限自由度系统甚至单自由度系统来计算，这样忽略了结构其余部位（集中质点以外，如支承处）所产生的振动，因而减小了结构的动力效应（ϕ 小于 ϕ_2）；二是起升载荷引起动力响应（ϕ_2），同时也产生构件自重的冲击效应（ϕ_1），此时构件反映出的动载系数 ϕ 是起升动载系数和冲击系数的综合值（ϕ 大于 ϕ_2），因此需按载荷组合分别计算；三是结构中某些主要受轴向力的构件，分析中仅按轴向受力构件来考虑，但由于自身质量的存在，使其不仅受轴向动载荷的作用，产生轴向振动，而且还受横向动载荷的作用，产生弯曲振动和冲击。因此，对于结构特别是复杂结构各部位的动载系数，不能用简化的单自由系统导出的统一公式来计算，而应分别予以确定。

尽管越靠近梁式结构的支承部位动载系数较大，但因该处弯矩很小，对确定梁的截面不起决定作用。为了简化计算，对于按跨中最大弯矩确定截面的桥架型起重机的结构，依然可采用跨中的动载系数来计算。

上述由振动理论导出的动载系数公式在工程使用中较为烦琐，可统一采用 GB/T 22437.1—2008（ISO 8686-1：2012）的公式计算，即

$$\phi_2 = \phi_{2min} + \beta_2 v_q \tag{3-22}$$

式中　ϕ_2——起升动载系数，由式（3-22）计算得出，其最大值 ϕ_{2max} 对建筑塔式起重机和港口臂架起重机等起升速度很高的起重机，不能超过 2.2，对其他起重机不能超过 2.0；

　　　　β_2——按起升状态级别设定的系数，见表 3-1；

　　　　ϕ_{2min}——与起升状态级别相对应的最小值起升动载系数，见表 3-3；

　　　　v_q——稳定起升速度，单位为 m/s。与起升驱动类型有关，见表 3-5。其最高值 v_{qmax} 发生在电动机或发电机空载起动（相当于此时吊具、物品及完全松弛的钢丝绳均放置于地面）且吊具及物品被起升离地时，其起升速度已达到稳定起升速度的最大（额定）值。

表 3-5　确定 ϕ_2 的稳定起升速度 v_q 值

载 荷 组 合	起升驱动类型				
	H1	H2	H3	H4	H5
无风工作 A1、有风工作 B1	v_{qmax}	v_{qd}	v_{qd}	$0.5v_{qmax}$	$v_q = 0$
特殊工作 C1	v_{qmax}	v_{qmax}	$0.5v_{qmax}$	v_{qmax}	$0.5v_{qmax}$

注：H1——无低速可用或驱动可能无低速起动；

　　H2——起升驱动仅能在预设时间内以低速起动；

　　H3——起升驱动控制保持低速，直到起升载荷离开地面；

　　H4——无级调速起升驱动控制实现连续增速；

　　H5——无级调速起升驱动控制自动保证动载系数 ϕ_2 不超过 ϕ_{2min}；

　　v_{qmax}——载荷组合为 A1、B1 时，起升机构的最大稳定起升速度（额定起升速度）；载荷组合为 C1 时，所有驱动机构（如变幅和起升）的最大稳定速度；

　　v_q——稳定起升速度；

　　v_{qd}——稳定的低速起升速度。

（3）突然卸载时的动力效应　某些起重机正常工作时需在空中从总起升质量 m 中突然卸除部分起升质量 Δm（例如使用抓斗或电磁盘进行空中卸载），将对起重机结构产生减载振动的作用。减小后的起升动载荷用突然卸载冲击系数 ϕ_3 乘以额定起升载荷来计算（见图 3-4）。

空中突然卸载冲击系数 ϕ_3 值由式（3-23）给出，即

$$\phi_3 = 1 - \frac{\Delta m}{m}(1+\beta_3) \qquad\qquad (3\text{-}23)$$

式中　Δm　突然卸除的部分起升质量，单位为 kg；

　　　m　　总起升质量，单位为 kg；

　　　β_3　　卸载系数，对用抓斗或类似的慢速卸载装置的起重机，$\beta_3 = 0.5$，对用电磁盘或类似的快速卸载装置的起重机，$\beta_3 = 1.0$。

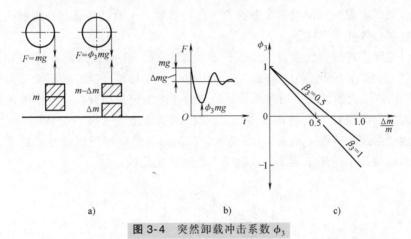

图 3-4　突然卸载冲击系数 ϕ_3

（4）运行冲击载荷　起重机在不平的道路或轨道上运行时所发生的竖直冲击动力效应，即运行冲击载荷，用运行冲击系数 ϕ_4 乘以起重机的自重载荷与额定起升载荷之和来计算。包括以下两种情况：

1）在道路上或道路外运行的起重机。在这种情况下，ϕ_4 取决于起重机的构造型式（质量分布）、起重机的弹性和（或）悬挂方式、运行速度，以及运行路面的种类和状况。此冲击效应可根据经验、试验或采用适当的起重机和运行路面的模型分析得到。一般可采用以下数据计算：

① 对于轮胎起重机和汽车起重机：当运行速度 $v_y \leqslant 0.4\text{m/s}$ 时，$\phi_4 = 1.1$；

　　　　　　　　　　　　　　　当运行速度 $v_y > 0.4\text{m/s}$ 时，$\phi_4 = 1.3$。

② 对于履带式起重机：当运行速度 $v_y \leqslant 0.4\text{m/s}$ 时，$\phi_4 = 1.0$；

　　　　　　　　　　　当运行速度 $v_y > 0.4\text{m/s}$ 时，$\phi_4 = 1.1$。

2）在轨道上运行的起重机。起重机带载或空载运行于具有一定弹性、接头处有间隙或高低错位的钢质轨道上时，发生的垂直冲击动力效应取决于起重机的构造型式［质量分布、起重机的弹性和（或）悬挂、支承方式］、运行速度和车轮直径及轨道接头的状况等，应根据经验、试验或选用适当的起重机和轨道模型进行估算。一般可按以下规定选取：

① 若轨道接头状态良好，如轨道用焊接连接并对接头打磨光滑的高速运行起重机，取 $\phi_4 = 1$。

② 若轨道接头状况一般，起重机通过接头时会发生垂直冲击效应，此时运行冲击系数 ϕ_4 由式（3-24）确定，即

$$\phi_4 = 1.1 + 0.058 v_y \sqrt{h} \qquad (3\text{-}24)$$

式中 ϕ_4——运行冲击系数；

v_y——起重机运行速度，单位为 m/s；

h——轨道接头处两轨面的高度差，单位为 mm，通常安装公差要求 $h \leqslant 1\text{mm}$。

起重小车的运行冲击系数可参照上述方法确定。

（5）变速运动引起的载荷 分为以下两种情况：

1）驱动机构（包括起升驱动机构）加速引起的载荷。由驱动机构加速或减速、起重机意外停机或传动机构突然失效等原因在起重机中引起的载荷，可采用刚体动力模型对各部件分别进行计算。计算中要考虑起重机驱动机构的几何特征、动力特性和质量分布，还要考虑在做此变速运动时出现的机构内部摩擦损失。在计算时，一般是将总起升质量视为固定在臂架端部，或直接悬置在小车的下方。

为了反映实际出现的弹性效应，将机构驱动加（减）速动载系数 ϕ_5 乘以引起加（减）速的驱动力（或力矩）变化值 $\Delta F = ma$（或 $\Delta M = J\varepsilon$），并与加（减）速运动之前的力（F 或 M）代数相加，该增大的力既作用在承受驱动力的部件上成为动载荷，也作用在起重机和起升质量上成为它们的惯性力（见图 3-5）。ϕ_5 数值的选取取决于驱动力或制动力的变化率、质量分布和传动系统的特性，见表 3-6。通常，ϕ_5 的较低值适用于驱动力或制动力较平稳变化的系统，ϕ_5 的较高值适用于驱动力或制动力较突然变化的系统。

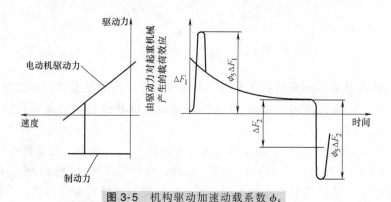

图 3-5 机构驱动加速动载系数 ϕ_5

表 3-6 ϕ_5 的取值范围

序号	工　况	ϕ_5
1	计算回转离心力时	1.0
2	计算水平惯性力时	1.5
3	传动系统无间隙，采用无级变速的控制系统，加速力或制动力呈连续平稳的变化	1.2
4	传动系统存在微小的间隙，采用其他一般的控制系统，加速力呈连续的但非平稳的变化	1.5
5	传动系统有明显的间隙，加速力呈突然的非连贯性变化	2.0
6	传动系统有很大的间隙，用质量弹簧模型不能进行准确估算时	3.0

注：如有其他依据，ϕ_5 可以采用其他值。

2）水平惯性力。

① 起重机或小车在水平面内纵向或横向运行起（制）动时的水平惯性力。起重机或小车在水平面内纵向或横向运行起（制）动时，起重机或小车自身质量和总起升质量的水平惯性力，为该质量与运行加速度乘积的 ϕ_5 倍，按下式计算：

$$P_{Hi} = \begin{cases} \phi_5 m_G a \\ \phi_5 m_2 a \end{cases} \tag{3-25}$$

式中　m_G——起重机（含小车）的质量，单位为 kg；

m_2——总起升质量，单位为 kg；

a——运行平均加（减）速度，$a = v_y/t$，单位为 m/s^2；

v_y——运行速度，单位为 m/s；

t——起重机运行加速时间，单位为 s；

ϕ_5——考虑起重机运行驱动力突变时对结构的动力效应系数，由表 3-6 查取。

应当指出，式（3-25）是将挠性悬挂的总起升质量与起重机刚性连接来考虑的，其计算结果将偏大。这些惯性力分别作用在相应质量上。

加（减）速度值可以根据加（减）速时间和所要达到的速度值推算得到。如果用户未规定或未给出速度和加速度值，则可按表 3-7 中所列的三种运行工作状况来选择与所要达到的速度相应的加速时间和加速度的参考值。

表 3-7　加速时间和加速度值

要达到的速度 $v_y/(m/s)$	低速和中速长距离运行 $a = 0.15 \sqrt{v_y}$		正常使用中速和高速运行 $a = 0.25 \sqrt{v_y}$		高加速度、高速运行 $a = 0.33 \sqrt{v_y}$	
	加速时间 /s	加速度 /(m/s²)	加速时间 /s	加速度 /(m/s²)	加速时间 /s	加速度 /(m/s²)
4.00			8.00	0.50	6.00	0.67
3.15			7.10	0.44	5.40	0.58
2.50			6.30	0.39	4.80	0.52
2.00	9.10	0.220	5.60	0.35	4.20	0.47
1.60	8.30	0.190	5.00	0.32	3.10	0.43
1.00	6.60	0.150	4.00	0.25	3.00	0.33
0.63	5.20	0.120	3.20	0.19		
0.40	4.10	0.098	2.50	0.16		
0.25	3.20	0.078				
0.16	2.50	0.064				

对于用高加速度高速运行的起重机或小车，常要求所有的车轮都为驱动轮（主动车轮），此时水平惯性力不应小于驱动轮或制动轮轮压的 1/30，也不应大于它的 1/4。对高速运行的小车，除产生沿运行方向的水平惯性力外，由于车轮、轨道存在安装缺陷，导致小车运行产生横向晃动，引起车轮对轨道的横向冲击力，此力通常取为小车轮压的 1/10，并认为各车轮的横向冲击力同时存在。非高速运行的起重机或小车不考虑横向冲击力。

起重机运行总惯性力 P_H 不能超过主动轮与轨道之间的黏着力，因此最大惯性力可按下式计算，即

$$P_H \leqslant \mu P_z \tag{3-26}$$

式中　P_z——起重机主动车轮静轮压之和，单位为 kN；

μ——车轮与轨道间平均的滑动摩擦系数，取 0.14。

当起重机运行的总惯性力超过上述黏着力时，将使驱动轮（主动车轮）发生滑移，这是不允许的。根据主动车轮打滑条件，可求得起重机运行时的最大加（减）速度，由 $P_H = \phi_5 ma = \phi_5 (\Sigma P/g) a \leqslant \mu P_z$，移项得

$$a \leqslant \mu g \frac{P_z}{\phi_5 \Sigma P} \tag{3-27}$$

式中　ΣP——起重机全部车轮的静轮压之和，单位为 kN；

　　　　g——重力加速度，单位为 m/s^2。

② 起重机的回转离心力和回转与变幅运动起（制）动时的水平惯性力。起重机回转运动时各部（构）件的离心力，用各部（构）件的质量和该质心回转半径处的离心加速度来计算（$P_{iH} = m_i \omega^2 r_i$），将悬吊的总起升质量视为与起重机臂架端部刚性固接，对塔式起重机，则各部（构）件和总起升质量的离心力均按最不利位置计算，在计算离心力时 ϕ_5 取为 1。通常，这些离心力对结构起减载作用，可忽略不计。

起重机回转与变幅起（制）动时的水平惯性力，按其各部（构）件质量与该质心的加速度乘积的 ϕ_5 倍计算（对机构计算和抗倾覆稳定性计算，取 $\phi_5 = 1$），并把总起升质量视为与起重机臂端刚性固接，其加（减）速度值取决于该质量在起重机上的位置。对一般的臂架起重机，根据其速度和回转半径的不同，臂架端部的切向和径向加速度值均可在 $0.1 \sim 0.6 m/s^2$ 范围内选取，加（减）速时间在 $5 \sim 10s$ 范围内选取。物品所受风力单独计算，且按最不利方向叠加。

起重机回转时，臂架自身质量（在质量中心）产生的切向惯性力可按下式计算，即

$$P_{cHb} = \phi_5 m_b \frac{\omega}{t} r \tag{3-28}$$

式中　m_b——臂架质量，单位为 kg；

　　　　ω——起重机回转角速度，$\omega = \pi n/30$，单位为 rad/s；

　　　　n——起重机回转速度，单位为 r/min；

　　　　t——回转起（制）动时间，单位为 s；

　　　　r——臂架质量中心至回转中心的水平距离，单位为 m；

　　　　ϕ_5——动力效应载荷系数。

除上述方法计算水平惯性力外，还可将臂架质量转换至臂端与总起升质量（视为刚接于臂端）一起计算起重机回转时的切向惯性力，即

$$P_{cH} = \phi_5 \sum m \frac{\omega}{t} R \tag{3-29}$$

式中　$\sum m$——位于臂端的臂架换算质量与总起升质量之和，$\sum m \approx m_b (r/R)^2 + m_2$，单位为 kg，通常 $(r/R)^2 = 0.25 \sim 0.3$；

　　　　r——臂架质量中心至回转中心的水平距离，单位为 m；

　　　　R——起重机的幅度，单位为 m。

臂架起重机回转和变幅机构起（制）动时的总起升质量产生的综合水平力 [包括风力、变幅和回转起（制）动产生的惯性力和回转运动的离心力]，也可以用起重钢丝绳相对于铅垂线的偏摆角 α 引起的水平分力来计算：用起重钢丝绳最大偏摆角 α_{II}（见表3-8）计算结构、机构强度和起重机整机抗倾覆稳定性，用起重钢丝绳正常偏摆角 α_{I} 计算电动机功率

［此时取 $\alpha_{\mathrm{I}} = (0.25 \sim 0.3)\alpha_{\mathrm{II}}$］和机械零件的疲劳强度及磨损［此时取 $\alpha_{\mathrm{I}} = (0.3 \sim 0.4)\alpha_{\mathrm{II}}$］。

额定起升载荷在臂架端点产生的综合水平力（见图 3-6）按式（3-30）计算，即

$$F_{\mathrm{T}} = P_{\mathrm{Q}}\tan\alpha \qquad (3\text{-}30)$$

物品可在任意平面内摆动，因而水平力 F_{T} 也有任意的作用方向，对结构取最不利的方向来计算。当物品斜向摆动时，可同时各取臂架变幅平面内和臂架变幅平面外（与臂架变幅平面相垂直的平面）最大偏摆角的 0.7 倍来计算。

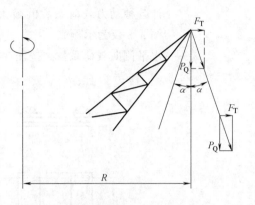

图 3-6　起重机回转、变幅时起升绳的偏摆角

表 3-8　α_{II} 的控制值

起重机类别及回转速度	装卸用门座起重机		安装用门座起重机		轮胎式和汽车式起重机	塔式起重机
	$n \geqslant 2\mathrm{r/min}$	$n < 2\mathrm{r/min}$	$n \geqslant 0.33\mathrm{r/min}$	$n < 0.33\mathrm{r/min}$		
臂架变幅平面内	12°	10°	4°	2°	3°～6°	4°～6°
垂直于臂架变幅平面内	14°	12°				

在式（3-29）中，由总起升质量计算的水平力不得大于按偏摆角 α_{II} 计算的水平力，否则应减小回转加速度。同样，计算时忽略起重机自身质量的离心力。这时，总起升质量和臂架所受风力应单独计算，并按最不利的方向作用。

（6）位移和变形引起的载荷　应考虑由位移和变形引起的载荷，如由预应力产生的结构件变形和位移引起的载荷，由结构本身或安全限制器准许的极限范围内的偏斜，以及起重机其他必要补偿控制系统初始响应产生位移引起的载荷等。

还要考虑由其他因素导致起重机发生在规定极限范围内的位移或变形引起的载荷，例如由于轨道的间距变化，或由于轨道及起重机支承结构发生不均匀沉陷引起的载荷等。

2. 偶然载荷的计算

（1）偏斜运行时的水平侧向载荷 P_{S}　起重机偏斜运行时的水平侧向载荷是指装有车轮的起重机或小车在做稳定状态的纵向运行或横向运行过程中，由于跨度不准、轨道不直、车轮不正、轮轴不平以及两边运行阻力不同等因素，发生在其导向装置（例如车轮轮缘或水平导向轮）上反作用引起的一种偶然出现的载荷。

对于桥架水平刚度较小的起重机，此一对偏斜运行水平侧向载荷 P_{S} 垂直作用在同侧轨道的车轮轮缘或水平导向轮上；对于桥架水平刚度较大的起重机，也可能垂直作用在对角线车轮轮缘上或水平导向轮上，在水平面内形成一对力偶作用。

1）计算方法。影响偏斜运行水平侧向载荷的因素较多，准确计算比较困难。根据研究，偏斜运行水平侧向载荷与起重机的轮压、跨度 S 与基距 B（或有效轴距 a）的比值 S/B（S/a）有关，可假设起重机金属结构为弱刚性系统及偏斜运行水平侧向载荷作用在同一侧端梁上，按经验公式（3-31）进行估算，即

$$P_{\mathrm{S}} = \frac{1}{2}\lambda \sum P \qquad (3\text{-}31)$$

式中　$\sum P$——起重机承受侧向载荷一侧的端梁上与有效轴距有关的相应车轮经常出现的不

计各种动力载荷系数的最大轮压之和（小车位置由相关工况决定，图 3-7、图 3-8 仅为示例）；

λ——水平侧向载荷系数，按图 3-9 确定。

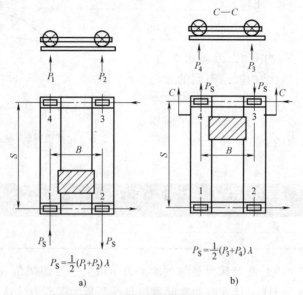

$$P_S = \frac{1}{2}(P_1 + P_2)\lambda$$

a)

$$P_S = \frac{1}{2}(P_3 + P_4)\lambda$$

b)

图 3-7　偏斜运行水平侧向载荷计算模型

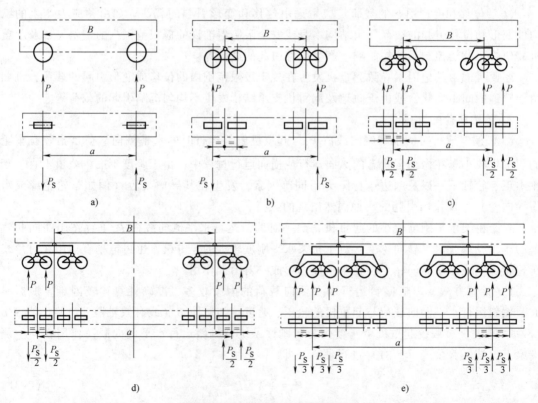

图 3-8　有效轴距及相应车轮轮压

2）最大轮压。最大轮压为起重机运行作业中不计动力效应、不规定额定起升载荷位置的最大"静轮压"。由于许多起重机在起吊额定起升载荷时小车并不位于桥架端部极限位置，如电站桥式起重机吊装水轮机转子时起升载荷最大，但此时小车并不位于桥架极限位置；坝顶门式起重机起吊闸门时轮压最大，但此时大车并不运行。因此用"最大轮压"来计算偏斜运行侧向载荷比较合理、简明，符合实际情况。

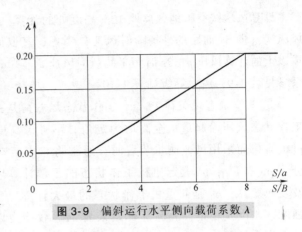

图 3-9 偏斜运行水平侧向载荷系数 λ

3）有效轴距。在多车轮的起重机中，用起重机有效轴距 a 代替起重机的基距 B 进行水平侧向载荷的计算更为合理，此有效轴距 a 按下述原则确定：

① 当一侧端梁上装有两个或四个大车车轮时，有效轴距取端梁两端最外边车轮轴的间距，如图 3-8a、b 所示。

② 当一侧端梁上的车轮不超过八个时，有效轴距取两端最外边两个车轮中心线的间距，如图 3-8c、d 所示。

③ 当一侧端梁上的车轮超过八个时，有效轴距取端梁两端最外边三个车轮中心线的间距，如图 3-8e 所示。

④ 当端梁用球铰连接多车轮台车时，有效轴距为两铰链点的间距（偏斜运行水平侧向载荷按一侧端梁全部车轮最大轮压之和计算）。

⑤ 当端梁装有水平导向轮时，有效轴距取端梁两端最外边两个水平导向轮轴的间距。此时，偏斜运行水平侧向载荷按 GB/T 22437.1—2018《起重机 载荷与载荷组合的设计原则 第 1 部分：总则》（eqv ISO 8686-1：2012）附录 F 的方法计算。

（2）坡道载荷 起重机的坡道载荷是指位于斜坡（道、轨）上的起重机自重载荷及其额定起升载荷沿斜坡（道、轨）面的分力，按下列规定计算：

1）流动式起重机。当道路（路面）坡度不超过 3° 时不考虑坡道载荷，否则按路面或地面的实际坡度计算坡道载荷。

2）轨道式起重机（含铁路起重机）。当轨道坡度不超过 0.5% 时不考虑坡道载荷，否则按出现的实际坡度计算坡道载荷。

（3）气候影响引起的载荷

1）风载荷。

① 风载荷估算的原则。露天工作的起重机应考虑风载荷的作用。假定风载荷是沿起重机最不利的水平方向作用的静力载荷，计算风压值按不同类型起重机及其工作地区选取。计算风压分为工作状态风压和非工作状态风压两种。

② 计算风压 p。计算风压与瞬时风速有关，可按式（3-32）计算，即

$$p = 0.625 v_s^2 \qquad (3-32)$$

式中 p——计算风压，单位为 Pa；

v_s——计算风速，单位为 m/s。

计算风压按空旷地区离地 10m 高度处的计算风速来确定。工作状态的计算风速 v_s 按阵风风速（即 3s 时距的平均瞬时风速）考虑，其取值为 10min 时距平均风速的 1.5 倍。3 级风以上的计算风压 p、3s 时距平均瞬时风速 v_s、10min 时距平均风速 v_p 与风力等级的对应关系参见表 3-9，风力等级见表 3-10。

③ 工作状态风载荷 P_{WII}。工作状态风载荷是指起重机在工作时应能承受的最大风力。工作状态风压沿起重机全高取为定值，不考虑高度变化（$K_h = 1$）。为限制工作风速不超过极限值而采用风速测量装置时，通常将它安装在起重机的最高处。工作状态计算风压分为 p_I 和 p_{II}，p_I 是起重机工作状态的正常计算风压，用于选择电动机功率的阻力计算及发热验算；p_{II} 是起重机工作状态的最大计算风压，用于计算机构零部件和金属结构的强度、刚度及稳定性，验算驱动装置的过载能力以及起重机整机的抗倾覆稳定性、抗风防滑安全性等。

工作状态的计算风速和风压见表 3-11。如设计者采用不同于表列风速和风压值，应在起重机设计和使用说明书中予以说明。

表 3-9 计算风压 p、3s 时距平均瞬时风速 v_s、10min 时距平均风速 v_p 与风力等级的对应关系

p/Pa	$v_s/(\text{m/s})$	v_p		风 级
		m/s	km/h	
30	6.9	4.6	16.6	3
40	8.0	5.3	19.0	3
43	8.3	5.5	19.8	4
50	8.9	6.0	21.6	4
80	11.3	7.0	27.0	5
100	12.6	8.4	30.2	5
125	14.1	9.4	33.8	5
150	15.5	10.3	37.1	5
250	20.0	13.3	47.9	6
350	23.7	15.8	56.9	7
400	25.3	16.9	60.8	7
500	28.3	18.9	68.0	8
600	31.0	22.1	79.6	9
800	35.8	25.6	92.2	10
1000	40.0	28.6	103.0	11
1100	42.0	30.0	108.0	11
1200	43.8	31.3	112.7	11
1300	45.6	32.6	117.4	12
1500	49.0	35.0	126.0	12
1800	53.7	38.4	138.2	13
1890	55.0	39.3	141.5	13
2000	56.6	40.4	145.4	13
2250	60.0	42.9	154.4	14

注：1. 表中离地 10m 高处 p 与 v_s 符合 EN13001-2：2004 的公式，即式（3-32）。

2. 根据 EN13001-2：2004，v_s 与 v_p 的换算系数：工作状态风为 1.5；非工作状态风为 1.4。

3. 对应的风级可由 v_p 查得，但 v_p 不一定是该风级的中心风速，允许偏离中心值。

4. 表中风压值 p，500Pa 及以下为工作状态数值，600Pa 及以上为非工作状态数值。

表 3-10　风力等级

	风级	名称	景物征象	10min 时距平均风速 v_p		
				m/s	km/h	
蒲福氏风力等级	0	无风	烟直上	0～0.29	<1	
	1	轻风	烟有方向，风标不转	0.3～1.4	1～5	
	2	软风	树叶微动，风标能转	1.5～3.1	6～11	
	3	微风	微枝摇动，旌旗展开	3.2～5.4	12～19	
	4	和风	小枝摇动，吹起纸张	5.5～7.8	20～28	
	5	清劲风	中树枝摇动，水面小波	7.9～10.6	29～38	
	6	强风	大树枝摇动，举伞困难	10.7～13.6	39～49	中华人民共和国热带气旋等级
	7	疾风	全树摇动，逆风难行	13.7～17.0	50～61	
	8	大风	树枝折断，逆行受阻	17.1～20.6	62～74	
	9	烈风	烟囱受损，小屋破坏	20.7～24.4	75～88	
	10	狂风	陆上少见，树倒屋毁	24.5～28.4	89～102	
	11	暴风	陆上很少，重大摧毁力	28.5～32.5	103～117	
	12	飓风	陆上绝少，极大摧毁力	≥32.6	≥118	
	13			32.6～37.0	118～133	
	14			37.1～41.4	134～149	
	15			41.5～46.1	150～166	
	16			46.2～50.8	167～183	
	17			≥51.1	≥184	

表 3-11　工作状态的计算风压和计算风速

地　区		计算风压 p/Pa		与 p_{II} 相应的计算风速
		p_{I}	p_{II}	v_s/(m/s)
在一般风力下工作的起重机	内陆	0.6p_{II}	150	15.5
	沿海、台湾省及南海诸岛		250	20.0
在 8 级风中应继续工作的起重机			500	28.3

注：1. 沿海地区是指离海岸线 100km 以内的陆地或海岛地区。

2. 特殊用途的起重机的工作状态计算风压允许进行特殊规定。流动式起重机（即汽车起重机、轮胎起重机和履带起重机）的工作状态计算风压，当起重机臂长小于 50m 时取为 125Pa；当臂长等于或大于 50m 时按使用要求决定（一般可取 60～80Pa）。

作用在起重机上的工作状态风载荷有两种情况：

a. 当风向与构件的纵轴线或构架表面垂直时，沿此风向的风载荷按下式计算，即

$$\left. \begin{array}{l} P_{\text{W I}} = C p_{\text{I}} A \\ P_{\text{W II}} = C p_{\text{II}} A \end{array} \right\} \tag{3-33}$$

式中　$P_{\text{W I}}$——作用在起重机上的工作状态正常风载荷，单位为 N；

$P_{\text{W II}}$——作用在起重机上的工作状态最大风载荷，单位为 N；

C——风力系数；

p——工作状态计算风压，根据计算内容，由表 3-11 选取 p_{I} 或 p_{II}，单位为 Pa；

A——起重机构件垂直于风向的实体迎风面积，单位为 m^2，它等于构件迎风面积的外形轮廓面积 A_0 乘以结构迎风面充实率 φ，即 $A = A_0 \varphi$。A_0 和 φ 如图 3-10b 中的说明所示。

起重机结构上总的风载荷为其各组成部分风载荷的总和。

b. 当风向与构件纵轴线或构架表面成某一角度时，沿此风向的风载荷按下式计算，即

$$\left. \begin{array}{l} P_{\text{W I}} = C p_{\text{I}} A \sin^2 \theta \\ P_{\text{W II}} = C p_{\text{II}} A \sin^2 \theta \end{array} \right\} \tag{3-34}$$

式中　A——构件平行于构件纵轴线的正向迎风面积，单位为 m^2；

　　　θ——风向与构件纵轴线或构架表面的夹角（$\theta<90°$），单位为（°）。

作用在起重机吊运物品上的风载荷由式（3-35）确定，即

$$\left.\begin{array}{l}P_{\mathrm{WQI}}=1.2p_{\mathrm{I}}A_{\mathrm{Q}}\\P_{\mathrm{WQII}}=1.2p_{\mathrm{II}}A_{\mathrm{Q}}\end{array}\right\}\qquad(3\text{-}35)$$

式中　P_{WQI}——作用在吊运物品上的工作状态正常风载荷，单位为 N；

　　　P_{WQII}——作用在吊运物品上的工作状态最大风载荷，单位为 N；

　　　A_{Q}——吊运物品的最大迎风面积，单位为 m^2。

如果起重机是吊运某些特定尺寸和形状的物品，则应根据该物品相应的尺寸和外形确定其迎风面积；当该面积不明确时，可按表3-12估算物品的迎风面积。

表3-12　起重机吊运物品迎风面积的估算值

吊运物品质量/t	1	2	3	5~6.3	8	10	12.5	15~16	20	25	30~32	40	50	63	75~80	100	125	150~160	200	250	280	300~320	400
迎风面积估算值/m^2	1	2	3	5	6	7	8	10	12	15	18	22	25	28	30	35	40	45	55	65	70	75	80

④ 风力系数 C。风力系数分为：

a. 单根构件、单片平面桁架结构的风力系数（见表3-13）。单根构件的风力系数 C 值随构件的空气动力长细比（l/b 或 l/D）而变化。对于大箱形截面构件，还要随构件截面尺寸比 b/d 而变化。空气动力长细比和构件截面尺寸比等在风力系数计算中的定义如图3-10 a、c 所示。

表3-13　风力系数 C 值

类型	说　明		空气动力长细比 l/b 或 l/D					
			≤5	10	20	30	40	≥50
单根构件	轧制型钢、矩形型材、空心型材、钢板		1.30	1.35	1.60	1.65	1.70	1.90
	圆形型钢构件	$Dv_s<6m^2/s$	0.75	0.80	0.90	0.95	1.00	1.10
		$Dv_s\geq6m^2/s$	0.60	0.65	0.70	0.70	0.75	0.80
	箱形截面构件，大于 350mm 的正方形和 250mm×450mm 的矩形	b/d						
		≥2.00	1.55	1.75	1.95	2.10	2.20	—
		1.00	1.40	1.55	1.75	1.85	1.90	
		0.50	1.00	1.20	1.30	1.35	1.40	
		0.25	0.80	0.90	0.90	1.00	1.00	
单片平面桁架	直边型钢桁架结构		1.70					
	圆形型钢桁架结构	$Dv_s<6m^2/s$	1.20					
		$Dv_s\geq6m^2/s$	0.80					
机器房等	地面上或实体基础上的矩形外壳结构		1.10					
	空中悬置的机器房或平衡重等		1.20					

注：1. 单片平面桁架式结构上的风载荷，可按单根构件的风力系数逐根计算后相加，也可按整片方式选用直边型钢或圆形型钢桁架结构的风力系数进行计算；当桁架结构由直边型钢和圆形型钢混合制成时，宜根据每根构件的空气动力长细比和不同气流状态（$Dv_s<6m^2/s$ 或 $Dv_s\geq6m^2/s$，D 为圆形型钢直径，单位为 m），采用逐根计算后相加的方法。

2. 除了本表提供的数据之外，由风洞试验或者实物模型试验获得的风力系数值，也可以使用。

b. 正方形截面格构式塔架的风力系数。在计算正方形格构塔架正向迎风面的总风载荷

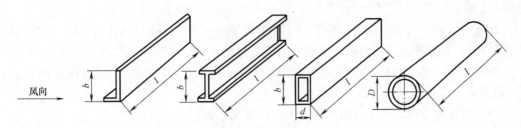

$$空气动力长细比 = \frac{构件长度}{迎风面的截面高(宽)度} = \frac{l}{b} 或 \frac{l}{D}$$

在格构式结构中,单根构件的长度l_i取为相邻节点的中心间距,参见图b)

a)

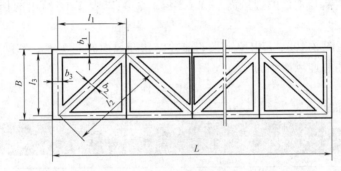

$$结构迎风面充实率\varphi = \frac{实体部分面积}{轮廓面积} = \frac{A}{A_0} = \sum_1^n \frac{l_i \times b_i}{L \times B} = \frac{\sum_1^n l_i \times b_i}{L \times B}$$

b)

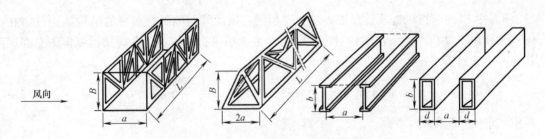

$$间隔比 = \frac{两片构件相对面之间的距离}{构件迎风面的高(宽)度} = \frac{a}{b} 或 \frac{a}{B},其中a取构件外露表面几何形状中的最小可能值$$

$$构件截面尺寸比 = \frac{构件截面迎风面的截面高度}{平行于风向的截面深(宽)度} = \frac{b}{d}(对箱形截面)$$

c)

图 3-10　风力系数计算中的定义

时，应将单（前）片桁架实体迎风面积乘以下列总风力系数：

由直边型材构成的塔身，总风力系数为：$1.7(1+\eta)$。

由圆形型材构成的塔身：当 $Dv_s < 6m^2/s$ 时，总风力系数为：$1.2(1+\eta)$。

当 $Dv_s \geqslant 6m^2/s$ 时，总风力系数为：1.4。

其中 η 值按表 3-14 中的 $a/b = 1$ 时相对应的结构迎风面充实率 φ 查取。

对正方形塔架，当风沿塔身截面对角线方向作用时，风载荷最大，可取为正向迎风面风载荷的 1.2 倍。

c. 管材制成的三角形截面空间桁架（下弦杆可用矩形管材或组合封闭杆件）的侧向风力系数为 1.3，其迎风面积取为该空间桁架的侧向投影面积。

d. 单根箱形或梯形截面构件（梁）（空气动力长细比 $l/b = 10 \sim 20$，截面高宽比 $b/d \approx 1 \sim 2$）在侧向风力作用下风力系数约为 $1.5 \sim 1.9$。

⑤ 挡风折减系数 η。挡风折减系数分为三种情况计算：

a. 两片构件的挡风折减。当两片等高且型式相同的构件或构架平行（并列）布置相互遮挡时，整体结构上的风载荷仍用式（3-33）或式（3-34）计算，但其总迎风面积需进行修正，即前片构件的迎风面积 A_1 保持不变，而后片构件的迎风面积应考虑前片对后片的挡风折减影响，要用后片构件的迎风面积 $A_2 (A_2 = A_1)$ 乘以表 3-14 给出的挡风折减系数 η 来计算。

η 值的选取随图 3-10b、c 中所定义的前片结构迎风面的充实率 φ 和间隔比 a/b 而变化。此时，整体结构的总迎风面积为

$$A = A_1 + \eta A_2 = (1 + \eta) A_1 \tag{3-36}$$

表 3-14　挡风折减系数 η

间隔比 a/b	（前片）桁架结构迎风面充实率 φ					
	0.1	0.2	0.3	0.4	0.5	≥ 0.6
0.5	0.75	0.40	0.32	0.21	0.15	0.10
1.0	0.92	0.75	0.59	0.43	0.25	0.10
2.0	0.95	0.80	0.63	0.50	0.33	0.20
4.0	1.00	0.88	0.76	0.66	0.55	0.45
5.0	1.00	0.95	0.88	0.81	0.75	0.68
6.0	1.00	1.00	1.00	1.00	1.00	1.00

b. n 片构件的挡风折减。对于 n 片型式相同且彼此等间隔平行布置的结构或构件，在纵向风力作用下，应考虑前片结构对后片结构的重叠挡风折减作用，此时结构纵向的总迎风面积 A 按下式计算：

$$A = (1 + \eta + \eta^2 + \cdots + \eta^{n-1}) \varphi A_{01} = \frac{1 - \eta^n}{1 - \eta} \varphi A_{01} \tag{3-37}$$

式中　η——挡风折减系数；

　　　φ——第一片结构的迎风面充实率；

　　　A_{01}——第一片结构的外形轮廓面积，单位为 m^2。

当按式（3-37）算得的迎风面积 A 和用式（3-33）或式（3-38）计算结构总风载荷时，因各片结构型式相同，只用其中一片结构的风力系数 C 相乘即可。

c. 工字形截面梁和桁架的混合结构，前片对后片构件的挡风折减。对于工字形截面梁和桁架的混合结构，前片对后片构件的挡风折减系数 η，如图 3-11 和图 3-12 所示。

a/b	≤ 4	> 4
η	0	1

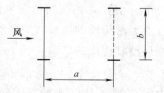

图 3-11　前片为工字形截面梁，后片为桁架的混合结构的挡风折减系数

a/b	1	2	3	4	5	6
η	0.5	0.6	0.7	0.8	0.9	1.0

注：桁架迎风面的充实率 $\varphi = 0.3 \sim 0.4$。

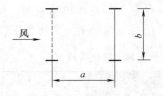

图 3-12　前片为桁架，后片为工字形截面梁的混合结构的挡风折减系数

2）雪和冰载荷。雪和冰载荷应根据我国地理气候条件加以考虑。在寒冷地区，可取雪压为 500～1000Pa，其中小值用于华东、华中地区，大值用于东北和新疆的北半部，其余地区的雪压约为 200Pa。也应考虑由于雪和冰积结引起受风面积的增大。在低温下结构会出现冰冻而受到冰的重力作用，可按结冰厚度计算。

对于移动式起重机，如无特殊要求，通常不考虑雪和冰载荷。

3）温度变化引起的载荷。一般情况不考虑温度载荷；但在某些地区，若起重机在安装和使用时温差很大，或跨度较大的超静定结构（如跨度为 30m 以上的双刚性支腿的门式起重机），则应当考虑因温度变化引起结构件热胀冷缩受到约束而产生的载荷。可根据结构力学方法，按照结构安装和使用时的温差计算超静定结构的温度应力。温差资料由用户提供，当缺乏资料时，可取温度变化范围为 $+40 \sim -30℃$。跨度小于 30m 的超静定结构和流动式起重机结构，可不考虑温度变化的影响。

3. 特殊载荷的计算

（1）非工作状态风载荷 $P_{W\text{Ⅲ}}$　非工作状态风载荷是起重机在不工作时能承受的最大风力作用。非工作状态计算风压和与之相应的计算风速列于表 3-15 中。计算非工作状态风载荷时，要用表 3-15 所列的风压高度变化系数来计及受风部位离地高度的影响。将此风载荷与起重机相应的自重载荷进行组合，用于验算非工作状态下起重机零部件及金属结构的强度、起重机整机抗倾覆稳定性，并进行起重机的抗风防滑装置、锚定装置等的设计计算。

起重机非工作状态风载荷按下式计算：

$$P_{W\text{Ⅲ}} = CK_h p_{\text{Ⅲ}} A \qquad (3\text{-}38)$$

式中　$P_{W\text{Ⅲ}}$——起重机的非工作状态风载荷，单位为 N；

$p_{\text{Ⅲ}}$——非工作状态计算风压，见表 3-15，单位为 Pa；

K_h——风压高度变化系数，见表 3-16；

C、A——同式（3-33）。

表 3-15　非工作状态计算风压和计算风速

地　区	计算风压 $p_{\text{Ⅲ}}{}^{2}$/Pa	与 $p_{\text{Ⅲ}}$ 相应的计算风速 $v_s{}^{3}$/(m/s)
内　陆[①]	500～600	28.3～31.0
沿　海[①]	600～1000	31.0～40.0
台湾省及南海诸岛	1500	49.0

[①] 非工作状态计算风压的取值，内陆的华北、华中和华南地区宜取小值，西北、西南、东北和长江下游等地区宜取大值；沿海以上海为界，上海可取 800Pa，上海以北取小值，以南取大值。在特定情况下，按用户要求，可根据当地气象资料提供的离地 10m 高处 50 年一遇 10min 时距年平均最大风速换算得到作为计算风速的 3s 时距的平均瞬时风速 v_s（但不大于 50m/s）和计算风压 $p_{\text{Ⅲ}}$；若用户还要求计算风速超过 50m/s 时，则可作为非标准产品订货进行特殊设计。

[②] 在海上航行的起重机，可取 $p_{\text{Ⅲ}} = 1800$Pa，但不再考虑风压高度变化，即取 $K_h = 1$。

[③] 沿海地区、台湾省及南海诸岛港口大型起重机抗风防滑系统及锚定装置的设计，所用的计算风速 v_s 不应小于 55m/s。

在计算非工作状态风载荷时，还应考虑从总起升质量 m 中卸除了有效起升质量 Δm 后还悬吊着的吊具质量 ηm 仍受到非工作风力的作用，系数 η 为：$\eta = 1 - \Delta m / m$。

表 3-16　风压高度变化系数 K_h

离地(海)面高度 h/m	≤10	10~20	20~30	30~40	40~50	50~60	60~70	70~80	80~90	90~100	100~110	110~120	120~130	130~140	140~150
陆上按 $\left(\dfrac{h}{10}\right)^{0.3}$ 计算	1.00	1.13	1.32	1.46	1.57	1.67	1.75	1.83	1.90	1.96	2.02	2.08	2.13	2.18	2.23
海上及海岛按 $\left(\dfrac{h}{10}\right)^{0.2}$ 计算	1.00	1.08	1.20	1.28	1.35	1.40	1.45	1.49	1.53	1.56	1.60	1.63	1.65	1.68	1.70

注：计算非工作状态风载荷时，可沿高度划分成 10m 高的等风压段，以各段中点高度的系数 K_h（即表列数字）乘以计算风压；也可以取结构顶部的计算风压作为起重机全高的定值风压。

对臂架长度不大于 30m 且臂架不工作时能方便放倒在地上的流动式起重机、带伸缩臂架的低位回转起重机和依靠自身机构在非工作时能够将塔身方便缩回的塔式起重机，只需按其低位置进行非工作状态风载荷验算。在这些起重机的使用说明书中都要写明，在非工作时要求将臂架和塔身固定到位，以使其能抵抗暴风的袭击。

（2）高耸塔桅结构的风振载荷 $P_{W\text{Ⅳ}}$　风振是当风压的脉动频率接近或等于结构水平自振频率时所引起的共振而增大了结构载荷的现象。

由于风载荷是一种动力载荷，分为稳定和非稳定两种风，稳定风可视为静力作用，非稳定风为静力与动力作用共存。对于水平刚度较大的结构，风的动力影响较小，可只考虑风压静力作用。但对于高耸塔桅结构和非高耸结构的柔性构件，由于水平刚度较小，自振频率低，在突发阵风脉动作用下极易产生结构弹性振动。风压脉动作用是一种非周期性非稳定的风力，其数值在各时段的变化是无规则的，它对结构既有静力作用也有动力作用。

高耸结构或柔性构件在脉动的风压作用下，由于气流绕过结构表面而在两侧和后方形成漩涡，出现压差，引起结构变形。当阵风间歇时，漩涡终止，风力消失，结构在其弹性恢复力作用下沿气流方向产生前后自由振动。因为风压作用具有脉动性，所以结构的振动也具有脉动性。当气流沿结构两侧所形成的漩涡不匀称时，还会引发结构产生垂直于气流方向的振动（左右摆动）。

风振常发生于突发的阵风情况中，起重机的工作状态和非工作状态都可能发生风振，而后一种状态更加危险。

刚度较大的非高耸结构件不需计算风振。但对高耸结构（如塔式、桅杆起重机等）或非高耸结构的柔性构件而言，风振是一种相当重要的动力现象，因此对于高耸结构和非高耸结构的柔性构件，除计算风的静力作用外，还必须计算风振。

当高耸结构或非高耸结构的柔性构件水平自振频率低于 4Hz 时，应计算结构的风振作用，这时结构上的风压值可能增大 50% 以上。通常用风振系数 β_1 乘以计算风压来考虑结构风振时的动力作用。

此外，风振时由于风压的连续脉动作用可能使金属结构的杆件和连接发生疲劳断裂损坏，应验算结构的疲劳强度，但这与起重机结构的工作级别无关。

结构风振时的风载荷按式（3-39）计算，即

$$P_{W\text{Ⅳ}} = C K_h \beta_1 p_{\text{Ⅲ}} A \tag{3-39}$$

式中　p_{III}——结构非工作状态计算风压或其他结构的最大风压；

　　　β_1——与结构材料和自振频率有关的风振系数，由表 3-17 查取，它适用于非工作风载，对工作风载（$K_h=1$），由于风压脉动性小，应将 β_1 值除以 1.25 后使用。

表 3-17　结构风振系数 β_1

结构水平自振频率 f/Hz　结构类型	4.00	2.00	1.00	0.67	0.5	0.30	0.20
金属结构塔架	1.25	1.45	1.55	1.62	1.65	1.70	1.75
拉索式金属结构塔架或桅杆	1.25	1.40	1.45	1.48	1.50	1.55	1.60

高耸结构的水平自振频率按式（3-40）计算，即

$$f=\frac{1}{2\pi}\sqrt{\frac{K}{m}}=\frac{1}{2\pi}\sqrt{\frac{y_1}{\sum m_i y_i^2}} \tag{3-40}$$

式中　f——高耸结构自振频率，单位为 Hz；

　　　K——高耸结构顶端的水平刚度，$K=1/y_1$，单位为 N/m；

　　　m——高耸结构顶端的换算质量，$m=\sum m_i(y_i/y_1)^2$，或用 $m=\sum m_i(h_i/h_1)^2$，单位为 kg；

　　　m_i——结构各离散质点的质量，单位为 kg；

　　$\sum m_i y_i^2$——结构各离散质点质量与其水平位移平方的乘积之和；

　　y_1、y_i——单位水平力作用于结构顶端，顶部端点及各质点产生的水平位移，单位为 m/N。

高耸结构各质点的水平位移可按图 3-13 所示的悬臂杆挠曲轴线方程式（3-41）计算，即

$$y_i=\frac{z^2}{6EI}(3h-z) \tag{3-41}$$

式中　h——悬臂杆的高度，单位为 m；

　　　z——悬臂杆上各质点离地面的高度，单位为 m；

　　　EI——悬臂杆的抗弯刚度，单位为 N·m²。

变截面塔架在顶端单位水平力作用下各质点的水平位移，可用图解解析法或其他方法计算。

非高耸结构的简支梁（杆）柔性构件，其水平自振频率计算公式与式（3-40）相同，参见第四章第五节，只需改为水平振动即可。

单层拉索式塔架或桅杆的自振频率近似按式（3-42）计算，即

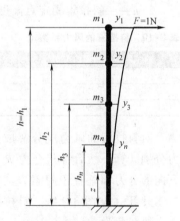

图 3-13　高耸结构各质点水平位移计算模型

$$f=\frac{100}{H} \tag{3-42}$$

式中　H——塔架或桅杆的总高度，单位为 m。

绳索受风载作用将产生摆动并牵动结构振动，因此具有绳索的结构除计算结构的风载荷外，还需计算绳索的风载荷。

固定于塔架或桅杆的斜拉索和钢丝绳取绳索固定点高度 h 的 2/3 分段处的风压计算，在绳索全高度上取为定值。

57

架空索道的水平绳索则取绳索固定点高度处的风压计算，绳索跨度大于 500m（如缆索起重机等）时，下垂值很大，应取绳索跨度下挠点高度上的风压值计算。

暴风时绳索摇晃颤动容易发生共振，也需考虑绳索的风振，其风振系数按式（3-43）计算，即

$$\beta_4 = 1+m \tag{3-43}$$

式中　m——水平绳索的风压脉动系数，依固定点高度 h 而定，斜拉索按 $2h/3$ 确定，由表 3-18 查取。

表 3-18　绳索的风压脉动系数 m

绳索固定点离地高度/m	≤20	40	60	80	100~200	200~300	>300
风压脉动系数 m	0.25	0.22	0.20	0.18	0.15	0.12	0.10

绳索风振时的风载荷按式（3-44）计算，即

$$P_{WV} = C\beta_4 p_{III} A \tag{3-44}$$

式中　C——绳索的风力系数，对水平绳索，$C=1.2$；对斜拉索，水平方向和垂直方向的风力系数不同，按表 3-19 查取；

β_4——与绳索的风压脉动有关的风振系数；

p_{III}——绳索如前面所述的计算点高度处的非工作状态计算风压；

A——绳索的迎风面积，$A=dh$，单位为 m^2；

d——绳索的直径，单位为 m；

h——斜拉索固定点高度或水平绳的跨度，单位为 m。

表 3-19　斜拉索的风力系数 C

斜拉索与水平面的夹角 $\alpha/(°)$	C_x	C_y	斜拉索与水平面的夹角 $\alpha/(°)$	C_x	C_y
30	0.20	0.25	60	0.85	0.40
40	0.35	0.40	70	1.10	0.30
50	0.60	0.40	80	1.20	0.20

对斜拉索的风力应分解成互相垂直的两个分力分别计算，然后将其合力 R 再分解成顺着拉索方向的分力和垂直于拉索方向的分力，最后进行拉索计算（见图 3-14）。斜拉索的水平风载荷与垂直风载荷为

$$\left.\begin{array}{l} P_x = \beta_4 C_x p_{III} dh \\ P_y = \beta_4 C_y p_{III} dh \end{array}\right\} \tag{3-45}$$

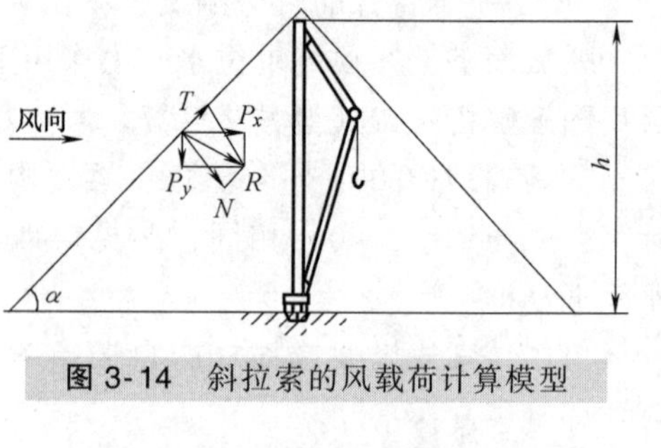

图 3-14　斜拉索的风载荷计算模型

合力　$$R = \sqrt{P_x^2 + P_y^2} \tag{3-46}$$

合力对斜拉索的两个分力为 T 和 N，绳索及其支点反力的计算可查阅柔索计算原理。

（3）碰撞载荷　起重机的碰撞载荷是指同一运行轨道上两相邻起重机之间碰撞或起重机与轨道端部缓冲止挡件碰撞时产生的载荷，起重机应设置减速缓冲装置以减小碰撞载荷。碰撞载荷 P_c 取决于碰撞质量和碰撞速度，按缓冲器所吸收的动能计算。缓冲器是一种安全装置，其形式有弹簧、橡胶和液压的。为减小碰撞载荷，常在缓冲器前面适当位置装设限位开关或自动减速装置，以切断电源，减小碰撞速度。计算碰撞载荷时，通常忽略起重机

（或小车）运行阻力的影响。

起重机（或小车）碰撞时的动能为 $E_k = 0.5(m_G + \beta_5 m_2)v_p^2$

碰撞使缓冲器做功，即

$$W = \xi P_c \mu$$

根据能量相等原理，$W = E_k$，则碰撞载荷为

$$P_c = \frac{(m_G + \beta_5 m_2)v_p^2}{2\xi\mu} \tag{3-47}$$

式中　m_G——起重机（或小车）质量，单位为 kg；

　　　m_2——总起升质量，单位为 kg；

　　　β_5——起升质量影响系数，对于吊钩起重机，$\beta_5 = 0$，对于刚性导架起重机，$\beta_5 = 1$；

　　　v_p——碰撞速度，$v_p = kv_y$，k 为减速系数，单位为 m/s；

　　　v_y——额定运行速度，单位为 m/s；

　　　μ——缓冲器行程（压缩量），单位为 m；

　　　ξ——缓冲器相对缓冲能量（特性系数），见图 3-15 的说明。

1）作用在缓冲器的连接部件上或止挡件上的缓冲碰撞力。对于桥式、门式、臂架起重机，以额定运行速度计算缓冲器的连接与固定部件上和止挡件上的缓冲碰撞力。

2）作用在起重机结构上的缓冲碰撞力。当水平运行速度 $v_y \leqslant 0.7$m/s 时，不考虑缓冲碰撞力。当水平运行速度 $v_y > 0.7$m/s 时，应考虑以下情况的缓冲碰撞力。

① 对装有终点行程限位开关及能可靠起减速作用的控制系统的起重机，按减速后实际碰撞速度（但不小于 50% 的额定运行速度，$k = 0.5$）来计算各运动部分的动能，由此算出缓冲器吸收的动能，从而算出起重机金属结构上的缓冲碰撞力。

② 对未装可靠的自动减速限位开关的起重机，碰撞时的计算速度：大车（起重机）取 85% 的额定运行速度，$k = 0.85$，小车取额定运行速度，以此来计算缓冲器所吸收的动能，并按该动能来计算起重机金属结构上的缓冲碰撞力。

③ 在计算缓冲碰撞力时，对于物品被刚性吊挂或装有刚性导架以限制悬吊的物品水平移动的起重机，要将物品质量的动能考虑在内；对于悬吊物品能自由摆动的起重机，则不考虑物品质量动能的影响。

④ 缓冲碰撞力在起重机上的分布，取决于起重机（对装有刚性导架限制悬吊物品摆动的起重机，还包括物品）的质量分布情况。计算时要考虑小车处在最不利位置，计算中不考虑起升冲击系数 ϕ_1、起升动载系数 ϕ_2 和运行冲击系数 ϕ_4。

3）缓冲器碰撞弹性效应系数 ϕ_7。用 ϕ_7 与缓冲碰撞力相乘，以考虑用刚体模型分析所不能估算的弹性效应。ϕ_7 的取值与缓冲器的特性有关：对于具有线性特性的缓冲器（如弹簧缓冲器），ϕ_7 取为 1.25；对于具有矩形特性的缓冲器（如液压缓冲器），ϕ_7 取为 1.6；对于具有其他特性的缓冲器（如橡胶、聚氯乙烯等缓冲器），ϕ_7 值要通过试验或计算确定，如图 3-15 所示。

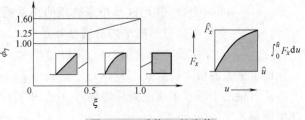

图 3-15　系数 ϕ_7 的取值

$$\xi = \frac{1}{\hat{F}_x \hat{u}} \int_0^{\hat{u}} F_x \mathrm{d}u$$

式中　ξ——相对缓冲能量；

　　　$\hat{F}_x$——最大缓冲碰撞力；

　　　$\hat{u}$——最大缓冲行程；

　　　F_x——缓冲碰撞力；

　　　u——缓冲行程。

具有线性特性的缓冲器，$\xi = 0.5$；具有矩形特性的缓冲器，$\xi = 1.0$。

ϕ_7 中间值的估算如下：若 $0 \leqslant \xi \leqslant 0.5$，$\phi_7 = 1.25$；若 $0.5 < \xi \leqslant 1.0$，$\phi_7 = 1.25 + 0.7(\xi - 0.5)$。

4）在刚性导架中升降悬吊物品的缓冲碰撞力。对于物品沿刚性导架升降的起重机，要考虑该物品和固定障碍物碰撞引起的缓冲碰撞力。此力是作用在物品所在高度上并力图使起重机小车车轮抬起的水平力。

（4）倾翻水平力 P_{SL}　对带刚性升降导架的起重机，当其水平移动时，受到水平方向的阻碍与限制，例如在起重机刚性导架中升降的悬吊物品、起重机的取物装置（吊具）或起重机刚性升降导架下端等与障碍物相碰撞，则会产生一个水平方向作用的、引起起重机（大车）或小车倾翻的倾翻水平力 P_{SL}（见图 3-16）。

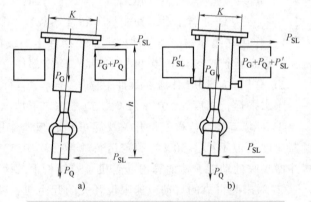

图 3-16　带刚性升降导架的起重机的倾翻水平力

a）小车无反滚轮　b）小车有反滚轮

无反滚轮的小车刚性导架吊具下端或物品下端碰到障碍物后，使得小车被抬起（见图 3-16a）或者使大车主动车轮打滑。

无反滚轮小车的倾翻水平力 P_{SL} 按式（3-48）计算，即

$$\left.\begin{array}{l} P_{SL} = \dfrac{(P_{Gx} + P_Q)K}{2h} \\[3mm] P_{SL} = \mu P_z \end{array}\right\} \tag{3-48}$$

式中　P_{Gx}——小车自重载荷，单位为 kN；

　　　P_Q——额定起升载荷，单位为 kN；

　　　K——小车轨距，单位为 m；

　　　h——水平力 P_{SL} 作用线至小车轨顶的铅垂距离，单位为 m；

　　　μ——车轮与轨道间的平均滑动摩擦系数，取 0.14；

　　　P_z——大车主动轮静轮压之和，单位为 kN。

倾翻水平力的极限值取式（3-48）中的较小者。

有反滚轮的小车在下端碰到障碍物后（见图 3-16b），倾翻水平力仅由大车主动轮打滑条件所限制。

由于倾翻水平力 P_{SL} 的存在，使小车轮压发生变化。无反滚轮的小车在小车的一侧被抬起时，对桥架主梁的影响很大，此时包括小车自重载荷、起升载荷和倾翻水平力 P_{SL} 在内的全部载荷均由另一侧的主梁承担；有反滚轮的小车除上述作用力外，还要考虑倾翻水平力 P_{SL} 对主梁引起的竖直附加载荷 P'_{SL} 的作用，如图 3-16b 所示。

有反滚轮小车的倾翻水平力 P_{SL} 对主梁的竖直附加载荷 P'_{SL} 按式（3-49）计算，即

$$P'_{SL} = \mu P_z \frac{h}{K} - \frac{1}{2}(P_{Gx} + P_Q) \tag{3-49}$$

如果具有倾翻趋势的起重机或小车能够自行回落到正常位置，还应考虑对支承结构的垂直撞击力。

上述计算中均不考虑起升冲击系数 ϕ_1、起升动载系数 ϕ_2 和运行冲击系数 ϕ_4，也不考虑运行惯性力，并假定 P_{SL} 作用在物品或吊具的最下端（无物品时）。

（5）试验载荷 起重机在投入使用前，应进行超载静态试验和超载动态试验。试验场地应坚实、平整，试验时风速不应大于 8.3m/s。对于试验载荷的验证计算，应考虑最小级别风速 5.42m/s。

1）静态试验载荷。试验时起重机静止不动，静态试验载荷作用于起重机最不利位置，且应平稳无冲击地加载。除订货合同有其他要求之外，静态试验载荷 $P_{jt} = 1.25P$，其中 P 定义为：

① 对于流动式起重机，P 为有效起重量与可分及固定吊具质量总和的重力；

② 对于其他起重机，P 为额定起重量的重力，此额定起重量不包括作为起重机固有部分的任何吊具的质量。

2）动态试验载荷。试验时起重机需完成各种运动和组合运动，动态试验载荷应作用于起重机最不利位置。除订货合同有更高的要求以外，动态试验载荷 $P_{dt} = 1.1P$，P 的定义同上。在验算时此项试验载荷 P_{dt} 应乘以由式（3-50）给出的动态试验载荷起升动载系数 ϕ_6。

$$\phi_6 = 0.5(1 + \phi_2) \tag{3-50}$$

式中　ϕ_6　　动态试验载荷起升动载系数；

　　ϕ_2——起升动载系数，见式（3-22）。

3）特殊情况。

① 有特殊要求的起重机，其试验载荷可以取与上述不同而更高的值，应在订货合同或有关的产品标准中规定。

② 如果静态试验和动态试验载荷的数值高于上述的规定，则应按实际试验载荷值验算起重机的承载能力。

（6）意外停机引起的载荷 应考虑意外停机瞬间的最不利驱动状态（即意外停机时的突然制动力或加速力与最不利的载荷相组合），按前文所述"（5）变速运动引起的载荷"估算意外停机引起的载荷，动载系数 ϕ_5 取值见表 3-6。

（7）机构或部件失效引起的载荷 在各种特殊情况下都可用紧急制动作为对起重机有效的保护措施，因此机构或部件突然失效时的载荷都可按出现了最不利的状况而采取紧急制动时的载荷来考虑。

当为安全原因采用两套（双联）机构时，若任一机构的任何部位出现失效，就应认为

该机构发生了失效。

对上述两种情况，均应按前文所述"（5）变速运动引起的载荷"估算此时所引起的载荷，并考虑力的传递过程中所产生的冲击效应。

（8）有效载荷意外丧失引起的载荷 对于如臂架起重机整体结构的回弹、臂架反向抖动、与起重机结构发生碰撞、臂架回落到正常位置或作用在承受单向力构件（液压缸、绳索等）上载荷发生逆转的结构稳定性及强度问题，在未进行动态分析时，应采用动载系数 $\phi_8 = -0.3$ 考虑有效载荷意外丧失的影响。

（9）起重机基础受到外部激励引起的载荷 起重机基础受到外部激励引起的载荷是指由于地震或其他震波迫使起重机基础发生振动而对起重机引起的载荷。

金属结构设计时是否考虑地震或其他震波的作用，应由以下情况决定：

1）如这类载荷将构成重大危险时（如核电站起重机或在其他特殊场合工作的重要起重机），则考虑此类载荷。

2）如政府颁布法规或技术规范对此有明确的要求，则应根据相应的法规或技术规范考虑此类载荷。

3）如果用户向制造商提出此项要求，并提供当地相应的地震谱等信息以供设计使用时，则考虑此类载荷，否则可不予考虑。

地震时由于地壳运动对结构产生的水平惯性力即为地震载荷。

按地震时震源所释放的能量大小，将地震分成若干震级，地震影响到相当范围的地区，称为地震区。震源正对的地面称为震中，其破坏力最大。地震对建筑物的破坏程度称为地震烈度，按其强弱分为12度。震级越高，震中的烈度越强，离震中越远，烈度越弱，形成若干个不同的烈度区。震级与震中烈度的关系列于表3-20。

表3-20 震级与震中烈度的关系

震级	<3	3	4	5	6	7	8	>8
震中烈度	1~2	3	4~5	6~7	7~8	9~10	11	12

机械装备结构所受的地震载荷按式（3-51）计算，即

$$P_d = k_d P_{Gi} \tag{3-51}$$

式中 P_{Gi}——机械装备或其相应部分质量的重力，单位为 N；

k_d——地震系数，依地震烈度而定，由表3-21查取。

表3-21 地震系数 k_d

震级烈度	7	8	9	10
k_d	0.025	0.05	0.1	0.2

地震载荷按结构各部分质量大小分布于相应部位上，可有任意的水平方向。

一般对刚度大的结构，地震载荷可视为静力作用。对刚度较小的高耸结构，当其水平自振频率较小时（$f<3Hz$），应考虑地震载荷对结构的动力作用，这时结构顶端的地震载荷约增大一倍，底部不变，中间可按直线或曲线变化考虑。

结构自振频率的计算方法参见结构风振载荷部分。

地震时固定于地基上的结构随地壳运动，承受全部地震载荷，最容易引起损坏，而移动式设备或结构由于本身的惯性可以脱离地面或不全随地壳运动，受地震载荷的作用较小，不

易损坏。因此，对运行式起重机固定使用时或固定式机械装备和塔桅结构，都应考虑地震载荷作用。而未固定的流动式机械装备结构则不考虑地震载荷的作用。

地震载荷主要是水平方向载荷，当地震烈度达到 9 度以上时，也会发生竖直方向的载荷（上下颠簸），竖直地震载荷近似取为结构（部件、设备等）重力的 30%，同时还需考虑结构自重载荷的作用。

对长悬臂大跨度结构和易倾翻的高耸结构，应同时计算水平和竖直的地震载荷作用。

计算地震载荷作用时应考虑有 30% 的非工作风载荷作用。

地震载荷是一种特殊载荷情况，计算地震载荷对结构的作用时可将安全系数适当降低。

（10）其他载荷 其他载荷是指在某些特定情况下发生的载荷，包括工艺性载荷，作用在起重机的平台或通道上的载荷等。

1）安装、拆卸和运输引起的载荷。应该考虑在安装、拆卸过程中的每一个阶段发生的作用在起重机上的各项载荷，其中包括由 8.3m/s 的风速或规定的更大风速引起的风载荷。对于一个构件或部件，在各种情况下都应进行在这项重要载荷作用下的承载能力验算。

在某些情况下，还需要考虑在运输过程中对机械装备结构产生的载荷。

不应以载荷所属的类别判断载荷重要性或关键性，因为相当多的事故发生在装拆作业阶段，所以应当给予特别注意。

2）工艺性载荷。工艺性载荷是指起重机在工作过程中为完成某些生产工艺要求或从事某些杂项工作而产生的一种特殊载荷，例如脱锭和夹钳起重机的刚性导架与障碍物相碰撞产生的水平力，锻造起重机的锻锤冲击力等称工艺性载荷，由起重机用户或买方提出。一般将它作为偶然载荷或特殊载荷来考虑，按具体工况由极限条件（如主动车轮打滑条件）决定。

3）走台、平台和其他通道上的载荷。这些载荷为局部载荷，作用在起重机结构的局部部位以及直接支承它们的构件上。

这些载荷的大小、性质与结构的用途和载荷的作用位置有关，如在走台、平台、通道等处应考虑下述载荷：

① 在堆放物料处：集中载荷 3000N。

② 在走台或通道处：集中载荷 1500~2000N，均布载荷 4500Pa。

③ 在栏杆上作用的水平力：集中载荷 300N。

第三节 金属结构的设计方法、载荷情况和载荷组合

一、设计方法

在起重机金属结构设计中，通常采用许用应力设计法和极限状态设计法两种方法。

1. 许用应力法

许用应力法是使外载荷在结构及连接接头中产生的应力和变形，不超过结构及连接接头的承载能力（强度、稳定性的抗力和变形控制值）的设计方法。其设计步骤为：

首先计算各指定载荷 f_i，并以适当的动力载荷系数 ϕ_i 增大；其次根据载荷组合表进行组合，计算得出组合载荷 $\overline{F}_j$。再用此组合载荷 $\overline{F}_j$ 确定合成的载荷效应（内力、变形）$\overline{S}_k$。然

后根据作用在构件或部件上的载荷效应（内力、变形）计算出应力 $\bar{\sigma}_{1l}$，并与由局部效应（内力、变形）引起的应力 $\bar{\sigma}_{2l}$ 相组合，得到合成设计应力 $\bar{\sigma}_l$。最后将此合成设计应力 $\bar{\sigma}_l$ 与许用应力 admσ 相比较。许用应力 admσ 以规定的强度 R 除以强度系数 γ_f 得出，在具有高度危险的场合，应再除以高危险度系数 γ_n。

应当指出，许用应力 admσ 也包含了结构变形等其他广义许用控制值。许用应力设计法的典型流程图如图 3-17 所示。

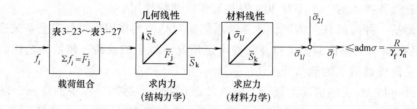

图 3-17　许用应力设计法的典型流程图

2. 极限状态法

极限状态法是使外载荷在结构及连接接头中产生的应力和变形，不超过结构及连接接头的极限承载能力的设计方法。其设计步骤为：

首先计算各指定载荷 f_i，并以适当的动力载荷系数 ϕ_i 增大，同时乘以载荷组合中与该项载荷相对应的分项安全系数 γ_{pi}，其次根据载荷组合表进行组合，得出组合载荷 F_j。在具有高度危险的场合，需对组合载荷 F_j 乘以高危险度系数 γ_n，得出设计载荷 $\gamma_n F_j$。再用此载荷确定设计载荷效应（内力、变形）S_k。然后根据作用在构件或部件上的载荷效应（内力、变形）计算出应力 σ_{1l}，并与由采用适当动力载荷系数计算的局部效应（内力、变形）引起的其他应力 σ_{2l} 相组合，得到合成设计应力 σ_l，最后将此合成设计应力 σ_l 与极限应力 limσ 相比较。极限应力 limσ 是以规定的强度 R 除以抗力系数 γ_m 而得到，而抗力系数 γ_m 反映了材料的强度变化和局部缺陷的统计（平均）结果。

应当指出，limσ 也包含了结构变形等其他极限状态控制值。极限状态设计法的典型流程如图 3-18 所示。

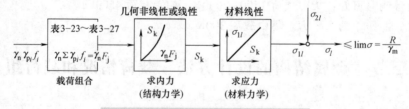

图 3-18　极限状态设计法的典型流程图

3. 两种设计方法的比较

1）许用应力法是由组合载荷产生的设计应力与由构件类型或检验条件所确定的许用应力进行对比。许用应力的确定是以使用经验为基础，并考虑防止由于屈服、弹性失稳或疲劳引起失效的裕度。

2）极限状态法是用分项安全系数将组合前的各项载荷放大，并与屈服或弹性失稳所规定的极限状态进行对比。各载荷的分项安全系数是建立在出现的概率和所能确定的载荷精度基础上的。极限状态值由构件标准强度折减后的强度值组成，以反映构件强度及几何参数的统计偏差。

3）在许用应力法中，不等号左边的载荷并不增大；而不等号右边的许用应力值 $[\sigma]=\sigma_s/(\gamma_f\gamma_n)$，由于 $\gamma_m<\gamma_f\gamma_n$，相对于极限应力值 $\lim\sigma=\sigma_s/\gamma_m$ 减小 $\gamma_m/(\gamma_f\gamma_n)$ 倍。而在极限状态法中，不等号左边的各项载荷增大 γ_{pi} 倍，但不具有线性关系；而不等号右边的极限应力值 $\lim\sigma=\sigma_s/\gamma_m$，由于 $\gamma_m<\gamma_f\gamma_n$，使得 $\lim\sigma=\sigma_s/\gamma_m$ 相对于许用应力 $[\sigma]=\sigma_s/(\gamma_f\gamma_n)$ 增大 $\gamma_f\gamma_n/\gamma_m$ 倍。至于增大或减小的数值（程度）需根据不同的机型、具体的载荷及载荷组合确定。

4）极限状态法更适用于结构在外载荷作用下产生较大变形，使得内力与载荷呈非线性关系的场合。桥式起重机主梁结构是内力与载荷呈线性关系的实例，塔式起重机塔架结构为内力与载荷呈非线性关系的实例。

5）若将 GB/T 22437.1—2008《起重机　载荷与载荷组合的设计原则　第1部分：总则》与 GB/T 30024—2013《起重机　金属结构能力验证》联合使用，则极限状态法为首要必备的二阶方法。

二、载荷情况

在进行起重机及其金属结构计算时，应考虑三种不同的基本载荷情况：

1）A——无风工作情况。

2）B——有风工作情况。

3）C——受到特殊载荷作用的工作情况或非工作情况。

具体载荷情况的说明参见以下描述。在每种载荷情况中，与可能出现的实际使用情况相对应，又有若干个可能的具体载荷组合。

三、载荷组合

起重机结构设计中同时使用的载荷称为载荷的计算组合或载荷组合。

起重机及其结构承受的各项载荷不可能同时出现，因此，载荷组合的原则是：计算时应根据起重机的工作特点、不同工况、考虑各项载荷实际出现的概率，按对结构最不利的作用情况，将可能同时出现的载荷进行合理的组合。

1. 起重机无风工作情况下的载荷组合

起重机无风工作情况下的载荷组合有以下 4 种：

（1）A1　起重机在正常工作状态下，无约束地起升地面的物品，无工作状态风载荷及其他气候影响产生的载荷，此时只应与正常操作控制下其他驱动机构（不包括起升机构）引起的驱动加速力相组合。

（2）A2　起重机在正常工作状态下，突然卸除部分起升质量，无工作状态风载荷及其他气候影响产生的载荷，此时应按 A1 的驱动加速力组合。

（3）A3　起重机在正常工作状态下，（空中）悬吊着物品，无工作状态风载荷及其他气候影响产生的载荷，此时应考虑悬吊物品及吊具的重力与正常操作控制的任何驱动机构（包括起升机构）在一连串运动状态中引起的加速力或减速力进行任何的组合。

（4）A4　在正常工作状态下，起重机在不平道路或轨道上运行，无工作状态风载荷及其他气候影响产生的载荷，此时应按 A1 的驱动加速力组合。

2. 起重机有风工作情况下的载荷组合

起重机有风工作情况下的载荷组合有以下 5 种：

（1）B1～B4　其载荷组合与 A1～A4 的组合相同，但应计入工作状态风载荷及其他气候影响产生的载荷。

（2）B5　在正常工作状态下，起重机在带坡度的或不平的轨道上以恒速偏斜运行，有工作状态风载荷及其他气候影响产生的载荷，而其他机构不运动。

注意：当起重机的具体使用情况认为应该考虑坡道载荷及工艺性载荷时，可以将坡道载荷视作偶然载荷在起重机的无风工作情况下或有风工作情况下的载荷组合中予以考虑，将工艺性载荷视作偶然载荷或特殊载荷予以考虑。

3. 起重机受到特殊载荷作用的载荷组合

起重机受到特殊载荷作用的载荷组合有以下 11 种：

（1）C1　起重机在工作状态下，用最大起升速度无约束地提升地面载荷，例如相当于电动机或发动机无约束地起升地面上松弛的钢丝绳，当载荷离地时起升速度达到最大值（使用导出的 ϕ_{2max}，其他机构不运动）。

（2）C2　起重机在非工作状态下，有非工作状态风载荷及其他气候影响产生的载荷。

（3）C3　起重机在动载试验状态下，提升动载试验载荷，并考虑试验状态风载荷。与载荷组合 A1 的驱动加速力相组合。

（4）C4　起重机在带有额定起升载荷的状态下，与出现的缓冲碰撞力相组合。

（5）C5　起重机在带有额定起升载荷的状态下，与出现的倾翻水平力相组合。

（6）C6　起重机在带有额定起升载荷的状态下，与出现的意外停机引起的载荷相组合。

（7）C7　起重机在带有额定起升载荷的状态下，与出现的机构失效引起的载荷相组合。

（8）C8　起重机在带有额定起升载荷的状态下，与出现的基础外部激励引起的载荷相组合。

（9）C9　起重机在带有额定起升载荷的状态下，与出现的激活过载保护引起的载荷相组合。

（10）C10　起重机在带有额定起升载荷的状态下，与出现的有效载荷丧失引起的载荷相组合。

（11）C11　起重机在安装、拆卸或运输过程中出现的载荷组合。

四、载荷组合表及其应用

1. 载荷组合表

用于起重机金属结构计算的载荷与载荷组合总表见表 3-23。流动式、塔式、臂架式、桥式和门式起重机的载荷与载荷组合表见表 3-24～表 3-27。

2. 载荷组合表的应用

（1）总则　载荷组合总表 3-23 中第 2 列第 1～第 3 行的质量均应乘以重力加速度 g，第 2 列第 4 和第 5 行的质量应乘以适当的加速度。所求得的或给出的载荷应乘以相应的系数 ϕ_i，（$i=1,9$）。

（2）许用应力法的应用　采用许用应力设计法时，载荷组合 A、B 和 C 的许用应力值以材料、杆件、部件或连接的规定强度 R（例如钢材屈服强度、弹性稳定极限或疲劳强度等极限应力）除以相应的安全系数 n 来确定（包括结构变形和振动等其他许用控制值）。安全系数 n 等于强度系数 γ_{fi} 和高危险度系数 γ_n 的乘积（ $n = \gamma_f \gamma_n$ ），在一般情况下，高危险度系数 γ_n 取为 1，则安全系数 n 即为强度系数 γ_{fi} 。

（3）极限状态设计法的应用　采用极限状态设计法时，各项计算载荷在进行组合计算前应按载荷类别和载荷组合 A、B 或 C 乘以分项安全系数 γ_{pi} 和高危险度系数 γ_n 后再进行组合与计算。

极限设计应力以材料、杆件、构件或连接的规定强度 R （例如钢材屈服强度、弹性稳定极限或疲劳强度等极限应力）除以抗力系数 γ_m 来确定，或以其他广义的极限值作为可接受的极限状态控制值（如挠度、翘度极限值、结构振动频率或衰减参数的极限值等）。

（4）弹性位移　在某些情况下，较大的弹性变形和位移会妨碍起重机胜任其预期工作任务，不仅影响起重机及结构的稳定性，而且干扰机构正常运转。此时，考核有关位移应是承载能力验算的组成部分，并且在可能的条件下将计算位移与确定的极限值进行对比。

（5）疲劳强度验算　如有必要验算疲劳强度，则可按许用应力法的应力比法或极限状态法的应力幅法进行。通常，疲劳强度验算应考虑 A1、A2、A3 和 A4（常规载荷）等载荷组合。在某些特殊的应用实例中，甚至还有必要考虑一些偶然载荷及特殊载荷，例如工作状态风载荷、偏斜运行侧向载荷、试验载荷以及与起重机基础外部激励（例如地震和其他震波效应）等有关的载荷。

（6）高危险度系数的应用　某些起重机（例如铸造起重机或核工业用起重机）如果发生失效，将对人员或经济造成特别严重的后果，在这些特殊情况下，应选用其值大于 1 的高危险度系数 γ_n ，以使起重机获得更大的可靠性。此系数值根据特殊的使用要求选取。使用许用应力法时，许用应力应除以 γ_n 。使用极限状态法时，载荷应乘以 γ_n 。

分项安全系数 γ_{pi} 、抗力系数 γ_m 和高危险度系数 γ_n 的取值范围列于表 3-22。

供选用的分项安全系数 γ_{pi} 列在表 3-23 第 3、第 4 和第 5 栏中。

表 3-22　系数 γ_n 、 γ_{fi} 、 γ_m 和 γ_{pi} 的值

载荷组合	相应设计方法	许用应力法	抗力系数	极限状态法								
	高危险度系数 γ_n	强度系数 γ_{fi}	γ_m	分项安全系数 γ_{pi}								
A		1.48		1.16	1.22	1.28	1.34	1.41	1.48	1.55	1.63	1.71	1.80
B	1.05 ~ 1.10	1.34	1.10	1.10	1.16	1.22	1.28	1.34	1.41	1.48	1.55	1.63	1.71
C		1.22		1.05	1.10	1.16	1.22	1.28	1.34	1.41	1.48	1.55	1.63

（7）起重机或起重机部件的质量

1）对结构计算有利或不利的质量。对某特定的载荷组合和起重机结构进行载荷计算时，起重机不同位置的质量有可能会增大或减小危险点处的计算载荷。

同一个质量，在某些情况下是有利的，而在另外情况下却是不利的。或者对某种危险载荷是有利的，对另外一种危险载荷是不利的。以图 3-19 塔式起重机为例说明：对于弯矩 M ，在有起升载荷的情况下，平衡重的质量是有利的，而在无起升载荷的情况下则是不利的。但对于塔式起重机的压缩力而言，平衡重的质量在两种情况下都是不利的。

2）起重机质量的分项安全系数（极限状态法）。根据起重机质量的计算方法和（有利或不利）载荷效应的不同，从表 3-28 中选择相应的分项安全系数 γ_p 。

68

表 3-23 起重机金属结构的载荷与载荷组合总表

注：列标题中 3 = 载荷组合 A（分项安全系数 γpA，A1～A4）；4 = 载荷组合 B（分项安全系数 γpB，B1～B5）；5 = 载荷组合 C（分项安全系数 γpC，C1～C11）。

载荷类别 (1)	载荷 (2)	γpA	A1	A2	A3	A4	γpB	B1	B2	B3	B4	B5	γpC	C1	C2	C3	C4	C5	C6	C7	C8	C9	C10	C11	行号 (6)
常规载荷 — 重力加速度冲击力	1. 起重机质量引起的载荷	*	φ_1	φ_1	1	—	*	φ_1	φ_1	1	—	1	*	φ_1	1	φ_1	1	1	1	1	1	—	—	—	1
	2. 总起升质量引起的载荷或突然卸除部分起升质量引起的载荷	1.34	φ_2	φ_3	1	—	1.22	φ_2	φ_3	1	—	1	1.10	—	η	—	—	1	1	1	1	—	—	—	2
	3. 在不平道路（轨道）上运行的起重机质量和总起升质量引起的载荷	1.22	—	—	—	φ_4	1.16	—	—	—	φ_4	1	—	—	—	—	—	—	—	—	—	—	—	—	3
常规载荷 — 驱动加速度冲击力（起重机质量和总起升质量）	4.1 不包括起升机构的其他驱动机构加速引起的载荷	1.34	φ_5	φ_5	—	φ_5	1.22	φ_5	φ_5	—	φ_5	1	—	—	—	φ_5	—	—	—	—	—	—	—	—	4
	4.2 包括起升机构加速引起的任何驱动机构加速引起的载荷		—	—	φ_5	—		—	—	φ_5	—	1		—	—	—	—	—	—	—	—	—	—	—	5
常规载荷 — 位移	5. 位移或变形引起的载荷	**	1	1	1	1	**	1	1	1	1	1	**	1	1	1	1	1	1	1	1	—	—	—	6
常规载荷 — 气候	1. 工作状态风载荷	—	—	—	—	—	1.22	1	1	1	1	1	1.16	1	1	1	1	1	1	1	1	—	—	—	7
	2. 雪和冰载荷	—	—	—	—	—	1.22	1	1	1	1	1	1.16	1	1	1	1	1	1	1	1	—	—	—	8
常规载荷 — 气候影响	3. 温度变化引起的载荷	—	—	—	—	—	1.16	1	1	1	1	1	1.05	1	1	1	1	1	1	1	1	—	—	—	9
常规载荷 — 偏斜	4. 偏斜运行时引起的水平侧向载荷	—	—	—	—	—	1.16	—	—	—	—	1	—	—	—	—	—	—	—	—	—	—	—	—	10
偶然载荷	1. 起升地面载荷												1.10	φ_{2max}	—	—	—	—	—	—	—	—	—	—	11
	2. 非工作状态风载荷												1.16	—	1	—	—	—	—	—	—	—	—	—	12
	3. 试验载荷												1.10	—	—	φ_6	—	—	—	—	—	—	—	—	13
	4. 缓冲碰撞力												1.10	—	—	—	φ_7	—	—	—	—	—	—	—	14
	5. 倾翻水平力												1.10	—	—	—	—	1	—	—	—	—	—	—	15
特殊载荷	6. 意外停机引起的载荷												1.10	—	—	—	—	—	φ_5	—	—	—	—	—	16
	7. 传动机构失效引起的载荷												1.10	—	—	—	—	—	—	φ_5	—	—	—	—	17
	8. 起重机基础激励引起的载荷												1.10	—	—	—	—	—	—	—	1	—	—	—	18
	9. 激活过载保护引起的载荷												1.10	—	—	—	—	—	—	—	—	1	—	—	19
	10. 有效载荷丧失引起的载荷												1.10	—	—	—	—	—	—	—	—	—	φ_9	—	20
	11. 安装、拆卸和运输时引起的载荷												1.10	—	—	—	—	—	—	—	—	—	—	1	21

系数	许用应力设计法	强度系数 γ_{fi}	1.48	1.34	1.22	22
	极限状态设计法	抗力系数 γ_m	1.10			23
		高危险度情况	1.05~1.10			24
说明						25

注：

1. *适用于变形引起载荷的分项安全系数的取值见表3-28。

  安全系数 n =强度系数 γ_{fi}×高危险度系数 γ_n，当不考虑高危险度系数（γ_n=1）时，安全系数 n =强度系数 γ_{fi}。

2. **适用于变形引起载荷的分项安全系数的取值见表3-29，适用于非弹性加变形系数（γ_n=1）时，不考虑高危险度系数。

3. A1 和 B1——起重机械在正常工作状态下起升和下降载荷，没有工作状态风载荷以及由其他气候影响引起的载荷（A1）。通常，为了反映沿两个不同方向运动的起重机构（不包括起升机构）应根据正常操作及驱动控制将驱动加速度引起载荷，引起的载荷以及由其他气候影响或吊具面载荷。起升地面载荷组合，应将载荷进行载荷组合，减速及其负载或卸载时的起升载荷或卸载组合。

   A2 和 B2——起重机械在正常工作状态下突然卸除部分起升载荷，没有工作状态风载荷以及由其他气候影响引起的载荷（A2）和有工作状态风载荷以及由其他气候影响引起的载荷。

   A3 和 B3——起重机械在正常工作状态下，加速悬挂载荷，没有工作状态风载荷及由于其他气候影响引起的载荷（A3）和有工作状态风载荷以及由其他气候影响引起的载荷。

   A4 和 B4——起重机械在正常工作状态下，驱动力应按 A1 和 B1 进行组合。其他气候影响引起的载荷（A4）和有工作状态风载荷以及由其他气候影响引起的载荷。

   B5——起重机械在正常工作状态下，在不平坦路面或轨道上运行，有工作状态风载荷以及由其他气候影响引起的载荷。驱动力应按 A1 和 B1 进行组合。

   C1——起重机械在非正常工作状态下，在不平坦路面上以恒定速度偏斜运行，采用 ϕ_2。

   C2——起重机械在非正常工作状态下包括非工作状态风载荷以及由其他气候影响引起的载荷。在特殊情况下起升地面载荷。

   C3——起重机械在试验状态下驱动力应按 A1 和 B1 进行组合。

   C4~C8——起重机械带有总载荷并同例如缓冲力（C4）、倾翻力（C5）、机构失效（C6）、意外停机（C7）、起重机械基础激励（C8）载荷组合。

   C9——激活过载保护载荷失效引起的载荷。

   C10——有效载道载荷。

   C11——安装、拆卸、运输引起的载荷。

4. 如需考虑坡道载荷时，视具体情况可归属于偶然载荷组合 C 中。

5. 如需考虑载荷组合 C2 中，视具体情况可归属于偶然载荷组合 B 或特殊载荷的载荷组合 C 中。

6. 在载荷组合 C2 中，η 是起重机不工作时，从总起升质量 m 中扣除有效起升质量 Δm 后，余下起升质量（即吊具质量）ηm 的系数，$\eta m = m - \Delta m$，$\eta = 1 - \Delta m / m$。

70

表 3-24 流动式起重机金属结构计算的载荷与载荷组合表

载荷类别	载荷	分项安全系数 γ_{pA}	A1	A2	A3	A4	分项安全系数 γ_{pB}	B1	B2	B3	B4	分项安全系数 γ_{pC}	C1	C2	C3	C4	C5	C6	C7	行号
常规载荷（重力）	1. 起重机质量引起的载荷	*	φ_1	φ_1	1	—	*	φ_1	φ_1	1	—	*	φ_1	1	1	1	1	—	—	1
（重力）	2. 总起升质量或突然卸除部分起升质量引起的载荷	1.34	φ_2	φ_3	1	—	1.22	φ_2	φ_3	1	—	1.10	η	η	1	—	—	—	—	2
（加速力/冲击力）	3. 在不平道路上运行的起重机质量和起升质量引起的载荷	1.22	—	—	—	φ_4	1.16	—	—	—	φ_4	—	—	—	—	—	—	—	—	3
（起重量和起升质量 驱动力 加速）	4.1 不包括起升机构的其他驱动机构加速引起的载荷	1.34	φ_5	φ_5	—	—	1.22	φ_5	φ_5	φ_5	—	1.10	—	—	φ_5	1	—	—	—	4
	4.2 包括起升机构的任何驱动机构加速引起的载荷		—	—	φ_5	—		—	φ_5	—	—		—	—	—	—	—	—	—	5
（位移）	5. 位移或变形引起的载荷	**	1	1	1	1	**	1	1	1	1	**	1	1	1	1	1	1	1	6
偶然载荷（气候影响引起的载荷）	1. 工作状态风载荷	—	—	—	—	—	1.16	—	—	—	1	1.10	—	1	—	—	—	—	—	7
	2. 雪和冰载荷	—	—	—	—	—	1.22	—	—	—	1	1.10	—	—	—	—	—	—	—	8
特殊载荷	1. 猛烈提升地面物品的动载荷	—	—	—	—	—	—	—	—	—	—	1.10	φ_{2max}	—	—	—	—	—	—	9
	2. 非工作状态风载荷	—	—	—	—	—	—	—	—	—	—	1.10	—	1	—	—	—	—	—	10
	3. 试验载荷	—	—	—	—	—	—	—	—	—	—	1.10	—	—	φ_6	—	—	—	—	11
	4. 意外停机引起的载荷	—	—	—	—	—	—	—	—	—	—	1.10	—	—	—	φ_5	—	—	—	12
	5. 激活过载保护引起的载荷	—	—	—	—	—	—	—	—	—	—	1.10	—	—	—	—	1	—	—	13
	6. 有效载荷表失引起的载荷	—	—	—	—	—	—	—	—	—	—	1.10	—	—	—	—	—	φ_9	—	14
	7. 安装、拆卸和运输时引起的载荷（用于应力设计法）	—	—	—	—	—	—	—	—	—	—	1.10	—	—	—	—	—	—	1	15
系数	强度系数 γ_n（用于应力设计法的取值见表 3-28）	1.48					1.34					1.22								16
	抗力系数 γ_m（用于极限状态设计法）								1.10											17
	特殊情况下的高危险度系数 γ_n								$1.05 \sim 1.10$											18

注：
1. * 分项安全系数的取值见表 3-28。
2. ** 适用于由变形引起载荷分项安全系数的取值见表 3-29，适用于非预加变形引起载荷的分项安全系数的取值见表 3-30。
3. 如需考虑坡道载荷时，视具体情况可归属于偶然载荷组合 B 中。
4. 在载荷组合 C2 中，η 是起升质量 m 中卸除有效起升质量 Δm 后，从总起升质量 m 中卸除有效起升质量（即吊具质量）ηm 的系数，$\eta m = m - \Delta m$，$\eta = 1 - \Delta m / m$。

表 3-25　塔式起重机金属结构计算的载荷与载荷组合表

载荷类别	载荷	载荷组合 A 分项安全系数 全系数 γ_{pA}	A1	A2	A3	A4	载荷组合 B 分项安全系数 全系数 γ_{pB}	B1	B2	B3	B4	B5	载荷组合 C 分项安全系数 全系数 γ_{pC}	C1	C2	C3	C4	C5	C6	C7	C8	C9	C10	C11	行号
常规载荷 — 重力加速度冲击力	1. 起重机质量引起的载荷　1.1 对合成载荷起不利作用质量引起的载荷	*					*						*												1
	1.2 对合成载荷起有利作用质量引起的载荷　1.2.1 质量及其质心由试验整体测量得到	1.16	ϕ_1	ϕ_1	1	—	1.10	ϕ_1	ϕ_1	1	—	—	1.05	ϕ_1	1	ϕ_1	1	1	1	1	1	—	—	—	1
	1.2.2 质量及其质心由最终零部件表得到	1.10					1.05						1.00												1
	2. 总起升质量或突然卸掉部分起升质量引起的载荷	1.34	ϕ_2	ϕ_3	1	—	1.22	ϕ_2	ϕ_3	1	—	—	1.10	ϕ_2	η	1	1	1	1	1	1	—	—	—	2
	3. 在不平物道上运行的起重机质量和总起升质量引起的载荷	1.22	—	—	—	ϕ_4	1.16	—	—	—	ϕ_4	ϕ_4	—	—	—	—	—	—	—	—	—	—	—	—	3
	4. 起重机质量和总起升质量　4.1 不包括起升机构的其他驱动机构加速引起的载荷	1.34	ϕ_5	ϕ_5	—	ϕ_5	1.22	ϕ_5	ϕ_5	—	ϕ_5	—	1.10	ϕ_5	ϕ_5	ϕ_5	—	—	—	—	—	—	—	—	4
	4.2 包括起升机构任何驱动机构加速引起的载荷				ϕ_5					ϕ_5															5
常规载荷 — 位移	5. 位移或变形引起载荷	≈*	1	1	ϕ_5	1	≈*	1	1	ϕ_5	1	1	**	1	1	1	1	1	1	1	1	1	—	—	6
常规载荷 — 气候影响	1. 工作状态风载荷	—					1.16	1	1	1	1	1	—								1				7
	2. 雪和冰载荷	—					1.22	1	1	1	1		1.10		1	1				1					8
	3. 温度变化引起的载荷	—					1.16	1	1	1	1		1.05			1				1					9
偶然载荷 — 偏斜	4. 偏斜运行时引起的水平侧向载荷	—					1.16	1	1	1	1	1	—												10

（续）

载荷类别	载荷	载荷组合 A 分项安全系数 γ_{pA}				载荷组合 B 分项安全系数 γ_{pB}					载荷组合 C 分项安全系数 γ_{pC}											行号
		A1	A2	A3	A4	B1	B2	B3	B4	B5	C1	C2	C3	C4	C5	C6	C7	C8	C9	C10	C11	
	1. 提升地面载荷	—	—	—	—	—	—	—	—	—	ϕ_{2max}	—	—	—	—	—	—	—	—	—	—	11
	2. 非工作状态风载荷	—	—	—	—	—	—	—	—	—	1.10	1	—	—	—	—	—	—	—	—	—	12
	3. 试验载荷	—	—	—	—	—	—	—	—	—	1.10	—	ϕ_6	—	—	—	—	—	—	—	—	13
	4. 缓冲碰撞力	—	—	—	—	—	—	—	—	—	1.10	—	—	ϕ_7	—	—	—	—	—	—	—	14
	5. 倾翻水平力	—	—	—	—	—	—	—	—	—	1.10	—	—	—	1	—	—	—	—	—	—	15
特殊载荷	6. 意外停机引起的载荷	—	—	—	—	—	—	—	—	—	1.10	—	—	—	—	ϕ_5	—	—	—	—	—	16
	7. 传动机构失效引起的载荷	—	—	—	—	—	—	—	—	—	1.10	—	—	—	—	—	ϕ_5	—	—	—	—	17
	8. 起重机基础外部激励引起的载荷	—	—	—	—	—	—	—	—	—	1.10	—	—	—	—	—	—	1	—	—	—	18
	9. 激活过载保护引起的载荷	—	—	—	—	—	—	—	—	—	1.10	—	—	—	—	—	—	—	1	—	—	19
	10. 有效载荷丧失引起的载荷	—	—	—	—	—	—	—	—	—	1.10	—	—	—	—	—	—	—	—	ϕ_9	—	20
	11. 安装、拆卸和运输时引起的载荷	—	—	—	—	—	—	—	—	—	1.10	—	—	—	—	—	—	—	—	—	1	21
系数	强度系数 γ_{fi}（用于许用应力设计法）	1.48				1.34					1.22											22
	抗力系数 γ_m（用于极限状态设计法）									1.10	1.05～1.10											23
	特殊情况下的危险度系数 γ_n																					24

注：1. * 分项安全系数的取值见表 3-28。

2. ** 适用于由变形引起载荷分项安全系数的取值见表 3-29，适用于非预加变形引起载荷的分项安全系数的取值见表 3-30。

3. 如需考虑坡道载荷时，视具体情况可归属于偶然载荷的载荷组合 B 中。

4. 在载荷组合 C2 中，η 是起重机不工作时，从总起升质量 m 中卸除质量 Δm 后，余下的起升有效起升质量（即吊具质量）ηm 的系数，$\eta m = m - \Delta m$，$\eta = 1 - \Delta m / m$。

表3-26　臂架式起重机金属结构计算的载荷与载荷组合表

说明：列组编号　1 载荷类别　2 载荷　3 载荷组合A（分项安全系数 γ_{pA}，A1～A5）　4 载荷组合B（分项安全系数 γ_{pB}，B1～B5）　5 载荷组合C（分项安全系数 γ_{pC}，C1～C11）　6 行号

载荷类别	载荷	γ_{pA}	A1	A2	A3	A4	A5	γ_{pB}	B1	B2	B3	B4	B5	γ_{pC}	C1	C2	C3	C4	C5	C6	C7	C8	C9	C10	C11	行号
常规载荷〔重力、加速力、冲击力〕	1. 起重机质量引起的载荷	*	φ_1	φ_1	1	—	—	*	φ_1	φ_1	1	—	—	*	φ_1	1	φ_1	1	1	1	1	—	—	—	—	1
	2. 总起升质量或突然卸除部分起升质量引起的载荷	1.34	φ_2	φ_3	1	—	—	1.28	φ_2	φ_3	1	—	—	1.22	—	η	—	1	1	1	1	—	—	—	—	2
	3. 在不平轨道上运行质量和总起升质量引起的载荷	1.16	—	—	1	φ_4	—	1.10	—	—	1	φ_4	—	—	—	—	—	—	—	—	—	—	—	—	—	3
	4. 起重质量和总起升质量　4.1 不包括驱动机构加速引起的载荷	1.55	φ_5	φ_5	—	φ_5	—	1.48	φ_5	φ_5	—	φ_5	—	1.41	—	—	φ_5	1	1	1	1	—	—	—	—	4
	4.2 包括起升机构加速机构的任何驱动机构加速引起的载荷	—	—	—	φ_5	—	—	—	—	—	φ_5	—	1	—	—	—	—	—	—	—	—	—	—	—	—	5
〔位移〕	5. 位移或变形引起的载荷	**	—	—	—	—	—	**	—	—	φ_5	—	—	**	1	1	1	1	1	1	1	—	—	—	—	6
偶然载荷〔气候影响〕	1. 工作状态风载荷	—	—	—	—	1	—	1.16	—	—	—	1	—	—	—	—	—	1	—	—	—	—	—	—	—	7
	2. 雪和冰载荷	—	—	—	—	1	—	1.34	—	—	—	1	—	1.28	—	—	—	1	—	—	—	—	—	—	—	8
	3. 温度变化引起的载荷	—	—	—	—	1	—	1.10	—	—	—	1	—	1.05	—	—	—	1	—	—	—	—	—	—	—	9
〔偏斜〕	4. 偏斜运行时引起的水平侧向载荷	—	—	—	—	1	—	1.16	—	—	—	1	—	—	—	—	—	—	—	—	—	—	—	—	—	10
特殊载荷	1. 提升地面载荷	—	—	—	—	—	—	—	—	—	—	—	—	1.22	$\varphi_{2\max}$	—	—	—	—	—	—	—	—	—	—	11
	2. 非工作状态风载荷	—	—	—	—	—	—	—	—	—	—	—	—	1.22	—	1	—	—	—	—	—	—	—	—	—	12
	3. 试验载荷	—	—	—	—	—	—	—	—	—	—	—	—	1.22	—	—	1	—	—	—	—	—	—	—	—	13
	4. 缓冲碰撞力	—	—	—	—	—	—	—	—	—	—	—	—	1.41	—	—	—	φ_6	—	—	—	—	—	—	—	14
	5. 倾翻水平力	—	—	—	—	—	—	—	—	—	—	—	—	1.41	—	—	—	—	φ_7	—	—	—	—	—	—	15
	6. 意外停机引起的载荷	—	—	—	—	—	—	—	—	—	—	—	—	1.41	—	—	—	—	—	φ_5	—	—	—	—	—	16
	7. 传动机构失效引起外部激励引起的载荷	—	—	—	—	—	—	—	—	—	—	—	—	1.41	—	—	—	—	—	—	φ_5	—	—	—	—	17
	8. 起重机基础外部激励引起的载荷	—	—	—	—	—	—	—	—	—	—	—	—	1.41	—	—	—	—	—	—	—	1	—	—	—	18
	9. 激活过载保护引起的载荷	—	—	—	—	—	—	—	—	—	—	—	—	1.41	—	—	—	—	—	—	—	—	1	—	—	19
	10. 有效载荷丧失引起的载荷	—	—	—	—	—	—	—	—	—	—	—	—	1.41	—	—	—	—	—	—	—	—	—	φ_9	—	20
	11. 安装、拆卸和运输时引起的载荷	—	—	—	—	—	—	—	—	—	—	—	—	1.41	—	—	—	—	—	—	—	—	—	—	1	21

（续）

1 载荷类别	2 载荷	3 载荷组合 A 分项安全系数 γ_{pA}				4 载荷组合 B 分项安全系数 γ_{pB}					5 载荷组合 C 分项安全系数 γ_{pC}											6 行号
		A1	A2	A3	A4	B1	B2	B3	B4	B5	C1	C2	C3	C4	C5	C6	C7	C8	C9	C10	C11	
系数	强度系数的取值 γ_n（用于许用应力设计法）	1.48				1.34					1.22											22
	抗力系数 γ_m（用于极限状态设计法）	1.10																				23
	特殊情况下的高危险度系数 γ_n	1.05～1.10																				24

注：1. * 分项安全系数的取值见表 3-28。
2. * 适用于由变形引起载荷分项安全系数的取值见表 3-29，适用于非预加变形引起载荷的分项安全系数的取值见表 3-30。
3. 如需考虑坡道载荷时，视具体情况可归属于惯然载荷的载荷组合 B 中。
4. 在载荷组合 C2 中，η 是起重机工作时，从总起升质量 m 中卸除有效起升质量 Δm 后，余下的起升质量（即吊具质量）ηm 的系数，$\eta m = m - \Delta m$，$\eta = 1 - \Delta m/m$。

表 3-27　桥式和门式起重机金属结构计算的载荷与载荷组合表

1 载荷类别	2 载荷	3 载荷组合 A 分项安全系数 γ_{pA}				4 载荷组合 B 分项安全系数 γ_{pB}					5 载荷组合 C 分项安全系数 γ_{pC}											6 行号
		A1	A2	A3	A4	B1	B2	B3	B4	B5	C1	C2	C3	C4	C5	C6	C7	C8	C9	C10	C11	
重力 加速力 冲击力 常规载荷	1. 起重机质量引起的载荷	* ϕ_1	ϕ_1	1	—	* ϕ_1	ϕ_1	1	—	—	* ϕ_1	—	1	1	1	1	1	1	1	—	—	1
	2. 总起升质量或突然卸除部分起升质量引起的载荷	1.34 ϕ_2	ϕ_3	1	—	1.22 ϕ_2	ϕ_3	1	—	—	1.10 —	η	—	—	—	1	1	1	1	—	—	2
	3. 在不平道路（轨道）上运行的起重机质量和总起升质量引起的载荷	1.16 —	—	—	ϕ_4	1.05 —	—	—	ϕ_4	—	—	—	—	ϕ_4	—	—	—	—	—	—	—	3
驱动加速力	4. 起重机的质量和总起升质量 4.1 不包括起升机构的其他驱动机构加速引起的载荷	1.55 ϕ_5	ϕ_5	ϕ_5	ϕ_5	1.41 ϕ_5	ϕ_5	—	ϕ_5	—	1.28 —	—	—	ϕ_5	—	1	1	1	1	—	—	4
	4.2 包括起升机构加速引起的任何驱动机构引起的载荷	1.55 ϕ_5	ϕ_5	ϕ_5	ϕ_5	1.41 ϕ_5	ϕ_5	ϕ_5	ϕ_5	ϕ_5	1.28 —	—	ϕ_5	ϕ_5	—	1	1	1	1	—	—	5
位移	5. 位移或变形引起的载荷	* 1	1	1	1	** 1	1	1	1	1	** 1	1	1	1	1	1	1	1	1	—	—	6

注：本表为旋转表格，列号 7～24 为各行（载荷）编号，各行数值为相应载荷组合下的分项安全系数及动载系数。以下按行（编号 7～24）列出可辨识的数值，"—"表示空格。

编号	类别	载荷名称 / 系数	可辨识数值（按各载荷组合列）
7	偶然载荷（气候影响）	1. 工作状态风载荷	— … 1 … 1.10 … 1 … 1 … 1 … 1.05
8	偶然载荷（气候影响）	2. 雪和冰载荷	1.28 … 1 … 1 … 1 … 1.16
9	偶然载荷（气候影响）	3. 温度变化引起的载荷	1.05 … 1 … 1 … 1 … 1.05
10	偶然载荷（偏斜）	4. 偏斜运行时引起的水平侧向载荷	1.10 … 1 … 1 … 1.10
11	特殊载荷	1. 提升地面载荷	ϕ_{2max} … 1.10 … 1.10
12	特殊载荷	2. 非工作状态风载荷	1 … 1.10 … 1
13	特殊载荷	3. 试验载荷	ϕ_6 … 1.10 … 1
14	特殊载荷	4. 缓冲碰撞力	ϕ_7 … 1.28
15	特殊载荷	5. 倾翻水平力	1 … 1.28
16	特殊载荷	6. 意外停机引起的载荷	ϕ_5 … 1.28
17	特殊载荷	7. 传动机构外部激励引起的载荷	ϕ_5 … 1.28
18	特殊载荷	8. 起重机基础外部激励引起的载荷	1 … 1.28
19	特殊载荷	9. 激活过载保护引起的载荷	1 … 1.28
20	特殊载荷	10. 有效载荷丢失引起的载荷	ϕ_9 … 1.28 … 1
21	特殊载荷	11. 安装、拆卸和运输时引起的载荷	1 … 1.28
22	系数	强度系数 γ_n（用于许用应力设计法）	1.48 … 1.34 … 1.22
23	系数	抗力系数 γ_m（用于极限状态设计法）	1.10
24	系数	特殊情况下的高危险度系数 γ_n	1.05～1.10

注：
1. *分项安全系数的取值见表 3-28。
2. **适用于由变形引起载荷的分项安全系数的取值见表 3-29，适用于非预加变形引起载荷的分项安全系数的取值见表 3-30。
3. 如需考虑坡道载荷时，视具体情况可归属于偶然载荷组合 B 中。
4. 如需考虑工艺性载荷时，视具体情况，可归属于偶然载荷组合 B 或特殊载荷的载荷组合 C 中。
5. 在载荷组合 C2 中，η 是起重机不工作时，从总起升质量 m 中卸除有效起升质量 Δm 后，余下的起升质量（即具吊质量）ηm 的系数，$\eta m = m - \Delta m$，$\eta = 1 - \Delta m / m$。

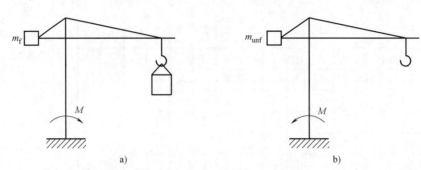

M——作用在塔机上的弯矩；　m_f——有利的质量；　m_{unf}——不利的质量。

图 3-19　有利质量与不利质量的说明

a）平衡重为有利的质量　b）平衡重为不利的质量

起重机的结构（如卸船机的主梁总长、塔式起重机的上部回转机构），同时具备有利和不利的质量。对于此类部件，在每一种载荷组合中，仅能在其重心位置施加一个分项安全系数。

使用特殊情况下的分项安全系数时，必须满足以下两个条件：

① 结构的质量和重心由称重法确定。

② 起重机各部件的有利载荷与起重机各部件的不利载荷和总载荷的静态值之比小于0.6，见公式（3-52）。

表 3-28　起重机质量分项安全系数 γ_p 的取值

各部件质量和重心的确定方法	依据表 3-23 的载荷组合					
	A		B		C	
	不利载荷	有利载荷	不利载荷	有利载荷	不利载荷	有利载荷
通过计算	1.22	0.95	1.16	0.97	1.10	1.00
通过称重	1.16	1.00	1.10	1.00	1.05	1.00
特殊情况	1.16	1.10	1.10	1.05	1.05	1.00

使用特殊情况下的分项安全系数时，必须满足以下两个条件：

1）结构的质量和重心由称重法确定。

2）起重机各部件的有利载荷与起重机各部件的不利载荷和总载荷的静态值之比小于0.6，见式（3-52）。

计算时，应使用未乘以相关动载系数的载荷和质量。

$$\left| \frac{L_f}{L_{unf}+L_h} \right| < 0.6 \tag{3-52}$$

式中　L_f——起重机各部件有利载荷的静态值；

$\quad\quad L_{unf}$——起重机各部件不利载荷的静态值；

$\quad\quad L_h$——总载荷的静态值。

注意：一般情况下，有利载荷的分项安全系数不应大于1。特殊情况为起重机的最终的计算载荷效应超过许用值。在这种情况下，由于不利载荷的分项安全系数不能减小，则不利载荷的分项安全系数可人为地增大并超过1。

3）起重机质量的整体安全系数（许用应力法）。许用应力法中的系数 γ_f 并未考虑有利质量的负偏差量。为了考虑对计算载荷效应结果的影响（例如，质量比假设的小），应将有利质量乘以折减系数 γ_{red}：

载荷组合 A，$\gamma_{red} = 0.85$；

载荷组合 B，$\gamma_{red} = 0.90$；

载荷组合 C，$\gamma_{red} = 0.95$。

（8）适用于由变形引起载荷的分项安全系数　对于起重机某些部件在预变形中产生的载荷效应影响，应考虑表 3-29 给出的分项安全系数 γ_p 的上下限，以反映由于预应力过程及参数不准确性引起的起重机变形偏差。

在连接中（如在高拉伸螺栓的预应力情况下）局部采用预变形建立压缩力，以避免间隙或引起摩擦力，相同的分项安全系数上下限应同样适用。

表 3-29　适用于由预变形引起载荷的分项安全系数

分项安全系数	依据表 3-23 的载荷组合		
	A	B	C
γ_p 上限值	1.10	1.05	1.00
γ_p 下限值	0.90	0.95	1.00

任何非预加，但可预见，在任何方向的弹性或刚性体变形所引起显著影响起重机的载荷效应应视为载荷，并应按表 3-30 中给出的分项安全系数进行放大。

通常非预加变形的方向可变化，因此，应考虑所有的变形方向。

表 3-30　适用于非预加变形引起载荷的分项安全系数

分项安全系数	依据表 3-23 的载荷组合		
	A	B	C
γ_p	1.10	1.05	1.00

（9）验证起重机整（刚）体稳定性的分项安全系数　表 3-31 中给出了在载荷组合 A1、A2、B1、C2、C3、C4、C6、C8、C9、C10 和 C11 中，验证起重机作为一个整（刚）体的稳定性应采用的分项安全系数。

在所有上述载荷组合中，除了 ϕ_3 和 ϕ_8 之外的所有动载荷系数 ϕ_i 都应设为 $\phi_i = 1$；而当 ϕ_3 的计算值大于 -0.1 时，ϕ_3 应设为 -0.1。

在倾覆力矩由起重机质量决定的场合，为获得一个高于 1.2 的总体安全系数，建议计算中采用更大的分项安全系数。

本 章 小 结

本章主要介绍了机械装备金属结构的载荷的分类，载荷的计算原则，重点阐述了各项载荷的计算方法，针对许用应力和极限状态两种设计方法的差异进行对比分析，给出相应设计方法的载荷情况和载荷组合，并对其应用做出必要的说明。

本章应了解机械装备金属结构的载荷的分类以及分类的依据，载荷的计算原则。

本章应了解机械装备金属结构两种设计方法的差异的适用场合，载荷组合的原则，载荷组合情况，安全系数与载荷组合的关系，动力载荷系数的意义和确定的条件。

本章应掌握机械装备金属结构各项载荷的计算方法以及载荷组合的正确应用。

78

表 3-31　验证起重机整(刚)体稳定性的分项安全系数

载荷类别	载荷 f_i	行数 i*	载荷组合 A				载荷组合 B		载荷组合 C												
			A1		A2		B1		C2		C3		C4	C6		C8	C9		C10		C11
			S1	S2	S1	S2	S1	S2	S1	S2	S1	S2	S1,S2	S1	S2	S1,S2	S1	S2	S1	S2	S1,S2
常规载荷 重力、加速力、冲击力	1. 起重机的质量	1	1.10	1.05	1.10	1.05	1.10	1.05	1.00	1.00	1.00	1.00	1.00	1.00	1.00	1.00	1.00	1.00	1.00	1.00	1.00
	2. 总载荷的质量	1	0.95	1.00	0.95	1.00	0.95	1.00	1.00	1.00	1.00	1.00	1.00	1.00	1.00	1.00	1.00	1.00	1.00	1.00	1.00
	3. 在不平坦路面上运行的起重机和起升载荷的质量	2	1.34	1.22	1.34	1.22	1.22	1.10	—	—	—	—	—	1.00**	—	1.05	1.00***	1.00**	—	—	—
驱动加速力	4. 起重机及总载荷的质量,包括起升机构	5	1.34	1.22	1.34	1.22	1.22	1.10	—	—	1.10	1.00	—	—	—	—	—	—	—	—	—
	5. 位移载荷	6	1.10	1.10	1.10	1.10	1.05	1.05	1.00	1.00	1.00	1.00	1.00	1.00	1.00	1.00	1.00	1.00	1.00	1.00	1.00
偶然载荷 气候影响引起的载荷	1. 工作状态风载荷	7	—	—	—	—	1.22	1.16	1.22	1.16	1.00	1.00	—	—	—	—	1.16	1.10	1.16	1.10	—
	2. 雪和冰载荷	8	—	—	—	—	1.22	1.22	—	—	1.00	1.00	—	—	—	—	—	—	—	—	—
特殊载荷	非工作状态风载荷	12	—	—	—	—	—	—	1.16	1.10	—	—	—	—	—	—	—	—	—	—	—
	试验载荷	13	—	—	—	—	—	—	—	—	1.16	1.10	—	—	—	—	—	—	—	—	—
	缓冲力	14	—	—	—	—	—	—	—	—	—	—	1.10	—	—	—	—	—	—	—	—
	意外停机引起的载荷	16	—	—	—	—	—	—	—	—	—	—	—	1.10	1.10	—	—	—	—	—	—
	起重机基础激励引起的载荷	18	—	—	—	—	—	—	—	—	—	—	—	—	—	1.00	—	—	—	—	—
	激活过载保护引起的载荷	19	—	—	—	—	—	—	—	—	—	—	—	—	—	—	1.00	1.00	—	—	—
	有效载荷丧失引起的载荷	20	—	—	—	—	—	—	—	—	—	—	—	—	—	—	—	—	1.00	1.00	—
	安装、拆卸、运输引起的载荷	21	—	—	—	—	—	—	—	—	—	—	—	—	—	—	—	—	—	—	1.10

注:1. S1、S2 为稳定性等级。其中 S1 稳定性等级列中的分项安全系数适用于所有类型的起重机,S2 稳定性等级列中的分项安全系数适用于满足下列条件的起重机(那些不引起刚体运动的)支撑卸载后将引起刚体最大支撑力作用于满足下列条件的起重机(仅适用于起刚体运动)支撑卸载后将引起刚体最大支撑力作用于其他结构的情况中:
a. 存在任何结构、位置、载荷状态下,无严重意外位移或考虑其对稳定性的影响,无严重意外位移或考虑其对稳定性的影响,这也表现在支撑卸载后将引起刚体最大支撑力最终卸载后可靠停止起重机司机在任何运动中可靠支撑起重机;
b. 存在任何结构、位置、载荷状态下,当接近不稳定情形时用于预警起重机司机最终警停起重机的载荷最终警停起重机的载荷进行估算;
c. 相关质量及重心应采用精度±2.5%的称重装置的,有法定资格的起重机司机的载荷指示系统。
d. 应由熟悉起重机及指示系统的起重机司机来操作起重机。
2. * 对应于表 3-23 的行数,** 仅适用于不利的情况。

第四章

计 算 原 理

金属结构设计的基本任务是保证整体结构、结构件以及连接在载荷作用下能够安全可靠地工作，保证机械装备结构具有良好的使用性能。为此，金属结构设计必须满足强度、刚度和稳定性的要求。

设计机械装备金属结构时，首先要明确机械装备结构的用途和工作级别，其次应研究机械装备结构的组成形式、结构在各种载荷作用下的力学性能，进而选择合适的设计与计算方法，然后通过设计比较酌定合理的结构方案，最后进行合格性验算。

第一节　工作级别的划分

起重机、结构及机械零部件的工作级别分别与起重机、结构及机械零部件的利用等级和载荷（应力）状态有关，它是表征起重机、结构及机械零部件工作繁重程度的参数。合理地划分起重机、结构及机械零部件的工作级别，是保证起重机、结构及机械零部件可靠设计的基础。

一、工作级别的分级

为适应起重机不同的使用情况和工作要求，在设计和选用起重机、结构及其零部件时，应对起重机及其组成部分进行工作级别的划分，包括起重机整机、机构、结构件及机械零部件的分级。本章仅涉及整机及结构件的分级。

二、起重机的分级

1. 起重机的使用等级

起重机的设计预期寿命，是指设计预设的该起重机从开始使用到最终报废时能完成的总工作循环数。起重机的一个工作循环是指从地面起吊一个物品起，到开始起吊下一个物品时止，包括起重机、小车运行及正常停歇在内的一个完整过程。

起重机的使用等级是将起重机可能完成的总工作循环数划分成 10 个等级，用 U_0、U_1、U_2、…、U_9 表示，见表 4-1。

2. 起重机的起升载荷状态级别

起重机的起升载荷，是指起重机实际的起吊作业中每一次吊运的物品质量（有效起重量）和吊具质量总和（即起升质量）的重力；起重机的额定起升载荷，是指起重机起吊额定起重量时能吊运的物品质量（最大的有效起重量）和吊具质量总和（即总起升质量）的重力。其单位为 N 或 kN。

表 4-1 起重机的使用等级

使用等级	起重机总工作循环数 C_T	起重机使用频繁程度
U_0	$C_T \leqslant 1.60 \times 10^4$	很少使用
U_1	$1.60 \times 10^4 < C_T \leqslant 3.20 \times 10^4$	
U_2	$3.20 \times 10^4 < C_T \leqslant 6.30 \times 10^4$	
U_3	$6.30 \times 10^4 < C_T \leqslant 1.25 \times 10^5$	
U_4	$1.25 \times 10^5 < C_T \leqslant 2.50 \times 10^5$	不频繁使用
U_5	$2.50 \times 10^5 < C_T \leqslant 5.00 \times 10^5$	中等频繁使用
U_6	$5.00 \times 10^5 < C_T \leqslant 1.00 \times 10^6$	较频繁使用
U_7	$1.00 \times 10^6 < C_T \leqslant 2.00 \times 10^6$	频繁使用
U_8	$2.00 \times 10^6 < C_T \leqslant 4.00 \times 10^6$	特别频繁使用
U_9	$4.00 \times 10^6 < C_T$	

起重机的起升载荷状态级别，是指在该起重机设计预期寿命期限内，其各个有代表性的起升载荷值及各相对应的起吊次数，与额定起升载荷值及总起吊次数的比值情况。起重机载荷状态可能有许多，为方便使用，将载荷状态人为按等比级数划分为 4 级：Q1~Q4。在表 4-2 中，列出了起重机载荷谱系数 K_P 的四个范围值，它们各代表了起重机一个相对应的载荷状态级别。

表 4-2 起重机的载荷状态级别及载荷谱系数

载荷状态级别	起重机的载荷谱系数 K_P	说　明
Q1	$K_P \leqslant 0.125$	很少吊运额定载荷,经常吊运较轻载荷
Q2	$0.125\ K_P \leqslant 0.250$	较少吊运额定载荷,经常吊运中等载荷
Q3	$0.250\ K_P \leqslant 0.500$	有时吊运额定载荷,较多吊运较重载荷
Q4	$0.500\ K_P \leqslant 1.000$	经常吊运额定载荷

如果已知起重机各个起升载荷值及相应的起吊次数，则可按式（4-1）计算出该起重机的载荷谱系数，即

$$K_P = \sum \left[\frac{C_i}{C_T} \left(\frac{P_{Qi}}{P_{Qmax}} \right)^m \right] \tag{4-1}$$

式中　K_P——起重机的载荷谱系数；

C_i——与起重机各个有代表性的起升载荷相应的工作循环数，$C_i = C_1$，C_2，C_3，…，C_n；

C_T——起重机总工作循环数，$C_T = \sum\limits_{i=1}^{n} C_i = C_1 + C_2 + C_3 + \cdots + C_n$；

P_{Qi}——能表征起重机在预期寿命期内工作任务的各个有代表性的起升载荷，$P_{Qi} = P_{Q1}$，P_{Q2}，P_{Q3}，…，P_{Qn}；

P_{Qmax}——起重机的额定起升载荷；

m——幂指数，为了便于级别的划分，约定取 $m=3$。

展开后，式（4-1）变为

$$K_P = \frac{C_1}{C_T}\left(\frac{P_{Q1}}{P_{Qmax}}\right)^3 + \frac{C_2}{C_T}\left(\frac{P_{Q2}}{P_{Qmax}}\right)^3 + \frac{C_3}{C_T}\left(\frac{P_{Q3}}{P_{Qmax}}\right)^3 + \cdots + \frac{C_n}{C_T}\left(\frac{P_{Qn}}{P_{Qmax}}\right)^3 \tag{4-2}$$

由式（4-2）计算出起重机载荷谱系数值后，即可按表4-2确定该起重机相应的载荷状态级别。

若不能获得起重机设计预期寿命期内起吊的各个有代表性的起升载荷值及相应的起吊次数，将无法通过上述计算得到其载荷谱系数及确定它的载荷状态级别，则可由制造商和用户协商确定适合于该起重机的载荷状态级别及相应的载荷谱系数。

3. 起重机整机的工作级别

起重机的工作级别按"等寿命原则"划分，将起重机在不同载荷状态级别与不同使用等级下具有相同的寿命（即载荷谱系数与总工作循环数的乘积接近相等——等寿命概念）划归为一组（Ai），使得在工作级别表中形成"对角线"排列规则。根据起重机的10个使用等级和4个载荷状态级别，将起重机整机的工作级别划分为A1～A8共8个级别，见表4-3。

表4-3 起重机整机的工作级别

载荷状态级别	起 重 机 的 使 用 等 级									
	U_0	U_1	U_2	U_3	U_4	U_5	U_6	U_7	U_8	U_9
Q1	A1	A1	A1	A2	A3	A4	A5	A6	A7	A8
Q2	A1	A1	A2	A3	A4	A5	A6	A7	A8	A8
Q3	A1	A2	A3	A4	A5	A6	A7	A8	A8	A8
Q4	A2	A3	A4	A5	A6	A7	A8	A8	A8	A8

三、结构件的分级

1. 结构件的使用等级

结构件的一个应力循环是指应力从通过 σ_m 时起至该应力同方向再次通过 σ_m 时为止的一个连续过程。图4-1所示是包含5个应力循环的时间应力变化历程。

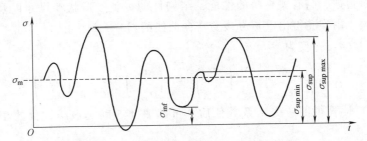

图4-1 随时间变化的5个应力循环举例

σ_{sup}—峰值应力　σ_{supmax}—最大峰值应力　σ_{supmin}—最小峰值应力

σ_{inf}—谷值应力　σ_m—总使用时间内所有峰值应力和谷值应力的算术平均值

结构件的总使用时间，是指设计预设的该结构件从开始使用起到报废更换为止的期间内所发生的总的应力循环次数。

结构件的总应力循环数与起重机的总工作循环数之间存在着一定的比例关系，某些结构件在一个起重作业循环内可能经历几个应力循环，这取决于起重机的类别和该结构件在该起重机结构中的位置，因此，这一比值对各结构件可能不同。当这一比值已知时，结构件的总应力循环数（总使用时间）可从起重机的使用等级的总工作循环数中导出。

结构件的使用等级是将其总应力循环次数划分为 11 个等级，分别以代号 B_0，B_1，…，B_{10} 表示，见表 4-4。

表 4-4　结构件的使用等级

使用等级	结构件的总应力循环数 n_T	使用等级	结构件的总应力循环数 n_T
B_0	$n_T \leqslant 1.6 \times 10^4$	B_6	$5.0 \times 10^5 < n_T \leqslant 1.0 \times 10^6$
B_1	$1.6 \times 10^4 < n_T \leqslant 3.2 \times 10^4$	B_7	$1.0 \times 10^6 < n_T \leqslant 2.0 \times 10^6$
B_2	$3.2 \times 10^4 < n_T \leqslant 6.3 \times 10^4$	B_8	$2.0 \times 10^6 < n_T \leqslant 4.0 \times 10^6$
B_3	$6.3 \times 10^4 < n_T \leqslant 1.25 \times 10^5$	B_9	$4.0 \times 10^6 < n_T \leqslant 8.0 \times 10^6$
B_4	$1.25 \times 10^5 < n_T \leqslant 2.5 \times 10^5$	B_{10}	$8.0 \times 10^6 < n_T$
B_5	$2.5 \times 10^5 < n_T \leqslant 5.0 \times 10^5$		

2. 结构件的应力状态级别

结构件的应力状态级别，表明了该结构件在总使用期内发生应力的大小及相应应力循环情况，在表 4-5 中列出了应力状态的 4 个级别及相应的应力谱系数范围值。每一个结构件的应力谱系数 K_S 可以通过式（4-3）计算得到。

$$K_S = \sum \left[\frac{n_i}{n_T} \left(\frac{\sigma_i}{\sigma_{max}} \right)^C \right] \tag{4-3}$$

式中　K_S——结构件的应力谱系数；

n_i——与结构件发生的不同应力相应的应力循环数，$n_i = n_1$，n_2，n_3，…，n_n；

n_T——结构件总的应力循环数，$n_T = \sum\limits_{i=1}^{n} n_i = n_1 + n_2 + n_3 + \cdots + n_n$；

σ_i——该结构件在工作时间内发生的不同应力，$\sigma_i = \sigma_1$，σ_2，σ_3，…，σ_n，并设定：$\sigma_1 > \sigma_2 > \sigma_3 \cdots > \sigma_n$；

σ_{max}——应力 σ_1，σ_2，σ_3，…，σ_n 中的最大应力；

C——幂指数，与有关材料的性能，结构件的种类、形状和尺寸以及腐蚀程度等有关，由实验得出（威勒疲劳寿命曲线的斜率）。

展开后，式（4-3）变为

$$K_S = \frac{n_1}{n_T} \left(\frac{\sigma_1}{\sigma_{max}} \right)^C + \frac{n_2}{n_T} \left(\frac{\sigma_2}{\sigma_{max}} \right)^C + \frac{n_3}{n_T} \left(\frac{\sigma_3}{\sigma_{max}} \right)^C + \cdots + \frac{n_n}{n_T} \left(\frac{\sigma_n}{\sigma_{max}} \right)^C \tag{4-4}$$

由式（4-4）计算得的应力谱系数值后，可按表 4-5 确定该结构件的相应的应力状态级别。

表 4-5　结构件的应力状态级别及应力谱系数

应力状态级别	应力谱系数 K_S	应力状态级别	应力谱系数 K_S
S1	$K_S \leqslant 0.125$	S3	$0.250 < K_S \leqslant 0.500$
S2	$0.125 < K_S \leqslant 0.250$	S4	$0.500 < K_S \leqslant 1.000$

注：1. 某些结构件，它所受的载荷同以后实际的工作载荷基本无关。在大多数情况下，它们的 $K_S = 1$，应力状态级别属于 S4 级。

2. 对于结构件，确定应力谱系数所用的应力是该结构件在工作期间内发生的各个不同的峰值应力，即图 4-1 中的 σ_{supmin}，σ_{sup}，σ_{supmax} 等。

3. 结构件的工作级别

结构件的工作级别也按"等寿命原则"划分，将结构件在不同的作用载荷（应力）与不同的作用（循环）次数下具有相同的寿命（即应力谱系数与总的应力循环次数的乘积接近相等的等寿命概念）划归为一组（Ei），同理形成工作级别表中"对角线"排列规则。根据结构件的使用等级和应力状态级别，将结构件工作级别划分为 E1~E8 共 8 个级别，见表 4-6。

表 4-6 结构件的工作级别

应力状态级别	使用等级										
	B_0	B_1	B_2	B_3	B_4	B_5	B_6	B_7	B_8	B_9	B_{10}
S1	E1	E1	E1	E1	E2	E3	E4	E5	E6	E7	E8
S2	E1	E1	E1	E2	E3	E4	E5	E6	E7	E8	E8
S3	E1	E1	E2	E3	E4	E5	E6	E7	E8	E8	E8
S4	E1	E2	E3	E4	E5	E6	E7	E8	E8	E8	E8

四、典型起重机整机分级举例

1. 流动式起重机整机分级举例（表 4-7）

流动式起重机包括汽车起重机、轮胎起重机（含集装箱正面吊运起重机）、履带起重机。

表 4-7 流动式起重机整机分级举例

序号	起重机的使用情况	使用等级	载荷状态	整机工作级别
1	一般吊钩作业，非连续使用的起重机	U_2	Q1	A1
2	带有抓斗、电磁盘或吊桶的起重机	U_3	Q2	A3
3	集装箱吊运或港口装卸用的较繁重作业的起重机	U_3	Q3	A4

2. 塔式起重机整机分级举例（表 4-8）

表 4-8 塔式起重机整机分级举例

序号	起重机的类别和使用情况	使用等级	载荷状态	整机工作级别
1(a)	很少使用的起重机	U_1	Q2	A1
1(b)	货场用起重机	U_3	Q1	A2
1(c)	钻井平台上维修用起重机，不频繁较轻载使用	U_3	Q2	A3
1(d)	造船厂舾装起重机，不频繁较轻载使用	U_4	Q2	A4
2(a)	建筑用快装式塔式起重机，不频繁较轻载使用	U_3	Q2	A3
2(b)	建筑用非快装式塔式起重机，不频繁较轻载使用	U_4	Q2	A4
2(c)	电站安装设备用塔式起重机，不频繁较轻载使用	U_4	Q2	A4
3(a)	船舶修理厂用起重机，不频繁较轻载使用	U_4	Q2	A4
3(b)	造船用起重机，较频繁中等载荷使用	U_4	Q3	A5
3(c)	抓斗起重机，较频繁中等载荷使用	U_5	Q3	A6

3. 臂架起重机整机分级举例（表 4-9）

臂架起重机包括人力驱动的臂架起重机、车间电动悬臂起重机、造船用臂架起重机、吊钩式臂架起重机、货场及港口装卸用的吊钩、抓斗、电磁盘或集装箱用臂架起重机及铁路起重机。

表4-9 臂架起重机整机分级举例

序号	起重机的类别和使用情况	使用等级	载荷状态	整机工作级别
1	人力驱动起重机,很少使用	U_2	Q1	A1
2	车间电动悬臂起重机,很少使用	U_2	Q2	A2
3	造船用臂架起重机,不频繁较轻载使用	U_4	Q2	A4
4(a)	货场用吊钩起重机,不频繁较轻载使用	U_4	Q2	A4
4(b)	货场用抓斗或电磁盘起重机,较频繁中等载荷使用	U_5	Q3	A6
4(c)	货场用抓斗、电磁盘或集装箱起重机,频繁重载使用	U_7	Q3	A8
5(a)	港口装卸用吊钩起重机,较频繁中等载荷使用	U_5	Q3	A6
5(b)	港口装船用吊钩起重机,较频繁重载使用	U_6	Q3	A7
5(c)	港口装卸抓斗、电磁盘或集装箱用起重机,较频繁重载使用	U_6	Q3	A7
5(d)	港口装船用抓斗、电磁盘或集装箱起重机,频繁重载使用	U_6	Q4	A8
6	铁路起重机,较少使用	U_2	Q3	A3

4. 桥式和门式起重机整机分级举例 （表4-10）

桥式和门式起重机包括电站用起重机,车间用起重机,货场用吊钩、抓斗或电磁盘起重机,桥式抓斗卸船机,集装箱搬运起重机,岸边集装箱起重机,冶金用起重机,装卸桥等。

表4-10 桥式和门式起重机整机分级举例

序号	起重机的类别和使用情况	使用等级	载荷状态	整机工作级别
1	人力驱动起重机(含手动葫芦起重机),很少使用	U_2	Q1	A1
2	车间装配用起重机,较少使用	U_3	Q2	A3
3(a)	电站用起重机,很少使用	U_2	Q2	A2
3(b)	维修用起重机,较少使用	U_2	Q3	A3
4(a)	车间用起重机(含电动葫芦起重机),较少使用	U_3	Q2	A3
4(b)	车间用起重机(含电动葫芦起重机),不频繁较轻载使用	U_4	Q2	A4
4(c)	较繁忙车间用起重机(含电动葫芦起重机),不频繁中等载荷使用	U_5	Q2	A5
5(a)	货场用吊钩起重机(含货场电动葫芦起重机),较少使用	U_4	Q1	A3
5(b)	货场用抓斗或电磁盘起重机,较频繁中等载荷使用	U_5	Q3	A6
6(a)	废料场吊钩起重机,较少使用	U_4	Q1	A3
6(b)	废料场抓斗或电磁盘起重机,较频繁中等载荷使用	U_5	Q3	A6
7	桥式抓斗卸船机,频繁重载使用	U_7	Q3	A8
8(a)	集装箱搬运起重机,较频繁中等载荷使用	U_5	Q3	A6
8(b)	岸边集装箱起重机,较频繁重载使用	U_6	Q3	A7
9	冶金用起重机			
9(a)	换轧辊起重机,很少使用	U_3	Q1	A2
9(b)	料箱起重机,频繁重载使用	U_7	Q3	A8
9(c)	加热炉起重机,频繁重载使用	U_7	Q3	A8
9(d)	炉前兑铁液铸造起重机,较频繁重载使用	$U_6 \sim U_7$	Q3 ~ Q4	A7 ~ A8
9(e)	炉后出钢液铸造起重机,较频繁重载使用	$U_4 \sim U_5$	Q4	A6 ~ A7
9(f)	板坯搬运起重机,较频繁重载使用	U_6	Q3	A7
9(g)	冶金流程线上的专用起重机,频繁重载使用	U_7	Q3	A8
9(h)	冶金流程线外用的起重机,较频繁中等载荷使用	U_6	Q2	A6
10	铸工车间用起重机,不频繁中等载荷使用	U_4	Q3	A5
11	锻造起重机,较频繁重载使用	U_6	Q3	A7
12	淬火起重机,较频繁中等载荷使用	U_5	Q3	A6
13	装卸桥,较频繁重载使用	U_5	Q4	A7

第二节 计算原理和基本规定

机械装备的金属结构由若干基本构件组成，根据基本构件的受力状态不同，可分为轴心受力构件、偏心受力构件、横向弯曲构件和受扭构件等。

设计起重机金属结构时，首先应确定结构的工作级别，其次要明确结构强度和刚度的控制标准，以此作为设计的依据。

一、计算原理

金属结构的计算原理是验算在最不利组合载荷作用下，在结构及连接中产生的应力和变形，不超过结构及连接的承载能力（强度与稳定性抗力）和许用变形值（刚度抗力）。

二、基本规定

1）金属结构设计的各项内容，其计算均限于在钢材的弹性范围内。

2）金属结构设计采用许用应力设计法或极限状态设计法，具体设计步骤参照第三章第三节的相关说明。

3）结构件及其连接的疲劳强度根据金属结构的线性度选择采用许用应力设计法或极限状态设计法计算。

4）采用极限状态设计法验算起重机结构和构件的刚度时，载荷应采用标准值（即取分项安全系数 $\gamma_{pi} = 1$）。

5）采用极限状态设计法验算起重机整体稳定性时，分项安全系数应根据第三章第三节说明及表 3-31 选取。

6）本书各章中的计算公式，均源自许用应力设计法。若采用极限状态设计法，则应做如下变更：

① 除疲劳强度外的所有计算强度和屈曲稳定性公式，其左侧的弯矩、扭矩、轴向力都应将相应载荷乘以分项载荷系数 γ_{pi} 和高危险度系数 γ_n 再计算得出，右侧为极限应力 $\lim\sigma$，则应用钢材屈服强度 σ_s 或构件抗屈曲临界应力 σ_{cr} 除以抗力系数 γ_m 而得到，即 $\lim\sigma = \sigma_s / \gamma_m$ 或 $\lim\sigma = \sigma_{cr} / \gamma_m$。

② 在压弯构件的整体稳定性计算式（4-85）~式（4-87）左侧的弯矩项中乘有增大系数 $N_E / (N_E - N)$ 时，其中 N_E 应除以 γ_m。

③ 若计算公式中出现有许用应力设计法的安全系数 n 时，则将此安全系数 n 用抗力系数 γ_m 代替。

三、金属结构的材料与承载能力

1. 金属结构的材料

建议采用符合国际标准的钢材：

——ISO 630-1：2011《结构钢 第 1 部分：热轧产品的一般交货技术条件》；

——ISO 6930-1：2001《冷成型用高屈服强度钢板和宽板钢 第 1 部分：热机轧型钢的交货条件》；

——ISO 4950-1：2003《高屈服强度扁钢材　第1部分：一般要求》；

——ISO 4950-2：2003《高屈服强度扁钢材　第2部分：按正火或控制轧制条件提供的钢材》；

——ISO 4950-3：2003《高屈服强度扁钢材　第3部分：按热处理（淬火＋回火）条件提供的钢材》；

——ISO 4951-1：2001《高屈服强度钢棒和型钢　第1部分：交货总要求》；

——ISO 4951-2：2001《高屈服强度钢棒和型钢　第2部分：标定的钢棒和型钢、标定的轧型钢和类轧型钢的交货条件》；

——ISO 4951-3：2001《高屈服强度钢棒和型钢　第3部分：热机轧型钢的交货条件》。

在使用钢材的场合，应已知其抗拉强度 R_m 和屈服强度 σ_s 的具体值。而钢材的力学性能和化学成分应根据 ISO 404：1992《钢和钢制品　一般交货技术条件》确定。当用于焊接结构时，应验证其焊接性。

当验证用于受拉构件的钢材质量和等级时，应考虑冲击韧度参数 q_i 的综合影响。表 4-11 给出不同影响因素下的 q_i 值。表 4-12 给出了依据 $\sum q_i$ 确定的所需冲击能量和试验温度，应由钢材制造商根据 ISO 148-1：2010《金属材料　夏比摆锤冲击试验　第1部分：试验方法》确定。

表 4-11　冲击韧度参数 q_i

序号	影　响　因　素		q_i
1	工作环境温度 T/℃	$0 \leqslant T$	0
		$-20 \leqslant T < 0$	1
		$-40 \leqslant T < -20$	2
		$-50 \leqslant T < -40$	4
2	屈服强度 σ_s/MPa	$\sigma_s \leqslant 300$	0
		$300 < \sigma_s \leqslant 460$	1
		$460 < \sigma_s \leqslant 700$	2
		$700 < \sigma_s \leqslant 1000$	3
		$1000 < \sigma_s$	4
3	材料厚度 t/mm 实心棒材的等效厚度 t： $t = \dfrac{d}{1.8}$　对于 $\dfrac{b}{h} < 1.8$: $t = \dfrac{b}{1.8}$	$t \leqslant 10$	0
		$10 < t \leqslant 20$	1
		$20 < t \leqslant 50$	2
		$50 < t \leqslant 100$	3
		$t > 100$	4
4	应力集中和缺口效应级别 $\Delta\sigma_c$/MPa （见表 4-18）	$\Delta\sigma_c > 125$	0
		$80 < \Delta\sigma_c \leqslant 125$	1
		$56 < \Delta\sigma_c \leqslant 80$	2
		$\Delta\sigma_c \leqslant 56$	3

注：对于工作环境温度低于-50℃的情况，需采用特殊的措施。

表 4-12　对应 $\sum q_i$ 冲击韧度的要求

项　　目	$\sum q_i \leqslant 3$	$4 \leqslant \sum q_i \leqslant 6$	$7 \leqslant \sum q_i \leqslant 9$	$\sum q_i \geqslant 10$
冲击能量/试验温度的要求	27J/+20℃	27J/0℃	27J/-20℃	27J/-40℃

2. 材料的承载能力

金属结构的主要承载构件均采用具有良好的弹塑性材料（如 Q235、Q355 钢等）制造。由于钢材的屈服阶段有一微小范围，因此可视为理想的弹塑性材料（见图 4-2b）。结构安全工作的极限应力为 σ_s，结构的应力超过 σ_s 将产生塑性变形，使结构丧失承载能力，因此机械装备结构不考虑钢材的塑性工作。

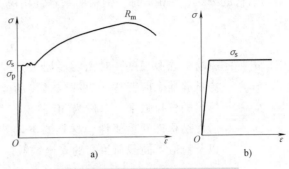

图 4-2　理想的弹塑性钢材拉伸图

金属结构以钢材弹性阶段为计算依据，结构的最大应力不允许超过屈服强度，为保证结构在弹性范围（比例极限 σ_p）内工作，应有一定的强度安全储备。因此引入安全系数概念，将钢材的屈服强度除以安全系数得到一个实际应用的强度许用值——许用应力。当结构的计算应力小于许用应力时，结构将始终处于弹性范围内工作。

金属结构是在外载荷作用下，通过强度（含疲劳强度）、刚度和稳定性计算，选择结构杆件的截面尺寸，确定连接形式和构造，保证其安全使用而不发生破坏来体现其所具有的承载能力。

四、结构静强度计算

结构承受的静载荷和动载荷均按静力作用方式（动静法）进行结构强度计算，称为静强度计算或强度计算。

结构件或连接接头按许用应力设计法的静强度计算公式为

$$\left.\begin{array}{l} \sigma_{max} \leqslant [\sigma]_i \\ \sigma_{max} \leqslant [\sigma_{cd}]_i \\ \tau_{max} \leqslant [\tau]_i \end{array}\right\} \tag{4-5}$$

式中　σ_{max}、τ_{max}——在载荷组合 A、B、C 的组合载荷作用下结构中产生的最大计算应力，单位为 MPa；

$[\sigma]_i$、$[\tau]_i$、$[\sigma_{cd}]_i$——钢材对应不同载荷组合的（受拉、受压和弯曲）基本许用应力、剪切许用应力和端面承压许用应力，单位为 MPa。

当选用钢材的 $\sigma_s/R_m < 0.7$ 时，相应于不同载荷组合的安全系数和基本许用应力按表 4-13 决定。

钢材受剪切和端面承压的许用应力由基本许用应力决定，见表 4-13。

表 4-13　安全系数 n 和钢材的许用应力　　　　　　　　　　　　　　　　（单位：MPa）

载荷组合	A	B	C
安全系数 n_i	1.48	1.34	1.22
基本许用应力	$[\sigma]_i = \sigma_s/n_i$		
剪切许用应力	$[\tau]_i = [\sigma]_i/\sqrt{3}$		
端面承压许用应力	$[\sigma_{cd}]_i = 1.4[\sigma]_i$		

注：1. 在一般非高危险的正常情况下，高危险度系数 $\gamma_n = 1$，安全系数 $n =$ 强度系数 γ_{fi}。

2. σ_s 值应根据钢材厚度选取不同的值。如采用 Q235A、B 级沸腾钢，对厚度（或直径）大于 16mm 的钢材，许用应力应按表中相应的计算值降低 5%，σ_s 值见 GB/T 700—2006。

当钢材的 $\sigma_s/R_m \geqslant 0.7$ 时，钢材的基本许用应力按式（4-6）计算，即

$$[\sigma] = \frac{0.5\sigma_s + 0.35R_m}{n_i} \tag{4-6}$$

式中　σ_s——钢材的屈服强度，对无明显屈服强度的材料，可取 $\sigma_s = \sigma_{p0.2}$（$\sigma_{p0.2}$ 为钢材拉力试验残余应变达 0.2% 时的试验应力），单位为 MPa；

　　　R_m——钢材的抗拉强度，单位为 MPa；

　　　n_i——考虑结构件的重要性、材料的不均匀性、计算的不精确性、制造缺陷等因素以及对应不同载荷组合的安全系数。

五、结构疲劳强度计算

1. 采用许用应力设计法（应力比）计算

（1）基本概念

1）疲劳破坏。起重机结构承受的变化载荷或应力重复出现达到一定次数时，结构会突然产生裂纹并逐渐扩展，直至承载能力降低到不能继续承载而发生断裂破坏的现象称为疲劳破坏。

结构的疲劳破坏具有突发性，破坏之前没有明显的征兆，因此这种破坏更具危险性。

2）疲劳强度。结构在重复应力作用下发生疲劳破坏之前所能承受的最大应力称为疲劳强度。

3）影响结构疲劳强度的因素。影响结构疲劳强度的因素有钢材的种类、接头型式（应力集中情况）、结构工作级别（应力谱和应力循环次数）、结构件（连接接头）的最大应力和应力循环特性（$r = \sigma_{min}/\sigma_{max}$）。

应力循环次数反映结构一定的工作时间（寿命）。

结构的疲劳强度低于静强度，所以对直接承受重复载荷的结构件或连接接头，除计算静强度外，还应计算疲劳强度。

对于有轻微或中等应力集中等级而工作级别较低的结构件，一般不需要进行疲劳强度校核，通常 E4 级（含）以上的结构件或连接接头应校核疲劳强度。

对比表 4-3 的 $U_3 \leftrightarrow Q4$、$U_6 \leftrightarrow Q1$ 与表 4-6 的 $B_3 \leftrightarrow S4$、$B_6 \leftrightarrow S1$，可以发现，结构件的工作级别 E4 以上级别相当于整机工作级别的 A5 以上级别。而 GB/T 3811—1983《起重机设计规范》要求 A6 级校核结构疲劳强度，这表明根据 GB/T 3811—2008《起重机设计规范》要求 A5 级校核结构疲劳强度比 GB/T 3811—1983《起重机设计规范》所要求的校核级别低一级，而 GB/T 3811—2008《起重机设计规范》相对提高了起重机结构抗疲劳的校核等级。

结构所受循环变化应力的类型及特性参见表 4-14。

表 4-14　稳定循环变化应力的类型及特性

类型	静应力	对称循环变应力	脉动循环变应力	不对称循环变应力
图例	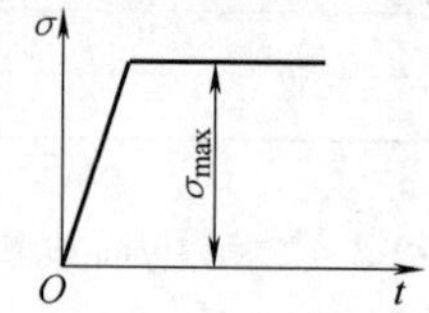	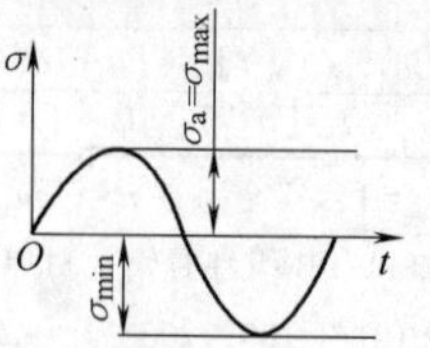	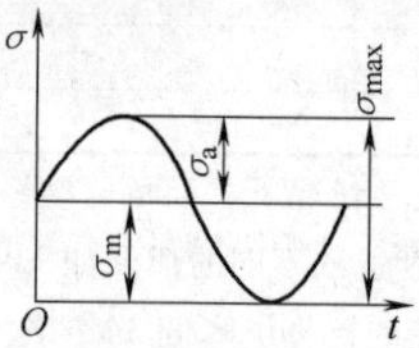	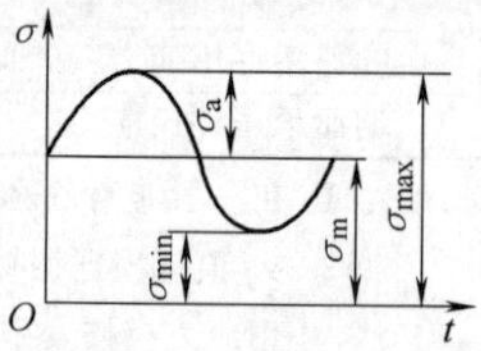

（续）

类型	静应力	对称循环变应力	脉动循环变应力	不对称循环变应力
循环 特性	$r=1$	$r=-1$	$r=0$	$-1<r<+1$
应力 特点	$\sigma_a=0$ $\sigma_m=\sigma_{max}=\sigma_{min}$	$\sigma_a=\sigma_{max}=-\sigma_{min}$ $\sigma_m=0$	$\sigma_a=\sigma_m=\dfrac{\sigma_{max}}{2}$ $\sigma_{min}=0$	$\sigma_a=\dfrac{\sigma_{max}-\sigma_{min}}{2}$ $\sigma_m=\dfrac{\sigma_{max}+\sigma_{min}}{2}$
计算 公式	$\sigma_{max}=\sigma_m+\sigma_a$；　$\sigma_{min}=\sigma_m-\sigma_a$； $\sigma_a=\dfrac{\sigma_{max}-\sigma_{min}}{2}$；　$\sigma_m=\dfrac{\sigma_{max}+\sigma_{min}}{2}$；　$r=\dfrac{\sigma_{min}}{\sigma_{max}}=\dfrac{\sigma_m-\sigma_a}{\sigma_m+\sigma_a}$ 式中　σ_{max}——最大应力；　σ_{min}——最小应力；　σ_m——平均应力；　σ_a——应力幅；　r——应力循环特性			

　　结构的疲劳强度与所受的应力大小和应力循环次数有关。结构所受的应力越大，发生疲劳破坏所需应力循环次数越少，该应力循环次数即为有限寿命。随着应力水平逐渐降低，发生疲劳破坏的应力循环次数逐渐增加，所以导致结构发生疲劳破坏的应力循环次数并不相同。当应力降低到一定值时，结构件可经受无限应力循环次数而不发生疲劳破坏，此时结构件具有无限寿命，而此结构应力的最大极限值称为无限寿命疲劳强度。由疲劳试验可知，若受较小应力的结构件（非光滑试件）应力循环次数达到 2×10^6 而不发生疲劳破坏，则再继续试验也不会发生疲劳破坏。因此，结构的疲劳强度 σ_r 分为有限寿命和无限寿命，其分界点为 2×10^6，并且有限寿命疲劳强度比无限寿命疲劳强度要高许多。

　　（2）疲劳许用应力　构件的疲劳许用应力按表 4-15 的公式计算，式中 $[\sigma_{-1}]$ 为疲劳许用应力的基本值，见表 4-17；连接件的疲劳许用应力按表 4-16 的公式计算。

表 4-15　构件的疲劳许用应力

应力循环特性		疲劳许用应力计算公式	说　　明
$1\leqslant r\leqslant 0$	拉伸 t	$[\sigma_{rt}]=\dfrac{5}{3-2r}[\sigma_{-1}]$	x 方向的为 $[\sigma_{xrt}]$ y 方向的为 $[\sigma_{yrt}]$
	压缩 c	$[\sigma_{rc}]=\dfrac{2}{1-r}[\sigma_{-1}]$	x 方向的为 $[\sigma_{xrc}]$ y 方向的为 $[\sigma_{yrc}]$
$0<r\leqslant 1$	拉伸 t	$[\sigma_{rt}]=\dfrac{1.67[\sigma_{-1}]}{1-\left(1-\dfrac{[\sigma_{-1}]}{0.45R_m}\right)r}$	x 方向的为 $[\sigma_{xrt}]$ y 方向的为 $[\sigma_{yrt}]$
	压缩 c	$[\sigma_{rc}]=1.2[\sigma_{rt}]=\dfrac{2[\sigma_{-1}]}{1-\left(1-\dfrac{[\sigma_{-1}]}{0.45R_m}\right)r}$	x 方向的为 $[\sigma_{xrc}]$ y 方向的为 $[\sigma_{yrc}]$
$-1\leqslant r\leqslant 1$	剪切	$[\tau_{xyr}]=\dfrac{[\sigma_{rt}]}{\sqrt{3}}$	本行中的 $[\sigma_{rt}]$ 是根据剪切的 r 值计算的相应于 W_0 的值

　　注：计算出的 $[\sigma_{rt}]$ 不应大于 $0.75R_m$，$[\sigma_{rc}]$ 不应大于 $0.9R_m$，$[\tau_{xyr}]$ 不应大于 $0.75R_m/\sqrt{3}$。若超过时，则 $[\sigma_{rt}]$ 取为 $0.75R_m$，$[\sigma_{rc}]$ 取为 $0.9R_m$，$[\tau_{xyr}]$ 取为 $0.75R_m/\sqrt{3}$。R_m 为构件钢材的抗拉强度，Q235 的 $R_m=370$MPa，Q355 的 $R_m=470$MPa。

表 4-16 连接件的疲劳许用应力

连接类型		疲劳许用应力计算公式	说 明
焊缝连接	拉伸压缩	同构件疲劳许用应力计算公式	—
	剪切[①]	$[\tau_{xyr}]^a = \dfrac{[\sigma_{rt}]}{\sqrt{2}}$	本行中的 $[\sigma_{rt}]$ 根据焊缝剪切的 r 值计算相应于 K_0 的值
A、B 级螺栓连接或铆钉连接	拉伸压缩	不必进行疲劳计算	尽量避免螺栓、铆钉在拉伸下工作
	单剪	$[\tau_{xyr}] = 0.6[\sigma_{rt}]$，但不应大于 $0.45R_m$	本行中的 $[\sigma_{rt}]$ 是根据螺栓或铆钉剪切的 r 值计算的相应于 W_2 的值
	双剪	$[\tau_{xyr}] = 0.8[\sigma_{rt}]$，但不应大于 $0.6R_m$	
	承压	$[\tau_{cyr}] = 2.5[\tau_{xyr}]$	$[\tau_{xyr}]$ 为螺栓或铆钉的剪切疲劳许用应力

① 计算出的 $[\tau_{xyr}]$ 不应大于 $0.75R_m/\sqrt{2}$。若超过时，则取 $0.75R_m/\sqrt{2}$ 值代之。R_m 为连接件钢材的抗拉强度。

90

当结构件或连接接头单独或同时承受正应力 σ_x、σ_y 和切应力 τ_{xy} 作用时，应力循环特性值 r_x、r_y、r_{xy} 分别按式（4-7）计算，即

$$\left.\begin{array}{l} r_x = \sigma_{x\min}/\sigma_{x\max} \\ r_y = \sigma_{y\min}/\sigma_{y\max} \\ r_{xy} = \tau_{xy\min}/\tau_{xy\max} \end{array}\right\} \tag{4-7}$$

式中　　r_x、r_y、r_{xy}——应力循环特性值；

$\sigma_{x\max}$、$\sigma_{y\max}$、$\tau_{xy\max}$——在构件（或连接）疲劳计算点上的绝对值最大正应力和绝对值最大切应力（各带正负号），单位为 MPa；

$\sigma_{x\min}$、$\sigma_{y\min}$、$\tau_{xy\min}$——在同一疲劳计算点上的应力循环中与 $\sigma_{x\max}$、$\sigma_{y\max}$、$\tau_{xy\max}$ 相对应的一组应力值（各带正负号），按其差的绝对值为最大来确定，单位为 MPa。

计算应力循环特性值 r_x、r_y、r_{xy} 时，最小应力和最大应力应带各自正负号，规定拉应力为正号，压应力为负号。切应力按变化约定；移动小车轮压产生的脉动局部压应力，其 r 值为 0。

相同材料的结构，应力循环特性不同，疲劳强度也不同，但其疲劳曲线形状相似。结构件（连接接头）的疲劳强度 σ_r，根据不同材料的构件（连接接头）模型（考虑应力集中的影响）和作用的最大应力与最小应力（应力循环特性）以及应力循环次数，由试验得到。结构的应力循环特性 r 越小（$r<0$），疲劳强度越低，而对称循环（$r=-1$）的疲劳强度最低，最易破坏。因此以对称循环的疲劳强度试验值 σ_{-1} 为基准值（具有 90% 的可靠性概率），除以安全系数（$n=1.34$），并考虑构件工作级别、具体的构件连接的应力集中情况等级和构件材质这三个因素后，便得到疲劳许用应力基本值，见式（4-8），并列于表 4-17。

$$[\sigma_{-1}] = \frac{\sigma_{-1}}{n} \tag{4-8}$$

表 4-17 拉伸和压缩疲劳许用应力的基本值 $[\sigma_{-1}]$ 　　　　　　　　　　（单位：MPa）

构件工作级别	非焊接件构件连接的应力集中情况等级						焊接件构件连接的应力集中情况等级				
	W_0		W_1		W_2		K_0	K_1	K_2	K_3	K_4
	Q235	Q355	Q235	Q355	Q235	Q355	Q235 或 Q355				
E1	249.1	298.0	211.7	253.3	174.4	208.6	(361.9)	(323.1)	271.4	193.9	116
E2	224.4	261.7	190.7	222.4	157.1	183.2	(293.8)	262.3	220.3	157.4	94.4

（续）

构件工作级别	非焊接件构件连接的应力集中情况等级						焊接件构件连接的应力集中情况等级				
	W_0		W_1		W_2		K_0	K_1	K_2	K_3	K_4
	Q235	Q355	Q235	Q355	Q235	Q355	Q235 或 Q355				
E3	202.2	229.8	171.8	195.3	141.5	160.8	238.4	212.9	178.8	127.7	76.6
E4	182.1	201.8	154.8	171.5	127.5	141.2	193.5	172.3	145.1	103.7	62.2
E5	164.1	177.2	139.5	150.6	114.2	124.0	157.1	140.3	117.8	84.2	50.5
E6	147.8	155.6	125.7	132.3	103.5	108.9	127.6	113.6	95.6	68.3	41.0
E7	133.2	136.6	113.2	116.2	93.2	95.7	103.5	92	77.6	55.4	33.3
E8	120.0	132.0	96.0	105.0	84.0	84.0	84.0	75.0	63.0	45.0	27.0

注：括号内的数值为大于 Q235 的 $0.75R_m$（抗拉强度）的理论计算值，仅用于求取公式（4-12）所用到的 $[\sigma_{xr}]$、$[\sigma_{yr}]$ 和 $[\tau_{xyr}]$ 的值。

起重机的构件连接和接头对结构件的疲劳强度有很大影响。结构件（连接接头）模型试验时得到的 σ_{-1} 和 $[\sigma_{-1}]$ 考虑了应力集中的影响，根据不同的接头型式和工艺方法，将非焊接件分为 W_0、W_1、W_2 三个等级，将结构焊接件的应力集中情况分为 K_0、K_1、K_2、K_3、K_4 五个等级，每个应力集中情况等级中又有一种或多种不同的构件接头型式，各等级的应力集中情况列于表4-18，作为选取 $[\sigma_{-1}]$ 的依据。随着连接应力集中等级的递增，结构疲劳强度递减。应尽量采用较为合理的应力集中情况等级 K 值，推荐采用 K_2，尽量避免采用 K_4。

若应力循环特性相同，则对于不同材料的结构，其疲劳强度也不同。对于焊接件，Q235 和 Q355 的焊接件都受焊缝处应力集中的影响，其疲劳强度基本相同；对于非焊接件，Q355 钢比 Q235 钢的疲劳强度要高（见表4-17）。

应当注意：

1）受拉螺栓和铆钉不必计算疲劳强度。

2）受剪螺栓和铆钉的疲劳许用应力，单剪时取为 W_2 的拉伸疲劳许用应力 $[\sigma_{rt}]$ 的 0.6 倍，双剪时取为 W_2 的 $[\sigma_{rt}]$ 的 0.8 倍。

3）焊接件，焊缝受拉、压时可取为被连接构件的 $[\sigma_{rt}]$ 值。

4）起重机结构某点承受的变化应力通常为变幅循环应力，而疲劳强度计算依据的线性累积损伤理论只能处理等幅循环应力，因此将其统计转化为等应力比的等幅循环应力计算，虽不符合实际，但偏于安全。

表 4-18 构件连接的应力集中情况等级和构件接头型式

构件接头型式的标号	说　明	图　示	代　号
1——非焊接件			
应力集中情况等级 W_0			
W_0	母材均匀,构件表面无接缝或不需连接（实体杆）,无切口应力集中效应,除非后者可以计算		
应力集中情况等级 W_1			
W_1	钻孔构件;用于铆钉或螺栓连接的钻孔构件,其中的铆钉或螺栓承载可高达许用值的20%;用于高强度螺栓连接的钻孔构件,其中高强度螺栓的最大承载可高达许用值的100%		

（续）

构件接头型式的标号	说 明	图 示	代 号
应力集中情况等级 W₂		
W_{2-1}	用于铆钉或螺栓连接的钻孔构件,其中的铆钉或螺栓承受双剪	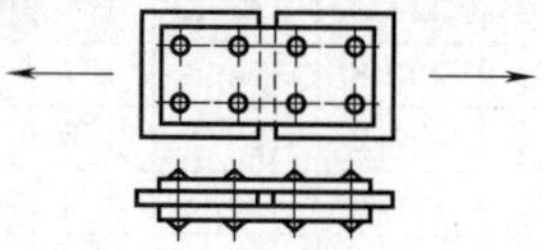	
W_{2-2}	用于铆钉或螺栓连接的钻孔构件,其中的铆钉或螺栓承受单剪(考虑偏心承载),构件没有支承	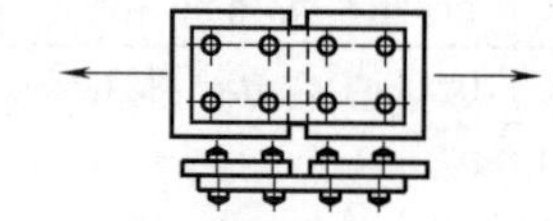	
W_{2-3}	用铆钉或螺栓装配的钻孔构件,其中的铆钉或螺栓受单剪,构件作为支承或导向用	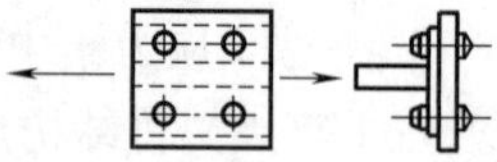	
2——焊接件		
应力集中情况等级 K₀——轻度应力集中		
0.1	焊缝垂直于力的方向,用对接焊缝(S.Q)连接的构件		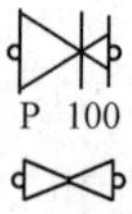 P 100
0.11	焊缝垂直于力的方向,用对接焊缝(S.Q)连接不同厚度的构件。不对称斜度 1/4~1/5(或对称斜度 1/3)	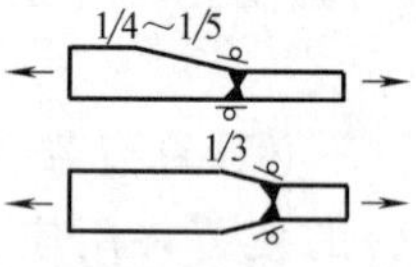	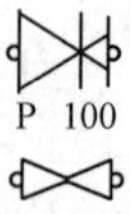 P 100
0.12	腹板横向接头对接焊缝(S.Q)	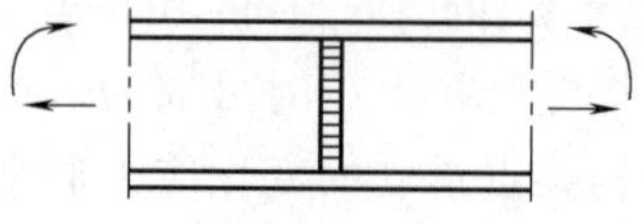	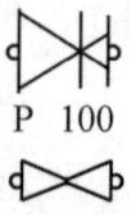 P 100
0.13	焊缝垂直于力的方向,用对接焊缝(S.Q)镶焊的角撑板	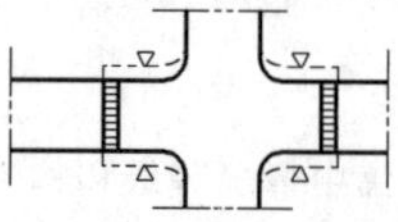	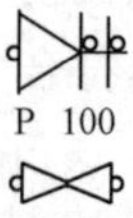 P 100
0.3	焊缝平行于力的方向,用对接焊缝(O.Q)连接的构件	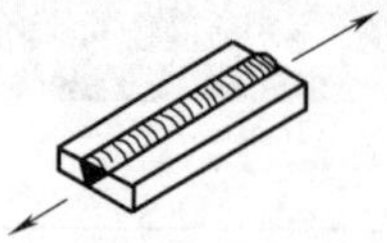	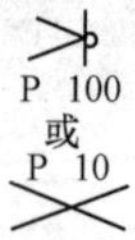 P 100 或 P 10
0.31	焊缝平行于力的方向,用角焊缝(O.Q)连接的构件(力沿连接构件纵向作用)	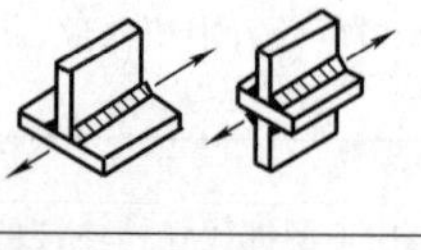	
0.32	梁的翼缘型钢和腹板之间的对接焊缝(O.Q)	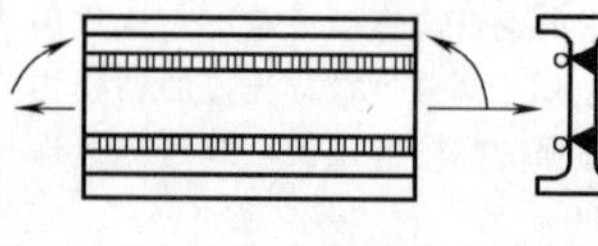	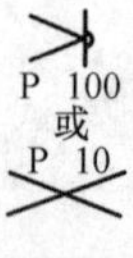 P 100 或 P 10

92

（续）

构件接头型式的标号	说　明	图　示	代　号
2——焊接件			
应力集中情况等级 K_0——轻度应力集中			
0.33	梁的翼缘和腹板之间的 K 形焊缝或角焊缝(O.Q),梁按复合应力计算	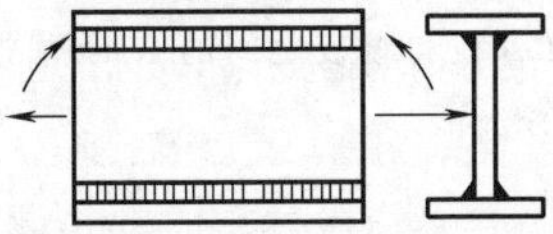	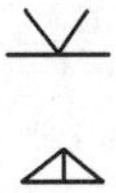
0.5	纵向剪切情况下的对接焊缝(O.Q)	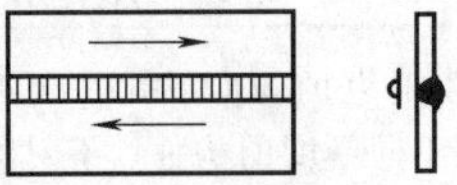	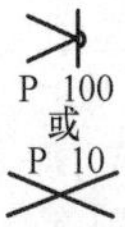 P 100 或 P 10
0.51	纵向剪切情况下的角焊缝(O.Q)或 K 形焊缝(O.Q)	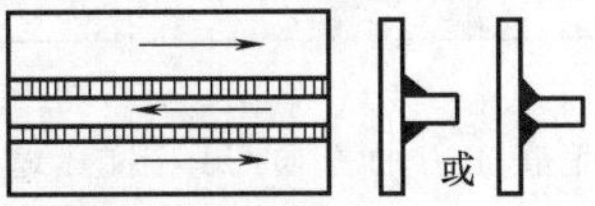	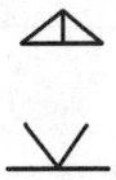
应力集中情况等级 K_1——适度应力集中			
1.1	焊缝垂直于力的方向,用对接焊缝(O.Q)连接的构件	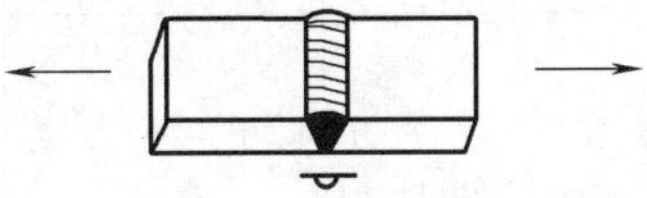	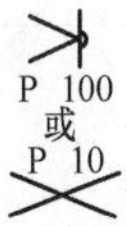 P 100 或 P 10
1.11	焊缝垂直于力的方向,用对接焊缝(O.Q)连接不同厚度的构件。不对称斜度 1/4~1/5(或对称斜度 1/3)	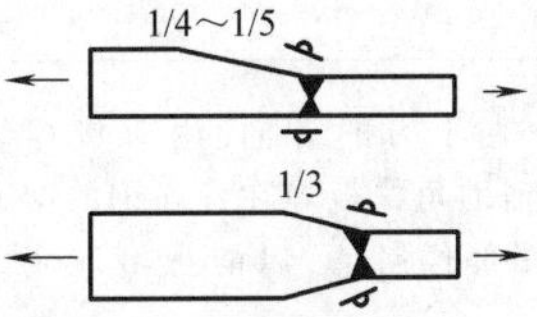	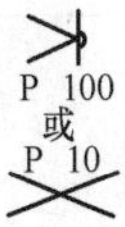 P 100 或 P 10
1.12	腹板横向接头的对接焊缝(O.Q)	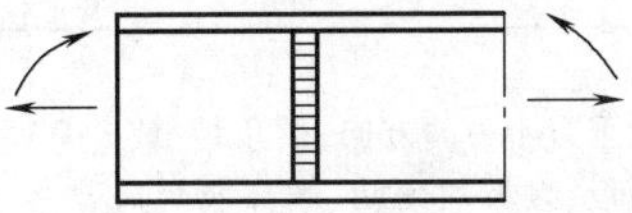	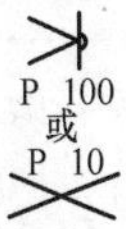 P 100 或 P 10
1.13	焊缝垂直于力的方向,用对接焊缝(O.Q)连接的撑板	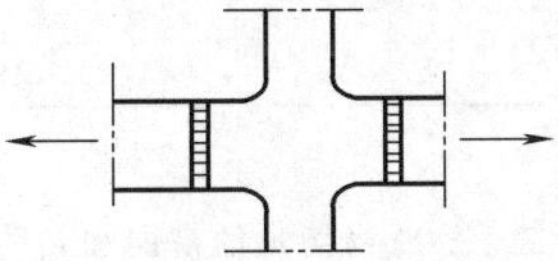	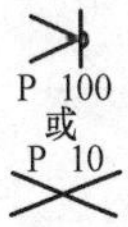 P 100 或 P 10
1.2	焊缝垂直于力的方向,用连续 K 形焊缝(S.Q)将构件连接到连续的主构件上	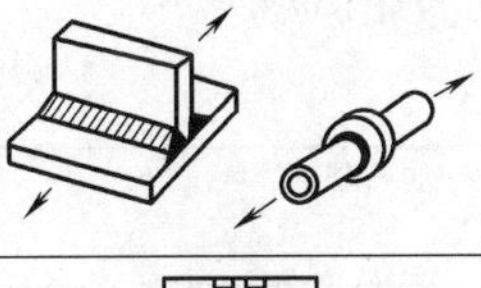	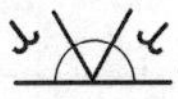
1.21	焊缝垂直于力的方向,用角焊缝(S.Q)将加劲肋连接到腹板上,焊缝包过腹板加劲肋的各角	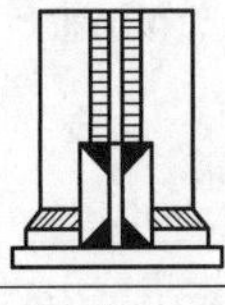	
1.3	焊缝平行于力的方向,用对接焊缝连接的构件(不检查焊缝)	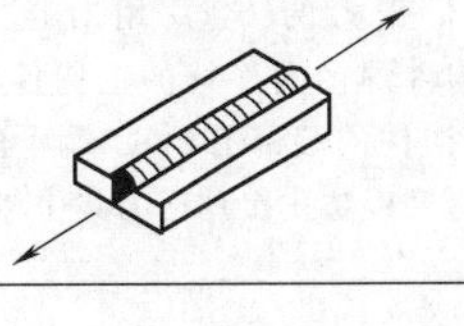	

（续）

构件接头型式的标号	说　明	图　示	代　号
应力集中情况等级 K_1——适度应力集中			
1.31	弧形翼缘板和腹板之间的 K 形焊缝（S.Q）	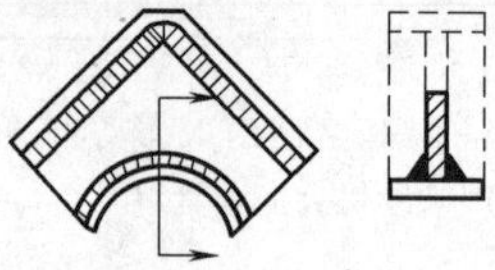	
应力集中情况等级 K_2——中等应力集中			
2.1	焊缝垂直于力的方向，用对接焊缝（O.Q）连接不同厚度的构件。不对称斜度 1/3（或对称斜度 1/2）	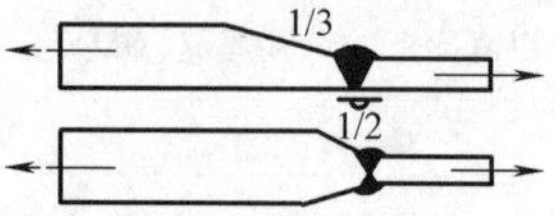	 P 100 或 P 10 
2.11	焊缝垂直于力的方向，用对接焊缝（S.Q）连接的型钢	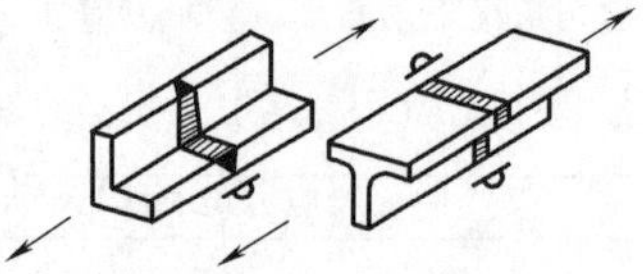	 P 100 
2.12	焊缝垂直于力的方向，用对接焊缝（S.Q）连接节点板与型钢	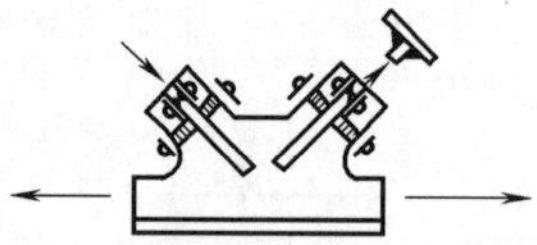	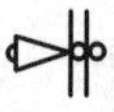 P 100 
2.13	焊缝垂直于力的方向，用对接焊缝（S.Q）将辅助角撑板焊在各扁钢的交叉处，焊缝端部经打磨，以防止出现应力集中	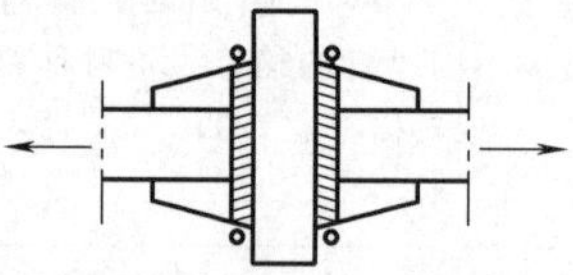	 P 100 
2.2	焊缝垂直于力的方向，用角焊缝（S.Q）将横隔板、腹板加劲肋、圆环或套筒连接到主构件上	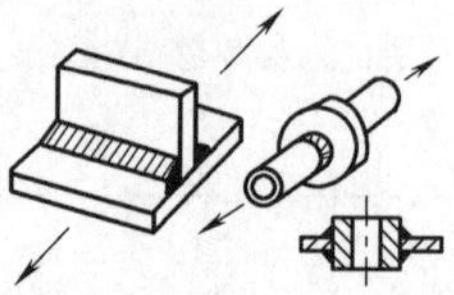	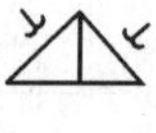
2.21	用角焊缝（S.Q）将切角的横向加劲肋焊在腹板上，焊缝不包角		
2.22	用角焊缝（S.Q）焊接的带切角的横隔板，焊缝不包角		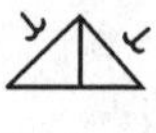
2.3	焊缝平行于力的方向，用对接焊缝（S.Q）将构件焊接到连续的主构件的边缘上，这些构件的端部有斜度或圆角，焊缝端头经打磨以防止出现应力集中	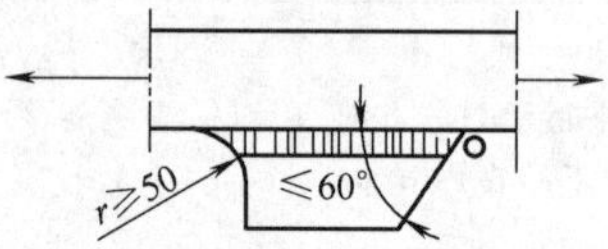	 P 100 

94

（续）

构件接头型式的标号	说　明	图　示	代　号
应力集中情况等级 K_2——中等应力集中			
2.31	焊缝平行于力的方向，将构件焊接到连续的主构件上，这些构件的端部有斜度或圆角，在焊缝端头相当于十倍厚度的长度上为 K 形焊缝（S.Q），焊缝端头经打磨以防止出现应力集中	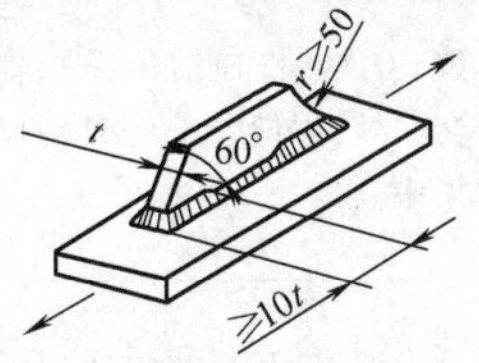	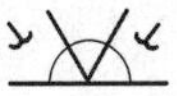
2.33	用角焊缝（S.Q）将扁钢（板边斜度 1/3）连接到连续的主构件上，扁钢端部在 x 区域内用角焊缝焊接，$h_f = 0.5t$	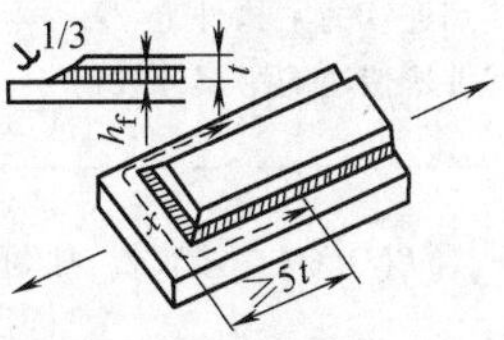	
2.34	弧形翼缘板和腹板之间的 K 形焊缝（O.Q）	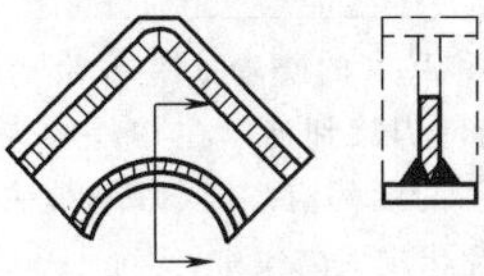	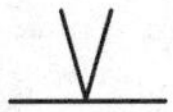
2.4	焊缝垂直于力的方向，用 K 形焊缝（S.Q）连接的十字形接头	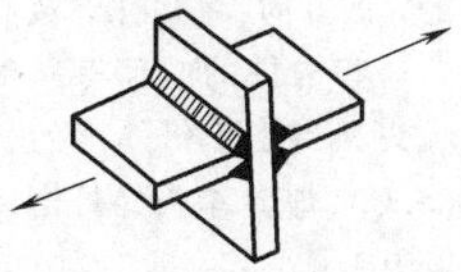	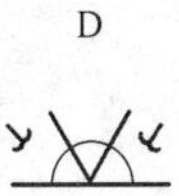 D
2.41	翼缘板和腹板之间的 K 形焊缝（S.Q），集中载荷垂直于焊缝，作用在腹板平面内	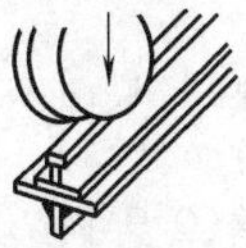	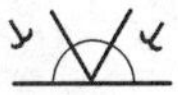
2.5	用 K 形焊缝（S.Q）连接承受弯曲应力和切应力的构件	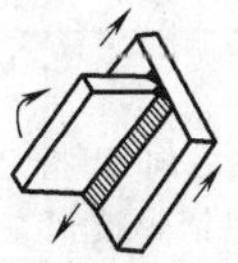	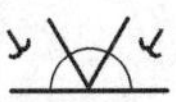
应力集中情况等级 K_3——严重应力集中			
3.1	焊缝垂直于力的方向，用对接焊缝（O.Q）连接不同厚度的构件。不对称斜度 1/2，或对称无斜度	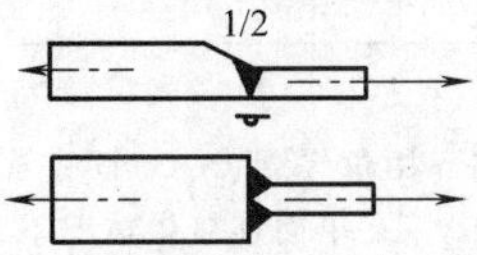	 P 100 或 P 10
3.11	有背面垫板而无封底焊缝的对接焊缝，背面垫板用间断的定位搭接焊缝固定		
3.12	管件对接焊，对接焊缝根部用背（里）面垫件支承，但无封底焊缝	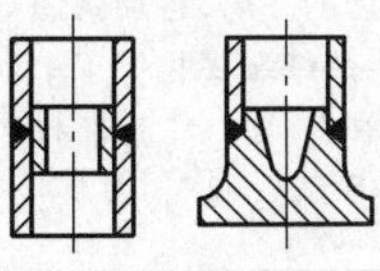	

95

（续）

构件接头型式的标号	说　　明	图　　示	代　号
应力集中情况等级 K_3——严重应力集中			
3.13	用对接焊缝（O.Q）将辅助角撑板焊接到各扁钢的交叉处，焊缝端头经打磨以防止出现应力集中		P 100 或 P 10
3.2	焊缝垂直于力的方向，用角焊缝（O.Q）将构件焊接到连续的主构件上，这些构件仅承受主构件所传递的小部分载荷		
3.21	用连续角焊缝（O.Q）连接腹板，加劲肋或横隔板		
3.3	焊缝平行于力的方向，用对接焊缝（O.Q）将构件焊接到连续主构件的边缘上，这些构件的端部有斜度，焊缝端头打磨，以避免出现应力集中		
3.31	焊缝平行于力的方向，将构件焊接到连续主构件上。这些构件的端部有斜度或圆角。焊缝端头相当于十倍厚度的长度上为角焊缝（S.Q），焊缝端头经打磨以避免出现应力集中		
3.32	穿过连续构件伸出一块板，板端沿力的方向有斜度或圆角，在相当于十倍厚度的长度上用 K 形焊缝（O.Q）固定		
3.33	焊缝平行于力的方向，用指定范围内的角焊缝（S.Q）将扁钢焊接到连续主构件上。其中 $t_1 < 1.5t_2$		
3.34	在构件端部用角焊缝（S.Q）固定连接板，其中 $t_1 < t_2$。在单面连接板情况下，应考虑偏心载荷		
3.35	焊缝平行于力的方向，将加劲肋焊接到连续主构件上，焊缝端头相等于十倍厚度的长度上为角焊缝（S.Q），且经打磨以避免出现应力集中		

（续）

构件接头型式的标号	说　明	图　　示	代　号
应力集中情况等级 K_3——严重应力集中			
3.36	焊缝平行于力的方向，用间断角焊缝（O.Q）或用焊在缺口间的角焊缝（O.Q）将加劲肋固定到连续主构件上	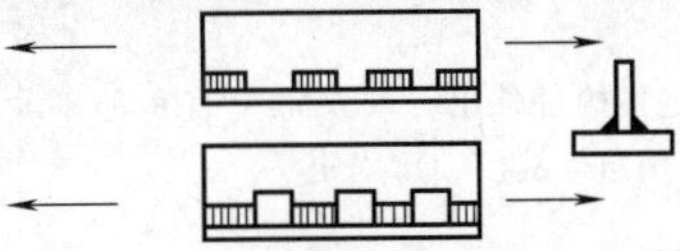	 △
3.4	焊缝垂直于力的方向，用 K 形焊缝（O.Q）做成的十字形接头	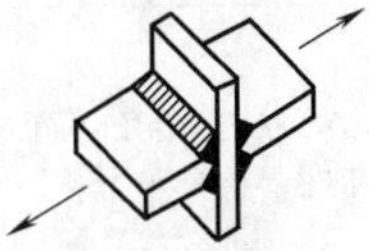	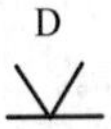 D ⩔
3.41	翼缘板和腹板之间的 K 形焊缝（O.Q）。集中载荷垂直于焊缝，作用在腹板平面内		 ⩔
3.5	用 K 形焊缝（O.Q）连接承受弯曲应力和切应力的构件	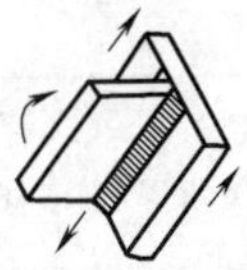	 D ⩔
3.6	用角焊缝（S.Q）将型钢或管子焊到连续主构件上	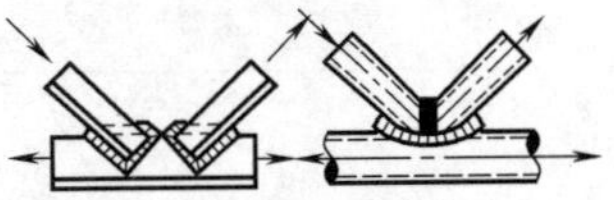	◁
应力集中情况等级 K_4——非常严重的应力集中			
4.1	焊缝垂直于力的方向，用对接焊缝（O.Q）连接不同厚度的构件。不对称无斜度	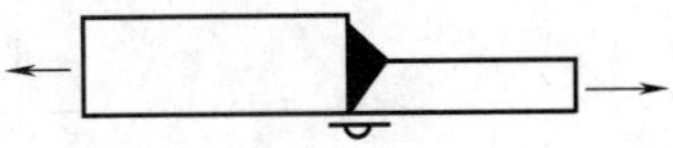	 ⩓ X
4.11	焊缝垂直于力的方向，用对接焊缝（O.Q）将扁钢交叉连接（无辅助角撑）	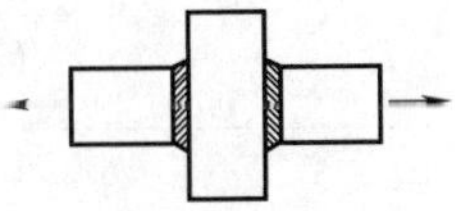	 ⩓ X
4.12	焊缝垂直于力的方向，用单边坡口焊缝做成十字形接头（相交构件）	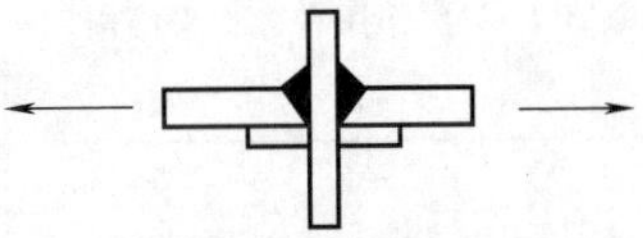	 D ﹀
4.3	焊缝平行于力的方向，将端部呈直角的构件焊接到连续主构件的侧面	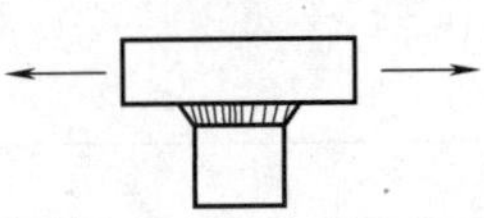	
4.31	焊缝平行于力的方向，用角焊缝（O.Q）将端部呈直角的构件焊到连续主构件上。构件承受由主构件传递来的大部分载荷	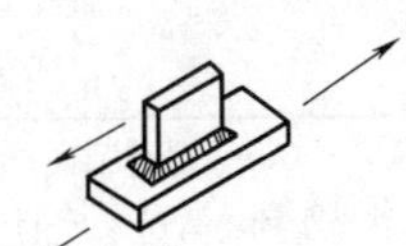	 △

97

（续）

构件接头型式的标号	说　　明	图　　示	代　号
应力集中情况等级 K₄——非常严重的应力集中			
4.32	穿过主构件伸出一块端部呈直角的平板，且用角焊缝（O.Q）固定	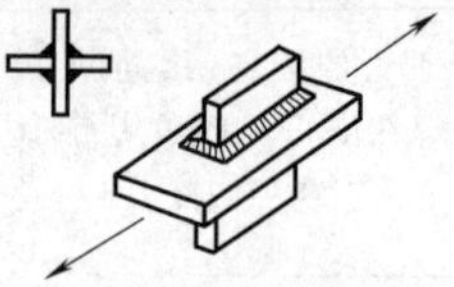	
4.33	焊缝平行于力的方向，用角焊缝（O.Q）将扁钢焊接到连续主构件上	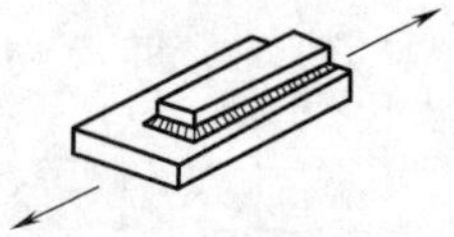	
4.34	用角焊缝（O.Q）固定连接板（$t_1=t_2$），在单面连接板的情况下，应考虑偏心载荷	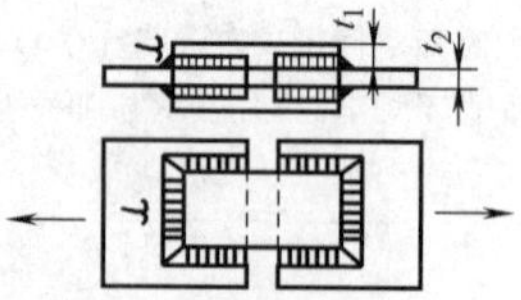	
4.35	在槽内或孔内，用角焊缝（O.Q）将一个构件焊接到另一个上	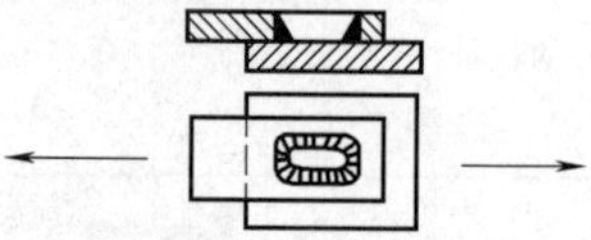	
4.36	用角焊缝（O.Q）或者对接焊缝（O.Q）将连接板固定在两个连续的主构件之间	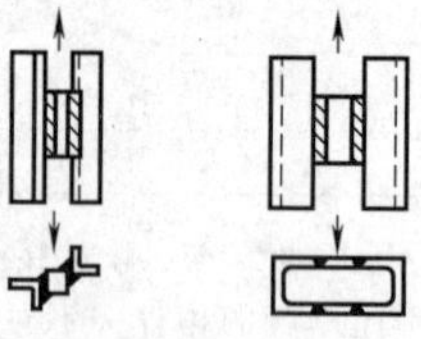	
4.4	焊缝垂直于力的方向，用角焊缝（O.Q）做成的十字接头	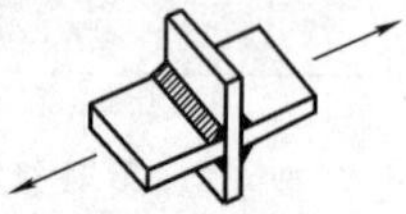	D 
4.41	翼缘板和腹板之间的角焊缝（O.Q），集中载荷垂直于焊缝，作用在腹板平面内	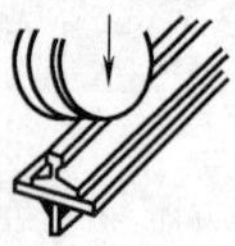	
4.5	用角焊缝（O.Q）连接承受弯曲应力和切应力的构件	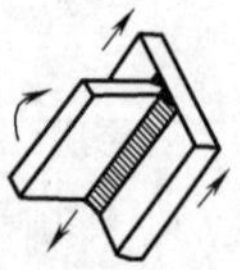	D 
4.6	用角焊缝（O.Q）将型钢或管子焊接到连续主构件上		

注：表中代号（符号）意义：S.Q——特殊质量的焊缝；O.Q——普通质量的焊缝；P100——对接焊缝全长（100%）进行检验；P10——对接焊缝至少抽检焊缝长度的10%；O——对接焊缝端部打磨；D——对某些开坡口焊缝或角焊缝连接，做对接头垂直于受力方向钢板的拉伸检验，钢板无层状撕裂；⌐——K形焊缝或角焊缝全长打磨。

98

（3）结构疲劳强度计算 当确定结构同一计算点上的绝对值最大应力（σ_{max} 或 τ_{max}）和最小应力（σ_{min} 或 τ_{min}）时，载荷的作用位置按起重机正常工作循环情况确定。根据载荷组合 A 的实际可能的最不利工况计算得出的绝对值最大应力，按式（4-9）~式（4-12）核算，即

$$|\sigma_{xmax}| \leqslant \begin{cases} [\sigma_{xrt}] \\ [\sigma_{xrc}] \end{cases} \tag{4-9}$$

$$|\sigma_{ymax}| \leqslant \begin{cases} [\sigma_{yrt}] \\ [\sigma_{yrc}] \end{cases} \tag{4-10}$$

$$|\tau_{xymax}| \leqslant [\tau_{xyr}] \tag{4-11}$$

$$\left(\frac{\sigma_{xmax}}{[\sigma_{xr}]}\right)^2 + \left(\frac{\sigma_{ymax}}{[\sigma_{yr}]}\right)^2 - \frac{\sigma_{xmax}\sigma_{ymax}}{[\sigma_{xr}][\sigma_{yr}]} + \left(\frac{\tau_{xymax}}{[\tau_{xyr}]}\right)^2 \leqslant 1.1 \tag{4-12}$$

式中 $[\sigma_{xrt}]$、$[\sigma_{yrt}]$、$[\sigma_{xrc}]$、$[\sigma_{yrc}]$、$[\tau_{xyr}]$——对应于 σ_{xmax}、σ_{ymax}、σ_{xymax} 的拉伸、压缩和剪切疲劳许用应力，下脚标 xr、yr、xyr 分别为 σ_x、σ_y、τ_{xy} 的应力循环特性，按式（4-7）计算。

在同一载荷组合中，当 σ_{xmax}、σ_{ymax}、τ_{xymax} 三种应力中某一个最大应力在任何应力循环中均明显大于其他两个最大应力时，可只用此最大应力校核疲劳强度，而另外两个最大应力可忽略不计。

通常起重机的结构件（或连接）在同一工况下进行疲劳强度校核。为确保安全，也可将不同工况的 σ_{xmax}、σ_{ymax}、τ_{xymax} 组合在一起，按最不利 r 值算出的疲劳许用应力 $[\sigma_{xrt}]$、$[\sigma_{yrt}]$、$[\sigma_{xrc}]$、$[\sigma_{yrc}]$、$[\tau_{xyr}]$ 进行校核。式（4-12）第三项分子中的 σ_{xmax}、σ_{ymax} 应带各自的正负号。

从表 4-17 中的 $[\sigma_{-1}]$ 值看出，当工作级别 E1~E3 所对应的构件或连接的应力集中情况等级 W_0、W_1、K_0、K_1、K_2 中的 $[\sigma_{-1}]$ 值有的已大于构件静强度的基本许用应力值 $[\sigma]$ 时，说明可以不必进行单项疲劳强度核算。若 $[\sigma_{-1}]$ 值虽小于静强度基本许用应力值 $[\sigma]$，但计算出的疲劳许用应力 $[\sigma_r]$（$\geqslant [\sigma_{-1}]$）已大于静强度基本许用应力值 $[\sigma]$，则该构件或连接也不必进行单项疲劳强度核算。

2. 采用极限状态设计法（应力幅）计算

（1）概述 疲劳强度验证的目的是防止在循环载荷下的结构件或连接中形成临界裂纹而失效的风险。

疲劳应力依据名义应力概念计算。名义应力是指母材中临近潜在裂纹位置的、按材料纯弹性强度理论计算的应力，不考虑局部应力集中效应。表 4-19 列举了含有图示说明的，包括下列效应的，影响特征疲劳强度值的结构细部构造：

——由连接和焊缝几何形状引起的局部应力集中；

——可接受的间断点的尺寸和形状；

——应力方向；

——残余应力；

——冶炼条件；

——在某些情况下，焊接工艺和焊后改善程序。

表 4-19 斜率常数 *m* 值和特征疲劳强度 $\Delta\sigma_c$、$\Delta\tau_c$

结构细部序号	$\Delta\sigma_c$、$\Delta\tau_c$ /MPa	结 构 细 部	要 求
		1. 结构件母材	
1.1	$m=5$	 正应力状态下的轧制型材:板材、工字钢、圆管	轧制表面和边缘 表面状况良好 无热切割 无切口或几何切口影响(如剪切槽口)
	225	$\sigma_s \leqslant 275\mathrm{MPa}$	
	250	$275\mathrm{MPa} < \sigma_s \leqslant 355\mathrm{MPa}$	
	280	$355\mathrm{MPa} < \sigma_s$	
1.2	$m=5$	 正应力状态下的轧制型材:板材、工字钢、圆管	火焰切割边缘,质量根据 ISO 9013:2002,表 5 第 3 行 无几何切口影响(如剪切槽口)
	180	$\sigma_s \leqslant 275\mathrm{MPa}$	
	200	$275\mathrm{MPa} < \sigma_s$	
1.3	$m=5$	 正应力状态下带孔的板	对净截面计算正应力 非火焰切割的孔 应力在剪切或承压连接中达到强度的 20%,或在抗滑移连接中达到强度的 100% 的情况下,可使用螺栓
	180	$\sigma_s \leqslant 275\mathrm{MPa}$	
	200	$275\mathrm{MPa} < \sigma_s$	
1.4	$m=5$	 切应力状态下的板材、板条、轧制型钢	
	140	$\sigma_s \leqslant 275\mathrm{MPa}$	
	160	$275\mathrm{MPa} < \sigma_s \leqslant 355\mathrm{MPa}$	
	180	$355\mathrm{MPa} < \sigma_s$	

（续）

结构细部序号	$\Delta\sigma_c$、$\Delta\tau_c$ /MPa	结 构 细 部	要　　求
		2. 非焊接连接单元	

结构细部序号	$\Delta\sigma_c$、$\Delta\tau_c$ /MPa	结 构 细 部	要　　求
2.1	$m=5$	双剪 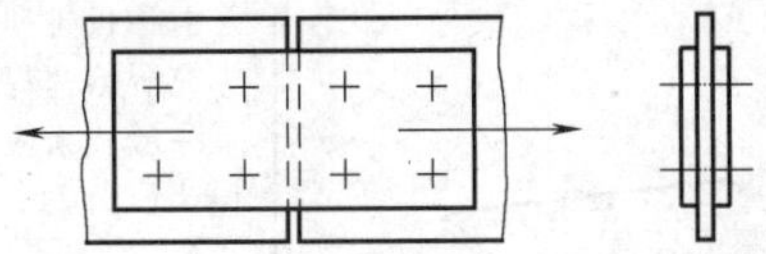 单剪 带支承的单剪 正应力状态下抗滑移螺栓连接的带孔部件	不需要验证夹紧摩擦型螺栓连接的疲劳强度 对净截面计算正应力
	160	$\sigma_s \leqslant 275\text{MPa}$	
	180	$275\text{MPa} < \sigma_s$	
2.2	$m=5$	正应力、双剪和带支承的单剪状态下剪切/承压螺栓连接的带孔部件	对净截面计算正应力
	180	正应力	
2.3	$m=5$	正应力、无支承的单剪状态下剪切/承压螺栓连接的带孔部件	对净截面计算正应力
	125	正应力	
2.4	$m=5$	双剪或带支承单剪接头的配合螺栓	假设应力均匀分布
	125	切应力（$\Delta\tau_c$）	
	355	承压应力（$\Delta\sigma_c$）	
2.5	$m=5$	单剪、无支承单剪接头的配合螺栓	假设应力均匀分布
	100	切应力（$\Delta\tau_c$）	
	250	承压应力（$\Delta\sigma_c$）	
2.6	$m=5$	承受拉力的螺纹螺栓（螺栓等级8.8或以上）	用 ΔF_b 计算螺栓应力区域的 $\Delta\sigma_c$
	50	机加工螺纹	
	63	M30 以上滚丝加工螺纹	
	71	M30 及以下滚丝加工螺纹	

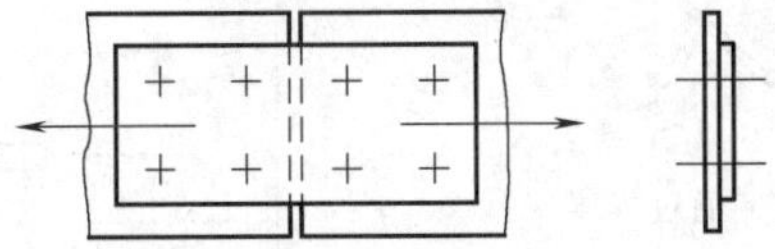

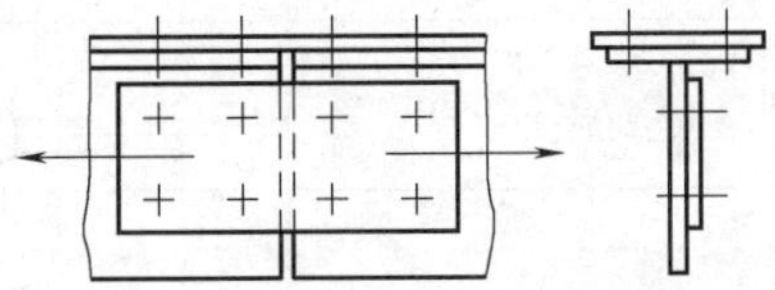

注：销轴连接的疲劳强度验证可以与结构件验证一致。

（续）

结构细部序号	$\Delta\sigma_c$、$\Delta\tau_c$ /MPa	结构细部	要求
3. 焊接连接构件			

3.1	$m=3$	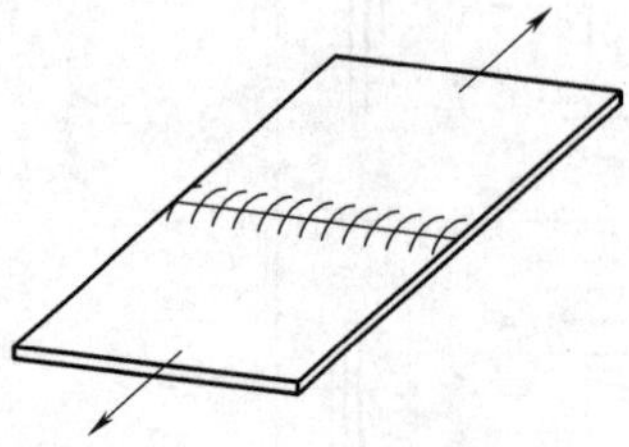 \n对称对接接头，正应力交叉通过焊缝	基本条件：\n对称板排列\n充分熔透焊缝\n一般残余应力的构件\n错位角<1°\n $t_1=t_2$\n或\n 斜度<1:3\n特殊条件：\n具有较大残余应力的构件（如具有抑制收缩的接头构件）　　 −1NC
	140	对接焊缝，质量等级 B° 级	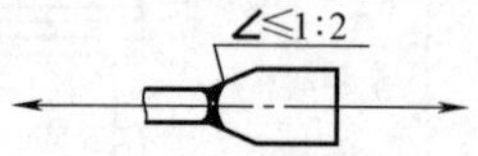 ∠≤1:2　−2NC
	125	对接焊缝，质量等级 B 级	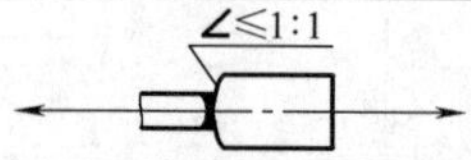 ∠≤1:1　−4NC
	112	对接焊缝，质量等级 C 级	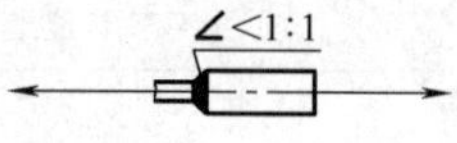 ∠<1:1　−4NC
3.2	$m=3$	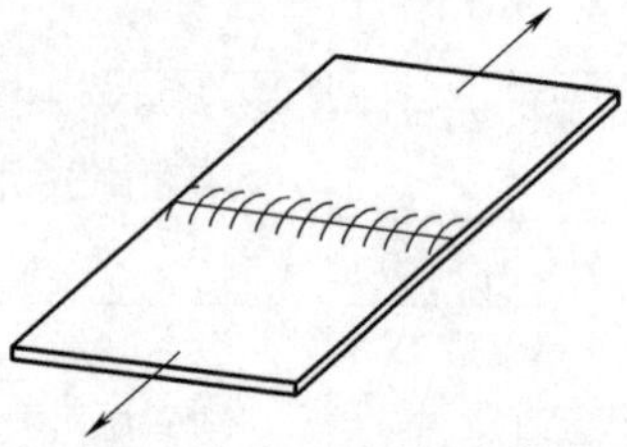 \n对称对接接头，正应力交叉穿过焊缝	基本条件：\n对称板排列\n充分熔透焊缝\n具有一般残余应力的构件\n错位角<1°\n特殊条件：\n具有较大残余应力的构件（如具有抑制收缩的接头构件）　　−1NC
	80	残存打底焊上的对接焊缝，质量等级 C 级	
3.3	$m=3$	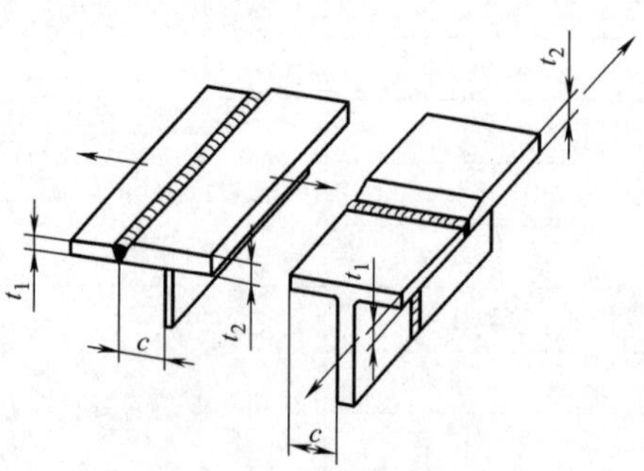 \n非对称支承对接接头，正应力交叉穿过焊缝	基本条件：\n充分熔透\n平行支承的对接焊缝：$c<2t_2+10\text{mm}$\n垂直支承的对接焊缝：$c<12t_2$\n具有一般残余应力的构件\n ∠≤1:3\n斜度≤1:3，$t_2-t_1\leqslant4\text{mm}$\n特殊条件：\n具有较大残余应力的构件（如具有抑制收缩的接头构件）　　−1NC\n斜度和厚度 t_2-t_1 的影响：

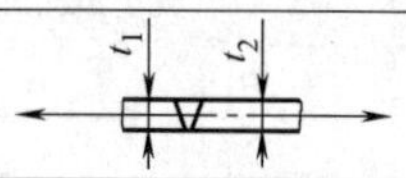

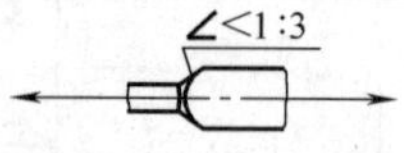

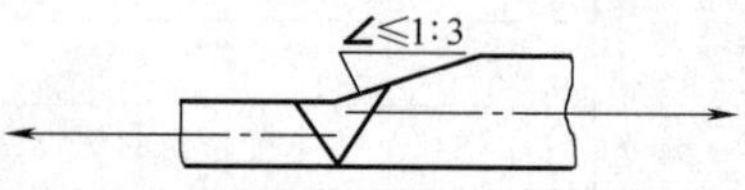

（续）

结构细部序号	$\Delta\sigma_c$、$\Delta\tau_c$ /MPa	结构细部	要　　求
3.3	$m=3$	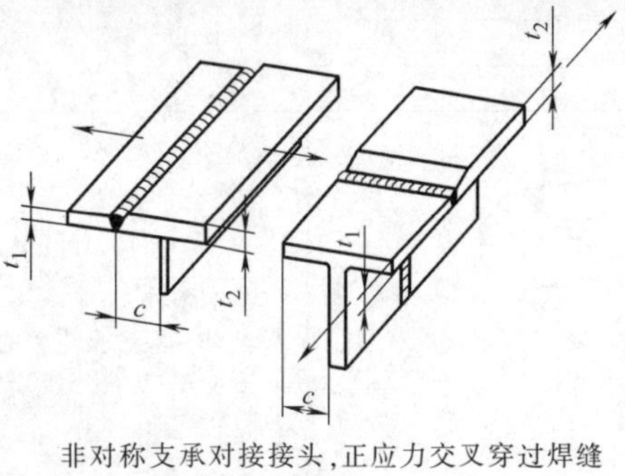 非对称支承对接接头,正应力交叉穿过焊缝	厚度 t_2-t_1 见下表
	125	对接焊缝,质量等级 B* 级	
	112	对接焊缝,质量等级 B 级	
	100	对接焊缝,质量等级 C 级	
3.4	$m=3$	 非对称支承对接接头,正应力交叉穿过焊缝	基本条件: 充分熔透 平行支承的对接焊缝:$c<2t_2+10\text{mm}$ 垂直支承的对接焊缝:$c<12t_2$ 具有一般残余应力的构件 $t_2-t_1\leqslant 10\text{mm}$ 特殊条件: 具有较大残余应力的构件(如具有抑制收缩的接头构件)　　　　　-1NC $t_2-t_1>10\text{mm}$　　　　-1NC
	80	残存打底焊上的对接焊缝,质量等级 C 级	
3.5	$m=3$	 非对称支承对接接头,正应力交叉穿过焊缝	基本条件: 充分熔透 具有一般残余应力的构件 焊接材料或母材中的斜度均小于 $1:1$ $t_1/t_2>0.84$ 特殊条件: 具有较大残余应力的构件(如具有抑制收缩的接头构件)　　　　　-1NC 　　　　-2NC $t_1/t_2>0.74$　　　　-1NC $t_1/t_2>0.63$　　　　-2NC $t_1/t_2>0.50$　　　　-3NC

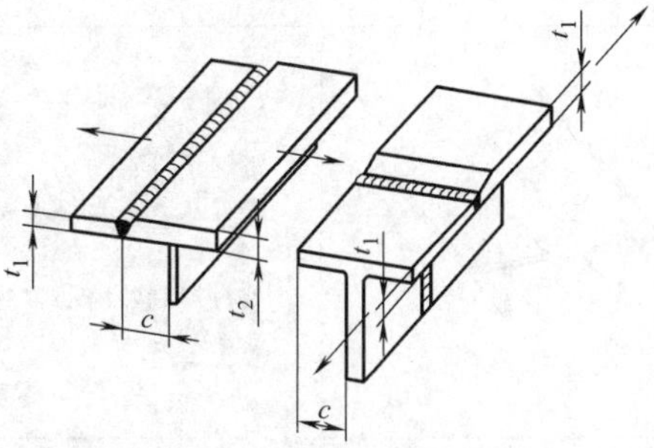

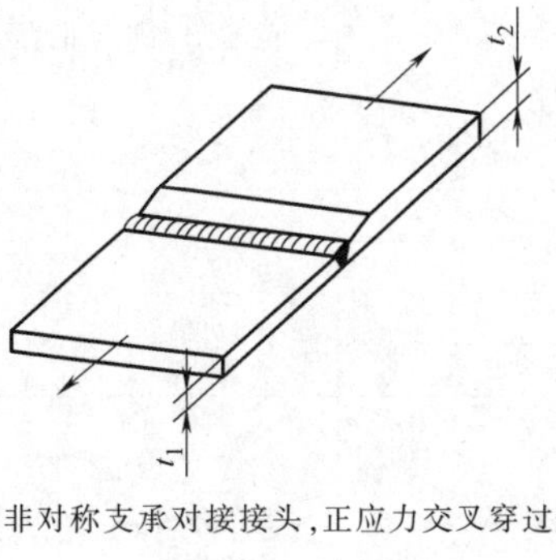

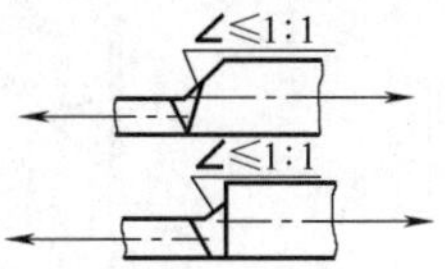

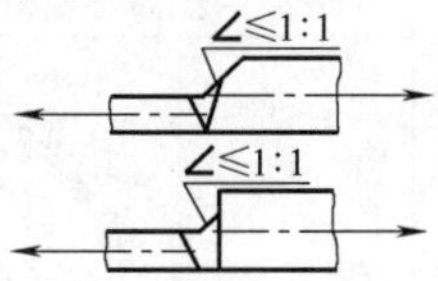

对于细部序号 3.3 的厚度 t_2-t_1 要求:

斜度	$\leqslant 4\text{mm}$	$\leqslant 10\text{mm}$	$\leqslant 50\text{mm}$	$>50\text{mm}$
$\leqslant 1:3$	—	-1NC	-1NC	-2NC
$\leqslant 1:2$	-1NC	-1NC	-2NC	-2NC
$\leqslant 1:1$	-1NC	-2NC	-2NC	-3NC
$>1:1$	-2NC	-2NC	-3NC	-3NC

（续）

结构细 部序号	$\Delta\sigma_c$、$\Delta\tau_c$ /MPa	结 构 细 部	要 求
3.5	100	对接焊缝,质量等级 B* 级	
	90	对接焊缝,质量等级 B 级	
	80	对接焊缝,质量等级 C 级	
3.6	$m=3$	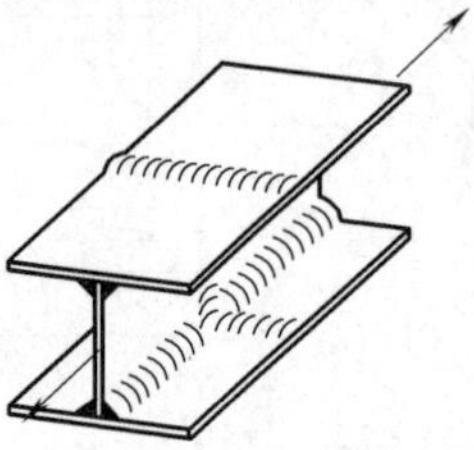 具有交叉焊缝的接头,应力交叉穿过焊缝	基本条件: 具有一般残余应力的构件
	125	对接焊缝,质量等级 B* 级	
	100	对接焊缝,质量等级 B 级	
	90	对接焊缝,质量等级 C 级	
3.7	$m=3$	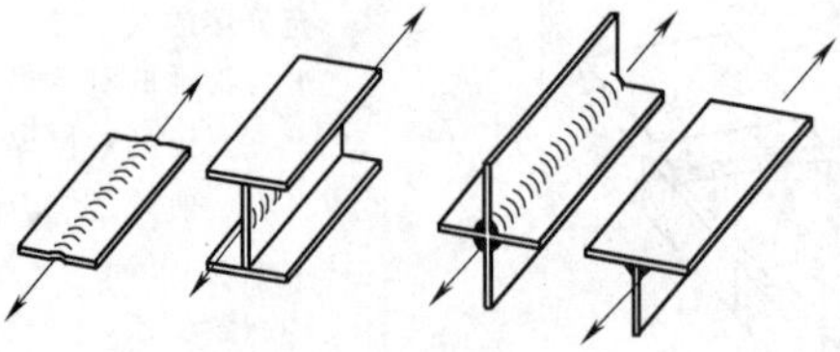 沿焊缝方向的正应力	特殊条件: 焊缝从起点至终点无缺陷,质量等级 C 级 +1NC 具有抑制收缩的焊缝　　　　　　　　－1NC
	180	连续焊缝,质量等级 B 级	
	140	连续焊缝,质量等级 C 级	
	80	断续焊缝,质量等级 C 级	
3.8	$m=3$	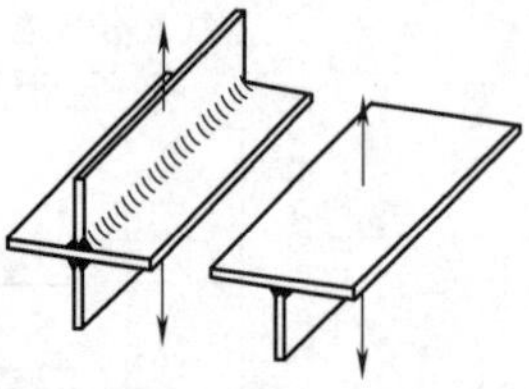 交叉或 T 形接头,坡口焊缝,正应力交叉穿过焊缝	基本条件: 连续焊缝 特殊条件: 具有抑制收缩的焊缝　　　　　　　　－1NC
	112	K 形焊缝,质量等级 B* 级	
	100	K 形焊缝,质量等级 B 级	
	80	K 形焊缝,质量等级 C 级	
	71	充分熔透,带垫板的 V 形焊缝,质量等级 C 级	
3.9	$m=3$	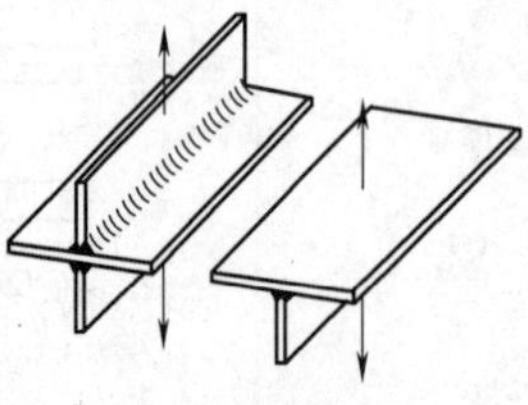 交叉或 T 形接头,双面对称焊缝	基本条件: 连续焊缝 特殊条件: 具有抑制收缩的焊缝　　　　　　　　－1NC

（续）

结构细部序号	$\Delta\sigma_c$、$\Delta\tau_c$ /MPa	结 构 细 部	要　　求
3.9	45	焊喉位置应力	$\sigma_w = \dfrac{F}{2a_r l_r}$根据第 5 章公式（5-23），令分母对应项相等得出
	71	质量等级 B 级	承载板中焊趾应力
	63	质量等级 C 级	
3.10	$m=3$	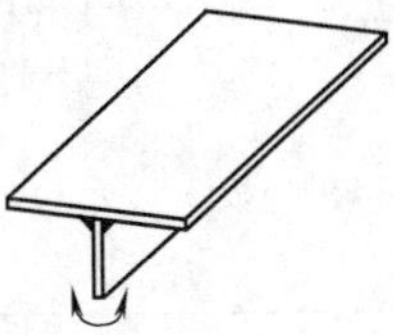 承受弯曲应力的 T 形接头	
	45	焊喉位置应力	考虑施加的弯矩和焊接接头形状的计算应力
	80	板中焊趾应力,质量等级 B 级(焊趾:焊缝表面与母材的交界处)	
	71	板中焊趾应力,质量等级 C 级	
3.11	$m=3$	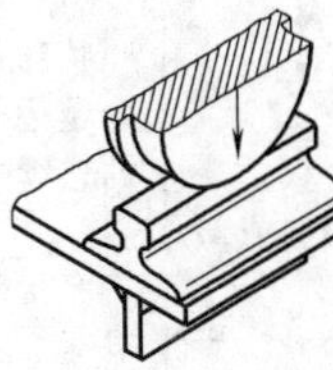 具有横向受压载荷(如车轮)的充分熔透(双面)焊缝	
	112	质量等级 B 级	
	100	质量等级 C 级	
3.12	$m=3$	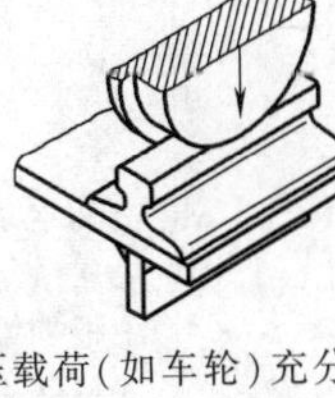 具有横向受压载荷(如车轮)充分熔透(带打底焊)焊缝	
	90	质量等级 B 级	
	80	质量等级 C 级	
3.13	$m=3$	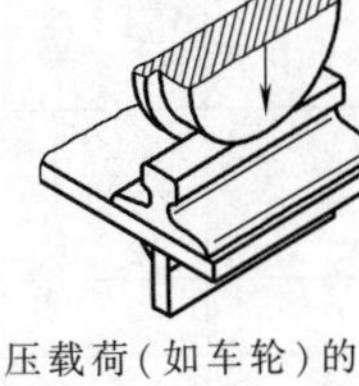 具有横向受压载荷(如车轮)的双面角焊缝,板中的计算应力	腹板厚为 t. $0.5t \le a \le 0.7t$ 根据第五章第一节的"五"确定 a
	63	质量等级 C 级	

（续）

结构细部序号	$\Delta\sigma_c$、$\Delta\tau_c$ /MPa	结构细部	要　求
3.14	$m=3$	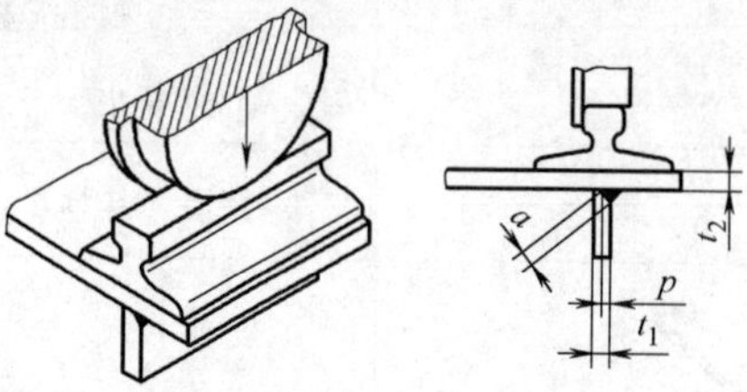 具有横向受压载荷(如车轮)的部分熔透焊缝,板中的计算应力	$0.5t \leqslant a \leqslant 0.7t$ 根据第五章第一节的"五"确定 a 当 $t \leqslant 6mm$，$p=1mm$ 当 $t>6mm$，$p \geqslant t/4$
	71	质量等级 C 级	
3.15	$m=3$	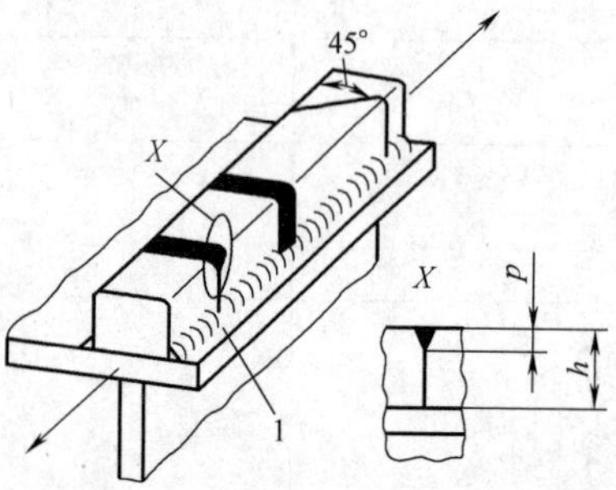 焊接轨道作用于板上,焊接接头处无对称焊缝或部分熔透对接焊缝,板中设计应力计算	所有焊缝质量等级为 C 级或者高于 C 级 特殊条件: 越过轨道两边连接接头的长度不小于 $3h$ 的连续焊缝　+1NC
	45	轨道接头切口垂直或以任意角,例如 $45°$，$p=0$	
	56	轨道上的单一焊缝 $h>p \geqslant 0.3h$	
	71	轨道上的双边焊缝 $h>p \geqslant 0.2h$	
3.16	$m=3$	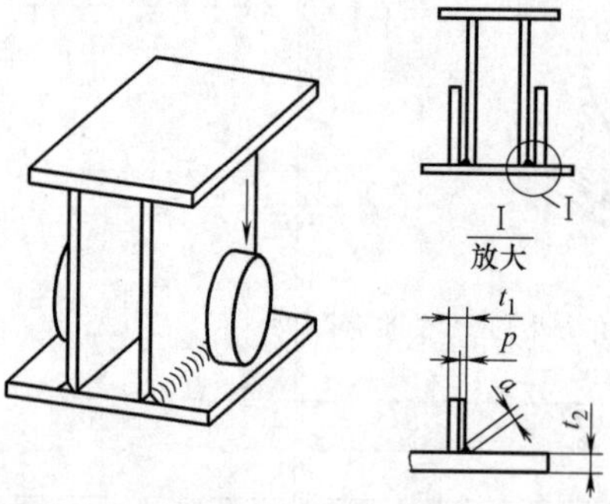 具有横向受压载荷(如下悬式起重小车)的部分熔透焊缝,板中的计算应力	基本条件: 质量等级 C 级 根据第五章第一节的"五"确定 a 和 p 特殊条件: 熔透的角焊缝并且质量等级为 B　+1NC
	63	$t \leqslant 6mm$ 时,$p \geqslant 1mm$；$t>6mm$ 时,$p \geqslant t/4$ $0.5t \leqslant a \leqslant 0.7t$	
	56	$t>6mm$ 时,$p \geqslant 1mm$，$0.6t \leqslant a \leqslant 0.7t$	
	50	非熔透的角焊缝 $0.6t \leqslant a \leqslant 0.7t$	
	40	非熔透的角焊缝 $0.5t \leqslant a \leqslant 0.6t$	

（续）

结构细部序号	$\Delta\sigma_c$、$\Delta\tau_c$ /MPa	结构细部	要求
3.17	$m=3$	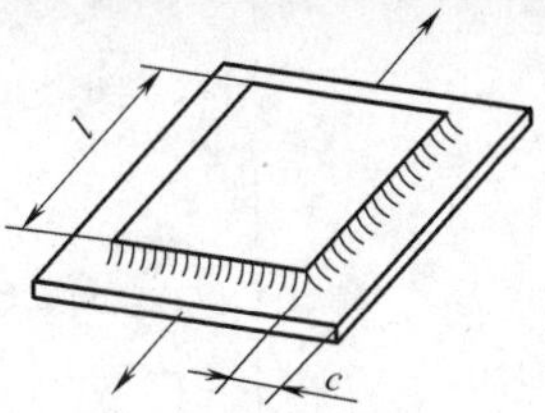 带焊接盖板的连续构件	基本条件： 质量等级 C 级 连续焊接 焊趾和连续构件边缘的距离 $c>10$mm 特殊条件： 质量等级 B* 级 +2NC 质量等级 B 级 +1NC 质量等级 C 级 −1NC $c<10$mm −1NC
	80	$l\leqslant50$mm	
	71	50mm$<l\leqslant100$mm	
	63	$l>100$mm	
3.18	$m=3$	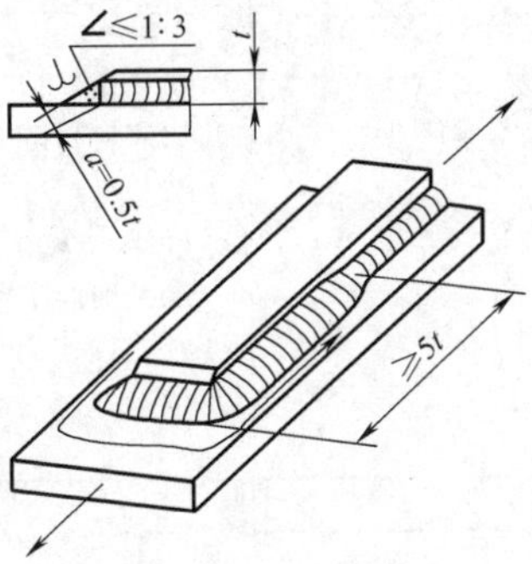 承载凸缘板（翼缘板）的连续构件，在其连接端部的应力	基本条件： 连续角焊缝或坡口焊缝
	112	端部倒角≤1：3 的凸缘板，边缘焊缝和侧焊缝端部焊缝质量等级 B* 级	
	100	端部倒角≤1：2 的凸缘板，边缘焊缝和侧焊缝端部焊缝质量等级 B* 级	
3.19	$m=3$	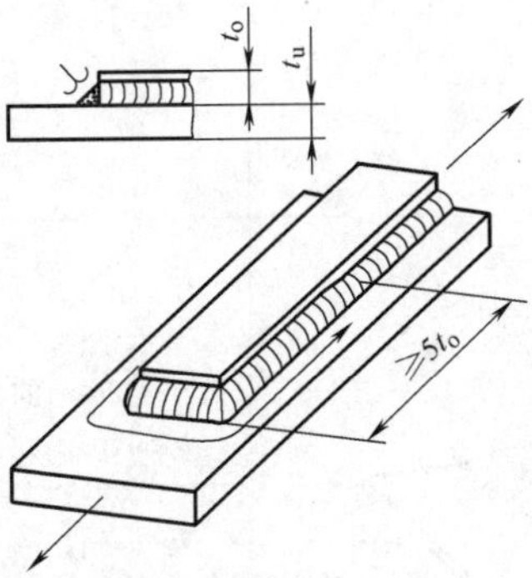 承载凸缘板的连续构件，在其连接端部的应力	基本条件： 连续角焊缝或坡口焊缝 $t_o\leqslant1.5t_u$
	80	边缘焊缝和侧焊缝端部的焊缝质量等级 B* 级	

108

结构细部序号	$\Delta\sigma_c$、$\Delta\tau_c$ /MPa	结构细部	要 求
3.20	$m = 3$	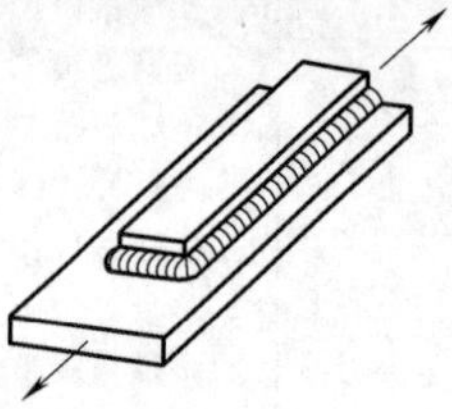 承载凸缘板（翼缘板）的连续构件，在其连接端部的应力	基本条件： 连续角焊缝或坡口焊缝
	63	质量等级 B 级	
	56	质量等级 C 级	
3.21	$m = 3$	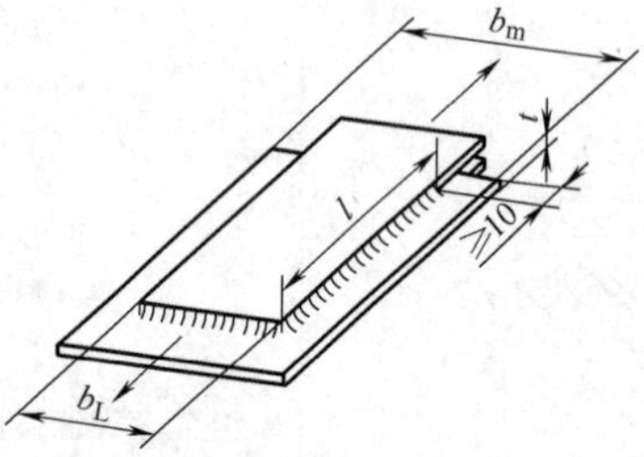 重叠焊接接头，主体板	基本条件： 应力面积由下式计算： $A_s = t l_r$ $l_r = \min(b_m, b_L + l)$ 参见细部序号 3.32
	80	质量等级 B* 级	
	71	质量等级 B 级	
	63	质量等级 C 级	
3.22	$m = 3$ 50	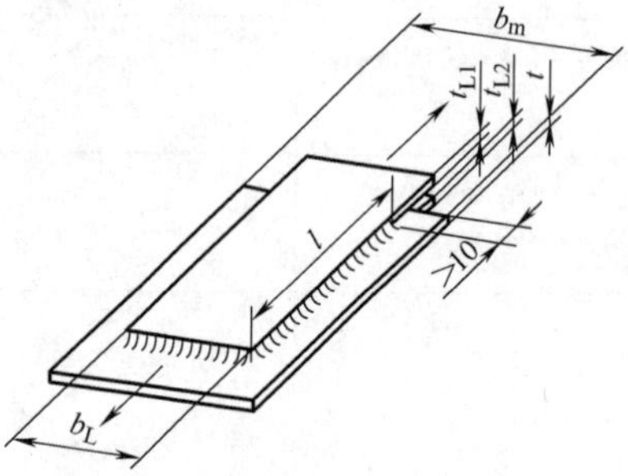 重叠焊接接头，搭接板	基本条件： 应力面积由下式计算： $A_s = b_L(t_{L1} + t_{L2})$
3.23	$m = 3$	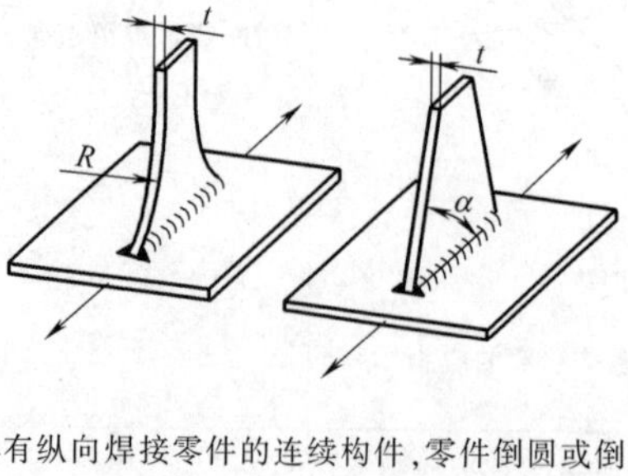 具有纵向焊接零件的连续构件，零件倒圆或倒角	基本条件： $R \geqslant 50mm$；质量等级为 B 或 C 级时，$\alpha \leqslant 60°$ $R \geqslant 150mm$；质量等级为 B* 级时，$\alpha \leqslant 45°$ 坡口焊或圆周角焊缝 特殊条件： 端部焊缝在至少 $5t$ 的区域内充分熔透 +1NC

（续）

结构细部序号	$\Delta\sigma_c$、$\Delta\tau_c$ /MPa	结 构 细 部	要 求
3.23	90	对接焊缝,质量等级 B* 级	
	80	对接焊缝,质量等级 B 级	
	71	对接焊缝,质量等级 C 级	
3.24	$m=3$	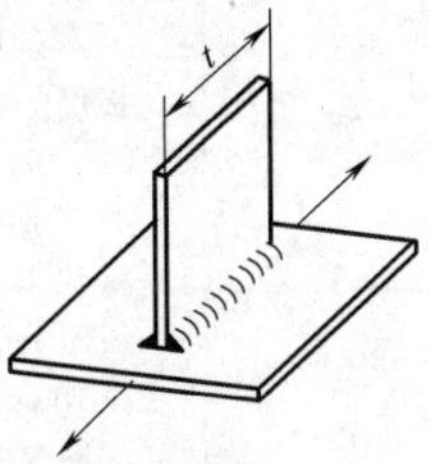 具有端部为直边的焊接零件的连续构件	基本条件: 圆周角焊缝 质量等级 B、C 级 特殊条件: 单面角焊缝　　　　　　　　−1NC 焊缝质量等级 D 级　　　　　−1NC
	80	$l \leqslant 50\text{mm}$	
	71	$50\text{mm} < l \leqslant 100\text{mm}$	
	63	$100\text{mm} < l \leqslant 300\text{mm}$	
	56	$l > 300\text{mm}$	
3.25	$m=3$	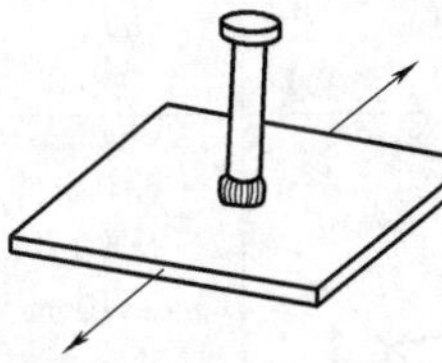 具有圆周焊接零件的连续构件(螺柱、螺栓、圆管)	基本条件: 圆周角焊缝
	80	质量等级为 C 级或更高级别	
3.26	$m=3$	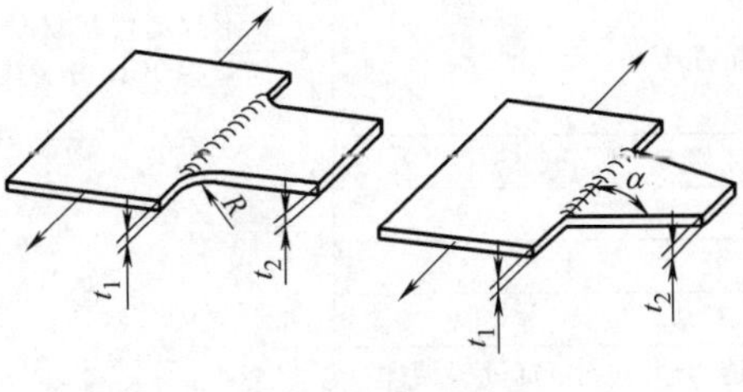 具有采用边缘纵向焊缝焊接零件的连续构件	基本条件: $R \geqslant 50\text{mm}$,$\alpha \leqslant 60°$ 对接焊缝或圆周角焊缝 特殊条件: $R < 50\text{mm}$ 或 $\alpha > 60°$　　−2NC
	90	质量等级 B* 级	$R \geqslant 150\text{mm}$ 或 $\alpha \leqslant 45°$
	80	质量等级 B 级	
	71	质量等级 C 级	
3.27	$m=3$	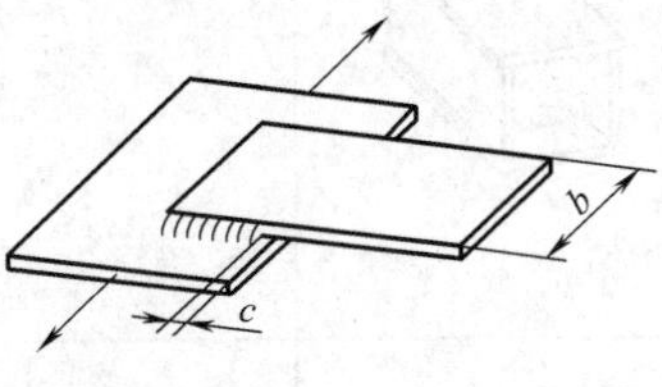 具有采用搭接焊接零件的连续构件	基本条件: $c \geqslant 10\text{mm}$ 质量等级 C 级 特殊条件: 质量等级 B* 级　　　　　+2NC 质量等级 B 级　　　　　　+1NC 质量等级 D 级　　　　　　−1NC $c < 10\text{mm}$　　　　　　　−1NC

109

（续）

结构细部序号	$\Delta\sigma_c$、$\Delta\tau_c$ /MPa	结构细部	要 求
3.27	80	$b\leqslant 50$mm	
	71	50mm$<b\leqslant 100$mm	
	63	$b>100$mm	
3.28	$m=3$	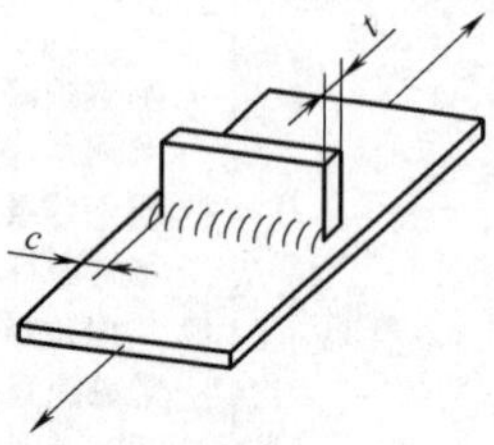 具有横向焊接零件的连续构件	基本条件： 板厚 $t\leqslant 12$mm $c\geqslant 10$mm 对 K 形焊缝不允许采用质量等级 D 级 特殊条件： 板厚 $t>12$mm（仅双面角焊缝）　-1NC $c<10$mm　　　　　　　　　-1NC K 形焊缝代替双面角焊缝　　$+1$NC 质量等级 D 级代替 C 级　　-1NC
	112	双面角焊缝,质量等级 B＊级	
	100	双面角焊缝,质量等级 B 级	
	90	双面角焊缝,质量等级 C 级	
	71	单面角焊缝,质量等级 B、C 级	
	71	残存打底焊上的部分熔透 V 形焊缝,质量等级 B、C 级	
3.29	$m=3$	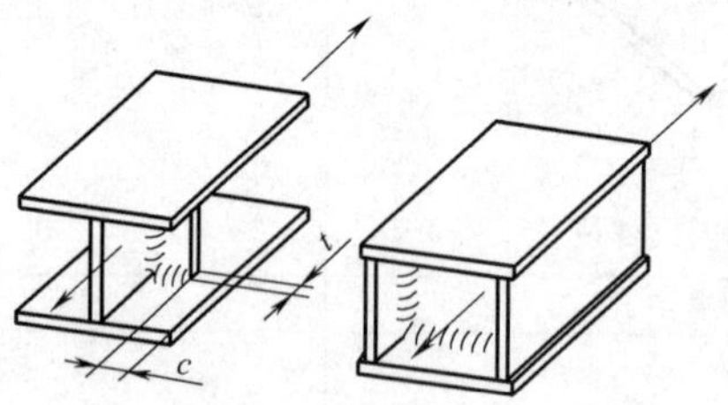 具有横向焊接加强肋的连续构件	基本条件： 板厚 $t\leqslant 12$mm $c\geqslant 10$mm 对 K 形焊缝不允许采用质量等级 D 级 特殊条件： 板厚 $t>12$mm（仅对双面角焊缝） 　　　　　　　　　　　　　-1NC $c<10$mm　　　　　　　　　-1NC K 形焊缝代替双面角焊缝　　$+1$NC 质量等级 D 级代替 C 级　　-1NC
	112	双面角焊缝,质量等级 B＊级	
	100	双面角焊缝,质量等级 B 级	
	90	双面角焊缝,质量等级 C 级	
	71	单面角焊缝,质量等级 B、C 级	
	71	残存打底焊上的部分熔透 V 形焊缝,质量等级 B、C 级	
3.30	$m=3$	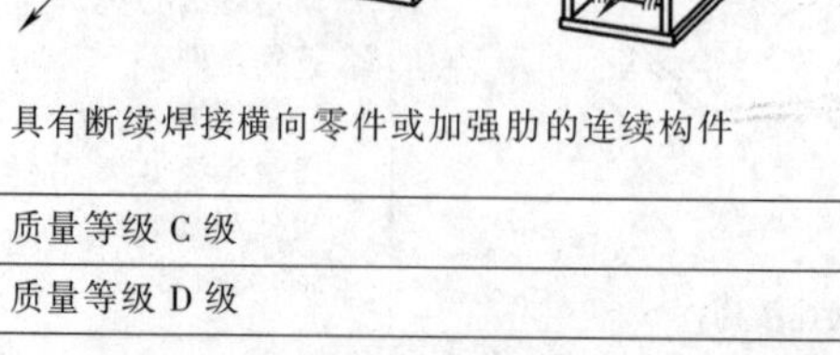 具有断续焊接横向零件或加强肋的连续构件	
	63	质量等级 C 级	
	50	质量等级 D 级	

（续）

结构细部序号	$\Delta\sigma_c$、$\Delta\tau_c$ /MPa	结 构 细 部	要 求
3.31	$m=3$	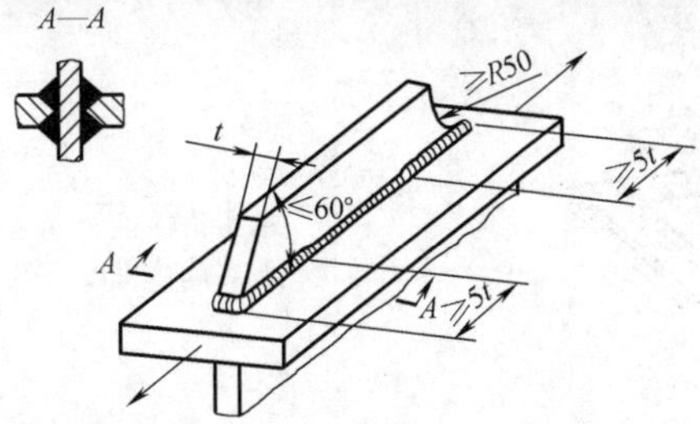 A—A $\geqslant R50$ t $60°$ $\geqslant 5t$ $\geqslant 5t$ A A 具有纵向焊接穿孔通过主体零件的连续构件	对于零件倒圆或倒角 基本条件： $R\geqslant 50\text{mm}$，$\alpha\leqslant 60°$ 特殊条件： $R\geqslant 100\text{mm}$，$\alpha\leqslant 45°$ +1NC 端部焊缝在至少 $5t$ 的区域内充分熔透 +2NC
	80	采用零件倒圆或倒角	
3.32	$m=3$	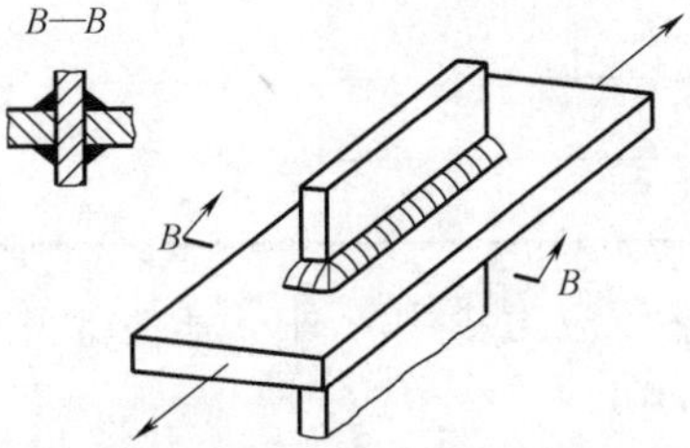 B—B B B 具有纵向焊接穿孔通过主体零件的连续构件	
	56	采用零件端部为垂直边	
3.33	$m=3$	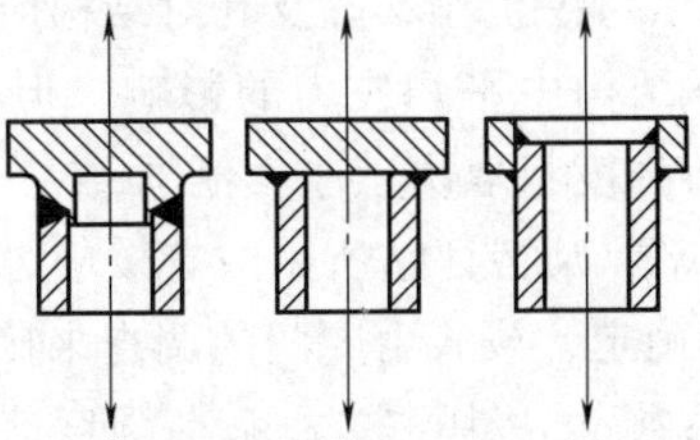 a) b) c) 轴力和弯矩作用下的管形材，管中正应力计算	基本条件： 质量等级 C 级 坡口焊缝充分焊透 角焊缝厚度 a 大于 0.7 倍管壁厚度 凸缘板厚度大于 2 倍管壁厚度（如中间图示） 特殊条件： 质量等级 B 级 +1NC 质量等级 B* 级 +2NC
	80	对接焊缝，圆形管（图 a）	
	63	坡口焊缝，圆形管（图 b）	
	56	坡口焊缝，矩形管（图 b）	
	45	双面角焊缝，圆形管（图 c）	
	40	双面角焊缝，矩形管（图 c）	
3.34	$m=5$	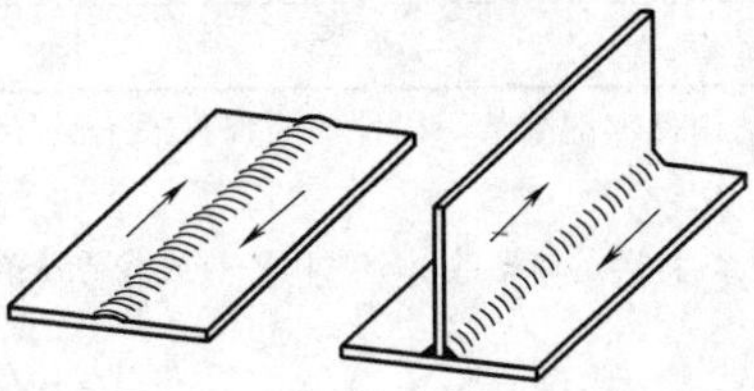 均匀剪切流作用下的连续坡口焊缝，单面或双面角焊缝	基本条件： 质量等级 C 级 具有一般残余应力的构件 特殊条件： 具有较大残余应力的构件（如具有抑制收缩的接头构件） −1NC 焊缝从起点至终点无缺陷 +1NC
	112	充分熔透	无初始点
	90	部分熔透	

111

（续）

结构细部序号	$\Delta\sigma_c$、$\Delta\tau_c$ /MPa	结 构 细 部	要 求
3.35	$m = 5$	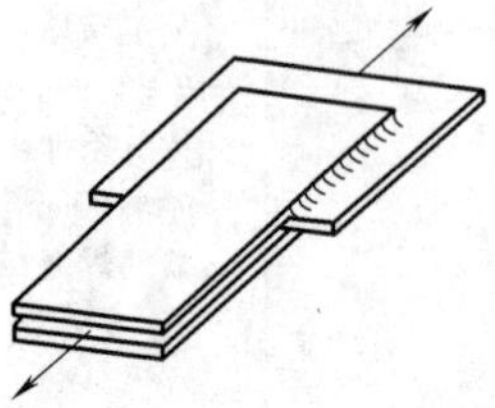 具有应力集中剪力的搭接接头焊缝	基本条件：假定载荷仅由纵向焊缝传递
	71	质量等级 B 级	
	63	质量等级 C 级	

　　除上述列出的几何应力集中影响（整体应力集中）外，其他的几何应力集中影响应借助于相关的应力集中系数包含在名义应力中。

　　对于疲劳强度验证的实施，应计算由可变的应力循环引起的累积损伤。可采用应力历程参数 s_m 表达帕尔姆格伦-迈纳（Palmgren-Miner's）的累积损伤准则。应力历程参数值可通过模拟、试验或利用 S 级别来确定，由此来考虑工作状态及其对结构应力的影响。

　　可考虑焊接状态（未经消除应力）下结构中平均应力的影响，但也可忽略不计。因此应力历程参数 s_m 独立于平均应力，且疲劳强度只取决于应力范围。

　　在非焊接的细部或消除应力焊接的细部，疲劳评估所用的有效应力范围，可由应力范围的拉应力加上 60% 的应力范围的压应力来确定，或者由专门的调查来确定。

　　表 4-20 给出了疲劳强度的具体抗力系数 γ_{mf}，用来表征疲劳强度值不确定性和疲劳损伤的可能后果。

表 4-20　疲劳强度具体抗力系数 γ_{mf}

可接近性	失效-安全构件	失效-非安全构件	
		对人造成危险	不对人造成危险
易接近的接头细部	1.00	1.15	1.25
难接近的接头细部	1.15	1.25	1.35

　　注：1. 失效-安全构件是指那些失效后果较小的结构件，例如某一构件的局部失效不会导致整个结构的失效或载荷坠落。

　　　　2. 失效-非安全构件是指结构件中某一构件失效将会迅速导致整个结构失效或载荷坠落。

　　（2）极限设计应力

　　1）特征疲劳强度。结构细部的极限设计应力通过特征疲劳强度 $\Delta\sigma_c$ 来描述，它表述为在恒定应力范围下应力循环次数为 2×10^6 次，可靠性概率为 $P_s = 97.7\%$（平均值减去由正态分布和单边检验得到的两个标准差）的疲劳强度，如图 4-3、表 4-19 和表 4-21 所示。

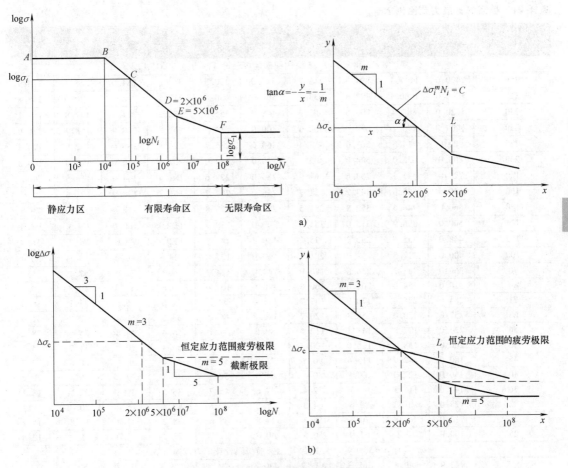

图 4-3 Δσ-N 曲线和 Δσ$_c$ 示意图[○]

a) 原理 b) 简化

L—恒定应力范围疲劳极限 m—疲劳强度曲线的斜率常数 x—logN

y—logΔσ 在 log/log 表示法中，该曲线的斜率为 -1/m

表 4-19 中给出了结构件母材、非焊接连接和焊接件的特征疲劳强度 Δσ$_c$ 或 Δτ$_c$ 值，以及 Δσ-N 曲线的斜率常数 m。

该给定值适用于所规定的基本条件。对于偏离条件，应根据表 4-19 选择一个或多个合适的高于基本缺口效应级别（NC）的缺口等级（+1NC，+2NC，…），以增大抗力，或者低于基本缺口效应级别（NC）的缺口等级（-1NC，-2NC，…），以减小抗力。多种偏离条件的影响应叠加。缺口效应级别（NC）见表 4-21 第一列。

表 4-21 中第一列的 Δσ$_c$ 值是根据缺口效应级别（NC）的顺序和相邻级别间定比为 1.125 而排列的。

表 4-21 的每一行代表了对应基本条件的一个基本缺口效应级别（NC）：而 +1NC 意为取上一行值，-1NC 意为取下一行值，其他以此类推。

对于切应力，用 Δτ$_c$ 替代 Δσ$_c$。

○ 本书均采用 log 代替 lg 表示以 10 为底的对数。

表 4-21 极限设计应力范围值 $\Delta\sigma_{Rd}$ （单位：MPa）

NC $\Delta\sigma_c$	$\Delta\sigma_{Rd}$									
	S0	S1	S2	S3	S4	S5	S6	S7	S8	S9
1. 具有 $m=3$ 和 $\gamma_{mf}=1.25$ 结构细部的极限设计应力范围值 $\Delta\sigma_{Rd}$										
355	1420.0	1127.1	894.5	713.7	568.0	450.8	357.8	284.0	225.4	178.9
315	1260.0	1000.1	793.8	633.3	504.0	400.0	317.5	252.0	200.0	158.8
280	1120.0	888.9	705.6	562.9	448.0	355.6	282.2	224.0	177.8	141.1
250	1000.0	793.7	630.0	502.6	400.0	317.5	252.0	200.0	158.7	126.0
225	900.0	714.3	567.0	452.4	360.0	285.7	226.8	180.0	142.9	113.4
200	800.0	635.0	504.0	402.1	320.0	254.0	201.6	160.0	127.0	100.8
180	720.0	571.5	453.6	361.9	288.0	228.6	181.4	144.0	114.3	90.7
160	640.0	508.0	403.2	321.7	256.0	203.2	161.3	128.0	101.6	80.6
140	560.0	444.5	352.8	281.5	224.0	177.8	141.1	112.0	88.9	70.6
125	500.0	396.9	315.0	251.3	200.0	158.7	126.0	100.0	79.4	63.0
112	448.0	355.6	282.2	225.2	179.2	142.2	112.9	89.6	71.1	56.4
100	400.0	317.5	252.0	201.1	160.0	127.0	100.8	80.0	63.5	50.4
90	360.0	285.7	226.8	180.9	144.0	114.3	90.7	72.0	57.1	45.4
80	320.0	254.0	201.6	160.8	128.0	101.6	80.6	64.0	50.8	40.3
71	284.0	225.4	178.9	142.7	113.6	90.2	71.6	56.8	45.1	35.8
63	252.0	200.0	158.8	126.7	100.8	80.0	63.5	50.4	40.0	31.8
56	224.0	177.8	141.1	112.7	89.6	71.1	56.4	44.8	35.6	28.2
50	200.0	158.7	126.0	100.5	80.0	63.5	50.4	40.0	31.7	25.2
45	180.0	142.9	113.4	90.5	72.0	57.1	45.4	36.0	28.6	22.7
40	160.0	127.0	100.8	80.4	64.0	50.8	40.3	32.0	25.4	20.2
36	144.0	114.3	90.7	72.4	57.6	45.7	36.3	28.8	22.9	18.1
32	128.0	101.6	80.6	64.3	51.2	40.6	32.3	25.6	20.3	16.1
28	112.0	88.9	70.6	56.3	44.8	35.6	28.2	22.4	17.8	14.1
25	100.0	79.4	63.0	50.3	40.0	31.7	25.2	20.0	15.9	12.6
2. 具有 $m=5$ 和 $\gamma_{mf}=1.25$ 结构细部的极限设计应力范围值 $\Delta\sigma_{Rd}$										
355	745.9	649.4	565.3	493.7	430.5	374.7	326.2	284.0	247.2	215.2
315	661.9	576.2	501.6	438.1	382.0	332.5	289.5	252.0	219.4	191.0
280	588.3	512.2	445.9	389.4	339.5	295.6	257.3	224.0	195.0	169.8
250	525.3	457.3	398.1	347.7	303.1	263.9	229.7	200.0	174.1	151.6
225	472.8	411.6	358.3	312.9	272.8	237.5	206.8	180.0	156.7	136.4
200	420.2	365.8	318.5	278.1	242.5	211.1	183.8	160.0	139.3	121.3
180	378.2	329.3	286.6	250.3	218.3	190.0	165.4	144.0	125.4	109.1
160	336.2	292.7	254.8	222.5	194.0	168.9	147.0	128.0	111.4	97.0
140	294.2	256.1	222.9	194.7	169.8	147.8	128.7	112.0	97.5	84.9
125	262.7	228.7	199.1	173.8	151.6	132.0	114.9	100.0	87.1	75.8
112	235.3	204.9	178.4	155.8	135.8	118.2	102.9	89.6	78.0	67.9
100	210.1	182.9	159.2	139.1	121.3	105.6	91.9	80.0	69.6	60.6
90	189.1	164.6	143.3	125.2	109.1	95.0	82.7	72.0	62.7	54.6
80	168.1	146.3	127.4	111.3	97.0	84.4	73.5	64.0	55.7	48.5
71	149.2	129.9	113.1	98.7	86.1	74.9	65.2	56.8	49.4	43.0
63	132.4	115.2	100.3	87.6	76.4	66.5	57.9	50.4	43.9	38.2
56	117.7	102.4	89.2	77.9	67.9	59.1	51.5	44.8	39.0	34.0
50	105.1	91.5	79.6	69.5	60.6	52.8	45.9	40.0	34.8	30.3
45	94.6	82.3	71.7	62.6	54.6	47.5	41.4	36.0	31.3	27.3
40	84.0	73.2	63.7	55.6	48.5	42.2	36.8	32.0	27.9	24.3
36	75.6	65.9	57.3	50.1	43.7	38.0	33.1	28.8	25.1	21.8
32	67.2	58.5	51.0	44.5	38.8	33.8	29.4	25.6	22.3	19.4
28	58.8	51.2	44.6	38.9	34.0	29.6	25.7	22.4	19.5	17.0
25	52.5	45.7	39.8	34.8	30.3	26.4	23.0	20.0	17.4	15.2

2）疲劳试验要求。表 4-19 中未给出的结构件细部或考虑平均应力的影响，需要对 m 和 $\Delta\sigma_c$ 进行试验研究。其要求如下：

① 试验样本应为实际尺寸（1∶1）。

② 试验样本应在工厂条件下制造。

③ 应力循环应完全在拉伸范围内。

④ 对每一应力范围等级应至少进行 7 次试验。

确定 m 和 $\Delta\sigma_c$ 的要求如下：

① $\Delta\sigma_c$ 应由基于平均值减去在 log 对数坐标中两个标准差的循环次数来确定。

② 应至少使用一个导致失效应力循环次数均值小于 2×10^4 次的应力范围等级。

③ 应至少使用一个导致失效应力循环次数均值在 $1.5\times10^6 \sim 2.5\times10^6$ 次范围内的应力范围等级。

一种用于确定 m 和 $\Delta\sigma_c$ 的简化方法如下：

① 应设 $m=3$。

② 应至少使用一个导致失效应力循环次数均值小于 1×10^5 次的应力范围等级。

（3）应力历程

1）应力历程的确定。应力历程是所有对疲劳而言意义重大的应力变化的数字表达。采用已建立的金属疲劳准则，将海量的大小变化的应力循环凝练为一个或两个参数。

对于所选起重机的机械零部件或结构件进行疲劳强度验算时，应确定具体工作条件所产生的应力历程。

应力历程可通过试验确定，也可通过弹性动力学或刚体动力学模拟进行估算。

通常，疲劳强度验证应采用 ISO 8686 适用部分乘以动载系数 ϕ_i、所有分项安全系数 γ_p 设为 1 的载荷组合 A（常规载荷）和抗力（即极限设计应力）进行计算。

在某些应用中，载荷组合 B（偶然载荷）中经常出现的某一载荷，需包含在疲劳评估的载荷组合中。那些偶然载荷的应力历程，可按与常规载荷相同的方法进行估算。

不成比例的应力历程（如源于梁理论的梁上弦杆的应力和源于车轮载荷的局部效应，或源于齿轮轴中的弯曲和扭剪应力）可单独确定。正如"应力历程-交互作用"组合效应的疲劳评估是基于独立应力历程作用的。

应力历程应用最大应力幅和下列之一来表示：

① 应力幅和平均应力发生的频率。

② 应力幅密度和平均应力以及总的应力循环次数。

以下章节仅按①处理。

2）由模拟方法确定应力历程的示例。以起重机家族中的卸船机作业为例。所选定结构点的应力历程取决于使用过程中起重机的载荷、载荷的方向和位置以及起重机的配置。

起重机在其使用生命周期中总的工作循环数可分为与之相应工作循环数对应的若干典型作业。

作业可用起重机配置和预定动作序列的具体组合为特征。为估算进行某作业时出现的应力峰序列，应先确定相应序列的载荷，即所有载荷的大小、位置和方向。

图 4-4 所示为一台卸船机 8 个可识别作业的不同动作序列。卸船机将散装物料从船舶输送到料斗或料仓，作业点的范围排列，由船（点 12、1 和 11）、料斗（点 2）和料仓（点 31

及 32）给出。

不同载荷下（下脚标 T 代表小车，P 代表有效载荷，A 代表辅助设备）选定点 j 的弯矩 M_j 的影响线和剪力 Q_j 的影响线（表示载荷及其位置的影响）如图 4-4 所示。

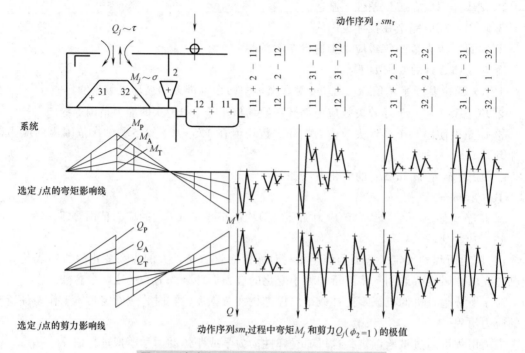

图 4-4 卸船机 8 个可识别作业的不同动作序列

由 M_j[$\sigma(t)=$ 整体弯曲应力] 和 Q_j[$\tau(t)=$ 整体切应力] 引起的应力序列可以直接由影响线确定。

从所获得的应力峰值结果序列，可由雨流计数或水库汇集法识别得出应力循环周期。

完整的应力历程由所有来自不同作业的应力历程汇总而成。

3）应力循环发生的频率。对于疲劳强度验证，采用应力历程用应力范围发生频率的单参数表示法表示。可采用忽略平均应力影响的方法（如迟滞回线计数法、雨流计数或水库汇集法）来实现。

每一应力范围均由上极限值、下极限值表述，即

$$\Delta\sigma = \sigma_u - \sigma_b \qquad (4\text{-}13)$$

式中 σ_u——应力范围的上极限值；

σ_b——应力范围的下极限值；

$\Delta\sigma$——应力范围。

图 4-5 所示为单参数表示法。

4）应力历程参数。在起重机使用生命周期内，

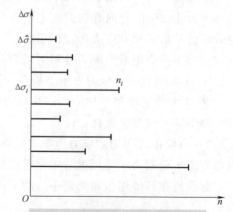

图 4-5 应力历程的单参数表示法
（应力范围的发生频率）

$\Delta\sigma_i$—应力范围 i $\Delta\hat{\sigma}$—最大应力范围
n_i—在应力范围 i 内的应力循环次数

基于单参数表示法的应力历程参数 s_m 由式（4-14）计算，即

$$s_m = \nu k_m \tag{4-14}$$

其中

$$k_m = \sum_i \left(\frac{\Delta \sigma_i}{\Delta \hat{\sigma}}\right)^m \frac{n_i}{N_t} \tag{4-15}$$

$$\nu = \frac{N_t}{N_{ref}} \tag{4-16}$$

式中　　ν——应力范围发生的相对总次数；

　　　k_m——基于 m 的应力谱系数；

　　　$\Delta \sigma_i$——应力范围 i（见图 4-5）；

　　　$\Delta \hat{\sigma}$——最大应力范围（见图 4-5）；

　　　n_i——在应力范围 i 内的应力循环次数（见图 4-5）；

　　　N_t——在起重机使用生命周期内应力范围发生的总次数，$N_t = \sum_i n_i$；

　　　N_{ref}——参考点的循环次数，$N_{ref} = 2 \times 10^6$；

　　　m——$\log \Delta \sigma / \log N$ 曲线的斜率常数。

表 4-22 给出了基于 $m = 3$ 时用应力历程参数 s_m 的 S 级别表示的应力历程分级，图示说明如图 4-6 所示。

表 4-22　应力历程参数的 S 级别

S 级别	应力历程参数值	S 级别	应力历程参数值
S02	$0.001 < s_3 \leqslant 0.002$	S4	$0.063 < s_3 \leqslant 0.125$
S01	$0.002 < s_3 \leqslant 0.004$	S5	$0.125 < s_3 \leqslant 0.250$
S0	$0.004 < s_3 \leqslant 0.008$	S6	$0.250 < s_3 \leqslant 0.500$
S1	$0.008 < s_3 \leqslant 0.016$	S7	$0.500 < s_3 \leqslant 1.000$
S2	$0.016 < s_3 \leqslant 0.032$	S8	$1.000 < s_3 \leqslant 2.000$
S3	$0.032 < s_3 \leqslant 0.063$	S9	$2.000 < s_3 \leqslant 4.000$

将给定的应力历程分成具体的 S 级别，形成独立于相关 $\log \Delta \sigma / \log N$ 曲线的斜率常数 m。在 s 为常数的 $\log \sigma / \log N$ 坐标图中，级别界限的斜线表示了 k_m 与 ν 的关系，如图 4-6 所示。以相同的 s_m 值表征的应力历程，可假设其对相似的材料、零件或部件的损伤是相同的。若起重机部件的 s 值低于 0.001，则不需要进行疲劳强度验证。

5）应力历程级别 S 的确定。

① 概述。对于起重机结构件，当由计算或测量获知应力历程参数时，应力历程参数的 S 级别可从表 4-19 中查取。

应力历程级别也可根据经验和技术理由直接选择。表 4-22 给出了相应的应力历程参数值 s_3。应力历程参数的 S 级别不仅与起重机的工作级别有关，而且取决于：

1）工作循环次数和 U 级别。

2）名义载荷谱和 Q 级别。

3）起重机配置和起重机运动的效应（起升、运行、回转、变幅等）。

若采用单一应力历程级别来表征整个结构，则应在结构中使用最繁重而适当的级别。

② 特殊情况。在结构件中的应力变化仅取决于起升载荷的变化，而与载荷效应变化无

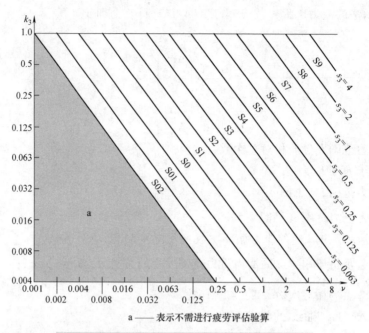

a —— 表示不需进行疲劳评估验算

图 4-6 当 $m=3$ 时应力历程参数的分级图示说明

关——例如起重机运动部件的自重载荷（即相关应力循环的次数等于载荷循环的次数，且应力范围直接与起升载荷的变化成比例）——这种特殊情况下，结构件的 S 级别可按表 4-23 确定。

表 4-23 由工作级别确定的 S 级别

GB/T 20863.1—2007 中的工作级别	S 级别	GB/T 20863.1—2007 中的工作级别	S 级别
A1	S01	A5	S3
A2	S0	A6	S4
A3	S1	A7	S5
A4	S2	A8	S6

注：GB/T 20863.1—2007 未覆盖的更高的应力历程级别（S7~S9），可适用于 A8 级别。

（4）疲劳强度的验证 对于所考虑的结构细部，应按式（4-17）、式（4-18）验证，即

$$\Delta\sigma_{Sd} \leqslant \Delta\sigma_{Rd} \tag{4-17}$$

$$\Delta\sigma_{Sd} = \max\sigma - \min\sigma \tag{4-18}$$

式中 $\Delta\sigma_{Sd}$——计算的设计应力最大范围；

$\max\sigma$、$\min\sigma$——按 ISO 8686 适用部分 $\gamma_p=1$ 的载荷组合 A 得出的设计应力极限值（压应力取为负号）；

$\Delta\sigma_{Rd}$——极限设计应力范围。

对于设计焊缝应力，见第五章第一节的"五、基于极限状态法的焊缝计算"。

对于加热消除应力或非焊接结构件，其应力范围的受压部分可降低到 60%。当应力谱系数 k_m 由式（4-15）计算得出并用于确定应力历程参数 s_m 时，$\max\sigma$ 和 $\min\sigma$ 值的载荷假设（包括动载系数、加速度和组合）应与用于确定最大应力范围的载荷假设相同。

上述同样适用于切应力的处理。

对每一应力分量 σ_x、σ_y 与 τ，应单独实施验证，其中 x、y 表示应力分量的正交方向。

在非焊接的结构细部情况下，若由相同的加载引起的正应力和切应力同时变化，或者，若最大主应力平面在加载过程中没有明显变化，则只有最大主应力范围可使用。

（5）极限设计应力范围的确定

1）适用的方法。对于所考虑结构细部的极限设计应力范围 $\Delta\sigma_{Rd}$，应直接使用应力历程参数 s_m 来确定或使用 S 级别来简化确定。

2）应力历程参数的直接使用。极限设计应力范围应按式（4-19）计算，即

$$\Delta\sigma_{Rd} = \frac{\Delta\sigma_c}{\gamma_{mf}\sqrt[m]{s_m}} \tag{4-19}$$

式中　$\Delta\sigma_{Rd}$——极限设计应力范围；

$\Delta\sigma_c$——特征疲劳强度（见表 4-19）；

m——$\log\sigma/\log N$ 曲线的斜率常数（见表 4-19）；

γ_{mf}——疲劳强度具体抗力系数（见表 4-20）；

s_m——应力历程参数。

当 s_m 是基于 $m=3$ 而获得时，极限应力设计范围可用（3）应力历程中 4）应力历程参数的方法计算。

3）S 级别的使用。

① 斜率常数 m。当所考虑的结构细部与 S 级别有关时，极限设计应力范围的简化确定取决于 $\log\sigma$-$\log N$ 曲线的斜率常数 m。

② 斜率常数 $m=3$。表 4-24 给出了与应力历程 S 级别相对应的应力历程参数 s_3 值。

表 4-24　对应于应力历程 S 级别的 s_3 值

S 级别	S02	S01	S0	S1	S2	S3	S4	S5	S6	S7	S8	S9
s_3	0.002	0.004	0.008	0.016	0.032	0.063	0.125	0.250	0.500	1.000	2.000	4.000

注：本表的应力历程参数值是表 4-22 中给定范围的上限值。

极限设计应力范围应按式（4-20）计算，即

$$\Delta\sigma_{Rd} = \frac{\Delta\sigma_c}{\gamma_{mf}\sqrt[3]{s_3}} \tag{4-20}$$

式中　$\Delta\sigma_{Rd}$——极限设计应力范围；

$\Delta\sigma_c$——$m=3$ 时的特征疲劳强度（见表 4-19）；

s_3——应力历程参数（见表 4-22）；

γ_{mf}——疲劳强度具体抗力系数（见表 4-20）。

对于 $\gamma_{mf}=1.25$，表 4-21 给出了依据 S 级别和 $\Delta\sigma_c$ 确定的 $\Delta\sigma_{Rd}$ 值。

③ 斜率常数 $m\neq3$。若 $\log\sigma$-$\log N$ 曲线的斜率常数 m 不等于 3 时，则极限设计应力范围取决于 S 级别和应力谱系数 k_m。

极限设计应力范围 $\Delta\sigma_{Rd}$ 应按式（4-21）~式（4-23）计算，即

$$\Delta\sigma_{Rd} = \Delta\sigma_{Rd,1}k^* \tag{4-21}$$

$$\Delta\sigma_{Rd,1} = \frac{\Delta\sigma_c}{\gamma_{mf}\sqrt[m]{s_3}} \tag{4-22}$$

$$k^* = \sqrt[m]{\frac{k_3}{k_m}} \geqslant 1 \tag{4-23}$$

式中　$\Delta\sigma_{Rd}$——极限设计应力范围；

$\Delta\sigma_{Rd,1}$——对应 $k^* = 1$ 的极限设计应力范围；

k^*——具体的应力谱比例系数；

$\Delta\sigma_c,m$——特征疲劳强度和 $\log\sigma$-$\log N$ 曲线的斜率常数（见表4-19）；

s_3——$m = 3$ 的应力历程参数（见表4-22）；

γ_{mf}——疲劳强度的具体抗力系数（见表4-20）；

k_3——$m = 3$ 的应力谱系数；

k_m——基于所考虑细部的 m 的应力谱系数。

k_3 和 k_m 应基于由计算或模拟得出的同一应力谱。

对于 $\gamma_{mf} = 1.25$，$m = 5$，表4-21给出了依据 S 级别和 $\Delta\sigma_c$ 确定的 $\Delta\sigma_{Rd,1}$ 值。

④ 斜率常数 $m \neq 3$ 的简化方法。当 $k^* = 1$ 覆盖了最不利的应力谱时，由式（4-22）算出的 $\Delta\sigma_{Rd,1}$ 可用作极限设计应力范围。该 k^* 值可由来自于经验估算应力谱的 k_3 和 k_m 计算得出。

4）正应力和（或）切应力联合作用。除单独验证 σ 和 τ 外，对具有独立变化范围的正应力和切应力作用，应按式（4-24）计算，即

$$\left(\frac{\gamma_{mf}\Delta\sigma_{Sd,x}}{\Delta\sigma_{c,x}}\right)^{m_x} s_{m,x} + \left(\frac{\gamma_{mf}\Delta\sigma_{Sd,y}}{\Delta\sigma_{c,y}}\right)^{m_y} s_{m,y} + \left(\frac{\gamma_{mf}\Delta\tau_{Sd}}{\Delta\tau_c}\right)^{m_\tau} s_{m\tau} \leqslant 1.0 \tag{4-24}$$

式中　$\Delta\sigma_{Sd,x}$、$\Delta\sigma_{Sd,y}$、$\Delta\tau_{Sd}$——计算的设计应力最大范围；

$\Delta\sigma_{c,x}$、$\Delta\sigma_{c,y}$、$\Delta\tau_c$——特征疲劳强度；

γ_{mf}——疲劳强度具体抗力系数（见表4-20）；

s_m——应力历程参数；

m——$\log\sigma$-$\log N$ 曲线的斜率常数；

x、y——正应力的正交方向；

τ——切应力。

六、结构刚度计算

弹性结构在外载荷作用下将产生弹性变形或振动，过大的变形和振动将影响机械装备的正常工作。

起重机结构刚度分为静态刚度和动态刚度。静态刚度采用规定的载荷作用于结构（或结构件）的特定位置所产生的静位移（挠度）来表征；动态刚度采用起重机与起升物品组成的振动系统的满载（额定起升载荷）自振频率（最低固有频率）来表征。

1. 起重机结构的静态刚度

起重机结构的静态刚度应按式（4-25）计算，即

$$Y_i \leqslant [Y_i] \tag{4-25}$$

式中　Y_i——桥式类型起重机以额定起升载荷与小车自重载荷共同作用于跨中或悬臂端时，

该处产生的静位移，臂架起重机以相应幅度的额定有效载荷与规定的侧向载荷共同作用于臂端，该处产生的静位移，结构某处的静位移具体计算见以后各章；当结构产生大变形时，其静位移应采用非线性分析方法计算。对以上各类起重机其他的静刚度要求或对其他各类起重机的静刚度要求，可由设计者或使用者根据起重机设计本身的需要或起重机使用要求另行提出。

$[Y_i]$——各类起重机结构的许用静位移，见表 4-25。

表 4-25　各类起重机结构的许用静位移

起重机类型	定位精度要求	控制系统	位移位置　静位移方向		许用静位移	备　注
手动桥式起重机	—	—	跨度中央垂直静位移		$[Y_s] = S/400$	S——跨度 * 可接受定位精度是指低与中等之间的定位精度
电动桥式起重机、门式起重机、装卸桥	低	无级调速			$[Y_s] = S/500$	
	可接受 *	低起升速度和低加速度			$[Y_s] = S/750 \sim S/500$	
	中等	简单			$[Y_s] = S/750$	
	高	—			$[Y_s] = S/1000$	
电动门式起重机、装卸桥	—	—	有效悬臂长度处垂直静位移		$[Y_{L1}] = L_1/350$	L_1——有效悬臂长度
塔式起重机	—	—	塔身(转柱)与臂架连接处水平静位移		$[\Delta H] = \dfrac{1.34}{100} H$	H——塔身计算(自由)高度
箱形伸缩式臂架的轮胎起重机和汽车起重机	—	—	变幅平面内	臂架端点垂直臂架轴线的静位移	当 $L_C < 45m$ 时， $[f_L] = 0.1 (L_C/100)^2$ 当 $L_C \geqslant 45m$ 时， $[f_L] = 0.2 (L_C/100)^2$ $[Z_L] = 0.07 (L_C/100)^2$	L_C——臂架长度(单位为 cm)
桁架臂(轮式)起重机	—	—	回转平面内		$[Z_L] = 0.01 L_C$	

GB/T 30561—2014（ISO 22986：2007 MOD）提出定位精度要求的概念，为桥架型起重机的刚度设计提供了新途径，即要达到起重机工作的定位精度要求，可以通过不同调速控制系统的完善程度和不同静态刚度指数（许用静位移 $[Y_S]$ 的分母值）进行互补性匹配，其关系如图 4-7 所示。

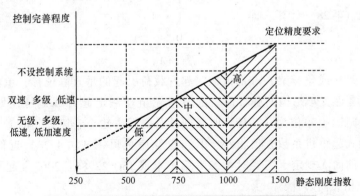

图 4-7　定位精度、静态刚度、控制系统的互补关系

桥式起重机带载运行起、制动时，由水平惯性载荷对桥架（水平框架）主梁跨中产生的水平位移一般（建议）不超过 $S/2000$。

2. 起重机结构振动系统的动态刚度

一般不对起重机的动态刚度进行要求，但当用户从起重机使用条件考虑，对此提出要求或从起重机设计角度考虑对此性能有所要求时（如认为对起重机驾驶人健康和起重机正常工作平稳性有影响等），则应进行校核，其指标由设计者与用户确定，并在提交给用户的有关资料中说明。

起重机结构振动系统的动态刚度按式（4-26）计算，即

$$f \geqslant [f] \tag{4-26}$$

式中　f——起重机结构振动系统（含起升滑轮组）的满载（垂直）自振频率，单位为 Hz；

　　$[f]$——结构系统的满载（垂直）自振频率控制值，对桥式类型起重机，当满载小车位于跨中时取为 $1.4 \sim 2$ Hz，对门座起重机和轮式起重机，额定起升载荷作用于臂端时，取为 1 Hz。

对于桥式类型起重机，当满载小车位于跨中、物品处于最低悬挂位置时，在垂直方向的自振频率可按等效单自由度振动系统的简化公式（4-27）计算，即

$$f = \frac{1}{2\pi}\sqrt{\frac{K_e}{m_e}} = \frac{1}{2\pi}\sqrt{\frac{g}{(y_0 + \lambda_0)(1 + \beta)}} \tag{4-27}$$

式中　m_e——结构振动系统的等效质量；

　　K_e——结构振动系统的等效刚度；

　　g——重力加速度，$g = 9.81 \text{m/s}^2$；

　　y_0——额定起升载荷对桥架结构的物品悬挂处产生的静位移，单位为 m；

　　λ_0——额定起升载荷对起升滑轮组产生的静位移（伸长），单位为 m；

　　β——结构质量对等效质量 m_e 的影响系数，$\beta = \dfrac{m_1}{m_2}\left(\dfrac{y_0}{y_0 + \lambda_0}\right)^2$；

　　m_1——结构在物品悬挂处的换算质量（含小车质量），单位为 kg；

　　m_2——额定起升质量，单位为 kg。

对门座起重机和轮式起重机，当满载的物品处于最低悬挂位置时，在垂直方向的自振频率可按近似公式（4-28）计算，即

$$f \approx \frac{0.5}{\sqrt{y_b + \lambda_0}} \tag{4-28}$$

式中　y_b——臂架（或象鼻架）端部由额定起升载荷引起的垂直静位移，单位为 m；

　　λ_0——不考虑支承结构的弹性时，起升滑轮组在额定起升载荷悬挂处产生的静位移（伸长），单位为 m，计算时必须计及臂端滑轮至卷筒之间的绳长。

电动葫芦梁式起重机系数 β 值很小，其自振频率也可用式（4-28）近似计算。结构水平振动的计算目前尚无规定。需要时可参考第十章或 ISO 22986：2007《起重机-刚度-桥式和门式起重机》相关内容计算。

各种起重机结构在物品悬挂处的换算质量参见本章第五节。

七、结构稳定性计算

1. 采用许用应力设计法计算

结构中的受压构件在轴向力作用下很易发生屈曲而损坏，称为压杆失稳。结构稳定性主要是指受压构件、受弯构件和压弯构件的屈曲。通常，受压结构易发生构件失稳，而压弯构件更危险。

构件屈曲时的极限载荷（承载能力）称为临界载荷。

轴心受压构件的整体稳定性按式（4-29）计算，即

$$\sigma_{\max} \leqslant \varphi \, [\sigma]_i \qquad (4\text{-}29)$$

受弯构件的整体稳定性按式（4-30）计算，即

$$\sigma_{\max} \leqslant \varphi_b \, [\sigma]_i \qquad (4\text{-}30)$$

受弯构件的局部稳定性按式（4-31）计算，即

$$\sigma_{zh} \leqslant [\sigma_{cr}] \qquad (4\text{-}31)$$

式中　$\sigma_{\max}$——构件按相应载荷组合计算的最大应力；

　　　σ_{zh}——受弯板结构按相应的载荷组合计算的复合应力（折算应力）；

　　　φ——轴心受压构件的稳定系数，见第六章；

　　　φ_b——受弯构件侧向屈曲稳定系数，见第七章；

　　$[\sigma]_i$——与载荷组合相应钢材的许用应力，见表 4-15 或式（4-6）；

　　$[\sigma_{cr}]$——板的局部稳定性许用应力，见第七章。

压弯构件的整体稳定性在本章第四节讨论。

2. 采用极限状态设计法计算

弹性稳定性的验证是为了保证理想的线性结构件或部件不因承受压缩力的作用或在产生压缩变形的情况下而丧失其稳定性。由压缩力或压缩应力和外部弯矩或结构初始几何缺陷引起弯矩的联合作用引起的变形，应采用二阶理论（极限状态设计法）对结构的静态承载能力进行验证。本部分涵盖了在压缩状态下的构件整体屈曲以及由压缩应力引起的薄板局部屈曲两种情况。

（1）受压构件的整体屈曲　构件或其组成部分的极限压缩设计力 N_{Rd} 可由式（4-32）计算得到

$$N_{Rd} = \frac{k \sigma_s A}{\gamma_m} \qquad (4\text{-}32)$$

式中　k——折减因子；

　　　σ_s——材料的屈服强度；

　　　A——构件的横截面面积；

　　　γ_m——材料的抗力系数。

折减因子 k 需根据长细比 λ 按式（4-33）计算，即

$$\lambda = \sqrt{\frac{\sigma_s A}{N_k}} \qquad (4\text{-}33)$$

式中　N_k——临界屈曲载荷。

根据 λ 的取值以及截面参数 α（见表 4-26），折减因子 k 按式（4-34）计算，即

$$\lambda \leqslant 0.2, \ k = 1.0$$

$$0.2 < \lambda, \quad k = \frac{1}{\xi + \sqrt{\xi^2 - \lambda^2}}, \quad \xi = 0.5 \times [1 + \alpha(\lambda - 0.2) + \lambda^2] \tag{4-34}$$

表 4-26 不同截面下参数 α 的取值及所允许的弯曲缺陷

截面类型		屈曲轴	$\sigma_s < 460$MPa		$\sigma_s > 460$MPa	
			α	δ_1	α	δ_1
1	空心型材 热轧	y-y z-z	0.21	$L/300$	0.13	$L/350$
	冷轧	y-y z-z	0.34	$L/250$	0.34	$L/250$
2	焊接箱形截面 厚板焊缝 $(a>t_y/2)$ 及 $h_y/t_y<30$ $h_z/t_z<30$	y-y z-z	0.49	$L/200$	0.49	$L/200$
	否则	y-y z-z	0.34	$L/250$	0.34	$L/250$
3	钢材 $h/b>1.2$ $t \leqslant 40$mm	y-y	0.21	$L/300$	0.13	$L/350$
		z-z	0.34	$L/250$	0.13	$L/350$
	$h/b>1.2$ 40mm$<t \leqslant 80$mm $h/b \leqslant 1.2$ $t \leqslant 80$mm	y-y	0.34	$L/250$	0.21	$L/300$
		z-z	0.49	$L/200$	0.21	$L/300$
	$t>80$mm	y-y z-z	0.76	$L/150$	0.49	$L/200$
4	焊接截面 $t_i \leqslant 40$mm	y-y	0.34	$L/250$	0.34	$L/250$
		z-z	0.49	$L/200$	0.49	$L/200$
	$t_i > 40$mm	y-y	0.49	$L/200$	0.49	$L/200$
		z-z	0.76	$L/150$	0.76	$L/150$
5	槽钢、角钢、T形钢及其他实心型材	y-y z-z	0.49	$L/200$	0.49	$L/200$

注：δ_1 为在构件总长度上测量的初始弯曲缺陷所允许的最大幅度；L 为构件的长度。

在具有变截面的情况下，式（4-32）可用于构件的所有部分。但应采用 N_{Rd} 的最小值，并符合如下规定：

$$N_{Rd} \leqslant \frac{N_k}{1.2 \gamma_m} \tag{4-35}$$

（2）压应力和切应力作用下的薄板局部屈曲　薄板为四边简支或两边简支平板。为确保薄板不发生屈曲变形，应规定极限设计应力，该应力不适用于后屈曲行为。假定：

1）薄板的几何缺陷小于表 4-26 中规定的最大值。

2）所设计的加强肋应当具有足够的强度和刚度（加强肋应当具有大于薄板的屈曲强度）。

3）薄板的支承方式为四边简支，见表 4-27。

表 4-27　薄板和加强肋的最大容许缺陷

项目	加强肋类型		说　明	允许缺陷 f
1	平板	一般情况	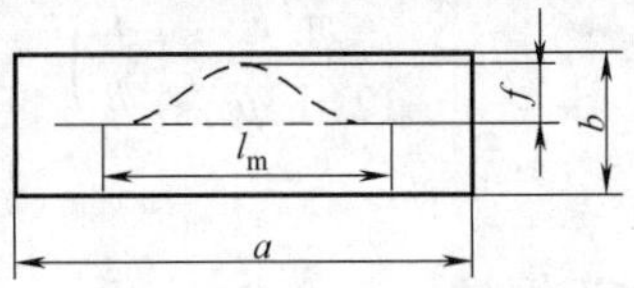	$f = l_m/250$ $l_m = a, a \leqslant 2b$ $l_m = 2b, b \leqslant 2a$
2		横向压缩	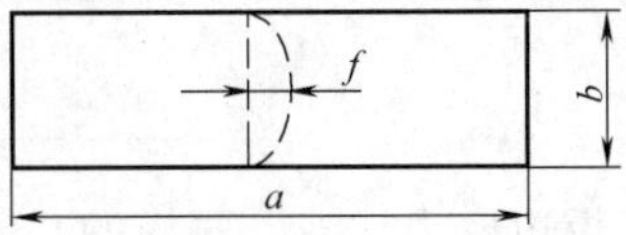	$f = l_m/250$ $l_m = b, b \leqslant 2a$ $l_m = 2a, a \leqslant 2b$
3		纵向加强肋	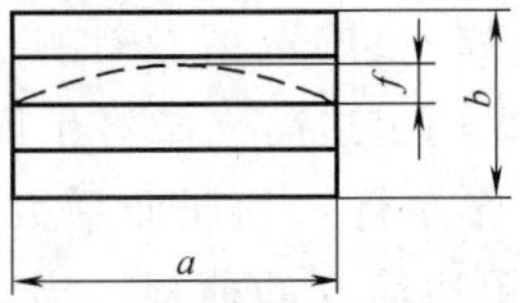	$f = a/400$
4		横向加强肋	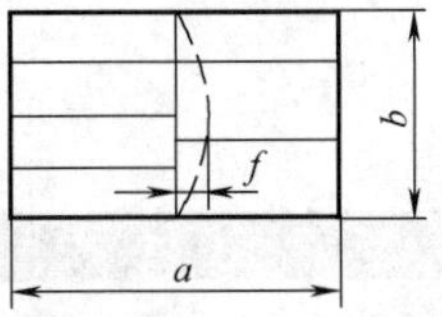	$f = a/400$ $f = b/400$

注：f 应当在垂直方向内进行测量；l_m 为规范长度。

如图 4-8 所示，长为 a，宽为 b 的薄板（长宽比 $\alpha = a/b$）承受纵向压应力 $\psi\sigma_x$、切应力 τ 和单边局部横向压应力 σ_y（如小车轮压作用）。其中，纵向压应力 $\psi\sigma_x$（$0 \leqslant \psi \leqslant 1$）沿板边线性变化。

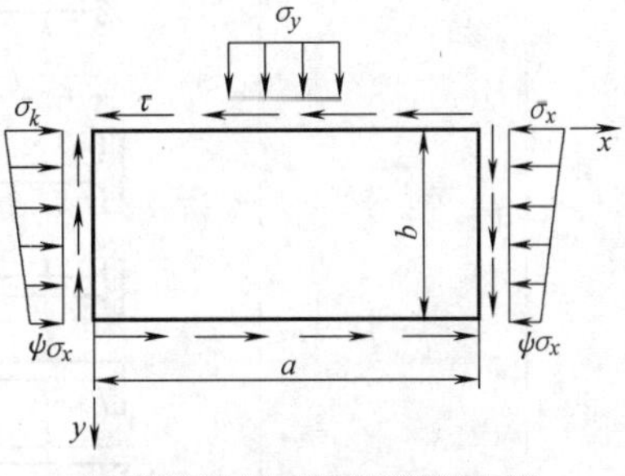

1）纵向压应力 σ_x 的极限设计应力。极限设计压应力 $f_{b,Rd,x}$ 按式（4-36）计算，即

$$f_{b,Rd,x} = \frac{k_x \sigma_s}{\gamma_m} \qquad (4\text{-}36)$$

图 4-8　作用于薄板的应力

式中　k_x——纵向压应力折减因子。

折减因子 k_x 按式（4-37）计算，即

$$\left. \begin{array}{ll} k_x = 1 & \lambda_x \leqslant 0.7 \\ k_x = 1.474 - 0.677\lambda_x & 0.7 < \lambda_x < 1.291 \\ k_x = \dfrac{1}{\lambda_x^2} & \lambda_x \geqslant 1.291 \end{array} \right\} \qquad (4\text{-}37)$$

式中　λ_x——板的长细比。

板的长细比 λ_x 按式（4-38）计算，即

$$\lambda_x = \sqrt{\frac{\sigma_s}{k_{\sigma x}\sigma_e}} \tag{4-38}$$

式中　σ_e——板的临界应力；

　　　$k_{\sigma x}$——纵向压应力屈曲系数，见表4-28。

板的临界应力 σ_e 按式（4-39）计算，即

$$\sigma_e = \frac{\pi^2 E}{12(1-\mu^2)}\left(\frac{t}{b}\right)^2 \tag{4-39}$$

式中　E——薄板的弹性模量；

　　　μ——薄板的泊松比（对于钢材，$\mu=0.3$）；

　　　t——薄板的厚度；

　　　b——薄板的宽度。

屈曲系数 $k_{\sigma x}$ 的取值取决于板边应力比 ψ、薄板的长宽比 α 以及边界支承条件。表4-28列出了两种薄板支承形式下屈曲系数 $k_{\sigma x}$ 的取值及计算公式。其中，支承形式一为四边简支；支承形式二为横向双边简支、纵向单边简支。对于四边简支的薄板，$\alpha<1.0$ 时（或 $\alpha<0.66$），采用表4-28中第3~6行（第7行）的屈曲系数的取值及计算公式，得到的结果偏于保守。对于横向双边简支、纵向单边简支的薄板，当 $\alpha<2.0$ 时，屈曲系数的计算结果偏于保守。

表 4-28　屈曲系数 $k_{\sigma x}$

序号	支承形式	一	二	
		四边简支	横向（即加载边缘）双边简支、纵向单边简支	
1	支承类型	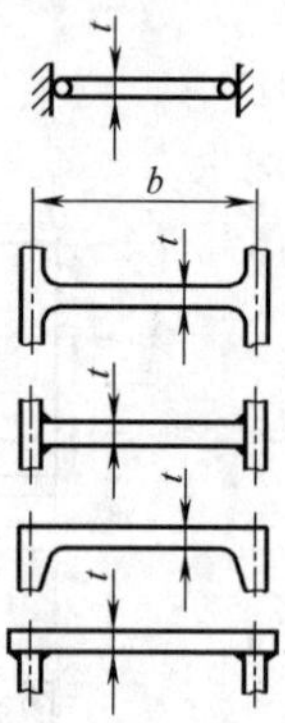	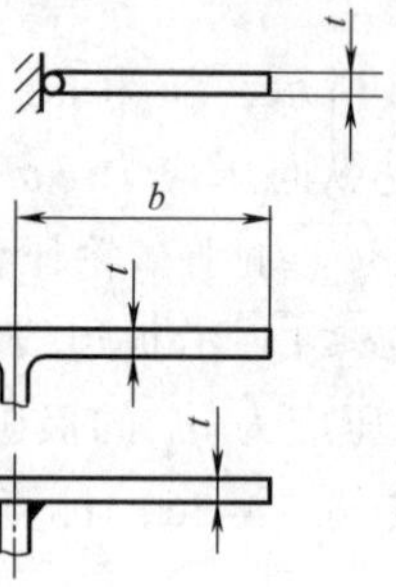	
2	应力分布	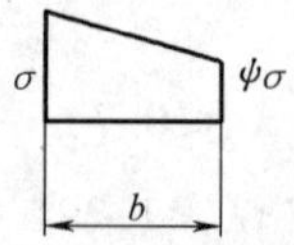	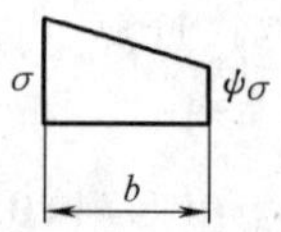	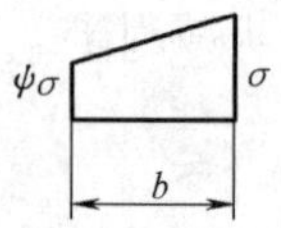
3	$\psi=1$	4	0.43	
4	$1>\psi>0$	$\dfrac{8.2}{\psi+1.05}$	$\dfrac{0.578}{\psi+0.34}$	$0.57-0.21\psi+0.07\psi^2$

（续）

序号	支承形式	一	二	
5	$\psi=0$	7.81	1.70	0.57
6	$0>\psi>-1$	$7.81-6.29\psi+9.78\psi^2$	$1.70-5\psi+17.1\psi^2$	$0.57-0.21\psi+0.07\psi^2$
7	$\psi=-1$	23.9	23.8	0.85
8	$\psi<-1$	$5.98\times(1-\psi)^2$	23.8	$0.57-0.21\psi+0.07\psi^2$

2）横向压应力 σ_y 的极限设计应力。对移动载荷（如主梁上的小车轮压）引起的横向压应力按式（4-40）计算，即

$$f_{\mathrm{b,Rd},y}=\frac{k_y\sigma_s}{\gamma_\mathrm{m}} \tag{4-40}$$

式中　k_y——横向压应力折减因子。

折减因子 k_y 按式（4-41）计算，即

$$\left.\begin{array}{ll} k_y=1 & \lambda_y\leqslant0.7 \\[2mm] k_y=1.474-0.677\lambda_y & 0.7<\lambda_y<1.291 \\[2mm] k_y=\dfrac{1}{\lambda_y^2} & \lambda_y\geqslant1.291 \end{array}\right\} \tag{4-41}$$

板的长细比 λ_y 按式（4-42）计算，即

$$\lambda_y=\sqrt{\frac{\sigma_s}{k_{\sigma y}\sigma_\mathrm{e}\dfrac{a}{c}}} \tag{4-42}$$

式中　$k_{\sigma y}$——横向压应力屈曲系数，如图 4-9 所示；

　　　　a——板长；

　　　　c——横向均布载荷分布的宽度。

3）切应力 τ 的极限设计应力。极限设计屈曲切应力按式（4-43）计算，即

$$f_{\mathrm{b,Rd},\tau}=\frac{k_\tau\sigma_s}{\sqrt{3}\,\gamma_\mathrm{m}} \tag{4-43}$$

式中　k_τ——切应力折减因子。

$$\left.\begin{array}{ll} k_\tau=\dfrac{0.84}{\lambda_\tau} & \lambda_\tau\geqslant0.84 \\[3mm] k_\tau=1 & \lambda_\tau<0.84 \end{array}\right\} \tag{4-44}$$

$$\lambda_\tau=\sqrt{\frac{\sigma_s}{k_{\tau b}\sigma_\mathrm{e}\times\sqrt{3}}} \tag{4-45}$$

式中　$k_{\tau b}$——切应力屈曲系数（四边简支），由表 4-29 公式计算。

（3）稳定性的验证

1）承受压缩载荷的结构件。承受压缩载荷的结构件，应按式（4-46）进行验证，即

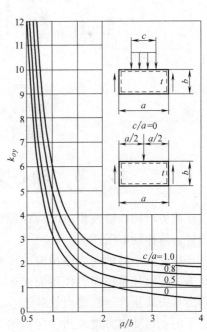

图 4-9　屈曲系数 $k_{\sigma y}$

表 4-29 切应力屈曲系数 $k_{\tau b}$

$\alpha = a/b$	$k_{\tau b}$	$\alpha = a/b$	$k_{\tau b}$
$\alpha > 1$	$k_{\tau b} = 5.34 + \dfrac{4}{\alpha^2}$	$\alpha \leq 1$	$k_{\tau b} = 4 + \dfrac{5.34}{\alpha^2}$

$$N_{Sd} \leq N_{Rd} \tag{4-46}$$

式中 N_{Sd}——压缩力的设计值;

N_{Rd}——设计压力的极限值,见式(4-32)。

2)承受纵向或横向压应力的薄板。承受纵向或横向压应力的薄板,应按式(4-47)进行验证,即

$$|\sigma_{Sd,x}| \leq f_{b,Rd,x} \quad 和 \quad |\sigma_{Sd,y}| \leq f_{b,Rd,y} \tag{4-47}$$

式中 $\sigma_{Sd,x}, \sigma_{Sd,y}$——压应力的设计值 σ_x 或 σ_y;

$f_{b,Rd,x}, f_{b,Rd,y}$——极限设计压应力,见式(4-36)和式(4-40)。

3)承受剪切力作用的薄板。承受剪切力作用的薄板,应按式(4-48)进行验证,即

$$\tau_{Sd} \leq f_{b,Rd,\tau} \tag{4-48}$$

式中 τ_{Sd}——切应力的设计值;

$f_{b,Rd,\tau}$——切应力的极限设计值,见式(4-43)。

4)承受正应力和切应力共同作用的薄板。承受正应力(横向、纵向或联合作用)和切应力的薄板,每一个应力分量除满足式(4-47)和式(4-48)外,同时应满足式(4-49),即

$$\left(\frac{|\sigma_{Sd,x}|}{f_{b,Rd,x}}\right)^{e_1} + \left(\frac{|\sigma_{Sd,y}|}{f_{b,Rd,y}}\right)^{e_2} - V\left(\frac{|\sigma_{Sd,x}\sigma_{Sd,y}|}{f_{b,Rd,x} \cdot f_{b,Rd,y}}\right) + \left(\frac{|\sigma_{Sd,\tau}|}{f_{b,Rd,\tau}}\right)^{e_3} \leq 1 \tag{4-49}$$

式中

$$e_1 = 1 + k_x^4, \quad e_2 = 1 + k_y^4, \quad e_3 = 1 + k_x + k_y + k_\tau^4 \tag{4-50}$$

$$\left.\begin{array}{ll} V = (k_x k_y)^6 & \sigma_{Sd,x}\sigma_{Sd,y} \geq 0 \\ V = -1 & \sigma_{Sd,x}\sigma_{Sd,y} < 0 \end{array}\right\} \tag{4-51}$$

第三节 轴心受压构件的极限载荷与应力

压缩力沿构件轴线作用的构件称为轴心受压构件,简称轴心压杆。

压杆受较小的轴向力作用时,压杆保持直线状态,若由任意横向力作用而产生弯曲,当横向力移去后压杆即恢复直线状态,这时压杆是稳定的。当轴向力增大到一定值时,即便将作用的微小横向力移去后,压杆的弯曲变形仍不能消失,压杆呈弯曲状态,即视为丧失稳定(见图 4-10)。

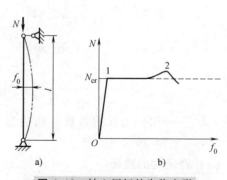

图 4-10 轴心压杆的失稳变形

一、轴心受压构件的极限载荷

使轴心压杆由直线状态开始转变为曲线状态的轴向力值，称为临界载荷，它实质上是轴心压杆与外载荷作用方式相对应的极限载荷——压杆稳定的承载能力。本节主要介绍轴心压杆稳定性的控制值和验算方法。

在弹性范围内工作的轴心压杆，按整体构件屈曲变形确定的理论临界载荷称为欧拉临界载荷，按式（4-52）计算，即

$$N_E = \frac{\pi^2 EI}{l_0^2} \tag{4-52}$$

式中 EI——压杆最小抗弯刚度；

l_0——压杆的计算长度，$l_0 = \mu l$，l 为压杆长度；

μ——依压杆支承方式而定的计算长度系数，见表6-1及表6-2。

由式（4-52）看出，临界载荷与外载荷作用方式、压杆的抗弯刚度、计算长度有关，而与材料的屈服强度、外载荷大小无关，它与杆件抗弯刚度成正比，与计算长度的二次方成反比，因此采用高强度钢材并不能提高其临界载荷值，但可以采用增大截面惯性矩或减小计算长度的方法来提高其临界载荷。

压杆材料分布离截面形心越远，惯性矩越大，所以管形截面是轴心压杆最合理的型式。

截面不变的压杆，长度越大时，临界载荷值越小，越易失稳，因此改变压杆的支承条件可以减小杆件的计算长度，从而提高临界载荷。

各种支承端情况的轴心压杆，其临界载荷值统一按式（4-52）计算。

压杆的临界载荷值不但与杆端支承情况有关，也与载荷作用位置有关。当轴向载荷作用于压杆的顶端时，其临界载荷最小。通常在结构中多数由压杆端部传递轴向载荷，但某些独立的压杆，如机械装备的支承杆、电杆、桅杆等，常在杆中部受到轴向载荷的作用，而压杆的自重载荷则沿杆身均匀分布。

以悬臂压杆为例，阐述轴向载荷作用位置不同时其临界载荷的计算。

图4-11a 压杆在距杆底 l_1 处作用有轴向载荷 N_1，而图4-11b压杆顶端作用有载荷 N，两压杆的截面和支承情况均相同。

图4-11a 压杆在载荷 N_1 上段对计算临界载荷无影响，可视为载荷 N_1 作用于长度为 l_1 的压杆顶端。

由式（4-52）可分别求得图4-11a、b压杆对应于外载荷的临界载荷：

图4-11a 压杆：$N_{1E} = \dfrac{\pi^2 EI}{(2l_1)^2}$， 图4-11b 压杆：$N_E = \dfrac{\pi^2 EI}{(2l)^2}$

显然，构造相同的两压杆，其临界载荷值不同，由以上两式相比得 $\dfrac{N_E}{N_{1E}} = \dfrac{\pi^2 EI/(2l)^2}{\pi^2 EI/(2l_1)^2} = \left(\dfrac{l_1}{l}\right)^2$，则

$$N_E = N_{1E}\left(\frac{l_1}{l}\right)^2 \tag{4-53}$$

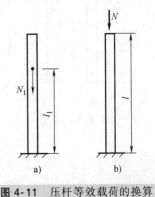

图4-11 压杆等效载荷的换算

因为 $l>l_1$，所以 $N_E<N_{1E}$，表明轴向载荷作用于压杆中部的稳定性好于作用于顶端的稳定性。

同时，由于 N_E 和 N_{1E} 均为压杆对应于外载荷的临界载荷，借助于此对应关系，根据式（4-53）可将作用于距压杆底部为 l_1 处的载荷 N_1 换算成作用于压杆顶部的载荷，即

$$N = N_1 \left(\frac{l_1}{l} \right)^2 \tag{4-54}$$

而载荷换算前、后两杆的稳定性是等效的，则式（4-54）可作为压杆顶部的等效载荷的转换公式。将作用于压杆不同位置的外载荷换算成杆顶等效载荷，便于求得压杆所对应的临界载荷。

将本结论用于若干外载荷作用于距底部不同高度位置的压杆，即可换算成压杆顶部的一个等效载荷，使计算大为简化。

图4-12所示的压杆，受有三个轴向载荷 N_1、N_2、N_3，其与下端的距离依次为 l_1、l_2、l_3，换算成压杆顶部的等效载荷为

$$N = N_1 \left(\frac{l_1}{l} \right)^2 + N_2 \left(\frac{l_2}{l} \right)^2 + N_3 \left(\frac{l_3}{l} \right)^2 \tag{4-55}$$

由此求出对应于压杆顶部载荷 N 的临界载荷 N_E 后，与 N 相比较，即可验算压杆的稳定安全度。

图4-13中的压杆自重载荷沿杆轴向均匀分布，以单位长度载荷 q 表示，计算压杆自重载荷作用下的稳定性，也可将均布载荷换算成等效的压杆顶部载荷。对于图4-13所示压杆，在距底端 x 处取长度为 dx 的杆轴单元，其上作用有相应均布载荷 qdx，按上述方法将该单元载荷换算成压杆顶部载荷：$dN = qdx\,(x/l)^2$，若将压杆所有单元载荷换算成压杆顶部载荷，只需将上式在全压杆长度范围内积分，即

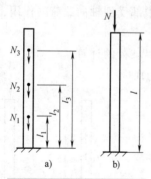

图4-12 杆顶的等效载荷

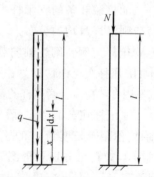

图4-13 轴向均布载荷对杆顶的换算

$$N = \int_0^l \left(\frac{x}{l} \right)^2 q\,dx = \frac{q}{l^2} \left. \frac{x^3}{3} \right|_0^l = \frac{ql}{3} \tag{4-56}$$

得到压杆顶部的等效载荷的转换式（4-56）。由此可见，就强度而言，均布载荷压杆对杆底作用着全部载荷 ql，越靠上部的截面承受压缩力越小，压杆顶部为零。对压杆稳定性而言，若将均布自重载荷换算成压杆顶部的等效载荷时，仅为全部载荷的1/3。

此结论也适用于其他沿杆轴作用的均布载荷的换算。

若近似地将杆件自重载荷或外部均布载荷分成一半作用于杆顶来计算稳定性，则计算是近似的，结果偏于安全。

确定压杆顶部等效载荷后，即可按压杆顶部受轴向力来计算临界载荷值 N_E。

压杆稳定的工作条件以稳定安全系数来衡量，即

$$\frac{N_E}{N} \geqslant n_E \tag{4-57}$$

式中　N_E——与杆顶载荷对应的压杆临界载荷；

　　　N——压杆顶部的轴向压缩力或换算的等效载荷；

　　　n_E——压杆稳定安全系数，考虑材质、载荷情况、计算不精确和制造缺陷等因素，对钢制压杆通常取 $n_E = 2 \sim 2.5$。

131

二、轴心受压构件的极限应力

用压杆的临界载荷和作用载荷的比值来验算压杆的稳定性是一种常用的方法，但对有不同缺陷的压杆要选取不同的安全系数，不便于工程计算。而在金属结构设计中，压杆稳定性的验算通常采用应力表达式，即与强度计算形式相一致，以保持使用的方便性。

在弹性范围内，轴心压杆不丧失稳定的理论极限应力称为欧拉临界应力，按式（4-58）计算，即

$$\sigma_{cr} = \sigma_E = \frac{N_E}{A} = \frac{\pi^2 EI}{A l_0^2} = \frac{\pi^2 E}{\lambda^2} \tag{4-58}$$

式中　A——压杆的毛截面面积；

　　　I——压杆毛截面的最小惯性矩；

　　　l_0——压杆的计算长度；

　　　E——钢材的弹性模量；

　　　λ——压杆的最大长细比，$\lambda = l_0/r$，$\lambda \leqslant [\lambda]$；

　　　r——压杆毛截面的最小回转半径，$r = \sqrt{I/A}$。

欧拉临界载荷和欧拉应力是根据材料的弹性模量（$E = 2.06 \times 10^5 \mathrm{MPa}$）保持不变的条件下导出的，因此欧拉应力不能超过钢材的比例极限 σ_p，由此可以求出欧拉应力公式的适用范围，$\sigma_E = \pi^2 E/\lambda_p^2 \leqslant \sigma_p$，得到界限长细比：

$$\lambda_p \geqslant \sqrt{\frac{\pi^2 E}{\sigma_p}} \tag{4-59}$$

对于 Q235 钢，$\sigma_p = 0.8\sigma_s = 188\mathrm{MPa}$，得 $\lambda_p = 104 \approx 100$；

对于 Q355 钢，$\sigma_p = 0.8\sigma_s = 284\mathrm{MPa}$，得 $\lambda_p = 84.6 \approx 85$。

当构件的长细比 $\lambda \geqslant 100$（85）时，为细长压杆，它处于弹性工作范围，欧拉应力公式是适用的。当构件的长细比 $\lambda < 100$（85）时，为中短压杆，用欧拉应力公式算出的临界应力超过比例极限，构件处于弹塑性工作范围，材料的弹性模量发生改变，欧拉临界应力公式将不再适用。

临界应力是压杆不丧失稳定的最大极限应力，由式（4-58）可知，欧拉临界应力与杆件材料的弹性模量 E 成正比，与杆件长细比 的二次方成反比。对钢材而言，E 是常量，因

而欧拉应力只与长细比的二次方有关，绘制 σ_{cr}-λ 图线是一条双曲线 ABC，如图 4-14 所示。

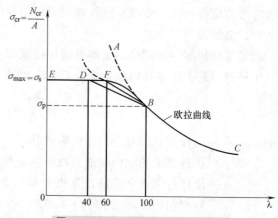

图 4-14 Q235 钢压杆 σ_{cr}-λ 曲线

λ_p 是一个界限判别值，位于图 4-14 的 B 点。当压杆的长细比 λ 大于 $\lambda_p = 100$ (85) 时，才能用欧拉应力公式计算，它相当于图 4-14 中 B 点以下的双曲线段 BC，这类杆件称为细长压杆，它在弹性范围内失稳。

当压杆长细比 λ 小于 $\lambda_p = 100$ (85) 时，为中短压杆，在杆件失稳之前其平均压应力将超过比例极限，杆件部分材料已进入塑性状态，压杆的弹性模量发生改变，欧拉应力公式不再适用，此时欧拉应力相当于图 4-14 中 B 点以上的双曲线段 BA（虚线），它没有实际意义。这时应考虑材料的非弹性性质，采用换算（切线）模量代替弹性模量进行复杂的计算，或按实验方法来确定 σ_{cr}-λ 间的关系，其结果是一条由 B 经过 F 到 E 的光滑曲线。

用曲线来表达 σ_{cr}-λ 的关系比较复杂，此曲线与两段直线很接近，通常也可近似地用两条直线来代替，即图 4-14 中的 BFE 折线。

三、弹塑性临界应力

对于钢结构压杆，根据实验曲线和理论研究可知，当压杆长细比 $\lambda = 60$ 时，压杆临界应力已接近于屈服强度（相差 6.7%，即图中曲线上 F 点），当 $\lambda = 40$ 时，临界应力更接近屈服强度（相差 3%），而当 $\lambda < 40$ 时，可认为临界应力等于屈服强度。压杆的临界应力等于或更接近于屈服强度时，则表示压杆不会失稳而是强度问题，因此通常把压杆的临界应力开始接近屈服强度的长细比 $\lambda_1 \approx 60$ 作为中长压杆和短粗压杆的判别值，即以 $\lambda \leqslant \lambda_1 = 60$ 为短粗压杆，$\lambda = \lambda_1 \sim \lambda_p = 60 \sim 100$ 为中长压杆。图 4-14 中 BF 曲线代表了临界应力超过比例极限但小于接近屈服强度的中长压杆的 σ_{cr}-λ 关系，通常采用二次抛物线式表达较为吻合。

轴心压杆在弹塑性工作范围的临界应力按二次抛物线经验式（4-60）计算，即

$$\sigma_{cr} = \sigma_s - c\lambda^2 \tag{4-60}$$

式中 σ_s——钢材的屈服强度；

λ——压杆的长细比；

c——与材料性质有关的系数。

在式（4-60）中，当 $\lambda = 0$ 时，$\sigma_{cr} = \sigma_s$，系数 c 可根据此公式与欧拉应力公式相连接的条件确定；当 $\lambda = \lambda_p$，$\sigma_{cr} = \sigma_p$，则有 $\lambda_p^2 = \dfrac{\pi^2 E}{\sigma_p}$，得

$$c = \frac{\sigma_s - \sigma_{cr}}{\lambda^2} = \frac{\sigma_s - \sigma_p}{\lambda_p^2} = \frac{\sigma_p(\sigma_s - \sigma_p)}{\pi^2 E}$$

代入式（4-60）得

$$\sigma_{cr} = \sigma_s - \frac{\sigma_p(\sigma_s - \sigma_p)}{\pi^2 E}\lambda^2 = \sigma_s - \frac{\sigma_p(\sigma_s - \sigma_p)}{\sigma_E} \tag{4-61}$$

考虑压杆存在的缺陷,用假想比例极限 $\sigma_p = 0.8\sigma_s$ 代替式(4-61)中的 σ_p,得到弹塑性临界应力(即弹性临界应力折减公式),即

$$\sigma_{cr} = \sigma_s - \frac{0.8\sigma_s(0.2\sigma_s)}{\sigma_E} = \sigma_s\left(1 - \frac{\sigma_s}{6.25\sigma_E}\right) \tag{4-62}$$

式中 σ_E——按压杆实际长细比计算的欧拉临界应力,$\sigma_E = \dfrac{\pi^2 E}{\lambda^2}$。

由此,对任意长细比的压杆,其理论临界应力均可由式(4-58)和式(4-62)算出。压杆是以临界应力作为不失稳的控制判据。显然,压杆的长细比越大,临界应力越小,越容易失稳。设计时多选取中等长细比的压杆。

实际计算中,考虑到压杆存在的初弯曲、载荷偏心作用和残余应力等不利缺陷因素,对作为控制判据的理论临界应力也需有一定的安全储备。

轴心压杆的稳定性许用应力为

$$[\sigma_{cr}] = \frac{\sigma_{cr}}{n_{cr}} = \frac{\sigma_{cr}}{n_0 n} = \frac{\sigma_0}{n} \tag{4-63}$$

式中 σ_{cr}——轴心压杆的理论临界应力;

$\quad n_{cr}$——稳定安全系数,$n_{cr} = n_0 n$;

$\quad n_0$——考虑缺陷的安全系数;

$\quad n$——强度安全系数;

$\quad \sigma_0$——考虑缺陷的轴心压杆临界应力,$\sigma_0 = \dfrac{\sigma_{cr}}{n_0}$。

为了与强度计算相联系,可取

$$\varphi = \frac{[\sigma_{cr}]}{[\sigma]} = \frac{\dfrac{\sigma_0}{n}}{\dfrac{\sigma_s}{n}} = \frac{\sigma_0}{\sigma_s} \tag{4-64}$$

则 $\qquad\qquad\qquad\qquad [\sigma_{cr}] = \varphi[\sigma]$

式中 φ——考虑缺陷因素的轴心压杆稳定系数。

轴心压杆稳定性条件:

$$\left.\begin{aligned} \sigma = \frac{N}{A} \leqslant [\sigma_{cr}] = \varphi[\sigma] \\[2mm] \sigma = \frac{N}{\varphi A} \leqslant [\sigma] \end{aligned}\right\} \tag{4-65}$$

式中 σ——压杆的计算应力;

$\quad N$——压杆的轴向力;

$\quad A$——压杆的毛截面面积;

$\quad \varphi$——考虑缺陷因素的轴心压杆稳定系数,依压杆长细比 而定,见第六章;

$\quad [\sigma]$——钢材的许用应力,见表4-13或式(4-6)。

第四节　压弯构件的精确计算

一、基本概念

同时受横向力（或力偶）和轴心压缩力作用的构件（见图 4-15）称为压弯构件。受偏心压缩力作用的构件即偏心压杆，也是压弯构件。

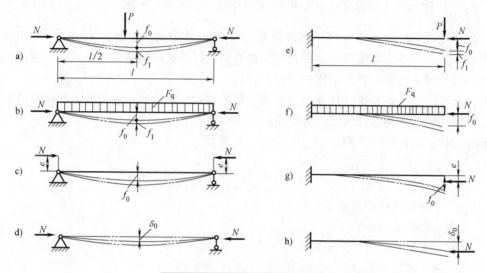

图 4-15　各种型式的压弯构件

压弯构件与轴心压杆的区别是它一开始就受弯矩作用。压弯构件由横向力产生的弯矩、偏心压缩力产生的力偶和由于构件初弯曲产生的弯矩称为基本弯矩（初弯矩）M，构件由基本弯矩产生的挠度（位移）称为基本挠度 f_0，而轴向力 N 对构件除有压缩作用外，由于挠度 f_0 的存在还将产生附加弯矩 Nf_0，从而引起附加挠度 f_1，再次产生附加弯矩 Nf_1 和附加挠度 f_2，在外力不变的情况下，构件的弯矩和挠度会逐渐增大到与构件的承载能力相平衡或超过承载能力而破坏。因此，压弯构件的轴向力与挠度之间存在着非线性关系，虽然构件处于弹性工作范围，但叠加原理已不再适用，需采用非线性（二阶）理论计算。

压弯构件所受的总弯矩应为基本弯矩与挠度引起的许多附加弯矩之和，总的附加弯矩等于轴向力与总挠度的乘积。若要求得压弯构件的总弯矩，则需先求出构件的总挠度。

二、压弯构件的总挠度和总弯矩

1. 压弯构件的总挠度

根据研究，对于两端铰支的压弯构件（见图 4-16a），不论横向载荷是否对称作用于构件中央，其最大挠度总是靠近构件的中点。因此，计算时均可近似地用正弦曲线 $y = f_z \sin \dfrac{\pi z}{l}$ 表示杆轴的挠度曲线，而 f_z 为构件中点的总挠度，l 为构件长度。

假设构件中央受集中横向载荷 P 和轴心压缩力 N 的作用，EI 为构件的抗弯刚度，则可利用莫尔积分公式求出构件中点的总挠度。

设构件任意截面 (z) 处的弯矩为

$$M_\mathrm{p}(z) = \frac{P}{2}z + Ny = \frac{Pz}{2} + Nf_\mathrm{z}\sin\frac{\pi z}{l}$$

在构件中点只作用单位横向载荷 $P = 1$ 时 （见图 4-16b），同一截面 (z) 的弯矩为

$$M_1(z) = 0.5z$$

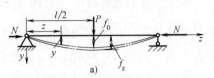

压弯构件中点的总挠度为

$$f_\mathrm{z} = \int\frac{M_\mathrm{p}(z)M_1(z)}{EI}\mathrm{d}z = \frac{2}{EI}\int_0^{\frac{l}{2}}\left(\frac{Pz}{2} + Nf_\mathrm{z}\sin\frac{\pi z}{l}\right)\frac{z}{2}\mathrm{d}z$$

$$= \frac{2}{EI}\left[\frac{P}{4}\int_0^{\frac{l}{2}}z^2\mathrm{d}z + \frac{Nf_\mathrm{z}}{2}\int_0^{\frac{l}{2}}z\sin\frac{\pi z}{l}\mathrm{d}z\right]$$

$$= \frac{Pl^3}{48EI} + \frac{Nf_\mathrm{z}l^2}{\pi^2 EI} = \frac{Pl^3}{48EI} + \frac{Nf_\mathrm{z}}{N_\mathrm{E}}$$

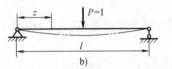

移项 $f_\mathrm{z} - \dfrac{Nf_\mathrm{z}}{N_\mathrm{E}} = \dfrac{Pl^3}{48EI}$，得

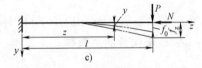

图 4-16 压弯构件的计算模型

$$f_\mathrm{z} = \frac{\dfrac{Pl^3}{48EI}}{1 - \dfrac{N}{N_\mathrm{E}}} = \frac{f_0}{1 - \alpha} \tag{4-66}$$

式中　f_0——仅由横向载荷对构件中点产生的基本挠度，$f_0 = \dfrac{Pl^3}{48EI}$；

α——构件轴向力与名义欧拉临界载荷之比，$\alpha = N/N_\mathrm{E}$；

N_E——构件的名义欧拉临界载荷，$N_\mathrm{E} = \pi^2 EI/l^2$。

构件任意截面 (z) 上的最大挠度可表示为

$$f(z) = f_\mathrm{z}\sin\frac{\pi z}{l} = \frac{f_0}{1 - \alpha}\sin\frac{\pi z}{l} \tag{4-67}$$

当横向载荷 P 作用在压弯构件任意位置 （距左端为 a，距右端为 b，见图 4-17） 时，杆中点的基本挠度与附近的最大挠度相差甚微，在 b 趋近于零的极端情况下，其误差仍小于 3%，故可采用杆中点的基本挠度来代替最大挠度，则杆中点的基本挠度为

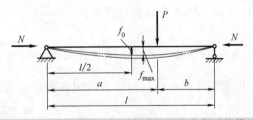

图 4-17 横向载荷在任意位置的压弯构件计算模型

$$f_0 = \frac{Pb(3l^2 - 4b^2)}{48EI}(a \geq b) \tag{4-68}$$

仍用正弦曲线表示杆轴的挠度曲线，其余计算同前。

当铰支承的压弯构件承受不同横向载荷作用时，只要杆轴的挠度曲线方程保持不变，均可求得与式 （4-66） 相同的总挠度表达式，如图 4-17 所示。

对于有初弯曲（初挠度 δ_0）的压弯构件，所求得的总挠度（含初挠度）为

$$f_z = \frac{\delta_0}{1-\alpha} \tag{4-69}$$

对受压弯的悬臂构件（见图 4-16c），可用 $y = f_z\left(1 - \cos\dfrac{\pi z}{2l}\right)$ 表达其杆轴的挠度曲线，同样可求得与式（4-66）相同的杆端总挠度表达式。应注意，悬臂构件要采用杆端的基本挠度 f_0 计算，式中 $\alpha = N/N_E$，N_E 应按悬臂构件计算。

由式（4-66）和式（4-69）看出，压弯构件的总挠度是以基本挠度或初挠度为基础考虑轴向力影响并随着系数 $\dfrac{1}{1-\alpha}$ 而增大，当 N 接近 N_E 时，$\alpha = N/N_E \approx 1$，使构件的总挠度增大至无穷大而破坏，但实际上 $N < N_E$，即 $\alpha < 1$。因此 $\phi = \dfrac{1}{1-\alpha}$ 总是大于 1，ϕ 称为基本挠度（初挠度）增大系数，而 f_z 应小于许用值。

2. 压弯构件的总弯矩

假设两端铰支的压弯构件的挠度曲线仍为 $y = f_z \sin\dfrac{\pi z}{l}$（见图 4-16a），其二阶导数为

$$\ddot{y} = -\frac{\pi^2}{l^2} f_z \sin\frac{\pi z}{l} \tag{4-70}$$

构件轴线挠度微分方程可表达为

$$EI\ddot{y} = -M(z) \tag{4-71}$$

将式（4-70）代入式（4-71）得构件任意截面 z 的最大弯矩为

$$M(z) = \frac{EI\pi^2}{l^2} f_z \sin\frac{\pi z}{l} = N_E f_z \sin\frac{\pi z}{l} \tag{4-72}$$

构件中点的总弯矩为

$$M_z = N_E f_z = \frac{N_E f_0}{1-\alpha} \tag{4-73}$$

式中 f_z——构件中点的总挠度，$f_z = \dfrac{f_0}{1-\alpha}$；

N_E——构件的名义欧拉临界载荷，$N_E = \dfrac{\pi^2 EI}{l^2}$。

压弯构件中点的总弯矩也可用基本弯矩与总附加弯矩之和表达，即

$$M_z = M + M_f \tag{4-74}$$

式中 M——构件中点由横向力和力偶产生的基本弯矩；

M_f——构件中点总的附加弯矩。

考虑轴向力的作用，利用式（4-73）求得构件总的附加弯矩为

$$M_f = N f_z = \frac{N}{N_E} N_E f_z = \alpha M_z \tag{4-75}$$

将 M_f 代入式（4-74）得

$$M_z = \frac{M}{1-\alpha} \qquad (4\text{-}76)$$

对仅有初挠度 δ_0 的压弯构件，其总弯矩为

$$M_z = \frac{M}{1-\alpha} = \frac{N\delta_0}{1-\alpha} \qquad (4\text{-}77)$$

显然，构件的总弯矩由基本弯矩 M 乘以增大系数 $\frac{1}{1-\alpha}$ 获得，而基本弯矩与基本挠度（初挠度）的增大系数具有相同的形式，应用此增大系数实现了压弯构件的非线性（二阶理论）计算。

当 α 接近于 1 时，增大系数 $\phi = \frac{1}{1-\alpha}$ 和总弯矩将趋向无穷大，这在实际中是不允许的。

式（4-77）与式（4-73）具有相同的精度，比较两式得 $M = N_E f_0$，并存在 $\alpha M = \alpha N_E f_0 = N f_0$ 的关系。

由式（4-75）和式（4-76）可得 M_f、M_z 和 M 之间的关系式，即

$$M_f = \alpha M_z = \frac{\alpha M}{1-\alpha} = \frac{N f_0}{1-\alpha} \qquad (4\text{-}78)$$

同理可求得构件任意截面（z）的最大弯矩，即

$$M(z) = \frac{M_e}{1-\alpha} \qquad (4\text{-}79)$$

式中　M_e——构件任意截面（z）的基本弯矩。

对悬臂式压弯构件的固定端，同样可以求得与上述形式相同的总弯矩表达式。

当压弯构件的 $\alpha = N/N_E < 0.1$ 时，其弯矩的增大部分较小，可不考虑弯矩增大，而直接按线性（一阶理论）计算。

三、压弯构件的强度

压弯构件的强度计算应考虑安全系数和构件初始缺陷的影响，将初始缺陷（如初挠度 δ_0）引起的附加弯矩 $N\delta_0$ 计入基本弯矩中。

单向压弯构件（偏心压杆）按下式计算，即

$$\frac{N}{A_j} + \frac{M}{(1-N/N_E)W_j} \leq [\sigma] \qquad (4\text{-}80)$$

双向压弯构件（偏心压杆）按下式计算，即

$$\frac{N}{A_j} + \frac{M_x}{(1-N/N_{Ex})W_{jx}} + \frac{M_y}{(1-N/N_{Ey})W_{jy}} \leq [\sigma] \qquad (4\text{-}81)$$

式中　　N——构件的轴向力；

　　　　M——构件计算截面的基本弯矩；

M_x、M_y——构件计算截面对 x 轴或 y 轴的基本弯矩；

　　　A_j——构件计算截面的净面积；

W_j、W_{jx}、W_{jy}——构件计算截面的净抗弯截面系数；

N_E——按构件支承方式而定的名义欧拉临界载荷，下同，$N_E = \dfrac{\pi^2 EI}{l_0^2} = \dfrac{\pi^2 EA}{\lambda^2}$；

N_{Ex}、N_{Ey}——构件对截面 x 轴或 y 轴的名义欧拉临界载荷；

$[\sigma]$——钢材的许用应力。

当 N/N_{Ex} 和 N/N_{Ey} 均小于 0.1 时，可不增大基本弯矩。

四、压弯构件的整体稳定性

实腹式压弯构件或偏心压杆承受由广义力产生的压缩和弯曲作用，对图 4-18a 所示的偏心压杆，其挠度随着偏心压缩力 N 的增加而迅速增大，并且呈现非线性关系。当压缩力达到一定值时，构件产生弯曲失稳而破坏。压弯构件或偏心压杆从受载到失稳始终处于弯曲状态。

压弯构件的轴心压缩力或偏心压杆的偏心压缩力增大到极限值 N_C（见图 4-18b 中 C 点）时，构件产生较大挠度，应力最大的截面有相当部分材料进入塑性状态，即使压缩力不增加，挠度仍会继续增大而使构件很快破坏，N_C 称为偏心压杆的临界载荷。

压弯构件和偏心压杆失稳时，实际上处于弹塑性工作状态，应按换算（切线）弹性模量计算其临界载荷 N_C，但计算比较复杂。而利用材料的弹性性质可以求得压弯构件（偏心压杆）

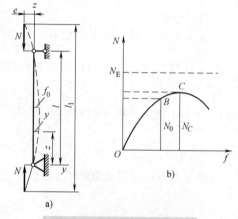

图 4-18　偏心压杆及其压缩力——挠度计算模型

的临界载荷。即压弯构件材料的弹性模量保持不变，而改变构件长度来求得用欧拉临界载荷公式表达的压弯构件（偏心压杆）的弹塑性临界载荷。

压弯构件所承受的弯矩都可转化成杆端力偶 $M = Ne$，形成偏心压杆的受力状态（见图 4-18a），由此可得到在杆端力偶作用下构件的挠曲轴线，将此挠曲轴线延长并与偏心压缩力作用线相交便得到一根长度为 l_1 的与偏心压杆等效的轴心压杆，其欧拉临界载荷为

$$N_C = \frac{\pi^2 EI}{l_1^2} \tag{4-82}$$

N_C 为偏心压杆的弹性临界载荷表达式。在弹性范围内，偏心压杆按轴心压杆计算的欧拉临界载荷为 $N_E = \dfrac{\pi^2 EI}{l^2}$，由于 $l_1 > l$，所以 $N_C < N_E$，表明偏心压杆比轴心压杆更容易失稳。但偏心压杆的临界载荷，无论是压杆的弯曲变形还是截面的塑性扩展都难以界定。偏心压杆实用的临界载荷可按压杆的边缘纤维屈服条件确定。

偏心压杆的载荷可分解成轴心压缩力和力偶矩两部分。偏心压杆在偏心压缩力增大过程中以压杆截面边缘纤维最大压应力开始达到屈服强度的轴心压缩力 N_0 作为临界载荷（见图 4-18b 中的 B 点），此时压杆除边缘纤维外绝大部分截面仍处于弹性范围而并未达到失稳状态。显然 N_0 不是偏心压杆实际的临界载荷 N_C，而是以偏心压杆边缘纤维屈服为界限的当量临界载荷，此称为边缘纤维屈服理论。此时，由于压杆截面尚未出现塑性扩展，故有 $N_0 <$

$N_C < N_E$，如图 4-18b 所示，于是便以最小的 N_0 作为偏心压杆实用的临界载荷（当量临界载荷）。

以下讨论寻求偏心压杆的轴压部分稳定系数问题。其理论基础依然是边缘纤维屈服理论，它实际上是将压弯构件的强度问题转换成稳定问题的一种计算方法。

任何构件难免存在缺陷，研究表明，有缺陷的轴心压杆可用具有载荷偏心距或初挠度的偏心压杆来代替，假设以偏心距 e_0 代表构件的初始缺陷参数（包括初偏心、初弯曲、材质不均匀和残余应力等因素），则根据边缘纤维屈服理论，当轴向力由 N 增大到 N_0 时，代替轴心压杆使用的偏心压杆强度计算式为

$$\frac{N_0}{A} + \frac{N_0 e_0}{(1 - N_0/N_E)W} = \sigma_s \tag{4-83}$$

式中　N_0——偏心压杆的当量临界载荷，视为作用的轴向力；

　　　N_E——偏心压杆按轴压计算的名义欧拉临界载荷，$N_E = \dfrac{\pi^2 EI}{l_0^2}$；

　　A、W——偏心压杆的毛截面面积和抗弯截面系数；

　　　e_0——考虑压杆初始缺陷的理论偏心距；

　　　σ_s——构件钢材的屈服强度。

当偏心压杆的尺寸、e_0、σ_s 和 N_E 已知时，便可由此式求出 N_0。

偏心压杆的当量临界应力（轴向屈曲应力）为 $\sigma_0 = N_0/A$，而其欧拉临界应力为 $\sigma_E = N_E/A = \pi^2 E/\lambda^2$。

由式（4-84）可求得偏心压杆的轴压当量稳定系数为

$$\varphi_0 = \frac{\sigma_0}{\sigma_s} = 1 - \frac{N_E N_0 e_0}{(N_E - N_0)\sigma_s W} = \frac{1}{1 + \dfrac{A N_E e_0}{(N_E - N_0)W}} < 1 \tag{4-84}$$

则有 $N_0 = \sigma_0 A = \varphi_0 \sigma_s A$。

偏心压杆（边缘纤维屈服）轴压当量稳定系数 φ_0 与轴心压杆（允许部分截面塑性扩展）稳定系数 φ 不同，应根据边缘纤维屈服理论即式（4-83）重新求出，以便使用。但目前尚缺乏有关压杆缺陷因素的统计资料和测试数据，故可借用（GB 50017—2003）《钢结构设计规范》中已考虑初始缺陷的轴心压杆稳定系数 φ 值代替式（4-84）的 φ_0 值。

单向偏心压杆整体稳定性验算式为

主要受压的压弯构件

$$\frac{N}{\varphi A} + \frac{M_x}{(1 - N/N_{Ex})W_x} \leqslant [\sigma] \tag{4-85}$$

主要受弯的压弯构件

$$\frac{N}{\varphi A} + \frac{M_x}{(1 - N/N_{Ex})\varphi_b W_x} \leqslant [\sigma] \tag{4-86}$$

双向偏心压杆（压弯构件）整体稳定性验算式为

$$\frac{N}{\varphi A} + \frac{M_x}{(1 - N/N_{Ex})W_x} + \frac{M_y}{(1 - N/N_{Ey})W_y} \leqslant [\sigma] \tag{4-87}$$

139

式中　N——构件的轴向力；

M_x、M_y——构件计算截面对 x 轴或 y 轴的基本弯矩；

N_{Ex}、N_{Ey}——构件对 x 轴或 y 轴的名义欧拉临界载荷，$N_{Ex}=\dfrac{\pi^2 EA}{\lambda_x^2}$，$N_{Ey}=\dfrac{\pi^2 EA}{\lambda_y^2}$；

φ——按构件最大长细比选取的轴心压杆稳定系数，见第六章；

φ_b——受弯构件侧向屈曲稳定系数，见第七章；

A——构件毛截面面积；

W_x、W_y——构件毛截面对 x 轴或 y 轴的抗弯截面系数；

$[\sigma]$——钢材的许用应力。

当 N/N_{Ex} 和 N/N_{Ey} 均小于 0.1 时，对应轴的基本弯矩可不增大。则式（4-87）变为

$$\frac{N}{\varphi A}+\frac{M_x}{W_x}+\frac{M_y}{W_y}\leqslant[\sigma] \tag{4-88}$$

此式为著名的"雅辛斯基公式"，其形式简单，并与实验和实际具有较好的吻合性，计算精度满足工程要求，可用于简化计算，应用较为广泛。

根据边缘纤维屈服理论导出的偏心压杆稳定性公式，实质上是考虑有初始缺陷的偏心压杆强度式，它适用于实腹式和格构式构件的稳定性计算。

五、实腹式受压构件的局部稳定性

由薄钢板制成的轴心受压构件和偏心受压构件在外载荷作用下，受压最大的薄板很易发生波浪式翘曲而丧失承载能力，称为局部失稳。构件中局部板段失稳减弱了截面的承载能力，引起构件扭曲，从而导致构件整体失稳。显然，构件不丧失局部稳定是保证整体不失稳的先决条件，因此，在设计中必须首先满足构件板段的临界应力不低于整体构件的临界应力。

构件的截面取决于钢板的尺寸，薄板容易失稳而耗材少，厚板不易失稳但不经济。因此构件截面的确定可归结为合理地选择钢板的宽厚比 b/δ。

结构中受压薄板可分为均匀受压板（轴心受压构件）和非均匀受压板（偏心受压构件）两类，如工字形截面或箱形截面受力构件的腹板和翼缘板（见图4-19），均匀受压板的临界应力最低，稳定性最差，非均匀受压板则好得多。以下分别介绍均匀受压板和非均匀受压板宽厚比的确定方法。

由薄板稳定理论得知，四边简支均匀受压长板屈曲成的半波长约等于板宽（呈现正方形板段）时板的临界应力最小，它取决于板的半波长（即板宽）而不是板的总长度。在弹性范围内，纵向均匀受压板的临界应力可用下式表达，即

$$\sigma_{cr}^{b}=\frac{K\pi^2 E}{12(1-\mu^2)}\left(\frac{\delta}{b}\right)^2=K_0\left(\frac{100\delta}{b}\right)^2 \tag{4-89}$$

式中　K_0——受压板依板的边长比 a/b（a 为顺压力方向的板段长度）和支承情况而定的系数，对四边简支方板，K_0 最小，$K_0=74.5\mathrm{MPa}$；

b、δ——四边简支板（腹板）的宽度和厚度。

根据等稳定性条件来确定板的宽厚比是合理的。在弹性范围内，轴心压杆的欧拉应力为

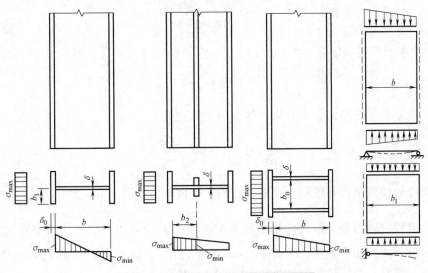

图 4-19 受压构件中薄板的受力情况

$\sigma_{\mathrm{E}} = \dfrac{\pi^2 E}{\lambda^2}$，令 $\sigma_{\mathrm{cr}}^b = \sigma_{\mathrm{E}}$，则 $K_0 \left(\dfrac{100\delta}{b}\right)^2 = \dfrac{\pi^2 E}{\lambda^2}$，从而得到板的界限宽厚比为

$$\frac{b}{\delta} = 100\lambda \sqrt{\frac{K_0}{\pi^2 E}} \tag{4-90}$$

对四边简支板，将 $K_0 = 74.5\mathrm{MPa}$、$E = 2.06\times10^5\mathrm{MPa}$ 代入式（4-90）得受压板的界限宽厚比为

$$\frac{b}{\delta} = 0.6\lambda \tag{4-91}$$

式中 λ——构件的长细比。

将轴心压杆所对应的比例极限长细比 $\lambda_{\mathrm{p}} = 100$ 代入式（4-71），得 $\dfrac{b}{\delta} = 60$。

在弹性范围内，板的界限宽厚比可用钢材的比例极限来求得，即钢板的临界应力等于比例极限：$K_0 (100\delta/b)^2 = \sigma_{\mathrm{p}}$，从而得

$$\frac{b}{\delta} = 100 \sqrt{\frac{K_0}{\sigma_{\mathrm{p}}}} \tag{4-92}$$

将 Q235 钢的比例极限 $\sigma_{\mathrm{p}} = 0.8\sigma_{\mathrm{s}} = 188\mathrm{MPa}$ 和 $K_0 = 74.5\mathrm{MPa}$ 代入式（4-92）得

$$\frac{b}{\delta} = 62.9$$

为保证一定的安全裕度，对各类钢材制成的结构，实际取构件腹板或翼缘板的界限宽厚比为

$$\frac{b}{\delta}\left(\text{或}\frac{b_0}{\delta_0}\right) \leqslant 60 \sqrt{\frac{235}{\sigma_{\mathrm{s}}}} \tag{4-93}$$

式中 b、δ、b_0、δ_0——腹板或翼缘板的宽度和厚度。

在弹性范围内，当板的临界应力接近于钢材的屈服强度时，可求得板的极限宽厚比：

$$\frac{b}{\delta} = 100\sqrt{\frac{K_0}{\sigma_s}} \tag{4-94}$$

将 Q235 钢的屈服强度 $\sigma_s = 235\text{MPa}$ 和 $K_0 = 74.5\text{MPa}$ 代入式（4-94）得

$$\frac{b}{\delta} = 56.3$$

为保证一定的安全裕度，实际取板的极限宽厚比为

$$\frac{b}{\delta}\left(\text{或} \frac{b_0}{\delta_0}\right) \leq 50\sqrt{\frac{235}{\sigma_s}} \tag{4-95}$$

考虑到弹塑性范围内弹性模量变小的影响，可取 $\dfrac{b}{\delta}\left(\text{或} \dfrac{b_0}{\delta_0}\right) \leq 40\sqrt{235/\sigma_s}$。

设计规范规定：当采用钢板的宽厚比不大于 $60\sqrt{235/\sigma_s}$ 时，且板中计算压缩应力不大于 $0.8[\sigma]$ 时，或钢板的宽厚比不大于 $(40\sim50)\sqrt{235/\sigma_s}$ 时，可不验算板的局部稳定。

四边简支非均匀受压板的宽厚比按式（4-96）决定，即

$$\frac{b}{\delta} \leq 100\sqrt{\frac{\xi}{\sigma_{max}}} \tag{4-96}$$

式中　ξ——应力非均匀系数。根据 $\alpha = \dfrac{\sigma_{max} - \sigma_{min}}{\sigma_{max}}$ 由表 4-30 查取；

　　σ_{max}——腹板（或翼缘板）边缘的最大压应力（见图 4-19），单位为 MPa，不考虑稳定系数；

　　σ_{min}——腹板（或翼缘板）另一边相应的应力（见图 4-19），单位为 MPa，并且约定压应力为正，拉应力为负。

若非均匀受压板采用均匀受压板的宽厚比，则偏于安全。

表 4-30　应力非均匀系数 ξ 值

α	0.2	0.4	0.6	0.8	1.0	1.2	1.4	≥ 1.6
ξ	40	75	110	140	160	180	195	210

当选用的钢板宽厚比不符合上述要求时，可顺压应力方向设置纵向加劲肋，将板宽减小，以提高板段的稳定性，加劲肋的尺寸见第六章。

一边铰支，一边自由的均匀受压外伸长板，其临界应力最小，$K_0 = 7.94\text{MPa}$。

在弹性和弹塑性范围内，受压构件的外伸长板的宽厚比为

$$\frac{b_1}{\delta_0} = 100\sqrt{\frac{K_0}{\sigma_i}} \tag{4-97}$$

将 Q235 钢的比例极限 $\sigma_p = 188\text{MPa}$、屈服强度 $\sigma_s = 235\text{MPa}$、$K_0 = 7.94\text{MPa}$ 分别代入式（4-97）得

$$\frac{b_1}{\delta_0} = 20.5, \quad \frac{b_1}{\delta_0} = 18.4$$

应用时，考虑到受压外伸板可能存在弯曲变形对稳定性的不利影响，通常偏于安全地将外伸板的极限宽厚比取为

$$\frac{b_1}{\delta_0} = 15 \tag{4-98}$$

同理，对其他各类钢材钢板的极限宽厚比取为

$$\frac{b_1}{\delta_0} \leq 15 \sqrt{\frac{235}{\sigma_s}} \tag{4-99}$$

由此得 Q355 钢板的极限宽厚比为

$$\frac{b_1}{\delta_0} \leq 12 \tag{4-100}$$

式中　b_1——板的外伸宽度；

　　　δ_0——外伸板（如翼缘板）的厚度；

　　　σ_s——选用钢板的钢材屈服强度。

第五节　结构动态分析中的质量换算

一、结构振动连续系统转化成离散系统的质量换算

　　结构连续质量沿构件轴线分布，属于无限自由度振动系统，其动特性和响应一般难以求解，在工程中常将分布质量的连续系统离散化，转换成多自由度离散系统进行分析，以获得切合实际的近似解，其精度随离散质点的数量和分布不同而异，质点数量越多且分布合理，其结果越精确。

　　连续系统的分布质量可按最大动能等效原理转换成离散系统的集中质量，其换算原则为：

　　1）离散系统与连续系统应具有相同的弹性性质和边界条件。

　　2）起重机结构的基频振动占主要成分，集中质量的换算均在基频条件下实现，但离散后的系统仍可进行高阶振动分析。

　　3）质量换算时，根据结构（及设备）的不同可换算成相等的或不相等的（各质量应有一定比例关系）质量，各质量点可按实际情况分布，一般是等距分布。

　　4）假设离散系统与连续系统的基频相同，振型（结构振动变形状态）相同或相似，则两系统应选用较精确的相同的振型函数表达式。若离散质点分布不当，将引起振型失真，影响质量的换算值，因此合理地选定集中质量换算点的位置十分重要。通常，对多质量点应有一个质点取在系统的最大位移点上，其余质点可等距分布或按实况决定，对单质量点取在系统的最大位移点上或干扰力作用处，可使离散系统的振型接近于实际振型。

　　以均布质量 m' 的简支梁自由振动为例（见图 4-20a），将其转换为具有 n 个相等的集中质量 m 的离散系统（见图 4-20b），其中一个质点取在梁的跨中（最大位移点），各质点等距 $[l/(n+1)]$ 分布。设简支梁的振动位移函数为

$$y(z,t) = y_0 \sin\frac{\pi z}{l}\sin(\omega t + \varphi) \tag{4-101}$$

式中　y_0——梁跨中央最大位移（振幅）；

　　　z——梁任意截面距左支点的距离；

l——梁的跨度；

ω——梁自由振动的圆频率；

φ——初相位。

梁任意点的最大振动速度为

$$\left.\frac{\partial y(z,t)}{\partial t}\right|_{\max} = y_0\omega\sin\frac{\pi z}{l}$$

梁做基频振动时微段质量为 $m'dz$。

其产生的最大动能为

$$E_{k\max}^{m'dz} = \frac{1}{2}m'dz\left[\left.\frac{\partial y(z,t)}{\partial t}\right|_{\max}\right]^2$$

$$= \frac{1}{2}m'y_0^2\omega^2\sin^2\left(\frac{\pi z}{l}\right)dz$$

梁振动时产生的最大总动能为

$$E_{k\max}^{m'l} = \frac{1}{2}m'y_0^2\omega^2\int_0^l\sin^2\left(\frac{\pi z}{l}\right)dz$$

$$= \frac{m'l}{4}y_0^{\ 2}\omega^2 \qquad\qquad (4\text{-}102)$$

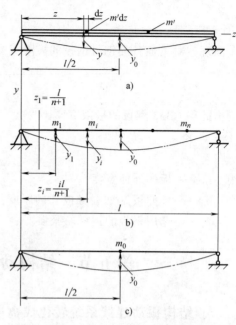

图 4-20 均布质量简支梁的质量换算模型

离散系统各质点等距分布于梁上，第 i 质点位于 $z_i = \dfrac{il}{n+1}$ 处，设第 i 点的振动位移函数为

$$y(z_i,t) = y_0\sin\left(\frac{\pi}{l}\frac{il}{n+1}\right)\sin(\omega t+\varphi)$$

第 i 质点的最大位移为

$$y_i = y_0\sin\left(\frac{i\pi}{n+1}\right)$$

第 i 质点的最大振动速度为

$$\left.\frac{\partial y(z_i,t)}{\partial t}\right|_{\max} = y_0\omega\sin\left(\frac{i\pi}{n+1}\right)$$

第 i 质点的最大动能为

$$E_{k\max}^{m_i} = \frac{1}{2}m_i\left[\left.\frac{\partial y(z_i,t)}{\partial t}\right|_{\max}\right]^2$$

若离散系统各集中质量相同 $(m_1 = m_2 = m_i = m)$，振动时的最大总动能为

$$E_{k\max}^{\sum m_i} = \sum_{i=1}^n\frac{1}{2}m_iy_0^2\omega^2\sin^2\left(\frac{i\pi}{n+1}\right) = \frac{m}{2}y_0^2\omega^2\sum_{i=1}^n\sin^2\left(\frac{i\pi}{n+1}\right) \qquad (4\text{-}103)$$

根据两个系统最大总动能相等条件（势能为零）：$E_{k\max}^{\sum m_i} = E_{k\max}^{m'l}$

则有 $\dfrac{m}{2}y_0^2\omega^2\sum\limits_{i=1}^n\sin^2\left(\dfrac{i\pi}{n+1}\right) = \dfrac{m'l}{4}y_0^{\ 2}\omega^2$，得到各点换算质量为

$$m = \frac{m'l}{2\sum\limits_{i=1}^n\sin^2\left(\dfrac{i\pi}{n+1}\right)} \qquad\qquad (4\text{-}104)$$

144

式中　$m'l$——梁的总质量。

用三角级数求和公式容易证明式（4-104）中分母 $2\sum_{i=1}^{n}\sin^2\left(\dfrac{i\pi}{n+1}\right)=n+1$，则离散的集中质量为

$$m=\frac{m'l}{n+1} \qquad (4\text{-}105)$$

式中　n——离散的集中质量数目，对于简支梁宜选奇数，便于在跨中设点。

对均布质量简支梁，若换算成跨中一个集中单质量的单自由度系统，这时 $n=1$（见图 4-20c），则有

$$m_0=\frac{m'l}{2} \qquad (4\text{-}106)$$

它与精确解 $m_0=0.493m'l$ 非常接近。

同理，可求得均布质量 m' 的悬臂梁在自由端（最大位移点）的换算集中的单质量为

$$m_1=\left(\frac{1}{4}\sim\frac{1}{3}\right)m'l_1 \qquad (4\text{-}107)$$

式中　l_1——梁的悬臂长度。

由于选取的基频振动位移函数和离散点数不同，其值稍有差异。

二、多自由度系统转化成等效单自由度系统的质量换算

为进行一阶频率（基频）的计算，对图 4-18b 所示的简支梁多自由度系统，还可简化成等效的单自由度系统来分析。这时仍用最大动能等效原理将 n 个质量换算成梁跨中央的等效集中单质量 m_0（见图 4-20c）。

设 i 质点的最大振动位移为 y_i，最大振动线速度为 $\dot y_i=y_i\omega$，则多自由度系统振动时的最大总动能为

$$E_{k\max}^{\sum m_i}=\frac{1}{2}\sum_{i=1}^{n}m_i\dot y_i^2=\frac{1}{2}\sum_{i=1}^{n}m_iy_i^2\omega^2 \qquad (4\text{-}108)$$

梁跨中央等效单质量 m_0 的最大振动线速度为　$\dot y_0=y_0\omega$

单自由度系统振动时的最大总动能为

$$E_{k\max}^{m_0}=\frac{1}{2}m_0\dot y_0^2=\frac{1}{2}m_0y_0^2\omega^2 \qquad (4\text{-}109)$$

由 $E_{k\max}^{m_0}=E_{k\max}^{\sum m_i}$，则有 $\dfrac{1}{2}m_0y_0^2\omega^2=\dfrac{1}{2}\sum_{i=1}^{n}m_iy_i^2\omega^2$，得到等效单质量为

$$m_0=\sum_{i=1}^{n}m_i\left(\frac{y_i}{y_0}\right)^2 \qquad (4\text{-}110)$$

式中　m_i——结构上任意一个集中质量；

　　　y_i——结构振动时在质量 m_i 处产生的最大位移；

　　　y_0——结构振动时在等效质量换算点（如简支梁的跨中点）产生的最大位移。

由于式（4-110）中 y_i 和 y_0 是两个系统的相同振型曲线上的位移值，它们成比值关系，

所以计算时不必求实际位移，可先用换算点上沿振动方向作用的单位力求 y_0 值，然后按选定的基频振型曲线（挠度）方程求出各质点的 y_i 值。

若多自由度系统各质点等距分布（图 4-20b），则 i 质点的最大位移为 $y_i = y_0 \sin\left(\dfrac{i\pi}{n+1}\right)$，代入式（4-110）得等效的单质量为

$$m_0 = \sum_{i=1}^{n} m_i \left(\frac{y_i}{y_0}\right)^2 = \sum_{i=1}^{n} m_i \sin^2\left(\frac{i\pi}{n+1}\right) \qquad (4\text{-}111)$$

若多自由度系统各质量相等（$m_1 = m_i = m$）且等距分布，则上式变为

$$m_0 = m \sum_{i=1}^{n} \sin^2\left(\frac{i\pi}{n+1}\right) = m \frac{n+1}{2} \qquad (4\text{-}112)$$

由简支梁得知，各相等的集中质量为 $m = \dfrac{m'l}{n+1}$，显然跨中央等效的单质量为

$$m_0 = m \frac{n+1}{2} = \frac{m'l}{n+1} \cdot \frac{n+1}{2} = \frac{m'l}{2}$$

它与式（4-106）的结果相同。

式（4-110）也适用于悬臂梁（杆），计算时需改用相应的振型曲线方程式。

对悬臂梁端的换算质量，可用更为简捷的公式计算，而不需求解结构质点的位移 y_i。若悬臂梁的长度为 l，质点 i 至悬臂梁根部的距离为 l，因 y_i 与 l_i 成一定的比值关系，可设质点 i 的最大振动线速度为 $\dot{y}_i = l_i \omega$，按最大动能等效原理同样可以导出：$m_1 = \sum_{i=1}^{n} m_i \left(\dfrac{l_i}{l}\right)^2$。当悬臂梁质量 $m'l$ 集中在梁中部（$l_i = 0.5l$）时，得 $m_1 = \sum_{i=1}^{n} m_i \left(\dfrac{l_i}{l}\right)^2 = 0.25m'l$，梁的离散质点数越多，$m_1$ 越接近于 $0.33m'l$，见式（4-107）及表 4-31。

起重机常用结构的换算质量所处位置及其计算公式见表 4-31。

确定结构的换算质量后，可按等效单自由度系统计算结构或起重机的铅垂方向自振频率（基频），即

$$f = \frac{\omega}{2\pi} = \frac{1}{2\pi} \sqrt{\frac{K_e}{m_e}} \qquad (4\text{-}113)$$

式中　K_e——等效刚度，当总起升质量 m_2 高位悬挂时，为结构的质量换算点的刚度 $K_e = K_1 = \dfrac{m_2 g}{y_0}$，$y_0$ 为 $m_2 g$ 对结构上物品悬挂点产生的静位移，对双刚性支腿门架，应按一次超静定支承结构计算，单位为 N/m，当总起升质量 m_2 低位悬挂在起升钢丝绳最大下放长度下端时，则为起重机振动系统的等效刚度，参见式（3-9）；

　　　　m_e——等效质量，当总起升质量 m_2 高位悬挂时，为结构的换算质量 m_0（或 m_1）、小车质量 m_x 与总起升质量 m_2 之和，m_0 或 m_1 及其位置见表 4-31，单位为 kg。当总起升质量 m_2 低位悬挂在起升钢丝绳最大下放长度下端时，则为起重机振动系统的等效质量，参见式（3-13）。式（4-113）与式（4-27）是等效的，仅表达形式不同。

表 4-31 起重机常用结构的换算质量所处位置及其计算公式

起重机类型	计算简图	计算公式
桥式起重机	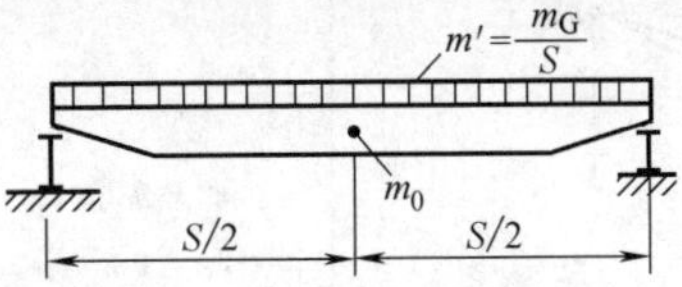 $m' = \dfrac{m_G}{S}$	$m_0 \approx 0.5 m' S$ m'——桥架均布质量
门式起重机、装卸桥	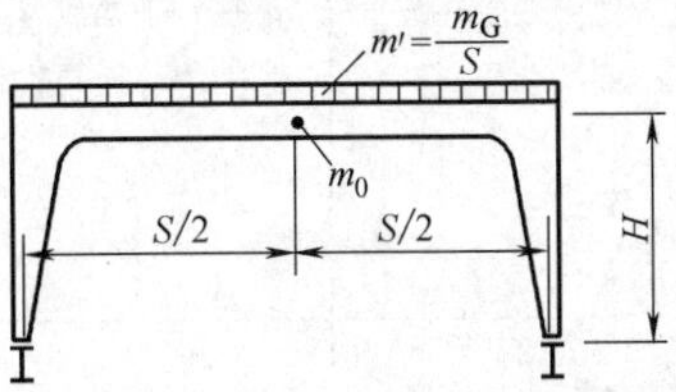 $m' = \dfrac{m_G}{S}$	$m_0 \approx (0.41 \sim 0.50) m' S$ m_G——桥架(不含支腿)质量 S——跨度
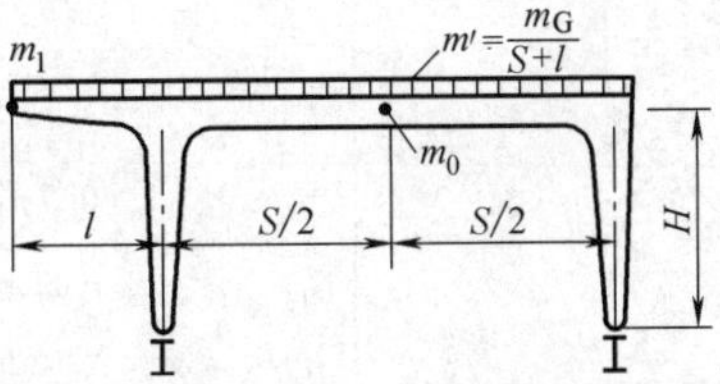	$m' = \dfrac{m_G}{S+l}$	$m_0 \approx (0.41 \sim 0.54) m' S$ $m_1 \approx (0.25 \sim 0.33) m' l$ l——悬臂长度
	$m' = \dfrac{m_G}{S+l_1+l_2}$	$m_0 \approx (0.41 \sim 0.54) m' S$ $m_1 \approx (0.25 \sim 0.33) m' l_1$ l_1——悬臂长度
	$m' = \dfrac{m_G}{S+l_1+l_2}$	$m_0 \approx (0.4 \sim 0.5) m' S$ $m_1 \approx (0.25 \sim 0.33) m' l_1$ l_1——悬臂长度
臂架起重机	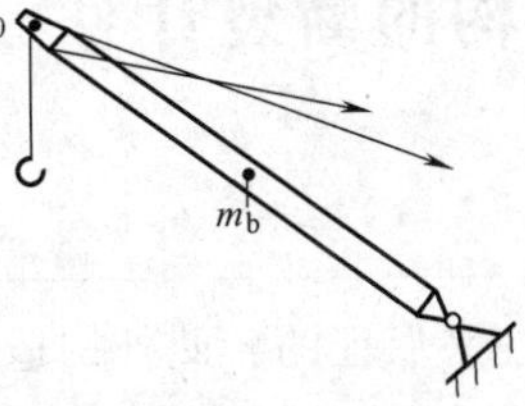	$m_0 \approx 0.3 m_b$ m_b——臂架质量
门座起重机	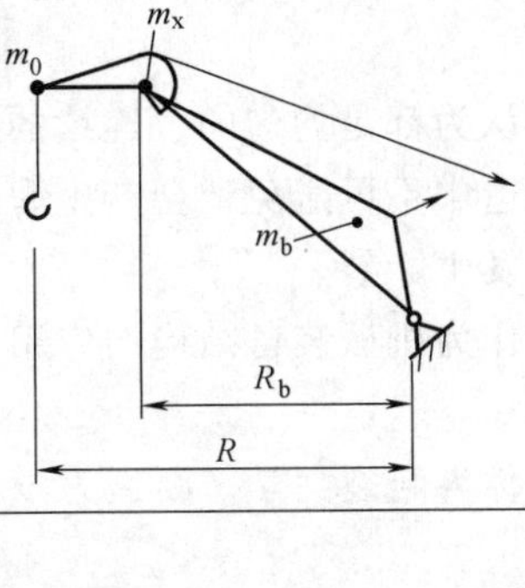	$m_0 \approx (m_x + 0.3 m_b)\left(\dfrac{R_b}{R}\right)^2$ m_x——象鼻架质量,靠近臂架顶端 m_b——臂架质量

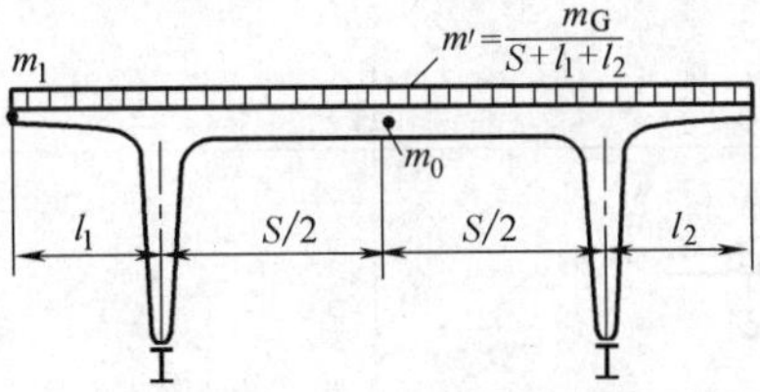

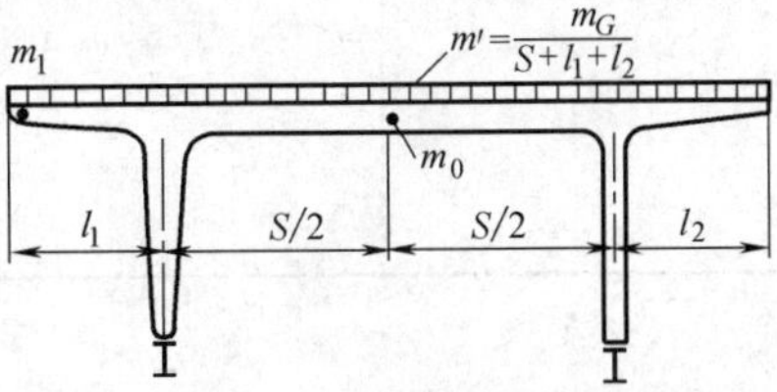

147

（续）

起重机类型	计算简图	计算公式
塔式起重机	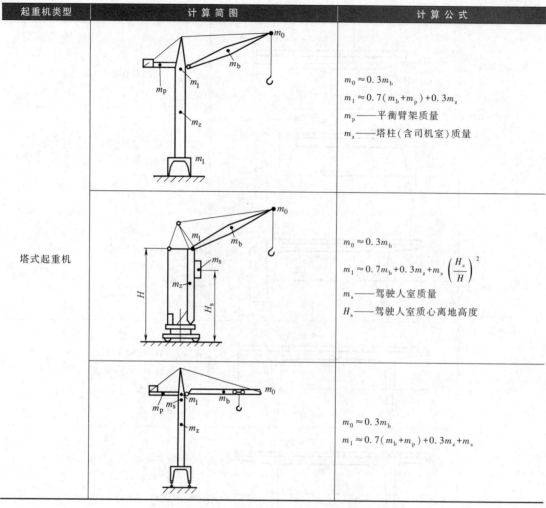	$m_0 \approx 0.3 m_b$ $m_1 \approx 0.7(m_b + m_p) + 0.3 m_z$ m_p——平衡臂架质量 m_z——塔柱（含司机室）质量 $m_0 \approx 0.3 m_b$ $m_1 \approx 0.7 m_b + 0.3 m_z + m_s \left(\dfrac{H_s}{H}\right)^2$ m_s——驾驶人室质量 H_s——驾驶人室质心离地高度 $m_0 \approx 0.3 m_b$ $m_1 \approx 0.7(m_b + m_p) + 0.3 m_z + m_s$

第六节　结构的断裂计算

一、结构的断裂

　　金属结构的性能是由强度、刚度和稳定性来保证的，此外构造的合理性和制造质量的优劣也是影响结构性能的重要因素，因此结构设计时必须全面地考虑这些因素并加以正确解决，使结构具有良好的性能。

　　金属结构的材料按照传统的强度理论，认为都是均匀的、连续的和各向同性的，对于一般的结构设计是合理的。但是金属材料在制造中不可避免地会产生裂纹和缺陷，这些裂纹和缺陷在复杂的受力过程中会逐渐扩展，直至发生断裂。

　　强度高的材料比较硬脆，容易断裂，在作为机械装备结构的应用场合反而不如强度低但韧性好的材料。

　　研究带裂纹缺陷的构件脆性破坏的理论称为断裂力学。断裂力学涉及的领域极广并正在迅速发展中，本节不做全面阐述，只对结构计算中有关的一些问题做简要介绍。

材料的脆性断裂最主要的有两种：一是受变化载荷发生疲劳断裂，二是冷脆断裂。

疲劳断裂多半是由于焊接和制造过程中产生的裂纹缺陷，在变化载荷下因裂纹尖端有过高的集中应力而引起裂纹迅速扩展所造成的。受变化载荷的构件应符合设计要求，尽量避免应力集中，并需进行疲劳强度的验算。

金属材料的性质对温度变化是很敏感的，在低温下，材料变脆，温度下降到某一临界值时，裂纹扩展的速度就突然加快直至断裂。因此，冷脆断裂是突发性的，十分危险，应加以控制。

由于高强度材料韧性较低，所以防止高强度材料脆性断裂是设计中的一项很重要的技术指标。

金属结构常用的材料是韧性较好的 Q235 镇静钢和 Q345 钢，在低温-20℃时的冲击韧度容易保证，可达 $30N \cdot m/cm^2$ 以上，断裂韧度也好，低温下可按一般方法计算。Q235 沸腾钢因生产工艺和条件不同产生许多缺陷，因而承受变化载荷时，特别在低温下工作容易发生脆性破坏，所以对于那些使用 Q235 沸腾钢的结构应进行断裂计算。

二、应力强度因子及临界值

结构在裂纹处存在着应力集中，裂纹能否迅速扩展发生断裂，取决于裂纹尖端的应力应变场的强弱程度，用应力强度因子 K 表示。

裂纹扩展按其变形方向分为三种基本型式：张开型、剪切型和撕开型。对金属结构最有影响的是张开型（受拉力）的裂纹（见图 4-21）。下面讨论张开型裂纹。

当裂纹尖端塑性变形不大时，可按线弹性理论计算应力强度因子 K_1（单位为 $N/mm^{3/2}$），它与截面的应力 σ 成正比，并与裂纹尺寸的二次方根成正比。

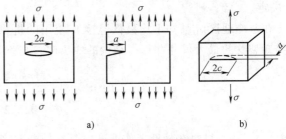

图 4-21　张开型裂纹

a) 穿透裂纹　b) 不穿透裂纹

对图 4-21 中穿透裂纹，有

$$K_1 = 10\sigma\sqrt{\pi a}$$

对不穿透裂纹，一般假定是半椭圆形：$K_1 = 11\sigma\sqrt{\pi a}/\Phi$。

其中

$$\Phi = \int_0^{\frac{\pi}{2}} \left[\sin^2\theta + \left(\frac{a}{c}\right)^2 \cos^2\theta \right]^{\frac{1}{2}} d\theta$$

此椭圆积分函数 $\Phi = f\left(\dfrac{a}{c}\right)$ 可按 $\dfrac{a}{c}$ 比值计算，也可由表 4-32 查取，a 为裂纹深度，$2c$ 为裂纹长度。

表 4-32　椭圆积分 Φ 的数值

a/c	0	0.1	0.2	0.3	0.4	0.5	0.6	0.7	0.8	0.9	1.0
Φ	1.0	1.03	1.05	1.09	1.15	1.21	1.27	1.34	1.41	1.49	$\frac{\pi}{2}$

由工艺产生的表面裂纹通常呈扁椭圆形，a/c 较小，$\Phi \approx 1$，当裂纹扩展接近于半圆形时，$a/c \approx 1$，则 $\Phi \approx \pi/2$。

对金属结构杆件有实际意义的是不穿透的表面裂纹。

对于中等强度以下的钢材（如 Q235 钢），当裂纹尺寸不大时，在裂纹尖端产生塑性变形区，引起应力松弛，K_1 的计算式应加以修正，改为

$$K_1 = \frac{11\sigma\sqrt{\pi a}}{\sqrt{\Phi^2 - 0.212\left(\dfrac{\sigma}{\sigma_s}\right)^2}} \tag{4-114}$$

式中　σ_s——钢材的屈服强度。

应力强度因子 K_1 增长到一定的临界值 K_{1c} 时，裂纹就迅速扩张，使杆件发生断裂破坏。

K_{1c} 是材料抗断裂的力学性能，称为断裂韧度，单位为 $N/mm^{3/2}$。它不仅与材料化学成分有关，还随材料热处理状况而变化，材料的屈服强度越高，K_{1c} 越低，温度越低，K_{1c} 降低得越快。它能反映材料的实际状况，比冲击韧度有更大的优越性，因此可以根据 K_{1c} 进行结构脆性断裂的设计。

K_{1c} 值采用带有裂纹的标准试样在试验机上测定得出。

Q235 沸腾钢在低温下的 K_{1c} 值尚需进行试验测定，或参考有关试验资料。

机械装备结构发生脆断的影响因素是结构实际应力的大小和裂纹尺寸，当二者都较大时，容易发生脆断，因而要求材料有更高的断裂韧度，所以用于低温下工作的机械装备结构，材料的选择应由材料断裂韧度来判断，或者一种材料能用至最低温度的界限，也可由 K_{1c} 决定。

在寒冷地区（已知平均最低温度）使用的机械装备结构，根据工艺条件和材料原有缺陷得知裂纹的最大尺寸并算得结构的应力时，所选用的沸腾钢钢材需满足下式的要求，即

$$K_{1c} \geqslant \frac{11nk\sigma\sqrt{\pi a}}{\sqrt{\Phi^2 - 0.212\left(\dfrac{nk\sigma}{\sigma_s}\right)^2}} \tag{4-115}$$

式中　K_{1c}——材料在最低工作温度应具有的断裂韧度；

　　　　n——安全系数；

　　　　k——应力集中系数，依构件型式和连接构造而定，可从有关文献中查取；

　　　　σ——结构计算部位的应力；

　　　　a——结构计算部位的裂纹深度尺寸。

在寒冷地区工作的机械装备结构，若受拉构件经过无损探伤已知裂纹深度 a 和长度 $2c$ 的数值时，可由式（4-114），令 $K_1 = K_{1c}$，导出引起构件脆性断裂的临界应力，即

$$\sigma_c = \frac{\Phi K_{1c}}{\sqrt{121\pi a + 0.212\left(\dfrac{K_{1c}}{\sigma_s}\right)^2}} \tag{4-116}$$

式中　Φ——由表 4-32 查取的椭圆积分；

　　　　K_{1c}——钢材在低温下（例如 -20℃）测定的张开型断裂韧度，或由文献资料中查取；

　　　　σ_s——钢材的屈服强度。

钢材断裂的许用应力为

$$[\sigma_c] = \frac{\sigma_c}{nk} \tag{4-117}$$

式中 n——安全系数，$n = 1.5 \sim 1.7$，它有强度储备和允许裂纹扩展储备的双重含义；

k——应力集中系数。

计算断裂临界应力时，需要测定结构裂纹尺寸和材料的断裂韧度，裂纹往往是在钢材生产和结构制造时产生的，要找出结构的最大裂纹尺寸，需花费大量时间，因此应该重点对应力较大而材质较差的杆件进行检测和验算。

三、结构的断裂计算

金属结构杆件不发生断裂的条件为

$$\sigma = \frac{N}{A} \leqslant [\sigma_c] \tag{4-118}$$

在低温下工作的机械装备结构，如果使用冲击韧度较低的钢材，为防止脆性断裂，则在结构中裂纹的最大尺寸 a 应满足式（4-119）的要求，即

$$a \leqslant \frac{\Phi^2 - 0.212\left(\dfrac{nk\sigma}{\sigma_s}\right)^2}{121\pi}\left(\frac{K_{1c}}{nk\sigma}\right)^2 \tag{4-119}$$

式中 σ——所检查的杆件（或接头）的计算应力；

其余符号同前。

Q235 沸腾钢在轧制钢材中占有相当大的比重，它的冲击韧度较低，不宜在低温下工作。设计时，如能按线弹性断裂力学方法计算出结构不发生断裂的条件，并依据结构可能承受的应力选择材料，使其能够满足低温工作要求，就可扩大沸腾钢的应用范围。

本 章 小 结

本章主要介绍了机械装备金属结构工作级别的划分（整机的分级；结构件的分级），金属结构的计算原理（广义许用应力/极限状态设计法的概念）和基本规定以及钢材的承载能力，重点阐述结构的强度、刚度、稳定性基于许用应力和极限状态的计算方法，详细介绍了轴心受压构件的极限载荷、极限应力的计算方法，弹塑性临界应力公式的推导，压杆稳定的杆顶等效载荷换算方法，压弯构件的精确计算方法，结构动态分析的质量换算方法，最后简要介绍结构的断裂概念、应力强度因子及临界值和结构的断裂计算方法。

本章应了解机械装备金属结构工作级别的划分原则，计算原理和基本规定，金属结构 3S×2 [Strength、Stiffness、Stability×2 = 静强度、疲劳强度；静刚度、动刚度；整体稳定性、局部（单肢）稳定性] 承载能力的表达方式，结构断裂破坏的概念及计算方法。

本章应理解机械装备金属结构件分级与整机分级的差异性和科学性，构件强度与刚度的计算方法，轴心受压构件的极限载荷与应力的计算方法，弹塑性临界应力公式（即弹性临界应力的折减公式）的推导，压弯构件的精确计算方法，结构动态分析中的质量换算方法对强度、刚度、稳定性计算的理论支承性。

本章应掌握机械装备金属结构强度、刚度和稳定性的计算方法。

第五章

连 接

机械装备金属结构是用连接件将若干构件组成整体结构系统以承受外载荷，而构件的本体或结构的拼装、运输单元的接头均需采用连接来实现。因此，连接设计与构件本身设计同等重要，连接的可靠性对于金属结构的正常工作具有重要影响，必须进行合理选择和正确设计。连接设计必须严格遵循有关规范的规定，力求做到：构造简单、传力可靠、布置合理、便于安装、易于拆卸和工艺先进。金属结构的连接方法主要有焊缝连接、螺栓连接、铆钉连接和销轴连接。

第一节 焊 缝 连 接

一、焊接的方法与构造

焊缝连接是源于 20 世纪初，将连接件局部加热成液态或胶体状态，采用压力或加填充金属使之相互结合成整体的方法。其优点是制造简便、节省钢材、不削弱构件截面、连接刚度好以及易于实现自动化作业，生产效率较高。缺点是在内应力影响下，容易产生残余变形，焊缝对低温的敏感性大。

机械装备金属结构主要采用熔化焊法中的气焊、电弧焊和电渣焊，压焊法中的点焊。

气焊利用氧气和乙炔气体燃烧发热来熔化焊件局部和焊条，以实现金属分子之间的冶炼结合或分离。主要用于薄板焊接或切割金属。

电弧焊利用焊件与焊条（作为电极）之间的触发电弧产生高温来熔化焊件局部和焊条，以实现金属分子间的冶炼结合。按工艺方法可分为电弧焊（手工焊）、埋弧焊（自动焊）和气体保护焊。手工焊的缺点是生产率低，焊接质量取决于焊工自身的技术，为提高生产率和保证焊缝质量，应尽量采用埋弧焊和氩气或二氧化碳气体保护焊。

电渣焊适用于焊接厚度和截面较大的构件，点焊适用于焊接钢管、钢筋和薄板。

焊条是产生电弧、构成焊缝实现焊接的主要工具与原料。涂药焊条用于手工焊；光焊条（焊丝）配合相应焊剂用于自动焊。

1. 焊接接头型式

焊接接头型式主要有三种（见图 5-1）：

（1）对接连接　用对接焊缝或角焊缝及拼接板连接。

（2）搭接连接　用角焊缝或槽焊缝连接。

（3）T形连接和角接统称为顶接　用对接焊缝（板边开坡口的K形或V形焊缝）或角焊缝（板边不开坡口）连接。

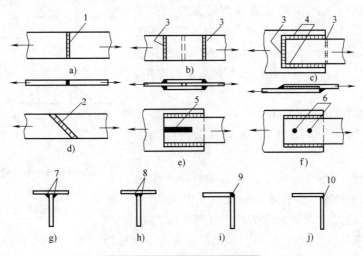

图5-1　焊缝和焊缝连接型式

a）、b）、d）对接　c）、e）、f）搭接　g）、h）T形连接　i）、j）角接

1—正对接焊缝　2—斜对接焊缝　3—端面角焊缝　4—侧面角焊缝　5—槽焊缝

6—塞焊缝（电铆钉）　7、9—顶接角焊缝　8、10—顶接对接焊缝

在焊接接头型式设计时，应避免焊缝立方体交叉和某处焊缝大量集中。同时焊缝应尽可能对称于构件形心布置，尽量采用较小的焊缝尺寸。对接时，优先采用正焊缝连接；受动力载荷的结构采用搭接时，选用疲劳强度较高的围焊缝连接；受压和受弯曲时，多用T形连接，但一般不用于受拉；在顶接连接中，采用角焊缝制造比较简便，而对接焊缝（K形焊缝）虽然比较费工，但传力较为可靠。

2. 焊缝的种类及构造

机械装备金属结构中主要采用对接焊缝和角焊缝两种。

对接焊缝焊接在同一平面内两块钢板对齐的边缘，其主要截面型式如图5-2所示。

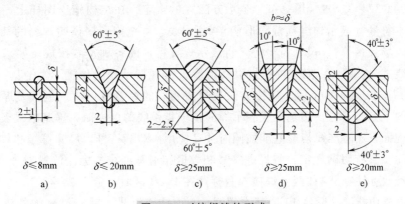

图5-2　对接焊缝的型式

a）I形缝　b）V形缝　c）X形缝　d）U形缝　e）K形缝

角焊缝连接不在同一平面内的两块钢板并在板边或相交处施焊。角焊缝的主要截面型式如图5-3所示。

角焊缝按其长度的连贯性分为连续焊缝和断续（间断）焊缝两种（见图5-4）。连续焊缝多作为受力的工作焊缝，断续焊缝有严重的应力集中，用于不受力的构造焊缝或受力很小的次要焊缝。为保证连接的紧密性和防止潮气进入而引起锈蚀，断续焊缝的净距 e 应符合下列要求：

1）在受压构件中，$e \leqslant 15\delta$。

2）在受拉构件中，$e \leqslant 30\delta$（δ 为较薄焊件的厚度）。

在搭接连接中，为减小偏心力矩在端缝中产生的拉力，搭接长度不得小于焊件较小厚度的 5 倍。

焊缝按焊工施焊的方位分为俯焊、立焊（水平的

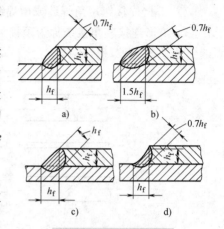

图 5-3 角焊缝的型式

a）正常缝　b）坦式缝
c）深熔缝　d）凹面缝

和垂直的）、仰焊几种（见图5-5）。焊接时应优先采用施焊方便、质量可靠的俯焊缝；仰焊的条件最差，不易保证焊缝质量，应尽量避免。

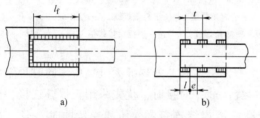

图 5-4 连续焊缝和断续焊缝

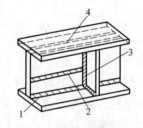

图 5-5 焊缝的空间位置

1—俯焊缝　2—水平焊缝
3—垂直焊缝　4—仰焊缝

二、焊缝的标注

根据 GB/T 324—2008《焊缝符号表示方法》的规定，在结构施工图样上完整的焊缝符号。包括基本符号（表示焊缝横截面形状）、指引线、补充符号（说明焊缝的某些特征，如周围焊缝、现场焊接等）、尺寸符号等。将表示焊缝特征的各种符号按规定要求和格式标写在焊缝指引线（见图5-6）上。焊缝指引线由箭头线（指示焊缝位置）、（实、虚）基准线（标注代号的基线）、尾部（标注焊接方法代号或相同的焊缝数目 N）组成。焊缝符号均标注在基准线的上方或下方，实基准线表示焊缝位于指引线的可视面，虚基准线表示焊缝位于指引线的反视面。实基准线与虚基准线同时并存使用。焊缝符号、尺寸符号和尺寸数值在指引线上的标注位置有明确规定，将焊缝符号和数值相对基准线的标注位置划分为 A~G 七个区域，焊缝参数标注在 A~C 区，焊接参数标注在 D~G 区域。

A 区：主要功能区，标注 13 个基本符号，4 个特殊符号，补充符号中的垫板符号，辅助符号中的平面、凸面和凹面符号。

B区：补充功能区，布置在 A 区的上方或下方，标注焊缝尺寸中的坡口角度 α、坡口面角度 β 和根部间隙 b。

C区：在基本符号的左侧。标注焊缝横截面上的尺寸符号和数值，如钝边 p、坡口深度 H、焊脚尺寸 K、余高 h、焊缝有效厚度 S、根部半径 R、焊缝宽度 c 和熔核直径 d。

D区：在基本符号的右侧。标注交错焊缝符号，标注焊缝的纵向（长度方向）尺寸数值，如焊缝段数 n 值、焊缝长度 l 值和焊缝间距 e 值。

E区：标注补充符号中的三面焊缝符号。

F区：标注补充符号中的现场焊缝符号和周围焊缝符号。

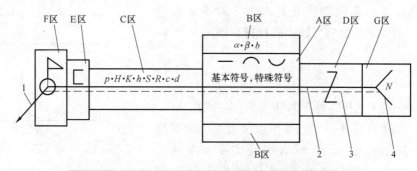

图 5-6　焊缝指引线、焊缝符号及尺寸标注分区示意图
1—箭头线　2—实基准线　3—虚基准线　4—尾部线

G区：标注补充符号中的尾部符号。在尾部符号后标注相同焊缝条数 N 值，以及按照 GB/T 5185—2005《焊接及相关工艺方法代号》、GB/T 3323—2005《金属熔化焊焊接接头射线照相》在尾部标注焊接方法代号、焊缝质量和检测要求。

三、焊缝的强度与许用应力

焊缝的强度与构件材质、焊条型号、连接型式和焊接工艺等有关，焊缝的强度用许用应力（以结构件材料的基本许用应力乘以换算系数而得）来表征，焊缝的许用应力依焊条种类、结构材料、焊缝型式和应力种类而有所不同。在焊缝连接的设计中，焊缝应具有与结构母材同等的综合力学性能。

焊缝承受纵向拉伸、压缩时，计算应力不应超过焊缝纵向拉、压许用应力 $[\sigma_h]$，承受剪切时，计算应力不应超过焊缝的剪切许用应力 $[\tau_h]$。根据焊接条件、焊接方法和焊缝质量分级，焊缝的许用应力 $[\sigma_h]$、$[\tau_h]$ 见表 5-1。

表 5-1　焊缝的许用应力　　　　　　　　　　　　　　　　　　（单位：MPa）

焊缝型式			纵向拉、压许用应力 $[\sigma_h]$	剪切许用应力 $[\tau_h]$
对接焊缝	质量分级	B 级 C 级	$[\sigma]$	$[\sigma]/\sqrt{2}$
		D 级	$0.8[\sigma]$	$0.8[\sigma]/\sqrt{2}$
角焊缝	自动焊、手工焊		—	$[\sigma]/\sqrt{2}$

注：1. 计算疲劳强度时的焊缝许用应力见表 4-16。
　　2. 焊缝质量分级按 GB/T 19418—2003《钢的弧焊接头　缺陷质量分级指南》的规定。
　　3. 表中 $[\sigma]$ 为结构母材的基本许用应力，见表 4-13 及式（4-6）。
　　4. 施工条件较差的焊缝或受横向载荷的焊缝，表中焊缝许用应力宜适当降低。

四、基于许用应力法的焊缝计算

焊缝的实际强度是随机量，由影响焊缝质量和材质性能的多种因素所决定。精确计算焊缝应力很困难。以下介绍一种建立在一定假设基础上、能保证焊缝质量、连接偏于安全的工程实用近似计算方法。焊缝质量采用构造和工艺措施来保证，影响焊缝强度的诸因素则通过试验和统计分析纳入焊缝许用应力中考虑。

1. 简单焊缝的计算

（1）承受轴向力的对接焊缝

1）当构件采用横向对接正焊缝时，对接正焊缝（见图5-7a）的焊缝截面应力按下式计算，即

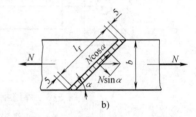

$$\sigma = \frac{N}{l_f \delta} \leqslant [\sigma_h] \qquad (5\text{-}1)$$

式中　N——作用于连接构件上的轴向力（拉或压）；

　　　l_f——焊缝的计算长度，采用引弧板时，取焊缝实际长度 b，否则取焊缝实际长度减去 10mm，用以考虑焊缝起止端未焊透的影响；

　　　δ——连接构件的较小厚度；

　　$[\sigma_h]$——焊缝的拉、压许用应力，由表5-1查取。

图 5-7　承受轴向力的对接焊缝连接

a）正焊缝　b）斜焊缝

当对接正焊缝（如手工焊）的强度低于钢材强度时，为保证其等强度，可采用对接斜焊缝连接（见图5-7b），斜焊缝截面应力按式（5-2）、式（5-3）计算，即

$$\sigma_h = \frac{N\sin\alpha}{l_f \delta} \leqslant [\sigma_h] \qquad (5\text{-}2)$$

$$\tau_h = \frac{N\cos\alpha}{l_f \delta} \leqslant [\tau_h] \qquad (5\text{-}3)$$

式中　α——斜焊缝的倾斜角；

　　$[\tau_h]$——焊缝的剪切许用应力，由表5-1查取。

2）角焊缝连接分为端焊缝、侧焊缝和围焊缝三种型式（见图5-8）。

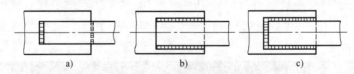

图 5-8　角焊缝的连接型式

a）端焊缝　b）侧焊缝　c）围焊缝

角焊缝连接的破坏形式和焊缝截面应力分布较复杂（见图5-9），为简化计算，假定角焊缝沿强度较小的焊缝分角线平面发生剪切破坏（见图5-9c、e），切应力沿焊缝长度方向为均匀分布。

当轴向力初始作用时，焊缝截面应力沿焊缝长度分布是不均匀的，当轴向力增大使焊缝

端部最大应力达到屈服强度时，焊缝截面应力将趋于均匀（见图 5-10）。

对称构件采用侧焊缝或围焊缝连接时（见图 5-10），根据上述假定，角焊缝截面应力按下式计算：

$$\tau_h = \frac{N}{0.7 h_f \Sigma l_f} \leqslant [\tau_h] \qquad (5\text{-}4)$$

式中　h_f——角焊缝厚度，$0.7 h_f$ 为角焊缝的计算厚度，如采用自动焊或深熔焊，计算厚度取为 h_f；

　　　Σl_f——连接缝一侧焊缝计算长度之和。

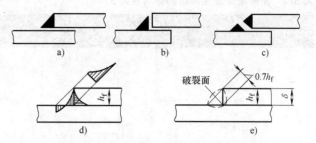

图 5-9　角焊缝的破坏型式和应力分布

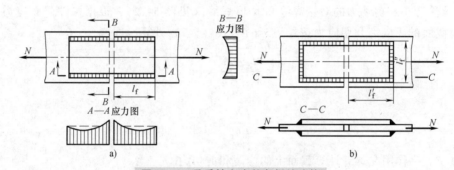

图 5-10　承受轴向力的角焊缝连接

考虑焊缝的应力集中、焊接热影响及焊接缺陷等不利因素的影响，角焊缝连接的尺寸应符合下列要求：

① 角焊缝的最小厚度 $h_{fmin} \geqslant 4mm$。

② 最大厚度 $h_{fmax} \leqslant 1.2 \delta_{min}$（$\delta_{min}$ 为连接构件的较小厚度）。

③ 角焊缝的计算长度 $l_f \geqslant 8 h_f$。

④ 侧焊缝的计算长度 $l_f \leqslant 60 h_f$（受静载荷），$l_f \leqslant 40 h_f$（受动载荷）；若焊缝长度超过上述数值时，其超过部分在计算中不予考虑。若内力沿焊缝全长分布（如梁的翼缘焊缝），则长度不受此限。

不对称构件（如角钢）采用角焊缝连接（见图 5-11）时，侧焊缝面积的分配应保证焊缝形心与构件截面的形心重合或接近。

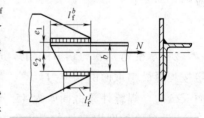

图 5-11　用侧焊缝连接不对称构件

当焊缝厚度相同时，角钢肢背或肢尖焊缝的长度按下式计算，即

$$l_f^i = \frac{K_i N}{0.7 h_f [\tau_h]} + 10mm (i = b, j) \qquad (5\text{-}5)$$

式中　l_f^i——角钢侧焊缝的长度，肢背为 l_f^b，肢尖为 l_f^j，单位为 mm；

　　　K_i——角钢肢背与肢尖焊缝的分配系数，由表 5-2 查取。

（2）承受弯矩和剪切力共同作用的焊缝

表 5-2 角钢搭接连接焊缝的分配系数 K_i

角钢种类	连接型式	K_i	
		肢 背	肢 尖
等边角钢		0.70	0.30
不等边角钢		0.75	0.25
不等边角钢		0.65	0.35

1）承受弯矩和剪切力的对接焊缝和 K 形焊缝（见图 5-12），根据构件截面应力计算方法，焊缝截面的正应力和切应力按式（5-6）、式（5-7）计算，即

$$\sigma_{\mathrm{h}} = \frac{M}{W_{\mathrm{f}}} = \frac{6M}{l_{\mathrm{f}}^2 h_{\mathrm{f}}} \leqslant [\sigma_{\mathrm{h}}] \tag{5-6}$$

$$\tau_{\mathrm{h}} = \frac{FS_{\mathrm{f}}}{I_{\mathrm{f}} h_{\mathrm{f}}} \leqslant [\tau_{\mathrm{h}}] \tag{5-7}$$

式中 M、F——作用在焊缝计算截面上的弯矩和剪切力；

W_{f}——焊缝截面对中性轴的抗弯截面系数；

I_{f}——焊缝截面对中性轴的惯性矩；

S_{f}——焊缝截面中性轴以上部分的静矩；

l_{f}——焊缝的计算长度，取板宽减去 10mm；

h_{f}——焊缝的计算厚度，取为板厚 δ。

对于焊缝中切应力和正应力均较大处（如梁腹板与翼缘的连接处），应按下式计算折算应力，即

$$\sqrt{\sigma_{\mathrm{h}}^2 + 2\tau_{\mathrm{h}}^2} \leqslant [\sigma_{\mathrm{h}}] \tag{5-8}$$

2）承受弯矩和剪切力的角焊缝（见图 5-13），与受轴向力构件的焊缝连接一样，仍假定按焊缝最小截面的切应力计算，虽然并不符合实际，但实践证明，采用本计算方法是简便而安全的。焊缝计算截面取为 45°分角面（A—A 截面），计算时假定：①剪切力产生的切应力 τ_F 沿焊缝长度均匀分布；②弯矩产生的切应力 τ_M 呈直线分布，中性轴处为零。τ_F 与 τ_M 在计算截面上的方向互相垂直，焊缝边缘的最大组合切应力按下式计算，即

$$\tau_{\mathrm{h}} = \sqrt{\tau_F^2 + \tau_M^2} = \sqrt{\left(\frac{F}{A_{\mathrm{f}}}\right)^2 + \left(\frac{M}{W_{\mathrm{f}}}\right)^2} \leqslant [\tau_{\mathrm{h}}] \tag{5-9}$$

式中 W_{f}——焊缝计算截面对其中性轴的抗弯截面系数，$W_{\mathrm{f}} = 2 \times \dfrac{0.7 h_{\mathrm{f}} l_{\mathrm{f}}^2}{6}$；

A_{f}——焊缝计算截面的面积，$A_{\mathrm{f}} = 2 \times 0.7 h_{\mathrm{f}} l_{\mathrm{f}}$。

158

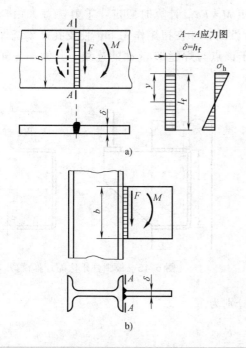

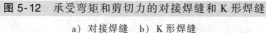

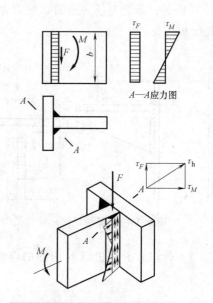

159

图 5-12　承受弯矩和剪切力的对接焊缝和 K 形焊缝

a）对接焊缝　b）K 形焊缝

图 5-13　承受弯矩和剪切力的角焊缝

2. 复杂焊缝的计算

（1）支托焊缝连接

1）轴惯性矩法。图 5-14 所示支托与柱采用角焊缝连接，计算时假定：①剪切力 F 仅由竖直焊缝平均承受；②焊缝与构件变形一致；③弯矩 $M = Pe$ 由全部焊缝承受，弯矩产生的切应力与其至组合焊缝计算截面形心轴 x-x 的距离 y 成正比，则由剪切力 F 和弯矩 M 引起的焊缝切应力分别为

$$\tau_F = \frac{F}{A'_f} \tag{5-10}$$

$$\tau_M = \frac{My}{I_f} \tag{5-11}$$

式中　　A'_f——竖直焊缝的计算截面面积，$A'_f = 1.4 h''_f l$；

$\quad\quad I_f$——焊缝组合截面惯性矩，$I_f = 2\left[\dfrac{0.7 h''_f l^3}{12} + 0.7 h''_f l \left(h_2 - \dfrac{l}{2}\right)^2\right] + 0.7 h'_f b \left(h_1 - 0.35 h'_f\right)^2$，

$\quad\quad$ 其中 $h_2 = \dfrac{0.7 h'_f b (l + \delta + 0.35 h'_f) + 0.7 h''_f l^2}{0.7 h'_f b + 1.4 h''_f l}$，$h_1 = l + \delta + 0.7 h'_f - h_2$；

$\quad\quad y$——焊缝截面上计算点至形心轴 x 的距离。

竖焊缝边缘的最大组合切应力为

$$\sqrt{\tau_F^2 + \tau_M^2} \leqslant [\tau_h] \tag{5-12}$$

2）极惯性矩法。图 5-15 所示是采用角焊缝连接的支托结构，用以承受偏心载荷。偏心

载荷 F 转化为通过焊缝形心的剪切力 F 和扭矩 $M = Fa$。计算时假定：①剪切力 F 由全部焊缝平均承受；②连接构件是刚体，而焊缝是弹性的；③在扭矩作用下，使支托产生绕焊缝形心 O 旋转，焊缝上任一点的切应力方向垂直于该点与焊缝形心 O 的连线，其大小与连线的长度成正比。

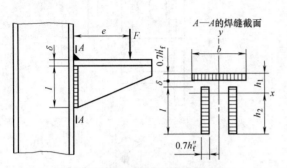

图 5-14　轴惯性矩法的计算模型　　　　图 5-15　极惯性矩法的计算模型

由剪切力 F 和扭矩 M 引起的焊缝切应力分别为

$$\tau_F = \frac{F}{A_f} \tag{5-13}$$

$$\tau_M = \frac{Mr_i}{I_p} \tag{5-14}$$

式中　A_f——焊缝总的计算截面面积；

　　　r_i——计算点至焊缝形心（极点）的距离；

　　　I_p——焊缝计算截面对形心（极点）的极惯性矩，$I_p = \int_A r^2 dA$，且 $I_p = I_x + I_y$。

焊缝截面任意点的组合切应力为 $\tau_h = \sqrt{\tau_F^2 + \tau_M^2 + 2\tau_F\tau_M\cos\beta}$，$\beta$ 为 τ_F 与 τ_M 的夹角，且应按最大切应力 τ_{hmax} 验算焊缝强度，即

$$\tau_{hmax} \leqslant [\tau_h] \tag{5-15}$$

（2）混合连接　设计接头时，因构件局部构造，有时需采用混合连接来共同承受作用力或起加固作用。

1）角焊缝与塞焊缝（电焊铆钉）连接（见图 5-16）。在轴向力 N 作用下，焊缝的总面积 A_f（塞焊缝的总面积 A_d 与侧面角焊缝的总面积 A_c 之和）应满足的强度条件为

$$A_f = A_c + A_d \geqslant \frac{N}{[\tau_h]} \tag{5-16}$$

式中　A_c——侧焊缝的总计算面积，$A_c = 0.7h_f\Sigma l_c$；

　　　Σl_c——侧焊缝的总计算长度；

　　　A_d——塞焊缝的总面积（电焊铆钉的总剪切面积），$A_d = n\dfrac{\pi d^2}{4}$；

　　　n、d——电焊铆钉的数目和直径。

当侧焊缝的长度和厚度确定后，塞焊缝（电焊铆钉）的直径为

$$d \geq \sqrt{\frac{4(N/[\tau_{\mathrm{h}}]-A_{\mathrm{c}})}{n\pi}} \qquad (5\text{-}17)$$

2）角焊缝与对接正焊缝连接。拼接板与正焊缝共同承受轴向力 N 的作用（见图5-17），假定正焊缝与拼接板等强度，拼接板用周围角焊缝连接在构件上，则沿正焊缝截面计算所需拼接板的截面面积为

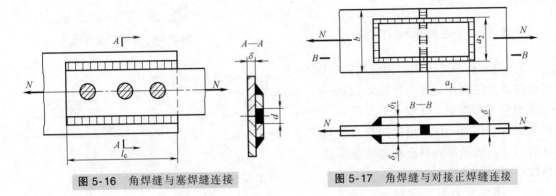

图 5-16 角焊缝与塞焊缝连接   图 5-17 角焊缝与对接正焊缝连接

$$A_{\mathrm{p}} = \frac{N}{[\sigma_{\mathrm{h}}]} - A_{\mathrm{z}} \qquad (5\text{-}18)$$

拼接板角焊缝应力为

$$\tau_{\mathrm{h}} = \frac{N - A_{\mathrm{z}}[\sigma_{\mathrm{h}}]}{0.7h_{\mathrm{f}}\Sigma l_{\mathrm{f}}} \leq [\tau_{\mathrm{h}}] \qquad (5\text{-}19)$$

式中　A_{p}——两块拼接板的截面面积，$A_{\mathrm{p}}=2a_2\delta_1$，若设定 δ_1，可求得 a_2；

　　　A_{z}——对接正焊缝的截面面积（$A_{\mathrm{z}}=b\delta$）；

　　　Σl_{f}——正焊缝一侧的角焊缝总长度。

在焊缝连接时，若焊接构造或焊接工艺不合理，会使焊缝中产生气孔、夹渣等缺陷，从而引起应力集中，使焊接区过早地出现疲劳裂纹，导致连接接头疲劳强度的降低或破坏。

3. 焊缝连接抗疲劳的合理构造

焊缝连接的疲劳强度常低于静强度，故对直接承受连续重复载荷的结构件或连接接头，除计算静强度外，还应计算疲劳强度。

为了提高焊接接头的静强度和疲劳强度，必须设计合理的构造和采用最佳的焊接工艺，通常采用以下措施来保证：

1）优先采用对接正焊缝连接。优良正焊缝的疲劳强度接近于主体金属，而角焊缝的疲劳强度比正焊缝低得多，所以在需要用角焊缝焊接的搭接连接中应优先采用围焊缝，且在转角处不允许断焊。

2）尽量采用自动焊和气体保护焊，选用与焊件材料相适应的优质焊条和适宜的焊接程序，避免仰焊和立焊，使所焊部分能自由收缩，以减少焊接的缺陷、应力和变形。

3）不要任意加大焊缝，避免焊缝的密集和交叉，使焊缝形心与构件截面的形心重合，防止偏心连接，对受力焊缝不采用断续焊缝连接。

4）为了避免焊缝起止点处出现凹形坡口，产生大的应力集中，必须在正焊缝的两端采用引弧板（见图5-18），角焊缝表面应做成平面或凹面形状（见图5-19），焊缝截面直角边

的比例为：端缝 1∶1.5（长边顺内力方向）；侧缝 1∶1，尽量将焊缝表面磨平。

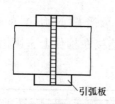

图 5-18　焊缝两端设置引弧板

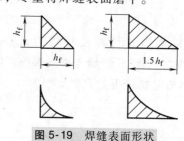

图 5-19　焊缝表面形状

5）宽度或厚度不同的构件对接时，对接焊缝处的钢板宽度和厚度均应从一侧或两侧逐渐改变，并做成不大于 1∶4 的斜度（见图 5-20）。用连接板连接构件时，连接板端部的厚度和宽度也应逐渐减小（见图 5-21）。

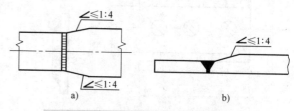

图 5-20　宽度或厚度不相同的构件对接

6）桁架节点板不宜过大，应尽量减少外露的尖角，重型桁架的节点板应尽量采用平滑过渡（见图 5-22）。

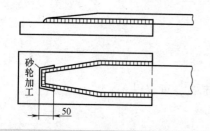

图 5-21　连接板端部与构件的合理连接

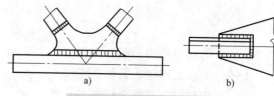

图 5-22　节点板的合理形状

五、基于极限状态法的焊缝计算

1. 对接焊缝

焊接设计正应力 $\sigma_{W,Sd}$ 和焊接设计切应力 $\tau_{W,Sd}$ 按式（5-20）计算：

$$\sigma_{W,Sd} = \frac{F_\sigma}{a_r l_r}, \quad \tau_{W,Sd} = \frac{F_\tau}{a_r l_r} \qquad (5\text{-}20)$$

式中　F_σ——法向作用力（见图 5-23）；

$\quad\quad$ F_τ——切向作用力（见图 5-23）；

$\quad\quad$ a_r——焊缝的有效厚度；

$\quad\quad$ l_r——焊缝的有效长度。

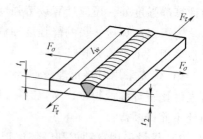

图 5-23　对接焊缝

焊缝的有效厚度 a_r 按下式计算：

$$a_r = \min(t_1, t_2) \qquad 对于全熔透焊缝$$
$$a_r = 2a_i \qquad 对于双面对称熔透焊缝$$

$$(5\text{-}21)$$

式中　a_i——焊缝的厚度，不涉及单面部分熔透对接焊缝；

a_r——焊缝的有效厚度；

t_1，t_2——板厚。

通常，焊缝的有效长度 $l_r = l_w - 2a_r$（连续焊）。采用特殊手段确保整个焊接长度等于有效长度时，可按式（5-22）计算：

$$l_r = l_w \qquad (5\text{-}22)$$

式中 l_w——焊缝长度（见图 5-23）。

2. 角焊缝

焊接设计正应力 $\sigma_{W,Sd}$ 和焊接设计切应力 $\tau_{W,Sd}$ 按式（5-23）计算：

$$\sigma_{W,Sd} = \frac{F_\sigma}{a_{r1} l_{r1} + a_{r2} l_{r2}}, \qquad \tau_{W,Sd} = \frac{F_\tau}{a_{r1} l_{r1} + a_{r2} l_{r2}} \qquad (5\text{-}23)$$

式中 F_σ——法向作用力（见图 5-24）；

F_τ——切向作用力（见图 5-24）；

a_r——焊缝的有效厚度（见图 5-24），$a_{ri} = a_i$；

l_r——焊缝的有效长度。

焊缝有效厚度 a_r 的取值范围为 $a_r \leqslant 0.7\min(t_1,\ t_2)$。结构能力验证中，已考虑了 F_σ 和 $\sigma_{W,Sd}$ 对平面内的剪切分量的影响。

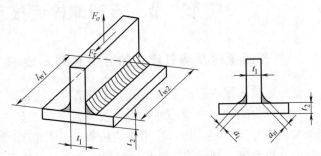

图 5-24 接头尺寸

3. 全熔透的 T 形接头

焊接设计正应力 $\sigma_{W,Sd}$ 和焊接设计切应力 $\tau_{W,Sd}$ 可采用式（5-24）计算：

$$\sigma_{W,Sd} = \frac{F_\sigma}{a_{r1} l_{r1} + a_{r2} l_{r2}}, \qquad \tau_{W,Sd} = \frac{F_\tau}{a_{r1} l_{r1} + a_{r2} l_{r2}} \qquad (5\text{-}24)$$

式中 F_σ——法向作用力（见图 5-25）；

F_τ——切向作用力（见图 5-25）；

a_r——焊缝的有效厚度，$a_{ri} = a_i + a_{hi}$；

l_r——焊缝的有效长度（见图 5-26）。

焊缝有效厚度 a_r 的取值范围为 $a_r \leqslant 0.7\min(t_1,\ t_2)$。

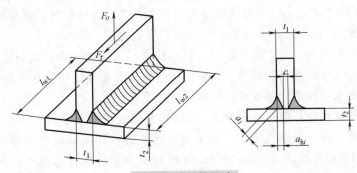

图 5-25 结构尺寸

163

4. 集中载荷作用下的有效分布长度

为简化，焊接设计应力 $\sigma_{W,Sd}$ 和 $\tau_{W,Sd}$ 可采用式（5-25）计算：

$$l_r = 2h_d\tan\kappa + \lambda \qquad (5\text{-}25)$$

式中　l_r——等效分布长度；

$\quad\quad h_d$——轨道下端平面与接触面的水平距离；

$\quad\quad \lambda$——接触面的长度；

$\quad\quad \kappa$——分布角，$\kappa \leqslant 45°$。

对于车轮而言，λ 的取值为 $\lambda = 0.2r$，且 $\lambda_{max} = 50mm$。r 为车轮的半径。

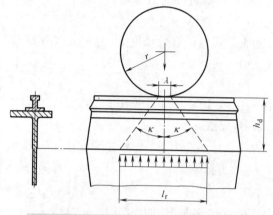

图 5-26　集中载荷作用下的有效分布长度

第二节　普通螺栓连接和铆钉连接

一、普通螺栓及铆钉连接的分类和基本要求

螺栓连接和铆钉连接是最早用于金属结构的连接方法。

铆接分为热铆和冷铆两种。铆接需要先在被连接件上预制孔，热铆是铆钉在炽热状态（800℃左右）下，插入铆钉孔用铆钉枪铆合；冷铆则是在常温下用冷铆机进行铆合，承载结构应采用热铆。铆接的优点是对经常承受动载及在低温下工作的结构有较高的可靠性，韧性和塑性较好，质量检查方便。但铆钉连接工艺复杂，费工费时，现已很少采用。

普通螺栓连接的优点是施工简单，拆装方便，不需特殊的设备。其缺点是用钢量大。螺栓连接适用于安装连接和需要经常拆卸的结构。

普通螺栓连接与铆钉连接在计算方法、连接型式、栓钉排列和制孔方法上基本相同。

螺栓按照性能等级（GB/T 3098.1—2010）分为 3.6、4.6、4.8、5.6、5.8、6.8、8.8、9.8、10.9、12.9 十个等级，其中 8.8 级（含）以上螺栓材质为低碳合金钢或中碳钢并经热处理（淬火、回火），通称为高强度螺栓，8.8 级以下（不含）通称普通螺栓。

螺栓性能等级标号由两部分数字组成，分别表示螺栓的公称抗拉强度和材质的屈服强度比。例如性能等级 4.6 级的螺栓含义为：第一部分数字（4.6 中的"4"）为螺栓材质公称抗拉强度（MPa）的 1/100；第二部分数字（4.6 中的"6"）为螺栓材质屈服强度比的 10 倍；两部分数字的乘积（4×6＝"24"）为螺栓材质公称屈服强度（MPa）的 1/10。

普通螺栓按照形式可分为六角头螺栓、双头螺柱、沉头螺栓等；按制作精度可分为 A、B、C 三个等级，A、B 级为精制螺栓，C 级为粗制螺栓。粗制螺栓制造精度低、价格低廉、安装方便，但只能承受拉力，而精制螺栓可同时承受拉力和剪切力。

铆钉和螺栓的材料应具有良好的塑性，以适应打铆或机加工等工艺要求，它们由普通碳素钢或铆螺钢制成。在金属结构上，一般采用半圆头铆钉和六角螺母的螺栓。杆径为 16～24mm 的螺栓多用于构件连接，30mm 及 36mm 的螺栓多用于部件连接。粗制螺栓的孔径比杆径大，见表 5-3。用于铰制孔的精制螺栓，杆径与孔径紧配合，孔径与杆径的间隙不得超出 0.2~0.3mm 的范围，计算时用杆径，其螺纹直径与杆径尺寸见表 5-4。铆钉的孔径比直径大 1~2mm，见表 5-5，打铆后钉杆充满钉孔，故计算时用孔径，常用的铆钉孔直径为：$d=15$mm，17mm——用作联系铆钉；$d=19$mm，21.5mm——用于主要的承载构件；$d=23.5$mm，25.5mm——用于厚度较大的构件。

表 5-3 粗制螺栓的直径与孔径（GB/T 5277—1985） （单位：mm）

螺栓直径 d		12	(14)	16	(18)	20	(22)	24	(27)	30	(33)	36	42	48
螺纹内径 d_0		10.105	11.835	13.835	15.294	17.294	19.294	20.753	23.753	26.211	29.211	31.67	37.129	42.588
孔径	精装配	13	15	17	19	21	23	25	28	31	34	37	43	50
	中等装配	13.5	15.5	17.5	20	22	24	26	30	33	36	39	45	52
	粗装配	14.5	16.5	18.5	21	24	26	28	32	35	38	42	48	56

注：（ ）内直径不推荐使用。

表 5-4 精制螺栓的螺纹直径与杆径（GB/T 27—2013） （单位：mm）

螺纹	外径 d_1	16	(18)	20	(22)	24	(27)	30	36	42	48
	内径 d_2	13.835	15.294	17.294	19.294	20.753	23.753	26.211	31.67	37.129	42.588
杆径 d		17	19	21	23	25	28	32	38	44	50

注：（ ）内直径不推荐使用。

表 5-5 铆钉的直径与孔径（GB/T 152.1—1988） （单位：mm）

铆钉直径 d_0	12	(14)	16	(18)	20	(22)	24	(27)	30	36	42	48
孔径 d	13	15	17	19	21.5	23.5	25.5	28.5	32	38	44	50

注：（ ）内直径不推荐使用。

铆钉的杆长按下式计算：

$$L=1.12\Sigma\delta+1.4d_0 \tag{5-26}$$

式中 d_0——铆钉打铆前的杆径；

$\Sigma\delta$——连接杆件的总厚度，一般应使 $\Sigma\delta\leqslant5d$（d 为铆钉孔径），当 $\Sigma\delta>5d$ 时，则应采用螺栓连接。

栓接和铆接均可做成对接（用拼接板）、搭接和顶接的形式（见图 5-23）。在连接接头上排列布置形成螺栓（铆钉）群，最好采用同一孔径，尽量减少构件同一截面的孔数，使螺栓（铆钉）群形心与构件轴线（各截面形心的连线）重合，连接接头设计力求构造简单，排列紧凑，安全可靠，便于制造和安装。螺栓（铆钉）在连接件上的排列应符合表 5-6 中的要求和有关设计规定。

表 5-6 螺栓或铆钉的排列

名 称		位置和方向		最大容许距离（取两者较小值）	最小容许距离
中心间距		外排（垂直内力方向或沿内力方向）		$8d$ 或 12δ	$3d$
	中间排	垂直内力方向		$16d$ 或 24δ	
		沿内力方向	受压构件	$12d$ 或 18δ	
			受拉构件	$16d$ 或 24δ	
		沿对角线方向		—	

（续）

名 称	位置和方向			最大容许距离（取两者较小值）	最小容许距离
中心至构件边缘的距离	沿内力方向			4d 或 8δ	2d
	垂直于内力方向	剪切边或手工气割边			1.5d
		轧制边、自动气割或锯削边	高强螺栓		1.5d
			其他螺栓或铆钉		1.2d

注：1. d 为螺栓或铆钉的孔径，δ 为外层较薄板件的厚度。

2. 钢板边缘与刚性构件（如角钢、槽钢等）相连的螺栓或铆钉的最大间距，可按中间排的数值选用。

金属结构中的栓接和铆接，应采用下述方法制孔（Ⅰ类孔），即

（1）在装配好的结构件上按设计孔径钻成的孔。

（2）在单个结构件上按设计孔径分别用钻模钻成的孔。

（3）在单个构件上先钻成或冲成较小的孔径，然后在装配好的结构件上再扩钻至设计孔径的孔。

二、螺栓、销轴和铆钉的许用应力

螺栓和铆钉的强度与应力种类、螺栓、销轴和铆钉材料、制孔方法、螺栓精度及类别有关。普通螺栓、销轴和铆钉连接的许用应力见表5-7。

表5-7 普通螺栓、销轴和铆钉连接的许用应力

连接种类	应力种类	符号	螺栓、销轴和铆钉许用应力	被连接构件承压许用应力
A、B级螺栓连接（Ⅰ类孔）（5.6、6.8、8.8级）	拉伸	$[\sigma_l^l]$	$0.8\sigma_{SP}/n$	—
	单剪切	$[\tau_j^l]$	$0.6\sigma_{SP}/n$	—
	双剪切	$[\tau_j^l]$	$0.8\sigma_{SP}/n$	—
	承压	$[\sigma_c^l]$	—	$1.8[\sigma]$
C级螺栓连接（4.6、4.8级）	拉伸	$[\sigma_l^l]$	$0.8\sigma_{SP}/n$	—
	剪切	$[\tau_j^l]$	$0.6\sigma_{SP}/n$	—
	承压	$[\sigma_c^l]$	—	$1.4[\sigma]$
销轴连接	弯曲	$[\sigma_w^x]$	$[\sigma]$	—
	剪切	$[\tau_j^x]$	$0.6[\sigma]$	—
	承压	$[\sigma_c^x]$	—	$1.4[\sigma]$
铆钉连接（Ⅰ类孔）	单剪	$[\tau_j^m]$	$0.6[\sigma]$	$1.5[\sigma]$
	双剪、复剪	$[\tau_j^m]$	$0.8[\sigma]$	$2[\sigma]$
	拉伸	$[\sigma_l^m]$	$0.2[\sigma]$	—

注：1. σ_{SP}——与螺栓性能等级相应的螺栓保证应力（屈服强度），按 GB/T 3098.1—2010 的规定选取。

2. n——安全系数，按表4-13确定。

3. $[\sigma]$——与销轴、铆钉或构件相应钢材的基本许用应力，见表4-13或式（4-6）。

4. 当销轴在工作中可能产生微动时，其承压许用应力应乘以0.5予以降低。

5. 工地安装的连接铆钉，其许用应力应乘以0.9予以降低。

6. 当为埋头或半埋头铆钉时，表中数值应乘以0.8予以降低。

三、基于许用应力法的栓接和铆接计算

1. 单个螺栓（铆钉）的许用承载能力

（1）栓接和铆接的受力及破坏形式 栓接和铆接按受力性质分为受剪连接和受拉连接

两种（见图 5-27a、b 和 c）。

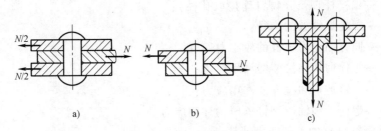

图 5-27　受剪连接和受拉连接

a）对接　b）搭接　c）顶接

在受剪连接中，螺栓的预紧力和铆钉的铆合压紧力均较小或不做要求，因此连接面上的摩擦力通常不足以平衡外力作用，当连接面产生相对滑移时，使栓（钉）杆与孔壁接触，从而使栓（钉）杆受剪、孔壁受压。

受剪连接可能出现下列几种破坏形式（见图 5-28）：

1）栓（钉）杆剪切破坏。较为常见。

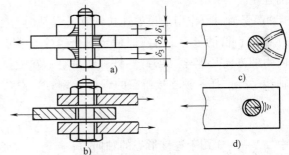

图 5-28　受剪连接的破坏形式

2）孔壁挤压破坏。较为常见，其现象是孔的一边被压坏变为椭圆孔。

3）杆身挤压破坏。较为少见，在板材较硬且厚度较薄时会出现这种破坏。采用较厚板可以避免。

4）被连接构件剪切破坏（被连接板件在孔削弱最严重的截面裂断）。试验证明，当螺栓（铆钉）排列满足规定要求时，可以避免这种破坏。

在受拉连接中，外载荷使被连接件的接触面有相互脱开的趋势，若螺栓（铆钉）受过大的拉力会产生螺栓拉断（在螺纹截面）或铆钉头拉脱（颈部拉断）。

（2）栓接和铆接的许用承载能力计算　在受剪连接承载能力计算时，为简化计算，假定各螺栓（铆钉）同时抵住孔壁，均匀传力，且忽略摩擦的影响。

在受剪连接中，栓接和铆接的承载能力为

单栓抗剪
$$[P_{\mathrm{j}}^{l}] = n_{\mathrm{j}} \frac{\pi d^2}{4} [\tau_{\mathrm{j}}^{l}] \tag{5-27}$$

单钉抗剪
$$[P_{\mathrm{j}}^{m}] = n_{\mathrm{j}} \frac{\pi d^2}{4} [\tau_{\mathrm{j}}^{m}] \tag{5-28}$$

孔壁承压
$$[P_{\mathrm{c}}] = d\Sigma\delta[\sigma_{\mathrm{c}}] \tag{5-29}$$

在受拉连接中，栓接和铆接的承载能力为

单栓抗拉
$$[P_{1}^{l}] = \frac{\pi d_0^2}{4} [\sigma_{1}^{l}] \tag{5-30}$$

单钉抗拉
$$[P_{1}^{m}] = \frac{\pi d^2}{4} [\sigma_{1}^{m}] \tag{5-31}$$

式中　　　　n_j——单个螺栓或铆钉的受剪面数，单剪 $n_j=1$，双剪 $n_j=2$；

　　　　　　d——螺栓杆直径（铆钉连接取孔径）；

　　　　　　d_0——螺栓螺纹处的内径；

　　　　　　$\Sigma\delta$——同方向受力板件的较小总厚度；

$[\tau_j^l]$、$[\sigma_l^l]$——螺栓剪切和拉伸的许用应力；

$[\tau_j^m]$、$[\sigma_l^m]$——铆钉剪切和拉伸的许用应力；

　　　　$[\sigma_c]$——螺栓、销轴或铆钉承压的许用应力。

2. 螺栓（铆钉）群的承载能力计算

（1）受轴向力作用的连接

1）受轴向力作用的连接计算方法。对受轴向力（含拉、压）和剪切力的连接，首先根据螺栓（铆钉）群中相应最小许用承载能力计算连接所需的螺栓（铆钉）数目，然后按构造和工艺条件及螺栓（铆钉）的排列要求进行合理布置，最后验算构件连接件处被削弱截面的强度。

2）受轴向力作用的拉剪连接计算。受轴向力作用的螺栓（铆钉）群，其轴向力通过螺栓（铆钉）群的形心，计算时假定每个螺栓（铆钉）所受的力相等。在受剪连接中，构件轴向力的方向与螺栓（铆钉）杆轴线垂直；在受拉连接中，构件轴向力方向与螺栓（铆钉）杆轴线平行。任一种连接所需的螺栓（铆钉）总数可按下式计算：

$$n \geqslant \frac{N}{[P]_{\min}} \qquad (5\text{-}32)$$

式中　　N——作用于连接形心的轴向力；

　　$[P]_{\min}$——连接上单个螺栓（铆钉）的最小许用承载能力，受剪连接取 $[P_j]$ 和 $[P]$ 中较小值，受拉连接取 $[P_1]$。

对单面搭接的偏心受剪连接，由于两构件不在同一平面内，受力后会产生附加弯矩，因此实际采用的螺栓（铆钉）数目应比计算值增加 10%。对受拉连接，考虑各螺栓预紧力不均匀，实际采用的螺栓数目应为计算值的两倍。

受剪连接中被孔削弱处连接构件的强度按下式验算：

$$\sigma = \frac{N}{A_{j\min}} \leqslant [\sigma] \qquad (5\text{-}33)$$

式中　　$A_{j\min}$——被连接构件的最小净面积（见图 5-29）。并列布置时为第一列螺栓（铆钉）所在的截面（见图 5-29a Ⅰ-Ⅰ）；错列布置时被连接构件可能沿直线截面（见图 5-29b Ⅰ-Ⅰ）或沿齿状截面（见图 5-29b Ⅱ-Ⅱ）破坏，其净面积按下式计算：

Ⅰ-Ⅰ 截面：$A_j = \delta(b-nd)$，b、δ 为构件的宽度和厚度。

Ⅱ-Ⅱ 截面：$A_j = \delta[2e_1+(n-1)\sqrt{a^2+e^2}-nd]$，取两式中的较小值验算强度，$n$ 为计算截面的螺栓（铆钉）数，其余符号如图 5-29 所示。

受剪切力作用的连接计算同上。

（2）受弯矩作用的连接

1）受弯矩作用的连接计算方法。对受弯矩或扭矩的连接，首先要设定螺栓（铆钉）的数目和直径，并按构造和工艺条件及螺栓（铆钉）排列要求合理布置螺栓（铆钉）群，然

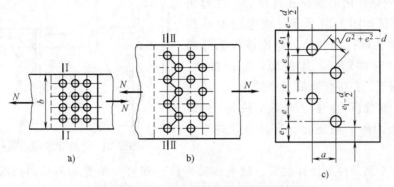

图 5-29　在轴向力下受剪连接构件的净面积

a) 并列式　b) 错列式　c) 计算图

后计算螺栓（铆钉）群中受力最大的螺栓（铆钉）的内力，最后将螺栓（铆钉）的最大内力与相应的最小许用承载能力相比较，判断是否符合要求，若不满足要求则需重新进行布置和计算。

2) 受弯矩作用的受剪连接计算。受弯矩作用的受剪连接如图 5-30 所示，每个螺栓（铆钉）承受剪切力。计算时假定：①连接构件为刚体，螺栓（铆钉）具有弹性；②在弯矩作用下构件绕螺栓（铆钉）群形心 C 旋转，则任一螺栓（铆钉）所受的剪切力与其至螺栓（铆钉）群形心 C 的距离 r 成正比，且剪切力方向与 r 垂直。

根据力矩平衡条件和计算假定，连接接头中距离螺栓（铆钉）群形心 C 最远的螺栓（铆钉）受剪切力最大，其值应小于许用承载力，即

$$F_{\max} = F_1 = \frac{Mr_1}{\sum\limits_{i=1}^{n} r_i^2} \leqslant [P]_{\min} \tag{5-34}$$

式中　M——作用于连接接头上的弯矩；

　　　r_1——距螺栓（铆钉）群形心最远的螺栓（铆钉）至形心的距离；

　　$\sum\limits_{i=1}^{n} r_i^2$——连接接头的各螺栓（铆钉）至螺栓（铆钉）群形心的距离二次方之和；

　　　n——连接接头的螺栓（铆钉）总数。

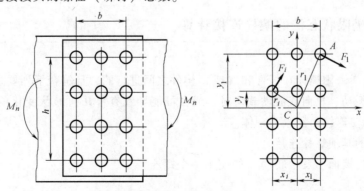

图 5-30　受弯矩作用的受剪连接

（3）受弯矩作用的受拉连接计算。受弯矩作用的受拉连接如图 5-31 所示。在弯矩 M 作用下，上部螺栓（铆钉）受拉，使连接板上部趋于分离。计算时假定：①连接构件是刚性体；②在弯矩作用下，连接板绕最下排螺栓（铆钉）连线转动；③螺栓所受的拉力与其至最下一排螺栓（铆钉）的距离 y_i 成正比，且拉力方向与 y_i 垂直。

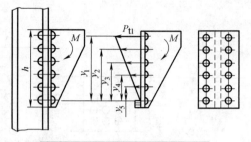

图 5-31　受弯矩作用的受拉连接

根据力矩平衡条件和计算假定，最上排的螺栓（铆钉）所受轴向拉力最大，其值应小于许用承载力。即

$$P_{1max} = P_{t1} = 2\frac{My_1}{\sum\limits_{i=1}^{n} y_i^2} \leqslant [P_1] \qquad (5\text{-}35)$$

式中　M——作用于连接上的弯矩；

　　　y_1——最上排螺栓（铆钉）至最下排螺栓（铆钉）中心连线的距离；

　　$\sum\limits_{i=1}^{n} y_i^2$——连接接头的各螺栓（铆钉）至最下排螺栓（铆钉）中心连线的距离二次方之和；

　　　2——考虑各螺栓预紧力不均匀的影响系数；

　　$[P_1]$——受拉连接上单个螺栓（铆钉）的最小许用承载能力。

实际结构的连接接头，通常承受多种载荷（轴力、剪切力、弯矩、扭矩）共同作用，计算时按力的独立作用原理，先分别求出螺栓（铆钉）受剪与受拉时的内力，然后对受力最大螺栓（铆钉）的内力进行矢量合成或应力组合，使之不大于许用承载力或许用应力。

螺栓（铆钉）连接的疲劳破坏，一般发生在连接端部螺栓（铆钉）孔处的主体金属上，而螺栓（铆钉）本身很少破坏。螺栓（铆钉）连接的疲劳强度参照第四章所述方法进行计算。

应当注意：对主要承载结构件，在不同的连接处允许分别采用不同的连接方式（焊接或栓接）来传力，但在同一连接处，不允许混合使用不同的连接方式，只能采用一种连接方式传力。

四、基于极限状态法的螺栓连接计算

1. 概述

螺栓连接是指采用螺栓在杆件和（或）构件之间进行的，且符合下列要求的连接：

1）当受到振动、反向或波动载荷时，或在可能导致有害几何形状变化的滑移处，螺栓应充分拧紧，以使连接面压紧为一体。

2）可拧紧的其他螺栓连接。

3）应确保连接面不发生转动（如使用多个螺栓）。

2. 螺栓材料

对于螺栓连接，应采用 GB/T 3098.1—2010 中给出的螺栓性能等级（螺栓等级）4.6、

5.6、8.8、10.9 或 12.9。表 5-8 给出了不同螺栓性能等级的力学性能。

表 5-8 螺栓的力学性能

项 目	性能等级				
	4.6	5.6	8.8	10.9	12.9
螺栓的屈服强度 σ_{sb}/MPa	240	300	640	900	1080
螺栓的极限强度 σ_{ub}/MPa	400	500	800	1000	1200

如有必要，设计者应要求螺栓供应商提供性能等级（螺栓等级）为 10.9 和 12.9 的螺栓保证不发生氢脆的证明。技术要求可参考 ISO 15330：1999《紧固件 氢脆检测用预载试验 平行承压面法》、ISO 4042：1999《紧固件 电镀层》和 ISO 9587：2007《金属和其他无机涂层 为减少钢或铁氢脆化危险的预处理》）。

3. **剪切和承压连接**

剪切和承压连接，是指载荷垂直作用于螺栓轴线方向并引起螺栓的剪切和承压，以及被连接件的承压的，且符合下列要求的连接：

1）当螺栓承受反向载荷时，或在可能导致有害的几何形状变化的滑移处，螺栓与螺孔之间的间隙应符合 ISO 286-2：2010《产品几何量技术规范（GPS）-ISO 线性尺寸公差代码体系 第 2 部分：孔和轴的标准公差等级和极限偏差表》的配合公差 h13/H11 或更紧。

2）对于其他情况，可采用 ISO 273：1991《紧固件 螺栓和螺钉用通孔》中更松的间隙。

3）在承压计算中，应只考虑无螺纹的螺杆部分。

4）接触面不需要特别的表面处理。

4. **夹紧摩擦型（抗滑移）连接**

夹紧摩擦型连接，是指通过接合面之间的摩擦来传递载荷的，且符合下列要求的连接：

1）应使用 GB/T 3098.1—2010 中性能等级（螺栓等级）为 8.8、10.9 或 12.9 的高强度螺栓。

2）应采用一种可控方法拧紧螺栓，以达到规定的预紧状态。

3）应规定和考虑接合面的表面条件。

4）除标准孔外，超大孔和槽形孔都可使用。

5. **受拉连接**

受拉连接是指载荷作用在螺栓轴线方向并引起螺栓轴向拉应力的，且符合下列要求的连接：

1）预紧连接应采用 GB/T 3098.1—2010 中性能等级（螺栓等级）为 8.8、10.9 或 12.9 的高强度螺栓，采用可控的方法拧紧，以达到规定的预紧状态。

2）应考虑由接头几何形状的杠杆作用（撬动）所引起的额外螺栓拉力。

3）螺栓的疲劳评估应考虑受接头结构特征影响螺栓拉力的变化，例如被连接件的刚度和撬动作用。

注意：未预紧的受拉螺栓视为结构件。

6. **螺栓连接的极限设计力**

（1）剪切和承压连接

1）概述。连接的抗力应取单个连接件极限力的最小值。

除被连接件的承压能力外，最大应力截面的其他极限条件，应利用母材的抗力系数进行验证。

2）螺栓剪切。每个螺栓和每个剪切面的极限设计剪力 $F_{v,Rd}$ 按式（5-36）~式（5-38）计算：

当螺纹不在剪切面内时

$$F_{v,Rd} = \frac{\sigma_{sb}A}{\sqrt{3}\,\gamma_m\gamma_{sb}} \qquad (5\text{-}36)$$

当螺纹在剪切面内时

$$F_{v,Rd} = \frac{\sigma_{sb}A_s}{\sqrt{3}\,\gamma_m\gamma_{sb}} \qquad (5\text{-}37)$$

或简化为

$$F_{v,Rd} = \frac{0.75\sigma_{sb}A}{\sqrt{3}\,\gamma_m\gamma_{sb}} \qquad (5\text{-}38)$$

式中　σ_{sb}——螺栓的屈服应力（名义值），见表5-8；

　　　　A——剪切面处螺栓杆的横截面面积；

　　　　A_s——螺纹公称应力截面面积；

　　　　γ_m——螺栓连接的一般抗力系数；

　　　　γ_{sb}——螺栓连接的具体抗力系数，对于多个剪切面的连接，$\gamma_{sb}=1.0$；对于单个剪切面的连接，$\gamma_{sb}=1.2$。

所选螺栓的极限设计剪力见表5-9。

表5-9　多个剪切面连接中每个螺栓和每个剪切面的极限设计剪力 $F_{v,Rd}$

螺栓规格	螺栓直径/ mm	$F_{v,Rd}$/kN				
		$\gamma_m\gamma_{sb}=1.1$ 时的螺栓性能等级				
		4.6	5.6	8.8	10.9	12.9
M12	12	14.2	17.8	37.9	53.4	64.1
M16	16	25.3	31.6	67.5	94.9	113.9
M20	20	39.5	49.4	105.5	148.4	178.0
M22	22	47.8	59.8	127.6	179.5	215.4
M24	24	56.9	71.2	151.9	213.6	256.4
M27	27	72.1	90.1	192.3	270.4	324.5
M30	30	89.0	111.3	237.4	333.9	400.6

3）螺栓和被连接件的承压。每个螺栓和每个被连接件的极限设计承压力 $F_{b,Rd}$ 按式（5-39）计算，即

$$F_{b,Rd} = \frac{\sigma_s dt}{\gamma_m\gamma_{sb}} \qquad (5\text{-}39)$$

式中　σ_s——被连接件的屈服应力（最小值）；

　　　　d——螺栓直径；

　　　　t——被连接件与螺栓无螺纹部位接触处的厚度；

172

γ_{sb}——螺栓连接的具体抗力系数，对于多个剪切面的连接，$\gamma_{sb}=0.7$，对于单个剪切面连接，$\gamma_{sb}=0.9$。

$$\left.\begin{array}{l} e_1 \geqslant 1.5 d_0 \\ e_2 \geqslant 1.5 d_0 \\ p_1 \geqslant 3.0 d_0 \\ p_2 \geqslant 3.0 d_0 \end{array}\right\} \qquad (5\text{-}40)$$

式中 d_0——孔的直径；

p_1、p_2、e_1、e_2——螺栓孔间距（见图5-32）。

4）被连接件的拉力。在净截面上涉及屈服的极限设计拉力 $F_{cs,Rd}$ 按式（5-41）计算，即

$$F_{cs,Rd} = \frac{\sigma_s A_n}{\gamma_m \gamma_{st}} \qquad (5\text{-}41)$$

式中 A_n——螺栓或销轴孔处的净截面面积（见图5-32）；

γ_{st}——受拉状态下有孔截面处的具体抗力系数，$\gamma_{st}=1.2$。

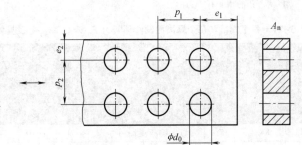

图 5-32 式（5-40）的图解

（2）夹紧摩擦型连接 连接的抗力应根据单个连接件极限力之和确定。

对于夹紧摩擦型连接，每个螺栓和每个摩擦面的极限设计滑移力 $F_{s,Rd}$ 按式（5-42）计算，即

$$F_{s,Rd} = \frac{\mu(F_{p,d} - F_{cr})}{\gamma_m \gamma_{ss}} \qquad (5\text{-}42)$$

式中 μ——滑动摩擦系数，对于经喷丸喷砂处理而呈现均匀金属光泽的表面，取 $\mu=0.50$，对于经喷丸喷砂处理并镀铝的表面，取 $\mu=0.50$，对于经喷丸喷砂处理并镀锌的表面，取 $\mu=0.50$，对于经喷丸喷砂处理并涂有 $50 \sim 80 \mu m$ 厚度的碱硅酸锌底漆（无机富锌漆）的表面，取 $\mu=0.40$，对于经热浸镀锌和轻度喷丸喷砂处理的表面，取 $\mu=0.40$，对于经钢丝刷或火焰清理而呈现金属光泽的表面，取 $\mu=0.30$，对于经磷化底漆清理和处理的表面，取 $\mu=0.25$，对于清理了浮锈、油脂和污垢（最低要求）的表面，取 $\mu=0.20$；

$F_{p,d}$——设计预紧力；

F_{cr}——由于外部拉力引起连接中压力的减少量（为简化，可采用 $F_{cr}=F_e$）；

γ_{ss}——夹紧摩擦型连接的具体抗力系数（见表5-10）。

外加预紧力应大于或等于设计预紧力。

当夹紧摩擦型的具体抗力系数 $\gamma_{ss}=1.14$ 时，设计预紧力按式（5-43）计算，所用极限设计滑移力见表5-11。

$$F_{p,d} = 0.7 \sigma_{sb} A_s \qquad (5\text{-}43)$$

式中 σ_{sb}——螺栓的屈服应力（名义值），见表5-8；

A_s——螺纹公称应力截面面积。

表 5-10 夹紧摩擦型连接的具体抗力系数 γ_{ss}

连接滑移影响	孔的类型			
	标准孔[1]	超大孔[2]和短槽孔[3]	长槽孔[3]	长槽孔[4]
易造成危险	1.14	1.34	1.63	2.00
不造成危险	1.00	1.14	1.41	1.63

注: 1. 短槽孔: 孔的长度小于或等于 1.25 倍螺栓直径。

2. 长槽孔: 孔的长度大于 1.25 倍粗制螺栓的直径。为减少螺栓或螺母的压力,应采用合适的垫圈。

[1] 孔的公差取自 ISO 273: 1979 的中 (半精制) 系列。

[2] 孔的公差取自 ISO 273: 1979 的粗 (制) 系列。

[3] 槽形孔的槽垂直于力的方向。

[4] 槽形孔的槽平行于力的方向。

表 5-11 每个螺栓和每个摩擦面设计预紧力 $F_{p,d}=0.7\sigma_{sb}A_s$ 及具体抗力系数 $\gamma_{ss}=1.14$ 时的极限设计滑移力 $F_{s,Rd}$

螺栓规格	应力截面面积 A_s/mm^2	设计预紧力 $F_{p,d}/kN$			极限设计滑移力 $F_{s,Rd}/kN$											
		性能等级			性能等级											
					8.8				10.9				12.9			
					滑动摩擦系数											
		8.8	10.9	12.9	0.50	0.40	0.30	0.20	0.50	0.40	0.30	0.20	0.50	0.40	0.30	0.20
M12	84.3	37.8	53.1	63.7	15.1	12.1	9.1	6.0	21.2	17.0	12.7	8.5	25.5	20.4	15.3	10.2
M16	157.0	70.3	98.9	119.0	28.1	22.5	16.9	11.2	39.6	31.6	23.7	15.8	47.6	38.1	28.6	19.0
M20	245.0	110.0	154.0	185.0	44.0	35.2	26.4	17.6	61.6	49.3	37.0	24.6	74.0	59.2	44.4	29.6
M22	303.0	136.0	191.0	229.0	54.4	43.5	32.6	21.8	76.4	61.1	45.8	30.5	91.6	73.3	55.0	36.6
M24	353.0	158.0	222.0	267.0	63.2	50.6	37.9	25.3	88.8	71.0	53.3	35.5	107.0	85.4	64.1	42.7
M27	459.0	206.0	289.0	347.0	82.4	65.9	49.4	33.0	116.0	92.5	69.4	46.2	139.0	111.0	83.3	55.5
M30	561.0	251.0	353.0	424.0	100.0	80.3	60.2	40.2	141.0	113.0	84.7	56.5	170.0	136.0	102.0	67.8
M36	817.0	366.0	515.0	618.0	146.0	117.0	87.8	58.6	206.0	165.0	124.0	82.4	247.0	198.0	148.0	98.9

(3) 受拉连接 受拉连接中的螺栓的预紧视为一个加载的部件。考虑到多个螺栓连接中力的分布和撬动效应(即杠杆作用),应对连接中最大外力作用下的螺栓进行验证计算。

预紧连接的能力验证计算应考虑螺栓和被连接件的刚度,如图 5-33 所示。

另外,应根据连接接头的构造考虑外部压力的加载途径,如图 5-34 所示。

对于外部拉伸螺栓的力,应考虑两个独立的设计极限:

1) 在外力作用下和在最大设计预紧力下所产生的螺栓力不应超过螺栓屈服载荷,见式 (5-44)。

2) 在外力作用下和在最小设计预紧力下的连接不应产生间隙 (缝隙),见式 (5-45)。

对于受拉连接,应证明螺栓的外部设计拉力 F_e 不超过两个极限设计力 $F_{t1,Rd}$ 或 $F_{t2,Rd}$ 中的任何一个。

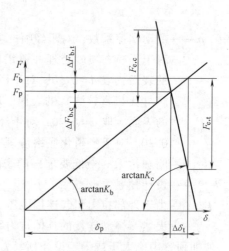

图 5-33 力-变形图

F_p—螺栓预紧力 δ_p—由于预紧引起的螺栓伸长 $F_{e,t}$—外部拉力 $F_{e,c}$—外部压力 $\Delta\delta_t$—由于外部拉力引起的附加伸长 $\Delta F_{b,t}$—由于外部拉力在螺栓上引起的附加力 $\Delta F_{b,c}$—由于外部压力在螺栓上引起的附加力 K_b—螺栓的刚度 (斜率) K_c—被连接件的刚度 (斜率) F_b—螺栓上的拉力

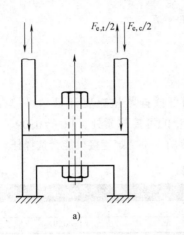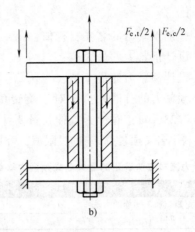

图 5-34　不同外部压力的加载途径

a) 外部压力不干涉螺栓下的受压区域　b) 外部压力通过螺栓下的受压区域而传递

175

根据螺栓屈服准则，单个螺栓的极限设计拉力 $F_{t1,Rd}$ 按式（5-44）计算：

$$F_{t1,Rd} = \frac{F_y/(\gamma_m \gamma_{sb}) - F_{p,max}}{\Phi} \tag{5-44}$$

式中　F_y——螺栓的屈服力，$F_y = \sigma_{sb} A_s$；

$F_{p,max}$——设计预紧力的最大值；

σ_{sb}——螺栓的屈服应力；

A_s——螺纹公称应力截面面积；

Φ——连接的刚度比例系数，$\Phi = K_b/(K_b + K_c)$；

γ_{sb}——受拉连接的具体抗力系数，$\gamma_{sb} = 0.91$。

计算连接的刚度比例系数 Φ 时，可以考虑载荷引入系数 α_L，如图 5-35 所示。

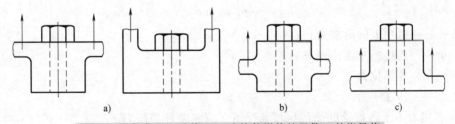

图 5-35　载荷引入系数 α_L（连接件形状的函数）的指导值

a) $\alpha_L = 0.9 \sim 1$　b) $\alpha_L = 0.6$　c) $\alpha_L = 0.3$

根据连接的间隙准则，单个螺栓的极限设计拉力 $F_{t2,Rd}$ 按式（5-45）计算，即

$$F_{t2,Rd} = \frac{F_{p,min}}{\gamma_m \gamma_{sb}(1-\Phi)} \tag{5-45}$$

式中　$F_{p,min}$——设计预紧力的最小值。

考虑预紧力的分散系数，设计预紧力最大值和最小值可按式（5-46）和式（5-47）计算，即

$$F_{p,max} = (1+s)F_{pn} \tag{5-46}$$

$$F_{p,min} = (1-s)F_{pn} \tag{5-47}$$

式中　F_{pn}——施加预紧力的名义目标值；

　　　$F_{p,max}$——设计预紧力的最大值；

　　　$F_{p,min}$——设计预紧力的最小值；

　　　$\pm s$——预紧力的分散系数，对于旋转角度或拧紧扭矩要计量的可控拧紧处，取 $s = 0.23$，对于螺栓力或伸长量要计量的可控拧紧处，取 $s = 0.09$。

表 5-12 给出了名义预紧力 F_{pn} 的极限值，否则对一个特定连接可能会选择任意的预紧力值。

表 5-12　由预紧力施加方法确定的最大名义预紧力等级

预紧方法类型	最大名义预紧力等级
扭矩施加于螺栓的方法	$0.7F_y$
仅拉力直接施加于螺栓的方法	$0.9F_y$

关于预紧力矩的信息见表 5-13。

表 5-13　对应于达到最大允许预紧力等级的预紧力矩 $0.7F_y$　　　　　（单位：N·m）

螺栓规格	性能等级			螺栓规格	性能等级		
	8.8	10.9	12.9		8.8	10.9	12.9
M12	86	122	145	M24	710	1000	1200
M14	136	190	230	M27	1040	1460	1750
M16	210	300	360	M30	1410	2000	2400
M18	290	410	495	M33	1910	2700	3250
M20	410	590	710	M36	2460	3500	4200
M22	560	790	950				

注：$\mu = 0.14$ 是假定预紧力矩计算的摩擦系数。

对于螺栓上的附加力计算，应考虑外部压力的加载途径，如图 5-34 所示。一般形式下螺栓上的附加力可按式（5-48）计算，即

$$\Delta F_b = \Phi(F_{e,t} + F_{e,c}) \tag{5-48}$$

式中　ΔF_b——螺栓上的附加力；

　　　Φ——连接的刚度比例系数；

　　　$F_{e,t}$——外部拉力；

　　　$F_{e,c}$——外部压力。

在外部压力不干涉螺栓的受压区域情况下，应忽略外部压力 $F_{e,c}$，即在式（5-48）中将 $F_{e,c}$ 设为 0，如图 5-34a 所示。

螺栓上的附加力 ΔF_b 应用于螺栓的疲劳强度验证。

（4）剪切、拉伸组合的承压型连接　当承压型连接的螺栓同时受到拉伸和剪切的作用时，所施加的力应满足式（5-49），即

$$\left(\frac{F_{t,Sd}}{F_{t,Rd}}\right)^2 + \left(\frac{F_{v,Sd}}{F_{v,Rd}}\right)^2 \leqslant 1 \tag{5-49}$$

式中　$F_{t,Sd}$——每个螺栓的外部拉力；

　　　$F_{t,Rd}$——每个螺栓的极限拉力；

　　　$F_{v,Sd}$——每个螺栓和每个剪切面的设计剪力；

$F_{v,Rd}$——每个螺栓和每个剪切面的极限剪力。

（5）拉伸载荷作用下的连接刚度计算 图 5-36 所示的理想状态适用于受拉螺栓连接计算中单元刚度的确定。相邻螺栓和（或）外力引入系统的方式对于附加的螺栓力具有很大影响，应在实际设计中予以考虑。

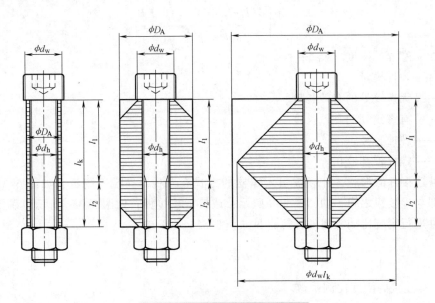

图 5-36 受拉载荷的连接类型

被连接件的刚度按式（5-50）计算，即

$$K_c = EA_{eq}/l_k \tag{5-50}$$

式中 K_c——被连接件的刚度（斜率）；

E——弹性模量；

l_k——有效夹紧长度，$l_k = l_1 + l_2$；

A_{eq}——计算的等效面积。

A_{eq} 的计算取决于 D_A ［见图 5-36、见式（5-51）~ 式（5-53）］。

对于 $D_A < d_w$：

$$A_{eq} = \frac{\pi}{4}(D_A^2 - d_h^2) \tag{5-51}$$

对于 $d_w \leqslant D_A \leqslant d_w + l_k$：

$$A_{eq} = \frac{\pi}{4}(d_w^2 - d_h^2) + \frac{\pi}{8}d_w(D_A - d_w)\left[\left(\sqrt[3]{\frac{l_k d_w}{D_A^2} + 1}\right)^2 - 1\right] \tag{5-52}$$

对于 $d_w + l_k < D_A$：

$$A_{eq} = \frac{\pi}{4}(d_w^2 - d_h^2) + \frac{\pi}{8}l_k d_w\left\{\left[\sqrt[3]{\frac{l_k d_w}{(l_k + d_w)^2} + 1}\right]^2 - 1\right\} \tag{5-53}$$

式中 D_A——圆柱体有效承载直径；

d_w——螺栓头部接触区的直径；

A_{eq}——计算的等效面积；

d_h——孔的直径；

l_k——有效夹紧长度。

螺栓刚度按式（5-54）计算，即

$$\frac{1}{K_b} = \frac{1}{E}\left[\frac{4(l_1+0.4d)}{\pi d^2} + \frac{l_2+0.5d}{A_r}\right] \tag{5-54}$$

式中　K_b——螺栓的刚度（斜率）；

E——弹性模量；

l_1——无螺纹处的有效长度；

l_2——有螺纹处的有效长度；

d——螺栓直径；

A_r——螺栓根部面积。

根据被连接件的形状，外载被引入螺栓的方式有三种：在端部附近，如图 5-35a 所示；在螺栓端部与连接板之间，如图 5-35b 所示；或接近连接板，如图 5-35c 所示。确定外载施加方式后可进行刚度比例系数的计算，见式（5-55），即

$$\Phi = \frac{\alpha_L K_b}{K_b + K_c} \tag{5-55}$$

式中　Φ——连接的刚度比例系数；

K_b——螺栓的刚度；

K_c——被连接件的刚度；

α_L——载荷引入系数（见图 5-35）。

图 5-35a 所示情况是典型的起重机螺栓连接。更精确的数值可以在相关文献中找到。在载荷引入不能清楚说明的情况下，应使用一种保守的假设，即令 $\alpha_L = 1$。在由对完整节点进行有限元分析来确定刚度比例系数 Φ 的情况下，载荷引入系数 α_L 将成为一个分析内置部分，且在式（5-55）中应令 $\alpha_L = 1$。

7. 螺栓连接的验证

对于连接中的最不利承载件，应按式（5-56）进行验证，即

$$F_{Sd} \leq F_{Rd} \tag{5-56}$$

式中　F_{Sd}——构件的设计力，取决于连接类型，例如受拉连接的设计力为 $F_{e,t}$；

F_{Rd}——极限设计力，取决于连接的类型，如 $F_{v,Rd}$、$F_{b,Rd}$、$F_{s,Rd}$ 和 $F_{t,Rd}$；

$F_{v,Rd}$——极限设计剪力；

$F_{b,Rd}$——极限设计承压力；

$F_{s,Rd}$——极限设计滑移力；

$F_{t,Rd}$——极限设计拉力。

注：应将总载荷分配到连接中的每个构件上。

五、基于许用应力法的销轴计算

销轴连接常用于可拆装结构的受剪连接中，销轴与孔采用过渡配合，承受剪切、挤（承）压和弯曲，但不能承受拉力，销轴连接的计算方法与螺栓连接类似，可参照计算。

六、基于极限状态法的销轴计算

1. 概述

销轴连接是指对被连接件之间转动无约束的圆柱销轴连接。

以下所有要求适用于承受载荷的销轴连接，而不适用于仅作为附属件的销轴连接。

销轴与销孔间的间隙应符合 ISO 286-2：2010 的配合公差 h13/H13 或更紧。在承受变向载荷时，应采用更紧的配合公差。

所有销轴均应配备防止其脱出销孔的防脱装置。

当允许销轴连接在承载状态下转动时，防脱装置应限制销轴的轴向位移。

为限制局部平面外的变形（表面凹陷），应考虑被连接件的刚度。

2. 销轴连接的极限设计力

1）销轴的极限设计弯矩。极限设计弯矩按式（5-57）计算，即

$$M_{Rd} = \frac{W_{el}\sigma_{sp}}{\gamma_m \gamma_{sp}} \qquad (5-57)$$

式中　W_{el}——销轴的弹性截面模量；

σ_{sp}——销轴的屈服应力（最小值）；

γ_{sp}——销轴连接中弯矩的具体抗力系数，$\gamma_{sp} = 1.0$。

2）销轴的极限设计剪力。销轴每个剪切面的极限设计剪力按式（5-58）计算，即

$$F_{v,Rd} = \frac{A\sigma_{sp}}{\sqrt{3}\, u \gamma_m \gamma_{sp}} \qquad (5-58)$$

式中　u——形状系数，对于实心销轴，$u = 4/3$，对于空心销轴，$u = \dfrac{4(1+v_D+v_D^2)}{3(1+v_D^2)}$，$v_D = D_i/D_o$；

D_i——销轴内径；

D_o——销轴外径；

A——销轴横截面面积；

σ_{sp}——销轴的屈服应力（最小值）；

γ_{sp}——销轴连接中剪力的具体抗力系数，对于多个剪切面连接，$\gamma_{sp} = 1.0$，对于单个剪切面连接，$\gamma_{sp} = 1.3$。

3）销轴和被连接件的极限设计承压力。极限设计承压力按式（5-59）计算，即

$$F_{b,Rd} = \frac{\alpha d t \sigma_s}{\gamma_m \gamma_{sp}} \qquad (5-59)$$

式中　$\alpha = \min\begin{cases} \sigma_{sp}/\sigma_s; \\ 1.0 \end{cases}$

σ_s——被连接件的屈服应力（最小值）；

d——销轴直径；

t——被连接件厚度的较小值，见图 5-37 中的 t_1+t_2 或 t_3；

γ_{sp}——销轴连接中承压力的具体抗力系数。

对于多个剪切面连接中的被连接件，通过防脱装置（如销轴端部的拧紧螺母）而紧固为一体时，$\gamma_{sp} = 0.6$；对于单个剪切面连接或多个剪切面连接中的被连接件，没有紧固为一体时，$\gamma_{sp} = 0.9$。

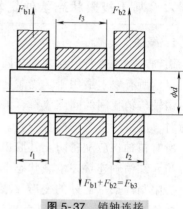

图 5-37 销轴连接

在销轴和承压面之间有显著相对运动的情况下，应考虑降低极限承压力，以减少磨损。

在反向载荷的情况下，应考虑避免塑性变形。

4）被连接件的极限设计剪力。极限设计剪力按式（5-60）计算：

$$F_{v,Rd} = \frac{A_s \sigma_s}{\sqrt{3}\,\gamma_m} \qquad (5\text{-}60)$$

对于对称结构，如图 5-38a 和 c 所示，$A_s = 2st$；

对于如图 5-38b 所示结构（s_1 和 s_2 应大于 c），$A_s = (s_1 + s_2)t$。

式中 σ_s——被连接件的屈服强度（最小值）；

  A_s——撕裂截面的受剪面积；

s、s_1、s_2——撕裂截面的受剪长度，图 5-38 结构中，A—A 为撕裂截面，且受剪长度可通过图示中的 40°准则进行确定；

  t——构件的厚度。

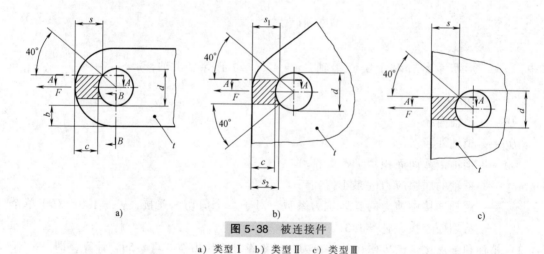

图 5-38 被连接件

a）类型Ⅰ b）类型Ⅱ c）类型Ⅲ

5）被连接件的极限设计拉力。根据销轴孔内表面的最大拉应力进行设计，应考虑销轴孔几何形状引起的应力集中。

符合图 5-38a 所示结构的极限设计力按式（5-61）计算：

$$F_{v,Rd} = \frac{2tb\sigma_s}{k\gamma_m \gamma_{sp}} \qquad (5\text{-}61)$$

其中

$$\gamma_{sp} = \frac{0.95}{\sqrt{k}} \times \frac{1.38\sigma_s}{\sigma_u}$$

式中 σ_s——被连接件的屈服强度（最小值）；

σ_u——被连接件材料的屈服强度；

γ_{sp}——受拉状态下有孔截面处的具体抗力系数；

k——应力集中系数。

例如，截面最大应力与平均应力的比值，当结构的几何尺寸比 $1 \leqslant c/b \leqslant 2$ 且 $0.5 \leqslant b/d \leqslant 1$（见图 5-38a）时，可根据图 5-39 确定应力集中系数 k，销轴和孔之间的间隙假定符合 ISO 287-2：2010 中公差为 H11/h11 或者更小值。对于较大间隙的情形，应选择较大的 k 值。

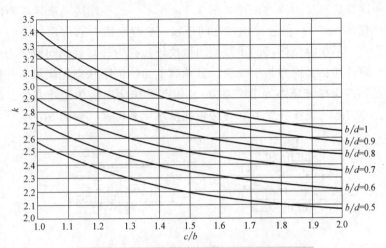

图 5-39 特定类型销轴连接的应力集中系数

注：只考虑拉伸载荷和反向载荷的拉伸部分。对于可能导致连接功能的损坏反向载荷需额外考虑。

3. 销轴连接的验证

对于销轴连接，应按式（5-62）进行验证：

$$M_{Sd} \leqslant M_{Rd}, F_{v,Sd} \leqslant F_{v,Rd}, F_{bi,Sd} \leqslant F_{b,Rd} \tag{5-62}$$

式中 M_{Sd}——销轴的设计弯矩；

M_{Rd}——销轴的极限设计弯矩；

$F_{v,Sd}$——销轴的设计剪力（拉力）；

$F_{v,Rd}$——销轴的极限设计剪力（拉力）；

$F_{bi,Sd}$——销轴连接中连接板 i 上承压力的最不利设计值；

$F_{b,Rd}$——销轴的极限设计承压力。

在缺乏更详细分析的情况下，作为保守的假定，M_{Sd} 可按式（5-63）计算，即

$$M_{Sd} = lF_{b3}/4 \tag{5-63}$$

式中 l——F_{b1} 与 F_{b2} 之间的距离；

F_{b3}——F_{b1} 与 F_{b2} 之和（见图 5-37）。

第三节 高强度螺栓连接

我国从 1957 年开始研究高强度螺栓及其连接，并率先应用于桥梁中，为我国钢结构采用高强度螺栓连接奠定了基础。此后在修建成昆铁路时推广应用，使高强度螺栓连接的理论和应用研究取得很大进展。高强度螺栓的应用范围，从桥梁结构扩展到建筑钢结构、机械装

备金属结构，乃至宇宙飞船、海洋钻井平台等。高强度螺栓连接按受力特性分为摩擦型和承压型两种。高强度螺栓与普通螺栓相比，其受剪和受拉两方面的性能均较好；高强度螺栓连接不仅具有普通螺栓连接的优点，而且具有传力均匀、应力集中小、刚度好、承载能力大以及疲劳强度高等特点。

一、工作性能和构造要求

摩擦型高强度螺栓连接的传力机理如图 5-40a 所示，这种连接是依靠高强度螺栓的预拉伸（约为屈服强度的 80%），使连接构件之间压紧产生静摩擦力来传递外力的。在外力作用下，螺栓杆与孔壁并不接触，连接的承载能力取决于连接构件接触面间摩擦力的大小，应力流通过接触面平顺传递，无应力集中现象，其承载能力的极限状态是接触面开始发生剪切滑动（即相当于高强度螺栓剪切力等于摩擦力）。而普通螺栓连接在受外力后，连接接头连接板即产生滑动，外力通过螺栓杆受剪和连接板孔壁承压来传递，如图 5-40b 所示。

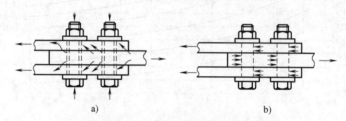

a)　　　　　　b)

图 5-40　不同螺栓连接传力机理对比

承压型高强度螺栓连接是当传递的剪切力超过构件间的摩擦力后，构件间发生相互滑移，使螺栓杆与孔壁接触，使螺杆受剪、孔壁受压。其承载能力极限状态是螺杆被剪断或孔壁被压坏。承压型连接的承载能力高于摩擦型连接，但变形大，不适用于直接承受动载荷的结构中，因此机械装备金属结构中一般不采用此类连接。本节仅介绍摩擦型高强度螺栓连接。

1. 高强度螺栓的材料

由于采用高强度螺栓连接时，需对螺栓施加很大的预拉力，因此高强度螺栓、螺母和垫圈都要用抗拉强度很高的钢材制造。高强度螺栓选用优质的 40B 合金结构钢（GB/T 3077—1999）或 45 钢（GB/T 699—1999），并经热处理（淬火、回火）。45 钢或 40B 钢材只能用于直径不大于 24mm 高强度螺栓。目前在工程中已逐渐采用具有更好力学性能和工艺性能的 20MnTiB 钢作为高强度螺栓的专用材料。螺母的材料选用 45 钢或中碳钢，螺母螺纹一般在热处理（淬火、回火）后加工，螺母形状与螺栓头一样采用六角形，螺母的厚度由强度决定，一般比普通螺母的厚度大，等于外螺纹的直径。垫圈用 45 钢冲制，并予以渗碳热处理，热处理后的硬度至少不应低于螺栓的硬度。

高强度螺栓除保证必要的力学性能外，还应保证能够准确地拧紧和长期保持预拉力，因此螺栓的形状尺寸和精度必须符合有关标准的规定。

2. 高强度螺栓的预拉力

高强度螺栓的预拉力由控制拧紧螺母获得。高强度螺栓的可控拧紧方法主要有扭矩法、转角法和扭剪法。

（1）扭矩法　采用可直接显示扭矩的特制扳手（力矩扳手），其原理是根据施加于力矩扳手上的扭矩与螺栓轴向力的线性关系，从而可得到所规定的螺栓预拉力。

（2）转角法　先用人工扳手初拧螺母至拧不动为止，再终拧，即以初拧时的位置为起点，根据螺栓直径和连接板重叠厚度所确定的终拧角度，自动或人工控制旋拧螺母至预定的角度，即为达到螺栓规定的预拉力值。

（3）扭剪法　采用扭剪型高强度螺栓（见图5-41），其螺杆末端带有梅花形尾部，尾部与螺杆之间有环形切口，用于控制连接副的紧固轴力。拧紧螺栓时靠拧断螺栓梅花形尾部环形切口处的

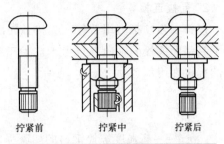

拧紧前　　拧紧中　　拧紧后

图 5-41　扭剪型高强度螺栓的拧紧过程

截面来控制预拉力值。这种方法可不受各种因素的影响，拧紧螺栓时只要达到规定的预拉力值，螺栓的预留段被扭剪断开，操作方便，比较可靠。扭剪型高强度螺栓应符合 GB/T 3632—2008《钢结构用扭剪型高强度螺栓连接副》的规定。

此外，高强度螺栓的拧紧还有加热法和张拉法等。

3. 高强度螺栓连接摩擦面抗滑移系数 f

采用摩擦型高强度螺栓连接时，被连接构件间的摩擦力不仅与螺栓的预拉力有关，还与被连接构件材料及接触面处理方法所确定的摩擦面抗滑移系数 f 有关，连接构件的接触面必须进行适当的处理，常用的处理方法和规范规定的摩擦面抗滑移系数 f 值查列于表5-14。

表 5-14　抗滑移系数 f

在连接处接触面的处理方法	构 件 钢 号	
	Q235	Q355 及其以上
喷砂	0.45	0.55
喷砂后生赤锈	0.45	0.55
喷砂(酸洗)后涂无机富锌漆	0.35	0.40
钢丝刷清理浮锈或未经处理的干净轧制表面	0.30	0.35

4. 控制螺栓与孔壁之间的间隙

为了确保连接的可靠性，应控制螺栓与孔壁之间的间隙。间隙大，易产生相对滑动使连接错位；间隙小，不易安装。故要求在便于安装的前提下尽量减小间隙，通常间隙不超出 $1 \sim 2mm$ 的范围。

二、高强度螺栓的承载能力计算

1. 受剪连接

当高强度螺栓施工装配后能够保证其预拉力达到规定值时，则按纯摩擦计算单个高强度螺栓的（等值）抗剪许用承载力，即

$$[P_j] = mfP_g/n \qquad (5\text{-}64)$$

式中　m——反向传力摩擦面数，按图5-42确定；

　　　f——抗滑移摩擦系数，由表5-14查取；

　　　P_g——高强度螺栓的预拉力，由表5-15查取；

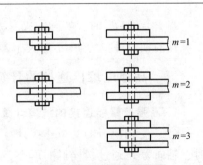

$m=1$

$m=2$

$m=3$

图 5-42　传力摩擦面数

n——安全系数，由表 4-13 查取。

2. 受拉连接

接头成为预拉力组装件，当接触面出现缝隙脱开时，便视为连接的破坏。因此，作用于单个高强度螺栓的轴向外拉力不应大于螺栓的预拉力 P_g，考虑安全系数，则单个高强度螺栓的抗拉许用承载力（kN）为

$$[P_1] \leqslant \frac{0.2\sigma_{s1}A_1}{1000n\beta} \tag{5-65}$$

式中　σ_{s1}——高强度螺栓钢材的屈服强度，可按确切数据选取，也可按表 5-15 中最低值选取，单位为 MPa；

A_1——螺栓有效截面面积，可按表 5-15 选取，单位为 mm^2；

n——安全系数，按表 4-19 选取；

β——载荷分配系数，β 与连接板总厚度 $\Sigma\delta$ 和螺栓（公称）直径 d 有关，按下式计算：当 $\Sigma\delta/d \geqslant 3$ 时，$\beta = 0.26 - 0.026\Sigma\delta/d + 0.15$，当 $\Sigma\delta/d < 3$ 时，$\beta = 0.17 - 0.057\Sigma\delta/d + 0.33$。

表 5-15　单个高强度螺栓的预拉力 P_g

螺栓等级	抗拉强度 R_m/MPa	屈服强度 σ_{s1}/MPa	螺栓有效截面面积 A_1/mm^2									
			157	192	245	303	353	459	561	694	817	976
			螺栓公称直径 d/mm									
			M16	M18	M20	M22	M24	M27	M30	M33	M36	M39
			单个高强度螺栓的预拉力 P_g/kN									
8.8S	≥800	≥640	70	86	110	135	158	205	250	310	366	437
10.9S	≥1000	≥900	99	120	155	190	223	290	354	437	515	615
12.9S	≥1200	≥1080	119	145	185	229	267	347	424	525	618	738

注：表中预拉力值按 $0.7\sigma_{s1}A_1$ 计算，其中 σ_{s1} 取各档中的最小值。

3. 同时受剪与受拉连接

在同时受剪与受拉的连接中，单个高强度螺栓同时承受摩擦面间的剪切和沿螺栓轴向外拉力 P_1 的作用，此时单个高强度螺栓对构件间的实际夹紧力（预拉力）由 P_g 减小到（$P_g - P_1$），摩擦系数（实际为抗滑移系数）f 也随夹紧力的减小而有所降低。为了计算方便，将公式中 f 值仍保持不变，而将夹紧力再减小到（$P_g - 1.25P_1$），则单个高强度螺栓的抗剪许用承载力为

$$[P_j] = mf(P_g - 1.25P_1)/n \tag{5-66}$$

当 $P_1 = 0.7P_g$ 时，实际的夹紧力接近于零而稍有余量，因此要严格控制作用于单个高强度螺栓的轴向外拉力 P_1 不应大于螺栓的 $0.7P_g$。

三、高强度螺栓连接的计算

1. 高强度螺栓连接的抗剪计算

（1）受轴向力的受剪连接计算　在受剪连接中，当连接受轴向力 N 作用（见图 5-43）时，轴向力 N 通过螺栓群的形心，假定每个螺栓所受剪切力相等，则所需螺栓总数按下式计算：

$$n \geqslant \frac{N}{[P_j]} \quad (5\text{-}67)$$

式中 N——杆件的轴向力；

　　$[P_j]$——单个高强度螺栓的抗剪许用承载力，按式（5-64）计算。

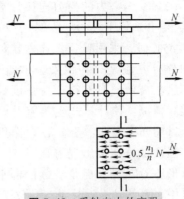

图 5-43 受轴向力的高强度螺栓受剪连接

若受剪的高强度螺栓还同时受有轴向外拉力 P_1 作用时，则式（5-67）中的 $[P_j]$ 改由式（5-66）计算。

根据所需的螺栓计算数目，按排列要求（表 5-6）布置连接接头，也可以根据接头构造特点和工艺要求预先布置螺栓，确定数目，然后按单个螺栓平均传递的剪切力和强度条件计算所需的预拉力，由此选取螺栓直径。

185

受轴向力的高强度螺栓连接的构件，应按式（5-68）、式（5-69）验算强度，即

$$\sigma = \frac{N}{A} \leqslant [\sigma] \quad (5\text{-}68)$$

$$\sigma = \frac{N'}{A_j} \leqslant [\sigma] \quad (5\text{-}69)$$

式中 N——构件所承受的轴向力，单位为 N；

　　N'——高强度螺栓连接构件的计算轴向力，$N' = N\left(1 - 0.5\dfrac{n_1}{n_z}\right)$，考虑孔前摩擦传走部分内力，故 N' 小于 N，单位为 N；

　　0.5——孔前传力系数；

　　n_1——结构件计算截面（连接接头一侧最外列螺栓处 1-1）的高强度螺栓数；

　　n_z——在节点或拼接连接接头一侧结构件上的高强度螺栓的总数；

　　A——构件的毛截面面积，单位为 mm^2；

　　A_j——构件计算截面的净面积，单位为 mm^2；

　　$[\sigma]$——构件钢材的许用应力，单位为 MPa。

对于承受轴向力的摩擦型高强度螺栓连接，试验证明在变载荷作用下，由于高强度螺栓本身不受剪切和挤压，所以高强度螺栓本身不会发生疲劳破坏；因而疲劳破坏常发生在连接端部螺栓孔附近的构件或连接板上，如图 5-44 所示，故只需验算构件或连接板的疲劳强度。

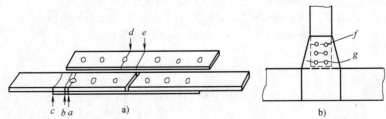

图 5-44 高强度螺栓连接的疲劳破坏位置

（2）受偏心力的受剪连接计算 在受剪连接中，当连接承受偏心力 F（见图 5-45）时，采用普通螺栓连接的计算假定和分析方法是一种偏安全的近似方法，计算虽然简便，但不符合高强度螺栓连接的实际情况，使计算产生误差并降低经济性。试验分析表明：受偏心力作用的摩擦型高强度螺栓连接出现滑移时，并非绕螺栓群形心 O 旋转，而是绕螺栓群平面内的

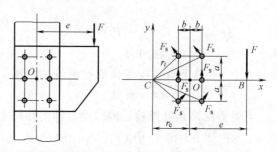

图 5-45 受偏心力的高强度螺栓受剪连接

瞬时中心 C 旋转，瞬时中心 C 位于通过 O 点与外力 F 作用线相垂直的直线上，并与外力作用线的交点 B 分别位于形心 O 点的两侧。在连接出现滑移前，各螺栓的预拉力没有明显的变化，各螺栓处传递的摩擦力 F_s 基本相同。这与普通螺栓连接的计算假定明显不同，但却符合实际情况。采用瞬心法的高强度螺栓连接精确计算请参阅文献 [33]。

2. 高强度螺栓连接的抗拉计算

在受拉连接中，仍可按式（5-67）计算连接所需的螺栓总数，但要用式（5-65）的 $[P_l]$ 替换式中的 $[P_j]$。

在受拉连接（见图 5-46）中，对受弯矩作用的高强度螺栓连接，也可仿效普通螺栓连接的分析方法进行近似计算。试验分析表明，这种方法与高强度螺栓连接的实际情况也不相符，受弯矩的高强度螺栓连接的承载能力主要取决于受拉区最外排螺栓的抗拉能力。作用在连接接头上的弯矩，只引起受拉区最外排螺栓预拉力的明显变化，而与其余各排的螺栓几乎无关。

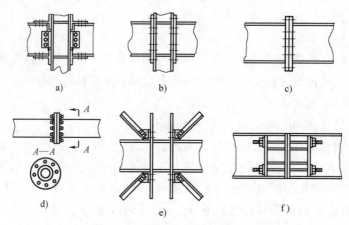

图 5-46 各种受拉力的高强度螺栓连接

a）对开 T 形柱梁连接 b）端板形式柱梁连接 c）端板形式梁接头
d）钢管法兰接头 e）支承端接头 f）长杆螺栓式梁接头

本 章 小 结

本章主要介绍了机械装备金属结构连接的目的、方法与分类，重点阐述焊接连接的构

造、标注、许用应力，各种焊缝的计算假定与方法；普通螺栓连接和铆钉连接的分类和基本要求、承载能力的计算、各种栓接和铆接的计算假定、基于许用应力的焊接、栓接、铆接和销轴计算，基于极限状态法的焊接、栓接和销轴计算；高强度螺栓连接的特点和构造要求，承载能力的计算和不同高强度螺栓连接的计算方法。

本章应了解机械装备金属结构连接的目的、方法、分类、构造。

本章应理解机械装备金属结构各种连接方法的机理，不同连接方法的适用场合和规定，从计算的安全性和易操作性理解各种连接方法计算假定的合理性。

本章应掌握焊接、栓接和铆接的计算假定与计算方法，不同高强度螺栓连接的计算方法。

第六章

轴向受力构件——柱

第一节　轴向受力构件——柱的构造和应用

一、轴向受力构件——柱的构造

轴向受力构件的应用载体——柱，分为轴心受力（拉或压）构件和偏心受力（拉或压）构件，偏心压杆也称压弯构件。轴向（心）受力构件可以是整个结构中的一根杆件，也可以是独立的结构件，后者常称为拉杆或柱。

柱通常由单根型钢或组合截面制成，两端与其他构件相连接，而柱体则由柱头、柱身和柱脚三部分构成（见图 6-1a）。柱身是主要部分，载荷从柱头经柱身传至柱脚。

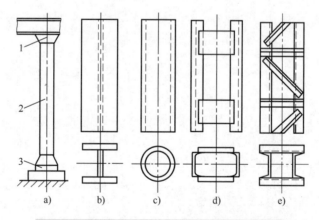

图 6-1 轴向受力构件——柱的构成与结构型式

a）柱的构成　b）开口实腹柱　c）封闭实腹柱　d）缀板格构柱　e）缀条格构柱

1—柱头　2—柱身　3—柱脚

柱可分为实腹式和格构式结构（见图 6-1），实腹式结构有开口的和封闭的两种型式；格构式结构则分为缀板式和缀条式。根据受力特点，沿柱全长可以做成等截面构件或变截面构件。

柱多采用焊接结构，其两端可用焊接或栓接的方法与其他结构相连接。

柱的截面型式很多，如图6-2所示。实腹式柱可以用单根角钢、工字钢和钢管制成，也可以用型钢或钢板制成组合截面。轴心受力构件最好采用对称的截面型式，偏心受力构件宜用非对称截面。型钢作为轴向受力构件最简单，且制造方便，应尽量选用。实腹式组合截面构件要保证钢板的局部稳定性。

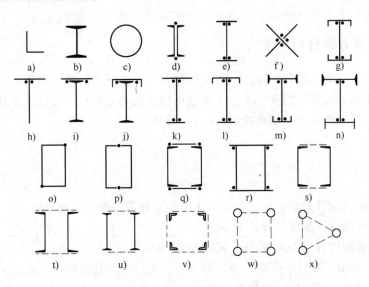

图6-2　轴向受力构件——柱的截面型式

格构式柱常用槽钢、工字钢、角钢和钢管作为柱肢，以缀条或缀板作为连缀件构成矩形或三角形截面结构（见图6-1和图6-2）。

缀条多用单角钢或钢管制成，重型柱中也可以用槽钢，缀板常用钢板制作。连缀件是保证柱肢整体工作所必需的结构元件。不同的连缀件对柱的稳定性影响也不相同。

二、轴向受力构件——柱的应用

柱作为轴向压杆和支柱，广泛应用于工厂、矿山、港口以及货栈的工程结构或机械结构中，如门式起重机的支腿、塔式起重机的塔身、轮式和履带式起重机的臂架等，均为典型的轴向受力构件。

第二节　轴心受力构件的计算

承受轴心载荷而无弯矩作用的构件称为轴心受力构件，根据载荷的拉、压性质，又分为轴心受拉构件和轴心受压构件。

一、轴心受力构件的强度

等截面轴心受力构件的强度按式（6-1）计算，即

$$\sigma = \frac{N}{A_j} \leq [\sigma] \tag{6-1}$$

式中　N——计算的轴向力，单位为 N；

　　　A_j——构件所验算截面的净面积，单位为 mm^2；

　　$[\sigma]$——钢材的许用应力，由表 4-13 查取，或由式（4-6）计算。

　　单面连接的角钢或槽钢，应考虑偏心传力影响，其许用应力应降低 15% 使用。用高强度螺栓连接的轴心受力构件按第五章高强螺栓连接部分计算其强度。

二、轴心受力构件的刚度

　　轴心受力构件应有足够的刚度，以防止构件发生过大变形、失稳和振动。在工程上，常用构件的长细比来表征它的刚度。不论是轴心压杆还是轴心拉杆，均应计算其刚度。

　　等截面轴心受力构件的长细比按式（6-2）计算，即

$$\lambda = \frac{l_0}{r} \leqslant [\lambda] \tag{6-2}$$

$$l_0 = \mu_1 l \tag{6-3}$$

式中　λ——实腹式构件的最大长细比，对于格构式构件为换算长细比 λ_h；

　　　l_0——构件的计算长度，单位为 mm；

　　　μ_1——等截面构件的长度系数，根据端部支承方式而定，由表 6-1 查取，拉杆可取 $\mu_1 = 1.0$，带有中间支承的等截面杆，其长度系数由表 6-2 查取；

　　　l——构件的几何长度，单位为 mm；

　　　r——构件毛截面的最小回转半径，$r = \sqrt{I/A}$，单位为 mm；

　　　I——构件毛截面的最小惯性矩，单位为 mm^4；

　　　A——构件毛截面面积，单位为 mm^2；

　　$[\lambda]$——构件的容许长细比，依构件用途和受力性质而定，由表 6-3 查用。

表 6-1　等截面受压构件长度系数 μ_1 值

构件支承方式					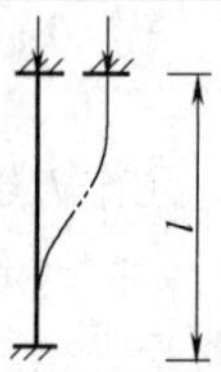
μ_1	1.0	0.7	0.5	2.0	1.0

表 6-2　带中间支承的等截面受压构件长度系数 μ_1 值

a/l	构件支承方式					
0	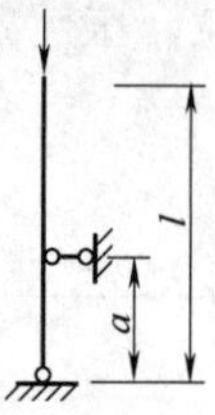 2.00	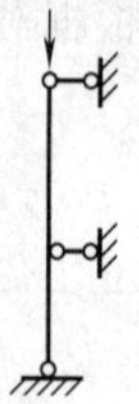 0.70	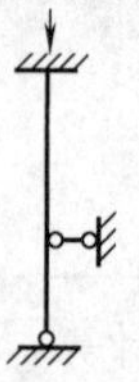 0.50	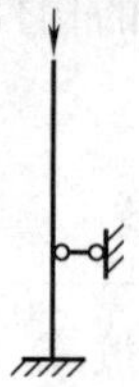 2.00	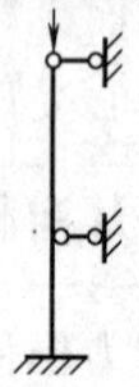 0.70	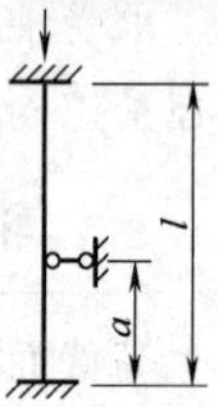 0.50
0.1	1.87	0.65	0.47	1.85	0.65	0.46
0.2	1.73	0.60	0.44	1.70	0.59	0.43

（续）

a/l	构 件 支 承 方 式					
0.3	1.60	0.56	0.41	1.55	0.54	0.39
0.4	1.47	0.52	0.41	1.40	0.49	0.36
0.5	1.35	0.50	0.44	1.26	0.44	0.35
0.6	1.23	0.52	0.49	1.11	0.41	0.36
0.7	1.13	0.56	0.54	0.98	0.41	0.39
0.8	1.06	0.60	0.59	0.85	0.44	0.43
0.9	1.01	0.65	0.65	0.76	0.47	0.46
1.0	1.00	0.70	0.70	0.70	0.50	0.50

表6-3 结构构件的容许长细比 $[\lambda]$

构 件 名 称		受拉结构件	受压结构件
主要承载结构件	桁架的弦杆	180	150
	整个结构（臂架、塔架）	200	180
次要承载结构件（如主桁架的其他杆件、辅助桁架的弦杆等）		250	200
其他构件		350	300

191

三、轴心受压构件的整体稳定性

轴心受压构件的整体稳定性按式（6-4）计算，即

$$\sigma = \frac{N}{\varphi A} \leqslant [\sigma] \tag{6-4}$$

式中 N——构件的轴向力，单位为 N；

　　A——构件的毛截面面积，单位为 mm^2；

　　φ——根据轴心受压构件的截面类别（见表6-4）和轴心受压构件最大长细比 $\lambda(\lambda_h)$ 或假想长细比 λ_F 确定的稳定系数，分为对 x 轴的 φ_x 和对 y 轴的 φ_y，φ 值按表 6-5~表6-8选取；

　　$[\sigma]$——钢材的许用应力。

当计算钢材屈服强度大于 235MPa 的轴心受压构件稳定性时，需用假想长细比 λ_F。对实腹式构件，λ_F 按式（6-5）计算；对格构式构件，λ_{hF} 按式（6-6）计算，即

$$\lambda_F = \lambda \sqrt{\frac{\sigma_s}{235}} \tag{6-5}$$

$$\lambda_{hF} = \lambda_h \sqrt{\frac{\sigma_s}{235}} \tag{6-6}$$

式中 λ_F——实腹式构件的假想长细比；

　　λ——实腹式构件的长细比；

λ_{hF}——格构式构件的假想长细比；

λ_{h}——格构式构件的换算长细比；

σ_{s}——轴心受压构件大于 235MPa 的钢材屈服强度。

表 6-4　轴心受压构件的截面类别

截面分类		对 x 轴	对 y 轴
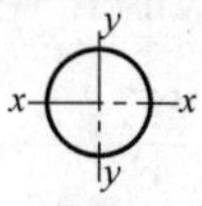 轧制		a 类	a 类
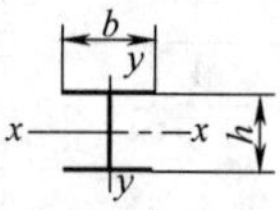 轧制 $b/h \leqslant 0.8$		a 类	b 类
轧制 $b/h > 0.8$　焊接　翼缘为焰切边　焊接　轧制、焊接(板件宽厚比>20) 轧制　　　轧制等边角钢 焊接　　　轧制或焊接 翼缘为焰切边 格构式　焊接　板边焰切	板厚 $\delta < 40$mm	b 类	b 类
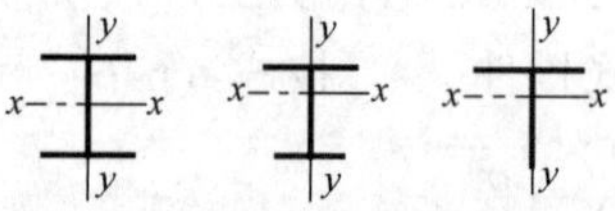 焊接　翼缘为轧制或剪切边		b 类	c 类
焊接 板边轧制或剪切　焊接(板件宽厚比≤20)		c 类	c 类

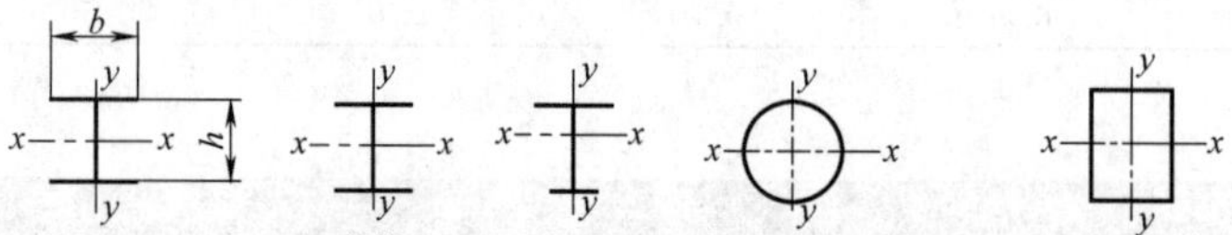

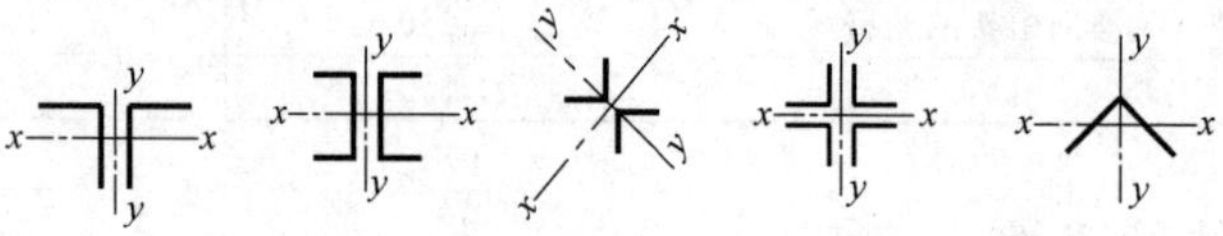

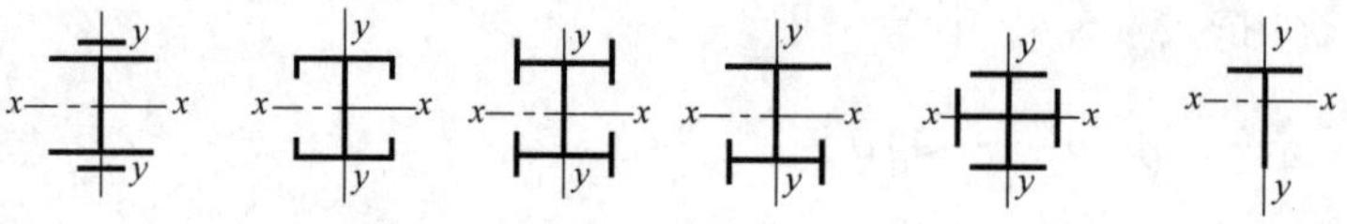

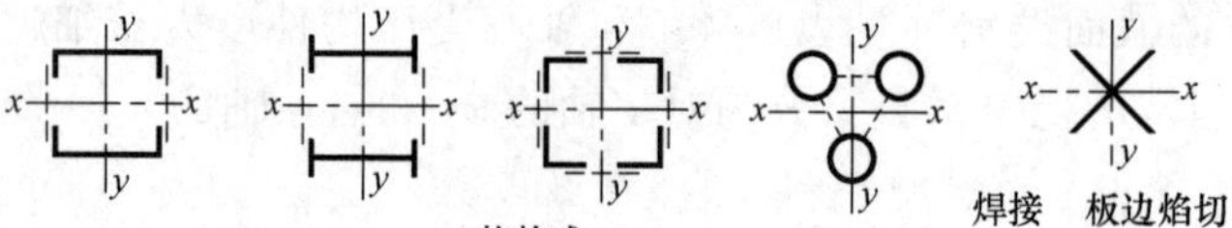

（续）

截面分类		对 x 轴	对 y 轴
轧制工字形或 H 形截面	$40mm \leqslant \delta < 80mm$	b 类	c 类
	$\delta \geqslant 80mm$	c 类	d 类
焊接工字形截面,板厚 $\delta \geqslant 40mm$	翼缘为焰切边	b 类	b 类
	翼缘为轧制或剪切边	c 类	d 类
焊接箱形截面,板厚 $\delta \geqslant 40mm$	板件宽厚比>20	b 类	b 类
	板件宽厚比≤20	c 类	c 类

表 6-5 a 类截面轴心受压构件的稳定系数 φ

$\lambda\sqrt{\dfrac{\sigma_s}{235}}$	0	1	2	3	4	5	6	7	8	9
0	1.000	1.000	1.000	1.000	0.999	0.999	0.998	0.998	0.997	0.996
10	0.995	0.994	0.993	0.992	0.991	0.989	0.988	0.986	0.985	0.983
20	0.981	0.979	0.977	0.976	0.974	0.972	0.970	0.968	0.966	0.964
30	0.963	0.961	0.959	0.957	0.955	0.952	0.950	0.948	0.946	0.944
40	0.941	0.939	0.937	0.934	0.932	0.929	0.927	0.924	0.921	0.919
50	0.916	0.913	0.910	0.907	0.904	0.900	0.897	0.894	0.890	0.886
60	0.883	0.879	0.875	0.871	0.867	0.863	0.858	0.854	0.849	0.844
70	0.839	0.834	0.829	0.824	0.818	0.813	0.807	0.801	0.795	0.789
80	0.783	0.776	0.770	0.763	0.757	0.750	0.743	0.736	0.728	0.721
90	0.714	0.706	0.699	0.691	0.684	0.676	0.668	0.661	0.653	0.645
100	0.638	0.630	0.622	0.615	0.607	0.600	0.592	0.585	0.577	0.570
110	0.563	0.555	0.548	0.541	0.534	0.527	0.520	0.514	0.507	0.500
120	0.494	0.488	0.481	0.475	0.469	0.463	0.457	0.451	0.445	0.440
130	0.434	0.429	0.423	0.418	0.412	0.407	0.402	0.397	0.392	0.387
140	0.383	0.378	0.373	0.369	0.364	0.360	0.356	0.351	0.347	0.343
150	0.339	0.335	0.331	0.327	0.323	0.320	0.316	0.312	0.309	0.305
160	0.302	0.298	0.295	0.292	0.289	0.285	0.282	0.279	0.276	0.273
170	0.270	0.267	0.264	0.262	0.259	0.256	0.253	0.251	0.248	0.246
180	0.243	0.241	0.238	0.236	0.233	0.231	0.229	0.226	0.224	0.222
190	0.220	0.218	0.215	0.213	0.211	0.209	0.207	0.205	0.203	0.201
200	0.199	0.198	0.196	0.194	0.192	0.190	0.189	0.187	0.185	0.183
210	0.182	0.180	0.179	0.177	0.175	0.174	0.172	0.171	0.169	0.168
220	0.166	0.165	0.164	0.162	0.161	0.159	0.158	0.157	0.155	0.154
230	0.153	0.152	0.150	0.149	0.148	0.147	0.146	0.144	0.143	0.142
240	0.141	0.140	0.139	0.138	0.136	0.135	0.134	0.133	0.132	0.131
250	0.130	—	—	—	—	—	—	—	—	—

注：同表 6-8 注。

表 6-6 b 类截面轴心受压构件的稳定系数 φ

$\lambda\sqrt{\dfrac{\sigma_s}{235}}$	0	1	2	3	4	5	6	7	8	9
0	1.000	1.000	1.000	0.999	0.999	0.998	0.997	0.996	0.995	0.994
10	0.992	0.991	0.989	0.987	0.985	0.983	0.981	0.978	0.976	0.973
20	0.970	0.967	0.963	0.960	0.957	0.953	0.950	0.946	0.943	0.939
30	0.936	0.932	0.929	0.925	0.922	0.918	0.914	0.910	0.906	0.903
40	0.899	0.895	0.891	0.887	0.882	0.878	0.874	0.870	0.865	0.861
50	0.856	0.852	0.847	0.842	0.838	0.833	0.828	0.823	0.818	0.813
60	0.807	0.802	0.797	0.791	0.786	0.780	0.774	0.769	0.763	0.757
70	0.751	0.745	0.739	0.732	0.726	0.720	0.714	0.707	0.701	0.694
80	0.688	0.681	0.675	0.668	0.661	0.655	0.648	0.641	0.635	0.628
90	0.621	0.614	0.608	0.601	0.594	0.588	0.581	0.575	0.568	0.561
100	0.555	0.549	0.542	0.536	0.529	0.523	0.517	0.511	0.505	0.499
110	0.493	0.487	0.481	0.475	0.470	0.464	0.458	0.453	0.447	0.442
120	0.437	0.432	0.426	0.421	0.416	0.411	0.406	0.402	0.397	0.392
130	0.387	0.383	0.378	0.374	0.370	0.365	0.361	0.357	0.353	0.349
140	0.345	0.341	0.337	0.333	0.329	0.326	0.322	0.318	0.315	0.311
150	0.308	0.304	0.301	0.298	0.295	0.291	0.288	0.285	0.282	0.279
160	0.276	0.273	0.270	0.267	0.265	0.262	0.259	0.256	0.254	0.251
170	0.249	0.246	0.244	0.241	0.239	0.236	0.234	0.232	0.229	0.227
180	0.225	0.223	0.220	0.218	0.216	0.214	0.212	0.210	0.208	0.206
190	0.204	0.202	0.200	0.198	0.197	0.195	0.193	0.191	0.190	0.188
200	0.186	0.184	0.183	0.181	0.180	0.178	0.176	0.175	0.173	0.172
210	0.170	0.169	0.167	0.166	0.165	0.163	0.162	0.160	0.159	0.158
220	0.156	0.155	0.154	0.153	0.151	0.150	0.149	0.148	0.146	0.145
230	0.144	0.143	0.142	0.141	0.140	0.138	0.137	0.136	0.135	0.134
240	0.133	0.132	0.131	0.130	0.129	0.128	0.127	0.126	0.125	0.124
250	0.123	—	—	—	—	—	—	—	—	—

注：见表 6-8 注。

表 6-7 c 类截面轴心受压构件的稳定系数 φ

$\lambda\sqrt{\dfrac{\sigma_s}{235}}$	0	1	2	3	4	5	6	7	8	9
0	1.000	1.000	1.000	0.999	0.999	0.998	0.997	0.996	0.995	0.993
10	0.992	0.990	0.988	0.986	0.983	0.981	0.978	0.976	0.973	0.970
20	0.966	0.959	0.953	0.947	0.940	0.934	0.928	0.921	0.915	0.909
30	0.902	0.896	0.890	0.884	0.877	0.871	0.865	0.858	0.852	0.846
40	0.839	0.833	0.826	0.820	0.814	0.807	0.801	0.794	0.788	0.781
50	0.775	0.768	0.762	0.755	0.748	0.742	0.735	0.729	0.722	0.715
60	0.709	0.702	0.695	0.689	0.682	0.676	0.669	0.662	0.656	0.649
70	0.643	0.636	0.629	0.623	0.616	0.610	0.604	0.597	0.591	0.584
80	0.578	0.572	0.566	0.559	0.553	0.547	0.541	0.535	0.529	0.523
90	0.517	0.511	0.505	0.500	0.494	0.488	0.483	0.477	0.472	0.467
100	0.463	0.458	0.454	0.449	0.445	0.441	0.436	0.432	0.428	0.423
110	0.419	0.415	0.411	0.407	0.403	0.399	0.395	0.391	0.387	0.383
120	0.379	0.375	0.371	0.367	0.364	0.360	0.356	0.353	0.349	0.346
130	0.342	0.339	0.335	0.332	0.328	0.325	0.322	0.319	0.315	0.312
140	0.309	0.306	0.303	0.300	0.297	0.294	0.291	0.288	0.285	0.282
150	0.280	0.277	0.274	0.271	0.269	0.266	0.264	0.261	0.258	0.256

（续）

$\lambda\sqrt{\dfrac{\sigma_s}{235}}$	0	1	2	3	4	5	6	7	8	9
160	0.254	0.251	0.249	0.246	0.244	0.242	0.239	0.237	0.235	0.233
170	0.230	0.228	0.226	0.224	0.222	0.220	0.218	0.216	0.214	0.212
180	0.210	0.208	0.206	0.205	0.203	0.201	0.199	0.197	0.196	0.194
190	0.192	0.190	0.189	0.187	0.186	0.184	0.182	0.181	0.179	0.178
200	0.176	0.175	0.173	0.172	0.170	0.169	0.168	0.166	0.165	0.163
210	0.162	0.161	0.159	0.158	0.157	0.156	0.154	0.153	0.152	0.151
220	0.150	0.148	0.147	0.146	0.145	0.144	0.143	0.142	0.140	0.139
230	0.138	0.137	0.136	0.135	0.134	0.133	0.132	0.131	0.130	0.129
240	0.128	0.127	0.126	0.125	0.124	0.124	0.123	0.122	0.121	0.120
250	0.119	—	—	—	—	—	—	—	—	—

注：同表 6-8 注。

表 6-8　d 类截面轴心受压构件的稳定系数 φ

$\lambda\sqrt{\dfrac{\sigma_s}{235}}$	0	1	2	3	4	5	6	7	8	9
0	1.000	1.000	0.999	0.999	0.998	0.996	0.994	0.992	0.990	0.987
10	0.984	0.981	0.978	0.974	0.969	0.965	0.960	0.955	0.949	0.944
20	0.937	0.927	0.918	0.909	0.900	0.891	0.883	0.874	0.865	0.857
30	0.848	0.840	0.831	0.823	0.815	0.807	0.799	0.790	0.782	0.774
40	0.766	0.759	0.751	0.743	0.735	0.728	0.720	0.712	0.705	0.697
50	0.690	0.683	0.675	0.668	0.661	0.654	0.646	0.639	0.632	0.625
60	0.618	0.612	0.605	0.598	0.591	0.585	0.578	0.572	0.565	0.559
70	0.552	0.546	0.540	0.534	0.528	0.522	0.516	0.510	0.504	0.498
80	0.493	0.487	0.481	0.476	0.470	0.465	0.460	0.454	0.449	0.444
90	0.439	0.434	0.429	0.424	0.419	0.414	0.410	0.405	0.401	0.397
100	0.394	0.390	0.387	0.383	0.380	0.376	0.373	0.370	0.366	0.363
110	0.359	0.356	0.353	0.350	0.346	0.343	0.340	0.337	0.334	0.331
120	0.328	0.325	0.322	0.319	0.316	0.313	0.310	0.307	0.304	0.301
130	0.299	0.296	0.293	0.290	0.288	0.285	0.282	0.280	0.277	0.275
140	0.272	0.270	0.267	0.265	0.262	0.260	0.258	0.255	0.253	0.251
150	0.248	0.246	0.244	0.242	0.240	0.237	0.235	0.233	0.231	0.229
160	0.227	0.225	0.223	0.221	0.219	0.217	0.215	0.213	0.212	0.210
170	0.208	0.206	0.204	0.203	0.201	0.199	0.197	0.196	0.194	0.192
180	0.191	0.189	0.188	0.186	0.184	0.183	0.181	0.180	0.178	0.177
190	0.176	0.174	0.173	0.171	0.170	0.168	0.167	0.166	0.164	0.163
200	0.162	—	—	—	—	—	—	—	—	—

注：1. 表 6-5~表 6-8 中指的 a、b、c、d 类截面，见表 6-4。

2. 表 6-5~表 6-8 中的 φ 值按下列公式计算：

当 $\lambda_n=\dfrac{\lambda}{\pi}\sqrt{\sigma_s/E}\leqslant0.215$ 时，$\varphi=1-\alpha_1\lambda_n^2$；

当 $\lambda_n>0.215$ 时，$\varphi=\dfrac{1}{2\lambda_n^2}\left[(\alpha_2+\alpha_3\lambda_n+\lambda_n^2)-\sqrt{(\alpha_2+\alpha_3\lambda_n+\lambda_n^2)^2-4\lambda_n^2}\right]$

式中　α_1、α_2、α_3——系数，根据截面类别表 6-4，由表 6-9 查取；

λ_n——正则长细比；

λ——构件长细比。

3. 当构件的 $\lambda\sqrt{\sigma_s/235}$ 值超出表 6-5~表 6-8 的范围时，则 φ 值按注 2 所列的公式计算。σ_s 为构件钢材的屈服强度，单位为 MPa。

表 6-9 系数 α_1、α_2、α_3

截面类别		α_1	α_2	α_3
a 类		0.41	0.986	0.152
b 类		0.65	0.965	0.300
c 类	$\lambda_n \leqslant 1.05$	0.73	0.906	0.595
	$\lambda_n > 1.05$		1.216	0.302
d 类	$\lambda_n \leqslant 1.05$	1.35	0.868	0.915
	$\lambda_n > 1.05$		1.375	0.432

第三节 偏心受力构件的计算

一、偏心受力（拉或压）构件的强度

承受轴向力和弯矩作用的或受轴向力偏心作用的构件称为偏心受力构件。

单向偏心受拉构件的强度按式（6-7）计算，即

$$\frac{N}{A_j} + \frac{M_x}{W_{jx}} \leqslant [\sigma] \qquad (6-7)$$

双向偏心受拉构件的强度按式（6-8）计算，即

$$\frac{N}{A_j} + \frac{M_x}{W_{jx}} + \frac{M_y}{W_{jy}} \leqslant [\sigma] \qquad (6-8)$$

单向偏心受压构件的强度按式（6-9）计算，即

$$\frac{N}{A_j} + \frac{M_x}{(1 - N/N_{Ex}) W_{jx}} \leqslant [\sigma] \qquad (6-9)$$

双向偏心受压构件的强度按式（6-10）计算，即

$$\frac{N}{A_j} + \frac{M_x}{(1 - N/N_{Ex}) W_{jx}} + \frac{M_y}{(1 - N/N_{Ey}) W_{jy}} \leqslant [\sigma] \qquad (6-10)$$

式中　N——构件所受的轴向力，单位为 N；

M_x、M_y——构件计算截面对 x 轴或 y 轴的基本弯矩，单位为 N·mm；

N_{Ex}、N_{Ey}——构件的名义欧拉临界力，$N_{Ex} = \dfrac{\pi^2 EA}{\lambda_x^2}$，$N_{Ey} = \dfrac{\pi^2 EA}{\lambda_y^2}$，单位为 N；

A_j——构件净截面面积，单位为 mm²；

A——构件毛截面面积，单位为 mm²；

W_{jx}、W_{jy}——构件净截面对 x 轴或 y 轴的抗弯截面系数，单位为 mm³；

$[\sigma]$——钢材的许用应力，单位为 MPa。

在式（6-9）或式（6-10）中，当 N/N_{Ex} 和 N/N_{Ey} 分别小于 0.1 时，其相应弯矩可不增大。

二、偏心受压构件的刚度

偏心受力构件的长细比（与轴心压杆相同） $\lambda = \dfrac{l_0}{r} \leqslant [\lambda]$。

偏心受压构件的总挠度为

$$Y_L = \frac{f_0}{1 - N/N_E} \leq [Y_L] \qquad (6\text{-}11)$$

式中 l_0——构件的计算长度，单位为 mm；

　　　 r——构件截面的最小回转半径，单位为 mm；

　　　 f_0——仅由横向载荷和力偶（弯矩）对构件产生的基本挠度，单位为 mm；

　　　 N——构件所受的轴向力，单位为 N；

　　　 N_E——构件相应的名义欧拉临界力，单位为 N；

　　 $[Y_L]$——构件许用静位移，推荐取为构件长度的 1/600，单位为 mm；

　　　 $[\lambda]$——构件的容许长细比，由表 6-3 查取。

三、偏心受压构件的整体稳定性

1. 双向压弯构件的整体弯曲屈曲稳定性计算

当 N/N_{Ex} 和 N/N_{Ey} 均小于 0.1 时，按"雅辛斯基"式（6-12）计算，即

$$\frac{N}{\varphi A} + \frac{M_x}{W_x} + \frac{M_y}{W_y} \leq [\sigma] \qquad (6\text{-}12)$$

式中 N——作用在构件上的轴向力，单位为 N；

　　　 φ——稳定系数，根据 λ_F 或 λ_{hF} 按表 6-5~表 6-8 查取；

　　　 A——构件毛截面面积，单位为 mm^2；

M_x、M_y——构件计算截面上对 x 轴或 y 轴的基本弯矩，单位为 N·mm；

W_x、W_y——构件毛截面对 x 轴或 y 轴的抗弯截面系数，单位为 mm^3；

　　　 $[\sigma]$——钢材的许用应力，单位为 MPa。

当 N/N_{Ex} 和 N/N_{Ey} 均大于 0.1 时，按式（6-13）计算，即

$$\frac{N}{\varphi A} + \frac{M_x}{(1 - N/N_{Ex})W_x} + \frac{M_y}{(1 - N/N_{Ey})W_y} \leq [\sigma] \qquad (6\text{-}13)$$

式中 N_{Ex}、N_{Ey}——构件的名义欧拉临界力，$N_{Ex} = \dfrac{\pi^2 EA}{\lambda_x^2}$，$N_{Ey} = \dfrac{\pi^2 EA}{\lambda_y^2}$，单位为 N；

　　　 λ_x、λ_y——构件对强轴（x 轴）或弱轴（y 轴）的计算长细比（格构式构件为 λ_{hx}、λ_{hy}）。

2. 单向压弯构件的整体弯扭屈曲稳定性计算

可按式（6-14）计算，即

$$\frac{N}{\varphi A} + \left(\frac{1}{1 - N/N_{Ex}}\right)\frac{M_x}{\varphi_b W_x} \leq [\sigma] \qquad (6\text{-}14)$$

式中 φ_b——构件侧向屈曲稳定系数，见第七章。

3. 计算压弯构件整体稳定性时的注意事项

1）计算单向压弯构件的弯曲屈曲稳定性时，应将式（6-13）中最后一项删去后使用。

2）式（6-13）或式（6-14）中，$N/N_{Ei} < 0.1$ 时，其对应的弯矩可不增大。

3）对两端在两个互相垂直的平面内支承方式不同的等截面或变截面构件中，一般可选

取两个或三个危险截面进行验算。

应该指出，本节所列的构件整体稳定性计算公式适用于实腹式偏心压杆，对格构式偏心压杆应按本章第六节所述方法进行计算。

第四节 柱的承载能力

柱是由轧制型钢或钢板制成的组合截面的承压结构，它的计算原理与轴向受压构件（简称压杆）并无本质区别，所以柱又可简称为组合压杆。决定柱的承载能力同压杆一样，均应满足强度、刚度和整体稳定性的要求。由于格构柱的几何尺度和构造与实腹柱不同，存在一些影响柱整体稳定性的因素，故本节将着重加以讨论。

一、剪切力对柱临界力的影响

第四章讨论压杆稳定的基本理论时，未涉及剪切力的影响。在实际工作中，由于构造和载荷位置偏心以及有横向力作用时，柱截面上除有轴力和弯矩外，还存在剪切力和剪切变形，从而增大了柱的挠曲，降低了柱的临界力。

以两端铰接的轴心受压等截面柱为例，揭示剪切力对实腹柱和格构柱的影响。在图 6-3a 中，当轴向力 N 达到一定值时，柱处于弯曲平衡状态。这时，在任意截面 z 处除有轴力 N 外还存在弯矩 M 和剪切力 F（见图 6-3b）。显然

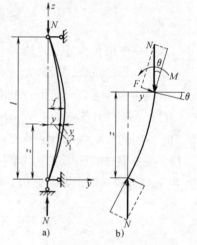

$$M = Ny \qquad (6\text{-}15)$$

$$F = \frac{\mathrm{d}M}{\mathrm{d}z} = N\frac{\mathrm{d}y}{\mathrm{d}z} \qquad (6\text{-}16)$$

任意截面 z 处的挠度 y 含有弯矩 M 产生的位移 y_1 和剪切力 F 产生的位移 y_2，即 $y = y_1 + y_2$。将此式对 z 求二阶导数，得

图 6-3 柱的压弯变形

$$\frac{\mathrm{d}^2 y}{\mathrm{d}z^2} = \frac{\mathrm{d}^2 y_1}{\mathrm{d}z^2} + \frac{\mathrm{d}^2 y_2}{\mathrm{d}z^2} \qquad (6\text{-}17)$$

由材料力学知（按坐标及柱的挠曲方向），柱轴线挠曲微分方程为

$$\frac{\mathrm{d}^2 y_1}{\mathrm{d}z^2} = -\frac{M}{EI} = -\frac{Ny}{EI} \qquad (6\text{-}18)$$

$$\frac{\mathrm{d}y_2}{\mathrm{d}z} = \gamma = \bar{\gamma}F = \bar{\gamma}N\frac{\mathrm{d}y}{\mathrm{d}z}$$

$$\frac{\mathrm{d}^2 y_2}{\mathrm{d}z^2} = \bar{\gamma}\frac{\mathrm{d}F}{\mathrm{d}z} = \bar{\gamma}N\frac{\mathrm{d}y^2}{\mathrm{d}z^2} \qquad (6\text{-}19)$$

式中　γ——剪切力 F 引起的切应变（剪切力引起的截面转角）；

$\bar{\gamma}$——当 $F = 1$ 时的切应变；

EI——柱的抗弯刚度。

将式（6-18）、式（6-19）代入式（6-17）得

$$\frac{d^2y}{dz^2}=-\frac{Ny}{EI}+N\bar{\gamma}\frac{d^2y}{dz^2} \tag{6-20}$$

即

$$\frac{d^2y}{dz^2}+\frac{N}{EI(1-N\bar{\gamma})}y=0 \tag{6-21}$$

式（6-21）是柱轴线的挠曲微分方程，解此二阶微分方程式，经整理后，得到在轴力 N 作用下，考虑截面有 M 和 F 共同存在的临界力，即

$$N_{cr}=\frac{\pi^2EI}{l^2}\left(\frac{1}{1+\frac{\pi^2EI}{l^2}\bar{\gamma}}\right) \tag{6-22}$$

若以 σ_{cr}表示临界应力，则式（6-22）可写成

$$\sigma_{cr}=\frac{\pi^2E}{\lambda^2}\alpha=\sigma_E\alpha \tag{6-23}$$

式中　σ_E——柱的欧拉临界应力，$\sigma_E=\frac{\pi^2E}{\lambda^2}$；

　　α——剪切力影响系数（$\alpha<1$），$\alpha=\frac{1}{1+\frac{\pi^2EI}{l^2}\bar{\gamma}}$。

其他符号意义同前。

从式（6-23）可看出，因剪切力影响系数 $\alpha<1$，若考虑剪切力影响时，柱的实际临界应力就会有所下降。

对于实腹柱，由材料力学可知，当 $F=1$ 时的切应变 $\bar{\gamma}$ 为

$$\bar{\gamma}=\frac{K}{GA} \tag{6-24}$$

式中　K——截面形状系数，对矩形截面，$K=1.2$，对圆截面，$K=1.11\sim1.13$，对薄壁管截面，$K=2$，对工字形或箱形截面，$K=A/A_f=2\sim5$；

　　G——钢材的剪切模量，$G=7.94\times10^4$MPa；

　　A_f——腹板截面面积，单位为 mm²；

　　A——柱截面全面积，单位为 mm²。

若用 Q235 钢实腹柱在弹性范围工作的最大临界应力 $\sigma_E=\pi^2E/\lambda^2=\sigma_P=188$MPa 和较大的截面形状系数 $K=2$ 计算 α，则

$$\alpha=\frac{1}{1+\frac{\pi^2EI}{l^2}\bar{\gamma}}=\frac{1}{1+\frac{\pi^2EA}{\lambda^2}\left(\frac{K}{GA}\right)}=\frac{1}{1+\frac{\pi^2E}{\lambda^2}\frac{K}{G}}=\frac{1}{1+188\times\frac{2}{7.94\times10^4}}=0.995287\approx1$$

可见，实腹柱中剪切力对临界应力的影响很小，即其腹板抗剪切变形的能力很强，通常计算时可忽略剪切力的影响，而用欧拉临界应力 σ_E 来表示柱的临界应力 σ_{cr}完全可行，见

式（6-23），$\alpha = 1$。

在格构柱截面中，通过实腹柱肢截面的主轴称为实轴，对实轴的临界应力同实腹柱一样基本不变，通过缀合平面的主轴称为虚轴。由于连缀件抗剪切变形的能力较差，剪切力的影响不可忽略。因此对格构柱虚轴的临界应力由式（6-23）变换为

$$\sigma_{cr} = \frac{\pi^2 E}{\lambda^2}\alpha = \frac{\pi^2 E}{\left(\lambda/\sqrt{\alpha}\right)^2} = \frac{\pi^2 E}{\lambda_h^2} \tag{6-25}$$

式中　λ_h——格构柱截面虚轴的换算长细比，$\lambda_h = \lambda/\sqrt{\alpha}$，因 $\alpha<1$，故 $\lambda_h>\lambda$。

显然，对格构柱虚轴的临界应力要比实轴的小，可按实腹柱等同计算，只需用换算长细比 λ_h 代替柱所对应的长细比即可，而换算长细比 λ_h 与柱的切应变 $\bar{\gamma}$ 的大小有关。

现以两柱肢的等截面格构柱为例，推导换算长细比公式。

图 6-4 所示为缀板式格构柱的变形，剪切力对缀合平面产生的内力按多层刚架计算（缀板在缀合平面内与柱肢连接视为刚接）。当发生剪切变形时，缀板和各段柱肢均呈 S 形弯曲，如果柱中缀板具有相同的刚度和间距时，S 形弯曲的反弯点（弯矩为零处）可近似地取在缀板和各段柱肢的中点。为求得单位剪切力（$F=1$）作用下的切应变 $\bar{\gamma}$，可截取任意相邻柱肢反弯点之间的一段作为隔离体分析，剪切力 $F=1$ 由两个缀合面共同承受，则每一柱肢反弯点处作用一半剪切力 F_1，由此引起反弯点的位移 δ，它等于柱肢弯曲在反弯点产生的位移 δ_2 与缀板弯曲产生的缀板端部转角 θ 对柱肢反弯点引起的位移 δ_1（忽略缀板切应变的影响）之和，$\delta = \delta_1 + \delta_2$。

缀板按简支梁两端承受反对称等弯矩计算，柱肢按悬臂梁计算，从而求得

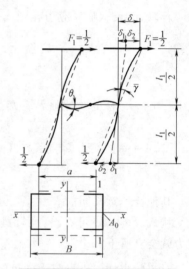

图 6-4　缀板式格构柱的变形

$$\left.\begin{aligned} \delta_1 &= \frac{al_1^2}{48EI_b} \\[2mm] \delta_2 &= \frac{l_1^3}{48EI_0} \end{aligned}\right\} \tag{6-26}$$

式中　I_b——柱一侧一块缀板截面的惯性矩，单位为 mm^4；

I_0——柱的单肢对 1-1 轴的惯性矩，$I_0 = A_0 r_1^2$，单位为 mm^4；

A_0——柱单肢的毛截面面积，单位为 mm^2；

r_1——单肢对 1-1 轴的回转半径，单位为 mm；

a——两柱肢轴线之间的距离，单位为 mm；

l_1——相邻缀板中心之间的距离，单位为 mm。

通常，$I_b>I_0$，$l_1>a$，δ_1 比 δ_2 小得多，可以略去，于是缀板柱的切应变可近似表达为

$$\bar{\gamma} = \frac{\delta_1 + \delta_2}{l_1/2} \approx \frac{2\delta_2}{l_1} = \frac{l_1^2}{24EI_0} \tag{6-27}$$

$$\alpha = \cfrac{1}{1 + \cfrac{\pi^2 EI_y}{l^2}\gamma} = \cfrac{1}{1 + \cfrac{\pi^2 EI_y}{l^2}\left(\cfrac{l_1^2}{24EI_0}\right)} = \cfrac{1}{1 + \cfrac{\pi^2}{24}\left(\cfrac{l_1}{l}\right)^2\left(\cfrac{2A_0 r_y^2}{A_0 r_1^2}\right)} = \cfrac{1}{1 + \cfrac{\pi^2}{12}\left(\cfrac{\lambda_1^2}{\lambda_y^2}\right)} \qquad (6\text{-}28)$$

式中　I_y——柱截面对虚轴 y-y 的惯性矩（忽略柱单肢的自身惯性矩 I_0），$I_y \approx 2A_0 r_y^2$；

　　　r_y——柱截面对虚轴 y-y 的回转半径，$r_y \approx a/2$；

　　　l——柱的计算长度；

　　　λ_y——柱对虚轴 y-y 的长细比，$\lambda_y = l/r_y$；

　　　λ_1——柱的单肢对 1-1 轴的长细比，$\lambda_1 = l_1/r_1$。

　　因 $I_y \approx 2A_0 r_y^2$ 取值偏小，可补偿地近似取 $\pi^2/12 \approx 1$，则 $\alpha = \lambda_y^2/(\lambda_y^2 + \lambda_1^2)$，由此，对缀板式格构柱虚轴 y-y 的换算长细比为

$$\lambda_{hy} = \frac{\lambda_y}{\sqrt{\alpha}} = \sqrt{\lambda_y^2 + \lambda_1^2} \qquad (6\text{-}29)$$

　　图 6-5 所示为缀条式格构柱的变形，剪切力对缀合平面产生的内力按铰接桁架分析。当两个缀合面共同承受单位剪切力 $F = 1$ 时，两缀合面的两根斜缀条的轴向力之和为

$$N_d = 1/\cos\varphi$$

斜缀条的伸长量为

$$\Delta = \frac{N_d d}{EA_1} = \frac{l_1}{\cos\varphi \sin\varphi EA_1} \qquad (6\text{-}30)$$

　　若忽略横缀条的微小变形，则相应的剪切位移为

$$\delta = \frac{\Delta}{\cos\varphi} = \frac{l_1}{\cos^2\varphi \sin\varphi EA_1} \qquad (6\text{-}31)$$

　　缀条柱的切应变可表达为

$$\bar{\gamma} = \frac{\delta}{l_1} = \frac{1}{\cos^2\varphi \sin\varphi EA_1} \qquad (6\text{-}32)$$

式中　A_1——柱横截面所截的两缀合面斜缀条的毛截面面积之和；

　　　φ——斜缀条与横缀条之间的夹角。

其余符号如图 6-5 所示。

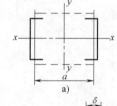

　　当柱肢间距确定后，单肢的节间长受斜缀条与横缀条夹角的限制，一般取 $\varphi = 30° \sim 45°$，此时式中 $\sin\varphi\cos^2\varphi \approx 0.36$，故

$$\alpha = \cfrac{1}{1 + \cfrac{\pi^2 EI_{y-}}{l^2}\gamma} = \cfrac{1}{1 + \cfrac{\pi^2 EI_y}{l^2}\left(\cfrac{1}{0.36EA_1}\right)} = \cfrac{1}{1 + \cfrac{\pi^2 2A_0 r_y^2}{0.36A_1 l^2}} \approx \cfrac{\lambda_y^2}{\lambda_y^2 + 27\cfrac{A}{A_1}} \qquad (6\text{-}33)$$

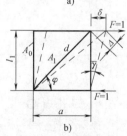

式中　A——所有单肢毛截面面积之和，$A = 2A_0$。

其余符号同前。

图 6-5　缀条式格构柱的变形

　　由此可求得对缀条式格构柱虚轴 y—y 的换算长细比，即

$$\lambda_{hy} = \frac{\lambda_y}{\sqrt{\alpha}} = \sqrt{\lambda_y^2 + 27\frac{A}{A_1}} \qquad (6\text{-}34)$$

显然，格构柱的换算长细比取决于柱的几何尺寸和连缀件的型式及尺寸，各种等截面的格构式构件换算长细比计算公式列于表 6-10 中，供选用。

上述按两端铰接等截面柱为例求得的计算公式具有普遍意义，对不同支承方式的柱，只需将式中的 l 换成柱的计算长度 l_0 即可。等截面柱的计算长度 $l_0 = \mu_1 l$，l 为柱的几何长度，μ_1 为柱的长度系数，按表 6-1、表 6-2 查取。

在验算偏心受压格构柱的强度和整体稳定性时，同样要用换算长细比 λ_h 计算柱的临界力或查找稳定系数值。

格构柱对实轴的计算同实腹柱，参见本章第二节、第三节和第五节。

表 6-10 等截面格构式构件换算长细比 λ_h 计算公式

项次	构件截面形式	缀材类别	计算公式	符号意义
1	a)	缀板	$\lambda_{hy} = \sqrt{\lambda_y^2 + \lambda_1^2}$	λ_y——整个构件对虚轴 y-y 的长细比 λ_1——单肢对 1-1 轴的长细比，其计算长度取相邻焊接缀板间的净距离（铆接构件取相邻缀板边缘铆钉中心间的距离）
2		缀条	$\lambda_{hy} = \sqrt{\lambda_y^2 + 27\dfrac{A}{A_1}}$	A——构件横截面所截各弦杆（主肢）的毛截面积之和 A_1——构件横截面所截各斜缀条的毛截面面积之和
3	b)	缀板	$\lambda_{hx} = \sqrt{\lambda_x^2 + \lambda_1^2}$ $\lambda_{hy} = \sqrt{\lambda_y^2 + \lambda_1^2}$	λ_x、λ_y——整个构件分别对虚轴 x-x 或 y-y 的长细比 λ_1——单肢对最小刚度轴 1-1 的长细比，其计算长度取相邻焊接缀板间的净距离（铆接构件取相邻缀板边缘铆钉中心间的距离）
4		缀条	$\lambda_{hx} = \sqrt{\lambda_x^2 + 40\dfrac{A}{A_{1x}}}$ $\lambda_{hy} = \sqrt{\lambda_y^2 + 40\dfrac{A}{A_{1y}}}$	A——构件各弦杆的毛截面面积之和 A_{1x}——构件横截面所截垂直于 x-x 轴的平面内各斜缀条的毛截面面积之和 A_{1y}——构件横截面所截垂直于 y-y 轴的平面内各斜缀条的毛截面面积之和
5	c)	缀条	$\lambda_{hx} = \sqrt{\lambda_x^2 + \dfrac{42A}{A_1(1.5 - \cos^2\theta)}}$ $\lambda_{hy} = \sqrt{\lambda_y^2 + \dfrac{42A}{A_1 \cos^2\theta}}$	λ_x、λ_y——整个构件分别对虚轴 x-x 或 y-y 的长细比 A——构件横截面所截各弦杆的毛截面积之和 A_1——构件横截面所截各斜缀条的毛截面面积之和 θ——缀条所在平面与 x 轴的夹角

注：1. 缀板组合结构件的单肢长细比 λ_1 不应大于 40。

    2. 缀板尺寸应符合下列规定：缀板沿构件纵向的宽度不应小于肢件轴线之间距离的 2/3，厚度不应小于该距离的 1/40，且不小于 6mm。

    3. 斜缀条与结构件轴线间的夹角应保持在 40°~70° 范围内。

二、等效剪切力

连缀件是格构柱的构造特征之一，其作用有两个，一是连接和缀合柱肢，以构成柱的整体，二是受力杆件承受柱中的剪切力。因此，连缀的可靠性与合理性都将对柱的承载能力产生重要影响，但是连缀件的实际受力比较复杂，不易确定，其原因是虽然按静力计算可以得到横向载荷在柱中产生的实际剪切力，而当轴心受压柱因初弯曲和偶然偏心引起柱轴弯曲变形时，由轴向载荷产生的柱中剪切力很难精确计算。为了简化，通常根据柱失稳时的弯曲状态来计算柱截面上的剪切力，仅由轴向载荷产生剪切力称为等效剪切力或偶然剪切力，并以此来计算连缀件中的内力。格构柱等效剪切力的确定如下：

假定图 6-3 所示的两端铰接轴心受压等截面柱失稳时的挠度曲线为一正弦曲线，即

$$y = f \sin \frac{\pi z}{l} \tag{6-35}$$

式中　f——柱中点最大挠度。

压弯柱任意截面的弯矩和剪切力分别为

$$M(z) = Ny = Nf \sin \frac{\pi z}{l}, F(z) = \frac{\mathrm{d}M(z)}{\mathrm{d}z} = \frac{N\mathrm{d}y}{\mathrm{d}z} = Nf \frac{\pi}{l} \cos \frac{\pi z}{l}$$

当 $z = 0$、$z = l$ 时，柱的最大剪切力为

$$F_{\max} = \frac{\pi}{l} Nf \tag{6-36}$$

当轴向力 N 增大到 N_0 使柱截面边缘纤维屈服时（对虚轴弯曲），柱的组合应力为

$$\frac{N_0}{A} + \frac{N_0 f B}{2 I_y} = \sigma_s \tag{6-37}$$

式中　N_0——柱的极限压缩力；

　　　A——格构柱柱肢毛截面总面积；

　　　B——格构柱截面的总宽度，如图 6-4 所示。

对于许用应力法，式（6-37）除以安全系数 n，得

$$\frac{N_0}{nA} + \frac{N_0 f B}{2 n I_y} = \frac{N}{A} + \frac{N f B}{2 I_y} = [\sigma] \tag{6-38}$$

将具有初始缺陷的轴心压杆稳定性计算公式 $\dfrac{N}{A} = \varphi[\sigma]$ 及 $I_y \approx A r_y^2$ 代入式（6-38），得

$$f = \frac{2(1-\varphi) r_y^2}{\varphi B} \tag{6-39}$$

将式（6-39）代入式（6-36），整理后再将两柱肢格构柱的回转半径 $r_y \approx 0.44 B$ 代入，得

$$F_{\max} = \frac{\pi}{l} Nf = \frac{\pi}{l} N \frac{2(1-\varphi) r_y^2}{\varphi B} = \frac{N}{\varphi} \frac{r_y}{l} \frac{2\pi(1-\varphi) r_y}{B}$$

$$= \frac{N}{\varphi} \frac{1}{\lambda_y} \frac{0.88\pi(1-\varphi) B}{B} = \frac{N}{\varphi} \frac{0.88\pi(1-\varphi)}{\lambda_y} = \frac{N}{\alpha\varphi} \tag{6-40}$$

其中 $\alpha = \lambda_y / [0.88\pi(1-\varphi)]$，格构柱属于 b 类截面，对柱常用的长细比 λ 查得相应的稳定系数 φ 值，求得一组 α 的值：

λ	φ	α	α 的平均值
80	0.688	92.7	
90	0.621	85.9	85
100	0.555	81.3	
110	0.493	78.5	

则格构柱的最大等效剪切力 F_d 为

$$F_d = F_{max} = \frac{N}{\alpha\varphi} = \frac{N}{85\varphi}\sqrt{\frac{\sigma_s}{235}} = \frac{A[\sigma]}{85}\sqrt{\frac{\sigma_s}{235}}\tag{6-41}$$

柱端部的转角（dy/dz）最大，故剪切力最大，而向柱中部逐渐减小，为使全柱高度范围具有相同的连缀件，设计时假定等效剪切力 F_d 在柱高范围内保持不变，由承受该剪切力的缀合面平均承担（见图 6-6）。

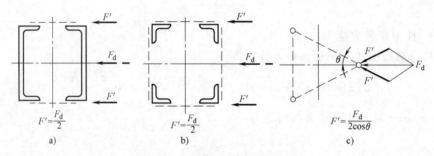

$$F' = \frac{F_d}{2} \qquad\qquad F' = \frac{F_d}{2} \qquad\qquad F' = \frac{F_d}{2\cos\theta}$$

a)　　　　　　　　　　b)　　　　　　　　　　c)

图 6-6　剪切力沿缀合面的分配

偏心受压格构柱将产生实际剪切力，应取实际剪切力和等效剪切力的较大者来计算连缀件。

三、变截面柱的计算

在机械结构中，应用变截面柱的情况是经常遇到的，有的是为了满足使用要求，但很多情况下，采用变截面柱是为了适应内力的分布。当柱同时受压、弯作用时，依支承和受力的不同，柱截面上弯矩和剪切力的分布规律也不同。例如，臂架起重机的臂架，在起升变幅平面内，臂架两端铰接，因有自重载荷作用使臂架产生弯矩，中部弯矩大而向端部逐渐递减；在回转平面内，臂架一端固定，一端自由，在臂架顶端水平力作用下，臂架根部弯矩最大并向顶端逐渐减小。因此在弯矩较大处，应增大截面，增加惯性矩；弯矩较小处，截面可适当减小，于是便形成图 6-7 所示的臂架型式，一面呈对称变化，另一面呈非对称变化。图 6-8 所示为单主梁门式起重机的变截面支腿型式。

按等强度观点设计变截面柱，可以合理地使用材料，减轻结构自重。但是，对于细长的柱，还应特别注意几何尺寸参数的改变对柱稳定性的不利影响。下面讨论变截面柱临界载荷的确定。

如图 6-9a 所示，长度相同的变截面柱（实线轮廓）与等截面柱（虚线轮廓）相比，显然变截面柱的临界载荷比全长保持最大截面的等截面柱小。只有当全长度内均保持最大截面的等截面柱长度增加到某一数值时（见图 6-9c），或者柱的长度保持不变，而等截面柱的截面惯性矩介于变截面柱最大和最小惯性矩之间某一值时（见图 6-9b），这两种等截面柱才能

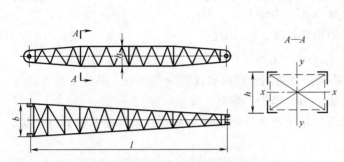

图 6-7 格构式变截面臂架

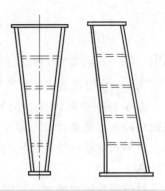

图 6-8 实腹式变截面支腿型式

与原变截面柱具有相同的临界载荷。

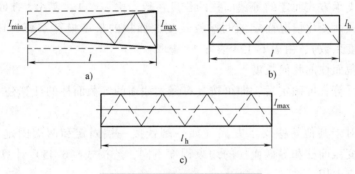

图 6-9 变截面柱的计算简图

直接计算各变截面柱的实际临界载荷很复杂，为简化计算和便于引用前面的理论，通常按临界载荷相同的等稳定条件，将变截面柱转换成一个等效的等截面柱来计算。

换算方法有两种：惯性矩换算法和长度换算法。

两端铰接的变截面柱，临界载荷的一般表达式为

$$N_{cr} = \frac{m\pi^2 E I_{max}}{l^2} \tag{6-42}$$

式中　I_{max}——变截面柱（构件）最大截面的惯性矩；

　　　l——铰接柱的计算长度（即几何长度）；

　　　m——依柱截面惯性矩的变化规律，最小与最大截面惯性矩之比，等截面区段长度与柱长之比而定的换算系数。

按惯性矩换算法，式（6-42）可改写成

$$N_{cr} = \frac{\pi^2 E m I_{max}}{l^2} = \frac{\pi^2 E I_h}{l^2} \tag{6-43}$$

式中　I_h——等效等截面柱（构件）的换算惯性矩，$I_h = m I_{max}$；

　　　m——惯性矩换算系数（$m<1$），由表 6-11 查取。

按长度换算法，式（6-42）又可改写成

205

$$N_{cr} = \frac{\pi^2 EI_{max}}{\left(l\sqrt{1/m}\right)^2} = \frac{\pi^2 EI_{max}}{(\mu_2 l)^2} = \frac{\pi^2 EI_{max}}{l_h^2} \tag{6-44}$$

式中　l_h——等效等截面柱（构件）的换算长度，$l_h = \mu_2 l$；

　　　μ_2——变截面柱长度换算系数（$\mu_2 > 1$），$\mu_2 = \sqrt{1/m}$，由表 6-12～表 6-14 查取。

表 6-11～表 6-14 中给出的换算系数，只适用于两端铰接的变截面柱。其他支承方式变截面柱的临界载荷计算，参见第十章第一节、第十一章第二节。

对不同支承的变截面柱的计算长度，也可有条件地引用等截面柱的长度系数 μ_1 进行如下计算。

对于两端铰接的和一端固定一端自由的变截面柱，若同时考虑截面变化和支承方式，则计算长度 l_0 可引用等截面柱的长度系数 μ_1 按下式进行近似计算，即

$$l_0 = \mu_1 \mu_2 l \tag{6-45}$$

式中　μ_1——依支承方式而定的等截面柱的长度系数，由表 6-1、表 6-2 查取；

　　　μ_2——依截面变化情况而定的两端铰接变截面柱的长度换算系数（或称变截面柱的长度系数），由表 6-12～表 6-14 查取；

　　　l——变截面柱的几何长度。

变截面柱的计算长度确定后，即可按具有最大截面的等截面柱的计算公式和方法校核柱的稳定性。

应当指出，对于其他某些支承方式（如一端铰接一端固定和两端固定）的变截面柱，因相同的支承对变截面柱和等截面柱的约束程度不同，若按式（6-45）计算，则误差较大，且不安全，故不宜引用。

表 6-11　两端铰接的变截面构件惯性矩换算系数 m

序号	构件形状	m
1		$l_1 \leqslant 0.5l, 0.1 \leqslant \beta \leqslant 1$ $m = (0.17 + 0.33\beta + 0.5\sqrt{\beta}) + \dfrac{l_1}{l}(0.62 + \sqrt{\beta} - 1.62\beta)$
2		$l_1 \leqslant 0.5l, 0.1 \leqslant \beta \leqslant 1$ $m = (0.08 + 0.92\beta) + \left(\dfrac{l_1}{l}\right)^2 (0.32 + 4\sqrt{\beta} - 4.32\beta)$
3		$0.1 \leqslant \beta \leqslant 1$ $m = 0.48 + 0.02\beta + 0.5\sqrt{\beta}$
4		$0.1 \leqslant \beta \leqslant 1$ $m = 0.18 + 0.32\beta + 0.5\sqrt{\beta}$

（续）

序号	构件形状	m
5		$\dfrac{h_0}{h_m} \geq 0.2$，惯性矩 I 按二次方变化，截面按直线变化 $m = 0.2 + 0.8\sqrt[3]{\beta^4}$
6		$\dfrac{h_0}{h_m} \geq 0.2$，惯性矩 I 按二次方变化，截面按直线变化 $m = 0.34 + 0.66\beta$

注：1. 仅适用于 $I_{min} \geq 0.01 I_{max}$，$\beta = \sqrt{I_{min}/I_{max}}$ 的情况。当 $l_1 \geq 0.8l$ 时，$m = 1$；当 $0.8l > l_1 > 0.5l$ 时，按比例插值法求 m。

2. 本表取自日本起重机钢结构规范（JIS B8821—2004）和日本长柱研究委员会主编、人民交通出版社出版的结构稳定手册（1977）。

表 6-12　两端铰支对称变化的变截面构件长度换算系数 μ_2（一）[16]

变截面型式	I_{min}/I_{max}	n	m_1				
			0	0.2	0.4	0.6	0.8
构件两端： $n=1$，惯性矩 I_x 呈线性变化 $n=2$，惯性矩 I_x 呈二次方变化 $n=3$，惯性矩 I_x 呈三次方变化 $n=4$，惯性矩 I_x 呈四次方变化 $\dfrac{I_x}{I_{max}} = \left(\dfrac{x}{x_1}\right)^n,\ m_1 = \dfrac{a}{l}$	0.1	1	1.23	1.14	1.07	1.02	1.00
		2	1.35	1.22	1.11	1.03	1.00
		3	1.40	1.25	1.12	1.04	1.01
		4	1.43	1.27	1.13	1.04	1.01
	0.2	1	1.19	1.11	1.05	1.01	1.00
		2	1.25	1.15	1.07	1.02	1.00
		3	1.27	1.16	1.08	1.03	1.01
		4	1.28	1.17	1.08	1.03	1.01
	0.4	1	1.12	1.07	1.04	1.01	1.00
		2	1.14	1.08	1.04	1.01	1.00
		3	1.15	1.09	1.04	1.01	1.00
		4	1.15	1.09	1.04	1.01	1.00
	0.6	1	1.07	1.04	1.02	1.00	1.00
		2	1.08	1.05	1.02	1.01	1.00
		3	1.08	1.05	1.02	1.01	1.00
		4	1.08	1.05	1.02	1.01	1.00
	0.8	1	1.03	1.02	1.01	1.00	1.00
		2	1.03	1.02	1.01	1.00	1.00
		3	1.03	1.02	1.01	1.01	1.00
		4	1.03	1.02	1.01	1.01	1.00

表 6-13 两端铰支对称变化的变截面构件长度换算系数 μ_2(二)[16]

变截面型式	惯性矩 I_x 的变化规律	I_{min}/I_{max} \ m_1	0	0.2	0.4	0.6	0.8
	截面相等的弦杆呈正弦曲线变化或多边形变化(顶点在正弦曲线上)	0.01	1.32				
		0.1	1.16				
		0.2	1.11				
		0.4	1.06				
		0.6	1.03				
		0.8	1.01				
$m_1 = \dfrac{l_1}{l}$	截面呈阶梯式变化,惯性矩突然变化	0.01		8.03	6.04	4.06	2.09
		0.1		2.59	3.03	1.48	1.07
		0.2		1.88	1.53	1.21	1.03
		0.4		1.39	1.22	1.08	1.01
		0.6		1.19	1.10	1.03	1.01
		0.8		1.07	1.04	1.01	1.00

表 6-14 两端铰支非对称变化的变截面构件长度换算系数 μ_2[16]

变截面型式	I_{min}/I_{max} \ n	1	2	3	4
$n=1$,惯性矩 I_x 呈线性变化	0.1	1.45	1.66	1.75	1.78
$n=2$,惯性矩 I_x 呈二次方变化	0.2	1.35	1.45	1.48	1.50
	0.4	1.21	1.24	1.25	1.26
$n=3$,惯性矩 I_x 呈三次方变化	0.6	1.13	1.13	1.14	1.14
$n=4$,惯性矩 I_x 呈四次方变化	0.8	1.06	1.05	1.06	1.06
	1.0	1.00	1.00	1.00	1.00

第五节 实腹柱的设计计算

实腹柱的截面由型钢或钢板组成(见图 6-2),分为单腹式和封闭箱形或圆管截面,单腹式和箱形(双腹式)截面由腹板和翼缘板组成。

一、截面选择和验算

等截面柱截面选择就是合理地确定截面几何尺寸参数。根据使用要求,在结构选型与选材、载荷计算之后,便可根据稳定性条件,按照以下步骤进行截面选择。

1. 确定截面面积和回转半径

初次计算时,对轴心受压柱和偏心受压柱(弯矩作用平面)的长细比可以假定:当轴

向力 $N \leqslant 1500\text{kN}$，计算长度 $l_0 = 5 \sim 6\text{m}$ 时，取 $\lambda = 80 \sim 100$；$N \geqslant 3000\text{kN}$ 时，取 $\lambda = 50 \sim 70$，N 不大时，可取 $\lambda = 120$。

则

$$A \geqslant \frac{N}{\varphi[\sigma]}, r = \frac{l_0}{\lambda} \qquad (6\text{-}46)$$

式中　N——计算的轴向力；

l_0——柱的计算长度，$l_0 = \mu_1 l$；

φ——受压柱的稳定系数，由表 6-5 ~ 表 6-8 查取。

2. 确定截面轮廓尺寸

根据表 6-15 中组合截面尺寸的近似比值关系，则有

$$h = \frac{r_x}{\alpha_1}, b = \frac{r_y}{\alpha_2}, d_c = \frac{r}{\alpha} \qquad (6\text{-}47)$$

式中　h、b、d_c——柱截面的高、宽和平均管径；

α_1、α_2、α——依截面形状而定的比例系数，由表 6-15 查取；

r_x、r_y、r——截面的回转半径，初算时取 $r_x = r_y = r$，而 r 用式（6-46）算得。

为使截面尺寸合理，对轴心受压柱常先确定截面宽度 b，对偏心受压柱则先确定截面高度 h，再按选定的尺寸和截面面积 A 求出另一尺寸。

表 6-15　各种组合截面的回转半径与截面尺寸的近似比值

截面型式	r	截面型式	r	截面型式	r
	$r_x = 0.30h$ $r_y = 0.215b$		$r_x = 0.43h$ $r_y = 0.43b$		$r_x = 0.39h$ $r_y = 0.53b$
	$r_x = 0.32h$ $r_y = 0.20b$		$r_x = 0.37h$ $r_y = 0.45b$		$r_x = 0.39h$ $r_y = 0.20b$
	$r_x = 0.28h$ $r_y = 0.24b$		$r_x = 0.38h$ $r_y = 0.60b$		$r_x = 0.43h$ $r_y = 0.24b$
	$r_x = 0.21h$ $r_y = 0.21b$ $(h = b)$ $r_z = 0.185b$		$r_x = 0.38h$ $r_y = 0.44b$		$r_x = 0.40h$ $r_y = 0.24b$
	$r_x = 0.40h$ $r_y = 0.40b$ $r_z = 0.185b$		$r_x = 0.44h$ $r_y = 0.38b$		$r_x = 0.353d_c$ $d_c = \frac{1}{2}(D + d)$

（续）

截面型式	r	截面型式	r	截面型式	r
	$r_x = 0.45h$ $r_y = 0.24b$		$r_x = 0.44h$ $r_y = 0.32b$		$r_x = 0.29h$ $r_y = 0.29b$
	$r_x = 0.40h$ $r_y = 0.21b$		$r_x = 0.15h$ $r_y = 0.24b$		$r_x = 0.38h$ $r_y \approx 0.21b$

3. 选取翼缘板和腹板的厚度

板厚根据初算出的参数 A、h、b 和板的局部稳定性条件（见图 6-10）来确定。

工字形截面腹板的宽厚比 h_0/δ 或箱形截面翼缘板的宽（两腹板间净距）厚比 b_0/δ_0 应满足下式要求：

$$\frac{h_0}{\delta} \text{或} \frac{b_0}{\delta_0} \leq (40 \sim 50) \sqrt{\frac{235}{\sigma_s}} \qquad (6-48)$$

工字形截面翼缘外伸宽度 b_e 与其厚度 δ_0 之比应满足下式要求，即

$$\frac{b_e}{\delta_0} \leq 15 \sqrt{\frac{235}{\sigma_s}} \qquad (6-49)$$

式中　σ_s——柱所用钢材的屈服强度，单位为 MPa。

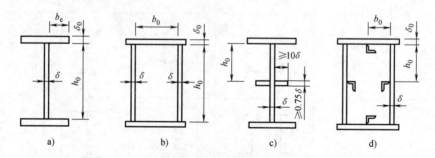

图 6-10　实腹柱的截面尺寸

当按式（6-48）、式（6-49）算得的板厚过大而不便选用时，可按构造和工艺要求选用较薄的板，同时设置纵向加劲肋（见图 6-10c、d）来保证板的局部稳定性。

一般初选截面后，不可能一次达到理想状态，要对初选截面进行强度和稳定性验算，如发现不足则需调整所假定的长细比或初选的截面，然后重复上述步骤，直至选出满意的截面。

柱的最大长细比不超过表 6-3 规定的容许长细比。

实腹柱的强度、刚度和整体稳定性均按本章第二节和第三节相应公式验算，局部稳定性按本章本节"二"处理。

轴心受压实腹式焊接柱的翼缘焊缝受力很小，通常不进行计算，采用 6mm 的焊缝厚度即可。偏心受压焊接柱截面上同时受有轴向力、弯矩和剪切力作用，需按第五章所述的方法分别验算翼缘焊缝的切应力、正应力和折算应力。

二、板的局部稳定性

薄钢板制作的实腹柱，在轴向力或偏心作用力作用下，翼缘和腹板都受压应力有丧失稳定性的可能。若这些薄板先局部丧失稳定，则降低柱的承载能力，可能导致柱提前破坏，因此设计时要求薄板的局部稳定性不低于柱的整体稳定性。要保证板的局部稳定性，就必须满足按板的临界应力决定的宽厚比，但在实际工程中，为了合理地使用材料，通常不一定采用较厚的板，而是用设置加劲肋的办法来保证其宽厚比（见图 6-11）。

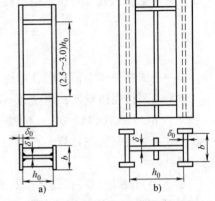

当工字形截面腹板的宽厚比或箱形截面翼缘板的宽厚比满足式（6-48）的要求时，板的局部稳定性得到保证，不需设置加劲肋。但考虑运输上的要求，在每个运送单元上至少有两个截面在两端设置横向加劲肋或横隔板，其间距为 4~6m。

若选取的钢板较薄而不满足板的宽厚比要求，则需设置加劲肋。

图 6-11　实腹柱的柱身和加劲肋

当 $50\sqrt{235/\sigma_s}<h_0/\delta\,(b_0/\delta_0)\leqslant 80\sqrt{235/\sigma_s}$ 时，应沿板的中线设置一条纵向加劲肋；当 $80\sqrt{235/\sigma_s}<h_0/\delta\,(b_0/\delta_0)\leqslant 120\sqrt{235/\sigma_s}$ 时，应同时设置两条纵向加劲肋和若干横向加劲肋，横肋间距 $c\leqslant(2.5\sim3)h_0$；当 $h_0/\delta\,(b_0/\delta_0)>120\sqrt{235/\sigma_s}$ 时，应按等间距设置三条纵向加劲肋和若干横向加劲肋。对工字形截面柱，纵向和横向加劲肋均在腹板两侧成对配置；对箱形截面柱，纵向加劲肋为单侧配置，横向加劲肋则被横隔板所代替。在柱身受水平力作用处，也需设置横向加劲肋（横隔板）。

加劲肋尺寸取下列数值：纵向加劲肋的外伸宽度不得小于 10δ，厚度不小于 $3/4\delta$（δ 为腹板厚度）；横向加劲肋的外伸宽度 $b_s\geqslant h_0/30+40\text{mm}$，厚度 $\delta\geqslant(b_s/15)\sqrt{\sigma_s/235}$。为保证加劲肋的作用，还应满足惯性矩的要求，见第七章。箱形截面柱的横隔板厚度可取腹板厚 δ，中间开孔的横隔板边宽不应大于 20δ。

工字形截面柱的翼缘外伸宽度 b_e 与其厚度 δ_0 之比应满足式（6-49）的要求，否则需在翼缘外边焊上加劲板（镶边）（见图 6-11b）。若加劲板沿柱长是连续的，则可作为截面的一部分来计算，加劲板厚度可取为腹板厚 δ，外伸宽度不应大于 $15\delta\sqrt{235/\sigma_s}$。

设置加劲肋后应重新验算板的宽厚比，加强后的板宽应取被加劲肋分隔开的板宽。

无缝钢管柱，一般不需加强管壁。焊接钢管柱，由于管径和壁厚是可以任选的，因而需要考虑管壁的局部稳定性。

对大管径的薄壁圆柱（壳体），当 $R/\delta\leqslant50(235/\sigma_s)$ 时，薄壁的局部稳定能够保证，不需验算。当 $R/\delta>50\left(\dfrac{235}{\sigma_s}\right)$ 时，需按下式验算圆柱壳体的局部稳定性，即

$$\frac{N}{A}+\frac{M}{W}\leqslant\frac{\sigma_{ccr}}{n} \tag{6-50}$$

式中　N——轴向力，单位为 N；

　　　M——弯矩，单位为 N·mm；

　　　A——圆柱壳的净截面面积，单位为 mm²；

　　　W——圆柱壳的抗弯截面系数，单位为 mm³；

　　　n——因 σ_{ccr} 中已考虑制造缺陷，故可采用强度安全系数，见表 4-13；

　　　σ_{ccr}——受轴压或压弯作用的圆柱壳体临界应力，单位为 MPa，按式（6-51）决定，即

$$\sigma_{ccr}=0.2\frac{E\delta}{R} \tag{6-51}$$

式中　R——圆柱壳体中面半径，单位为 mm；

　　　δ——圆柱壳体壁厚，单位为 mm。

按式（6-51）算得的 $\sigma_{ccr}>0.8\sigma_s$ 时，需按式（7-80）进行折减，并用 σ_{ccr} 替换式（7-80）中 $\sigma_{i,cr}$ 进行折减计算，再用折减后的临界应力 σ_{cr} 替换式（6-50）中的 σ_{ccr} 验算局部稳定性。

当验算不合格时，需在壳体全长范围内设置横向加劲环（支承隔环）和纵向加劲肋。横向加劲环应设置在圆柱壳体的两端，当壳体长度大于 $10R$ 时，需设置中间加劲环，其间距不大于 $10R$，加劲环对柱壳内表面的截面惯性矩应满足下式要求，即

$$I_h\geqslant\frac{R\delta^3}{2}\sqrt{\frac{R}{\delta}} \tag{6-52}$$

设置的纵向加劲肋不应少于 10 根，沿圆周等距布置。

第六节　格构柱的设计计算

一、截面选择

选择格构柱的截面，就是要确定柱肢截面、肢间距离和连缀件尺寸。通常可参照实腹柱截面选择的计算步骤进行，但同时需要在以下几方面考虑格构柱的构造特点。

由于格构柱对虚轴的稳定性比相同长细比的实腹柱要差一些，因此假定长细比时，取值也应低一些，轴向载荷在 1000kN 以下的柱，取 $\lambda=70\sim90$；载荷在 $2500\sim3000$kN 时，取 $\lambda=50\sim70$。而且对两柱肢轴心受压的格构柱，首先应对通过柱肢实轴的长细比做假定；对偏心受压格构柱，首先对弯矩作用平面的长细比做假定；若需考虑虚轴，则应对换算长细比做假定。

由于格构柱的柱肢采用型钢制作，因此在按式（6-46）算出所需的截面面积 A 和回转半径 r 之后，两柱肢柱的柱肢按 $A_0=A/2$ 和 $h=r/\alpha_1$ 选择型钢截面；四柱肢柱的柱肢按 $A_0=A/4$ 选型钢截面。

柱肢截面选出后，柱肢间距 a（或 B）（见图 6-12），可按等稳定条件，令 $\lambda_{hy}=\lambda_x$（假

定值）和几何关系 $a \approx 2r_y$ 或 $B = r_y/\alpha_2$ 确定，$r_y = l_{0y}/\lambda_y$，l_{0y} 为柱对 y 轴的计算长度，而 λ_y 由表 6-10 中的相应公式 λ_{hy} 计算。当柱截面未确定之前，λ_{hy} 计算式中参数 λ_1 或 A/A_1 为未知数，初算时，可按经验假定 $\lambda_1 \leqslant 40$，或 $A/A_1 \approx 8$ 代入。

对第一次选出截面的校核应修正复算，直至最后确定理想截面，其步骤与实腹柱的相同。

格构柱的缀条，多用单角钢或钢管制作。缀条按三角形或交叉形（见图 6-1）布置，为了制造方便，通常取斜缀条的水平倾角等于 45°。因此，当柱肢间距确定后，缀条的几何长度便可确定。缀条一般受力不大，截面可以按刚度条件选择，即

$$r_{\min} \geqslant \frac{l_d}{[\lambda]} \qquad (6\text{-}53)$$

式中　$r_{\min}$——缀条截面的最小回转半径；

l_d——缀条的计算长度，取 $l_d = 0.9l_z$（l_z 为缀条几何长度）；

$[\lambda]$——容许长细比，取 $[\lambda] = 200 \sim 250$。

所选型钢的最小回转半径应满足式（6-53）的条件。

格构柱的缀板用钢板制作，沿柱高度的板宽 $b_b \geqslant 2a/3$（a 为柱肢轴线间距），板厚 $\delta_b = a/40$，且 $\delta_b \geqslant 6$mm，相邻缀板间距由单肢刚度条件确定（见图 6-15），即

$$\lambda_1 = \frac{l_{01}}{r_1} \leqslant 40 \qquad (6\text{-}54)$$

式中　λ_1——格构柱单个柱肢截面对其最小刚度轴的长细比；

r_1——单肢截面的最小回转半径；

l_{01}——缀板柱单肢计算长度，对焊接柱，取相邻缀板之间的净距离，对铆接柱，取相邻缀板边缘铆孔中心之间的距离（见图 6-15）。

二、强度和刚度验算

对于截面无削弱的焊接柱，满足稳定性条件自然满足强度条件，不必再验算强度。当需要考虑铆接柱截面削弱影响时，轴心受压格构柱的强度和刚度分别按式（6-1）和式（6-2）来验算；偏心受压格构柱的单肢受力是不均匀的，柱的强度由受力最大的柱肢决定，当柱肢内力确定后，可选用与内力相对应的公式验算强度，偏心受压柱的刚度按式（6-2）和式（6-11）验算。

偏心受压格构柱的柱肢内力与载荷作用位置及柱的构造有关，分别介绍如下。

1. 两柱肢格构柱

图 6-12 所示为双向偏心受压的两柱肢格构柱的截面。假定两个柱肢的截面不相同，因而 $x_1 \neq x_2$。偏心作用力可转化为轴心压缩力 N，弯矩 $M_x = Ne_y$ 和 $M_y = Ne_x$。在实轴平面内，N 和 M_y 转化成两柱肢的轴向力 N_1 和 N_2；在虚轴平面内，M_x 按正比于柱肢的刚度和反比于载荷作用位置的原则，转化为两柱肢的弯矩 M_{1x} 和 M_{2x}，于是柱肢的内力为

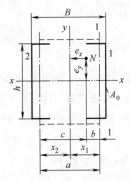

图 6-12　两柱肢格构柱截面

柱肢 1
$$N_1 = \frac{x_2 + e_x}{a} N = \frac{c}{a} N \qquad (6\text{-}55)$$

$$M_{1x} = \frac{I_1}{I_1 + \frac{b}{c} I_2} M_x \qquad (6\text{-}56)$$

柱肢 2
$$N_2 = \frac{x_1 - e_x}{a} N = \frac{b}{a} N \qquad (6\text{-}57)$$

$$M_{2x} = \frac{I_2}{I_2 + \frac{c}{b} I_1} M_x \qquad (6\text{-}58)$$

式中　x_1、x_2——柱截面形心至两柱肢轴线的距离；

　　　b、c——偏心载荷作用点至两柱肢轴线的距离；

　　　I_1、I_2——两柱肢分别对 x 轴的惯性矩；

　　　a——两柱肢轴线间的距离（$a = b + c$）；

　　　N——偏心作用力，当 e_x 位于柱截面以外时，M_x 将全部由临近的柱肢承担而不需分配。

当截面对称时，$x_1 = x_2 = a/2$，$I_1 = I_2 = I$；当单向偏心受压时，$e_x = 0$ 或 $e_y = 0$，代入上述四式可得各种特殊情况下的柱肢内力。

2. 四柱肢格构柱

图 6-13 所示为四柱肢格构柱的截面，柱肢一般用相同截面的型钢（角钢或圆管）制作，由于两个方向的构造相同，单向或双向偏心作用力对柱轴心的转化与两柱肢柱相同，它们对柱肢只产生轴向力，因此可按空间格构柱分析。

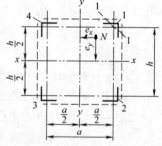

图 6-13　四柱肢格构柱截面

柱肢 1
$$N_1 = \frac{N}{4} + \frac{M_x}{2h} + \frac{M_y}{2a} \qquad (6\text{-}59)$$

柱肢 2
$$N_2 = \frac{N}{4} - \frac{M_x}{2h} + \frac{M_y}{2a} \qquad (6\text{-}60)$$

柱肢 3
$$N_3 = \frac{N}{4} - \frac{M_x}{2h} - \frac{M_y}{2a} \qquad (6\text{-}61)$$

柱肢 4
$$N_4 = \frac{N}{4} + \frac{M_x}{2h} - \frac{M_y}{2a} \qquad (6\text{-}62)$$

以上各式中符号意义同前，受压为正，受拉为负。

3. 缀板式格构柱

对于缀板式格构柱，柱肢中除有上述偏心作用力产生的内力外，还需要考虑由截面剪切力引起的局部弯矩（见图 6-15）。

两柱肢缀板柱，剪切力在一个柱肢与缀板连接处产生的局部弯矩可按式（6-63）计算，即

214

$$M_0 = \frac{Fl_1}{4} \tag{6-63}$$

四柱肢缀板柱，剪切力在一个柱肢与缀板连接处可产生两个方向相同的局部弯矩，即

$$M_{0x} = M_{0y} = \frac{Fl_1}{8} \tag{6-64}$$

式中　F——柱的计算剪切力，取等效剪切力和实际剪切力的较大值；

　　　l_1——柱肢的节间长度，取相邻缀板中心线间的距离。

三、稳定性验算

1. 整体稳定性

格构柱主要是由柱肢（弦杆）承载的，轴心受压格构柱按式（6-4）验算整体稳定性。

格构柱的柱肢由连缀件所连接维系，整个柱截面上的材料不连续，只有柱肢截面应力是均布的，这与实腹柱不同。当偏心受压格构柱按照边缘纤维屈服（应是柱肢全截面屈服）条件计算时，应考虑格构柱的构造和受力特点，将柱的初始缺陷影响从稳定验算式的轴压部分转移到弯曲部分。当 N/N_{Ex} 和 N/N_{Ey} 均大于 0.1 时，按式（6-65）计算，得

$$\frac{N}{A} + \frac{M_x}{(1-N/N_{Ex})W_x} + \frac{M_y}{(1-N/N_{Ey})W_y} \leq [\sigma] \tag{6-65}$$

当 N/N_{Ex} 和 N/N_{Ey} 均小于 0.1 时，按式（6-66）计算，即

$$\frac{N}{\varphi A} + \frac{M_x}{W_x} + \frac{M_y}{W_y} \leq [\sigma] \tag{6-66}$$

式中　N——偏心受压柱所受的轴向力；

　M_x、M_y——偏心受压柱对 x 轴或 y 轴的最大弯矩，包含柱的初始缺陷所引起的附加弯矩 $N\delta_0$，若用式（6-66）计算，则弯矩中不包含 $N\delta_0$；

　W_x、W_y——格构柱截面按柱肢形心计算的抗弯截面系数，例如四肢柱 $W_y = 2A_0 a$；

　　　A_0——单根柱肢截面面积；

　　　A——格构柱的截面面积；

　　$[\sigma]$——格构柱钢材的许用应力。

2. 单肢稳定性

当轴心受压格构柱和偏心受压格构柱的单肢（即柱肢）长细比大于柱的长细比时，不仅要进行格构柱整体稳定性验算，同时还要进行单肢稳定性验算。格构柱的柱肢等同于实腹压杆，因此，当柱肢内力及其截面几何参数确定后，可直接代入本章第二节和第三节中对应于受力情况的稳定性公式进行计算。

为了保证单肢的稳定性，通常缀条柱的单肢长细比不应大于格构柱的换算长细比 λ_h，缀板柱的单肢长细比应在 30~40 范围内选取。单肢长细比按式（6-67）计算，即

$$\lambda_1 = \frac{l_{01}}{r_1} \leq [\lambda_1] \tag{6-67}$$

式中　λ_1——单肢对 1-1 轴的长细比（见表 6-10 中图示）；

　　　l_{01}——单肢的计算长度，缀条柱取柱肢的节间长度，焊接缀板柱取相邻缀板间净距

离，铆接缀板柱取相邻缀板边缘铆钉孔中心之间的距离（见图6-15）；

r_1——单肢对主轴1-1的回转半径；

$[\lambda_1]$——单肢容许长细比，对缀条柱取 $[\lambda_1] \leqslant \lambda_h \leqslant 150$，对缀板柱取 $[\lambda_1]=40$。

四、连缀和横隔

1. 缀条的内力和验算

缀合平面上的缀条按平行弦桁架计算内力（见图6-14）。

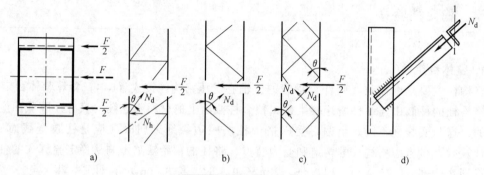

图6-14 缀条的计算

斜缀条的轴向力：

三角形缀条 $$N_d = \frac{F}{2\sin\theta} \qquad (6-68)$$

交叉形缀条 $$N_d = \frac{F}{4\sin\theta} \qquad (6-69)$$

横缀条的轴向力： $$N_h = \frac{F}{2} \qquad (6-70)$$

式中 F——柱的截面剪切力，取等效剪切力和实际剪切力的较大值；

θ——斜缀条与柱肢轴线的夹角。

单面连接的缀条按轴心压杆计算：

强度 $$\sigma = \frac{N_d}{A_{dj}} \leqslant 0.85[\sigma] \qquad (6-71)$$

刚度 $$\lambda = \frac{l_d}{r_{min}} \leqslant [\lambda] \qquad (6-72)$$

稳定性 $$\sigma = \frac{N_d}{\varphi A_d} \leqslant \eta[\sigma] \qquad (6-73)$$

式中 A_{dj}、A_d——斜缀条的净截面面积和毛截面面积；

l_d——斜缀条在最小刚度平面内的计算长度，$l_d = \mu_1 l_z$，l_z 为几何长度，μ_1 为长度系数，对三角形单角钢缀条斜平面，取 $\mu_1 = 0.9$，对交叉式缀条，按第八章查取；

r_{min}——斜缀条对其最小刚度轴（见图6-14d的1-1轴）的回转半径；

φ——轴心压杆稳定系数，依 $\lambda\sqrt{\sigma_s/235}$ 由表6-5~表6-8查取；

0.85——考虑传力偏心的强度许用应力折减系数；

η——考虑传力偏心的稳定性许用应力折减系数，按最小刚度轴的长细比决定，当 $\lambda \leq 100$ 时，$\eta = 0.7$，当 $\lambda \geq 200$ 时，$\eta = 1$，中间值按直线插入法确定；

$[\lambda]$——缀条的容许长细比，取 $[\lambda] = 200 \sim 250$；

$[\sigma]$——缀条钢材的许用应力。

横缀条与斜缀条采用相同截面，但横缀条的内力和长度一般均比斜缀条小，因此不进行验算。横缀条对柱的作用很小，故一般可不采用。

2. 缀板的内力和验算

在缀合平面内，缀板的宽度较大，具有一定的刚度，因此缀板柱可近似按平面框架计算内力（图 6-15c 所示为一个缀合平面的内力）。根据结构的对称性，假定反弯点在各杆的中点，在柱肢的反弯点上作用有相同分量的剪切力，按静力平衡条件可计算缀板内力。

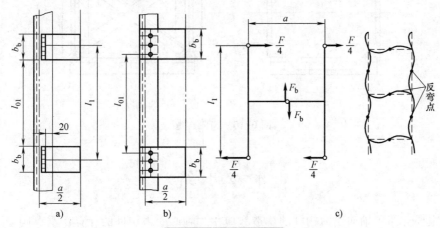

图 6-15　缀板的计算

一块缀板所受的剪切力为

$$F_b = \frac{Fl_1}{2a} \tag{6-74}$$

一块缀板在与柱肢连接处的弯矩为

$$M_b = F_b \frac{a}{2} = \frac{Fl_1}{4} \tag{6-75}$$

式中　F——柱的截面剪切力，取值与式（6-68）相同；

l_1——相邻缀板中心线间的距离；

a——柱肢轴线间的距离。

缀板强度按下式计算，即

$$\sigma = \frac{M_b}{W_b} \leq [\sigma] \tag{6-76}$$

$$\tau = \frac{1.5 F_b}{b_b \delta_b} \leq [\tau] \tag{6-77}$$

式中　F_b、M_b——缀板内力，按式（6-74）、式（6-75）计算；

W_b——缀板截面边缘纤维处的抗弯截面系数；

b_b、δ_b——缀板的宽度和厚度；

$[\sigma]$、$[\tau]$——缀板钢材的许用应力。

三柱肢格构柱的缀条和缀板可按类似方法进行内力分析和验算。缀条和缀板与柱肢的连接按第五章的方法进行计算。

3. 横隔

为了提高格构柱的整体刚度和抗扭刚度，保持柱的截面形状不变，应沿柱的长度方向每隔 $4 \sim 6m$ 布置横隔，并且在每个运送单元中不少于两个。此外，在受较大的横向力作用处还应增设横隔，横隔大多数采用钢板制造，也可用交叉杆件做成，如图 6-16 所示。横隔一般不需要计算。

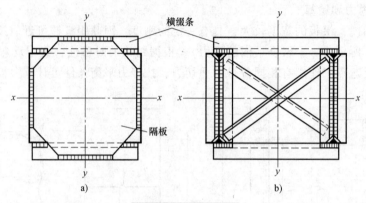

图 6-16　横隔构造

本 章 小 结

本章主要介绍了轴向受力构件的构造和应用，轴心受力构件的计算；重点阐述了偏心受力构件的计算方法，柱的承载能力——剪切力对柱临界力的影响，实腹柱的设计计算，格构柱的设计计算。详细介绍了等效剪切力的概念和工程应用，变截面柱的转换计算方法。

本章应了解轴向受力构件的构造和应用，学习轴心受力构件计算方法作为后续计算方法的基础，柱承载能力的表达形式。

本章应理解剪切力对柱承载能力的影响，等效剪切力的概念和工程应用，实腹柱与格构柱计算的异同点及本质区别。

本章应掌握偏心受力构件的计算方法，实腹柱的设计计算方法，格构柱的设计计算方法，变截面柱的转换计算方法。

7

第七章

横向受弯实腹式构件——梁

第一节　横向受弯实腹式构件——梁的构造和截面

一、梁的构造

承受横向弯曲的实腹式构件称作梁。梁作为骨架广泛应用于工程结构和机械装备中，如工作平台的承载梁、承轨梁、起重机的桥架以及运输栈桥主梁等。梁可作为独立的承载构件，也可以是整体结构中的一个构件。

根据制造条件，梁分为型钢梁和组合梁两种型式。型钢梁是用轧制工字钢作为梁，制造简单，但刚度不足；组合梁可做成任意高度，材料分配合理，但制造费工。

根据支承情况，梁可分为简支梁、连续梁、固端梁和悬臂梁。简支梁制造安装简单，应用最为广泛。

组合梁是由一块或两块腹板与上、下翼缘板（盖板）用焊缝或铆钉连接成整体梁，但铆接还需用翼缘角钢相连接，因而导致构造复杂，现在多采用焊接梁。

二、梁的截面

梁的合理截面应具有两个对称轴，当截面面积相同而材料远离对称轴时，可增大抗弯刚度（EI），并相对节省材料。

按照梁的受力特点，其截面主要有工字形和箱形两种（见图 7-1）。在垂直载荷下工字形截面梁是最理想的型式，同时承受垂直和水平载荷的梁，采用空间刚度大的箱形梁较合理。根据使用要求和工作特点，还可采用特殊的截面型式（见

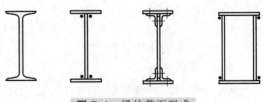

图 7-1　梁的截面型式

图 7-2），特殊用途的梁可做成不对称的截面型式，如轨道偏置的偏轨箱形梁和偏轨空腹箱形梁等。

受弯构件和梁都必须满足强度、刚度和稳定性的要求。

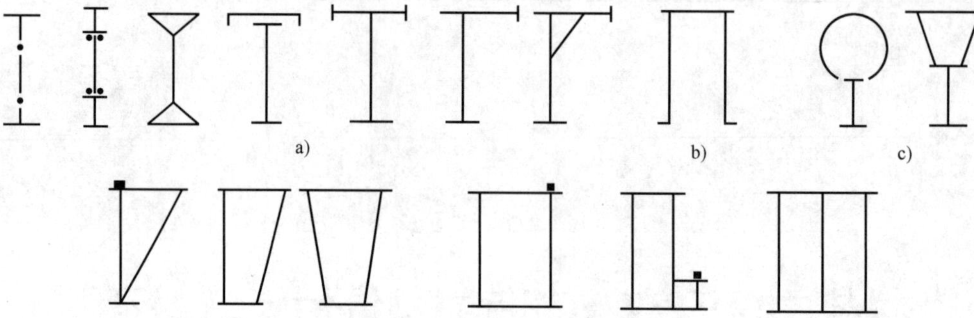

图 7-2　梁的特殊截面型式

a) 单腹板式　b) 双腹板式　c) 混合式　d) 斜腹板封闭式　e) 直腹板封闭式

第二节　型钢梁的设计

由于型钢梁制造简单，因而在满足承载能力的条件下应尽量采用型钢梁，常用的型钢梁是工字钢、H 型钢和槽钢。

一、截面选择

型钢梁是根据梁所受的最大弯矩和切应力，按强度和刚度条件选择截面，然后再验算梁的强度、刚度和整体稳定性。

以简支梁为例，按强度条件选型钢截面，所需的净抗弯截面系数为

$$W_j \geqslant \frac{M}{[\sigma]} \tag{7-1}$$

式中　M——梁的最大弯矩；

　　$[\sigma]$——钢材的许用应力。

若梁上有钉孔削弱时，则毛抗弯截面系数为

$$W = 1.2 W_j \tag{7-2}$$

按刚度条件选型钢截面，所需型钢的惯性矩为

$$I \geqslant \frac{PS^3}{48E[Y_s]} \tag{7-3}$$

式中　P——梁上的集中载荷；

　　S——梁的跨度；

　　E——钢材的弹性模量；

　　$[Y_s]$——梁的许用静位移。

按所求得的 W 和 I 值从型钢表中查取合适的型号。

二、强度和刚度验算

选出型钢后，需用下列公式验算强度，即

$$\sigma = \frac{M}{W_j} \leqslant [\sigma] \qquad (7\text{-}4)$$

$$\tau = \frac{FS_x}{I_x \delta} \leqslant [\tau] \qquad (7\text{-}5)$$

式中　F——梁的最大剪切力；

　　S_x——梁毛截面最大静矩；

　　δ——型钢梁腹板厚度；

　　I_x——梁对 x 轴毛截面惯性矩；

　　$[\tau]$——钢材的许用切应力。

当梁的截面同时承受弯矩和剪切力作用时，还需验算危险点的折算应力 $\sigma_{zh} = \sqrt{\sigma^2 + 3\tau^2} \leqslant [\sigma]$。
简支型钢梁的刚度条件为

$$Y_s = \frac{PS_x{}^3}{48EI_x} \leqslant [Y_s] \qquad (7\text{-}6)$$

三、稳定性验算

简支工字型钢梁（H 型钢梁或焊接工字形组合梁）的整体稳定性（侧向整体弯扭屈曲）
计算，可先检验受压翼缘的侧向支承间距 l（无侧向支承点者，则为梁的跨度）与其受压翼
缘的宽度 b 之比 l/b 进行检验，如 l/b 不超过表 7-1 的规定值，则不需验算梁的整体稳定性。

当工字钢简支梁（含工字形组合梁）的 l/b 超过表 7-1 中的规定值时，则需按以下情况
验算型钢梁的整体稳定性：

表 7-1　工字形截面简支梁不需验算侧向屈曲稳定性的最大 l/b 值

跨中侧向支承情况	载荷作用处	l/b
无侧向支承	受压翼缘	$13\sqrt{235/\sigma_s}$
无侧向支承	受拉翼缘	$20\sqrt{235/\sigma_s}$
受压翼缘有侧向支承	任意处	$16\sqrt{235/\sigma_s}$

注：1. 简支梁支承处有防止梁端扭转的构造措施。

　　2. σ_s 为所选简支梁钢材的屈服强度。

1）在最大刚度平面受弯的轧制工字钢、H 型钢或焊接工字形组合梁，按下式计算：

$$\sigma = \frac{M_x}{\varphi_b W_x} \leqslant [\sigma] \qquad (7\text{-}7)$$

式中　M_x——绕梁强轴（x 轴）作用的最大弯矩，单位为 N·mm；

　　φ_b——绕梁强轴（x 轴）弯曲所确定的梁侧向屈曲稳定系数；

　　W_x——按梁受压最大纤维确定的毛抗弯截面系数，单位为 mm³。

2）在两个互相垂直平面均受弯的轧制工字型钢、H 型钢梁或焊接工字形组合梁，按下
式计算：

$$\sigma = \frac{M_x}{\varphi_b W_x} + \frac{M_y}{W_y} \leqslant [\sigma] \qquad (7\text{-}8)$$

式中 M_x、M_y——梁计算截面对强轴（x 轴）或对弱轴（y 轴）的弯矩，单位为 N·mm；

　　W_x、W_y——梁计算截面对强轴（x 轴）或对弱轴（y 轴）的毛抗弯截面系数，单位为 mm³。

　　如果型钢梁或焊接工字梁的整体稳定性验算仍不合格，则可先在跨中受压翼缘增设侧向支承，再检验 l/b 值；当不可能增设侧向支承时，才改用更大型号的截面。

　　型钢梁的局部稳定性不需验算。

　　对于轧制 H 型钢、工字钢、槽钢和焊接工字形组合简支梁的侧向屈曲稳定系数 φ_b，由下列公式和表格确定：

　　① 承受端弯矩和横向载荷的等截面轧制工字钢、H 型钢和焊接工字形组合简支梁的 φ_b 按下式计算：

$$\varphi_b = \beta_b \frac{4320\,Ah}{\lambda_y^2\,W_x}\left[k(2m-1)+\sqrt{1+\left(\frac{\lambda_y\delta_0}{4.4h}\right)^2}\right]\frac{235}{\sigma_s} \tag{7-9}$$

式中 φ_b——侧向屈曲稳定系数；

　　β_b——简支梁受横向载荷的等效临界弯矩系数，见表 7-2；

　　λ_y——梁对弱轴（y 轴）的长细比；

　　A——梁毛截面面积，单位为 mm²；

　　h——梁截面的全高，单位为 mm；

W_x——按梁受压最大纤维确定的截面对强轴（x 轴）的抗弯截面系数，单位为 mm³；

　　k——梁截面对称系数，对双轴对称截面（见图 7-3a）取为 1.0，对单轴对称截面（图 7-3b）取为 0.8；

　　m——梁受压翼缘对弱轴（y 轴）的惯性矩与全截面对弱轴（y 轴）的惯性矩之比，双轴对称为 0.5；

　　δ_0——梁截面的受压翼缘厚度，单位为 mm；

　　σ_s——所选梁钢材的屈服强度。

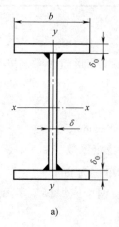
a)

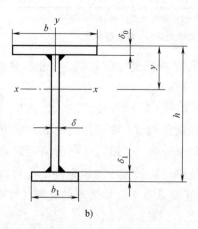
b)

图 7-3　工字形组合截面

表 7-2　H 型钢和工字形等截面简支梁的整体稳定等效临界弯矩系数 β_b

项次	侧向支承	载　荷		$\xi \leqslant 2.0$	$\xi > 2.0$	适用范围
1	跨中无侧向支承	均布载荷作用在	上翼缘	$0.69 + 0.13\xi$	0.95	双轴对称焊接工字形截面、加强受压翼缘的单轴对称焊接工字形截面、轧制 H 型钢截面
2			下翼缘	$1.73 - 0.20\xi$	1.33	
3		集中载荷作用在	上翼缘	$0.73 + 0.18\xi$	1.09	
4			下翼缘	$2.23 - 0.28\xi$	1.67	
5	跨度中点有一个侧向支承点	均布载荷作用在	上翼缘	1.15		双轴对称焊接工字形截面、加强受压翼缘的单轴对称焊接工字形截面、加强受拉翼缘的单轴对称焊接工字形截面、轧制 H 型钢截面
6			下翼缘	1.40		
7		集中载荷作用在截面高度上任意位置		1.75		
8	跨中有不少于两个等间距的侧向支承点	任意载荷作用在	上翼缘	1.20		
9			下翼缘	1.40		
10	梁端有弯矩，但跨中无载荷作用			$1.75 - 1.05\left(\dfrac{M_2}{M_1}\right) + 0.3\left(\dfrac{M_2}{M_1}\right)^2$，但 $\leqslant 2.3$		

注：1. $\xi = \delta_0 l / (bh)$，其中 l 为跨度或受压翼缘的计算（自由）长度，b 和 δ_0 为受压翼缘的宽度和厚度，h 为梁的高度。
　　2. M_1、M_2 为梁的端弯矩，使梁产生同向曲率时 M_1 和 M_2 取同号，产生反向曲率时取异号，$|M_1| \geqslant |M_2|$。
　　3. 表中项次 3、4 和 7 的集中载荷是指一个或少数几个集中载荷位于跨中附近的情况，对其他情况的集中载荷，应按表中项次 1、2、5、6 内的数值采用。
　　4. 表中项次 8、9 的 β_b，当集中载荷作用在侧向支承点处时，取 $\beta_b = 1.20$。
　　5. 载荷作用在上翼缘是指作用点在上翼缘表面，方向指向截面形心；载荷作用在下翼缘，是指作用在下翼缘表面，方向背向截面形心。
　　6. I_1 和 I_2 分别为工字形截面受压翼缘和受拉翼缘对 y 轴的惯性矩，对 $m = I_1 / (I_1 + I_2) > 0.8$ 的加强受压翼缘工字形截面，下列项次算出的 β_b 值应乘以相应的系数：
　　　项次 1：当 $\xi \leqslant 1.0$ 时，乘以 0.95；
　　　项次 3：当 $\xi \leqslant 0.5$ 时，乘以 0.90；当 $0.5 < \xi \leqslant 1.0$ 时，乘以 0.95。

223

② 承受弯矩的轧制普通工字钢简支梁的侧向屈曲稳定系数 φ_b 值查表 7-3。

表 7-3　轧制普通工字钢简支梁的 φ_b 值

载荷情况			工字钢型号	自　由　长　度 l/m								
				2	3	4	5	6	7	8	9	10
跨中无侧向支承点的梁	集中载荷作用在	上翼缘	10~20	2.0	1.30	0.99	0.80	0.68	0.58	0.53	0.48	0.43
			22~32	2.4	1.48	1.09	0.86	0.72	0.62	0.54	0.49	0.45
			36~63	2.8	1.60	1.07	0.83	0.68	0.56	0.50	0.45	0.40
		下翼缘	10~20	3.1	1.95	1.34	1.01	0.82	0.69	0.63	0.57	0.52
			22~40	5.5	2.80	1.84	1.37	1.07	0.86	0.73	0.64	0.56
			45~63	7.3	3.6	2.30	1.62	1.20	0.96	0.80	0.69	0.60
	均布载荷作用在	上翼缘	10~20	1.7	1.12	0.84	0.68	0.57	0.50	0.45	0.41	0.37
			22~40	2.1	1.30	0.93	0.73	0.60	0.51	0.45	0.40	0.36
			45~63	2.6	1.45	0.97	0.73	0.59	0.50	0.44	0.38	0.35
		下翼缘	10~20	2.5	1.55	1.08	0.83	0.68	0.56	0.52	0.47	0.42
			22~40	4.0	2.20	1.45	1.10	0.85	0.70	0.60	0.52	0.46
			45~63	5.6	2.8	1.80	1.25	0.95	0.78	0.65	0.55	0.49
跨中有侧向支承点的梁（不论载荷作用于截面高度什么位置）			10~20	2.0	1.39	1.01	0.79	0.66	0.57	0.52	0.47	0.42
			22~40	3.0	1.80	1.24	0.96	0.76	0.65	0.56	0.49	0.43
			45~63	4.0	2.20	1.38	1.01	0.80	0.66	0.56	0.49	0.43

注：1. 集中载荷指一个或少数几个集中载荷位于跨中附近的情况，对其他情况的载荷均按均布载荷考虑。
　　2. 载荷作用在上翼缘是指作用点在翼缘表面，方向指向截面形心；载荷作用在下翼缘也是指作用在翼缘表面，方向背向截面形心。
　　3. φ_b 适用于 Q235 钢，当用其他钢号时，查得的 φ_b 应乘以 $235/\sigma_s$。
　　4. φ_b 不小于 2.5 时不需再验算其侧向屈曲稳定性；表中大于 2.5 的 φ_b 值，为其他钢号换算查用。

当算出或查出的 φ_b 值大于 0.8 时，应按式（7-10）算出的或从表 7-4 中查取的修正值 φ_b' 代替 φ_b。

$$\varphi_b' = \frac{\varphi_b^2}{\varphi_b^2 + 0.16} \tag{7-10}$$

式中　φ_b'——轧制普通工字钢简支梁侧向屈曲稳定系数修正值；

　　　　φ_b——轧制普通工字钢简支梁侧向屈曲稳定系数。

表 7-4　稳定系数 φ_b 的修正值 φ_b'

φ_b	0.80	0.85	0.90	0.95	1.00	1.05	1.10	1.15	1.20	1.25	1.30
φ_b'	0.800	0.818	0.835	0.850	0.862	0.874	0.883	0.892	0.901	0.908	0.913
φ_b	1.35	1.40	1.45	1.50	1.55	1.60	1.80	2.00	2.20	2.40	$\geqslant 2.50$
φ_b'	0.919	0.925	0.930	0.934	0.938	0.941	0.953	0.961	0.968	0.973	1.000

③ 不论载荷的形式和作用位置的轧制槽钢简支梁，其 φ_b 值按式（7-11）计算，但不得大于 1.0，大于 1 者取 1，也不需换算成 φ_b'。

$$\varphi_b = \frac{570 b \delta}{l h} \left(\frac{235}{\sigma_s} \right) \tag{7-11}$$

式中　φ_b——轧制槽钢简支梁的侧向屈曲稳定系数；

　　　　b——受压翼缘的宽度，单位为 mm；

　　　　δ——受压翼缘的平均厚度，单位为 mm；

　　　　l——受压翼缘的计算（自由）长度，单位为 mm；

　　　　h——槽钢截面高度，单位为 mm。

第三节　组合梁的合理高度和质量

组合梁常做成工字形截面和箱形截面。确定组合梁的合理高度是选择梁截面的关键，通常梁高可按强度、刚度、稳定性和质量最轻等条件来确定。

一、梁高的确定

设计梁的截面如图 7-4 所示。

1. 按强度条件确定梁高

由 $\sigma = \dfrac{M}{W} \leqslant [\sigma]$ 得

$$W = \frac{M}{[\sigma]} = \frac{2I}{h} \tag{7-12}$$

工字形截面梁的惯性矩（初选截面时，设 $h \approx h_0$）为

$$I \approx \frac{\delta h^3}{12} + A_y \frac{h^2}{2} \tag{7-13}$$

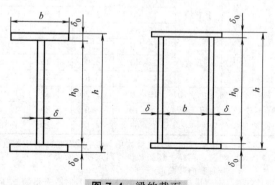

图 7-4　梁的截面

从而得翼缘板截面面积为

$$A_y = \frac{W}{h} - \frac{\delta h}{6} \approx \frac{0.8W}{h}$$

将 A_y 代入式（7-13）后，再将 I 代入式（7-12）得梁高为

$$h = \sqrt{\frac{1.2W}{\delta}} \tag{7-14}$$

式中　M——梁的最大弯矩（受动载荷时，含动力载荷系数）；

　　$[\sigma]$——钢材的许用应力；

　　　W——梁所需的抗弯截面系数，$W = M/[\sigma]$；

　A_y——翼缘板截面面积；

　　δ——腹板厚度，初选截面可取为 10mm。

对箱形梁的高度可取

$$h = \sqrt{\frac{1.2W}{\delta_1 + \delta_2}} \tag{7-15}$$

式中　δ_1、δ_2——两块腹板的厚度，对于对称截面，$\delta_1 = \delta_2 = \delta$。

2. 按静刚度和强度相结合条件确定梁高

对跨中受集中载荷 P 作用的简支梁，跨中静挠度为：$Y_s = PS^3/(48EI) \leqslant [Y_s]$

因 $M = PS/4$，$I = Wh/2$，代入上式得

$$MS^2/(6EWh) \leqslant [Y_s]$$

即梁高

$$h \geqslant \frac{\sigma S^2}{6E[Y_s]} \tag{7-16}$$

式中　σ——梁由集中载荷产生的弯曲静应力，$\sigma = M/W$；

　　　E——钢材的弹性模量；

　　　S——梁的跨度；

　　$[Y_s]$——起重机主梁的许用静挠度。

对于起重机主梁，为求梁高，需先算出应力 σ。因梁截面尚未选定，故 σ 值无法求出，但外载荷为已知或预估，就可以利用静强度和静刚度相结合条件加以解决。当起重机主梁同时受自重均布载荷 F_q 和移动集中载荷 □P 作用时，按强度条件为

$$\sum \sigma = \frac{\phi_1 M_F + \phi_2 M_P}{W} = \frac{\phi_2 M_P(1 + \alpha)}{W} = \phi_2 \sigma(1 + \alpha) = [\sigma]$$

可求得移动集中载荷产生的静应力为

$$\sigma = \frac{M_P}{W} = \frac{[\sigma]}{\phi_2(1 + \alpha)} \tag{7-17}$$

将 σ 代入式（7-16）求得梁高为

$$h \geqslant \frac{[\sigma]S^2}{6E[Y_s]\phi_2(1 + \alpha)} \tag{7-18}$$

式中　M_F、M_P——由梁的自重均布载荷 F_q 和移动集中载荷 □P 产生的弯矩；

　　　ϕ_i——动力载荷系数，下标 $i = 1$、2、4 分别为起升冲击系数 ϕ_1、动载系数 ϕ_2 和运行冲击系数 ϕ_4；

　　　α——考虑动力效应的弯矩比，$\alpha = \phi_1 M_F/(\phi_2 M_P)$；

　　$[\sigma]$——钢材的许用应力。

225

3. 按动刚度条件确定梁高

根据研究，起重机的垂直动刚度不仅与主梁刚度和质量有关，而且与起升质量和起升钢丝绳的弹性伸长有关，按动刚度条件使起重机不产生长时间的垂直振动，其梁高应为

$$h \geq \left(\frac{1}{17} \sim \frac{1}{16}\right)S \tag{7-19}$$

4. 按整体稳定性和水平刚度条件确定梁高

保证箱形梁稳定性的合理高宽比为 $h/b \leq 3$，当两腹板间距 $b \geq S/60$ 时，箱形梁具有足够的水平刚度，由此求得梁高为

$$h \geq \left(\frac{1}{20} \sim \frac{1}{17}\right)S \tag{7-20}$$

5. 按质量最轻条件确定梁高

组合梁由翼缘和腹板组成，梁重是梁高的函数，按质量最轻（最小）条件确定的梁高是理想高度。

假定梁是等截面的，梁的质量为

$$m_G = (m_y' + m_f')S \tag{7-21}$$

式中　m_y'——两翼缘板的单位长度质量，$m_y' = 2A_y\rho$；

m_f'——一或两腹板的单位长度质量，$m_f' = \beta\delta h\rho$；

ρ——钢的密度；

β——构造系数，只有横向加劲肋时，$\beta = 1.2$，同时有横向和纵向加劲肋（板）时，$\beta = 1.3$；

S——梁的跨度。

梁所需的抗弯截面系数，由弯矩求得　$W = M/[\sigma]$

梁的惯性矩为　　　　　　$I = I_f + I_y \approx \delta h^2/12 + 2A_y(h^2/4)$

梁的翼缘面积为

$$A_y = 2I/h^2 - \delta h/6 = W/h - \delta h/6$$

将 A_y 代入式（7-21），得

$$m_G = \left(\frac{2W}{h} - \frac{\delta h}{3} + \beta\delta h\right)\rho S \tag{7-22}$$

为使梁质量最轻，由 $\dfrac{\mathrm{d}m_G}{\mathrm{d}h} = 0$，则 $\dfrac{\mathrm{d}m_G}{\mathrm{d}h} = \left(-\dfrac{2W}{h^2} - \dfrac{\delta}{3} + \beta\delta\right)\rho S = 0$，得理想梁高为

$$\left.\begin{array}{l} h \leq \sqrt{\dfrac{2W}{\delta(\beta - 1/3)}} \\[3mm] h \leq K\sqrt{\dfrac{W}{\delta}} \end{array}\right\} \tag{7-23}$$

或

式中　W——按梁最大弯矩算得所需的抗弯截面系数，$W = M/[\sigma]$；

K——系数，只有横向加劲肋者，$K = 1.52$，同时有横向和纵向加劲肋者，$K = 1.44$；

δ——梁腹板厚度，初选截面可取 $\delta = 10\text{mm}$，工字形梁为一块腹板厚 δ，箱形梁则为两块腹板厚，可将式中 δ 改为 $\Sigma\delta$。

当梁的腹板质量接近于翼缘质量时，得到理想的梁高。设计时所采用的梁高与理想梁高

有些差别时，都会增加梁的质量，但差别不大时（如小于 20%），梁重增加不多。

按质量最轻求得的梁高是最大高度，按刚度和强度相结合条件求得的梁高是最小高度，通常采用的梁高介于两者之间；将起重机主梁设计的有关数据代入式（7-18），可得梁高 h $\geqslant (1/19 \sim 1/15)S$。

综上所述，对起重机箱形主梁的合理高度应取为

$$h = \left(\frac{1}{17} \sim \frac{1}{14}\right)S \tag{7-24}$$

工字形梁高应增大，可取 $h = (1/15 \sim 1/12)S$。梁高的选定还要考虑制造、运输和连接等因素。

二、梁的质量

梁高确定后，即可计算出梁的质量，由式（7-22）可得

$$m_{\mathrm{G}} = \left[\frac{2W}{h} + \delta h\left(\beta - \frac{1}{3}\right)\right]\rho S = \left[\frac{2W}{h^2} + \delta\left(\beta - \frac{1}{3}\right)\right]h\rho S \tag{7-25}$$

由式（7-23）得 $2W/h^2 = \delta(\beta - 1/3)$，代入式（7-25）得梁重为

$$m_{\mathrm{G}} = 2h\delta\rho S\left(\beta - \frac{1}{3}\right) \tag{7-26}$$

组合梁的高度和腹板厚度选定后，可用式（7-26）算得梁重，箱形梁需用两块腹板厚度代入计算。梁的自重也可参考类似结构估算。

第四节　组合梁的截面选择和验算

一、腹板

梁高确定后，初选截面时可取梁高作为腹板高度 h_0，并取 50mm 的尾数。腹板厚度按梁的最大剪切力 F 来决定。假定剪切力全由腹板承受，则腹板厚度 δ 为

工字梁 $\qquad\qquad\qquad \delta \geqslant \dfrac{1.5F}{h_0[\tau]}$

$$\left.\vphantom{\begin{array}{c}1\\1\\1\\1\end{array}}\right\} \tag{7-27}$$

箱形梁 $\qquad\qquad\qquad \delta \geqslant \dfrac{1.5F}{2h_0[\tau]}$

式中　$[\tau]$——钢材许用切应力。

按腹板局部稳定性条件决定板厚：

$$\delta \geqslant (1/200 \sim 1/160)h_0 \tag{7-28}$$

式中　h_0——腹板高度，单位为 mm。

按经验公式决定板厚：

$$\delta = 7 + 0.003h \tag{7-29}$$

式中　δ——腹板厚度，单位为 mm；

　　　h——梁的高度，单位为 mm。

式（7-27）及式（7-28）算得的板厚较小，式（7-29）算出的板厚偏大，通常取腹板

厚度为 $6 \sim 12$mm，但不小于 5mm。最后选定的板厚应与确定梁高时所用的板厚相吻合。

二、翼缘板

铆接梁已很少用，只讨论焊接梁翼缘板的选择，梁的翼缘面积如图 7-5 所示。焊接梁的每个翼缘常用一块钢板制成。

工字梁翼缘板的截面用下列方法确定。

按梁所需的抗弯截面系数决定：

$$A_y = \frac{0.85W}{h} \qquad (7\text{-}30)$$

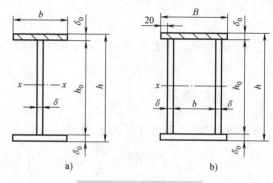

图 7-5 梁的翼缘面积

式中 A_y——翼缘板的截面面积；

　　　W——梁所需的抗弯截面系数，$W = M/[\sigma]$；

　　　h——梁高；

　　0.85——扣除腹板影响的弯矩折减系数。

也可以用下式决定：

$$A_y = \frac{W}{h_0} - \frac{\delta h_0}{6} \qquad (7\text{-}31)$$

式中 h_0——腹板高。

翼缘板的宽度取决于梁的整体稳定性和局部稳定性条件。

按整体稳定条件，工字梁翼缘板宽度按表 7-1 规定值确定，通常取 $b = (1/4 \sim 1/3)h$。

按局部稳定条件，工字梁翼缘板的宽厚比，对 Q235 钢，$b \leqslant 30\delta_0$；对 Q345 钢，$b \leqslant 24\delta_0$。

翼缘板宽度 b 确定后，可求板的厚度 δ_0。

由 $b\delta_0 = A_y$，得 $\qquad\qquad \delta_0 \geqslant \dfrac{A_y}{b}$

Q235 钢 $\qquad\qquad\qquad \delta_0 \geqslant \sqrt{\dfrac{A_y}{30}}$

Q355 钢 $\qquad\qquad\qquad \delta_0 \geqslant \sqrt{\dfrac{A_y}{24}}$

$$\left.\right\} \qquad (7\text{-}32)$$

箱形梁翼缘板的宽度（两腹板间距）按整体稳定和水平刚度要求确定，取为 $b \geqslant h/3$ 及 $b \geqslant S/60$；为施焊方便，还应使 $b \geqslant 300$mm。

箱形梁翼缘板的总宽度为：$B = b + 2\delta + 40$mm。

箱形梁受压翼缘板的厚度按局部稳定条件决定，即

$$\delta_0 \geqslant \frac{b}{50}\sqrt{\frac{\sigma_s}{235}} \qquad (7\text{-}33)$$

式中 b——两腹板间净距。

通常，梁的上、下翼缘板采用相同厚度，当受压的上翼缘受小车轮压作用时，上翼缘板的厚度可适当增大。

为制造方便，翼缘板宽度宜取 10mm 的倍数，厚度不宜超过 40mm，最小厚度为 6mm。

三、强度和刚度验算

梁的截面尺寸确定后，需进行强度、刚度和稳定性验算，不合格时应修改截面。

1. 强度

（1）静强度

正应力为
$$\sigma = \frac{M}{W_j} \leqslant [\sigma] \qquad (7\text{-}34)$$

切应力为
$$\tau = \frac{FS_x}{I_x \delta} \leqslant [\tau] \qquad (7\text{-}35)$$

集中载荷对腹板边缘产生的局部压应力为

$$\sigma_m = \frac{P}{c\delta} \leqslant [\sigma] \qquad (7\text{-}36)$$

式中　M、F——梁的最大弯矩和剪切力，单位分别为 N·mm 和 N；

$\quad\quad\sigma_m$——局部压应力的平均值，单位为 MPa；

$\quad\quad P$——单个车轮或滑块上的集中载荷，按工况决定是否采用系数 ϕ_i，单位为 N；

$\quad\quad I_x$——梁在最大切应力截面的毛截面惯性矩，单位为 mm^4；

$\quad\quad S_x$——梁在最大切应力截面的毛截面最大静矩，单位为 mm^3；

$\quad\quad W_j$——梁在最大弯矩截面的净抗弯截面系数，单位为 mm^3；

$\quad\quad c$——集中载荷的分布长度，$c = 2h_y + l$，对滑块，l 为滑块长度，单位为 mm，对车轮，$l = 50$mm；

$\quad\quad h_y$——轨道顶面（有轨道时）或垫板顶面（有垫板无轨道时）或构件顶面（无垫板无轨道时）至腹板上边缘的距离，单位为 mm；

$\quad\quad \delta$——梁腹板厚度，验算箱形梁的切应力时，为两块腹板厚度，单位为 mm；

$\quad\quad [\sigma]$——梁所用钢材的许用应力，单位为 MPa。

组合梁中同时受有较大正应力和切应力的计算点，应验算复合（折算）应力，即

$$\sqrt{\sigma^2 + 3\tau^2} \leqslant [\sigma] \qquad (7\text{-}37)$$

梁的腹板受压边缘同一计算点上受有较大的正应力 σ、较大的切应力 τ 和局部压应力 σ_m 时，还应按下式验算复合应力，即

$$\sqrt{\sigma^2 + \sigma_m^2 - \sigma\sigma_m + 3\tau^2} \leqslant [\sigma] \qquad (7\text{-}38)$$

式中 σ 和 σ_m 应带各自的正负号（拉应力为正，压应力为负）。

（2）疲劳强度　对于工作级别为 E4（含）以上的起重机主梁，应按载荷组合 A 验算疲劳强度，验算部位和公式如下：

1）受拉翼缘板的横向对接焊缝或翼缘焊缝处受较大的拉应力，按下式计算，即

$$\sigma_{max} \leqslant [\sigma_r] \qquad (7\text{-}39)$$

式中　σ_{max}——受拉翼缘板对接焊缝或翼缘焊缝按载荷组合 A 计算得到的最大拉应力；

$\quad\quad [\sigma_r]$——拉伸疲劳许用应力，按表 4-14 决定。

2）横向加劲肋（横隔板）下端焊缝与腹板相连处的腹板，同时受有较大拉应力和切应

力，按下式计算，即

$$\left(\frac{\sigma_{\max}}{[\sigma_{\mathrm r}]}\right)^2 + \left(\frac{\tau_{\max}}{[\tau_{\mathrm r}]}\right)^2 \leqslant 1.1 \tag{7-40}$$

式中　$\sigma_{\max}$、$\tau_{\max}$——腹板同一计算点按载荷组合 A 算得的最大正应力和最大切应力；

　　　$[\sigma_{\mathrm r}]$、$[\tau_{\mathrm r}]$——拉伸或剪切疲劳许用应力，按表 4-13 决定。

2. 刚度

（1）静态刚度　梁的静态刚度用挠度来表征，对起重机主梁一般按简支梁计算，只考虑移动集中载荷对跨中产生的静挠度，其近似计算式为

$$Y_{\mathrm s} \approx \frac{\sum PS^3}{48EI} \leqslant [Y_{\mathrm s}] \tag{7-41}$$

式中　$\sum P$——移动集中载荷之和，不考虑动力效应；

　　　EI——主梁的抗弯刚度；

　　　S——梁的跨度；

　　　$[Y_{\mathrm s}]$——主梁的许用静挠度，见表 4-25。

（2）动态刚度　对某些特殊用途的梁（如安装起重机和铸造起重机等的主梁），要求限制梁的垂直振动，如前所述，计算动态刚度时应同时计入主梁与起升钢丝绳绕组。通常用起重机的满载（额定起升载荷）垂直自振频率来表征，其一般验算式为

$$f = \frac{1}{2\pi}\sqrt{\frac{K_{\mathrm e}}{m_{\mathrm e}}} \geqslant [f] \tag{7-42}$$

式中　f——起重机（含梁）系统的满载垂直自振频率；

　　　$K_{\mathrm e}$——起重机振动系统的等效刚度；

　　　$m_{\mathrm e}$——起重机最大振动点上的等效质量；

　　　$[f]$——起重机的满载自振频率控制值。

对桥式起重机的满载自振频率，也可用式（4-27）计算。

梁的强度、刚度验算合格后，还需计算梁的翼缘板在轮压作用下的局部弯曲应力和梁的整体、局部稳定性，这些内容将在以后几节中介绍。

四、变截面组合梁

在各种载荷作用下，梁的弯矩沿着梁长总是变化的。简支梁跨中弯矩最大，沿着梁向支承方向逐渐减小；悬臂梁支承处弯矩最大，沿悬臂向端部逐渐减小，按最大弯矩设计成等截面梁显然是不经济的。为了节省材料、减轻自重，可设计成截面随弯矩而变化的变截面梁，最理想的是将梁的腹板下部做成抛物线形状，但制造工艺复杂，成本较高，一般不采用。

变截面梁常用改变梁的高度或改变翼缘截面的方法来实现。

改变梁高是将梁做成中间为等截面的而向两端逐渐减小的折线形梁（见图 7-6），梁端的高度根据支承处的连接决定。

梁改变高度的位置由弯矩而定，为安全起见，端部

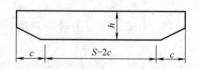

图 7-6　变高度的折线形梁

变截面区长度常取为 $c = (1/8 \sim 1/6) S$，其中 S 为梁的跨度。

焊接梁翼缘板截面的改变可采用改变翼缘板宽度或厚度的方法来实现，其改变的位置与改变梁高相同，通常多用改变板宽的方法。

改变翼缘板宽时，为减少应力集中，翼缘板两边应做成不大于 1：4 的过渡斜度（见图 7-7），翼缘板的最小宽度 $b_2 \geqslant h/10$（h 为梁高），翼缘改变宽度处常采用对接焊缝连接。

梁截面改变处的应力往往较大，应进行强度验算。

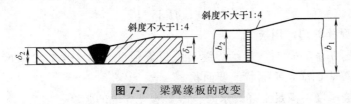

图 7-7　梁翼缘板的改变

第五节　梁的翼缘和腹板的连接

焊接梁的翼缘和腹板采用焊缝连接，因此称为翼缘焊缝。当梁受弯曲时，翼缘和腹板之间产生相对剪切滑移（见图 7-8），所产生的剪切力由翼缘焊缝承受，并起着阻止滑移的作用。工字梁从两面施焊，箱形梁从一面施焊，均采用连续焊缝。

翼缘焊缝受有弯曲正应力、局部压应力和切应力的作用。对于无集中载荷的梁，主要受切应力作用。

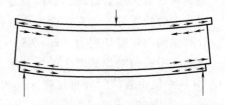

图 7-8　翼缘和腹板间产生相对剪切滑移

一、工字梁的翼缘焊缝

工字梁腹板边缘（焊缝处）的切应力为

$$\tau = \frac{F_j S_y}{I_x \delta} \tag{7-43}$$

式中　F_j——梁计算截面的横向剪切力；

　　　S_y——翼缘毛截面对梁中性轴的静矩；

　　　I_x——梁计算截面的毛截面惯性矩；

　　　δ——腹板厚度。

梁单位长度上的纵向剪切力（两方向切应力 τ 相等）为

$$F' = \tau\delta = F_j S_y / I$$

因梁各截面切应力不同，因此纵向切应力沿梁长度也不相等，计算焊缝时应取最大的单位长度纵向剪切力：$F'_{max} = FS_y / I_x$，其中 F 为梁端的最大剪切力。

翼缘焊缝厚度按单位长度上的承载力不小于最大纵向剪切力来确定。

1. 自动焊接角焊缝

工字梁翼缘有两条焊缝，则有 $2h_f \times 1 \times [\tau_h] \geqslant F'_{max}$，求得焊缝厚度为

$$h_f \geq \frac{F'_{max}}{2[\tau_h]} = \frac{FS_y}{2I_x[\tau_h]} \qquad (7\text{-}44)$$

当取 $h_f \geq 0.4\delta$ 时，翼缘焊缝与腹板是等强度的（见图7-9）。

2. 手工焊接角焊缝

由 $2 \times 0.7h_f \times 1 \times [\tau_h] \geq F'_{max}$ 得

$$h_f \geq \frac{FS_y}{1.4I_x[\tau_h]} \qquad (7\text{-}45)$$

式中 $[\tau_h]$——焊缝剪切许用应力。

当角焊缝厚度 $h_f \geq 0.6\delta$ 时，翼缘焊缝与腹板等强度。翼缘焊缝沿梁长等厚度，一般不小于6mm。角焊缝表面应是平面状或凹面状。

当选用的焊缝厚度不满足上述要求时，需要验算焊缝的强度。

梁上作用有固定集中载荷时，应在载荷作用处设置横向加劲肋顶住上翼缘，使力顺利传给腹板。梁上有移动集中载荷时，需考虑局部压应力对翼缘焊缝的作用，并计算翼缘焊缝同一点上所受的正应力、切应力和局部压应力组成的复合应力。焊缝的验算截面常取移动载荷位于梁端或梁的变截面处。

当翼缘焊缝为角焊缝时，需验算复合应力，其角焊缝应力分布如图7-10所示。

对手工焊角焊缝，计算截面的焊缝正应力：$\tau_M = My/I_x$

计算截面的焊缝切应力：$\tau_F = FS_y/(2 \times 0.7h_f I_x)$

移动集中载荷对焊缝产生的局部切应力：$\tau_m = P/(2 \times 0.7h_f c)$

式中 c——集中载荷的分布长度，$c = 2h_y + l$，对滑块，l为滑块长度，单位为mm，对车轮，$l = 50$mm；

h_y——轨道顶至腹板上边缘（翼缘焊缝厚度中心线）的距离，单位为mm。

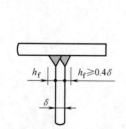

图7-9 自动焊接的翼缘焊缝

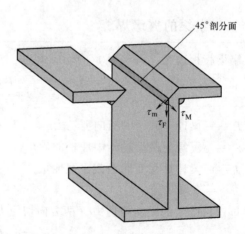

图7-10 角焊缝应力分布

角焊缝受剪斜面上的组合应力为

$$\sqrt{\tau_F^2 + \tau_m^2} \leq [\tau_h] \qquad (7\text{-}46)$$

角焊缝竖直截面上的复合（折算）应力为

$$\sqrt{\tau_M^2 + 2\tau_F^2} \leq [\sigma_h] \tag{7-47}$$

式中 $[\sigma_h]$——焊缝拉、压许用应力。

其余符号同前。

对自动焊角焊缝，用 h_f 代替式中的 $0.7h_f$ 计算。当翼缘焊缝采用 K 形焊缝时，按对接焊缝计算，焊缝计算厚度取为腹板厚度 δ。

二、箱形梁的翼缘焊缝

箱形梁翼缘焊缝的计算与工字梁相似，所不同的是一块腹板只有一条焊缝。偏轨箱形梁可只计算主腹板的翼缘焊缝。

第六节 梁翼缘板的局部弯曲应力

起重机工字梁和箱形梁的翼缘板，在小车轮压作用下将产生局部弯曲变形，从而引起局部弯曲应力。这种应力虽然出现在翼缘板的局部，但其应力值相当大，有时会导致翼缘板局部变形损坏，因此对翼缘受有轮压作用的梁必须计算翼缘板的局部弯曲应力。

一、工字梁翼缘板的局部弯曲

起重机小车轮压可通过轨道传递给工字梁的上翼缘板或者直接作用在下翼缘上。

上翼缘上的轨道应对准腹板中心线设置，只要符合技术公差要求，可不考虑轮压对翼缘板产生的局部压弯作用；若轨道安装偏差较大，由于轮压的偏心作用将使腹板边缘扭曲，翼缘板发生局部弯曲，严重者会使翼缘焊缝开裂，容易引起疲劳损坏，并使腹板稳定性恶化。因此，要求轨道的安装偏差不超过 $\delta/2$（见图 7-11）。

工字梁可由普通工字钢、H 型钢（平翼缘工字钢）或焊接工字钢制成，工字梁下翼缘承受葫芦小车移动的轮压作用时，认为是对称作用于腹板两侧伸出的翼缘上表面上。普通工字钢翼缘有斜度，小车轮常做成圆锥形或弧面圆锥形；H 型钢或焊接工字钢翼缘为平板，小车轮做成圆柱形或鼓形。

假定腹板两侧的作用力和下翼缘悬伸部分局部变形对称，翼缘与腹板连接处保持垂直不发生扭转，所以可认为腹板每边的翼缘是固接于腹板的受集中载荷作用的无限长悬伸板（见图 7-12）。

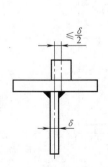

图 7-11 工字梁轨道安装偏差

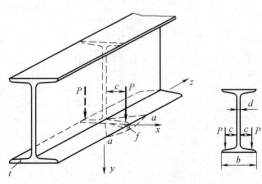

图 7-12 普通工字梁下翼缘板的局部弯曲

根据上述假定，可用板壳理论来分析悬伸板的变形和应力。

这种悬伸板在轮压作用下将在三个部位引起局部弯曲变形和局部应力：轮压作用点、翼缘根部和翼缘外边缘。前两处都产生横向和纵向弯曲变形和应力，翼缘外边缘仅在 $a\text{-}a$ 段内引起下挠变形，产生纵向应力。显然，这些局部应力与轮压 P 的作用位置 c 和翼缘厚度有直接关系。

下面给出利用有限单元法分析和试验得到的普通工字钢和平翼缘工字钢（H 型钢或焊接工字钢）翼缘板在轮压作用下的局部弯曲应力计算公式和系数图表[24,25]，供设计参考。

翼缘根部　　横向应力

$$\sigma_{gx} = \pm K_x^g \frac{P}{t^2} \qquad (7\text{-}48)$$

纵向应力

$$\sigma_{gz} = K_z^g \frac{P}{t^2} \qquad (7\text{-}49)$$

力作用点　　横向应力

$$\sigma_{px} = \mp K_x^p \frac{P}{t^2} \qquad (7\text{-}50)$$

纵向应力

$$\sigma_{pz} = \mp K_z^p \frac{P}{t^2} \qquad (7\text{-}51)$$

翼缘外边缘　纵向应力

$$\sigma_{bz} = \mp K_z^b \frac{P}{t^2} \qquad (7\text{-}52)$$

式中　　　　P——腹板一侧的最大轮压；

t——工字梁斜坡翼缘的平均厚度或平翼缘的厚度；

K_x^g、K_z^g、K_x^p、K_z^p、K_z^b——与比值 $\xi = \dfrac{c}{0.5(b-d)}$ 有关的计算系数，由图 7-13 或图 7-14 查取；

c——轮压 P 至腹板一侧的距离；

b——工字梁下翼缘的宽度；

d——工字梁腹板的厚度。

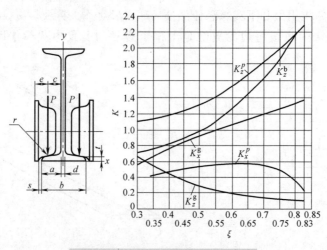

图 7-13　普通工字钢梁的计算系数

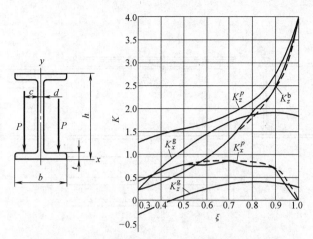

图 7-14　平翼缘工字钢梁、H 型钢梁的计算系数

——试验曲线　　－－－修正曲线

式（7-48）~式（7-52）前面的正、负号表示翼缘上、下表面计算点的应力符号，正为拉应力，负为压应力，未标出的 σ_{gz}，应力符号按具体结构而定：斜坡翼缘上表面为压，下表面为拉。平翼缘依 ξ 值而不同，$\xi < 0.46$ 时，上、下表面的应力符号与斜坡翼缘相同；$\xi = 0.46$ 时，应力为零；$\xi > 0.46$ 时，上表面为拉，下表面为压。

通常实际结构中，轮压作用位置的比值 ξ 大体为 0.6~0.8，这时最大的局部应力常发生在力作用点或翼缘外边缘上。

由于电动葫芦小车前后车轮轮距都超出了局部弯曲影响的范围，因此只计算一个轮压产生的局部弯曲应力，而不必考虑相邻轮压的影响。计算工字梁整体弯曲应力时，必须考虑全部轮压作用。

工字梁下翼缘下表面的整体弯曲应力最大，故常取下表面各点为计算点。工字梁下翼缘下表面各计算点同时受有整体弯曲和局部弯曲应力的作用，应计算复合（折算）应力。

下翼缘根部和力作用点呈平面应力状态，按下式计算，即

$$\sqrt{(\sigma_0 + \sigma_z)^2 + \sigma_x^2 - \sigma_x(\sigma_0 + \sigma_z)} \leqslant [\sigma] \qquad (7\text{-}53)$$

式中　σ_0——工字梁下翼缘下表面的整体弯曲拉应力，$\sigma_0 = M/W$；

　　　σ_z——计算点的 σ_{gz} 或 σ_{pz}，需带各应力的正负号；

　　　σ_x——计算点的 σ_{gx} 或 σ_{px}，需带各应力的正负号。

下翼缘外边缘只受单向应力，按下式计算，即

$$\sigma_0 + \sigma_{bz} \leqslant [\sigma] \qquad (7\text{-}54)$$

平翼缘工字钢梁的下翼缘局部弯曲应力计算方法也可用于箱形梁受轮压作用的外伸下翼缘的计算。

二、箱形梁翼缘板的局部弯曲

起重机的箱形主梁上需设置轨道，以备起重小车行驶，轨道置于箱形梁上翼缘板中心线上的称为中轨箱形梁（见图 7-15b），轨道置于一侧腹板（该腹板称为主腹板）顶上的称为偏轨箱形梁（见图 7-15a），轨道置于箱形梁截面竖直中心线与一侧腹板之间的翼缘板上者

称为半偏轨箱形梁。

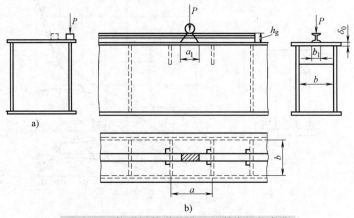

图7-15 箱形梁轨道的设置和翼缘板的弯曲

通常，为便于更换被磨损的轨道，轨道并不焊接在翼缘板上，而采用轨道压板等间距固定。因此，计算梁的应力时不计入轨道截面。

偏轨箱形梁与工字梁轨道传力情况类似，当轨道符合安装要求时，轮压由轨道经翼缘板直接传给腹板，翼缘板不受局部弯曲作用。中轨箱形梁和半偏轨箱形梁小车轮压经轨道先传给翼缘板，再经过设置的大、小隔板和翼缘板本身传给梁的腹板，翼缘板是支承在两腹板和大、小隔板上的四边支承平板。翼缘板和轨道在轮压作用下产生共同弯曲，从而在翼缘板中引起附加的局部弯曲应力。

当小车轮压在两隔板中央时，轨道和翼缘板产生最大弯曲，四边支承的翼缘板呈现双向弯曲状态，翼缘板产生纵向和横向的局部弯曲应力。

1. 轨道的计算

轨道布置在两腹板之间的翼缘板上，翼缘板的刚度很小而轨道的抗弯刚度较大，所以计算轨道时可忽略腹板对翼缘板的支承作用而将轨道和翼缘板视为仅支承于横隔板上的多跨连续梁，隔板间距一般等距布置。若考虑轨道与翼缘板共同承载弯曲时，则轨道所承受的跨中弯矩为

$$M = \frac{(P-F)a}{6} \tag{7-55}$$

轨道的弯曲应力为

$$\sigma_g = \frac{(P-F)a}{6W_g} \leqslant [\sigma_g] \tag{7-56}$$

式中　P——小车轮压；

　　　F——轨道传给翼缘板的支承力；

　　　a——中轨箱形梁小隔板间距；

　　　W_g——轨道较小的抗弯截面系数；

　　$[\sigma_g]$——轨道的许用应力，对于轻轨，$[\sigma_g]=200MPa$，对于重轨，$[\sigma_g]=240MPa$，对于起重机钢轨，$[\sigma_g]=300MPa$。

由此可确定横（小）隔板间距为

$$a \leqslant \frac{6W_g[\sigma_g]}{P-F} \tag{7-57}$$

当轨道与翼缘板之间的接触支承力 F 确定后，上述计算便可完成。通常，小隔板最小间距 a 在 $400 \sim 600\mathrm{mm}$ 范围内。

2. 接触支承力 F 和翼缘板局部弯曲应力的计算

轨道与翼缘板之间的接触力实为分布载荷，为使计算简单，先按集中力考虑，然后再按分布载荷计算翼缘板的局部弯曲。

由于翼缘板刚度小，其与腹板和隔板的支承情况基本相同，故可按四边简支矩形板计算，而轨道的抗弯刚度则大得多，应按多跨连续梁考虑，于是轨道与翼缘板构成自由叠合梁的计算简图，如图 7-16 所示。二者的分解计算如图 7-17 所示，c 为轨道与一侧腹板的距离。

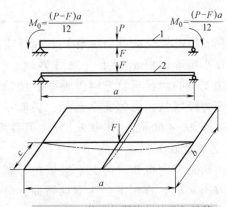

图 7-16　轨道与翼缘板计算图

1—轨道　2—翼缘板

图 7-17　轨道与翼缘板的分解计算

237

连续的轨道在支承点切断处需施加支承弯矩 $M_0 = (P-F)\,a/12$，轨道在跨中集中力 $(P-F)$ 和支承弯矩 M_0 的共同作用下，跨中（力作用点）产生的位移为

$$f_\mathrm{g} = \frac{(P-F)\,a^3}{48EI_\mathrm{g}} - \frac{M_0 a^2}{8EI_\mathrm{g}} = \frac{(P-F)\,a^3}{96EI_\mathrm{g}} \tag{7-58}$$

根据薄板弯曲理论，集中力 F 作用下的四边简支矩形板在力作用点处产生的位移为

$$f_\mathrm{b} = K_\mathrm{F} \frac{Fb^2}{E\delta_0^3} \tag{7-59}$$

根据轨道与翼缘板在力作用点处位移相等的变形协调条件 $f_\mathrm{g} = f_\mathrm{b}$，解得接触支承力为

$$F = \frac{P}{1 + \dfrac{96K_\mathrm{F}b^2 I_\mathrm{g}}{a^3 \delta_0^3}} \tag{7-60}$$

式中　P——小车轮压；

$\quad a \, \text{、} \, b$——四边简支翼缘板的边长，a 为小隔板间距，b 为腹板间距，通常 $a \geqslant b$；

$\quad \delta_0$——翼缘板的厚度；

$\quad I_\mathrm{g}$——轨道的惯性矩；

$\quad K_\mathrm{F}$——计算系数，按下式决定或由表 7-5 查取。

$$K_\mathrm{F} = 0.176 \sum_{m=1}^{\square} \left(\tanh\alpha_m - \frac{\alpha_m}{\cosh^2\alpha_m} \right) \frac{\sin^2 \dfrac{m\pi c}{b}}{m^3} \tag{7-61}$$

其中，$\alpha_m = \dfrac{m\pi a}{2b}$，$m = 1, 2, 3, \cdots, \infty$。

系数 K_F 是 a/b、c/b 比值的函数，可用公式计算，但较复杂，现将轨道常用几种不同位置（c/b）的 K_F 值列于表 7-5，供计算查用。

表 7-5　计算系数 K_F

c/b ＼ a/b	0.8	1.0	1.2	1.4	1.6	1.8	2.0	3.0	∞
0.15	0.0411	0.0485	0.0532	0.0562	0.0581	0.0593	0.0599	0.0609	0.0615
0.25	0.0687	0.0857	0.0967	0.1040	0.1086	0.1114	0.1131	0.1154	0.1160
0.50	0.0973	0.1265	0.1478	0.1622	0.1713	0.1769	0.1803	0.1847	0.1850

简支矩形板受接触力 F 作用，实际上是分布在小矩形面积 $a_1 b_1$ 上（见图 7-18）。尽管四边支承的翼缘板抗弯刚度差些会使轨道接触压力区增长，为偏安全起见，仍取压力区长 $a_1 = 2h_g + 50\text{mm}$，其中 h_g 为轨道高度，而 b_1 为轨道底宽。

由板壳理论得知，简支矩形板在分布压力 $p = F/(a_1 b_1)$ 作用下产生双向弯曲，分布压力中心处单位板宽的纵向弯矩 M_a 和横向弯矩 M_b 为

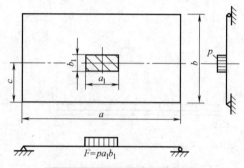

图 7-18　翼缘板实际载荷图

$$\left.\begin{array}{l} M_a = \beta_1 F \\ M_b = \beta_2 F \end{array}\right\} \tag{7-62}$$

式中　β_1、β_2——板边支承长度系数。

翼缘板上表面的局部弯曲应力为

纵向应力
$$\sigma_a = -\frac{6M_a}{\delta_0^2} = -\frac{6\beta_1 F}{\delta_0^2} = -K_a \frac{F}{\delta_0^2} \tag{7-63}$$

横向应力
$$\sigma_b = -\frac{6M_b}{\delta_0^2} = -\frac{6\beta_2 F}{\delta_0^2} = -K_b \frac{F}{\delta_0^2} \tag{7-64}$$

式中　K_a、K_b——计算系数，按下式决定：

$$\left.\begin{array}{l} K_a = \dfrac{6}{8\pi}\left[1.3\left(2\ln\dfrac{4\sin\dfrac{\pi c}{b}}{\pi\dfrac{d}{b}} + \lambda - \varphi\right) - 0.7(\mu + \psi)\right] \\[6mm] K_b = \dfrac{6}{8\pi}\left[1.3\left(2\ln\dfrac{4\sin\dfrac{\pi c}{b}}{\pi\dfrac{d}{b}} + \lambda - \varphi\right) + 0.7(\mu + \psi)\right] \end{array}\right\} \tag{7-65}$$

式中

$$\left.\begin{array}{l} \varphi = k\arctan\dfrac{1}{k} + \dfrac{1}{k}\arctan k \\[3mm] \psi = k\arctan\dfrac{1}{k} - \dfrac{1}{k}\arctan k \end{array}\right\} \qquad (7\text{-}66)$$

$$\left.\begin{array}{l} \lambda = 3 - 4\displaystyle\sum_{m=1}^{\square}\dfrac{\mathrm{e}^{-\alpha_m}}{\cosh\alpha_m}\sin^2\dfrac{m\pi c}{b} \\[5mm] \mu = 1 - \dfrac{2\pi a}{b}\displaystyle\sum_{m=1}^{\square}\dfrac{1}{\cosh^2\alpha_m}\sin^2\dfrac{m\pi c}{b} \end{array}\right\} \qquad (7\text{-}67)$$

$\alpha_m = \dfrac{m\pi a}{2b}$, $m = 1, 2, 3, \cdots, \infty$; $k = \dfrac{a_1}{b_1}$, $d = \sqrt{a_1^2 + b_1^2}$。

系数 K_a、K_b 是 a/b，c/b，d/b 和 a_1/b_1 比值的函数，但计算很烦琐。为了简化和实用，将常用的翼缘板区格尺寸和轨道型号按上述参数比算出的系数值列于表 7-6，供查用。

表 7-6 箱形梁翼缘板局部弯曲应力计算系数 K_a/K_b

| 参数比 | | c/b | | | | | | | | | | | |
| | | 0.15 | | | | 0.25 | | | | 0.50 | | | |
a/b	d/b ＼ a_1/b_1	2.0	2.5	3.0	3.5	2.0	2.5	3.0	3.5	2.0	2.5	3.0	3.5
0.8	0.5	0.346 / 0.677	0.346 / 0.710	0.347 / 0.737	0.349 / 0.758	0.636 / 0.817	0.637 / 0.851	0.638 / 0.877	0.640 / 0.898	0.869 / 0.859	0.870 / 0.893	0.871 / 0.919	0.873 / 0.940
	0.6	0.233 / 0.564	0.233 / 0.597	0.234 / 0.624	0.236 / 0.645	0.523 / 0.704	0.524 / 0.736	0.525 / 0.764	0.527 / 0.785	0.756 / 0.746	0.757 / 0.779	0.758 / 0.806	0.760 / 0.827
	0.7	0.137 / 0.468	0.137 / 0.502	0.138 / 0.528	0.141 / 0.549	0.427 / 0.608	0.428 / 0.641	0.429 / 0.668	0.431 / 0.690	0.661 / 0.650	0.661 / 0.684	0.662 / 0.710	0.665 / 0.732
	0.8	0.054 / 0.385	0.054 / 0.419	0.055 / 0.445	0.058 / 0.466	0.344 / 0.525	0.345 / 0.559	0.346 / 0.585	0.349 / 0.607	0.578 / 0.567	0.578 / 0.601	0.579 / 0.628	0.582 / 0.649
1.0	0.5	0.347 / 0.727	0.348 / 0.760	0.349 / 0.787	0.351 / 0.808	0.642 / 0.918	0.643 / 0.952	0.644 / 0.979	0.646 / 0.999	0.886 / 1.011	0.887 / 1.045	0.888 / 1.071	0.890 / 1.092
	0.6	0.234 / 0.614	0.234 / 0.647	0.236 / 0.674	0.238 / 0.695	0.529 / 0.805	0.530 / 0.839	0.531 / 0.865	0.533 / 0.887	0.773 / 0.898	0.774 / 0.931	0.775 / 0.958	0.777 / 0.979
	0.7	0.138 / 0.518	0.139 / 0.552	0.140 / 0.578	0.143 / 0.599	0.433 / 0.710	0.434 / 0.743	0.435 / 0.770	0.437 / 0.791	0.677 / 0.802	0.678 / 0.836	0.679 / 0.862	0.681 / 0.883
	0.8	0.056 / 0.435	0.056 / 0.469	0.057 / 0.495	0.059 / 0.516	0.350 / 0.627	0.351 / 0.660	0.352 / 0.687	0.355 / 0.708	0.594 / 0.719	0.595 / 0.753	0.596 / 0.779	0.598 / 0.801
1.2	0.5	0.344 / 0.754	0.345 / 0.787	0.346 / 0.814	0.348 / 0.835	0.636 / 0.976	0.637 / 1.012	0.638 / 1.038	0.640 / 1.060	0.877 / 1.114	0.878 / 1.148	0.879 / 1.174	0.881 / 1.195
	0.6	0.231 / 0.641	0.232 / 0.674	0.233 / 0.701	0.235 / 0.722	0.523 / 0.865	0.523 / 0.899	0.524 / 0.925	0.527 / 0.947	0.764 / 1.001	0.765 / 1.035	0.766 / 1.061	0.768 / 1.082
	0.7	0.135 / 0.545	0.136 / 0.579	0.137 / 0.605	0.139 / 0.626	0.427 / 0.770	0.428 / 0.803	0.429 / 0.829	0.431 / 0.851	0.668 / 0.905	0.669 / 0.939	0.670 / 0.965	0.672 / 0.987
	0.8	0.052 / 0.462	0.053 / 0.496	0.054 / 0.522	0.056 / 0.543	0.344 / 0.687	0.345 / 0.720	0.346 / 0.747	0.348 / 0.768	0.585 / 0.822	0.586 / 0.856	0.587 / 0.883	0.589 / 0.904

239

（续）

参数比		c/b											
		0.15				0.25				0.50			
a/b	a₁/b₁ d/b	2.0	2.5	3.0	3.5	2.0	2.5	3.0	3.5	2.0	2.5	3.0	3.5
1.4	0.5	0.341 0.769	0.341 0.803	0.342 0.830	0.345 0.851	0.628 1.014	0.628 1.048	0.629 1.075	0.631 1.096	0.862 1.180	0.863 1.214	0.864 1.241	0.867 1.262
	0.6	0.227 0.656	0.228 0.690	0.229 0.716	0.231 0.738	0.515 0.901	0.515 0.935	0.516 0.961	0.519 0.983	0.749 1.067	0.749 1.101	0.751 1.127	0.753 1.149
	0.7	0.132 0.561	0.132 0.594	0.133 0.621	0.136 0.642	0.419 0.806	0.419 0.839	0.420 0.866	0.423 0.887	0.654 0.972	0.654 1.005	0.655 1.032	0.658 1.053
	0.8	0.049 0.478	0.049 0.511	0.050 0.538	0.053 0.559	0.336 0.723	0.336 0.756	0.337 0.783	0.340 0.804	0.571 0.889	0.571 0.922	0.572 0.949	0.575 0.970
1.6	0.5	0.337 0.778	0.338 0.812	0.339 0.839	0.342 0.860	0.621 1.036	0.621 1.069	0.622 1.096	0.625 1.117	0.849 1.222	0.850 1.255	0.851 1.282	0.853 1.303
	0.6	0.225 0.665	0.226 0.699	0.227 0.725	0.229 0.747	0.507 0.923	0.508 0.956	0.509 0.983	0.512 1.004	0.736 1.108	0.737 1.142	0.738 1.168	0.740 1.189
	0.7	0.129 0.569	0.129 0.603	0.130 0.630	0.133 0.651	0.412 0.827	0.412 0.861	0.413 0.887	0.416 0.908	0.641 1.013	0.641 1.046	0.642 1.073	0.645 1.094
	0.8	0.046 0.487	0.046 0.520	0.047 0.547	0.050 0.568	0.329 0.744	0.329 0.778	0.331 0.804	0.333 0.825	0.558 0.930	0.558 0.963	0.559 0.990	0.562 1.011
1.8	0.5	0.335 0.784	0.336 0.817	0.337 0.844	0.340 0.865	0.616 1.048	0.616 1.082	0.617 1.109	0.620 1.130	0.840 1.246	0.840 1.280	0.841 1.306	0.844 1.327
	0.6	0.222 0.671	0.223 0.704	0.224 0.731	0.226 0.752	0.503 0.935	0.503 0.969	0.504 0.995	0.507 1.017	0.726 1.133	0.727 1.167	0.728 1.193	0.731 1.214
	0.7	0.127 0.575	0.127 0.608	0.128 0.635	0.131 0.656	0.407 0.840	0.407 0.873	0.408 0.900	0.411 0.921	0.631 1.037	0.631 1.071	0.632 1.097	0.635 1.119
	0.8	0.044 0.492	0.044 0.525	0.045 0.552	0.048 0.573	0.324 0.757	0.325 0.790	0.326 0.817	0.328 0.838	0.548 0.954	0.548 0.988	0.549 1.015	0.552 1.036
2.0	0.5	0.334 0.787	0.335 0.820	0.336 0.847	0.338 0.868	0.612 1.056	0.613 1.089	0.614 1.116	0.616 1.137	0.833 1.261	0.834 1.294	0.835 1.321	0.837 1.342
	0.6	0.221 0.674	0.221 0.707	0.222 0.734	0.225 0.755	0.499 0.943	0.500 0.976	0.501 1.003	0.503 1.024	0.720 1.148	0.720 1.181	0.721 1.208	0.724 1.229
	0.7	0.125 0.578	0.126 0.611	0.127 0.638	0.129 0.659	0.404 0.847	0.404 0.881	0.405 0.907	0.408 0.928	0.624 1.052	0.625 1.085	0.626 1.112	0.628 1.133
	0.8	0.042 0.495	0.043 0.529	0.044 0.555	0.046 0.576	0.321 0.764	0.321 0.798	0.322 0.824	0.325 0.845	0.541 0.969	0.542 1.003	0.543 1.029	0.545 1.050
≥3.0	0.5	0.332 0.791	0.333 0.824	0.334 0.851	0.336 0.872	0.607 1.065	0.608 1.099	0.609 1.125	0.611 1.147	0.823 1.280	0.823 1.313	0.824 1.340	0.827 1.361
	0.6	0.219 0.678	0.219 0.711	0.220 0.738	0.223 0.759	0.494 0.952	0.495 0.986	0.496 1.012	0.498 1.034	0.710 1.167	0.710 1.200	0.711 1.227	0.714 1.248
	0.7	0.123 0.582	0.124 0.615	0.125 0.642	0.127 0.663	0.398 0.857	0.399 0.890	0.400 0.917	0.402 0.938	0.614 1.071	0.614 1.105	0.615 1.131	0.618 1.152
	0.8	0.040 0.499	0.041 0.533	0.042 0.559	0.044 0.580	0.316 0.774	0.316 0.807	0.317 0.834	0.320 0.855	0.531 0.988	0.532 1.022	0.533 1.048	0.535 1.069

注：表中横线上数字为 K_a 值，横线下数字为 K_b 值，其他值可用线性插值获得。

　　实际上翼缘板的支承边并非简支，故按上述公式计算的局部应力偏大（约大 20% 以上），但偏于安全。若需考虑支承约束情况，可将上述计算值乘以 0.8。

　　箱形梁翼缘板上表面还受有整体弯曲应力，即

$$\sigma_0 = -\frac{M_{\max}}{W} \qquad (7\text{-}68)$$

式中　$M_{\max}$——小车轮压位于梁的翼缘板计算区间中央时，梁在该截面的最大弯矩；

　　　W——梁截面的抗弯截面系数。

翼缘板受双向弯曲作用，应验算复合（折算）应力：

$$\sqrt{(\sigma_0 + \sigma_a)^2 + \sigma_b^2 - \sigma_b(\sigma_0 + \sigma_a)} \leqslant [\sigma] \qquad (7\text{-}69)$$

式中各项应力应带各自的正负号（拉应力为正，压应力为负）。

轨道与翼缘板之间的接触压应力$[\sigma_F = p = F/(a_1 b_1)]$不大，一般不需验算。

横隔板是轨道的支承，当小车轮位于隔板顶上时，隔板受最大轮压，应验算隔板与翼缘板之间的焊缝强度。轨道的接头应尽量位于横隔板处。

第七节　组合梁的整体稳定性

梁在横向载荷作用下产生弯曲变形，当载荷增大至临界值时，梁将发生侧向弯扭屈曲而丧失整体稳定性（见图7-19）。

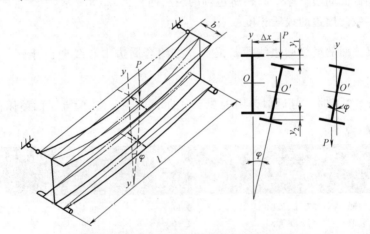

图7-19　梁发生横向弯曲和侧向屈曲的现象

一、工字形截面组合梁

两端简支工字形截面组合梁也先按受压翼缘的侧向自由长度与其宽度之比l/b来检验梁的整体稳定性（见表7-1）。若不符合要求，则需按式（7-7）验算梁的整体稳定性。

二、箱形梁

箱形梁的刚度很大，若梁的高宽比$h/b \leqslant 3$（h为梁高，b取为两腹板外侧的间距），则梁的整体稳定性不需验算。对大跨度箱形梁，若需增大梁高而不能满足上述高宽比时，也需按式（7-7）验算箱形梁的整体稳定性。

箱形梁的侧向屈曲稳定系数按下式计算，即

$$\varphi_{\mathrm{b}} = \xi \frac{I_y}{I_x}\left(\frac{h}{l}\right)^2 \times 10^3 \frac{235}{\sigma_{\mathrm{s}}} \qquad (7\text{-}70)$$

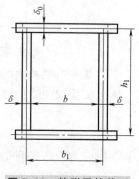

式中　σ_{s}——梁所用钢材的屈服强度；

　　　ξ——系数，其值依 α 而定，由表 7-7 选取，而

$$\alpha = 1.6\frac{I_{\mathrm{n}}}{I_y}\left(\frac{l}{h}\right)^2 \qquad (7\text{-}71)$$

式中　I_x、I_y——梁截面对 x 轴或 y 轴的惯性矩；

　　　h——梁的全高度；

　　　l——梁受压翼缘的自由长度，如无侧向支承点，则为跨度；

　　　I_{n}——箱形梁的自由扭转惯性矩，按式（7-72）计算（见图 7-20，不计翼缘外伸部分），即

图 7-20　箱形梁的截面

$$I_{\mathrm{n}} = \frac{4A_0^2}{\sum \dfrac{s}{\delta}} = \frac{2b_1^2 h_1^2 \delta_0}{b_1\delta + h_1\delta_0} \qquad (7\text{-}72)$$

式中　A_0——梁截面周边板厚中心线所包围的轮廓面积，$A_0 = b_1 h_1$；

　　　s——梁截面周边的线段长度；

　　　$\sum \dfrac{s}{\delta}$——梁截面的换算周边线段长之和，按闭合周边中心线全长计算，符号如图 7-19 所示。

当算得的 $\varphi_{\mathrm{b}} > 0.8$ 时，可近似改用表 7-4 中的 φ_{b}' 代替 φ_{b} 来验算梁的整体稳定性。

表 7-7　Q235 钢梁的 ξ 值

α	跨中无侧向支承点的简支梁				跨中有侧向支承点的简支梁（不论载荷作用在何处）	α	悬臂梁集中载荷作用在悬臂端的截面中心上
	集中载荷作用在		均布载荷作用在				
	上翼缘	下翼缘	上翼缘	下翼缘			
0.1	1.73	5.00	1.57	3.81	2.17	0.1	3.06
0.4	1.77	5.03	1.60	3.85	2.20	1.0	3.44
1.0	1.85	5.11	1.67	3.90	2.27	2.0	3.76
4.0	2.21	5.47	1.98	4.23	2.56	3.0	4.06
8.0	2.63	5.91	2.35	4.59	2.90	4.0	4.26
16	3.37	6.65	2.99	5.24	3.50	6.0	4.64
24	4.03	7.31	3.55	5.79	4.00	8.0	4.96
32	4.59	7.92	4.04	6.25	4.45	10	5.25
48	5.60	8.88	4.90	7.13	5.23	12	5.46
64	6.52	9.80	5.65	7.92	5.91	14	5.69
80	7.31	10.59	6.30	8.58	6.51	16	5.90
96	8.05	11.29	6.93	9.21	7.07	24	6.63
128	9.40	12.67	8.05	10.29	8.07	32	7.27
160	10.59	13.83	9.04	11.30	8.95	40	7.79
240	13.21	16.36	11.21	13.48	10.86	48	8.15
320	15.31	18.55	13.04	15.29	12.48	64	8.90
≥400	17.24	20.48	14.57	16.80	13.91	≥400	27.75

第八节 组合梁的局部稳定性

一、梁中薄板局部失稳的概念

由薄钢板制成的工字梁和箱形梁，在载荷作用下梁的腹板和翼缘板受有正应力和切应力作用，有的还受有局部压应力作用。这些应力除产生强度问题外，还会使板发生波浪式翘曲，引起薄板丧失稳定。为与梁的整体失稳相区别，将腹板或翼缘板个别板段丧失稳定的现象，称为板的局部失稳。

为提高薄板的临界应力，需增加板厚或用加劲肋来加强，显然使用厚板不经济，而应多采用有加劲肋的结构。

加劲肋把薄板分隔成许多矩形区格，加劲肋分刚性肋和柔性肋两种，刚性加劲肋的惯性矩较大，需满足一定要求，因此用刚性肋将板分隔成的各区格发生失稳翘曲时互不影响，只需按局部区格计算板的稳定性即可；柔性肋的刚度差些，它将随薄板一起屈曲，应按带肋板计算稳定性。

加劲肋分横向加劲肋（垂直于板长方向或压应力方向）和纵向加劲肋（平行于板长方向或压应力方向）两种，横向加劲肋都采用刚性加劲肋，而纵向加劲肋可采用刚性加劲肋，也可用柔性加劲肋（尤其适用于大宽度板）。

矩形板失稳时的临界应力与所受应力状态有关。矩形板受有均匀压应力、弯曲正应力、均匀切应力、局部压应力和多种应力的联合作用，如图 7-21 所示。

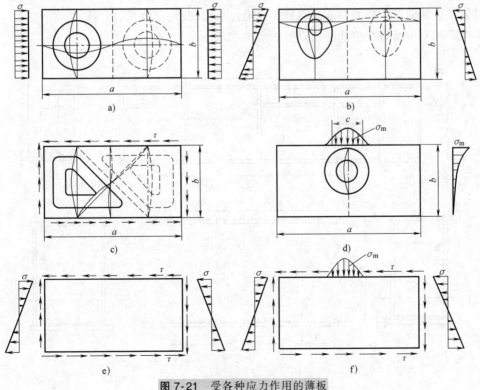

图 7-21 受各种应力作用的薄板

受均匀压应力的简支矩形长板如箱形梁的翼缘板，失稳时板的中面翘曲成若干个对称的凹凸波形曲面（见图 7-21a），曲面之间不变形的直线称为节线，曲面长度为半波长，当曲面半波长等于板宽时（正方形板）临界应力最小，所以常用板宽和板厚来表征板的临界应力。

受弯曲正应力的板如梁的腹板，弯曲失稳时板将翘曲成若干个不对称的波形曲面（见图 7-21b），波峰在受压区，曲面半波长约为 $0.7h_0$（h_0 为腹板高度，即板宽 b），减小板厚或增大板宽都会降低临界应力。

受切应力的矩形板（腹板）将沿对角线方向失稳，产生倾斜的翘曲曲面（见图 7-21c），曲面被斜节线隔开，其倾斜角在 35°~45° 范围内，按板区格尺寸和板边嵌固情况而不同，其半波长度约为 $(0.9 \sim 1.25)h_0$，正方形区格（斜节线倾角约为 45）的临界应力最大，无限长板的临界应力最小。

腹板边缘受非均匀分布的局部压应力作用，计算时换算成均布压应力，此局部压应力沿板宽（腹板高）呈曲线分布，板边最大，趋向板的内部区域衰减很快，板在受压应力较大的上部发生丘状波形（见图 7-21d）。

多种应力同时作用的板，失稳时翘曲的形状更为复杂。根据板的应力状态和失稳时翘曲的波形，可以确定采用何种加劲肋。对受切应力大的腹板部位（简支梁的端部），应采用横向加劲肋（箱形梁则为横隔板）予以加强，当横向加劲肋间距 $a=b$ 时，效果最好；对受弯曲压应力大的跨中腹板，应采用纵向加劲肋加强受压区；同样，对受均匀压应力的板（如翼缘板），若不能满足下述（见本节二）板的极限宽厚比时，也应采用纵向加劲肋加强；对受局部压应力作用的腹板，应采用纵向和横向加劲肋或再设置短加劲肋来加强。总之，加劲肋应设置在板翘曲最大的波峰或波谷处，以阻止板的变形，从而提高板的稳定性。

工字梁和箱形梁腹板加劲肋的设置如图 7-22 所示。

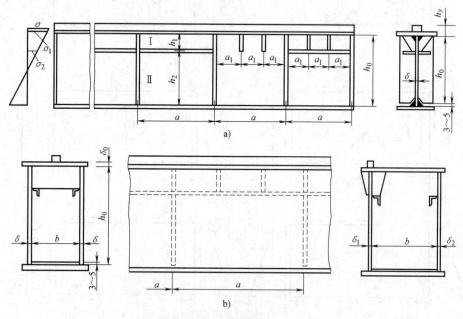

图 7-22　梁腹板加劲肋的设置

二、板的极限宽厚比和加劲肋的设置

由式（4-69）和式（7-73）~式（7-76）可知，板的各种临界应力均与其宽厚比有关，根据板的临界应力不超过钢材的屈服强度 σ_s，可求得板不失稳的极限宽厚比。

1. 梁的翼缘板极限宽厚比和加劲肋的设置

工字梁和箱形梁受压翼缘外伸部分（见图7-23）取：$b_1/\delta_0 \le 15\sqrt{235/\sigma_s}$。

箱形梁在两腹板之间的受压翼缘板取：$b/\delta_0 \le (40\sim50)\sqrt{235/\sigma_s}$。

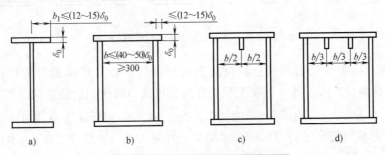

图 7-23　梁受压翼缘板的加强方法

通常工字梁翼缘尺寸按上述规定确定，不采用翼缘镶边的加强方法。若箱形梁两腹板间的翼缘宽厚比不符合上述要求时，应在受压翼缘板内侧等间距设置一条或多条纵向加劲肋（见图7-23c、d），被加劲肋分隔开的翼缘区格宽厚比 $[b/(n\delta_0)]$ 仍需满足上述要求，其中 n 为翼缘板被加劲肋分隔的区格数。

翼缘板的宽厚比符合上述要求时，不需验算板的稳定性。

2. 梁腹板的极限宽厚比和加劲肋的设置

同时受切应力和弯曲应力作用的腹板，应按下列不同的宽厚比来确定加劲肋的设置和验算的区格。

1）当 $b/\delta \le 80\sqrt{235/\sigma_s}$ 时，不需设置任何加劲肋，不需验算腹板稳定性，此处 b 为腹板宽度，即腹板高度 h_0，δ 为腹板厚度，下同。

2）当 $80\sqrt{235/\sigma_s} < (b/\delta) \le 160\sqrt{235/\sigma_s}$ 时，需设置横向加劲肋，其间距不得小于 $0.5b$，且不大于 $2b$（b 为腹板的总宽度）。为制造方便和安全，横向加劲肋常取等间距布置，其间距宜取 $a = (1\sim1.5)b$，且不大于 2m。

3）当 $160\sqrt{235/\sigma_s} < (b/\delta) \le 240\sqrt{235/\sigma_s}$ 时，除设置横向加劲肋外，还需在腹板最大受压区设置一条纵向加劲肋，将腹板分隔成上、下两个区格，纵向加劲肋宜设置在距腹板受压边 $h_1 = (1/5\sim1/4)h_0$ 处（见图7-24a）。

若采用刚性纵向加劲肋，应分别验算腹板上、下区格（即图中Ⅰ、Ⅱ区格）的稳定性，下区格应力减小很多，通常可不验算。若采用柔性纵向加劲肋，则需同时计算局部区格和带肋板两种情况的稳定性。通常，在一般起重机主梁中不采用柔性加劲肋。

为防止腹板在制造中发生波浪变形，必要时需在腹板受拉区设置工艺纵向加劲肋，但不需计算。

4）当 $240\sqrt{235/\sigma_s} < (b/\delta) \le 320\sqrt{235/\sigma_s}$ 时，除设置横向加劲肋外，还需设置两条纵向

加劲肋，这时第一条设置在距腹板受压边 $h_1 = (0.15 \sim 0.2) h_0$ 处，第二条设置在距腹板受压边 $(0.3 \sim 0.4) h_0$ 处（见图7-24b）。通常只需验算最上区格（Ⅰ区格）的稳定性。

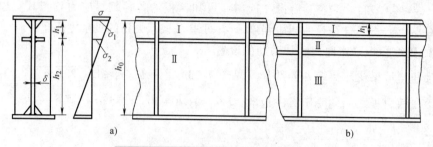

图 7-24　工字梁腹板纵向加劲肋的布置

5）受局部压应力作用的腹板，应设置横向加劲肋并验算区格的稳定性，若验算不合格，可采取两种加强方法：其一，在工字梁腹板受压区两横向加劲肋之间增设短加劲肋并与受压翼缘顶紧（见图7-22a），短加劲肋间距取为 $a_1 \leqslant 50\delta\sqrt{235/\sigma_s}$ 及 $a_1 \geqslant 0.75h_1$，常取 $a_1 = 400 \sim 600\text{mm}$。对偏轨箱形梁的主腹板采取相同的加强方法（见图7-22b）。当按上述间距设置短加劲肋时，一般不需验算腹板区格对应于局部压应力的稳定性，即在区格稳定性计算中可不再考虑局部压应力的作用。中轨箱形梁腹板不受局部压应力作用，其设置的短隔板主要用于支承轨道同时加强两腹板。其二，工字梁和箱形梁腹板同时设置横向和纵向加劲肋（横隔板），并验算腹板上区格的稳定性；如不满足要求，则可在上区格按上述间距增设短加劲肋，而不需验算腹板小区格的稳定性（见图7-22a）。

三、板的临界应力

板的临界应力与板的应力状态、区格尺寸和板边的嵌固程度有关。

当板的区格分别受有压缩应力 σ_1、切应力 τ 和局部压应力 σ_m 作用时，板的临界应力分别为

$$\sigma_{1cr} = \chi K_\sigma \sigma_E \qquad\qquad (7\text{-}73)$$

$$\tau_{cr} = \chi K_\tau \sigma_E \qquad\qquad (7\text{-}74)$$

$$\sigma_{mcr} = \chi K_m \sigma_E \qquad\qquad (7\text{-}75)$$

式中　　σ_{1cr}——临界压缩应力，单位为 MPa；

　　　　τ_{cr}——临界切应力，单位为 MPa；

　　　　σ_{mcr}——临界局部压应力，单位为 MPa；

　　　　χ——板边弹性嵌固系数，当处于弯曲应力作用时，对受压翼缘扭转无约束的工字梁的腹板，可取 $\chi = 1.38$，对受压翼缘扭转有约束的工字梁和箱形梁腹板，可取 $\chi = 1.64$，当处于切应力作用时，对上述梁的腹板均可取 $\chi = 1.23$，当处于局部压应力作用时，可取 $\chi = 1 \sim 1.25$，对于其他板和板区格，应参考专门文献加以确定，一般取 $\chi = 1$；

K_σ、K_τ、K_m——四边简支板的屈曲系数，取决于板的边长比 $\alpha = a/b$ 和板边载荷（应力）情况，对于用刚性加劲肋分隔的局部区格板的屈曲系数，按表7-8的公式

计算，对于用柔性加劲肋分隔的包括加劲肋在内的带肋板的屈曲系数，按表 7-9 中的公式计算；

σ_E——四边简支板的欧拉应力，单位为 MPa，按下式计算：

$$\sigma_E = \frac{\pi^2 E}{12(1-\mu^2)}\left(\frac{\delta}{b}\right)^2 = 18.62\left(\frac{100\delta}{b}\right)^2 \tag{7-76}$$

式中　δ——板的厚度，单位为 mm；

　　　b——区格宽或板宽，单位为 mm；

　　　E——钢材的弹性模量，单位为 MPa；

　　　μ——泊松比（$\mu = 0.3$）。

表 7-8　局部区格简支板的屈曲系数 K

序号	载荷(应力)情况		$\alpha = a/b$	K
1	均压或不均匀压缩 $0 \leqslant \psi \leqslant 1$		$\alpha \geqslant 1$	$K_\sigma = \dfrac{8.4}{\psi + 1.1}$
			$\alpha < 1$	$K_\sigma = \left(\alpha + \dfrac{1}{\alpha}\right)^2 \dfrac{2.1}{\psi + 1.1}$
2	纯弯曲或以拉为主的弯曲 $\psi \leqslant -1$		$\alpha \geqslant 2/3$	$K_\sigma = 23.9$
			$\alpha < 2/3$	$K_\sigma = 15.87 + \dfrac{1.87}{\alpha^2} + 8.6\alpha^2$
3	以压为主的弯曲 $-1 < \psi < 0$			$K_\sigma = (1+\psi)K'_\sigma - \psi K''_\sigma + 10\psi(1+\psi)$ K'_σ——$\psi = 0$ 时的屈曲系数(序号1) K''_σ——$\psi = -1$ 时的屈曲系数(序号2)
4	纯剪切		$\alpha \geqslant 1$	$K_\tau = 5.34 + \dfrac{4}{\alpha^2}$
			$\alpha < 1$	$K_\tau = 4 + \dfrac{5.34}{\alpha^2}$
5	单边局部压缩		$\alpha \leqslant 1$	$K_m = \dfrac{2.86}{\alpha^{1.5}} + \dfrac{2.65}{\alpha^2 \beta}$　$\beta = c/a$
			$1 < \alpha \leqslant 3$	$K_m = \left(2 + \dfrac{0.7}{\alpha^2}\right)\left(\dfrac{1+\beta}{\alpha\beta}\right)$ 当 $\alpha > 3$ 时，按 $a = 3b$ 计算 α、β、K_m 值

247

（续）

序号	载荷(应力)情况	$\alpha=a/b$	K
6	双边局部压缩		$K_m=0.8K'_m$ K'_m——按序号5计算的K_m值

注：1. σ_1为板边最大压应力，$\psi=\sigma_2/\sigma_1$为板边两端应力比；σ_1、σ_2各带自己的正负号。

2. 对用一条纵向加劲肋分隔的、受局部压应力作用的腹板，其上区格参照序号6计算屈曲系数，其下区格在确定$\sigma_m(y)$及$c(y)$后可参照序号5计算屈曲系数。如有多条纵向加劲肋的情况，也可按上述原则对照相应区格进行计算。

表7-9　带肋简支板的屈曲系数

序号	载荷(应力)情况	K
1	压缩	$K_\sigma=\dfrac{(1+\alpha^2)^2+r\gamma_a}{\alpha^2(1+r\delta_a)}\dfrac{2}{1+\psi}$
2	纯剪切	K_τ值 $\begin{array}{c\|c\|c\|c\|c\|c\|c\|c\|c\|c\|c\|c}m & 5 & 10 & 20 & 30 & 40 & 50 & 60 & 70 & 80 & 90 & 100\\\hline K_\tau & 6.98 & 7.7 & 8.67 & 9.36 & 9.6 & 10.4 & 10.8 & 11.1 & 11.4 & 11.7 & 12\end{array}$ $m=2\sum\limits_{i=1}^{r-1}\sin^2\left(\dfrac{\pi y_i}{b}\right)\gamma_a$，加劲肋等距离平分板宽时，$2\sum\limits_{i=1}^{r-1}\sin^2\left(\dfrac{\pi y_i}{b}\right)=r$
3	局部压缩	$K_m=K'_m(1+\eta)$ K'_m——按表7-8中的序号5计算的K_m值 $\eta=\dfrac{\sum\limits_{i=1}^{r-1}\left(\sin\dfrac{\pi y_i}{b}-\dfrac{1}{4}\sin\dfrac{2\pi y_i}{b}\right)^2}{\alpha^4+\dfrac{5}{4}\alpha^2+\dfrac{17}{32}}\gamma_a$

注：$\gamma_a=\dfrac{EI_s}{bD}$，$\delta_a=\dfrac{A_s}{b\delta}$；

I_s——单根（或成对的）纵向加劲肋截面惯性矩，单位为mm^4，当加劲肋在板两侧成对配置时，其截面惯性矩按板厚中心线为轴线计算，一侧配置时，按与板相连的加劲肋边缘为轴线计算；

A_s——单根（或成对的）纵向加劲肋截面面积，单位为mm^2；

r——板被加劲肋的分隔数；

$D=\dfrac{E\delta^3}{12(1-\mu^2)}$（$\mu$——钢材的泊松比）。

各条纵向加劲肋分隔的局部区格简支板边缘的局部压应力 $\sigma_m(y)$ 及其扩散长度 $c(y)$（见图 7-25）按下列公式计算：

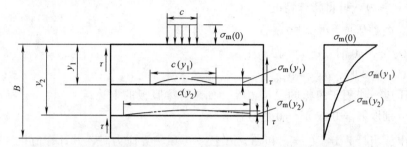

图 7-25 各条纵向加劲肋分隔的区格边缘的局部压应力及扩散区长度

$$\sigma_m(y) = \frac{2\sigma_m}{\pi}\left[\arctan\frac{c}{y} - 3\left(\frac{y}{B}\right)^2\left(1 - \frac{2y}{3B}\right)\arctan\frac{c}{B}\right] \tag{7-77}$$

$$c(y) = c\frac{\sigma_m}{\sigma_m(y)}\left(1 - \frac{y}{B}\right) \tag{7-78}$$

式中 σ_m——由集中载荷产生的板边局部压应力 $\sigma_m(0)$，见式（7-36），单位为 MPa；

$\sigma_m(y)$——局部压应力 σ_m 沿板宽方向变化到 y 处的值，单位为 MPa；

$c(y)$——局部压应力的分布长度 c 沿板宽方向变化到 y 处的值，单位为 mm；

y——以局部压应力作用边为原点向另一边方向的坐标，即板的上边缘至下区格上边缘的距离，单位为 mm；

B——腹板的总宽（高）度，单位为 mm；

$\arctan\dfrac{c}{y}$、$\arctan\dfrac{c}{B}$ 的单位为弧度（rad）。

四、梁腹板局部稳定性验算

采用加劲肋将腹板分隔成区格后，即可验算区格的稳定性。

当腹板分别受有弯曲压应力 σ_1、切应力 τ 和局部压应力 σ_m 的作用时，应分别按式（7-73）～式（7-75）求得区格单项临界应力除以安全系数后来验算板的局部稳定性。

通常梁的腹板同时受有弯曲压应力 σ_1、切应力 τ 和局部压应力 σ_m 的作用，应验算腹板区格在复合应力作用下的局部稳定性。

矩形板在 σ_1、σ_m 和 τ 同时作用下，其临界复合应力按下式计算，即

$$\sigma_{i,cr} = \frac{\sqrt{\sigma_1^2 + \sigma_m^2 - \sigma_1\sigma_m + 3\tau^2}}{\dfrac{1+\psi}{4}\left(\dfrac{\sigma_1}{\sigma_{1cr}}\right) + \sqrt{\left[\dfrac{3-\psi}{4}\left(\dfrac{\sigma_1}{\sigma_{1cr}}\right) + \dfrac{\sigma_m}{\sigma_{mcr}}\right]^2 + \left(\dfrac{\tau}{\tau_{cr}}\right)^2}} \tag{7-79}$$

式中 σ_1、σ_m、τ——腹板（或区格）受压边的弯曲压应力、局部压应力和平均切应力，σ_m 按式（7-36）计算；

σ_{1cr}、σ_{mcr}、τ_{cr}——对应于 σ_1、σ_m、τ 分别作用时腹板（或区格）的临界弯曲压应力、临界局部压应力和临界切应力；

ψ——腹板（或区格）中央截面两边缘上弯曲应力之比，$\psi = \sigma_2 / \sigma_1$，$\sigma_2$ 和 σ_1（见图 7-24）各自带正负号。

由式中（7-79）可得特殊情况：

当 $\tau = 0$、$\sigma_m = 0$ 时，$\sigma_{i,cr} = \sigma_{1cr}$；

当 $\sigma_1 = 0$、$\sigma_m = 0$ 时，$\sigma_{i,cr} = \sqrt{3}\,\tau_{cr}$；

当 $\sigma_1 = 0$、$\tau = 0$ 时，$\sigma_{i,cr} = \sigma_{mcr}$。

当局部压应力作用于腹板的受拉边缘（如悬臂梁腹板的上边缘）时，σ_1 和 σ_m 不相关，在上述式中分别取 $\sigma_1 = 0$ 或 $\sigma_m = 0$ 进行计算。

应当指出，当计算 σ_{1cr}、σ_{mcr} 和 $\sqrt{3}\,\tau_{cr}$ 中任一单项临界应力时，其计算值超过钢材的比例极限 σ_p（取 $\sigma_p = 0.8\sigma_s$）时，均需按式（7-80）进行一次性折减修正，即折减后的单项临界应力又超过比例极限时，则不再进行折减修正。

计算临界复合应力 $\sigma_{i,cr}$ 时，式中单项临界应力超过钢材比例极限时不需修正。

当计算的临界复合应力 $\sigma_{i,cr}$ 超过钢材的比例极限 σ_p 时，只需按式（7-80）进行一次性折减修正。

弹塑性临界应力即弹性临界应力折减（修正）公式为

$$\sigma_{cr} = \sigma_s \left[1 - \frac{1}{1 + 6.25 \left(\dfrac{\sigma_{i,cr}}{\sigma_s} \right)^2} \right] \tag{7-80}$$

式中 σ_s——钢材的屈服强度；

$\sigma_{i,cr}$——板的临界复合应力或各单项临界应力 σ_{1cr}、σ_{mcr}、$\sqrt{3}\,\tau_{cr}$。

板的局部稳定性许用应力按以下两式计算：

当 $\sigma_{i,cr} \leq 0.8\sigma_s$ 时，$[\sigma_{cr}] = \sigma_{i,cr}/n$；

当 $\sigma_{i,cr} > 0.8\sigma_s$ 时，$[\sigma_{cr}] = \sigma_{cr}/n$。

式中 n——安全系数，因 $\sigma_{i,cr}$ 计算齐全，可取强度安全系数，见表 4-13。

腹板或区格的局部稳定性按下式验算：

$$\sqrt{\sigma_1^2 + \sigma_m^2 - \sigma_1\sigma_m + 3\tau^2} \leq [\sigma_{cr}] \tag{7-81}$$

若按上述公式验算不合格时，可在腹板局部受压区用短加劲肋来加强，当短加劲肋的间距取为 $a_1 \leq 50\delta\sqrt{235/\sigma_s}$（$\delta$ 为腹板厚度）时，在验算公式中则不必考虑局部压应力的作用，即取 $\sigma_m = 0$。

五、加劲肋的构造尺寸和焊接要求

1. 腹板加劲肋

加劲肋自身必须具有足够的刚度才能有效地保证板的稳定。在结构中一般多采用刚性加劲肋。

腹板的横向和纵向加劲肋宜在腹板两侧成对配置（见图 7-26a），也可一侧配置（见图 7-26b）。腹板两侧成对配置矩形截面横向加劲肋时，其截面尺寸应按下列公式确定：

外伸宽度 $\qquad\qquad\qquad b_s \geq \dfrac{b}{30} + 40\text{mm} \tag{7-82}$

厚度
$$\delta_s \geqslant \frac{1}{15} b_s \sqrt{\frac{\sigma_s}{235}} \tag{7-83}$$

式中　b_s——外伸宽度，单位为 mm；

δ_s——加劲肋厚度，单位为 mm；

b——板的总宽度，即腹板高度 h_0，单位为 mm。

符合上述尺寸成对配置的横向加劲肋，不需验算其截面惯性矩。

当腹板一侧配置矩形截面横向加劲肋时（见图 7-26b），为获得与成对配置时相同的线刚度，加劲肋的外伸宽度应不小于按式（7-82）算得的 1.2 倍，加劲肋的厚度按式（7-83）确定，也不需验算其截面惯性矩。

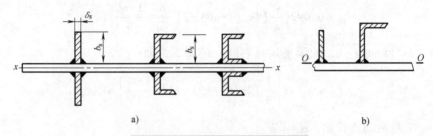

图 7-26　加劲肋在板两侧的配置

当腹板采用非矩形截面（如角钢、槽钢等型钢）横向加劲肋时，其横向加劲肋的截面惯性矩应满足式（7-84）的要求。

当腹板同时采用矩形截面的横向加劲肋和纵向加劲肋时，其横向加劲肋应同时满足式（7-82）~式（7-84）的要求。

$$I_h \geqslant 3b\delta^3 \tag{7-84}$$

加劲肋的截面惯性矩计算：当加劲肋在板两侧成对配置时，其截面惯性矩按板厚中心线为轴线（见图 7-26a 的 x 轴线）进行计算；一侧配置时，按与板相连接的加劲肋边缘为轴线（见图 7-26b 的 O-O 轴线）进行计算。

对受 $\psi = -1$ 分布载荷（应力）的腹板，当 $a/b \leqslant 0.85$ 时，其纵向加劲肋的截面惯性矩应满足式（7-85）的要求，即

$$I_{z1} \geqslant 1.5b\delta^3 \tag{7-85}$$

当 $a/b > 0.85$ 时，应满足式（7-86）的要求：

$$I_{z1} \geqslant \left(2.5 - 0.45 \frac{a}{b}\right) \left(\frac{a}{b}\right)^2 b\delta^3 \tag{7-86}$$

式中　a——横向加劲肋间距；

δ——腹板厚度。

短加劲肋外伸宽度不小于 $2b_s/3$（b_s 为横向加劲肋外伸宽度），长度不小于 $0.3h_0$，厚度应符合式（7-83）的要求。箱形梁内用横隔板同时加强两腹板，隔板尺寸与梁内净空尺寸相符合，厚度常取 5~10mm，隔板刚度较大，一般不需计算。

在宽大箱形梁中，为减轻自重，常将隔板中部开孔（见图 7-27），但孔的周边板宽不得大于 20δ，δ 为隔板厚度，开孔周边可镶边。

箱形梁的纵向加劲肋宜设置在梁的腹板内侧，其截面惯性矩应对腹板接触面的轴线来

计算。

2. 翼缘板加劲肋

受 $\psi = 1$ 载荷（应力）的均匀受压翼缘板，根据极限宽厚比在翼缘板内侧等间距设置纵向加劲肋，加劲肋尺寸可参照腹板横向加劲肋确定。当纵向加劲肋等间距布置时，其截面对翼缘板接触面轴线的惯性矩，若 $\alpha = \dfrac{a}{b} < \sqrt{2n^2(1+n\beta)-1}$，其单根纵向加劲肋的截面惯性矩应满足式（7-87）的要求，即

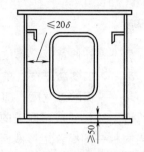

图 7-27　箱形梁中开孔的隔板

$$I_{z2} \geq 0.092\left\{\frac{\alpha^2}{n}\left[4n^2(1+n\beta)-2\right]-\frac{\alpha^4}{n}+\frac{1+n\beta}{n}\right\}b\delta_0^3 \qquad (7\text{-}87)$$

若 $\alpha \geq \sqrt{2n^2(1+n\beta)-1}$，应满足式（7-88）的要求，即

$$I_{z2} \geq 0.092\left\{\frac{1}{n}\left[2n^2(1+n\beta)-1\right]^2+\frac{1+n\beta}{n}\right\}b\delta_0^3 \qquad (7\text{-}88)$$

式中　α——翼缘板的边长比，$\alpha = a/b$；

　　　　a——翼缘板横向加劲肋的间距；

　　　　b——两腹板间翼缘板的宽度；

　　　　n——翼缘板被纵向加劲肋等间距分割的区格数；

　　　　β——单根纵向加劲肋截面面积与翼缘板截面面积之比，$\beta = A_s/(b\delta_0)$，对钢板纵向加劲肋，$A_s = b_s\delta_s$；

　　　　δ_0——翼缘板厚度。

为简化计算，也可采用近似公式（7-89），即

$$I_{z3} \geq m\left(0.64+0.09\frac{a}{b}\right)\left(\frac{a}{b}\right)^2 b\delta_0^3 \qquad (7\text{-}89)$$

式中　m——翼缘板设置纵向加劲肋的数目。

上列公式也适用于受压构件在板两侧成对配置的纵向加劲肋的截面惯性矩验算。

3. 加劲肋的焊接要求

加劲肋宜用连续焊缝焊在腹板上，当加劲肋或隔板的连接焊缝较长时，允许用断续焊缝，焊缝厚度一般为 5～6mm。

加劲肋的焊缝可以与腹板的拼接焊缝相交叉，但应离开与其相平行的腹板对接焊缝，间距不小于200mm。

横向加劲肋或隔板应与受压翼缘板顶紧焊接，轨道支承面下的传力焊缝长度不小于轨道支承宽度的 1.4 倍，

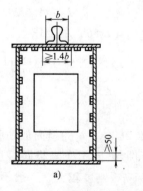
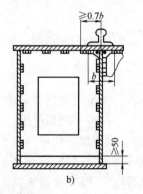

图 7-28　箱形梁横隔板的焊接

且应双面施焊，其他部位可采用双面交错或单面断续焊缝（见图7-28）。

简支梁在支承处以外的横向加劲肋下端不应直接焊在受拉翼缘上，一般留有 3~5mm 的间隙，并在端部靠近翼缘和腹板连接处必须做成斜切角，切角尺寸如图 7-29 所示。对于工字梁或宽箱形梁，为增大梁的抗扭刚度，防止受拉翼缘板产生局部变形，可先将横向加劲肋（隔板）下边缘与设置的垫板焊住，再用纵向焊缝将垫板焊接在受拉翼缘板上。考虑抗疲劳的原因，通常箱形梁的横隔板下边与受拉翼缘板并不焊接，而留有不小于 50mm 的间隙，如图 7-28 所示。

若横向加劲肋或其他横向构件与受拉翼缘板直接焊接，或者横向加劲肋下端与受拉翼缘板的间隙小于 50mm 时，必须验算受拉翼缘或腹板与横向加劲肋下端连接处的疲劳强度。

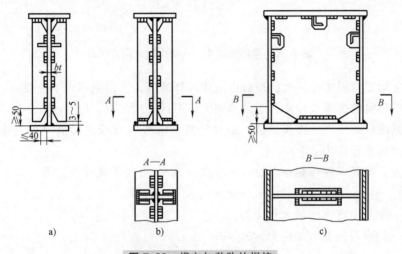

图 7-29　横向加劲肋的焊接

工字梁同时采用横向和纵向加劲肋时，横向加劲肋常作为纵向加劲肋的支承，在两者相交处切断纵向加劲肋，需要时也可互相焊住。箱形梁中纵向加劲肋常做成连续的，由隔板开孔处通过。

第九节　梁约束弯曲和约束扭转的简化计算

一、梁的约束弯曲

根据初等弯曲理论（材料力学），梁弯曲时截面纤维纵向变形符合平面假定，应力呈线性分布的弯曲称为自由弯曲。而实际上，梁的翼缘板和腹板在弯曲时因板边互相嵌固，对截面变形具有约束作用，同时在纤维之间还存在着不相等的切应力和切应变，使截面发生翘曲畸变，破坏了截面变形的平面假定，应力呈非线性分布，这种现象称为约束弯曲。

简支梁中，约束弯曲应力沿梁长度按双曲线函数规律变化，在简支梁的集中载荷作用截面和悬臂梁的支承截面约束弯曲最严重，截面上的正应力分布如图 7-30 所示。

约束弯曲应力沿翼缘板宽度按抛物线变化，翼缘板和腹板板厚中线层面上的应力分布均呈曲线状（图 7-30 所示为板表面应力），靠近两板连接处应力最大，离开连接处应力减小，约束弯曲的最大正应力超过了自由弯曲应力 σ_0，虚线表示自由弯曲正应力分布线。

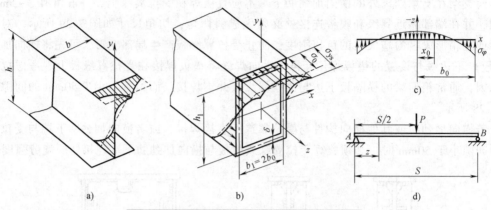

图7-30 梁约束弯曲时截面中的正应力分布

由于工字梁翼缘板宽度不大，按自由弯曲计算的应力，误差不大，一般可不考虑约束弯曲的影响；箱形梁的翼缘板较宽，应力差别大，而且翼缘越宽，应力越大，所以应计算约束弯曲。由于翼缘板的应力比腹板的大，故只计算翼缘板与腹板连接处（偏安全取翼缘板外表面）的约束弯曲正应力。

根据研究，梁翼缘板外侧各点的约束弯曲应力 σ_{ys} 可按下式计算，即

$$\sigma_{ys} = \sigma_0 + \sigma_\varphi = (1+\varphi)\sigma_0 \tag{7-90}$$

式中　σ_0——梁自由弯曲的最大正应力；

σ_φ——约束弯曲的附加应力，$\sigma_\varphi = \varphi\sigma_0$；

φ——约束弯曲系数，$\varphi = 0.875 \dfrac{b_1}{z} \dfrac{\operatorname{sh}\dfrac{4z}{b_1}}{\operatorname{ch}\dfrac{2S}{b_1}}\left(\dfrac{3}{2}\dfrac{x_0^2}{b_0^2} - \dfrac{1}{2}\right)$；

b_1——翼缘宽度（箱形梁为两腹板中心线之间的距离），而 $b_0 = \dfrac{b_1}{2}$；

x_0——翼缘板上任意点至截面竖直轴（z 轴）的距离；

S——梁跨度。

对实际的箱形梁计算表明：中轨窄箱形梁，腹板之间的翼缘宽度 $b_1 = (1/50 \sim 1/30)S$ 时，附加应力 σ_φ 不超过自由弯曲应力 σ_0 的 6%；偏轨宽箱形梁，$b_1 = (1/18 \sim 1/14)S$，附加应力 $\sigma_\varphi = (0.1 \sim 0.12)\sigma_0$，增大很多。通常为了简化而采用系数法计算，对中轨窄箱形梁，由式（7-90）算得腹板正对着的翼缘板外侧的约束弯曲应力为

$$\sigma_{ys} = 1.05\sigma_0 \tag{7-91}$$

对偏轨宽箱形梁按下式计算，即

$$\sigma_{ys} = 1.1\sigma_0 \tag{7-92}$$

梁受约束弯曲时截面的切应力可按自由弯曲计算。

二、梁的约束扭转

梁受偏心载荷作用引起扭转力矩（以下简称扭矩），使梁受扭。

凡截面宽度与厚度之比大于 10 倍以上，长度比截面宽度大得多的构件，称为薄壁构件。梁就是一种薄壁构件。

薄壁构件壁厚中线形成的面称为中央面，薄壁构件的截面形状由壁厚的中线构成。按照薄壁截面壁的中线是否封闭，分为开口薄壁构件和闭口薄壁构件两类。工字梁是开口薄壁构件，箱形梁是封闭薄壁构件。

薄壁构件截面除有形心 O 外，还有一个特殊的点 A——弯心或称扭心。当横向载荷通过弯心时，构件只发生弯曲而无扭转，如载荷不通过弯心时，构件同时发生弯曲和扭转。截面弯心与形心是否重合依截面形状而定，对称截面的弯心与形心重合，非对称截面则不重合，只有一个对称轴的截面，弯心在此对称轴上，由两直线段组成的截面（如 L、T 形截面），弯心在壁厚中线的交点上。

梁各截面弯心连接起来便构成一根弯心轴。载荷通过形心轴而不通过弯心轴，仍然会引起扭转。

当不能避免载荷偏心时，应按弯心轴找出载荷的偏心距 e，把载荷移至弯心轴上分别计算梁的弯矩和扭矩，偏心载荷的分解如图 7-31 所示，外扭矩为 $T_e = Pe$。

以下讨论梁的扭转应力计算。

首先分析受纯扭转时不同截面形状构件的扭转变形。薄壁构件扭转分析均假定刚周边边界条件，即构件发生扭转变形时截面形状保持不变。等圆截面直杆受纯扭时，各截

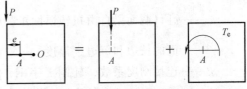

图 7-31 梁的偏心载荷的分解

面保持平面转动而截面各点无纵向位移，非圆截面直杆纯扭转时截面各点发生纵向位移离开原平截面，导致截面凹凸翘曲，但截面形状不变，构件任意截面各点的位移不受限制，任意纤维无伸长或缩短，其总长度不变（见图 7-32a），故不会产生正应力，而只引起扭转应力。受扭梁各截面能不受限制地自由凹凸者称为自由扭转，即纯扭转。受扭梁支座和载荷能阻止截面自由凹凸者，称为约束扭转，这时相邻截面的对应点之间的纤维发生伸长或缩短，组成构件的某些板件发生弯曲变形（见图 7-32b），因而截面上不仅产生切应力，而且还产生附加正应力。结构中自由扭转的情况较少，多数是约束扭转。

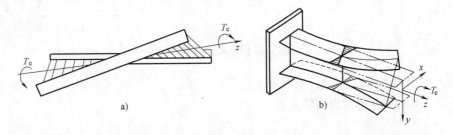

图 7-32 薄壁构件的自由扭转和约束扭转

a) 自由扭转 b) 约束扭转

约束扭转对不同截面形状构件的影响也不同，对封闭截面影响不大，但在开口薄壁梁中约束扭转产生的附加正应力很大，甚至超过自由弯曲正应力，在无抗扭措施的情况下必须加以计算。因此，对受扭构件应尽量避免采用开口截面，最好设计成抗扭刚度大的箱形截面

构件。

梁自由扭转的应力计算是梁约束扭转计算的基础，因此先给出梁受自由扭转时的应力计算式。

梁受自由扭转时，在两个相等而反向的集中外扭矩之间，各截面的内扭矩值相同；梁受分布外扭矩作用时，各截面所受的扭矩不相同。梁受集中外扭矩 T_e 作用时，按其作用截面两边扭转角相等的条件分配；确定了截面上的扭矩 T_n 后，即可计算纯扭转切应力。

开口截面梁纯扭转引起的切应力随板厚而不同，板越厚，切应力越大，板厚中线两侧切应力方向相反，各块板表面切应力最大而板厚中线处为零（见图 7-33a），在最厚板的长边中点表面产生最大的扭转切应力，即

$$\tau_n = \tau_{max} = \frac{T_n \delta_{max}}{I_n} \tag{7-93}$$

式中　T_n——梁截面上的扭矩；

δ_{max}——梁截面中最厚板的厚度；

I_n——开口截面梁自由扭转惯性矩，$I_n = \dfrac{\beta}{3}\Sigma b\delta^3$，$b$、$\delta$ 为由开口截面划分出的矩形截面的长边和短边（厚度）；

β——连接刚度系数，轧制工字钢，$\beta = 1.2$，槽钢，$\beta = 1.12$；无加劲肋的焊接工字梁，$\beta = 1.3$，有横向加劲肋的焊接工字梁，$\beta = 1.4$。

256

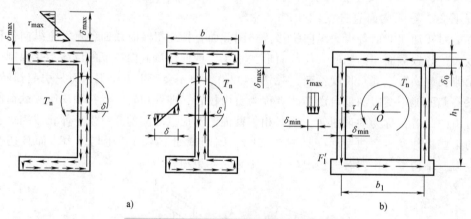

a)　　　　　　　　　　　　　　　　　　　　b)

图 7-33　纯扭转切应力沿梁截面的分布图

计算工字钢和槽钢的 I_n 时，采用翼缘的平均厚度。

梁距支点距离为 z 的截面扭转角为

$$\theta = \frac{T_n z}{GI_n} \tag{7-94}$$

封闭截面梁纯扭转时，在梁截面周边的板中引起相等的切应力流 $F_1' = T_n/(2A_0)$（见图 7-33b），同一板中切应力沿板厚均匀分布，但各板切应力不相等，在最薄的板中切应力最大（与开口截面梁相反）。

封闭截面梁在最薄的板中产生最大的扭转切应力为

$$\tau_n = \tau_{max} = \frac{T_n}{2A_0\delta_{min}} \tag{7-95}$$

式中　A_0——封闭截面周边板厚中线所包围的面积，$A_0 = b_1 h_1$。

封闭截面梁的扭转角也按式（7-94）计算，但式中的自由扭转惯性矩 I_n 应由式（7-72）计算。

梁同时受自由弯曲和自由扭转时，腹板上的组合切应力为

$$\tau = \tau_0 + \tau_n \tag{7-96}$$

式中　τ_0——梁的自由弯曲切应力，随计算点而不同。

由薄壁构件理论可知，梁受约束扭转时截面上产生三个内力因素，即弯扭双力矩（简称双力矩）B、弯扭力矩 M_ω 和纯扭矩 T_n，它们分别引起扇性正应力 σ_ω、扇性（弯扭）切应力 τ_ω 和纯扭转切应力 τ_n。这些内力因素和应力沿梁长按双曲线函数变化，并都与外扭矩有关。在偏心的均布载荷作用的简支梁跨中央和偏心的集中载荷作用截面以及悬臂梁的支承截面产生最大约束，应计算这些截面上的应力。

开口截面梁在最大约束截面的计算应力为

翼缘板扇性正应力　　　　　　$$\sigma_\omega = \frac{B\omega}{I_\omega} \tag{7-97}$$

翼缘板扇性切应力　　　　　　$$\tau_\omega = \frac{M_\omega S_\omega^0}{I_\omega \delta} \tag{7-98}$$

翼缘或腹板纯扭转切应力　　　$$\tau_n = \frac{T_n \delta}{I_n} \tag{7-99}$$

式中　B——弯扭双力矩，单位为 $N \cdot mm^2$；

　　　ω——截面计算点的主扇性面积，单位为 mm^2；

　　　I_ω——截面的主扇性惯性矩，单位为 mm^6；

　　　M_ω——弯扭力矩，单位为 $N \cdot mm$；

　　　S_ω^0——截面计算点的主扇性静矩，单位为 mm^4；

　　　δ——计算点处的板厚，单位为 mm。

其余符号同前述。

同时受自由弯曲和约束扭转的梁，截面各计算点的组合应力为

$$\sigma = \sigma_0 \pm \sigma_\omega, \tau = \tau_0 \pm \tau_\omega \pm \tau_n$$

工字梁最大扇性正应力在翼缘板两边缘上，最大切应力可能在翼缘板中点外表面或腹板中点外表面上。受扭的开口截面梁扇性正应力 σ_ω 很大，必须计算；而扇性切应力 τ_ω 比纯扭转切应力 τ_n 小很多（常小于 $0.1\tau_n$），可以忽略。工字梁由约束弯曲产生的最大附加应力 σ_φ 在翼缘板中点外表面上，与最大扇性正应力 σ_ω 不同点，不参与组合。

封闭截面梁受约束扭转时绕弯心轴转动，弯心位置与截面形状和尺寸有关。有两个对称轴的箱形截面，弯心 A 与形心 O 重合，只有一个水平对称轴的箱形截面，弯心就在此轴上，它距主腹板中线的距离 e（见图 7-34），可近似按下式计算：

$$e = \frac{\delta_2}{\delta_1 + \delta_2} b_1 \tag{7-100}$$

式中 δ_1、δ_2——封闭箱形截面梁的主、副腹板厚度；

b_1——封闭截面梁的宽度（两腹板板厚中线的间距）。

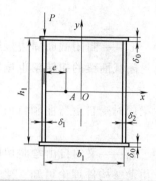

图 7-34 箱形截面的弯心位置

弯心位置确定后才能计算外扭矩和梁截面中的内力因素，需要时可参阅有关文献。

封闭截面梁约束扭转的计算公式与开口截面梁类似，但周边中央面上还有切应变，其切应力和分布情况与开口截面梁不同。

封闭截面梁周边中央面上的约束切应力为 τ_n 和 τ_ω 的代数和：$\tau_{ys} = \tau_n \pm \tau_\omega$。

扇性正应力 σ_ω 沿截面周边呈线性分布。

梁同时受自由弯曲、约束弯曲和约束扭转时，截面各计算点的组合应力为

$$\sigma = \sigma_0 \pm \sigma_\varphi \pm \sigma_\omega \tag{7-101}$$

$$\tau = \tau_0 \pm \tau_n \pm \tau_\omega \tag{7-102}$$

各类应力沿梁截面周边的分布及其组合如图 7-35 所示。

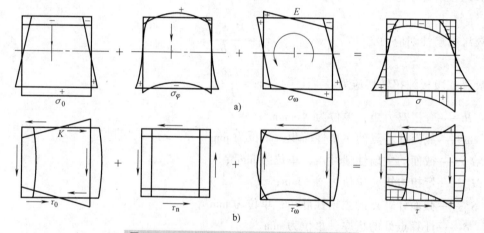

图 7-35 正应力和切应力沿截面周边分布图

封闭截面梁的抗扭刚度很大，约束扭转产生的应力是不大的，合理地选择截面尺寸可以减小这些应力值。

受扭箱形梁的精确计算很烦琐，设计中常根据统计数据采用简化的系数法计算。箱形梁由约束扭转产生的扇性正应力 σ_ω 主要与梁的截面形状有关，梁的高宽比 h/b 越大，σ_ω 越大。对窄翼缘箱形梁，$h/b \leqslant 3$，σ_ω 约为自由弯曲正应力 σ_0 的 8%；对宽翼缘箱形梁，$h/b \leqslant 1 \sim 1.2$，接近于正方形截面，σ_ω 只占 σ_0 的 2%～5%。箱形梁中的扇性切应力 τ_ω 比纯扭转切应力 τ_n 小得多，约为 τ_n 的 3%。由于 τ_ω 值较小且在同一腹板上这两种应力方向相反，在计算中可将 τ_ω 忽略。

为简化计算，对受垂直偏心载荷作用的各种箱形梁，翼缘板计算点（在与副腹板连接处的翼缘板外侧）的最大正应力可按下式计算：

自由弯曲和约束扭转：

$$\sigma = \sigma_0 + \sigma_\omega = (1.05 \sim 1.08)\sigma_0 \leqslant [\sigma] \tag{7-103}$$

自由弯曲、约束弯曲和约束扭转：

$$\sigma = \sigma_0 + \sigma_\varphi + \sigma_\omega = 1.15\sigma_0 \leqslant [\sigma] \tag{7-104}$$

主腹板中点的切应力为

$$\tau = \tau_0 + \tau_n \leqslant [\tau] \tag{7-105}$$

式中　σ_0——箱形梁在垂直载荷作用下计算点的自由弯曲正应力，$\sigma_0 = \dfrac{M_0}{W}$；

　　　τ_0——箱形梁主腹板中点的自由弯曲切应力，$\tau_0 \approx \dfrac{FS_x}{I_x(\delta_1 + \delta_2)}$；

　　　τ_n——箱形梁自由扭转切应力，按式（7-95）计算。

偏轨空腹（镶边）箱形梁受约束弯曲和约束扭转时的组合应力也可用系数法计算，即

$$\sigma = 1.2\sigma_0 \tag{7-106}$$

主腹板的自由扭转切应力 τ_n 值不大，可忽略不计，只按半个剖分梁近似计算主腹板的 τ_0 即可。

箱形梁同时受有垂直和水平的偏心载荷作用时，仍用上述公式计算，只需增加水平载荷产生的相关应力项。

第十节　梁 的 拼 接

梁的高度或长度超过钢板的尺寸时就需要拼接。在制造厂内完成的拼接，称为工厂拼接。梁受运输和安装条件的限制，需将梁分段制造，运到使用现场进行拼接，称为安装拼接。工厂拼接多用焊缝连接，安装拼接多用螺栓或铆钉连接，能保证质量时也可用焊接。

一、工厂拼接

腹板的工厂拼接主要是采用竖直的正焊缝或斜焊缝对接拼接（见图 7-36a），尽量少用拼接板。用自动焊接的竖直正焊缝对接与钢材等强度，可在任意部位拼接，不需计算；手工焊接宜用斜缝对接，斜缝倾角 $\alpha \leqslant 45°$，也与钢材等强度，其位置不限。对于高腹板梁的腹板可采用纵向对接焊缝拼接（见图 7-36b）。

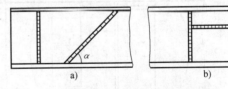

图 7-36　腹板对接焊缝拼接

在腹板应力较大的部位，除采用手工焊接的斜缝拼接外，也可用菱形拼接板加强的竖直焊缝对接（见图 7-37a），腹板竖直焊缝需磨平再焊拼接板。当菱形拼接板角度 $\beta = 60° \sim 90°$（常用正方形板）时，拼接板的角焊缝厚度取拼接板厚，则焊缝不需计算。

对较宽的腹板，可用自动焊接的竖直正焊缝。焊条电弧焊接时可用斜焊缝对接或用两块小菱形拼接板加强的竖直正焊缝对接（见图 7-37b），小拼接板在腹板上的间距按下式决定，即

$$l_1 \leqslant \frac{2I[\sigma_h]}{M} \tag{7-107}$$

式中 M——梁拼接截面的弯矩；

$\quad\quad\ I$——梁拼接截面的惯性矩（不含拼接板）；

$\quad\quad [\sigma_h]$——对接焊缝的许用应力。

为避开翼缘焊缝，菱形拼接板至腹板边的距离取为 20mm，这样便可确定菱形拼接板的尺寸，拼接板上的角焊缝不需计算。

翼缘板的工厂拼接也采用正焊缝或斜焊缝对接。用自动焊接的对接缝，其位置不受限制，翼缘板最好不采用拼接板。

梁的上、下翼缘板的拼接缝可设置在同一截面中，翼缘和腹板的拼接缝不允许设置于同一截面中，其间距不得小于 200mm（见图 7-38）。

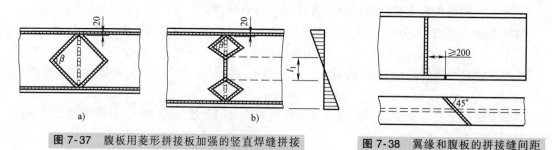

图 7-37 腹板用菱形拼接板加强的竖直焊缝拼接　　图 7-38 翼缘和腹板的拼接缝间距

二、安装拼接

梁的安装拼接需要翼缘和腹板的拼接缝设置于梁的同一截面中，但应尽量离开弯矩较大的部位，其拼接缝位置由运输和安装条件决定。

为安装方便，翼缘板和腹板的安装拼接多采用螺栓或铆钉连接（见图 7-39a），这种连接需要拼接板。拼接板在工厂制备，应进行预安装再运至现场总装。有条件时也可用焊接拼接，对厚板件需开坡口并按一定焊接次序施焊（见图 7-39b），避免仰焊，尽量不用拼接板。

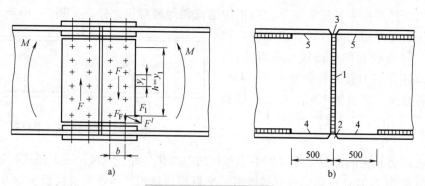

图 7-39 梁的安装拼接

螺栓（铆钉）安装拼接多采用双拼接板，少用单拼接板。拼接使用的螺栓或铆钉承受拼接截面的弯矩和切应力。安装拼接多用精制螺栓或高强度螺栓，精制螺栓安装困难，不如高强度螺栓。在梁的承剪拼接中不应使用普通螺栓。铆钉能保证安装质量，但安装工作量大，多用于重要结构的安装拼接。因拼接是对称的，故只需计算拼接缝一侧的连接。翼缘板可按其传递的内力来计算拼接所需的螺栓（或铆钉）数目。

翼缘板在拼接处传递的内力为

$$N_y = \sigma A_y \qquad (7\text{-}108)$$

式中　σ——翼缘板形心处所受的正应力；

　　　A_y——翼缘板的截面面积。

翼缘板是等截面的，也可按等强度条件计算拼接连接，则翼缘板传力为

$$N_y = [\sigma] A_y \qquad (7\text{-}109)$$

翼缘板拼接接缝一侧的螺栓（或铆钉）数为

$$n = \frac{N_y}{[P]} \qquad (7\text{-}110)$$

式中　$[P]$——螺栓（或铆钉）的许用承载力。

腹板拼接，一般在接缝每侧预先布置好螺栓（铆钉）群的排列，每侧取 2～3 列，孔距可取 $4d$。腹板拼接按腹板同时承担的部分弯矩和切应力来计算螺栓（铆钉）的承载能力。

腹板拼接处的弯矩按腹板和梁全截面的惯性矩之比来决定，即

$$M_f = \frac{I_f}{I}M \qquad (7\text{-}111)$$

式中　M——梁拼接处的弯矩；

　　　I_f——腹板的惯性矩；

　　　I——梁全截面的惯性矩。

剪切力 F 全部由腹板承受，则　　　　　　$F_f = F$

梁常采用窄式拼接 $h/b>3$，拼接在弯矩作用下可只计算螺栓（铆钉）承受的水平力，则接缝一侧最外排螺栓（铆钉）所受内力为

$$F_M = \frac{M_f y_1}{\sum y_i^2} \qquad (7\text{-}112)$$

式中　y_1——腹板拼接板外排螺栓（铆钉）的间距，$y_1 = h$；

　　　y_i——对称于梁中轴的各排螺栓（铆钉）的间距。

若每排螺栓（铆钉）数目为 n，则一个螺栓（铆钉）所受内力为：$F_1 = F_M/n$，切应力由接缝一侧的全部螺栓（铆钉）平均承担，则每一螺栓（铆钉）的内力为

$$F_F = F_f/m$$

式中　m——拼接缝一侧拼接板上的螺栓（铆钉）总数。

腹板拼接同时受弯矩和剪切力作用时，角点上受力最大的螺栓（铆钉）的合力为

$$F^l(F^m) = \sqrt{F_1^2 + F_F^2} \leqslant [P] \qquad (7\text{-}113)$$

高强度螺栓拼接的计算方法与此类似。

第十一节　梁的挠度和拱度

一、梁的挠度

梁受外载后产生的下挠变形称为挠度，工程上作为刚度的表征。

起重机的主梁均需设置上拱度，以抵消主梁自重载荷产生的静挠度和小车轮压产生的部分静挠度，因此只需计算小车轮压产生的静挠度，简支主梁的静挠度可按下式近似计算，即

$$Y_s \approx \frac{(P_1+P_2)S^3}{48EI} \leqslant [Y_s] \qquad (7\text{-}114)$$

式中　P_1、P_2——小车静轮压；

I——梁截面惯性矩；

S——梁的跨度；

$[Y_s]$——梁的许用静位移。

为充分利用材料，常做成变截面梁，变截面梁的挠度更大，应采用不同的计算方法。变截面梁的挠度可用图解解析法、叠加法、有限差分法和折算惯性矩法来计算。下面介绍用折算惯性矩来计算变截面梁挠度的方法。

梁的截面惯性矩按光滑曲线变化的变截面梁，其挠度计算可用一个具有折算惯性矩的等截面梁（等效梁）来代替，梁的长度保持不变。

用辛普生数值积分式导出变截面梁的折算惯性矩计算挠度具有良好的效果。现以变截面的悬臂梁为例，辛普生公式要求把变截面梁分成偶数个等距的区段，并找出各分段处的截面惯性矩 I_0、I_1、I_2、$\cdots$、I_n（见图7-40），把求挠度的莫尔积分式换成辛普生数值积分式，再变成数值运算式，使其与等效梁的挠度相等就可求得变截面梁的折算惯性矩。

通常将变截面梁分成四等段即可保证计算精度，算出各分段处的惯性矩 I_1、I_2、I_3 和 I_4，可求得折算惯性矩为

$$I_{zh} = \frac{16}{\dfrac{1}{I_1}+\dfrac{2}{I_2}+\dfrac{9}{I_3}+\dfrac{4}{I_4}} \qquad (7\text{-}115)$$

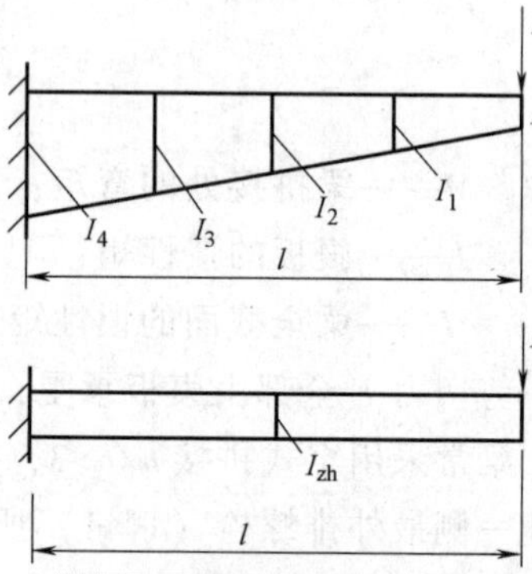

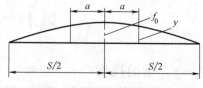

图 7-40　用辛普生公式求
变截面梁折算惯性矩

简化计算时，I_{zh} 可取距变截面梁小端为 $3l/4$ 处的截面惯性矩。

变截面悬臂梁端点挠度可按等效梁计算，即

$$Y_1 = \frac{Pl^3}{3EI_{zh}} \leqslant [Y_1] \qquad (7\text{-}116)$$

式中　l——悬臂梁的长度。

二、梁的拱度

梁在垂直载荷作用下会产生弹性下挠变形，这种变形给小车运行增加了阻力。为消除梁下挠变形引起的不利影响，制造梁时做成预置上拱度，简支梁跨中央的上拱度取为 $f_0 = S/1000$，沿跨度向两侧按二次抛物线对称变化。以跨中央为原点的简支梁任意点的拱度值按下式决定（图7-41），即

$$y = f_0\left(1 - \frac{4a^2}{S^2}\right) \qquad (7\text{-}117)$$

图 7-41　简支梁的上拱曲线

式中 a——梁任意点至跨中的距离；

       S——梁的跨度。

悬臂梁也应设置端点为 $l/350$ 的上翘度，各点的翘度值按抛物线或正弦曲线变化。

梁的上拱度和上翘度在制造过程中会减小，为此在下料、组焊时允许将上述控制值增大 40%。

本 章 小 结

本章主要介绍了梁的构造和合理截面型式，型钢梁的设计步骤，组合梁的合理高度和质量计算，组合梁的设计步骤，梁的翼缘和腹板的连接计算，梁的拼接计算，梁的挠度和拱度计算。重点阐述了工字梁和箱形梁翼缘板的局部弯曲应力计算方法，组合梁的整体和局部稳定性，梁的约束弯曲和约束扭转的简化计算方法。

本章应了解梁的构造和合理截面型式，梁中薄板局部失稳的概念，梁的挠度和拱度的概念和计算方法。

本章应理解梁的约束弯曲和约束扭转简化计算的前提条件，加劲肋的构造尺寸是保证板局部稳定性的前提条件，不同形式梁的翼缘板局部弯曲应力计算的区别，要求梁的挠度和预设拱度的前提是应保证起重小车运行正常能爬微坡而不打滑，设置拱度的方法是预变形法，也可以采用预应力法。

本章应掌握型钢梁的设计步骤，组合梁的设计步骤，梁截面的选择，梁的翼缘和腹板的连接计算，梁的拼接计算，工字梁和箱形梁翼缘板的局部弯曲应力计算方法，组合梁的整体和局部稳定性，梁的约束弯曲和约束扭转的简化计算方法。

第八章

横向受弯格构式构件——桁架

第一节 横向受弯格构式构件——桁架的构造和应用

一、桁架的构造

桁架是由杆件构成的能承受横向弯曲的格构式构件。桁架的杆件主要承受轴向力。通常桁架由三角形单元组合成整体结构，是几何不变体系（见图8-1a）。由矩形单元组合成的桁架，要保证桁架承载而几何不变，则需做成能承受弯矩的刚性节点，杆件较粗大，均受弯矩和轴向力作用，这种结构称为空腹桁架（见图8-1b）。由三角形单元构成的桁架是最常见的结构，空腹桁架用得较少。

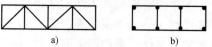

图 8-1　桁架型式

桁架的杆件分为弦杆和腹杆两类，杆件相交的连接点叫节点，节点的区间叫节间。通常把轻型桁架的节点视为铰接点，而把空腹桁架的节点视为刚接点。

工程中的桁架结构都是空间桁架结构，在进行结构受力分析时为简化计算，通常划分成平面桁架计算。

桁架主要分为轻型和重型两类。轻型桁架的杆件多为等截面的单腹式杆，用一块节点板或不用节点板连接，重型桁架的杆件多为双腹式杆，需用两块节点板连接，各节间的弦杆截面常不相等。轻型桁架用得最多，重型桁架适用于大跨度结构。

按桁架的支承情况，分为简支的、悬臂的和多跨连续的，多数是简支桁架。

为了适应起重机的工作需要，在起重机中常采用简支桁架和刚架式桁架（见图8-2）。

轻型桁架都做成焊接的，对大跨度桁架，只在运输单元的拼接接头上采用铆接或栓接。重型桁架往往采用焊接杆件而在节点上用铆钉连接。

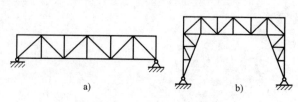

图 8-2　简支桁架和刚架式桁架

二、桁架的应用

桁架广泛用于建筑、工厂车间、桥梁、起重机以及各种支承骨架等。

桁架是金属结构中的一种主要结构型式，与梁结构相比，其优点是省材料，自重轻，刚度大，制造时容易控制变形。当跨度大而起重量小时，采用桁架比较经济，因此，桁架适用于载荷小而跨度大的结构。其缺点是杆件多，备料难，组装费工。

第二节　桁架的外形与腹杆体系

一、桁架的外形

桁架的外形主要根据其用途和受力情况而定。桁架外形最好与其所受的弯矩图形相适应，为使各处的弦杆内力大致相等可采用等截面弦杆，以充分利用材料。

平行弦桁架（见图8-2）常用于桥式起重机、门式起重机、桥梁和联系桁架，它的优点是相同的节点和腹杆型式较多，可以使制造简化；缺点是弦杆在各节间受力不等，采用等截面弦杆时材料不能充分利用，但采用变截面弦杆又使构造复杂化。权衡利弊，在轻型桁架中多采用平行弦桁架。这种桁架也可用于塔桅结构和输送机结构。

下弦或上弦为折线形的桁架（见图8-3），这种桁架外形接近于弯矩图形状，比较经济，其中图8-3a多用于桥式起重机和装卸桥，图8-3b、c多用于塔式或臂架起重机的伸臂，起重小车可沿直线形的上弦或下弦杆上的轨道运行。

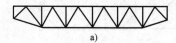 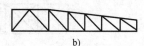 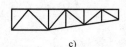

a)　　　　　　　　　　b)　　　　　　　　　　c)

图8-3　折线形桁架

三角形桁架（见图8-4）适用于塔式起重机和悬臂起重机的臂架结构，也常作为输送机的支架。

二、桁架的腹杆体系

桁架腹杆主要承受节间的剪切力，腹杆的布置应使杆件受力合理、结构简单、制造方便、腹杆和节点数目最少以及形状尺寸尽量相同，以节省材料和制造工时。

斜腹杆的倾角对内力影响很大，一般应为35°~55°，而45°最为合理。此外，应使长杆受拉，短杆受压。

常用的腹杆体系有三角形腹杆、斜杆式、再分式、十字形、菱形、K形和无斜杆式腹杆。三角形腹杆体系是最常用的承受垂直载荷的结构型式。三角形腹杆体系分为无竖杆和有竖杆两种（见图8-5a、

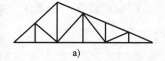

a)　　　　　　　　　　b)

图8-4　三角形桁架

b)，前者节点数目少，腹杆总长度小，但弦杆节间长度大，适用于受力小的桁架；后者受力较大，更适用于弦杆上有移动载荷的情况，这时采用竖杆，以减小弦杆节间长度。

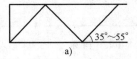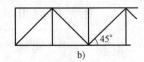

图 8-5　三角形腹杆体系

斜杆式腹杆体系（见图8-6）多用于斜腹杆受拉力的桁架，如悬臂式桁架，这种体系使长斜杆受拉，短竖杆受压，节点尺寸相同，是一种合理而经济的结构。

再分式腹杆体系（见图8-7）常用于大跨度桁架。由于跨度大，桁架高度也随之增大，若用三角形腹杆体系，上弦杆的节间长度较大，当弦杆受移动载荷作用时，将会产生很大的局部弯曲，为减小此不利影响，宜采用再

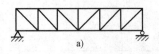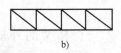

图 8-6　斜杆式腹杆体系

分式腹杆体系，以减小弦杆的节间长度。但再分式腹杆体系使节点增多、构造复杂以及制造费工，因而用得较少。

十字形、菱形、K 形（半斜杆式）和无斜杆式腹杆体系如图8-8所示。前两种体系适用于桁架高度大而节间长度约等于高度的情形，K 形体系用于节间长度小于桁架高度的情形。菱形腹杆体系可用于上、下弦杆均受有移动载荷的结构（但体系内应设置附加杆件 S，以保证其几何不变）。这些体系杆件较多，节点复杂，制造费工，常用于双向承载结构，如抗风水平桁架等。

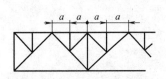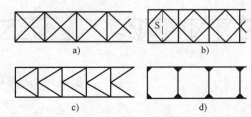

图 8-7　再分式腹杆体系

图 8-8　十字形、菱形、K 形腹杆和无斜杆式腹杆体系

a）十字形　b）菱形　c）K 形　d）无斜杆式

无斜杆式腹杆体系即空腹腹杆体系，它杆件最少但承受弯矩，相同节点多，因受弯矩作用使构造复杂，可用作承载桁架和水平桁架，有时也用于臂架，比较美观。

第三节　桁架的主要参数

桁架的主要参数是指桁架的跨度（长度）、高度、节间数目、节间尺寸和质量。

一、桁架的跨度

桁架的跨度（或长度）取决于使用要求和机械结构的总体方案。通常桥式起重机桁架跨度取为支承结构上轨道的间距，臂式桁架以两支承铰点间距为其长度，塔式桁架（塔架）

长度则由起重机的起升高度和构造所决定。

二、桁架的高度

桁架高度是指桁架弦杆轴线的最大间距。桁架高度与强度、刚度和自重有关，由于强度条件容易满足，通常桁架高度由刚度条件决定。

对平行弦桁架，按静、动态刚度条件可求得桁架高度为

$$H = \left(\frac{1}{16} \sim \frac{1}{14} \right) S \tag{8-1}$$

式中 S——桁架的跨度。

按刚度条件决定的桁架高度为最小高度。桁架的理想高度按桁架自重最轻条件确定。桁架总质量由弦杆和腹杆的质量构成，两部分的质量随桁架高度的变化而反向变化，所以桁架质量是桁架高度的函数，当弦杆质量约等于腹杆质量时，可求得理想高度。对平行弦桁架的理想高度为

$$H = \left(\frac{1}{12} \sim \frac{1}{8} \right) S \tag{8-2}$$

桁架的理想高度为最大高度。桁架实际应用的高度介于最小高度和最大高度之间，对桥式起重机取

$$H = \left(\frac{1}{15} \sim \frac{1}{12} \right) S \tag{8-3}$$

对大跨度装卸桥取

$$H = \left(\frac{1}{14} \sim \frac{1}{8} \right) S \tag{8-4}$$

当整体桁架运输时，桁架高度不得超过铁路运输净空界限，一般不超过 3.4m，必要时可按最大界限运输或分散（段）装运。

简支外伸臂桁架在支承处的高度可取与跨中相同的高度，或取伸臂长度的 1/4。

三、节间尺寸

当桁架高度确定后，节间尺寸由划分的节间数目和斜腹杆的倾斜角所决定。节间数目最好是偶数且对称于跨中央。为使桁架质量最轻而且制造简单，斜腹杆的最优倾角在三角形腹杆体系中为 45°，在斜腹杆式腹杆体系中为 35°，通常按构造合理和质量轻的要求，将斜腹杆的倾角取为 45°，这样在平行弦桁架或折线形桁架中，节间长度就等于桁架高度，通常节间长度可在 1.5 ~3m 范围内选取。大跨度桁架的节间长度可达 5 ~8m。

桁架高度和节间长度均为杆件轴线的几何尺寸，而杆件的轴线构成了桁架的几何图形。桁架的质量可按类似结构的统计资料获得，或在相关手册中查找。由于桁架用途不同，其质量也不同，应根据具体情况确定。

第四节   桁架杆件内力分析

一、桁架内力分析与假定

桁架型式和主要参数确定后，可根据作用的载荷进行桁架的内力分析。

实际桁架结构为空间结构，为简化常将空间结构分解成平面桁架来分析，而忽略各桁架间的联系，其计算精度通常能够满足工程要求。

空间结构的载荷则按一定规则分配到相应平面桁架上由其独立承担。

如起重机的主桁架受自重载荷、设备载荷及小车轮压的作用，对自重载荷根据跨度平均换算成节点载荷，设备载荷按其作用位置根据杠杆原理换算成节点上的固定集中载荷，而小车轮压则为沿桁架弦杆移动的集中载荷。

对三角形腹杆体系平面桁架杆件的内力分析，可做如下假定：

1）桁架各杆件的轴线位于同一平面内，杆件轴线交会于节点，构成桁架几何图形。

2）桁架节点为铰点，杆件仅受轴向力，忽略因节点刚度对杆件产生次应力的影响，当杆长与其截面高度之比（l/h）大于 10 时，为细长杆，此假定与实际情况比较吻合；当 $l/h<10$ 时，应考虑节点和杆件本身刚度的影响，将杆件视为梁-杆（弯矩-轴力混合结构）计算。

二、杆件内力分析方法的选择

鉴于桁架内力分析方法在《结构力学》书中均有详述，在此仅介绍内力分析宜选用的方法而略去具体内容。

常用的三角形腹杆体系桁架内力分析方法有图解法和数解法（节点法和截面法），设计时需要求得所有杆件的内力，可用图解法或节点法；若只需求出某些杆件的内力，则采用截面法比较方便。

对于超静定桁架结构，可采用力法求解内力；对复杂结构特别是不宜分解的空间结构，则应用有限元法及相应软件分析。

桁架弦杆上有移动集中载荷时，杆件内力需用单位力的影响线法来决定，若求所有杆件的内力，就需分别绘制各杆内力影响线，杆件内力随着移动载荷所在的位置而不同，其值为移动载荷与其相对应的影响线竖距的乘积，采用这种方法求各杆内力相当烦琐。

为简化计算，以下给出三角形腹杆体系桁架在移动集中载荷作用下内力分析的简化算法。由于已知三角形腹杆体系桁架杆件最大内力的载荷的最不利位置，所以无需再画出影响线，而直接将移动载荷置于确定位置即可计算出相应杆件的内力。图8-9所示为

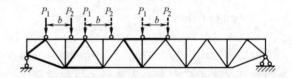

图 8-9 确定相应杆件最大内力的移动载荷最不利位置

当移动载荷组 P_1 位于某节点上时，相应两杆（图中粗线）中将产生最大内力的图形，此时用截面法求杆件内力最为简捷。将移动载荷移至较远跨端可求得相应弦杆的最小内力；若将移动载荷 P_2 置于某斜腹杆一端的节点位置，则可求得该斜杆的变号内力。

三、桁架弦杆的整体弯曲和局部弯曲

受移动载荷作用的桁架承载弦杆（上弦或下弦），除受轴向力外，还受有移动集中载荷对节间弦杆产生的局部弯曲作用，为此弦杆需要较大的截面，截面高度 h 与节间长度 l 之比往往达到1/4，并且做成连续等截面弦杆，弦杆节点因可承受弯矩不是铰点而可视为杆外铰，这种桁架属于桁构式结构。

由于刚度较大的整根弦杆随承载桁架共同弯曲而产生相同的挠度，称为弦杆的整体弯曲。

弦杆整体弯曲将引起附加应力[21]，其值可使弦杆原应力增大 25% 左右，因此在弦杆计算中应加以考虑。

受各种载荷作用的桁架弦杆内力近似分析方法是：

1）按铰节点桁架求杆件轴向力。

2）按整根弦杆（跨长为 S）与桁架共同弯曲状态求解弦杆所承受的整体弯矩。

3）按支承于杆外铰支座上的多跨连续梁求解弦杆在节间中央和节点处的局部弯矩。

图 8-10 所示为桁架在各种载荷作用下与弦杆共同弯曲的变形图。

由自重载荷与移动载荷所产生的桁架跨中最大弯矩为

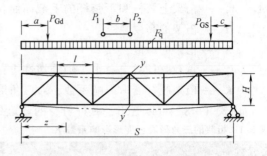

图 8-10　弦杆与桁架共同（整体）弯曲

$$M_{\max} = M_F + M_P \tag{8-5}$$

式中　M_F——桁架由均布自重载荷 F_q 和设备载荷 P_{Gi} 产生的跨中最大弯矩；

M_P——桁架由移动集中载荷 P_i 产生的跨中最大弯矩。

上述弯矩由桁架和整根弦杆共同承受并产生相同的弯曲变形，这时弦杆将受到一定的弯矩作用，按跨中挠度相等条件可求得承载弦杆所受的整体弯矩 $M_{\max}^0$。

由桁架和承载弦杆共同承受 M_F 产生的跨中挠度为

$$y_F = \frac{5M_F S^2}{48E\left(\dfrac{I}{K} + I_1\right)} = \frac{5KM_F S^2}{48E(I + KI_1)}$$

承载弦杆承受相应的弯矩 M_F^0，由此产生的跨中挠度为

$$y_F^0 = \frac{5M_F^0 S^2}{48EI_1}$$

由 $y_F^0 = y_F$，得

$$M_F^0 = \frac{KI_1}{I + KI_1} M_F \tag{8-6}$$

桁架和承载弦杆共同承受 M_P，由此产生的跨中挠度为

$$y_P = \frac{KM_P S^2}{12E(I + KI_1)}$$

承载弦杆受有相应弯矩 M_P^0，由此产生的跨中挠度为

$$y_P^0 = \frac{M_P^0 S^2}{12EI_1}$$

由 $y_P^0 = y_P$，得

$$M_P^0 = \frac{KI_1}{I + KI_1} M_P \tag{8-7}$$

承载弦杆在跨中最大整体弯矩为

269

$$M_{\max}^0 = M_F^0 + M_P^0 = \frac{KI_1}{I+KI_1}M_{\max} \qquad (8\text{-}8)$$

式中 I——桁架的惯性矩，$I = \frac{A_1 A_2}{A_1 + A_2}H^2$；

A_1、A_2——桁架上弦杆和下弦杆的毛截面面积；

  H——桁架的高度；

  S——桁架的跨度；

  I_1——承载弦杆对自身水平轴的惯性矩；

  K——桁架腹杆变形影响系数，对三角形腹杆，K 值由表 8-1 查取。

由式（8-8）可以看出，弦杆所受的弯矩是根据弦杆和桁架的刚度而分配的。

表 8-1 桁架的三角形腹杆变形影响系数 K

桁架参数	H/S	n	A_0/A_d	
			1~2	3~4
桁架外形	平行弦桁架 1/10~1/12	≤10	1.05~1.2	1.3~1.5
	≤1/13	>10		1.2~1.4
	折线形桁架 1/10~1/12	≤10		1.4~1.6
	≤1/13	>10		1.3~1.5

注：H/S 为桁架高跨比，n 为节间数目，A_0/A_d 为弦杆与斜腹杆截面面积的比值，A_0 可取上、下弦杆的平均面积。

弦杆任意截面的整体弯矩 $M^0(z)$ 沿跨长近似呈对称曲线变化，可按下式确定，即

$$M^0(z) = \frac{16M_{\max}^0}{S^4}z^2 (S-z)^2 \qquad (8\text{-}9)$$

弦杆相应的轴向力为 $\qquad N(z) = \frac{16M_{\max}}{HS^4}z^2 (S-z)^2 \qquad (8\text{-}10)$

式中 S——桁架的跨度；

  z——承载弦杆计算截面至左支点的距离。

当移动集中载荷位于上弦杆节间内时，将使弦杆产生局部弯曲，这时节间产生正弯矩，而节点产生负弯矩，可按无限多等跨连续梁的影响线来决定，也可按下式计算，即

节间中央弯矩 $\qquad\qquad M_j = +\alpha Pl$

节点中心弯矩 $\qquad\qquad M_d = -\beta Pl$ $\qquad (8\text{-}11)$

式中 P——两个移动集中载荷中的较大者；

  l——节间长度；

α、β——与 b/l 比值有关的弯矩系数，由表 8-2 查取，节间有两个载荷时，系数为叠加值；

  b——两个移动集中载荷的间距。

两个移动集中载荷位于同一节间内时，将导致节间中央弯矩叠加而出现最大值。

如果只有一个移动集中载荷位于节间中央，而另一载荷不在相邻节间，则弦杆的局部弯矩近似为

节间中央弯矩 $\qquad\qquad M_j = +\frac{Pl}{6}$

节点中心弯矩 $\qquad\qquad M_d = -\frac{Pl}{12}$ $\qquad (8\text{-}12)$

表 8-2　无限多等跨连续梁的 α、β 值

b/l	α	β	注
0.1	0.30	0.17	
0.2	0.25	0.16	
0.3	0.22	0.15	
0.4	0.21	0.14	a）两个移动集中载荷位于同一节间内（多载荷位于同节间内，可
0.5	0.17	0.16	按最不利的载荷位置用叠加后的综合值计算节间中央的弯矩）
0.6	0.16	0.17	
0.7	0.15	0.17	
0.8	0.14	0.17	
0.9	0.14	0.17	
1.0	0.14	0.16	
1.1	0.15	0.15	
1.2	0.15	0.14	b）一个移动集中载荷位于节间中点，而另一个移动集中载荷
1.3	0.16	0.12	位于相邻节间
1.4	0.16	0.10	
1.5	0.17	0.08	

空腹桁架是超静定结构，各杆受轴向力和弯矩作用，需采用力法求解，近似计算可用反弯点法。

各种载荷作用下求解杆件内力后，应根据结构工作的载荷组合找出杆件的组合内力，然后进行杆件截面的选择和验算。

第五节　桁架杆件的计算长度

在设计桁架杆件时，需先确定杆件的计算长度，它随结构型式、构造和受力性质的不同而不同。

杆件计算长度按杆件发生变形所处的两个平面来确定，即桁架平面内和桁架平面外的两种计算长度。

一、杆件在桁架平面内的计算长度

若桁架节点是理想铰点，则杆件的计算长度等于节点中心间距（杆件几何长度）。而实际上桁架节点是由节点板连接各杆端部而成，节点板在桁架平面内具有一定刚度，各杆件两端均弹性嵌固于节点板上。当某一杆发生屈曲时，杆端会发生转动并带动节点板一起转动，而节点板的自身刚度又将带动与之相连的其他杆件端部发生转动及杆件弯曲（见图 8-11）。根据作用与反作用原理，被带动转动的杆件因自身的刚度将抵抗弯曲并阻止节点板转动，从而限制杆件的弯曲变形和杆端转动，因此，节点板对杆件端部具有一定的嵌固约束作用。

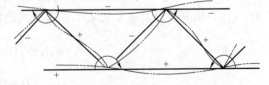

图 8-11　桁架杆件在节点处的嵌固作用

在同一节点上通常存在压杆和拉杆，由于拉杆的拉直作用，杆端不易转动，对节点转动的阻力较大，因此节点上的拉杆越多，节点对压杆的嵌固程度就越大，压杆的计算长度就越

271

小。同理，压杆容易产生屈曲变形，杆端易转动，因此压杆对节点的转动几乎不起阻止作用。

桁架杆件的计算长度为

$$l_0 = \mu_1 l \qquad (8\text{-}13)$$

式中　μ_1——杆件的长度系数；

　　　l——杆件的几何长度。

（1）弦杆　受压弦杆具有压弯变形和杆端转动的特性，节点汇集的腹杆抗弯刚度较弦杆小，对节点的嵌固作用较弱，因此受压弦杆的节点可视为弹性支承的铰节点；受拉弦杆的节点上所连接的拉杆较多，而弦杆受拉会减小弯曲变形，节点的嵌固程度大，节点不易转动，可视为固定支承的节点。但由于受拉弦杆的拉直作用，杆端几乎不产生转动，节点对其嵌固影响不大，所以桁架的受压和受拉弦杆的计算长度均取为节点之间的几何长度 $l_0 = l$（即 $\mu_1 = 1$）。

桁架的支承腹杆（斜杆和竖杆）与弦杆的工作相同，端部节点拉杆较少，嵌固作用不大，故计算长度也取为节点间距。

（2）腹杆　受压腹杆的杆端易转动，其一端连接在受压弦的弹性铰节点上，另一端连接在受拉弦的固定铰节点上，参照表 6-1，其计算长度近似取为 $l_0 = 0.8l$（即 $\mu_1 = 0.8$）。受拉腹杆的抗弯刚度小，虽易弯曲变形，但有拉直作用，取其计算长度与受压腹杆相同。在斜平面内，节点板的刚度比在桁架平面内的小，故腹杆在斜平面内的计算长度应适当放大，取为 $l_0 = 0.9l$（即 $\mu_1 = 0.9$）。

二、杆件在桁架平面外的计算长度

平面桁架是不能独立工作的，必须有侧向支承或构成空间结构，才能保持桁架稳定工作。侧向支承可能是水平桁架的节点或其他结构的支承点。

在桁架平面外节间受等轴向内力的弦杆只能在两支承点之间发生屈曲，其计算长度应取为相邻两侧向支承点的间距 l_1（见图 8-12）。

当受压弦杆在桁架平面外的支承点间距 l_1 大于弦杆节间长度 l，而且该段内相邻节间弦杆内力不相等（$N_1 > N_2$），则其计算长度要比 l_1 小，按下式决定，即

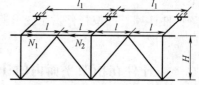

图 8-12　桁架平面外杆件计算长度

$$l_0 = \mu_1 l_1 = l_1 \left(0.75 + 0.25 \frac{N_2}{N_1} \right) \qquad (8\text{-}14)$$

$$l_0 \geqslant 0.5 l_1$$

式中　N_1——计算节间弦杆的较大内力；

　　　N_2——相邻节间弦杆的较小内力。

受拉弦杆在桁架平面外的计算长度可取为 l_1。

节点板在桁架平面外可视为板铰，因此，腹杆在桁架平面外的计算长度就取为杆件几何长度 l。

简单腹杆体系的桁架杆件计算长度 l_0 列于表 8-3。

表 8-3　桁架杆件的计算长度 l_0

杆件屈曲方向	弦　杆	腹　杆	
		支承处的斜杆或竖杆	其他腹杆
在桁架平面内	l	l	$0.8\,l$
在桁架平面外	l_1	l	l
斜平面	—	l	$0.9\,l$

注：1. l——杆件几何长度（节点中心间距）；

　　　l_1——桁架弦杆侧向支承点之间的距离。

2. 斜平面屈曲适用于单角钢或双角钢组成的十字形截面的腹杆。

3. 重型桁架双腹式杆件的计算长度也可参照此表使用，但腹杆在桁架平面外的计算长度要比单腹式杆件的小些，可近似取为 $0.8l$。

再分式腹杆和 K 形腹杆体系的桁架弦杆在两个平面的计算长度按前面相同的方法确定，其腹杆在桁架平面内的计算长度取为节点间距，在桁架平面外，受压主斜杆的计算长度也按式（8-14）计算，受拉主斜杆的计算长度取为该杆的几何长度 l_1（见图 8-13a）。

十字形腹杆体系桁架的弦杆计算长度同前面的规定，腹杆在桁架平面内的计算长度可取为弦杆节点至腹杆交叉点的间距

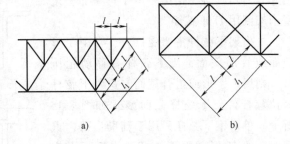

图 8-13　再分式腹杆和十字形腹杆桁架杆件计算长度

l（见图 8-13b），在桁架平面外，其计算长度取决于另一支持杆的受力情况和交叉点的构造，按表 8-4 取用。

桁架的杆件都应具有一定的刚度，即控制杆件的长细比在一定的范围内，桁架杆件的许用长细比按表 6-3 查取。

表 8-4　十字形腹杆在桁架平面外的计算长度 l_0

交叉点的构造	压　杆			拉　杆
	另一支持杆的受力情况			
	受拉力	不受力	受压力	任何情况
两交叉杆均不中断	$0.5\,l_1 = l$	$0.7\,l_1$	l_1	l_1
支持杆在交叉点中断并用节点板相连	$0.7\,l_1$	l_1	l_1	l_1

注：l——桁架弦杆节点到交叉点的距离；

　　l_1——杆件的几何长度（桁架节点中心之间的距离，交叉点不作为节点考虑）。

第六节　杆件截面设计和弦杆拼接

桁架杆件的截面型式依其受力情况而不同，下面介绍一些常用的截面型式供设计时选择。

一、杆件的截面型式

桁架杆件所选用的截面应在节点处连接方便。弦杆是桁架的外框，应具有较大的刚度。对于受轴向力的腹杆，应尽量做成两主轴方向是等稳定性的截面。

桁架杆件按其受力情况主要分为偏心压杆、轴心压杆和拉杆，有时也出现少量的偏心拉杆。

轻型桁架的杆件常用两个角钢组成 T 形截面或十字形截面。

起重机的主桁架上弦杆除受轴向力外，还受起重小车轮压的局部弯曲作用，因此截面设计应考虑其组合作用选大些。为便于安装小车轨道，上弦杆多做成有一定宽度的等截面连续梁，无起重小车轮压作用的弦杆截面则可选小些。重型桁架的弦杆沿全长多采用变截面型式，且是不连续的杆件，宜在距节点 l/6 处拼接。普通桁架的上弦杆可用整根型钢组合制造。

常用的主桁架上弦杆截面型式如图 8-14 所示。轻型桁架多用 T 形截面，重型桁架则用 Ⅱ 形截面。

主桁架下弦杆主要受拉力，常用 T 形截面或管形截面，当下弦杆有移动轮压时，则用工字形或组合截面，这种下弦杆为拉弯杆件。下弦杆截面型式如图 8-15 所示。单角钢下弦杆只用于辅助桁架，重型桁架的 Ⅱ 形截面下弦杆的水平板上应开设排水孔。

腹杆受轴向力，轻型桁架多用两个角钢组成的 T 形或十字形截面等，其连接较方便，管形截面是理想的型式，但在节点处连接较麻烦。重型桁架的腹杆多做成两主肢组合截面或 H 形组合截面。腹杆的截面型式如图 8-16 所示。

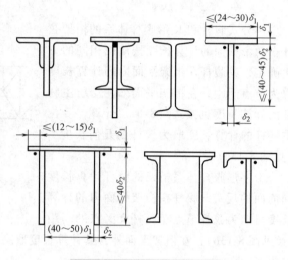

图 8-14　上弦杆的截面型式

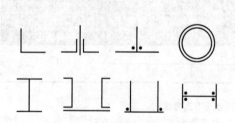

图 8-15　下弦杆的截面型式

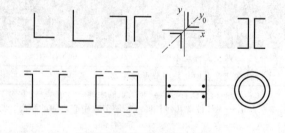

图 8-16　腹杆的截面型式

二、杆件截面设计的一般原则

1）为便于备料和制造，在同一桁架中所用型钢的规格不许超过五种。

2）应尽量选用肢宽壁薄的型钢，以增加杆件的刚度，减轻自重。

3）桁架杆件所用角钢型号不小于∠50×50×5，钢板厚度不小于 5mm，钢管壁厚不应小于 4mm。

4）用两根型钢（角钢或槽钢）组成的杆件，为保证两型钢共同工作，需在杆长的相当位置用垫板连缀起来（图8-17），垫板间距为

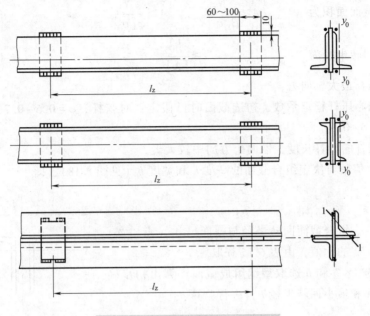

图 8-17　组合截面杆件的连缀方法

压杆　　　　　　　　　　　　　$l_z \leqslant 40r$

拉杆　　　　　　　　　　　　　$l_z \leqslant 80r$

式中　l_z——型钢连缀长度；

　　　r——单根型钢对自身轴（见图8-17）的回转半径，依组合截面而不同。

这种组合截面的杆件按实腹杆计算。

三、杆件截面选择与验算

根据桁架的用途来选定钢材，然后按所求得的内力选择杆件截面、确定连接方法以及进行必要的验算。

桁架的杆件概括起来分为四种受力杆件：拉杆、压杆、偏心拉杆和偏心压杆。

拉杆和压杆可按下列公式选择截面。

拉杆所需截面面积为

$$A \geqslant \frac{N}{\beta[\sigma]} \qquad (8\text{-}15)$$

式中　N——拉杆最大轴向力；

　　　β——钉孔对截面的减损系数，焊接时，$\beta = 1$，铆接时，$\beta = 0.8$；

　　　$[\sigma]$——拉杆钢材的许用应力。

确定杆件截面型式并按 A 值选择型钢，组成截面，找出截面的几何性质（净截面面积 A_j，最小回转半径 r，计算长度 l_0），然后验算杆件的强度和刚度，即

$$\sigma = \frac{N}{A_j} \leqslant [\sigma] \quad , \quad \lambda = \frac{l_0}{r} \leqslant [\lambda]$$

压杆所需截面面积为 $\qquad A \geqslant \frac{N}{\beta[\sigma]} \quad , \quad A \geqslant \frac{N}{\varphi[\sigma]}$ (8-16)

压杆所需回转半径为 $\qquad\qquad r \geqslant \frac{l_0}{[\lambda]}$ (8-17)

式中　N——压杆最大轴向力；

φ——轴心压杆稳定系数，初选截面时可假定：对弦杆，$\varphi = 0.6 \sim 0.7$，对腹杆，$\varphi = 0.5 \sim 0.6$；

l_0——压杆的计算长度，取两个方向中较大者。

用求得的 r 值就可决定组合截面的高度 h 和宽度 b（见图 8-18），即

$$h = \frac{r}{\alpha_1} \quad , \quad b = \frac{r}{\alpha_2}$$

式中　α_1、α_2——组合截面回转半径与截面尺寸（高、宽）的比值，由表 6-15 查取。

根据求得的 A、h 和 b 选取型钢组成截面，算出初步确定的截面面积 A 和最小回转半径 r 再进行验算：

刚度 $\qquad\qquad\qquad \lambda = \frac{l_0}{r} \leqslant [\lambda]$

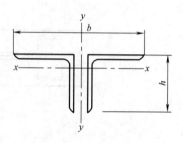

图 8-18　压杆的截面尺寸

稳定性 $\qquad\qquad\qquad \sigma = \frac{N}{\varphi A} \leqslant [\sigma]$

强度验算一般容易通过。如果验算不合格，则必须重选截面。若桁架中有偏心拉杆，其截面比拉杆选得大些，并应满足强度和刚度条件。

桁架的上弦杆多为单向或双向偏心压杆，应满足强度、刚度和稳定性的要求。

偏心压杆受力状态复杂，初选截面的工作比较烦琐，通常按下式近似决定，即

$$A \approx \frac{3N}{[\sigma]}$$ (8-18)

$$r = \frac{l_0}{[\lambda]} \ 及 \ h = \frac{r}{\alpha_1}$$ (8-19)

组成截面时要考虑板的局部稳定条件，偏心受压弦杆的截面和应力分布如图 8-19 所示。

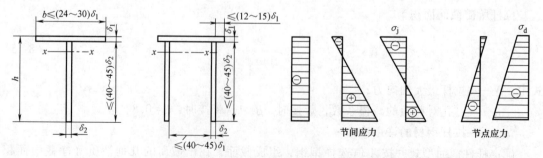

图 8-19　偏心受压弦杆的截面和应力分布

由于弦杆的刚度较大，通常验算杆件强度和稳定性时可不将基本弯矩增大。

节间内弦杆的强度

$$\sigma_j = \frac{N(z)}{A_j} \pm \frac{M_j + M^0(z)}{W_{jx}} \leq [\sigma] \tag{8-20}$$

式中　$N(z)$——计算的节间弦杆的轴向力；

　　　　M_j——相应节间的节间中央弯矩；

　　$M^0(z)$——相应节间弦杆的整体弯矩；

　A_j、W_{jx}——弦杆净截面面积和净抗弯截面系数（截面的受压边或受拉边）；

　　　　$[\sigma]$——钢材的许用应力。

节间内弦杆的刚度

$$\lambda_{max} = \frac{l_0}{r} \leq [\lambda] \tag{8-21}$$

节间内弦杆的稳定性

$$\sigma = \frac{N(z)}{\varphi A} + \frac{M_j + M^0(z)}{W_x} \leq [\sigma] \tag{8-22}$$

式中　φ——节间内的弦杆按 $\lambda_{max}\sqrt{\sigma_s/235}$ 决定的轴压稳定系数，由表 6-5～表 6-7 查取；

　A、W_x——弦杆毛截面面积和毛截面抗弯截面系数。

若弦杆为双向偏心压杆，则用下式计算，即

$$\sigma = \frac{N}{\varphi A} + \frac{M_x}{W_x} + \frac{M_y}{W_y} \leq [\sigma] \tag{8-23}$$

式中　M_x、M_y——弦杆对 x 轴或 y 轴所承受的弯矩（应含弦杆的整体弯矩）；

　W_x、W_y——弦杆毛截面对 x 轴或 y 轴的抗弯截面系数。

节点处弦杆的强度为

$$\sigma_d = \frac{N}{A_j} \pm \frac{M_d + M^0(z)}{W_{jx}} \leq [\sigma] \tag{8-24}$$

式中　N——弦杆在相邻节间的较大轴向力；

　A_j、W_{jx}——弦杆在节点处的净截面面积和净截面抗弯截面系数；

　　　M_d——节点弯矩（负值）；

　$M^0(z)$——节点处弦杆的整体弯矩（因此弯矩与 M_d 方向相反，且数值不大，可略去）。

应当指出，上述每项计算中弦杆的轴向力和各种弯矩必须在小车轮压位于同一位置时求得，否则各项应力不能叠加。

对工作级别为 E4（含）以上的桁架，还需按第四章的方法验算杆件和连接的疲劳强度。

对受力不大的杆件，可按 $[\lambda] = 200～250$ 选择截面。

四、弦杆的拼接

在下列情况，弦杆需要拼接：

1）桁架跨度较大而型钢供货长度不够。

2）折线形桁架的弦杆转折处。

3）桁架的运输安装接头。

4）弦杆截面不同。

桁架弦杆的拼接位置可设在节点处或节间内，后者构造简单，应用较多。接头宜设置在距节点约 $l/6$ 处（l 为节间长），此处可按轴向力计算拼接。弦杆拼接应离开跨度中央。弦杆拼接分为工厂拼接和安装拼接。工厂拼接是由于型钢供货长度不够或因弦杆要转折或因弦杆改变截面而设置，多用焊接方法；安装拼接是因为桁架尺寸过大或自重超过吊装能力而设置，需在使用现场进行拼接，多采用螺栓连接或铆接。

弦杆拼接时需满足下列要求：

1）应使拼接接头和杆件等强度。

2）应使接头传力平顺，无偏心。

3）拼接所用的连接件应有足够强度。

工厂拼接和安装拼接的构造和计算方法相同，但安装拼接的连接件的许用应力应降低10%。

弦杆的节间拼接常用同型号的拼接角钢或拼接板来连接，弦杆的铆接拼接构造如图8-20所示。栓接和铆接按第五章所述方法计算。

弦杆的焊接拼接宜采用带坡口的正（直）焊缝对接和等强度的斜焊缝对接，也可采用拼接板加强的直缝对接，但不允许只用拼接板连接，避免应力集中过大。角钢也可用拼接板拼接而不用拼接

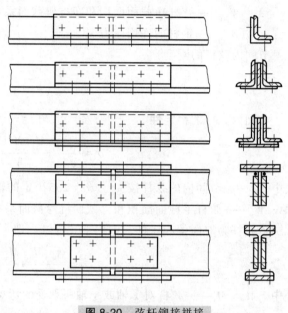

图 8-20 弦杆铆接拼接

角钢。工字钢的正焊缝对接可用菱形拼接板加强，钢管最好采用对接焊缝。弦杆的焊接拼接如图8-21所示。

正焊缝对接的焊缝应力按下式计算：

$$\sigma_h = \frac{N}{\delta \sum l_f} \leq [\sigma_h] \qquad (8\text{-}25)$$

式中　N——弦杆拼接处的最大内力；

　　　$\sum l_f$——对接焊缝的计算长度；

　　　δ——杆件的厚度；

　　　$[\sigma_h]$——焊缝许用切应力。

同时用正焊缝对接和拼接板的接头，拼接板角焊缝的应力按下式计算，即

$$\tau_h = \frac{N - \delta \sum l_f [\sigma_h]}{0.7 h_f \sum l'_f} \leq [\tau_h] \qquad (8\text{-}26)$$

式中　$\sum l_f$——弦杆对接焊缝的总长度；

　　　$\sum l'_f$——在对接焊缝一侧拼接板的角焊缝总长度；

　　　δ——杆件的厚度；

$[\tau_h]$——角焊缝许用应力。

弦杆用 $\alpha \leqslant 45°$ 斜焊缝对接时，则不需计算。弦杆转折处的节点拼接如图 8-22 所示。

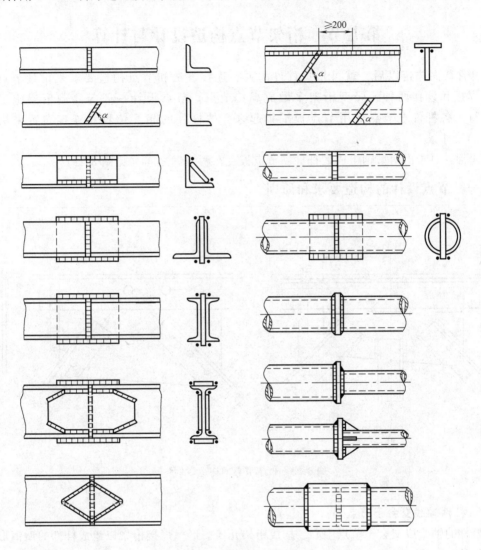

图 8-21　弦杆的焊接拼接

279

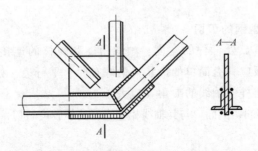

图 8-22　弦杆转折处的节点拼接

重型桁架的弦杆截面在各节间往往不相同，多做成 1～2 个节间长的等截面杆，在节点或在节间（稍离开节点 $l/6$ 处）拼接，常用螺栓或铆钉连接，以便于维修更换。

第七节　桁架节点构造设计与计算

杆件截面选定以后，就可根据杆件内力、连接方法和节点构造要求来设计节点。节点有焊接和铆接两种，轻型桁架多做成焊接节点。节点设计一般与绘制桁架施工图同时进行，各杆件在节点处用节点板汇集起来，按杆件的相互位置和连接布置来决定节点板的尺寸。

通常，对于由两型钢组成的杆件，节点板夹在两型钢之间（见图 8-23）。

一、节点设计的构造要求和原则

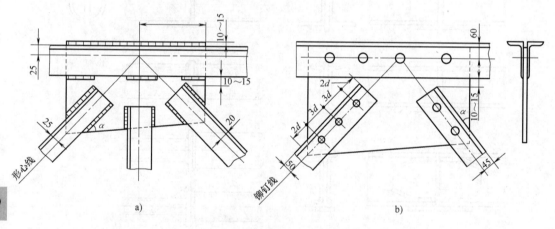

图 8-23　桁架节点的构造举例

1. 杆件轴线交会于节点

杆件的轴线应交会于节点中心，构成桁架几何图形。焊接桁架以组成杆件的型钢形心线作为杆件的轴线（见图 8-23a），为了制造方便，绘制节点图时角钢的形心线位置（距离肢背）取为 5mm 的尾数，铆接桁架以型钢上的铆钉线作为杆件的轴线（见图 8-23b），节点应避免构造偏心。

2. 节点板的外形和型钢的剪切

节点板的尺寸根据节点处杆件的宽度、倾斜角度和腹杆的连接焊缝长度或铆钉布置而定。为便于下料，节点板应具有简单的形状，最好有两个平行边，如矩形和梯形，使剪切次数最少；节点板的板边与杆件轴线的夹角 α 应大于 15°。

型钢（如角钢）端部的切割面应与其轴线相垂直，其单肢可斜切，但不应留有肢边尖角。

3. 节点板的厚度

节点板是传力零件，节点板的厚度由腹杆的最大内力决定，并在全桁架中采用相同的板厚，按表 8-5 选取。

表 8-5　节点板的厚度

腹杆内力 N_d/kN	板　厚/mm	腹杆内力 N_d/kN	板　厚/mm
$N_d < 100$	6	$300 < N_d \le 400$	12~14
$N_d \le 200$	8	$N_d > 400$	14~20
$200 < N_d \le 300$	10~12		

4. 节点的连接焊缝和铆钉

腹杆和弦杆与节点板的连接角焊缝和铆钉布置应使其形心与杆件轴线重合；焊接桁架杆端多用两侧角焊缝或三面围焊角焊缝连接，夹在两型钢之间的节点板可以伸出型钢表面 10~15mm 或凹进 5~10mm，以便施焊，腹杆与弦杆之间应留出 10~15mm 的间隙，避免两焊缝相碰和有调整腹杆位置的余地（见图 8-23a）。

同一桁架中采用的角焊缝厚度不宜多于三种，依被焊板厚而定：

板厚　　$\delta \le 10$mm　　　　　　　　$h_f = 6$mm

　　　　10mm $< \delta \le 20$mm　　　　$h_f = 8$mm

　　　　20mm $< \delta \le 30$mm　　　　$h_f = 10$mm

实际应用时，对 Q235 钢构件的角焊缝厚度允许减小 1~2mm，依结构的重要性而定。

铆接桁架中采用孔径 d 为 21.5mm 的铆钉连接杆件，为减小节点板尺寸，通常腹杆上的铆钉按最小间距 $3d$ 布置，端距和节点板边距不小于 $2d$（见图 8-23b）。

对工作级别为 E7 及以上的起重机桁架，节点宜用铆钉或高强度螺栓连接，而杆件为焊接件。

二、节点的设计计算

节点的设计就是决定杆件的连接焊缝尺寸、铆钉数目及布置，从而确定节点板的尺寸。下面举例说明焊接节点和铆接节点的设计计算。

1. 焊接桁架的节点

焊接桁架的节点分为无节点板的和有节点板的两种。焊接节点都用角焊缝连接。无节点板的节点用于 T 形截面的弦杆，腹杆可直接连接在弦杆的竖直板上（见图 8-24），这种节点只需按腹杆内力计算腹杆的连接角焊缝长度即可，弦杆自身的焊缝不需再计算。

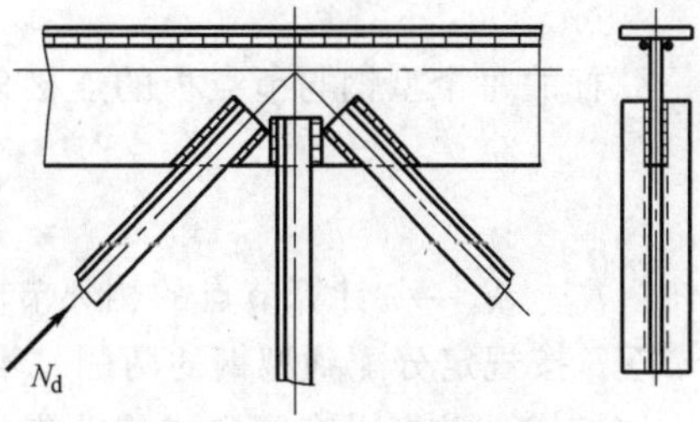

图 8-24　无节点板的焊接节点

计算腹杆的焊缝长度，先要选取角焊缝的厚度 h_f。

设组成腹杆的两角钢各用两条侧面角焊缝与弦杆的竖直板连接，则每一角钢的侧焊缝长度为

肢背　　　　　　$$l_f^b = \frac{K_1 N_d}{2 \times 0.7 h_f [\tau_h]} + 10\text{mm}$$

$$\left. \right\} \tag{8-27}$$

肢尖　　　　　　$$l_f^j = \frac{K_2 N_d}{2 \times 0.7 h_f [\tau_h]} + 10\text{mm}$$

式中　N_d——腹杆内力，单位为 N；

K_1、K_2——角焊缝在角钢两侧的分配系数（见表 5-2）；

[τ_h]——角焊缝的许用切应力（见表 5-1）。

腹杆用三面围焊时，每一型钢端部的连接焊缝总长为

$$\sum l_f = \frac{N_d}{2 \times 0.7 h_f [\tau_h]} \qquad (8\text{-}28)$$

焊缝的分配也尽量使其形心与杆件的轴线重合。

有节点板的节点如图 8-25 所示。腹杆焊缝的计算和分配与无节点板的节点相同。

当节点处弦杆上无集中载荷时，连续的弦杆与节点板的连接焊缝按相邻节间弦杆的内力差决定。有轨道的弦杆，节点板凹进型钢表面的焊缝视为两条分别焊在每个型钢上的角焊缝。

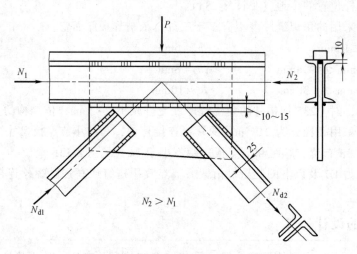

图 8-25 有节点板的焊接节点

弦杆的每个型钢与节点板的连接角焊缝总长为

$$\sum l_f = \frac{N_2 - N_1}{2 \times 0.7 h_f [\tau_h]} \qquad (8\text{-}29)$$

式中 N_2、N_1——计算节点的相邻节间弦杆内力。

$\sum l_f$ 按规定分配到型钢的两侧，不应有偏心。

当节点处弦杆上有固定或移动集中载荷 P 时，连续的弦杆与节点板的连接角焊缝应按弦杆传递给节点板的合力来决定，即

$$\sum l_f = \frac{\sqrt{(N_2 - N_1)^2 + P^2}}{2 \times 0.7 h_f [\tau_h]} \qquad (8\text{-}30)$$

焊缝长度在弦杆型钢两侧的分配同前。

对不连续的弦杆与节点板的连接焊缝按节间的弦杆内力与集中载荷的合力计算。

当需计算疲劳强度时，则改用载荷组合 A 求解杆件内力，并按焊接疲劳许用应力计算。

钢管桁架和塔架具有材料分布合理、自重轻以及风阻力小等优点，管结构的节点如图 8-26 所示，因构造复杂，多不采用节点板，但钢管之间的连接切口（相贯线）即使采用角焊缝连接也难制造，因此常将腹杆钢管压扁采用角焊缝与弦杆连接（见图 8-26）。而采用方管将使节点连接大为简化。钢管连接的焊缝计算同前。

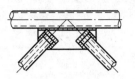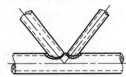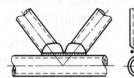

图 8-26　管结构的节点

2. 铆接桁架的节点

铆接桁架的节点都有节点板（见图 8-23b），其尺寸由杆件的宽度和腹杆与节点板的连接铆钉数目及其布置决定。

腹杆一端所需的连接铆钉数为

$$n_i \geqslant \frac{N_d}{[P^m]_{\min}} \tag{8-31}$$

式中　N_d——腹杆内力。

$[P^m]_{\min}$——单个铆钉的最小许用承载力，按铆钉受剪和承压决定。

铆钉在腹杆上的布置如前述。

当节点处弦杆上无集中载荷时，连续的弦杆与节点板的连接铆钉数按相邻节间弦杆的内力差决定，即

$$n \geqslant \frac{N_2 - N_1}{[P^m]_{\min}} \tag{8-32}$$

当节点处弦杆上有集中载荷时，连续的弦杆与节点板的连接铆钉数按弦杆传递给节点板的合力确定，即

$$n \geqslant \frac{\sqrt{(N_2 - N_1)^2 + P^2}}{[P^m]_{\min}} \tag{8-33}$$

铆钉在弦杆上的布置间距要大些。铆钉孔削弱较多的杆件和节点板还应验算强度。

对于不连续的弦杆与节点板用铆钉或高强度螺栓连接时，按节间的弦杆内力与集中载荷的合力计算。

当需计算铆接的疲劳强度时，应采用载荷组合 A 求解杆件内力并按铆接疲劳许用应力计算。

重型桁架的节点构造比较复杂，如图 8-27 所示。这种桁架的铆接节点多在现场组装铆

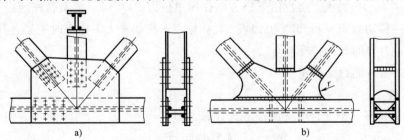

a) b)

图 8-27　重型桁架的节点构造

合，焊接节点多用对接焊缝连接，节点板常做成弧形过渡边，以减小应力集中。重型桁架的节点刚度大，节点和杆件的计算要考虑次应力影响。

第八节 桁架的挠度和拱度

一、桁架的挠度

桁架是弹性结构，桁架受载后将产生弹性变形（挠度），桁架变形的大小是桁架的刚劲性程度的具体反映。

起重机主桁架的静态刚度常用桁架的静挠度来表征，因为静态挠度容易观测。为减少桁架的挠度，常将桁架做成有拱度的桁架。桁架的静挠度由自重载荷和移动载荷所引起，无上拱度的桁架，应按全部作用载荷计算静挠度；有上拱度的桁架，不考虑自重载荷产生的挠度，而只计算移动载荷对主桁架产生的静挠度。通常起重机主桁架都设置有上拱度。主桁架的静挠度用下列方法之一确定。

1. 精确法

桁架挠度计算如图 8-28 所示。简支桁架和悬臂桁架在最大变形点的挠度计算式为

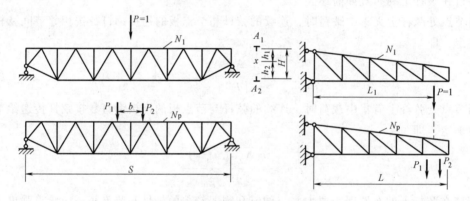

图 8-28 桁架挠度计算简图

$$Y_s = \sum_{i=1}^{n} \frac{N_1 N_p l_i}{EA_i} \leqslant [Y_s] \tag{8-34}$$

式中 N_1——在桁架最大下挠点沿下挠方向作用单位力 $P=1$ 时，桁架各杆的内力；

N_p——移动载荷（不计动力效应）对称作用于桁架最大下挠点时桁架各杆的内力；

l_i——杆件的几何长度；

A_i——各杆的截面面积。

2. 近似法

（1）简支桁架 桁架跨中挠度按下式计算，即

$$Y_s = \frac{K \sum P S^3}{48EI} \leqslant [Y_s] \tag{8-35}$$

式中 $\sum P$——不计动力效应的移动载荷之和，若为两个集中载荷，则对称作用于跨中央，

更多的集中载荷则以其合力作用于跨中央计算;

　　S——桁架的跨度;

　　E——钢材的弹性模量;

　　I——桁架的惯性矩, $I = \dfrac{A_1 A_2}{A_1 + A_2} H^2$;

　A_1、A_2——上、下弦杆的毛截面面积;

　　H——桁架的高度;

　　K——腹杆变形的影响系数(见表 8-1);

　$[Y_s]$——跨中许用静位移, 由表 4-25 查取。

若桁架为变截面弦杆, 则上式中 I 应改为桁架折算惯性矩 I_{zh}, 即

$$I_{zh} = \frac{\sum (A_1 h_1^2 + A_2 h_2^2) l}{S} \tag{8-36}$$

式中　A_1、A_2——任一节间上、下弦杆的毛截面面积;

　　h_1、h_2——任一节间上、下弦杆轴线至桁架截面形心轴的距离;

　　　　l——节间长度。

（2）变高度的悬臂桁架　悬臂桁架有效长度处的挠度可用下式计算, 即

$$Y_{L1} = \frac{1.2 \sum P L_1^3}{3 E I_{zh}} \leqslant [Y_{L1}] \tag{8-37}$$

式中　$\sum P$——不计动力效应的移动载荷之和, $\sum P = P_1 + P_2$, 作用于悬臂桁架有效长度处;

　　I_{zh}——桁架折算惯性矩, 如为等截面弦杆, 则只有 h_1 和 h_2 值是变化的, 仍按式 (8-36) 计算, 但式中 S 改为悬臂桁架全长 L;

　　L_1——悬臂桁架有效长度;

　$[Y_{L1}]$——悬臂桁架的许用静位移。

二、桁架的拱度

桁架上有起重机小车运行时, 桁架的下挠变形会使小车产生爬坡, 增加运行阻力, 从而影响正常工作。

为抵消自重等载荷产生的挠度, 对起重机的桁架需设置上拱度, 跨中央拱高取为 $f_0 = S/1000$。拱度对称于跨中并沿跨度向两边按二次抛物线变化。以跨中央为原点的简支桁架各节点的拱度纵坐标 y 由下式决定, 即

$$y = f_0 \left(1 - \frac{4a^2}{S^2}\right) \tag{8-38}$$

式中　a——桁架各节点距跨中央的距离;

　　f_0——跨中央的标准上拱度值;

　　S——跨度。

桁架各节点的上拱值不同, 就引起斜腹杆长度的变化, 在绘制桁架的施工图时, 应按上拱的几何图形(见图 8-29)确定杆件长度和节点尺寸, 并依此图形指导制造。

同理, 悬臂桁架也应设置端点为 $L_1/350$ 的上翘度, 各节点的上翘值按抛物线或正弦曲线变化。

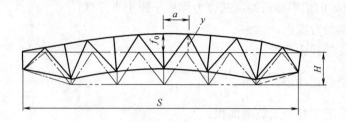

图 8-29　桁架上拱后的几何图形

　　桁架的跨中上拱度和悬臂端的上翘度在制造过程中会减小，难以保持标准值，桁架各节点的纵坐标也随着变化，为此在组装桁架时，可将上述标准控制值增大 40%。

本 章 小 结

　　本章主要介绍了桁架的构造及合理应用的场合，桁架的外形与腹杆体系，桁架的主参数，桁架杆件内力分析及假定，桁架杆件的计算长度，杆件截面设计原则与步骤，弦杆拼接方法与计算，桁架节点构造设计与计算，桁架的挠度和拱度计算。重点阐述了桁架弦杆的整体弯曲和局部弯曲应力计算方法。

　　本章应了解桁架的构造及合理应用场合，桁架的外形与腹杆体系对承载能力的影响，桁架的主要参数选取方法，桁架的挠度和拱度的概念和计算方法。

　　本章应理解桁架相对于梁的优点与合理应用场合，桁架杆件内力分析的假定前提，桁架杆件的计算长度的相对性，作为承载构件和轨道的桁架弦杆的杆-梁的双重性，节点设计的重要性，以及验算桁架的挠度和预设拱度的前提是保证起重小车在允许微小坡度内运行时不打滑，设置拱度的方法是采用预变形法。

　　本章应掌握桁架结构的设计步骤，桁架杆件内力分析的假定与方法，桁架弦杆的整体弯曲和局部弯曲应力计算方法，桁架杆件的计算长度，杆件截面设计的一般原则，杆件截面选择与强度、刚度、稳定性验算，弦杆的拼接计算，桁架节点构造与设计计算方法，桁架挠度和拱度的概念以及计算方法。

第九章

桥架

桥架是桥式和门式起重机、装卸桥以及铁路桥梁和运输栈桥的主要承载结构。由于此类桥架结构类似、设计相近，所以本章重点介绍桥式起重机桥架的结构型式、参数选择、载荷分析以及设计计算方法等。

第一节 桥架型式和应用范围

桥式起重机按用途不同，可分为梁式起重机、通用桥式起重机和冶金桥式起重机。随着服务场所、工艺流程的不同，起重机的组成、结构型式和特征也不同，以下分别详述。

一、梁式起重机的桥架

梁式起重机是电动葫芦小车运行在工字钢主梁上的轻小型起重设备，主要承受载荷的桥架由单根主梁和两根端梁组成，称为梁式单梁桥架。按主梁截面结构型式的不同，可分为格构式单梁桥架和封闭式单梁桥架，其常用型式如图 9-1、图 9-2 所示。

图 9-1a、b 是工字钢梁桥架，主梁工字钢型号是由起重量、电动葫芦型号和跨度决定的，其跨度 S 不宜超过 11m。当跨度较大时（$S = 12 \sim 17\text{m}$），采用桁构梁式单梁桥架（见图 9-1c）。这种桥架具有加强的上弦和支杆，用以提高刚度，减轻工字钢的负担，从而提高了承载能力；同时，还应设置副桁架。为便于安装运行机构和行人，设有水平桁架并铺有走台板。更大跨度（$S>17\text{m}$）的单梁桥架需采用垂直桁架加强的单梁桥架（见图 9-1d）。它由两片垂直桁架支承若干小横梁，工字钢轨道梁悬挂在小横梁下方，这样的工字梁可选较小型号，垂直桁架支承于端梁上，为保证桥架有足够的空间刚度并传递水平力给端梁，在桥架端部截面内应设置斜支承杆。由于电动葫芦小车位于桥架上部，在保证起升高度的情况下，可以降低起重机轨道梁立柱的高度，从而降低厂房的造价。

20 世纪 70 年代初，我国研制出新的单梁结构型式，即封闭式单梁桥架（见图 9-2），其中模压封闭截面桥架（见图 9-2a）是以薄钢板模压成型后，与工字钢一起承受载荷的桥架，在不改变葫芦小车运行机构的情况下，其主梁具有较大的抗弯、抗扭刚度，从而提高了结构承载能力。桥架只由主梁和端梁组成，主梁端部与端梁改用螺栓连接，减少了连接部件数量，节约运输存放空间。这种结构已成为系列产品（LB 型），跨度为 7~22.5m，起重量 1~5t，共有 80 余种规格，是国内主要的单梁桥架型式。

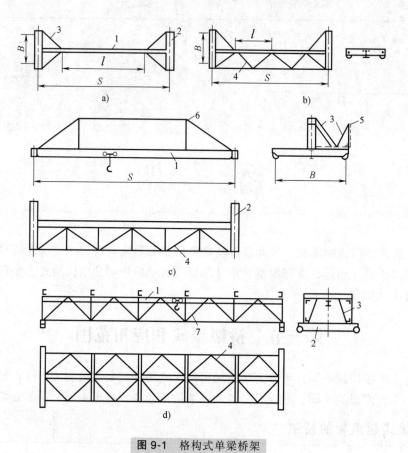

图 9-1 格构式单梁桥架

1—工字钢梁 2—端梁 3—隔支承（斜支承） 4—水平桁架
5—副桁架 6—加强上弦和支杆 7—垂直桁架

模压截面需有专用冲压设备，为减少设备投资，曾用圆管或钢板焊接封闭截面代替，制造了圆管封闭截面桥架（见图 9-2c）和钢板焊接封闭截面桥架（见图 9-2b），两者因结构材料分布不够合理、制作工艺复杂而未能得到推广。

当起重量增大时，模压封闭截面桥架的刚度不足，而采用了箱形截面桥架（见图 9-2d），由于这种箱形梁下翼缘板承受小车轮压，故采用加宽、加厚的下翼缘板，以增大水平刚度，起重量可增大到 16t，电动葫芦运行小车可根据需要配制。这种封闭式单梁桥架，主、端梁采用可拆式螺栓连接，用薄板焊接代替桁架焊接结构，从而改进了制作工艺，节省了工时，使梁单元的存放、运输更加便利，克服了格构式单梁桥架的不足，是一种新的结构型式。

国外单梁桥架的主、端梁也都采用螺栓连接，主梁采用 H 型钢，提高了单梁桥架的承载能力。我国也已研制成功这种型材，并已得到广泛应用。

我国研制的 LDT 型电动单梁起重机系列是参考国外结构自主开发的系列产品，已推广应用。该系列参数为起重量 $1~10t$，跨度 $7.5~22.5m$，桥架由一根主梁和两根端梁构成，主梁截面按起重量和跨度的不同而异，有三种型式：槽钢和工字钢焊成组合截面、H 型钢和焊接箱形梁，分别用于小、中、大不同的吨位和跨度。端梁采用钢板模压焊接箱形梁，主、端

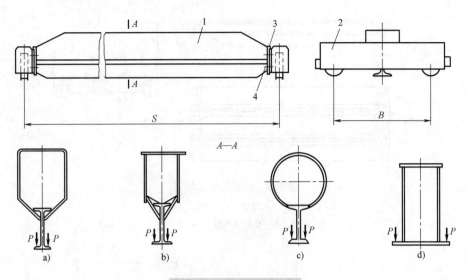

图 9-2 封闭式单梁桥架

1—主梁 2—端梁 3—连接接头 4—连接螺栓

梁采用承载凸缘螺栓连接，配置 AS 型电动葫芦和 GL "三合一" 运行机构。AS 型电动葫芦的部分性能参数列于表 9-1，供设计参考。

表 9-1 AS 型电动葫芦的参数（部分）

起重量/t	起升高度/m	起升滑轮倍率	速度（双速）/（m/min）		工作级别		自重（含小车）/kg
			起升	运行	起升	运行	
1			10/1.6				165
1.6		2					260
2			8/1.3				260
3.2							425
4	12 （3.5~20）		5/0.8	40/10	M4	M3	495
5							495
6.3		4					655
8			4/0.7				860
10							860

二、通用桥式起重机的桥架

通用桥式起重机的起重量为 5~100t，是工矿企业应用最为广泛的中型起重设备。特制的小车运行在桥架的主梁上，桥架分为桥式双梁桥架和桥式单梁桥架。

桥式双梁桥架中，最为通用的是普通箱形梁桥架（见图 9-3），桥架一般由两根箱形主梁和两根箱形端梁组成，主梁与端梁固接，为安装运行机构和行人方便，主梁腹板外侧均装有走台，端梁中部分段切开，用螺栓连接，以便于运输。

桥架根据主梁和走台型式的不同而异。常见主梁和走台结构截面型式如图 9-4 所示。

1）中轨箱形梁桥架（见图 9-3、图 9-4a）是将小车轨道安装在主梁上翼缘板宽度中心线上，梁内设置大、小横向隔板，与上翼缘板顶紧以支承轨道。

2）预应力箱形梁桥架（见图 9-4b）是在主梁受拉翼缘板附近（一般在外侧）加设高强

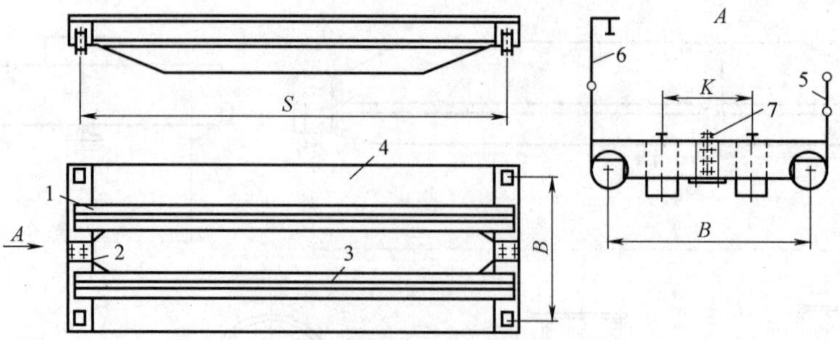

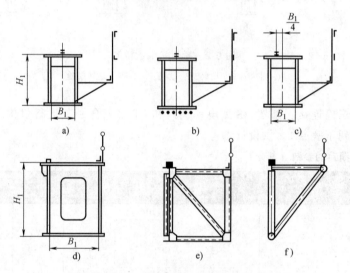

图9-3 普通箱形梁桥架

1—主梁 2—端梁 3—轨道 4—走台
5—栏杆 6—小车导电架 7—端梁接头

图9-4 通用桥式起重机半桥架截面型式

度预拉钢索或钢筋，以提高梁的承载能力。

3）半偏轨箱形梁桥架（见图9-4c）是目前国内外采用的新结构型式，其小车轨道设置在主梁宽度中心线至腹板之间的上翼缘板上，以减小轮压对梁产生的偏心扭矩，并减小上翼缘板的局部弯曲和腹板的局部压应力，从而改善梁的受力；此外，还能省去腹板外侧的三角肋板和梁内小隔板，减少梁的焊缝，改善了工艺，减少了焊接变形。

4）偏轨箱形梁桥架（见图9-4d）是把小车轨道置于主腹板顶上，梁内可省去小隔板，上翼缘板宽度延至主腹板外侧，并设有三角形加劲肋板。

5）四桁架桥架（见图9-4e）是由四片桁架组成半桥架，其结构轻，刚度大。

6）三角形截面桥架（见图9-4f）是由三片桁架组成半桥架，半桥架必须与端梁连接牢固，否则扭转刚度差会使受力恶化。图9-4d、e两种桥架的横截面内均设置刚劲的横框架，以增加空间刚度。

前三种桥架的共同特点是主梁为窄形梁，梁的高宽比约为2.5~3，并设有走台，行人安全感强；后三种桥架主梁是宽形梁，梁的高宽比约为1.2~1.6，均以上翼缘板或铺板兼作走

台，省去了专用的走台材料，提高了桥架的
承载能力。目前生产最多的是中轨和偏轨箱
形梁桥架，其余桥架因工艺复杂而较少生
产。四桁架桥架、偏轨箱形梁桥架多用于门
式起重机金属结构中。

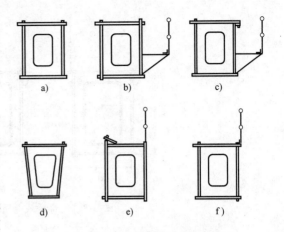

图 9-5 桥式单梁桥架截面型式

桥式单梁桥架与桥式双梁桥架基本相
同，只是以单根宽箱形梁代替两根窄箱形双
梁，端梁仍为两段。起重小车骑跨在单梁上
运行。

根据运行小车轨道的位置，分为对称轨
道单梁桥架（见图 9-5a、d）和非对称轨道
单梁桥架。前者多用于大起重量的起重机
中，后者又分为垂直反滚轮式单梁桥架（见
图 9-5c、f）、水平反滚轮式单梁桥架（见图 9-5b）和倾斜滚轮单梁桥架（见图 9-5e）。它们
主要用在中、小起重量的起重机中。我国曾生产过垂直反滚轮式单梁桥架和水平反滚轮式单
梁桥架。因主梁和小车的制作工艺性差、维修不便，故目前很少生产。

三、冶金桥式起重机的桥架

冶金桥式起重机是钢铁企业中普遍使用的大型起重设备，起重量为 100~500t，其桥架
结构大型化，自重达几百吨。最常用的桥架也由两根主梁和两根端梁组成。主梁两端直接支
承在运行台车上，端梁在台车之间，其两端与主梁相连，连接受力不大，主要起联系作用，
端梁整根制作，为运输带来方便。桥架型式如图 9-6 所示。

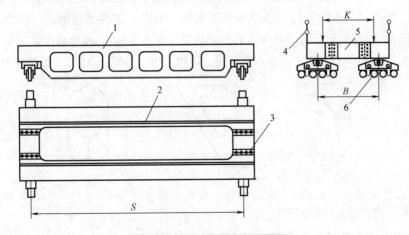

图 9-6 冶金桥式起重机桥架

1—主梁 2—轨道 3—主、端梁连接 4—栏杆 5—端梁 6—台车

根据主梁截面型式不同，桥架又分为以下三种不同的型式（见图 9-7）。

1）偏轨实腹箱形梁桥架（见图 9-7a）与偏轨箱形梁桥架（见图 9-4d）基本相同，仅主
梁尺寸比较大些。

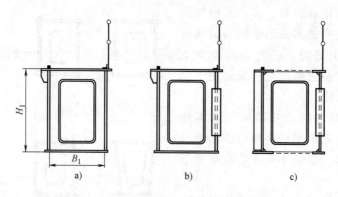

图 9-7 冶金桥式起重机半桥架截面型式

2）偏轨空腹箱形梁桥架（见图 9-7b）是将图 9-7a 的副腹板相间隔开孔，形成侧面框架，以减轻自重。

3）偏轨单腹板桁架式桥架（见图 9-7c，又称空腹桁架式桥架）以单腹板梁和三片桁架组成半桥架，其轨道位于主腹板梁顶上，副桁架是将副腹板梁中部开孔，形成无斜杆的空腹式梁。上、下水平桁架做成有斜杆或无斜杆的，常用较厚的钢板焊接而成，并铺有走台板，副桁架每个节点（未开孔处）上都设置横向框架，以保持梁的空间刚度，其外形与偏轨空腹箱形梁桥架类似。

这三种桥架都是冶金起重机常用的结构型式，是宽箱形梁，高宽比约为 1~1.2，梁内空间大，可放置运行机构和电气设备，并省略走台，从而为制造、运输带来方便。

四、国内外桥式起重机新型桥架

随着科技和生产的不断发展，桥架也不断更新，出现了新的结构型式，如图 9-8 所示。

国外生产的上承式桥架有封闭截面的 Γ 形梁桥架（见图 9-8a）、梯形梁桥架（见图 9-8b）和椭圆形梁桥架（见图 9-8c）。以上均为双梁桥架，适用于中、小型起重机，□形梁桥架应用较多。

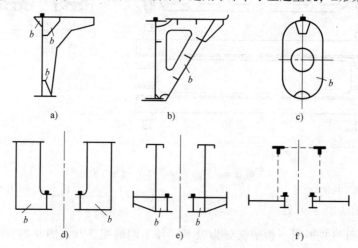

图 9-8 国外新型桥架截面型式

b—沿梁全长的箱形体

为了降低厂房建筑高度，国外还生产有下承式桥架，如箱形双梁桥架（见图9-8d），单腹板双梁桥架（见图9-8e）和桁架式桥架（见图9-8f）。下承式桥架的起重小车在桥架内部运行，需设专用小车承轨梁，桥架制作、受力都较复杂。它们多用于空间受限制的场合。

国内外已研制成曲板梁和四梁式桥架。曲腹板桥架由两根单腹板梁构成，其腹板做成曲折形，可省去加劲肋，但制造工艺复杂，目前较少采用。

四梁式桥架是由两根主梁和两根完整端梁组成的，两根端梁用模压封闭截面，车轮用轴穿式结构固定在端梁上。主梁多采用偏轨、半偏轨宽箱形梁，主梁和端梁用高强度螺栓连接形成四根梁的桥架，称为四梁桥架。大车采用"三合一"运行机构。为便于检修机械和放置电气设备，主梁两端设有小型走台，这种桥架主梁刚强，主、端梁分开，制作、存放、运输均方便，因而很受制造厂、用户欢迎。

第二节 桥架的载荷计算与载荷组合

桥架上作用的载荷，可分为垂直载荷、水平载荷与扭转载荷。

一、垂直载荷

桥架沿垂直方向作用的载荷如下述。

1. 固定载荷

半桥架重力 P_{Gb} 包括主梁、小车轨道、走台、栏杆（或小车导电架及电缆小车）和集中驱动的传动轴等重力，它们按均布载荷 F_q 作用在跨度为 S 的桥架主梁上，即

$$F_q = \frac{P_{Gb}}{S} \tag{9-1}$$

桥架上的固定设备载荷 P_{Gi} 随起重机类型而不同，它包括运行机构电机重力 P_{Gd}、减速机重力 P_{Gj} 和司机室（含内部电气设备）重力 P_{Gs} 等，并按其实际位置，以集中力方式作用在桥架主梁上。

设计桥架时，固定载荷均未知，常利用设计手册及产品目录，参考类似产品确定。

2. 移动载荷

移动载荷包括额定起升载荷 P_Q（物品和吊具重力）和小车重力 P_{Gx}。设计桥架时，当完成小车设计或选用标准小车后，小车自重为已知，而未知时可用式（9-2）估算，即

吊钩小车 　　　　　　　$m_Q < 30t$ 　　　$P_{Gx} = 0.35 m_Q g$

　　　　　　　　　　　　$m_Q > 50t$ 　　　$P_{Gx} = 0.32 m_Q g$

电磁小车 　　　　　　　　　　　　　　$P_{Gx} = 0.45 m_Q g$ 　　　　　　(9-2)

抓斗小车 　　　　　　　$m_Q = 5 \sim 20t$ 　$P_{Gx} = (0.95 \sim 1) m_Q g$

移动载荷以小车轮压的方式作用在主梁上。四轮小车轮压计算简图如图9-9所示。O 是小车架中心，K 和 b 是小车架的轨距和轮距，额定起升载荷 P_Q 作用点为 E，小车的综合质心 F 偏离通过 O 的纵轴的距离为 e，E 点距 AD 边为 l_1，F 点距 AD 边为 l_2，分别计算受力较大一侧梁（AB）的轮压值。

小车重力 P_{Gx} 产生的静轮压 P_{x1} 和 P_{x2} 为

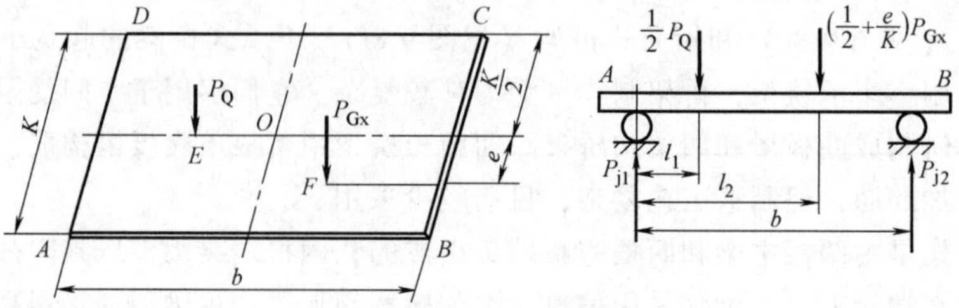

图 9-9 小车轮压计算图

$$P_{x1} = \frac{P_{Gx}}{b}(0.5+e/K)(b-l_2) \left.\begin{array}{c} \\ \end{array}\right\}$$

$$P_{x2} = \frac{P_{Gx}}{b}(0.5+e/K)l_2$$

(9-3)

额定起升载荷 P_Q 产生的静轮压 P_{01} 和 P_{02} 为

$$P_{01} = P_Q(b-l_1)/(2b) \left.\begin{array}{c} \\ \end{array}\right\}$$

$$P_{02} = P_Q l_1/(2b)$$

(9-4)

由 P_{Gx} 和 P_Q 产生的静轮压值为

$$P_{j1} = P_{x1} + P_{01} \left.\begin{array}{c} \\ \end{array}\right\}$$

$$P_{j2} = P_{x2} + P_{02}$$

(9-5)

采用均衡梁式八轮小车，静轮压计算与四轮小车相同，先求出均衡梁支承铰点的支反力，再均分于均衡梁的两个车轮上。

静轮压适用于计算惯性力和桥架的静态刚度。

3. 冲击载荷

桥式起重机运行至轨道接头时，产生冲击力，引起结构振动，由运行冲击系数 ϕ_4 考虑。起重小车升降物品起、制动（或起升载荷全部或部分突然卸载）时，会使结构的自重载荷、起升载荷增大，自重载荷由起升冲击系数 ϕ_1 考虑，起升载荷由计算结构的动载系数 ϕ_2 或突然卸载冲击系数 ϕ_3 考虑。

根据不同工况，各系数应乘以不同的载荷，详见载荷组合表 3-27。详细计算时，对吊钩起重小车动轮压为

$$P_1 = \phi_1 P_{x1} + \phi_2 P_{01} \left.\begin{array}{c} \\ \end{array}\right\}$$

$$P_2 = \phi_1 P_{x2} + \phi_2 P_{02}$$

(9-6)

根据载荷组合的不同，式中 ϕ_1、ϕ_2 也可能是 ϕ_4。当小车轮距不大时，可取合力 $\sum P = P_1 + P_2$ 来计算桥架。

对刚性吊具小车，常选用动力载荷系数 ϕ_2、ϕ_3、ϕ_4 计算。

按照起重机设计规范载荷组合规定，也可将动力载荷系数 ϕ_i 先乘在相应质量（载荷）上，再分别计算出动轮压值。

二、水平载荷

1. 起、制动惯性载荷

大车（指桥架）或小车运行起、制动时，将使桥架、小车和起升质量产生水平惯性力，

其各惯性力用以下总表达式计算，但不大于大车主动轮与钢轨之间的滑动摩擦力（黏着力），即水平惯性力 P_{Hi} 为

$$P_{Hi} = \phi_5 ma \leqslant \mu mg \frac{n_0}{n} \tag{9-7}$$

式中　m——产生惯性力的质量；

　　　a——运行加速度，由用户提供或由表 3-7 选取；

　　　ϕ_5——考虑结构水平振动的动载系数，一般取 $\phi_5 = 1.5$；

　　　n_0——大车主动轮数；

　　　n——大车车轮总数；

　　　μ——滑动摩擦系数，正常轨道面，$\mu = 0.14$，轨道上撒砂时，$\mu = 0.25$。

根据上式计算的惯性力为

1）小车运行起、制动惯性力为 P'_H，沿主梁轨顶作用而传给端梁。

2）大车起、制动惯性力。

半桥架质量 m_G 产生的水平惯性力，以水平均布载荷 F_H 作用于梁上。

由半桥架固定设备的集中质量 m_{Gi} 产生的惯性力 P_{Hi}，以水平集中力作用于梁的相应位置上。

小车质量和总起升的质量（$m_x + m$）产生的水平惯性力，以小车轮传递的水平移动集中力 P_{H1}、P_{H2} 作用于梁上，并与轮压的作用位置相对应。当轮压不大时，为简化计算，常以合力 $P_H = P_{H1} + P_{H2}$ 作用于主梁上。

2. 偏斜运行时的水平侧向载荷

桥架偏斜运行时产生的水平侧向载荷可按第三章决定。偏斜运行时的水平侧向载荷 P_s 作用在一侧端梁的相应车轮轮缘上。

3. 风载荷

跨度大于 30m 的露天工作的桥式起重机，应考虑风载荷，其计算参照第三章，风载荷按水平均布载荷作用于主梁上。有时为计算方便，也可两根主梁均布风载荷取等值。

三、扭转载荷

由于垂直、水平载荷对主梁截面的偏心作用而产生扭转载荷（见图 9-10），设中轨箱形梁截面扭心在形心 O 上。

由图 9-10 可见，走台、栏杆（含小车导电架、电缆等）的总重力 P_{Gz} 引起外扭矩 $T_z = P_{Gz}e$，因 P_{Gz} 均布，单位均布扭矩 $T' = T_z/S$，梁跨端机电设备固定重力 P_{Gj} 产生外扭矩 $T_j = P_{Gj}e$。水平惯性力 P_{H1} 和 P_{H2} 引起移动集中外扭矩 $T_H = (P_{H1} + P_{H2})h'$。在偏轨箱形梁中，小车动轮压 P_1、P_2 也产生外扭矩，当扭矩方向相同时，合扭矩为 $\sum T_P = (P_{H1} + P_{H2})h' + (P_1 + P_2)b_0/2$。这些扭矩分别作用于梁的不同截面上。

由于主梁和端梁采用固定的连接型式，这些扭转载荷可认为是作用在两端固定的梁上，如图 9-29 所示。

上述各种载荷对不同的桥架产生的作用也不同，应视具

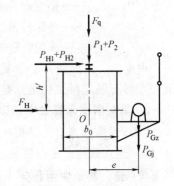

图 9-10　主梁载荷偏心作用

体情况区别对待。

起重机工作中所产生的垂直载荷和水平载荷出现的概率不同，不大可能同时出现，所以设计时不能用全部载荷计算桥架，应根据起重机的实际工况，把可能经常同时出现的最不利载荷作为一种计算组合来设计桥架。

桥式起重机桥架，常以起升、大车运行两机构同时起、制动工况，带载运行工况和试验工况来决定组合，详见载荷组合表3-27。

第三节 单 梁 桥 架

单梁桥架如图9-1、图9-2所示。由于结构相似设计相同，本节只介绍两种典型桥架的设计方法。

一、工字钢截面单梁桥架

单梁桥架（见图9-1a、b）是以一根工字钢做主梁，两根槽钢拼接后做端梁，主、端梁固接的结构型式。为保证工字钢梁的稳定，增大水平刚度，主、端梁连接要牢固。对较大跨度桥架，常以角钢（槽钢）做成的隔支承杆来加强，它与工字梁轴线夹角常取 30°~45°，因其受力较小，可按容许长细比 $[\lambda]$ =150 选用型钢。当隔支承杆不能保证时，需用水平桁架加强。水平桁架内弦杆为工字梁，外弦杆可用槽钢，腹杆采用单角钢构成三角形腹杆体系。因其受力不大，所以多用 $[\lambda]$ 来决定角钢型号。

这种桥架多用于起重量 1~3t，跨度小于 12m，大车轴距 $B \geqslant$ （1/7~1/5）S 以及起升、运行速度较低的梁式起重机。

由于以单根工字钢为主要承载构件，整体结构刚度较差，因此，常以刚度为条件进行设计。

1. 选定主要参数，规划桥架尺寸

明确设计桥架的跨度 S、起重量 m_Q、工作级别、葫芦小车尺寸、重量以及运行、起升速度后，首先选择工字钢型号，依刚度条件，工字钢所需的惯性矩为

$$I_x = \frac{(P_Q + P_{Gx}) S^3}{48E[Y_s]} \tag{9-8}$$

式中 P_Q、P_{Gx}——额定起升载荷和葫芦小车的重力；

$\qquad\quad E$——弹性模量；

$\qquad\quad [Y_s]$——许用垂直静态挠度，由表4-25查取。

根据 I_x、跨度和 $[\lambda]$，确定桥架轴距 B 以及工字钢、隔支承杆件（或水平桁架各型钢）型号。确定桥架初步方案后，再进行载荷计算、强度验算。

2. 具有隔支承杆工字钢梁的计算

（1）强度计算 工字钢主梁按载荷组合 B（表3-27）进行强度计算。

1）垂直载荷产生的弯曲应力。在垂直载荷作用下，桥架由于主、端梁固接，主梁受载发生弯曲变形时，装在端梁上的大车车轮就绕着轨顶转动，呈简支状态，因此在垂直载荷作用下，桥架可取简支梁计算简图。

考虑小车轮距很小，移动集中载荷为 $\sum P = \phi_1 P_{Gx} + \phi_2 P_Q$，均布载荷为 F_q，司机室载荷为 P_{Gs}，主梁计算简图如图 9-11 所示。小车位于跨中，主梁跨中截面总弯矩（忽略 P_{Gs} 的作用）为

$$M_x = \frac{\phi_1 F_q S^2}{8} + \frac{\sum PS}{4} \tag{9-9}$$

工字钢下翼缘外表面产生的整体弯曲应力为

$$\sigma_0 = \frac{M_x}{W_x} \tag{9-10}$$

式中 W_x——工字钢下翼缘外表面各点对 x 轴的抗弯截面系数。

跨中剪切力为

$$F_{S/2} \approx \frac{1}{2} \sum P \tag{9-11}$$

2）水平载荷产生的弯曲应力。大车起、制动时，按车轮打滑条件，计算均布惯性水平载荷 F_H 和集中水平惯性力 P_H 分别为

$$F_H = \mu F_q \frac{n_0}{n} \tag{9-12}$$

$$P_H = \mu (P_Q + P_{Gx}) \frac{n_0}{n} \tag{9-13}$$

式中符号含义同前。

水平载荷作用下主梁计算简图如图 9-12 所示。小车在跨中时，跨中截面弯矩可按超静定结构计算，为了简便常取支承间距 l，按简支梁近似计算，则弯矩为

$$M_y = \frac{F_H l^2}{8} + \frac{P_H l}{4} \tag{9-14}$$

工字钢下翼缘外表面自由边上产生的应力为

$$\sigma_3 = \frac{M_y}{W_y} \tag{9-15}$$

式中 W_y——工字钢下翼缘外表面自由边角点 3（见图 9-14）对 y 轴的抗弯截面系数。

同样可求得其他各点的应力。

297

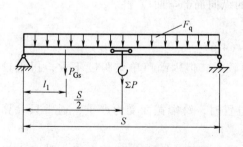

图 9-11 垂直载荷作用下主梁计算简图

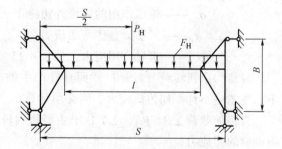

图 9-12 水平载荷作用下主梁计算简图

3）扭转载荷产生的应力。小车位于跨中，由于轮压不均以及大车制动产生的水平惯性力 P_H 对主梁轴线产生扭矩 $\sum T$，使工字梁发生约束扭转，计算简图如图 9-13 所示，则在工

字梁跨中截面下翼缘自由边上的约束扭转正应力 σ_ω 最大，按下式计算，即

$$\sigma_\omega = B\omega/I_\omega \tag{9-16}$$

式中　B——偏心载荷产生的双力矩，可参考文献［1］；

　　　ω——工字梁截面的主扇性面积；

　　　I_ω——工字梁截面主扇性惯性矩。

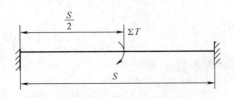

图9-13　扭转载荷作用下主梁计算简图

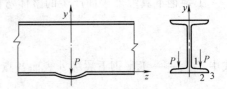

图9-14　工字梁下翼缘局部弯曲

4）翼缘局部弯曲应力。工字钢主梁下翼缘在小车轮压 P 作用下，将产生局部弯曲变形和局部弯曲应力，通常在翼缘根部、力作用点和外边缘产生较大应力，而后两处更为严重，如图9-14所示。

小车最大轮压力为

$$P = \frac{K}{n}(\phi_1 P_{Gx} + \phi_2 P_Q) \tag{9-17}$$

式中　K——轮压不均匀系数，$K = 1.3 \sim 1.7$，常取 1.5；

　　　n——葫芦小车车轮数。

各点局部应力的计算参阅第七章第六节。

5）工字梁截面计算点的折算应力。按载荷组合 B，跨中截面点 2、3（见图9-14）为危险点，应计算合成应力，2 点为平面应力状态，其合成应力为

$$\sqrt{(\sigma_0 + \sigma_{Pz})^2 + \sigma_{Px}^2 - \sigma_{Px}(\sigma_0 + \sigma_{Pz})} \leqslant [\sigma] \tag{9-18}$$

3 点为单向应力，其合成应力为

$$\sigma_0 + \sigma_3 + \sigma_\omega + \sigma_{bz} \leqslant [\sigma] \tag{9-19}$$

式中　σ_{Px}、σ_{Pz}——翼缘在轮压作用处外（下）表面点的横向和纵向局部弯曲应力；

　　　σ_{bz}——轮压作用的翼缘外边缘下表面的纵向局部弯曲应力；

　　　σ_0——工字梁整体弯曲应力；

　　　$[\sigma]$——钢材许用应力，见表4-13或式（4-6）。

显然约束扭转载荷对开口截面直杆产生的应力较大，但因葫芦单梁跨度不大，扭矩较小，常忽略不计。如扭矩较大，则必须计算。

当移动载荷 ΣP、P_H、ΣT 位于主梁跨端极限位置时，跨端截面受力严重，通常只验算该截面的切应力。

（2）刚度计算　主梁静态刚度，以满载（额定起升载荷）小车位于跨中产生的垂直静位移 Y_s 来表征，应满足

$$Y_s = \frac{(P_Q + P_{Gx})S^3}{48EI_x} \leqslant [Y_s] \tag{9-20}$$

动态刚度按第四章所述方法计算。

（3）整体稳定性计算 凡符合下列条件之一者，可不计算其整体稳定性：

1）有水平桁架的单梁桥架。

2）工字钢受压翼缘侧向自由长度与宽度比值（l/b）小于表 7-1 内的规定值时。

否则按第七章验算工字梁的整体稳定性。

3. 具有水平桁架工字钢梁的计算

工字梁计算同前，仅水平载荷作用的计算不同。水平载荷全由水平桁架承受，大车制动产生的桥架质量惯性力，视为节点载荷 $F = F_H l$，葫芦小车和总起升质量的惯性力 P_H 作为移动集中载荷，按图 9-15 所示的计算简图求桁架各杆的内力，并验算强度。

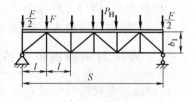

图 9-15　水平桁架计算简图

在水平载荷作用下（小车位于节间），工字钢梁产生轴向力 N 和节间局部弯矩 $M_j = P_H l/6$。在验算工字梁强度时，应考虑 N 和 M_j 产生的应力值。

4. 端梁计算

端梁常采用双槽钢拼接截面、焊接 Π 型截面和模压 Π 型截面，如图 9-16 所示。

端梁主要进行强度计算，为计算简化，常忽略小车惯性力 P_H' 和侧向力 P_s，而以降低 20% 的许用应力考虑其影响。因此，端梁主要承受小车位于主梁跨端对端梁产生的支承力 F_R 和端梁均布重力 F_{ql} 的作用，计算简图如图 9-17 所示。

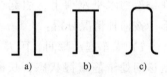

图 9-16　端梁截面型式
a）双槽钢型　b）焊接 □ 型　c）模压 □ 型

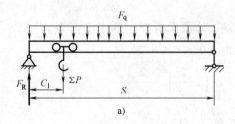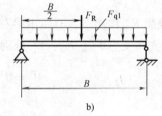

图 9-17　主梁支承力 F_R 和端梁计算简图

端梁作用力 F_R、端梁跨中弯矩 M_x、端梁支承处剪切力 F 为

$$F_R = \frac{\phi_1 F_q S}{2} + \frac{\sum P(S-c_1)}{S} \qquad (9-21)$$

$$M_x = \frac{\phi_1 F_{q1} B^2}{8} + \frac{F_R B}{4} \qquad (9-22)$$

$$F = \frac{F_R}{2} + \frac{\phi_1 F_{q1} B}{2} \qquad (9-23)$$

端梁跨中弯曲应力和支承处切应力为

$$\sigma = \frac{M_x}{W_x} \leqslant 0.8[\sigma] \qquad (9-24)$$

$$\tau = \frac{FS_x}{I_x \sum \delta} \leq 0.8[\tau] \tag{9-25}$$

式中　W_x——端梁跨中截面抗弯截面系数；

　　　I_x——端梁支承处截面惯性矩；

　$\sum \delta$、S_x——端梁支承处腹板总厚度和半截面静矩；

　0.8——许用应力降低系数。

主、端梁的连接型式、构造和计算见本章第四节。

二、模压封闭截面单梁桥架

这种桥架是我国目前梁式起重机金属结构的主要型式，如图 9-2a 所示。

1. 主梁的计算

（1）内力分析　在垂直载荷作用下，主梁的计算简图、载荷计算、主梁截面各点的应力计算等，均与上述单梁桥架相同。

大车起、制动时产生的水平载荷，作用在桥架的水平刚架上，引起主梁水平弯曲变形。按两种情况分析：

1）大车起动瞬间，因大车四角点车轮与轨道间处于静摩擦状态，从而阻碍了车轮的横向滑移，起到了约束作用。故大车起动工况可取外部三次超静定水平刚架作为计算简图（见图 9-18），并可与从地面起升物品的工况相组合。

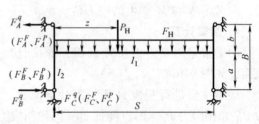

图 9-18　大车起动工况水平刚架计算简图

在均布载荷 F_H 作用下，对距主梁左端 z 处截面所产生的水平弯矩 M_y^F、剪切力 F_s^F、轴向力 N^F 以及支座反力 F_A^F、F_B^F、F_C^F 分别为（$0 \leq z \leq S/2$）

$$M_y^F = M^F \left[1 - \left(1 - \frac{2z}{S} \right)^2 - \frac{2}{3r_1} \right] \tag{9-26}$$

$$F_s^F = \frac{F_H S}{2} - F_H z \tag{9-27}$$

$$N^F = \frac{a-b}{ab} \frac{2M^F}{3r_1} \tag{9-28}$$

$$F_A^F = \frac{a}{b(a+b)} \frac{2M^F}{3r_1} \tag{9-29}$$

$$F_B^F = \frac{b}{a(a+b)} \frac{2M^F}{3r_1} \tag{9-30}$$

$$F_C^F = \frac{F_H S}{2} \tag{9-31}$$

式中　M^F——在水平面内将主梁视为简支梁算得的跨中截面的水平弯矩，$M^F = F_H S^2 / 8$；

　　　r_1——计算系数，$r_1 = 1 + \dfrac{2ab}{3(a+b)} \dfrac{I_1}{SI_2}$，$I_1$，$I_2$ 分别为主梁、端梁截面对其竖直的 y 轴

的惯性矩。

移动集中载荷 P_H 位于距主梁左端 z 处，对该截面产生的内力 M_y^P、F_s^P、N^P 和支反力 F_A^P、F_B^P、F_C^P 分别为（$0 \leqslant z \leqslant S/2$）

$$M_y^P = M^P\left(1 - \frac{1}{2r_1}\right) \tag{9-32}$$

$$F_s^P = P_H\left(1 - \frac{z}{S}\right) \tag{9-33}$$

$$N^P = \frac{a-b}{ab}\frac{M^P}{2r_1} \tag{9-34}$$

$$F_A^P = \frac{a}{b(a+b)}\frac{M^P}{2r_1} \tag{9-35}$$

$$F_B^P = \frac{b}{a(a+b)}\frac{M^P}{2r_1} \tag{9-36}$$

$$F_C^P = P_H\left(1 - \frac{z}{S}\right) \tag{9-37}$$

式中　M^P——在水平面内将主梁按简支梁计算的 P_H 力作用截面（z）的水平弯矩，$M^P = P_H z\left(1 - \dfrac{z}{S}\right)$。

由此可得起动瞬间距主梁左端 z 处截面的总内力 M_y^q、F_s^q、N^q 和支座反力 F_A^q、F_B^q、F_C^q 为

$$\left.\begin{aligned}
M_y^q &= M_y^P + M_y^F \\
F_s^q &= F_s^P + F_s^F \\
N^q &= N^P + N^F \\
F_A^q &= F_A^P + F_A^F \\
F_B^q &= F_B^P + F_B^F \\
F_C^q &= F_C^P + F_C^F
\end{aligned}\right\} \tag{9-38}$$

因 N^q 较小，常忽略不计。若需要计算位于主梁左端 z 处的移动载荷 P_H 对跨中产生的弯矩，则可按下式决定，即

$$M_{S/2}^P = \frac{P_H z}{2}\left(1 - \frac{1 - z/S}{r_1}\right) \tag{9-39}$$

均布载荷 F_H 对跨中产生的弯矩为

$$M_{S/2}^F = \frac{F_H S^2}{8}\left(1 - \frac{2}{3r_1}\right) \tag{9-40}$$

主梁的水平剪切力可按简支梁计算。

2）大车制动时，水平刚架做减速运动，从开始制动到主动车轮停止转动，惯性力由小到大始终存在，大车停止瞬间达到最大值。大车从动轮停止滚动之前，水平刚架受惯性力作用已产生了部分变形，即从动轮在轨顶已发生少许横向滑移，因此滚动的从动轮对端梁端部的变形约束作用有所减弱，为了简化可忽略其横向约束，仅考虑主动车轮纵、横两个方向的约束作用。此时，大车制动工况可近似取外部一次超静定刚架作为计算简图（见图9-19），

并可与从空中突然卸载（物品）的工况相组合。

在均布载荷 F_H 作用下对距主梁左端 z 处截面所产生的弯矩 M_{y1}^F、剪切力 F_{s1}^F、支座反力 F_{C1}^F，可分别按式（9-26）、式（9-27）和式（9-31）计算，式中 r_1 用 r_2 代替。主梁轴向力 N_1^F 与支座反力 F_{B1}^F 相等，即

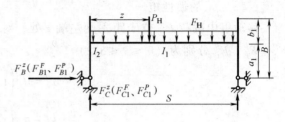

图 9-19 大车制动工况水平刚架计算简图

$$N_1^F = -F_{B1}^F = \frac{2M^F}{3a_1 r_2} \tag{9-41}$$

式中 r_2——计算系数，$r_2 = 1 + \dfrac{2a_1 I_1}{3SI_2}$。

移动集中载荷 P_H 位于距主梁左端 z 处，对该截面产生的内力 M_{y1}^P、F_{s1}^P、支座反力 F_{C1}^P 分别按式（9-32）、式（9-33）和式（9-37）计算，式中 r_1 用 r_2 代替。主梁轴向力 N_1^P 与支座反力 F_{B1}^P 也是相等的，即

$$N_1^P = -F_{B1}^P = \frac{M^P}{2a_1 r_2} \tag{9-42}$$

上列式中，M^F、M^P 的意义和计算同前。

由此可得制动时，距主梁左端 z 处截面的总内力 M_y^z、F_s^z、N^z 和支座反力 F_B^z、F_C^z，可参照式（9-38）的组合。

图 9-18、图 9-19 中，若 $a = b$，$a_1 = b_1$，则仍可采用以上各式进行计算。通常 $a_1 = a$，$b_1 = b$。

大车偏斜运行时应考虑侧向力 P_s 对桥架产生的内力，P_s 作用在一侧端梁两端并与两侧端梁上沿轨道方向的偏斜超前力 F_w 相平衡，其计算简图如图

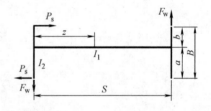

图 9-20 侧向力作用下水平刚架计算简图

9-20 所示。距主梁左端 z 处，容易算出主梁截面的弯矩和剪切力。

（2）强度计算　计算水平载荷产生的应力时，应考虑大车起、制动与偏斜运行产生的载荷组合。

在垂直、水平和扭转载荷作用下算出主梁危险截面的内力，用以验算主梁各点的强度，其计算方法同前。

模压封闭截面主梁的刚度（惯性矩）很大，扭转载荷产生的应力很小，可忽略不计。整体稳定性一般都能保证，也可不考虑。

单梁起重机的工作级别在 E4 以下，可不验算桥架的疲劳强度。

（3）刚度计算　主梁垂直方向的静挠度用式（9-20）计算。水平位移一般不必计算，如有要求，可将小车置于跨中，计算起动工况的跨中水平位移，即

$$Y_H = \frac{P_H S^3}{48EI_1}\left(1 - \frac{3}{4r_1}\right) + \frac{5F_H S^4}{384EI_1}\left(1 - \frac{4}{5r_1}\right) \leqslant [Y_H] \tag{9-43}$$

式中 $[Y_H]$——主梁跨中水平许用位移，$[Y_H] = S/2000$。

大车制动工况的水平刚架位移仍用式（9-43）计算，但式中 r_1 用 r_2 代替。动态刚度按第四章所述方法计算。

2. 端梁的计算

端梁计算的截面为跨中和车轮支承截面。支承截面可只验算垂直载荷作用下的强度，跨中截面还应考虑水平载荷的作用。计算端梁的载荷一般按小车位于主梁跨端极限位置来决定。

设垂直载荷和水平载荷在端梁跨中产生的弯矩为 M_x 和 M_y，则跨中截面角点的应力为

$$\sigma = \frac{M_x}{W_x} + \frac{M_y}{W_y} \leqslant [\sigma] \tag{9-44}$$

式中 W_x、W_y——端梁跨中截面对 x 轴和 y 轴的抗弯截面系数；

　　　$[\sigma]$——端梁材料的许用应力。

主、端梁的连接构造和计算见本章第四节。

宽翼缘工字钢单梁和箱形单梁桥架的计算与模压封闭截面单梁桥架类似，不再复述。

第四节　中轨箱形梁桥架

中轨箱形双梁桥架是桥式起重机最常用的结构型式，桥架及截面型式如图 9-3、图 9-4a 所示。这种典型的箱形梁桥架强度高，刚度好，制造、维修方便，应用广泛，多用于起重量 $m_Q = 5 \sim 50t$ 的桥式起重机中，下面介绍这种桥架的设计。

一、确定桥架型式和规划结构尺寸

根据用户要求确定桥架型式，并依据设计参数选取结构的尺寸。主要设计参数是结构工作级别 Ei，额定起重量 m_Q，跨度 S，起升高度 H 和大、小车运行速度 v。

桥架界限尺寸如图 9-3 所示，除跨度外，还有轴距，其大小直接影响大车运行状况，常取 $B = (1/7 \sim 1/5)S$；小车轨距 K 由起重小车决定；走台宽度 $1 \sim 1.5m$；栏杆高为 $1.0m$；小车导电架高常为 $1.5 \sim 2.0m$。

桥架主梁、端梁尺寸如图 9-21 所示，梁的高度 $H_1(H_2)$ 是梁的重要尺寸，主梁高度通常可选 $H_1 = (1/17 \sim 1/14)S$；端梁高度 H_2 应略大于车轮直径。梁宽 $B_1(B_2)$ 与梁的水平刚度和焊接工艺有关，主梁 $B_1 \geqslant (1/60 \sim 1/50)S$，通常 $H_1/B_1 \leqslant 3$；端梁支承车轮处宽度 B_3 依选用的车轮组而定，对中、小起重量的桥式起重机，端梁中段梁宽 $B_2 = B_3$；对较大起重量的桥式起重机，为增大端梁水平刚度和便于主、端梁连接，通常 B_2 比 B_3 大 $50 \sim 100mm$，但给制造带来不便。为使主、端梁连接方便，考虑主梁弯矩变化情况，将主梁做成变截面的，端部变截面长度 $d = (1/8 \sim 1/4)S$，变截面端部高度等于端梁高度，常取 $H_2 \approx 0.5H_1$。

主、端梁翼缘板厚度 $\delta_0 = 6 \sim 40mm$，通常上、下翼缘板厚度相等，起重量大时，上翼缘板承受压应力大，板厚较大，这要根据强度决定；腹板厚度依起重量而定：

$m_Q = 5 \sim 30t$　　　　　　$\delta_1 = 6mm$

$m_Q = 30 \sim 75t$　　　　　$\delta_1 = 7 \sim 8mm$

$m_Q = 75 \sim 125t$　　　　$\delta_1 = 8 \sim 10mm$

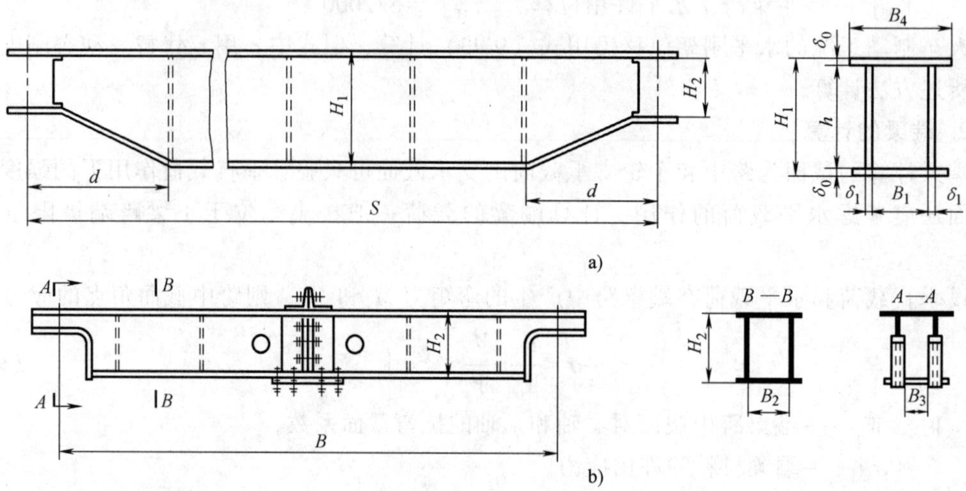

图 9-21　主、端梁尺寸

a）主梁尺寸　b）端梁尺寸

参照上述要求，可以规划桥架初步设计尺寸。其中最关键的尺寸是主梁高度 H_1，通常根据现有产品或按第七章的方法决定。

当桥架尺寸规划后，可进行各部分的质量计算，校核强度、刚度和稳定性，当其中一项不满足设计要求时，需要修改设计，甚至重新规划桥架尺寸，再进行校核验算，直至满足要求为止。

二、箱形主梁的设计计算

1. 载荷

桥架主梁受有垂直、水平方向的载荷与扭转载荷，设计主梁时，应以载荷组合表 3-27 中的组合 B 进行计算。

2. 强度

（1）静强度　主梁静强度设计计算应按最不利载荷组合对危险截面进行强度验算，校核所选取的主梁截面是否满足要求。

主梁通常在垂直载荷、水平载荷与扭转载荷作用下，验算同一危险截面的同一验算点的强度。危险截面为移动载荷分别位于跨中、跨端极限位置时的跨中、跨端截面，验算点如图 9-22 所示。各点所计算的应力是不同的。1 点存在最大的自由弯曲正应力，2 点存在最大的约束弯曲正应力，3 点存在最大切应力，4 点存在最大的局部弯曲压应力等。

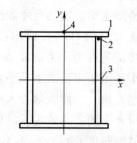

图 9-22　主梁危险截面验算点

1）垂直载荷作用下主梁的内力和应力。垂直载荷有固定载荷和移动载荷，在它们作用下，桥架端梁上的车轮可绕大车轨顶横向转动。因此，常取简支梁的计算简图。固定载荷作用的简图如图 9-23 所示，容易算出主梁跨中 z 截面的弯矩 M_x^F 和跨端截面的剪切力 F_{c1}^F。

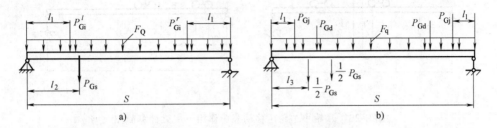

图 9-23　固定载荷作用下主梁计算简图

a) 固定力以合力作用　b) 固定力分别作用

移动载荷作用下主梁跨中央截面产生的最大弯矩可用影响线求出，当四轮小车在一根主梁上的两个轮压不相等（$P_1 > P_2$），P_1 距主梁左端支承点为 $z = 0.5(S - b_1)$ 时，P_1 车轮下的梁截面产生最大弯矩和相应剪切力，计算简图如图 9-24a 所示，内力分别为

$$M_z^P = M_x^P = \frac{\sum P}{4S}(S - b_1)^2 \tag{9-45}$$

$$F_z^P = \frac{1}{2}\sum P\left(1 - \frac{b_1}{S}\right) \tag{9-46}$$

式中　$\sum P$——一根主梁上小车轮压之和，$\sum P = P_1 + P_2$；

　　　b_1——$\sum P$ 与 P_1 之间的距离，$b_1 = \dfrac{P_2 b}{P_1 + P_2}$；

　　　b——小车轮距。

移动载荷 P_1 位于梁跨端的极限位置（$z = c_1$）时，如图 9-24b 所示。梁跨端产生相应弯矩和最大剪切力为

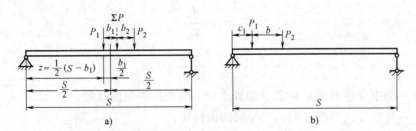

图 9-24　四轮小车轮压移动载荷作用下主梁计算简图

$$M_{c1}^P = M_x^P = F_{c1}^P c_1 \tag{9-47}$$

$$F_{c1}^P = \frac{\sum P}{S}(S - b_1 - c_1) \tag{9-48}$$

八轮小车在一根主梁上作用四个小车轮压，并且 $2P_1 > 2P_2$，计算简图及载荷如图 9-25 所示。当 $z = (S - b_1)/2$ 时，靠近合力的第二个车轮下的梁截面中产生最大弯矩和相应剪切力，即

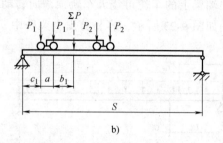

图 9-25 八轮小车轮压移动载荷作用下主梁计算简图

$$M_z^P = M_x^P = \frac{\Sigma P\,(S-b_1)^2}{4S} - P_1 a \tag{9-49}$$

$$F_z^P = P_2 - (P_2 + P_2)\frac{b_1}{S} \tag{9-50}$$

小车位于梁跨端极限位置时（见图 9-25b），梁跨端截面的相应弯矩和最大剪切力为

$$M_{c1}^P = M_x^P = F_{c1}^P c_1 \tag{9-51}$$

$$F_{c1}^P = \frac{\Sigma P}{S}(S - b_1 - a - c_1) \tag{9-52}$$

其中

$$b_1 = \frac{2P_2 b - a(P_1 - P_2)}{2(P_1 + P_2)}$$

$$\Sigma P = 2(P_1 + P_2)$$

由此可得跨中 z（或跨端）截面的内力为

$$M_x = M_x^F + M_x^P \tag{9-53}$$

$$F_{c1} = F_{c1}^F + F_{c1}^P \tag{9-54}$$

跨中 z（或跨端）截面内各验算点（见图 9-22）的弯曲正应力和切应力为

$$\sigma_{0x} = \frac{M_x}{W_x} \tag{9-55}$$

$$\tau_{0x} = \frac{F_{c1} S_{xi}}{2 I_x \delta} \tag{9-56}$$

式中 W_x——跨中（或跨端）截面各验算点对 x 轴的抗弯截面系数；

       I_x——跨中（或跨端）截面对 x 轴的惯性矩；

       S_{xi}——沿验算点截出部分截面对 x 轴的静矩；

       δ——验算点处腹板厚度。

2）水平载荷作用下主梁的内力和应力。为保证桥架具有足够的整体刚度，在水平面内主梁与端梁刚性连接，形成一个刚架结构。它受有均布载荷 F_H、移动集中惯性载荷 P_{H1} 和 P_{H2} 的作用。由于 P_{H1} 和 P_{H2} 较小，轮距又不大，为计算简便，通常以一个移动集中水平力 $P_H = P_{H1} + P_{H2}$ 作用在水平刚架上。

与单梁桥架类似，双梁水平刚架计算简图也分为两种情况。先讨论均布载荷 F_H 的作用。

① 大车起动时，计算简图如图 9-26 所示，并可与从地面起升物品的工况相组合。先算出刚架的支反力 F_C^i，根据结构力学的等价作用原理，分别将刚架驱动侧支反力 F_C^i 的一半（即 F_C^q）移至从动侧端梁外端，并不改变主梁内力和水平反力的大小，只引起端梁不同截面上轴向力的变化；显然，双梁刚架作用力对端梁中点 CD 连线呈反对称形式，而 C 和 D 为反弯点，只受剪切力和轴向力作用。切开反弯点，把从动侧端梁外端的轴向力 F_C^q 反向移加在反弯点切口的两侧，其一作为从动侧半刚架的支反力，反弯点剪切力代表水平支承，而驱动侧半刚架的综合支反力也是 F_C^q，于是，便可将双梁水平刚架分解成与图 9-18 相同的两个单梁水平刚架。这样，就可引用单梁水平刚架的相应公式计算其支反力和内力。

② 大车制动时，计算简图如图 9-27 所示，并可与从空中突然卸载（物品）的工况相组合。在均布载荷 F_H 作用下，对称于跨中央的双梁水平刚架，每根主梁两端的弹性支承端弯矩相等，致使两端梁反弯点 C 和 D 的位置对应相同，即距同一主梁等距离，CD 连线与主梁纵轴线平行。

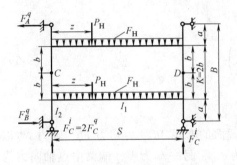

图 9-26 大车起动水平刚架计算简图

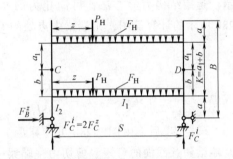

图 9-27 大车制动水平刚架计算简图

由于同一端梁两端支承不同，又使该端梁上两根主梁的弹性端弯矩不相等，导致端梁反弯点 C 和 D 偏离中点，距从动侧（无支承侧）主梁为 a_1，距驱动侧主梁为 b，而 b 和 a_1 可按端梁反弯点切口处的反向剪切力相等条件确定，即

$$b = a\left(-A + \sqrt{A^2 + \frac{K}{a}A}\right) \tag{9-57}$$

$$a_1 = K - b \tag{9-58}$$

其中

$$A = 1 + \frac{2KI_1}{3SI_2}$$

端梁反弯点位置确定后，切开反弯点，将驱动侧端梁的竖向反力 F_C^i 的一半（即 F_C^z）反向作用在该端梁反弯点切口的两边，其一作为从动侧半刚架的竖向反力，反弯点剪切力代表水平支承，使双梁水平刚架从动侧的半刚架与制动工况的单梁水平刚架相同，而由双梁水平刚架中分解出的驱动侧半刚架，其综合竖向反力也是 F_C^z，便与起动工况的单梁水平刚架相同。因此，可采用单梁水平刚架的相应公式计算其内力和反力。

在水平移动集中载荷 P_H 作用下，寻找刚架反弯点较麻烦，但仍可利用刚架作用力的反对称性质来判定反弯点的位置。起动工况水平刚架，与均布载荷相同，刚架作用力对端梁中点连线呈反对称形式，端梁中点为反弯点。制动工况水平刚架，端梁两端支承不同，反弯点位置难定，需将刚架载荷（对跨中央）分解成对称和反对称两组力系分析：对称力系刚架，与均布载荷相同，端梁反弯点位置也按（a_1，b）确定；反对称力系刚架，按其性质可知刚架对称的水平支反力等于零，再将刚架竖向反力的一半移至端梁另一端，此刚架的作用力对端梁中点连线也呈反对称，端梁中点即反弯点（$K/2$），它与前者位置（a_1，b）有些差距，近似计算可取两者的平均值 0.5（$b+K/2$）来确定。切开反弯点将双梁刚架分解成两个单梁水平刚架，就可以引用单梁相应公式计算内力和反力。

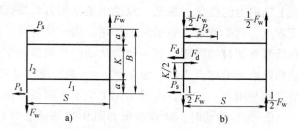

图 9-28　侧向力作用下的水平刚架计算简图

a）载荷作用简图　b）内力计算简图

大车运行或运行制动中，往往产生偏斜运行水平侧向载荷 P_s。它在主、端梁中引起内力，计算简图如图 9-28 所示。运用结构力学方法，可简化为图 9-28b 所示的计算简图，则端梁中点处的剪切力 F_d 为

$$F_d = P_s \left(\frac{1}{2} - \frac{a}{Kr_s} \right) \tag{9-59}$$

式中　r_s——计算系数，$r_s = 1 + \dfrac{KI_1}{3SI_2}$。

确定 F_d 后，由图 9-28b 可计算距主梁左端 z 处截面的弯矩 M_y^s、剪切力 F_s^s、轴力 N^s 以及端梁任意截面的弯矩、剪切力。端梁一端轴向力为 F_w，另一端为零，端梁中点轴向力为 $F_w/2$。

在偏斜运行的水平侧向载荷作用下进行内力计算时，因 P_s、F_w 产生的扭矩很小，常忽略不计。

由上述计算可得：大车起动工况，主梁跨中截面（或跨端截面）总内力为

$$M_y = M_y^q \tag{9-60}$$

$$F_s = F_s^q \tag{9-61}$$

$$N = N^q \tag{9-62}$$

大车制动并发生偏斜时，主梁跨中（或跨端）截面总内力为

$$M_y = M_y^z + M_y^s \tag{9-63}$$

$$F_s = F_s^z + F_s^s \tag{9-64}$$

$$N = N^z + N^s \tag{9-65}$$

上述内力在危险截面的各验算点引起的应力 σ_{0y}、τ_{0y} 可分别用式（9-55）、式（9-56）计算，并将式中各量换成相应的值。

3）扭转载荷作用下主梁的内力和应力。主梁承受扭转载荷，有均布外扭矩 T'、固定集中外扭矩 T_j 和移动集中外扭矩 ΣT_p。计算简图如图 9-29 所示。

因主梁受均布外载荷和主梁的对称性，可知跨中

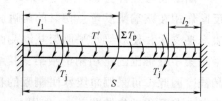

图 9-29　扭转载荷作用下主梁计算简图

截面产生的内扭矩为零，梁跨端截面内扭矩为

$$T'_n = \frac{1}{2} T'S \qquad (9\text{-}66)$$

移动集中外扭矩 $\sum T_p$ 产生的内扭矩，按作用于梁截面上的外扭矩对该截面左右两段产生扭转角相等的条件分配于主梁的两段上（依两段长度反比分配）。于是，$\sum T_p$ 作用截面左、右两段的内扭矩分别为

$$T^P_{nl} = \sum T_p \frac{S-z}{S}, \quad T^P_{nr} = \sum T_p \frac{z}{S} \qquad (9\text{-}67)$$

同理，可求得固定集中外扭矩 T_i 作用截面在梁的左右两段产生的内扭矩 T^j_{nl}、T^j_{nr}。

于是，小车在跨端（$z = l_1$）左段截面产生的内扭矩为

$$T_n \approx T'_{nl} + T^j_{nl} + \cdots + T^P_{nl} \qquad (9\text{-}68)$$

扭矩 T_n 按自由扭转考虑，在箱形梁端截面的各板中均产生切应力 τ_n，由第七章可知

$$\tau_n = \frac{T_n}{2A_0\delta} \qquad (9\text{-}69)$$

式中　A_0——箱形主梁端部截面周边的板厚中线围成的面积；

　　　δ——计算切应力处的板厚。

4）轮压作用下翼缘板局部弯曲应力。中轨箱形梁小车轮压作用下的翼缘板产生局部弯曲，引起局部弯曲的纵向应力 σ_a 和横向应力 σ_b，计算方法详见第七章。

5）危险截面内验算点的强度校核。在上述载荷作用下，主梁危险截面的验算点（见图9-22）产生不相同的应力，应按最不利载荷组合决定；而跨中和跨端截面验算点也不相同。若忽略水平载荷产生的切应力 τ_{0y}，则各点的组合应力 σ_1、σ_2、σ_3、σ_4 分别为

$$\sigma_1 = \sigma_{0x} + \sigma_{0y} \leq [\sigma] \qquad (9\text{-}70)$$

$$\sigma_2 = \sqrt{(\sigma_{0x} + \sigma_{0y})^2 + 3(\tau_{0x} + \tau_n)^2} \leq [\sigma] \qquad (9\text{-}71)$$

$$\sigma_3 = \sqrt{\sigma_{0y}^2 + 3(\tau_{0x} + \tau_n)^2} \leq [\sigma] \qquad (9\text{-}72)$$

$$\sigma_4 = \sqrt{(\sigma_0 + \sigma_a)^2 + \sigma_b^2 - (\sigma_0 + \sigma_a)\sigma_b + 3\tau_n^2} \leq [\sigma] \qquad (9\text{-}73)$$

式中　σ_{0x}、σ_{0y}——验算点1、2、3的对 x 轴和 y 轴的弯曲正应力；

　　　σ_0——验算点4的自由弯曲正应力；

　　　$[\sigma]$——许用应力，按表4-13决定，或按式（4-6）计算。

以上各式中相同符号的应力值（如 σ_{0x}、σ_{0y}、τ_{0x}、τ_n）并不相同，应根据不同验算点的位置计算。

在以上应力组合中，忽略了梁的约束弯曲、约束扭转产生的附加正应力和切应力；中轨箱形梁翼缘板宽度不大，约束弯曲附加正应力不超过自由弯曲正应力的6%，而约束扭转附加正应力约占8%，应根据具体的应力情况考虑采用不同的系数加以体现。

（2）疲劳强度　主梁的疲劳强度取决于工作应力谱、应力循环次数、反映应力集中情况的接头型式、应力循环特性和疲劳点的最大应力等。通常对结构件工作级别大于E4（含）的主梁需验算疲劳强度。

根据主梁疲劳破坏实例和试验结果，主梁发生疲劳破坏的敏感部位为：一是大、小隔板与上翼缘板、腹板的上部连接焊缝；二是梁的翼缘焊缝，以及跨中大隔板最下端与腹板受拉

区的连接焊缝与腹板。因此，常选这些敏感部位作为疲劳强度的验算点。

用载荷组合 A 验算主梁的疲劳强度，疲劳验算点的最大应力应满足

$$\sigma_{\max} \leqslant [\sigma_r] \tag{9-74}$$

式中　$\sigma_{\max}$——代表验算点的单项正应力或切应力；

　　　$[\sigma_r]$——疲劳许用应力，按表 4-15、表 4-16 计算。其应力循环特性 r_i 值，可依空载小车位于跨端和满载小车位于跨中对同一验算点算得的应力比值。如主梁验算点同时受有多向应力，则按第四章所述方法验算。

3. 稳定性

箱形梁具有很大的水平刚度和扭转刚度，再加上水平走台的辅助作用，其整体稳定性一般不需要验算。对于大跨度主梁，需要时可按第七章进行验算。

主梁的腹板和翼缘板的局部稳定性按第七章的方法验算。

4. 刚度

（1）静态刚度　主梁在垂直载荷作用下，用跨中产生的静挠度表征主梁的静态刚度，并按其承受的满载小车静轮压来计算。因满载小车可由主梁跨端运行至跨中，故轮压中含有小车的重力，而不考虑小车在跨中起吊载荷的工况，此时小车重力和起升载荷共同使主梁产生变形。

若小车两个轮压不等，且对称作用于梁中央时（见图 9-30a），主梁的静挠度按下式计算，即

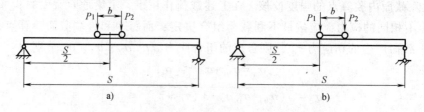

图 9-30　两轮压作用下主梁的静态挠度计算简图

$$Y_s = \frac{P_1 + P_2}{48EI_x}\left[S^3 - \frac{b^2}{2}(3S - b)\right] \leqslant [Y_s] \tag{9-75}$$

式中　P_1、P_2——小车静轮压，不计动载系数和冲击系数；

　　　b——小车轮距；

　　　I_x——主梁截面对 x 轴的惯性矩；

　　　S——跨度；

　　　$[Y_s]$——许用静位移，见表 4-25。

若最大轮压 P_1 位于主梁跨中时，可按近似式计算主梁的挠度，即

$$Y_s = \frac{P_1 S^3}{48EI_x}\left[1 + \alpha(1 - 6\beta^2)\right] \leqslant [Y_s] \tag{9-76}$$

其中

$$\alpha = \frac{P_2}{P_1} < 1, \beta = \frac{b}{S}$$

一根主梁上有四个轮压作用时，往往两两相等或接近，依轮压的不同位置按以下两种情

况（见图9-31）计算梁的挠度。

轮压对称作用于梁中央时（见图9-31a），主梁挠度为

$$Y_s = \frac{1}{6EI_x}\left[P_1c\left(\frac{3}{4}S^2 - c^2\right) + P_2d\left(\frac{3}{4}S^2 - d^2\right)\right] \leq [Y_s] \tag{9-77}$$

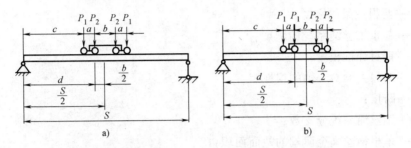

图9-31　四轮压作用下主梁的静态挠度计算简图

主梁中央两边各有一对各自相等的轮压时（见图9-31b），其位置对称作用于跨中央，则主梁挠度为

$$Y_s = \frac{P_1 + P_2}{12EI_x}\left[c\left(\frac{3}{4}S^2 - c^2\right) + d\left(\frac{3}{4}S^2 - d^2\right)\right] \leq [Y_s] \tag{9-78}$$

梁的挠度按等截面梁计算，虽未考虑两端截面减小的影响，但计算出的挠度值与梁的实际挠度值很接近，这是因为有附加件（走台、栏杆等）的作用，使主梁刚度得到补偿。

主梁在水平载荷作用下，将产生水平位移。由于主梁侧设有走台板，增加了主梁的水平刚度，使得梁的水平位移很小，一般不需计算。如有要求时，可按图9-26和图9-27的双梁水平刚架计算主梁跨中的水平位移。

水平移动载荷 P_H 位于跨度中央时，在 P_H 和均布载荷 F_H 的作用下主梁跨中央产生的水平位移，也可按分解成的单梁水平刚架起、制动工况计算。大车起动时，主梁水平位移按式（9-43）计算，大车制动时，主动侧主梁仍按式（9-43）计算水平位移，从动侧主梁也用式（9-43）计算水平位移，但 r_1 需用 r_2 代替。

（2）动态刚度　额定起升载荷起升、下降过程中，桥式起重机系统容易发生缓慢、持续的衰减振动，既影响物品的准确定位和摘挂钩的操作，又容易使人体和结构发生疲劳。因此，要求物件准确定位的起重机应保证足够的动态刚度。起重机动态刚度不仅与承载结构质量和刚度有关，也与起重钢丝绳系统的刚度和起升质量有关，桥式起重机动态刚度用满载小车位于主梁跨中时的垂直自振频率 f 表征，即

$$f_V \geq [f_V] \tag{9-79}$$

f_V 值可按第四章的公式计算，$[f_V] = 1.4 \sim 2\text{Hz}$。

为使 f_V 值计算准确，还可用精确式计算，即

$$f_V = \frac{\omega}{2\pi} \geq [f_V] \tag{9-80}$$

式中　ω——圆频率，计算公式为

$$\omega_{1,2} = \sqrt{\frac{1}{2}\left(\frac{K_a + K_b}{m_1} + \frac{K_b}{m_2}\right) \mp \sqrt{\frac{1}{4}\left(\frac{K_a + K_b}{m_1} + \frac{K_b}{m_2}\right)^2 - \frac{K_aK_b}{m_1m_2}}} \tag{9-81}$$

311

$$K_{\mathrm{a}} = \frac{48 E I_x}{S^3} \tag{9-82}$$

$$K_{\mathrm{b}} = \frac{n E_{\mathrm{r}} A_{\mathrm{r}}}{H} \tag{9-83}$$

式中　　K_{a}——两根主梁的刚度；

$\quad\quad K_{\mathrm{b}}$——起重钢丝绳系统的刚度；

$\quad\quad E$——钢材弹性模量；

$\quad\quad I_x$——两根主梁对 x 轴的惯性矩；

$\quad\quad S$——跨度；

$\quad\quad n$——钢丝绳系统分支数；

$\quad\quad A_{\mathrm{r}}$——单根钢丝绳金属丝的截面面积；

$\quad\quad H$——起升高度，对额定起重量 $m_{\mathrm{Q}} = 20\sim50\mathrm{t}$ 的起重机，H 值应减少 $1.5\sim2\mathrm{m}$；

$\quad\quad E_{\mathrm{r}}$——钢丝绳的弹性模量；

$\quad\quad m_1$——两根主梁在跨中的换算质量与小车质量之和；

$\quad\quad m_2$——总起升质量。

目前尚未要求验算桥式起重机的水平动态刚度，需要时可参照 ISO 22986：2007《起重机—刚度—桥式和门式起重机》进行近似计算，当不考虑起升质量时，可取 $[f_{\mathrm{H}}] = 1.3\sim1.8\mathrm{Hz}$。

三、端梁结构和计算

桥架端梁多采用钢板焊接的箱形结构，并在水平面内与主梁刚性连接。

按主梁与端梁连接型式不同，端梁可分为拼接式端梁（见图 9-32）和整体式端梁（见图 9-33）。

拼接式端梁多用于主、端梁固接的桥架，为便于运输，端梁多做成二段或三段式。图 9-32a 为拼接板螺栓连接型式；图 9-32b 是用角钢法兰连接，而底面用拼接板连接，使端梁底面与轨道顶有足够的间隙，端梁两端用角轴承箱安装车轮。为此，端头腹板做成角形切口，并用弯板焊在腹板上。腹板中部开手孔，以便于安装螺栓。

整体式端梁（见图 9-33a）整根制造，多用于主、端梁可拆分的桥架中。端梁设有凸缘板，用螺栓与主梁法兰板连接。端梁两端的腹板开有圆孔，直接安装车轮轴承。端梁也可采用模压截面，由于模压截面和车轮轴孔的要求精度高，需有专用设备加工制造，从而给制造带来一定困难。图 9-33b 多用于重型桥架中，它只起连接两主梁的作用，受力不大，如图 9-6 所示。

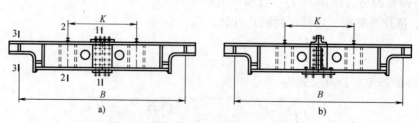

图 9-32　拼接式端梁

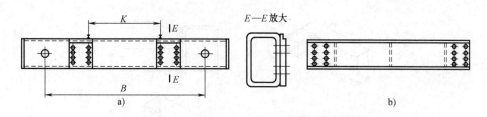

图 9-33 整体式端梁

a) 模压整体式端梁 b) 整体焊接式端梁

按载荷组合 B 验算端梁的静强度，计算截面为主、端梁连接截面 2-2、支承截面 3-3 和端梁拼接截面 1-1（见图 9-32）。

垂直载荷作用下，端梁承受自重载荷及主梁传来的最大支承力 F_R，以满载小车位于主梁跨端极限位置来确定 F_R 值。主、端梁计算简图如图 9-34 所示，很容易算得各截面（1-1、2-2、3-3）的内力。

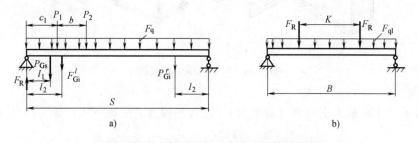

图 9-34 主梁支承力 F_R 和端梁计算简图

a) 求支承力 F_R 简图 b) 端梁垂直载荷作用计算简图

水平载荷主要是指小车位于主梁跨端、大车制动时，由主梁自重、起升质量、小车自重产生的惯性力 F_H、P_H 以及偏斜运行时的水平侧向载荷 P_s 等。它们对端梁各验算截面产生的内力，可根据计算简图 9-26~图 9-28 算得。

在垂直和水平载荷作用下，分别算得各截面（见图 9-32 截面 1-1、2-2 和 3-3）内力后，可校核验算点的强度：2-2 截面主要校核验算点（相当图 9-22 中 1 点）的强度，可按式（9-70）验算；3-3 截面的垂直、水平弯矩很小，常忽略不计，只考虑垂直剪切力作用，按式（9-56）验算切应力；1-1 截面的内力，主要是验算连接接头的连接强度，可参阅第五章内容。

工作级别高于 E4（含）以上的桥架端梁还应验算疲劳强度，验算部位取弯板焊缝处或螺栓孔削弱的截面。

四、主、端梁的连接和计算

根据桥架主、端梁是否可拆开，分为固定连接和可拆连接；其连接的结构型式不同，常分为连接板焊缝连接、阶梯形连接和凸缘法兰连接。各种连接的构造如图 9-35 所示。

图 9-35a 是采用焊缝和连接板的固定连接。主、端梁拼装时，借助调整连接板的搭接位置来保证跨度，而主梁长度不需严格控制，故安装方便，多用于中轨箱形梁桥架中。连接板

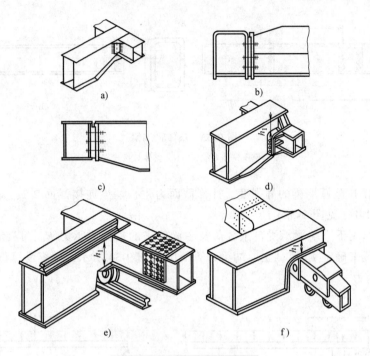

图 9-35 主梁与端梁的连接

的焊缝主要承受主梁最大支承力（剪切力），连接板焊缝长度按下式计算，即

$$l_f \geqslant \frac{1.2F_R}{2 \times 0.7h_f[\tau_h]} + 10\text{mm} \tag{9-84}$$

式中　F_R——满载小车位于桥架端部极限位置时，端梁承受的最大支承力，用 1.2 考虑支承力对焊缝的偏心作用；

　　　 h_f——角焊缝厚度；

　　　 l_f——角焊缝长度，单位为 mm。

图 9-35b、c 是采用凸缘法兰的可拆连接，选用螺栓（或高强度螺栓）把主、端梁凸缘法兰板紧密地结合为一体来传递弯矩，而两凸缘法兰顶部搭接承压来传递剪切力。这种连接使结构运输、存放很方便，但要求主梁长度制作准确，以满足跨度要求。这种连接方式多用于单梁和中轨箱形梁桥架中。凸缘顶部的承压应力，按顶面承压计算。

在连接的两法兰间，有垂直和水平弯矩 M_x、M_y 作用，采用普通螺栓连接时，应保证受力最大的螺栓拉力满足：

$$N_{11} = \frac{M_x l_{y1}}{\sum l_{yi}^2} + \frac{M_y l_{x1}}{\sum l_{xi}^2} \leqslant [N_1] \tag{9-85}$$

式中　M_x、M_y——法兰连接面上的垂直和水平弯矩；

　　　 l_{xi}（l_{yi}）——各螺栓沿 x（y）方向到边列（排）螺线的距离；

　　　 l_{x1}（l_{y1}）——法兰连接中，沿 x（y）方向两边列（排）螺栓线间的距离；

　　　 $[N_1]$——单个螺栓抗拉许用承载能力。

采用高强度螺栓连接时，可参阅第五章计算，也可按此式近似计算。

各凸缘法兰板与主、端梁间常用角焊缝连接，焊缝强度应满足

$$\tau_h = \frac{F_R}{0.7h_f \sum l_f} \leqslant [\tau_h] \qquad (9\text{-}86)$$

式中 $\sum l_f$——角焊缝的全部计算长度。

图 9-35d 是阶形连接，可采用焊缝和连接板固定连接型式，也可采用螺栓的可拆连接型式，它具备两种连接的特点，多用于中等起重量的桥架中，设计时应校核主梁端部阶形搭接截面的抗剪强度，即

$$\tau = \frac{F_R}{2\delta h_1} \leqslant [\tau] \qquad (9\text{-}87)$$

式中 δ——主梁腹板厚度；

h_1——主梁端部搭接的腹板高度。

大起重量冶金起重机桥架的主梁多做成等截面，在梁跨端下部切成矩形缺口。有的主梁端部与部分端梁焊接为一体，主、端梁上翼缘位于同一平面内（见图 9-35e）。有的是主梁通过端部耳板座和销轴与两层台车搭接，构成可拆式连接（见图 9-6、图 9-35f）。这两种构造都是采用螺栓将中间段端梁与主梁（或端梁）连接起来。

桥架运行机构放在主梁内，多用万向节轴与车轮连接。车轮架或台车位于主梁跨端截面中心线上，使主梁支承力直接传至车轮架上，端梁不承受垂直载荷的作用，只在水平面内承受水平弯矩的作用。

图 9-35e 的连接型式，只验算梁跨端部切应力。图 9-35f 的销轴连接，需验算销轴的承压应力和切应力以及主梁端部的切应力。

第五节 偏轨箱形梁桥架

通常偏轨箱形梁桥架是由两根偏轨箱形主梁和两根箱形端梁组成的。对不同用途的起重机（如锻造、铸造起重机等），也可做成多梁式桥架。

按运行小车轨道在主梁上的位置不同，分为全偏轨箱形梁桥架和半偏轨箱形梁（属于窄翼缘箱形梁）桥架（见图 9-4d、c）。

全偏轨箱形梁又分为窄箱形梁（高宽比 $H_1/B_1 = 3 \sim 1.5$，图 9-4d）、宽箱形梁（高宽比 $H_1/B_1 = 1.5 \sim 1.0$，见图 9-7a）和空腹箱形梁（见图 9-7b）。

半偏轨箱形梁桥架、全偏轨窄箱形梁桥架适用于中、小起重量通用桥式起重机，全偏轨宽箱形梁桥架和全偏轨空腹箱形梁桥架适用于大起重量冶金起重机。

虽然偏轨箱形梁桥架的型式有别，但结构组成基本相同，即梁的上、下翼缘板、主腹板均为实腹结构，仅副腹板有时采用空腹板结构而已。其设计原理和设计方法与中轨箱形梁桥架基本一致，可参照本章第四节设计桥架的主梁和端梁。本节仅分析偏轨箱形梁桥架的特有结构型式和设计方法。

一、桥架的强度计算

偏轨箱形梁桥架的主梁和端梁应进行强度和局部稳定性计算。偏轨箱形主梁与中轨箱形主梁的受力特征不同。在桥架垂直平面内，除自重载荷和小车轮压外，还有轮压偏心作用引

起的扭转载荷；同样在水平平面内，除惯性力外，也有惯性力引起的扭转载荷。由于偏轨箱形梁翼缘板宽、偏心载荷影响大，所以产生相当大的扭转载荷是偏轨箱形梁的受力特征之一。

从偏轨箱形梁的受力出发，设计中常把垂直载荷与水平载荷移至梁的弯心轴上，使主梁在垂直和水平面内发生弯曲变形，梁的横截面发生绕弯心的扭转变形。设计中需分别计算它的内力和验算点的应力。为计算扭转载荷，必须先确定偏轨箱形梁的弯心位置。实腹箱形梁弯心位置可按第七章确定；对于空腹箱形梁，其副腹板等间隔地开设孔洞，使整个梁变成一段开口截面和一段

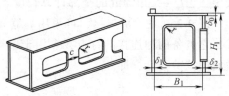

图 9-36　偏轨空腹箱形主梁

封闭截面相间的复合型梁（见图 9-36），所以整个梁的弯心轴不是一根直线，而是一条曲折线，使得梁各截面的扭转方向不同，从而改变了梁的应力分布。因开孔大小和镶边截面对弯心位置影响很大，所以常常调整开孔尺寸，可使偏轨空腹主梁的弯心位于主腹板上。

根据理论分析，梁宽 $B_1 = (0.8 \sim 1.0)H_1$ 时，翼缘板和主腹板厚度相同，选取梁副腹板开孔高为 $(0.5 \sim 0.6)H_1$，孔口长为 $(0.8 \sim 1.0)H_1$，孔间竖杆宽度 $c = (0.3 \sim 0.5)H_1$，$r = H_1/6$，并采用刚强的镶边，便可使主梁截面弯心位于主腹板上，主梁只受弯曲作用而无扭转。

偏轨箱形梁的翼缘板较宽，梁弯曲、扭转变形时，又产生约束弯曲附加正应力和约束扭转附加正应力及切应力。详细计算方法可参阅文献 [1]。工程中常采用简便的系数计算法，既简单又能满足要求。约束弯曲附加正应力 σ_φ 较大，约为自由弯曲正应力 σ_0 的 10%。约束扭转扇性正应力 σ_ω 不超过 σ_0 的 5%，而约束扭转扇性切应力 τ_ω 比自由扭转切应力 τ_n 和自由弯曲切应力 τ_0 小得多。在主腹板中，τ_ω 与 τ_0、τ_n 方向相反，常将 τ_ω 忽略不计。

全偏轨箱形梁小车轨道位于主腹板顶上，半偏轨箱形梁小车轨道位于主腹板较近处，这些结构又使偏轨箱形梁的受力与中轨箱形梁不同。前者在主腹板顶端及主腹板上部受压区产生较大的局部压应力 σ_m，后者又使梁的上翼缘板产生较大的局部弯曲应力 σ_a、σ_b。该应力的计算方法请参阅第七章。

梁腹板主要承受剪切力作用，由于小车轮压的偏心作用，使主腹板比副腹板承受较大的剪切力，故常取主、副腹板厚度不等。但考虑约束扭转附加正应力 σ_ω，在副腹板受拉区与自由弯曲应力 σ_0 同号，使副腹板受拉区边缘的应力很大，常常大于主腹板与上翼缘板连接处的应力。因此，偏轨实腹箱形梁的主、副腹板也可取为等厚，偏轨空腹箱形梁（副腹板开孔）主、副腹板常取为不等厚。

考虑上述结构和受力特点，全偏轨箱形梁应力可按下述方法计算。

在垂直载荷作用下，梁跨中与副腹板相连接处的下翼缘板外表面上点的最大正应力，由下式决定，即

$$\sigma = 1.15\sigma_{0x} \leqslant [\sigma] \tag{9-88}$$

在垂直和水平载荷作用下，梁跨中翼缘板同一角上点的最大应力为

$$\sigma = 1.15(\sigma_{0x} + \sigma_{0y}) \leqslant [\sigma] \tag{9-89}$$

梁支承或跨中截面主腹板的最大切应力为

$$\tau = \tau_n + \tau_{0x} \leqslant [\tau] \tag{9-90}$$

主腹板与翼缘板连接处的切应力为

$$\tau = \tau_n + \tau_{0x} + \tau_{0y} \leqslant [\tau] \tag{9-91}$$

式中　σ_{0x}、σ_{0y}——垂直、水平载荷分别对验算点产生的正应力；

τ_{0x}、τ_{0y}——垂直、水平载荷分别对验算点产生的切应力；

τ_n——由扭转载荷在梁的截面验算点产生的自由扭转切应力，$\tau_n = T_n/(2A_0\delta)$。

正应力、局部压应力和切应力（或正应力和切应力）都比较大的截面验算点，如腹板边缘点，还应验算其折算应力，即

$$\sqrt{\sigma_0^2 + \sigma_m^2 - \sigma_0\sigma_m + 3\tau^2} \leqslant [\sigma] \tag{9-92}$$

半偏轨箱形梁，跨中截面上翼缘板上表面点，还应验算由局部弯曲应力和整体弯曲应力等所组成的折算应力，参阅第七章。

空腹箱形梁的应力计算比较复杂，可用有限元法进行应力分析。但对孔洞镶边的空腹梁，可采用近似法计算应力。

梁的跨中截面，只有垂直弯曲而无扭转时

$$\sigma = 1.15\sigma_{0x} \leqslant [\sigma] \tag{9-93}$$

垂直弯曲和扭转作用时

$$\sigma = 1.2\sigma_{0x} \leqslant [\sigma] \tag{9-94}$$

垂直弯曲、水平弯曲和扭转作用时

$$\sigma = 1.2(\sigma_{0x} + \sigma_{0y}) \tag{9-95}$$

式中　σ_{0x}、σ_{0y}——梁跨中截面翼缘板计算点的垂直弯曲正应力和水平弯曲正应力。

工作级别为 E4（含）以上的偏轨箱形梁，应验算主腹板翼缘焊缝和大隔板下端与腹板受拉区焊接处的疲劳强度。偏轨箱形梁中，板的局部稳定性必须保证，可参阅第七章计算。

二、桥架的刚度计算

偏轨箱形梁桥架的静态刚度、动态刚度计算与中轨箱形梁桥架相同。

偏轨箱形梁桥架主梁有较强的抗扭刚度，受扭后扭转角一般不超过 1°，不致影响小车正常工作，所以设计中不必验算。但偏轨箱形梁截面周边应有足够的刚度，以保证偏心载荷的有效传递，所以将箱形梁的横隔板常做成非常刚劲的中空的横向框架结构，并应在小车轮压作用下控制其变形量，以保证横向框架的刚度。

横向框架可以用槽钢制作，也可将横隔板开孔镶边（见图 9-37）。框架开孔的圆弧半径一般取 $r = h_1/5$（h_1 为开孔高度），框架镶边宽度取为（10~15）δ_1（δ_1 为镶边板厚度），在腹板和翼缘板上取 20δ（δ 为腹板或翼缘板厚度）作为框架杆件的翼缘宽度。隔板开孔时，周边留存的板宽一般取为 $20\delta_2$（δ_2 为隔板厚度）。开孔隔板与腹板、受压翼缘板焊接，受拉侧靠近翼缘板的横向框架杆件，做成独立的工字形截面，而不与受拉翼缘板焊接，以保证横向框架的抗扭刚度和受拉翼缘的强度。

梁受偏心载荷作用时，将使框架一边相对于另一边产生下挠变形，而每个框架又是支承在由腹板和翼缘板组成的弹性基础上的，因此框架变形的精确计算就变得十分困难，通常按近似方法计算。

框架的简化计算认为，偏心力矩 Pe 在竖直、水平杆件间的分配符合闭合截面自由扭转剪力流的分配规律，因而换算的框架节点载荷 $P_C = Pe/(2B_0)$，于是由图 9-37 可求得框架一

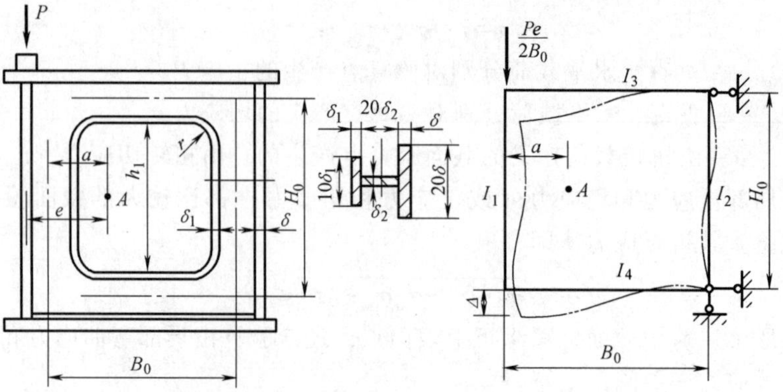

图 9-37 横向框架结构和计算简图

边相对另一边的下挠变形为

$$\Delta = \frac{PeB_0^2}{96E}\left[\left(\frac{1}{I_1}+\frac{1}{I_2}\right)\frac{H_0}{B_0}+\left(\frac{1}{I_3}+\frac{1}{I_4}\right)\right] \leqslant \frac{B_0}{1000} \qquad (9\text{-}96)$$

式中　　　　P——位于框架平面的小车最大静轮压，当另一轮压位于相邻的两横向框架之
　　　　　　　　间时，还应包括此轮压的分配值；

　　　　　　e——弯心 A 至主腹板中线的距离；

　　　H_0、B_0——框架杆件中心线之间的距离；

I_1、I_2、I_3、I_4——框架各杆件的惯性矩。

当框架刚度满足式（9-96）的要求时，一般不必计算杆件的强度。

第六节　四桁架桥架

一、桥架的结构和参数

四桁架桥架是由主桁架（或单腹板主梁）、副桁架和上、下水平桁架以及箱形端梁构成
的（见图 9-38）。桥架横截面设置斜支承，以保持空间结构的几何尺寸不变。上水平桁架表
面一般铺有走台板，在桁架适当部位，配置桥架运行机构和电气设备。

四桁架桥架的四片桁架多做成平行弦的，为节省材料并便于和端梁连接，桁架两端下弦
做成倾斜的，桁架的节间长度常取桥架的高度值，两端节间长度可以和中间不同，但要求对
称于中间来划分。为制造方便，主、副桁架和水平桁架的节间数目常取为偶数。桁架腹杆体
系也有多种型式，如图 9-39 所示。各种型式的腹杆倾角一般以 45°为宜。

主桁架杆件一般采用 T 形组合截面的弦杆和双角钢腹杆。重型桁架则采用∏形截面弦
杆，槽钢组合腹杆。副桁架受力不大，可用单角钢做杆件。主、副桁架腹杆体系结构相同，
常采用三角形腹杆（见图 9-39a）和附加竖杆的三角形腹杆（见图 9-39 b、c）；单向斜腹杆
（见图 9-39d）适用于悬臂式结构；弦杆受有很大轮压的大跨度桥架或悬臂结构，宜用再分
式腹杆（见图 9-39e）和菱形腹杆（见图 9-39g），以减小弦杆的局部弯曲。

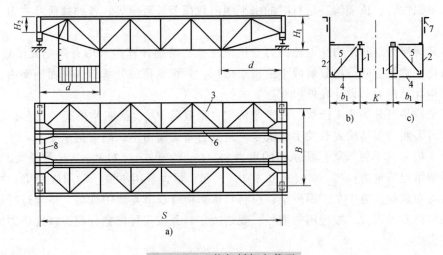

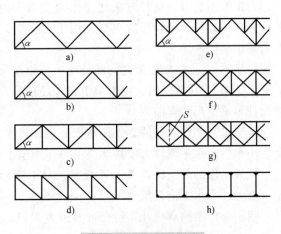

图 9-38 四桁架桥架和截面

1—主桁架（主梁） 2—副桁架 3—上水平桁架
4—下水平桁架 5—斜支承 6—轨道 7—栏杆

水平桁架是主、副桁架弦杆的联系结构，也是走台的支承杆，弦杆是主、副桁架的共有弦杆，腹杆用单角钢，腹杆体系多用有竖杆的三角形腹杆（见图 9-39c）；较宽的水平桁架则用十字形腹杆和菱形腹杆（见图 9-39f 和图 9-39g）。

桁架结构多采用焊接连接，大型桥架桁架设有铆钉或螺栓连接的安装接头。

单腹板主梁是用钢板焊接的工字形梁，它可代替主桁架并与另外三片桁架相连，工字梁的横向加劲肋间距要和副桁架竖杆位置相对应，以便连接横向斜支承和水平桁架。

图 9-39 桁架腹杆体系

斜撑杆一般也用单角钢，可设置在每一竖腹杆所在横截面内，以增强扭转刚度，传递小车轮压。

单腹板主梁比主桁架制造简单、承载能力大，当跨度不大（$S<20m$）而起重量较大（$m_Q \geqslant 15t$）时，多采用单腹板主梁；当跨度较大（$S>20m$）而起重量不大（$m_Q<15t$）时，宜采用主桁架。桥架主桁架（单腹板梁）的高度取决于跨度和起重量。一般取为 $H_1=(1/16\sim1/12)S$，分母大值用于大跨度，桥架支承处高度为 $H_2=(0.4\sim0.5)H_1$；桥架端部变高度区长度 $d=(1/6\sim1/4)S$，最小值 $d=S/8$；桥架轴距 $B\geqslant(1/7\sim1/5)S$；水平桁架宽度 b_1 与跨度、起重量大小、运行机构布置和检修等因素有关，常取 $b_1=(1/20\sim1/15)S$，约为 $1.2\sim1.5m$。

二、桥架的载荷与分配

四桁架桥架受有下列载荷：桥架和设备的重力、小车轮压、小车和桥架起（制）动时

319

产生的水平惯性力、桥架偏斜运行时的水平侧向载荷及风载荷等。各种载荷及内力计算见本章第四节。

四桁架桥架为空间结构，因此内力分析很复杂，精确计算多采用有限单元法进行求解。为计算简化，常把空间结构分解成平面桁架结构，并将载荷也分解到各平面桁架内，再按平面桁架结构计算内力和设计杆件尺寸。

四桁架桥架可分为两半计算，而半个桥架自重载荷 P_{Gb} 包括四片桁架、走台板和栏杆等的重力，可参照类似结构或有关手册决定。这些自重载荷由主、副桁架承受。

一个主桁架（单腹板梁）所承担的重力为：$P_{G1} = (0.6 \sim 0.7)P_{Gb}$，起重量大者用大值；一个副桁架承担的重力：$P_{G2} = (0.3 \sim 0.4)P_{Gb}$，起重量大者用小值。对单腹板梁，所承担的自重力为均布载荷。对于主、副桁架，应将自重力换算成节点集中载荷。桥架运行机构、电气设备和司机室的重力，按选用的型号、规格决定，并按实际位置分配，以集中力方式作用到主、副桁架上。

小车轮压 P_i 作用于主桁架的上弦杆上，对桥架产生偏心作用。由于桥架横截面的斜支承杆件能传递一部分载荷给副桁架，使主、副桁架下挠变形不同，引起桥架扭转，这反映了主、副桁架承受小车轮压的分量不同。其分配方法有两种：一种是认为轮压全部由主桁架承受，副桁架不受力，这种方法使主桁架受力大而设计的杆件安全，副桁架危险，但计算简单；另一种方法是把轮压的 90% 作用于主桁架，其余 10% 作用于副桁架，这种方法比较接近实际情况。

轮压 P_i 在主、副桁架之间的分配，应以节间或节点上的集中力方式作用到主、副桁架节点上，当 P_i 在节间时，主桁架上弦杆还承受全部轮压 P_i 值引起的局部弯曲作用，但副桁架弦杆不承受局部弯曲。

桥架水平惯性载荷的 2/3 换算成节点载荷由上水平桁架承受，其余 1/3 由下水平桁架承受。小车横向水平惯性力按移动集中力作用于上水平桁架上。

露天工作的起重机需考虑风载荷，对于四桁架桥架，风载荷换算成上、下弦的节点载荷，由上、下水平桁架承受。

四桁架桥架的载荷计算组合可参照表 3-27。

三、桥架的强度计算

各平面桁架所承担的载荷确定后，可按平面桁架计算杆件强度。主桁架（单腹板梁）、副桁架都按简支桁架计算。

主桁架（单腹板梁）是桥架的主要承载结构，除所分配载荷产生的内力外，由于弦杆是垂直和水平桁架的公共弦杆，因此还有水平惯性力、风载荷引起的弦杆附加内力以及小车轮压产生的整体和局部弯曲应力。小车沿上弦轨道方向产生的惯性力一般不大，需要时也可计入弦杆内。主桁架的内力分析（固定载荷用图解法，移动载荷用影响线法）和杆件设计参照第八章进行。单腹板主梁设计参照第七章进行。

副桁架承受部分自重载荷与部分轮压的作用，还需考虑司机房和跨中 2kN 的维修人员产生的重力作用。副桁架内力的分析方法与主桁架相同，但不考虑弦杆的局部弯曲。

水平桁架是构成封闭桥架不可缺少的部件，弦杆为主、副桁架的弦杆。上水平桁架多用有竖杆的三角形腹杆，铺有厚度为 3 ~4mm 的钢板，构成水平梁。因走台板太薄，刚度较弱，易发生波浪而退出工作，因此设计中不能按梁计算。下水平桁架常用无斜杆体系或三角形腹杆结构，由变高度处开始向两边做成倾斜面，因此下水平面不在同一平面内，刚度较差，在改变高度的横截面内必须设置横向斜支承，以承受跨中水平区段传来的水平力。

水平桁架承受分配来的惯性载荷和风载荷，按节点载荷作用。小车横向惯性载荷按移动集中载荷计算。有走台板时，小车横向惯性力对水平桁架弦杆不产生局部弯曲。水平桁架可近似按简支桁架计算，也可考虑桁架端部为固接，它为外部三次超静定结构（见图 9-40）。前者计算简单，弦杆受力大；后者计算复杂，但接近实际情况。

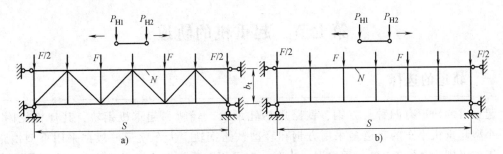

图 9-40 端部固定的水平桁架计算

a）有竖杆的三角形腹杆桁架 b）空腹（无斜杆）桁架

三次超静定结构中，若已知端弯矩或跨中弯矩 M，则弦杆内力为 $N=M/b_1$。

由于水平桁架杆件的惯性力和风力都有相反的作用方向，故所有杆件都按压杆计算。下水平桁架杆件受力较小，一般取与上水平桁架杆件相同，这里不再计算。

四片桁架的公共弦杆应将在各平面桁架弦杆的计算内力叠加起来。各桁架的受压杆应校核杆件的稳定性。

斜支承是传递载荷并保证桥架横截面几何尺寸和形状不变的重要构件。在跨中央、梁高改变截面和有竖杆的节点都应设置斜支承，其倾斜方向不同，有受拉式或受压式，可自行决定。斜支承杆按传递 $0.1P_i$ 的轮压来计算，一般用单角钢，也可用双角钢，当受力不大时，可按容许长细比 $[\lambda]=150 \sim 200$ 选用型钢。

四、桥架的刚度计算

四桁架桥架的刚度主要是控制主桁架跨中央的静挠度不超过许用值。它通常用莫尔积分公式计算或用简化方法计算，可参阅第八章。当对水平刚度有特殊要求时，需校核上水平桁架跨中央的水平位移。

由于水平桁架刚接于端梁，在水平载荷作用下，水平位移比简支水平桁架小得多，它相当简支桁架惯性矩增大为 4 倍的情况。

对有斜腹杆的水平桁架，按简支桁架计算水平位移时应取的惯性矩为

$$I_s = 4\frac{A_1 A_2 b_1^2}{A_1 + A_2} \qquad (9\text{-}97)$$

对无斜杆式（空腹）桁架，计算水平位移采用的惯性矩为

$$I_s = 4I_d \qquad (9\text{-}98)$$

式中 A_1、A_2——水平桁架的两弦杆截面积；

b_1——水平桁架的计算宽度；

I_d——空腹桁架的等效惯性矩，可参阅有关文献。

主桁架计算挠度只考虑小车 $0.9P_i$ 轮压值，水平桁架的水平位移应考虑惯性载荷。

四桁架桥架的端梁也采用箱形梁结构，结构和计算与中轨箱形梁相同，不过它的端梁在垂直面内还承受副桁架的支承力作用。在水平面内偏斜运行的水平侧向载荷影响很小，因而常用小车运行起（制）动惯性力来计算端梁的水平弯矩和位移。动态刚度计算同本章第四节。

第七节　起重机的轨道

一、轨道的选择

起重机的轨道有四种：方钢、铁路用热轧钢轨、轻轨和起重机钢轨，其规格见附录。中、小型起重机小车的轨道多采用方钢和轻型铁路钢轨，大车轨道一般都采用重型铁路钢轨。工作级别为 A6 以上的起重机大、小车，多采用起重机钢轨。一般按大、小车轮压来选取轨道型号与规格。

二、轨道的固定

轨道在桥架上的固定方式有螺栓直接连接、断续焊缝焊接和压板固定三种。方钢轨多采用焊接，其他钢轨多用特制的压板来固定。压板也可用螺栓或焊接连接在主梁上，后者最常用（见图 9-41）。

在地基和轨道梁上的轨道，常用锚栓、螺栓或钩螺栓固定，并应符合安装规程的要求。

大（小）车的两条轨道应位于同一水平面内，两根轨道都应保持平直、互相平行。两轨距偏差依轨距大小而不同，一般不大于 5mm，具体要求可参照有关规定。

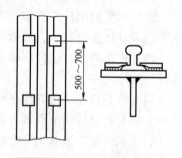

图 9-41　轨道采用压板固定

三、轨道的接头

较长的轨道需设置接头，接头可用正对接缝或 45° 斜对接缝，后者运行平稳，但轨道尖角易磨损，安装不便，因此多用正对接缝型式。轨道接头的间隙不得大于 2mm（温差大的区域，对大车轨道需设温度伸缩缝，其间隙不超出 4~5mm 的范围），两轨道接头高低差和水平错位差均不大于 1mm。

为使小车运行平稳、减少冲击，常采用焊接成整根的钢轨或在小车轨道下面设置橡胶垫片，这种措施能降低动力冲击作用，效果良好。

本 章 小 结

本章主要介绍了不同桥架型式和应用范围，桥架的载荷计算与载荷组合，单梁桥架的设计步骤，中轨箱形梁桥架的设计步骤，偏轨箱形梁桥架的设计步骤，四桁架桥架的设计步骤，起重机轨道选取与固定方法。

本章应了解不同桥架型式和应用范围，桥架的载荷计算与载荷组合，桥架的设计步骤，起重机轨道的选取与固定方法。

本章应理解不同桥架型式的适用场合，桥架作为整体结构与单根梁结构的尺寸控制、连接要求、公差配合的不同，四桁架桥架的载荷与分配假定。本章是前面章节的综合应用。

本章应掌握单梁桥架的设计步骤，中轨箱形梁桥架的设计步骤，偏轨箱形梁桥架的设计步骤，四桁架桥架的设计步骤。重点是单、双梁桥架的设计步骤和计算方法。

第十章

门 架

第一节 门式起重机的门架结构

门式起重机广泛用于工厂、建筑工地、铁路货场、港口码头和水电站等地方。通常，根据门式起重机的不同用途及结构特点分为通用门式起重机、造船门式起重机、集装箱门式起重机和装卸桥等。

一、通用门式起重机的门架

1. 结构型式

通用门式起重机的起重量为 5~100t，跨度小于 30m 时不考虑温度变形的影响，而常采用双刚性支腿结构型式。刚性支腿上部与主梁连接处的截面相等，而下部截面与下横梁宽度相等，形成上大下小的形状，并与主梁构成刚性连接。跨度大于 30m 时需考虑温度变形的影响，常采用一刚一柔支腿结构型式。柔性支腿上部与下部截面相等，与主梁构成柔性连接。

通用门式起重机可分为下述两大类。

（1）单梁门式起重机 根据小车类型又可分为两种：电动葫芦式和小车式。

1）葫芦单梁门式起重机。葫芦门式起重机上的起重小车采用电动葫芦（见图 10-1），其构造简单、制造容易、投产较快，常用于起重量不大于 10t，使用不频繁的场合。电动葫芦是一种定型成批生产的起重设备，因此要根据电动葫芦的技术

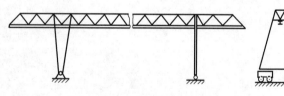

图 10-1　电动葫芦单梁门式起重机

参数设计金属结构。表 10-1 列出了 1~10t 的电动葫芦的主要技术性能参数。

这类小型门式起重机的门架可由桁架做成，也可由板结构做成。主梁截面可以做成各种型式（见图 10-2）。但不论采用何种截面型式，在主梁下翼缘中心线上总是焊接一根工字钢作为轨道梁，以悬挂电动葫芦（或单轨小车）。

表 10-1 电动葫芦的主要技术性能参数

起重量/t	起升高度/m	速度(m/min)		电动机功率/kW		自重载荷(含小车)/kN
		起升	行走	起升	行走	
1		8	20(30)	1.5	0.2	1.5~2.2
2	6,9,12	8	20(30)	3.0	0.4	2.3~3.5
3	18,24,30	8	20(30)	4.5	0.4	2.9~4.4
5		8	20(30)	7.5	0.8	4.6~6.9
10	10,15,25	4,8	15	13	2×0.8	15,17,33

注：表 1~5t 为 CD 型电动葫芦，10t 为 STV 型双卷筒电动葫芦。

2）小车式单梁门式起重机。目前国内外均广泛采用这类门式起重机，其金属结构可做成箱形实腹结构，也可做成桁架结构。若采用特殊构造的电动自行小车，则称为小车式单梁门式起重机（见图 10-3、图 10-4）。根据支腿结构型式的不同，又可分为 L 形（见图 10-3）和 C 形单主梁门式起重机（见图 10-4），其支腿做成倾斜的或弯曲的形状，目的在于获得较大的过腿空间，以便使物品"过腿出跨"顺利通过支腿架抵达主梁的悬臂段。

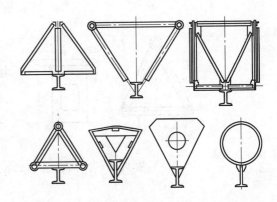

图 10-2 电动葫芦单梁门式起重机主梁截面型式

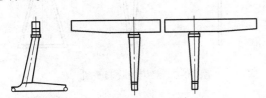

图 10-3 L 形单主梁门式起重机

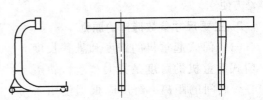

图 10-4 C 形单主梁门式起重机

小车式单梁门式起重机主梁的各种截面型式如图 10-5 所示。

（2）双梁门式起重机 双梁门式起重机金属结构可做成箱形实腹结构（见图 10-6），也可做成桁架结构。它的两根双梁和桥式起重机的双梁结构基本相同，根据使用要求常做成带有双悬臂的桥架。这类门式起重机的小车与桥式起重机的小车通用。双梁截面有各种不同的型式，由于较轻的桁架结构存在制造工作量大、维修保养不便等缺点，所以箱形双梁门式起重机得到广泛应用。

从力学性能和整机美学而言，支腿结构型式与主梁结构型式应是相互匹配的，即主梁和支腿均采用桁架结构，或者都采用实腹结构，以保证外观相称，结构美观，制造备料方便。但也有支腿和主梁采用不同结构型式的情况。

通常，柔性支腿由两根杆件组成，其截面型式常用管形或箱形截面，也可用组合型钢截面。刚性支腿结构型式较多，有箱形结构以及各种桁架结构。图 10-7 和图 10-8 分别示出了支腿结构的外形和截面图。

在某些门式起重机中，柔性支腿和主梁之间采用圆柱铰连接，以避免主梁温度变形的影响，目前已很少采用这种圆柱铰，因为正确地设计柔性支腿的柔度（长细比）也可避免温度变形的影响，并使结构制造简化。

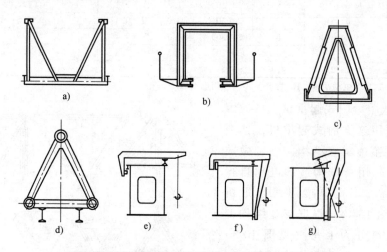

图 10-5　小车式单梁门式起重机主梁的截面型式

门式起重机金属结构选型的原则为：使用性能好，自重轻，易于制造和安装，维修方便。

2. 主要尺寸参数选择的原则

（1）门式起重机的跨度和悬臂长度

门式起重机的跨度是指大车运行轨道中心线之间的距离。跨度应根据使用条件和工艺要求而定。通常采用的跨度系列为 S_i：18m，22m，26m，30m，35m。

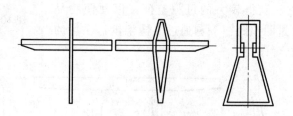

图 10-6　双梁门式起重机

门式起重机通常均做成带有悬臂的型式，这是由于在主梁强度相等的条件下，带有悬臂的主梁比无悬臂的主梁自重轻，其悬臂的尺寸取决于使用要求。一般取悬臂长度为 $l = (0.3 \sim 0.4)S$。铁路货场所使用的门式起重机的悬臂长度如图 10-9 所示。

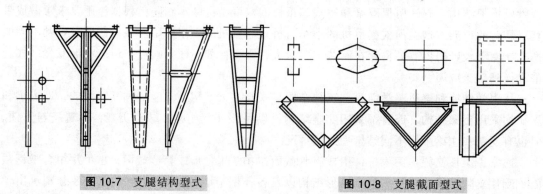

图 10-7　支腿结构型式　　　　　　　图 10-8　支腿截面型式

在满足使用条件（装卸作业现场场地等）的情况下，可根据主梁在跨中和在支腿处的强度相等的原则，选择跨度与悬臂长度的最优尺寸比例，即当小车位于悬臂端极限位置时，主梁在支腿处的弯矩应和小车位于跨中时主梁跨中的弯矩相等。按此原则确定跨度和悬臂长度的比例是合理的。也可以根据刚度条件来确定最佳尺寸比例。

（2）门式起重机的起升高度　门式起重机的起升高度是指吊具升至最高位置时，大车运行轨面至吊具底面的垂直距离（单位为 m）。起升高度取决于装卸物品的品种和所用的吊具。如对于经常装卸竹木和配置抓斗的门式起重机，起升高度要求大些。目前铁路货场所用门式起重机的起升高度大约为 8～15m。水电站用门式起重机的起升高度约为 20m。高坝上的门式起重机的起升高度大得多，由工作要求决定。此外，用于船舶装卸的门式起重机，应注意吊钩或抓斗需下放到大车运行轨面以下的船舱中进行作业，因此其起升高度应包括轨面以下的部分（称下降深度），轨面以上的起升高度和下降深度之和称为总起升高度。

当选择起升高度时，在满足使用条件的情况下，起升高度应尽可能降低。因为起升高度大，则自重增加，同时在水平力作用下会增加物品的摆动，对轮压的分布产生不利影响。

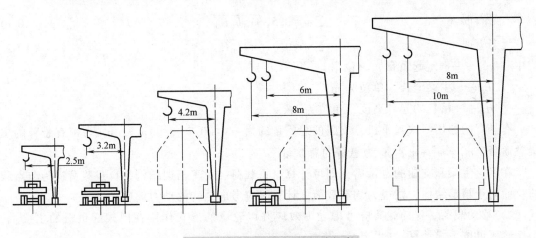

图 10-9　门式起重机的悬臂长度

（3）门式起重机的基距（轴距）　基距（轴距）确定的原则如下：

1）门架沿起重机轨道方向上的稳定性好。

2）物品外形尺寸能顺利地通过支腿平面刚架。

3）基距与跨度有关，一般基距取 $B \geqslant (1/6～1/4)S$，比桥式起重机稍大。

图 10-10 示出了门式起重机本身各凸出部分与堆垛的物品及运输车辆等之间必须留有一定间隙的参考尺寸。

3. 计算载荷及载荷组合

（1）载荷计算　作用在门式起重机上的载荷有金属结构的自重载荷、移动载荷（包括小车自身重力及起升载荷）、大车运行制动惯性力、小车运行制动惯性力以及风载荷。

1）金属结构的自重载荷。自重载荷包括主梁、支腿以及司机室和其他固定设备等的质量产生的重力。在进行设计时，首先需要估算结构的自重。估计结构自重的方法可参阅现有资料或用经验公式计算或者反复试算决定。

对无悬臂的通用门式起重机，可取同类型、同跨度的桥式起重机主梁自重作为门式起重

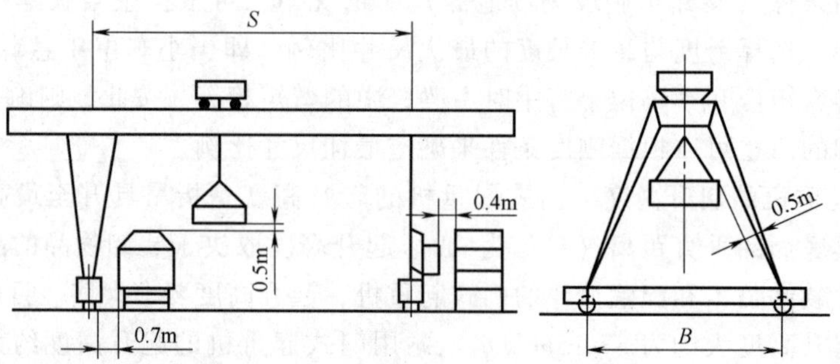

图 10-10　门式起重机主要间隔尺度

机主梁自重 m_G^0，而支腿的单位长度质量约为 $m_t' \approx (0.2 \sim 0.4)m_G^0 / S$。

对 80t 以下的通用门式起重机，也可以用下列经验公式估算主梁和支腿的总质量（单位为 t）：

有悬臂时 $$\sum m = 0.5\sqrt{m_Q L_0 H_0} \tag{10-1}$$

无悬臂时 $$\sum m = 0.7\sqrt{m_Q L_0 H_0} \tag{10-2}$$

式中　m_Q——额定起重量，单位为 t；

　　　L_0——主梁全长，单位为 m；

　　　H_0——吊具的起升高度，单位为 m。

有悬臂的通用门式起重机，支腿的总质量约为 $m_t = (0.7 \sim 0.9)m_G$，m_G 为带有悬臂的主梁总质量，$m_G = m_G^0 + m_1$，m_1 为悬臂的总质量。

在确定主梁和支腿的自重后，即可计算自重载荷。对于桁架结构，自重载荷视为节点载荷；而对于箱形结构，则视为均布载荷。计算时应考虑结构的动力效应。

2）移动载荷。移动载荷应考虑动力效应并以轮压的形式作用在门式起重机的主梁上，小车轮压可按下式计算，即

$$P = \phi_1 P_x + \phi_2 P_0 \tag{10-3}$$

式中　P_x——由小车重力引起的轮压；

　　　P_0——由额定起升载荷引起的轮压；

　　ϕ_1、ϕ_2——起升冲击系数和动载系数，见第三章。

3）惯性载荷。载荷起升和下降所引起的惯性力已在动载系数中考虑，这里主要介绍由小车和大车（起重机）运行机构起、制动所产生的水平惯性力。

为减小惯性力，限制起、制动时间在 5~8s 的范围之内，通常最大惯性力可按主动轮与轨道之间的黏着力计算。计算水平惯性力时，均不考虑物品升降时的动力效应。

小车起、制动的总惯性力为

$$P_{xg} = \mu P_x \tag{10-4}$$

式中　μ——车轮沿轨道的静摩擦系数，一般取 $\mu = 0.14 \approx 1/7$；

　　　P_x——小车主动轮静轮压之和，按下式决定，即

$$P_x = (P_Q + P_{Gx})\frac{n_0}{n} \tag{10-5}$$

式中 P_Q——额定起升载荷;

　P_{Gx}——小车重力;

　　n——小车车轮总数;

　n_0——小车主动轮数。

大车起、制动时所产生的惯性力计算如下所述。大车起、制动时,满载小车产生的水平惯性力 P_{xH} 作用在一根或两根主梁上,其方向与主梁轴线垂直,作用位置依小车所在位置而定。通常对于门架支腿四角上均装有主动车轮(一般为总轮数的一半)的门式起重机,小车产生的总惯性力为

$$P_{xH} = \frac{1}{10}(P_Q + P_{Gx}) \tag{10-6}$$

大车起、制动时,起重机金属结构和固定设备所产生的惯性力,也与大车主动轮数有关。如果四角上的主动轮数为全部车轮数的一半,则水平惯性力取为结构及设备重力的1/10;如果四角上的主动轮数为全部车轮数的1/4时,则取为结构及设备重力的1/20。如果主动轮仅布置在一侧,如图10-11所示(A 为主动轮,为总轮数的一半,B 为从动轮),则门式起重机的大车水平惯性力因门架高度而有所变化,并将受到主动车轮打滑条件的限制。

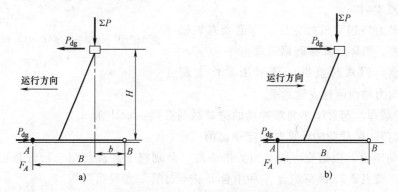

图10-11 门式起重机大车水平惯性力计算图

假定起重机(含设备)全部重力、小车重力及额定起升载荷都集中在主梁质心高度上,门式起重机如图10-11a所示方向运行并且制动。按车轮打滑条件可求得主动车轮 A 下的垂直反力 F_A 为

$$F_A = \frac{\Sigma Pb}{B\left(1 - \mu \dfrac{H}{B}\right)} \tag{10-7}$$

大车制动时的最大惯性力为

$$P_{dg} = \mu F_A = \frac{\mu \Sigma Pb}{B\left(1 - \mu \dfrac{H}{B}\right)} \tag{10-8}$$

式中 ΣP——全部金属结构(含设备)的重力、额定起升载荷与小车重力之和;

　H、B、b——如图10-11所示的尺寸。

如果车轮 A 仍为主动轮,起重机沿如图10-11b所示方向运行,则制动时的最大惯性

力为

$$P_{dg} = \frac{\mu \sum Pb}{B\left(1+\mu\ \dfrac{H}{B}\right)} \qquad (10\text{-}9)$$

式（10-8）及式（10-9）是总惯性力的近似公式，由于是将全部重力集中于主梁质心高度上计算出的，所以其惯性力值偏大；准确式应以起重机各部分的重力及其质心高度分别进行计算。方法相同，分解计算并不困难。

4）起重机偏斜运行时的水平侧向载荷。门式起重机运行时，下列原因之一均可能引起跑偏：

① 轨道铺设不正确或不平不直不平行。

② 两侧运行阻力不同，引起一侧超前运行。

③ 一侧运行机构发生故障，形成单侧驱动。

④ 主动车轮直径不等或安装不正确。

起重机偏斜运行时，车轮的轮缘与轨道侧面接触而产生水平侧向力，其方向垂直于起重机运行方向（见图 10-12）。

偏斜侧向力与起重机的轮压、跨度及有效轴距的比值有关，具体计算参阅第三章。

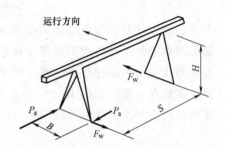

图 10-12 偏斜运行时的水平侧向载荷作用

应当注意，门式起重机一侧采用柔性支腿时，全部侧向力均由刚性支腿承受。

5）碰撞载荷。起重小车与缓冲器的碰撞载荷按第三章计算。

6）风载荷。风载荷的计算和规定参见第三章。

（2）载荷组合 根据使用情况和工作条件，分别将上述载荷组合后计算结构可能产生的最大内力，按表 3-27 载荷组合 A 和组合 B 进行计算，参见第三章。

计算结构疲劳强度时，仅考虑载荷组合 A，而计算结构强度和稳定性时，必须考虑载荷组合 A 和组合 B。

4. 主梁结构的设计计算

（1）主梁结构的主要几何尺寸

1）桁架式主梁结构。桁架式主梁结构的高度 h 取决于跨度和起重量，通常主梁跨中高度取

$$h \geqslant \left(\frac{1}{14} \sim \frac{1}{10}\right)S \qquad (10\text{-}10)$$

根据铁路运输条件，桁架最大高度取：$h \leqslant 3.4\text{m}$。

水平桁架的宽度 b 应满足水平刚度的要求并有足够的宽度作为走台之用，同时它与主梁高度有关。如果主梁为三角形截面型式，还应该考虑主桁架和斜桁架的夹角 β。一般取水平桁架宽度 $b = 0.8 \sim 1.5\text{m}$，$\beta = 35° \sim 45°$。

采用三角形腹杆体系时，通常使斜杆和弦杆的夹角为 45°，能使节间长度与桁架高度相等，便于制造。

2）偏轨箱形主梁结构。主梁高度 h 在满足刚度要求下，应尽量减轻自重。

根据主梁的静、动态刚度要求，通常主梁高度取为

$$h \geqslant \left(\frac{1}{17} \sim \frac{1}{10}\right)S \qquad (10\text{-}11)$$

式中 S—— 门式起重机的跨度。

主梁宽度取决于主梁的水平刚度和扭转刚度，通常梁宽和梁高的比例为 $b/h = 0.6 \sim 0.8$。双梁的宽高比应取得更小些。例如 20/10t 的 C 形单主梁门式起重机，其主梁宽高比为 $b/h = 1100/1500 = 0.733$；而 100/20t 的 O 形双梁门式起重机主梁的宽高比为 $b/h = 1300/2400 = 0.542$。

初步设计时，先根据综合因素确定各截面尺寸，然后进行反复几次试算，最后才能确定一个合理的截面尺寸。

（2）主梁结构的强度计算 主梁不仅承受垂直平面内（即门架平面）的载荷，同时还承受水平平面内的载荷。

在垂直平面内，取起重机运行时静定支承的刚架作为计算简图，并按小车位于跨中或悬臂端极限位置计算主梁结构的内力，以确定最大弯矩，选择主梁截面。

在水平平面内，主梁受水平惯性力和风力作用，单主梁可近似地按静定的外伸简支梁进行计算。对于双梁式的主梁结构，在水平平面内为一框架结构，可按支承于支腿上的水平框架计算，但主梁与支腿的连接为弹性支承，精确计算相当烦琐，也可近似假定为固定铰支。如果主梁按静定的外伸简支梁计算内力，则偏于保守。

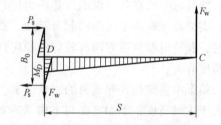

图 10-13　侧向力对单主梁产生的水平弯矩

在水平平面内，主梁还承受偏斜运行时的水平侧向力作用，由侧向力对单主梁产生的水平弯矩如图 10-13 所示。

$$M_D = F_w S = P_s B_0 \qquad (10\text{-}12)$$

对于双梁水平框架，可用结构力学方法求出内力。

当主梁内力确定后，可进行截面选择和验算，所验算的危险截面依结构而异。对于带有悬臂的门式起重机，主梁跨中和支腿支承处主梁截面可能出现最大弯矩；对于不带悬臂的门式起重机，主梁的跨中截面弯矩最大，最大剪切力一般出现在支承处的主梁截面上。在单主梁及一些双梁门式起重机中，小车的运行轨道常设置在主梁的一侧腹板上。由于轨道偏离主梁截面弯心一段距离，所以主梁除受横向弯曲外，还受到扭转作用而产生约束扭转正应力。

在宽偏轨箱形梁中，由于翼缘板较宽，弯曲应力的分布已不符合平面假定，因而将产生约束弯曲正应力。为简化计算，在进行强度验算时，考虑约束扭转和约束弯曲现象的存在，可将腹板处翼缘外表面的自由弯曲正应力增大 10% ~ 15%。约束扭转和约束弯曲产生的切应力都较小，可略去。主梁的应力计算参见第七章，箱形主梁有较强的抗弯和抗扭刚度，因此可不必对主梁进行整体稳定性的验算，但需对箱形主梁的腹板和受压翼缘板进行局部稳定性校核，验算方法参见第七章。桁架式主梁的计算参阅第八章。

5. 支腿结构的设计计算

采用两侧刚性支腿的门架。当起重机不动时，须考虑支腿受到支承横推力（超静定支反力）的作用，这不仅影响主梁和支腿的受力状态，而且也影响起重机下面轨道的

工作条件，有两侧刚性支腿的门架对轨道的安装误差和起重机的偏斜相当敏感，而且还需考虑温度变化对门架的不利影响。因此，将全部采用刚性支腿的门架的跨度限制在30m以内。

门式起重机跨度大于30m时，门架采用一刚一柔支腿结构。在门架平面内，柔性支腿与主梁可采用圆柱铰接，但现在很少采用，而改为螺栓连接，原因是柱铰连接使制造安装复杂而麻烦，而当起重机偏斜运行时，支腿并不能真正绕连接点转动。若支腿自轨道顶部至主梁下表面的高度超过15m以上，则支腿结构本身在门架平面内相对主梁而言已足够"柔性"，其长细比约为$\lambda = 90 \sim 110$，因此，无论在温度变形还是起重机偏斜运行的情况下，都允许支腿顶部有一定的变形。

柔性支腿是一平面结构，在门架平面内不能承受任何水平力，仅承受垂直载荷，而在支腿平面内可以承受水平载荷。柔性支腿常由两根杆件组成，其截面常采用管形或箱形截面，有的柔性支腿则由桁架结构组成。刚性支腿为一空间结构，除能在支腿平面内承受载荷外，还能在门架平面内承受垂直和水平载荷。通常把刚性支腿空间结构分解成平面结构进行计算，然后将主肢在各平面的计算内力进行叠加。

支腿高度取决于所需的起升高度。支腿轴距的确定原则：当风力沿大车运行轨道方向作用时，起重机在轨道方向有较好的稳定性；当有悬臂时，轴距的大小与过腿物品的外形尺寸及跨度有关。

箱形单主梁门式起重机的刚性支腿，在门架平面内与主梁连接处的尺寸较宽，一般推荐略大于主梁高度；下端宽度与下横梁的宽度相同。在支腿平面内的尺寸，根据受力特点和构造要求，通常上端尺寸小，而下端尺寸大。上端尺寸根据支腿与主梁的连接来确定。

（1）在门架平面内支腿的受力分析　在计算门式起重机支腿时，对双侧刚性支腿门架应按起重机静止不动的外部一次超静定刚架结构进行内力计算。这时，在垂直载荷作用下，在门架支承处产生的横推力将对支腿产生不利的影响。这里的垂直载荷是指小车轮压，不包括结构自身重力。门架按外部一次超静定刚架计算的内力公式见表10-2。

应注意，对于一侧为刚性支腿，另一侧为柔性支腿的门架，无论是计算主梁或是支腿，都应按静定刚架结构进行内力计算。

表10-2　门架平面内刚架内力计算公式

计算简图、弯矩图	支 反 力	弯 矩
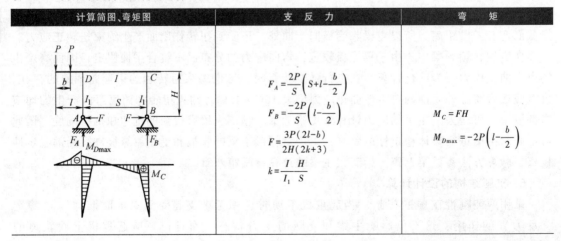	$F_A = \dfrac{2P}{S}\left(S + l - \dfrac{b}{2}\right)$ $F_B = \dfrac{-2P}{S}\left(l - \dfrac{b}{2}\right)$ $F = \dfrac{3P(2l-b)}{2H(2k+3)}$ $k = \dfrac{I}{I_1}\dfrac{H}{S}$	$M_C = FH$ $M_{D\max} = -2P\left(l - \dfrac{b}{2}\right)$

（续）

计算简图、弯矩图	支 反 力	弯 矩
	$F_A = P\left(1 - \dfrac{b}{2S}\right)$ $F_B = P\left(1 + \dfrac{b}{2S}\right)$ $F = \dfrac{3P(4S^2 - 5b^2)}{16HS(2k+3)}$	$M_C = M_D = -FH$ $M_{\max} = \dfrac{F_A}{4}(2S - b) + M_D$
	$-F_A = F_B = \dfrac{P_{xg}H}{S}$ $F = \dfrac{1}{2}P_{xg}$	$-M_C = M_D = FH$

（2）在支腿平面内的受力分析　L形和C形单主梁门式起重机的支腿平面结构可按静定结构进行计算，其计算简图和受力情况如图10-14所示。图中 F_N 为垂直载荷（包括主梁结构重力、小车重力和额定起升载荷等）对支腿顶部所引起的作用力。图中 M 是作用在主梁上的扭矩对支腿顶部所产生的力矩。P_{Gs} 为司机室重力，P_{Gt} 为支腿重力，P_{Gl} 为下横梁

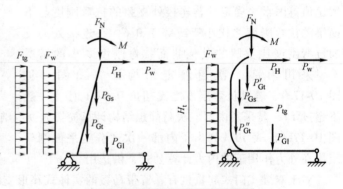

图 10-14　L形和C形支腿载荷

重力，P_H 为主梁自重及满载小车所产生的水平惯性力。P_w 为作用在主梁上的风力传到支腿顶部的水平力。在支腿平面内，支腿顶部除受水平力 P_H、风力 P_w 以外，还应同时考虑支腿受到的均匀风力 F_w 和惯性力 P_{tg} 或 F_{tg} 作用。L形支腿架平面结构的弯矩图如图10-15所示。

确定L形支腿在横梁上的安装位置的原则是在主要载荷作用下使大车轮压相等，即按下式计算（见图10-16）：

$$B_1 = \frac{B}{2} + A + \frac{M}{F_N} \tag{10-13}$$

式中　M——作用在支腿顶部的弯矩；

　　　F_N——作用在支腿顶部的垂直力；

　　　B——轴距；

A——支腿顶部和根部的水平投影距离。

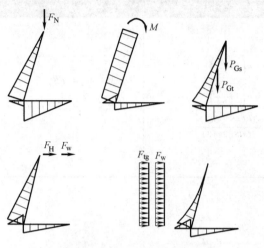

图 10-15 L形支腿弯矩图

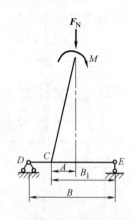

图 10-16 L形支腿安装位置的确定

下面讨论双梁式门式起重机支腿平面结构的受力分析。在这类起重机的支腿平面内，常把支腿做成平面刚架结构，并设支腿刚架为简支支承。支腿平面刚架结构的计算简图应根据支腿和下横梁在连接处的刚度比值等因素来确定。若连接处支腿的抗弯刚度与下横梁的抗弯刚度之比小于或等于 0.6，在连接处的支腿抗弯刚度比支腿的其他截面抗弯刚度要小的情况下，采用内部一次超静定结构计算简图（见图 10-17a）；若其抗弯刚度之比超出 0.6~1 时（一般不超过 1），需采用内部三次超静定结构计算简图（见图 10-17b）。表 10-3 列出了内部一次超静定平面刚架结构在外力作用下的内力计算公式，供选用。

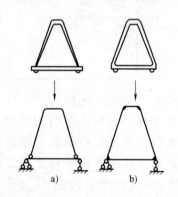

图 10-17 支腿平面刚架结构计算简图

对于双梁式门式起重机有悬臂带马鞍的实体式箱形支腿结构（见图 10-6），通常取其计算简图为内部一次超静定结构，如图 10-18a 所示。图 10-18b 为用力法求解多余未知力的基本结构，其多余未知力可参见表 10-7 序号 15 计算。

图 10-19 示出了双梁门式起重机有悬臂带马鞍的桁架式支腿结构的计算简图以及用力法

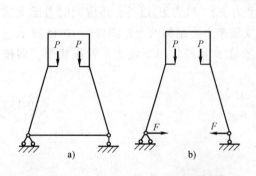

图 10-18 带马鞍的实体箱形支腿结构简图

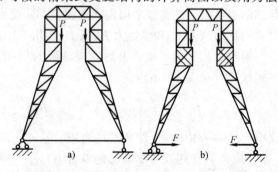

图 10-19 带马鞍的桁架式支腿结构简图

解多余未知力的基本结构（假定主动轮在支腿架的一边，构成简支支承）。

表 10-3 支腿平面内刚架内力计算公式

计算简图、弯矩图	支反力、拉杆内力	弯 矩
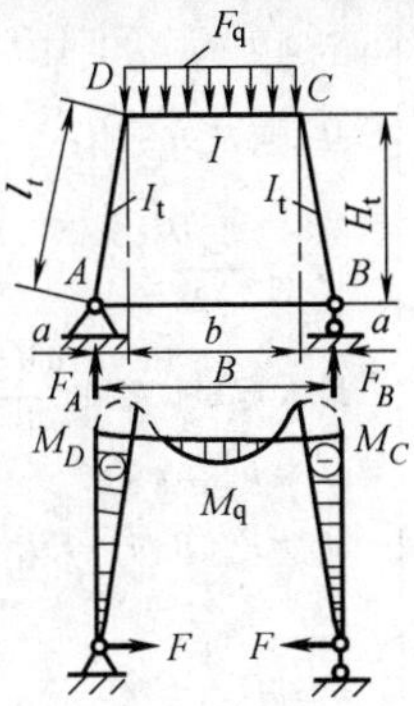	$$F_A = F_B = \frac{F_q b}{2}$$ $$F = \frac{\dfrac{F_q b^2 H_t}{12I}[b+2a(3+2k_1)]}{\dfrac{B}{A}+\dfrac{H_t^2 b}{3I}(3+2k_1)}$$ $$k_1 = \frac{Il_t}{I_t b},\ 式中\ A\ 为拉杆截面面积$$	$$M_C = M_D = F_A a - F H_t$$ $$M_q = F_A\left(a+\frac{b}{2}\right) - \frac{F_q b^2}{8} - F H_t$$
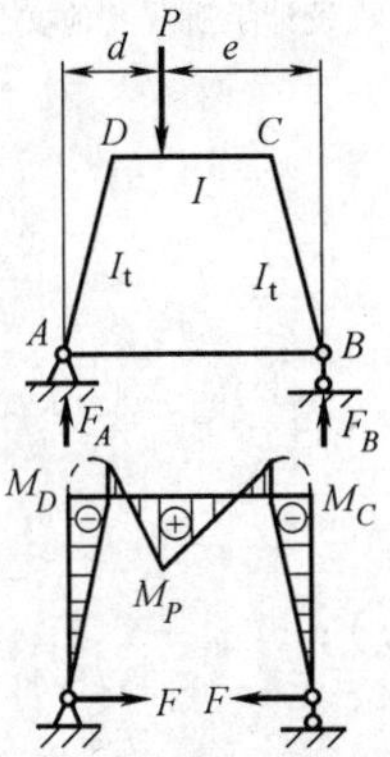	$$F_A = P\frac{e}{B}$$ $$F_B = P\frac{d}{B}$$ $$F = \frac{\dfrac{PH_t}{6I}[3(de-a^2)+2abk_1]}{\dfrac{B}{A}+\dfrac{H_t^2 b}{3I}(3+2k_1)}$$	$$M_C = F_B a - F H_t$$ $$M_D = F_A a - F H_t$$ $$M_P = F_A d - F H_t$$
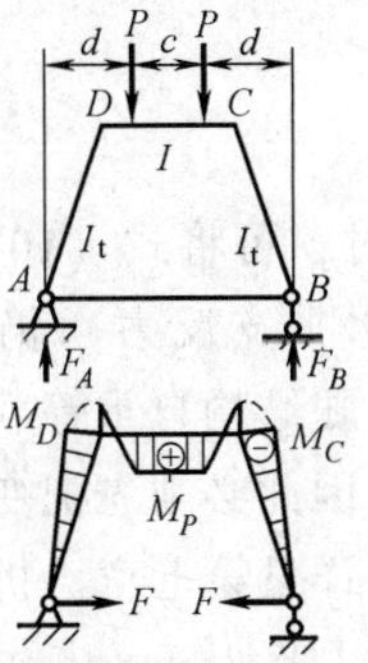	$$F_A = F_B = P$$ $$F = \frac{\dfrac{PH_t}{3I}[3(d^2+dc-a^2)+2abk_1]}{\dfrac{B}{A}+\dfrac{H_t^2 b}{3I}(3+2k_1)}$$	$$M_C = M_D = F_A a - F H_t$$ $$M_P = F_A d\ F H_t$$
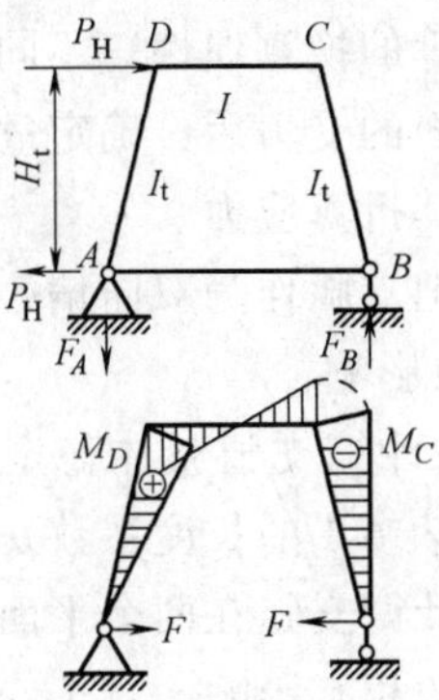	$$-F_A = F_B = P_H\frac{H_t}{B}$$ $$F = \frac{\dfrac{P_H b H_t^2}{6I}(3+2k_1)}{\dfrac{B}{A}+\dfrac{H_t^2 b}{3I}(3+2k_1)}$$ 当 $\dfrac{B}{A}$ 很小时， $$F \approx \frac{1}{2}P_H$$	$$M_C = F_B a - F H_t$$ $$M_D = F_B(B-a) - F H_t$$

（续）

计算简图、弯矩图	支反力、拉杆内力	弯　矩

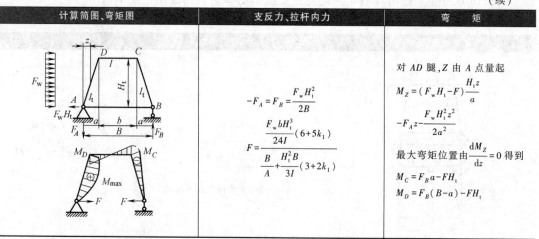

支反力、拉杆内力：

$$-F_A = F_B = \frac{F_w H_t^2}{2B}$$

$$F = \frac{\dfrac{F_w b H_t^3}{24I}(6+5k_1)}{\dfrac{B}{A} + \dfrac{H_t^2 B}{3I}(3+2k_1)}$$

弯矩：

对 AD 腿，Z 由 A 点量起

$$M_Z = (F_w H_t - F)\frac{H_t z}{a}$$

$$-F_A z - \frac{F_w H_t^2 z^2}{2a^2}$$

最大弯矩位置由 $\dfrac{dM_Z}{dz}=0$ 得到

$$M_C = F_B a - F H_t$$
$$M_D = F_B(B-a) - F H_t$$

注：支腿刚架外部为简支支承，内部为三次超静定刚架的弯矩计算公式请参阅起重机设计手册或其他文献。

桁架式支腿刚架多余未知力的计算公式为

$$F = \frac{\sum \dfrac{N_1 N_P l_i}{A_i}}{\dfrac{l_0}{A_0} + \sum \dfrac{N_1^2 l_i}{A_i}} \tag{10-14}$$

式中　N_1——当 $F=1$ 时，支腿平面刚架各杆件的内力（轴向力）；

N_P——外载荷作用下，支腿平面刚架各杆件的内力（轴向力）；

l_i——各杆件的长度；

A_i——各杆件的截面面积；

l_0——拉杆的长度（$l_0=B$）；

A_0——拉杆的截面积。

当主动轮布置在支腿的两边以及下横梁（拉杆）的截面很大时，可将式（10-14）中的 l_0/A_0 一项略去，支腿两边可视为不动的铰支承，多余未知力（水平支反力）仍用上式计算。计算支腿时，除考虑来自主梁的作用力外，还需考虑风力和支腿结构自重等载荷。

根据支腿的受力情况和连接要求，通常将其制作成变截面的，因此必须先把变截面支腿的惯性矩换算成等效等截面支腿的折算惯性矩才能进行内力分析，详见第七章。折算惯性矩也可近似取支腿距小端约 $0.72H$ 处的截面惯性矩（H 为支腿高度）来计算。应注意，由于等效前提的不同，用于内力和变形计算的折算惯性矩与稳定性计算的换算惯性矩不同。

根据可能出现的最不利工况组合综合考虑支腿结构在两个平面的受力后，确定危险截面并进行强度验算。对于正应力和切应力都比较大的截面，应验算其折算应力。

刚性支腿除承压外，还在两个刚架平面内承受弯矩，因此可把支腿作为双向偏心压杆进行稳定性验算（参阅第六章），但是应该考虑支腿端部实际的约束影响。

支腿与主梁（横梁）刚性连接构成空间刚架，用长度系数法计算支腿整体稳定性时必须考虑主梁（横梁）对支腿端部的约束影响，而不能简单地引用表 6-1 的长度系数 μ_1 值。

为了简化，可将空间刚架分解成两个方向的平面刚架，分别计算支腿在两个平面内的计算长度 $l_x = \mu_1 H$ 及 $l_y = \mu_1 H$，而忽略两个互相垂直的平面刚架之间的相互影响。对于变截面支腿，应按第六章第四节的方法，用惯性矩换算先将其转换为等效等截面支腿，再进行其他计算。

根据对门架支腿整体稳定性的研究[23]，各种型式的刚架在失稳时将发生对称屈曲或反对称屈曲，如图10-20a、b所示。根据刚架支腿的不同屈曲形式，可导出支腿端部的转角方程，进而求得支腿的稳定方程及腿端约束的计算长度系数 μ_1 值。μ_1 值取决于刚架杆件的单位刚度比 γ_1、γ_2（见表10-6注），它能反映刚架结构对支腿端部的实际约束。

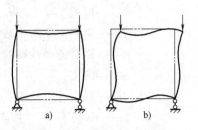

图 10-20 刚架失稳时屈曲状态

a) 对称屈曲 b) 反对称屈曲

对各种型式门架支腿整体稳定性的分析研究得知，除 U 型门架外，各种门架在反对称屈曲形式下 μ_1 值均比正对称屈曲大，这表明反对称屈曲门架有侧移，门架反对称屈曲为最不利的形式。

表10-4~表10-6列出各种门架支腿考虑端部约束的计算长度系数 μ_1 值，供计算时选用。

在门架平面内，柔性支腿主要承受压缩力，但在支腿刚架平面内还承受弯矩作用，因而它是单向偏心压杆，可按最大长细比验算整体稳定性，同样在计算时还要考虑腿端约束和截面变化等因素。

支腿的局部稳定性按板块（区格）边缘的受力情况分别验算。

6. 门架结构的刚度计算

对于一般门式起重机，应验算门架主梁跨中和悬臂端的静挠度，而在有安装作业等特殊要求时，还应计算起重机的自振频率。

（1）门架静态刚度

1）门架平面内的垂直位移。具有两侧刚性支腿的门架，应按起重机静止不动，外部一次超静定刚架结构计算主梁跨中和悬臂端的静挠度（见图10-21）。当满载小车位于跨中时，门架主梁跨中静挠度为

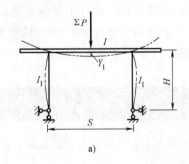
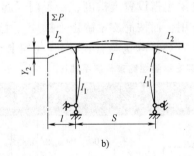

图 10-21 门架刚性计算图

$$Y_1 = \frac{\sum PS^3}{48EI} - \frac{3\sum PS^3}{64(2k+3)EI} \leqslant [Y_s] \tag{10-15}$$

当满载小车位于悬臂端时，门架主梁悬臂端的挠度为

$$Y_2 = \frac{\sum Pl^3}{3EI_2} + \frac{\sum Pl^2 S}{3EI} - \frac{3\sum Pl^2 S}{4(2k+3)EI} \leqslant [Y_1] \tag{10-16}$$

式中　　　$\sum P$——单根主梁上小车静轮压之和；

　　　　　I——单根主梁跨中截面惯性矩；

　　　　　E——钢材的弹性模量；

　　　　　S——跨度；

　　　　　l——悬臂计算长度；

　　　　　k——计算系数（主梁与支腿的单位刚度比），$k=IH/(I_1 S)$；

　　　　　H——门架计算高度；

　　　　　I_1——单根支腿的惯性矩，变截面支腿取折算惯性矩，如为斜支腿，应转换成竖
　　　　　　　　直平面的惯性矩；

　　　　　I_2——单根主梁悬臂段的截面惯性矩，若为变截面悬臂，可近似取距悬臂端
　　　　　　　　0.72l处的截面惯性矩；

$[Y_s]$、$[Y_1]$——许用静位移，按表4-15选取。

对于一侧为柔性、另一侧为刚性支腿的门架，则取静定刚架结构计算简图计算，式
（10-15）、式（10-16）中末项取为零。

2）门架平面内的水平位移。当满载小车位于悬臂端时或在满载小车运行惯性力作用
下，门架顶部产生的水平位移可按表10-7中相关公式计算，门架水平位移控制值尚未规定，
推荐 $[\Delta]=(1/800\sim1/500)H$，$H$为门架高度。

3）门架平面外的水平位移。双梁门式起重机门架空间结构沿大车运行方向的水平位移
计算，需要时可参阅文献 [22，26，30，31]。

4）支腿刚架平面内的刚度。当移动满载小车位于主梁与支腿连接处的托梁上或位于悬
臂极限位置时，计算支腿刚架（支腿）的垂直位移、水平位移、小车两轨道的相对水平位
移和托梁转角，可按表10-7相关公式计算。支腿刚架及支腿刚度计算尚无标准值，推荐
$[\Delta]=H_i/300$，H_i为刚架（支腿）的垂直高度或斜腿的水平投影长度，两轨道的相对水平
位移按车轮与轨道间隙（取10~20mm）控制，托梁转角不超过1°（一般很小，可不计算）。

门架主梁也需设置上拱度，由于门式起重机经常带载运行，故可不考虑支腿横推力对拱
度的有利作用，而按简支梁确定上拱度。主梁跨中上拱度取为$S/1000$（S为跨度），悬臂端
翘度值取为$l/350$（l为悬臂长度）。主梁其他部分的拱度值按抛物线决定。

表 10-4　门架支腿腿端约束长度系数 μ_1

序号	简图	γ	0	0.2	0.4	0.6	0.8	1	2	3	4	5	6	7	8	9	10	∞
1		正	0.700	0.760	0.804	0.835	0.858	0.875	0.922	0.944	0.956	0.964	0.972	0.980	0.984	0.991	0.997	1
		反	2.000	2.067	2.133	2.198	2.264	2.328	2.635	2.917	3.179	3.423	3.651	3.867	4.072	4.268	4.455	∞
2		反	2.000	2.133	2.264	2.391	2.514	2.634	3.179	3.652	4.073	4.456	4.809	5.138	5.448	5.741	6.021	∞

（续）

序号	简 图	γ	0	0.2	0.4	0.6	0.8	1	2	3	4	5	6	7	8	9	10	∞
3		正	0.500	0.592	0.660	0.709	0.746	0.774	0.855	0.893	0.916	0.931	0.940	0.948	0.954	0.959	0.962	1
		反	1.000	1.066	1.132	1.196	1.257	1.317	1.589	1.826	2.036	2.228	2.404	2.569	2.724	2.870	3.010	∞
4		正	2.000	2.199	2.391	2.575	2.750	2.917	3.651	4.268	4.809	5.295	5.741	6.155	6.544	6.910	7.258	∞
		反	2.000	2.067	2.133	2.198	2.264	2.328	2.635	2.917	3.179	3.423	3.651	3.867	4.072	4.268	4.455	∞
5		反	2.000	2.058	2.116	2.174	2.231	2.287	2.560	2.814	3.050	3.272	3.481	3.678	3.867	4.047	4.219	∞

注：$\gamma = IS/(HI_1)$，对于支腿刚架，H 即 H_1，对斜支腿则采用斜支腿长度 l_1 代替 H 计算 γ，计算序号 5 的 γ 可用 B 替代式中的 S，计算 r 时不考虑腿端约束。

表 10-5 正对称屈曲门架支腿的腿端约束长度系数 μ_1

简 图	γ_1/γ_2	0	0.2	0.4	0.6	0.8	1	2	3	4	5	6	7	8	9	10	∞
	0	0.500	0.546	0.578	0.599	0.615	0.626	0.656	0.668	0.675	0.679	0.682	0.685	0.686	0.688	0.689	0.700
	0.2	0.546	0.592	0.625	0.648	0.665	0.677	0.710	0.725	0.732	0.738	0.741	0.744	0.746	0.747	0.748	0.760
	0.4	0.578	0.625	0.660	0.684	0.701	0.715	0.750	0.765	0.774	0.779	0.783	0.786	0.788	0.789	0.791	0.804
	0.6	0.599	0.648	0.684	0.709	0.727	0.741	0.777	0.794	0.803	0.808	0.812	0.815	0.818	0.819	0.821	0.835
	0.8	0.615	0.665	0.701	0.727	0.746	0.760	0.798	0.815	0.824	0.830	0.834	0.837	0.840	0.842	0.843	0.858
	1	0.626	0.677	0.715	0.741	0.760	0.774	0.813	0.831	0.840	0.846	0.851	0.854	0.856	0.858	0.860	0.875
	2	0.656	0.710	0.750	0.777	0.798	0.813	0.855	0.874	0.884	0.891	0.896	0.900	0.902	0.904	0.906	0.922
	3	0.668	0.725	0.765	0.794	0.815	0.831	0.874	0.893	0.904	0.911	0.916	0.920	0.923	0.925	0.927	0.944
	4	0.675	0.732	0.774	0.803	0.824	0.840	0.884	0.904	0.916	0.923	0.928	0.932	0.934	0.937	0.939	0.956
	5	0.679	0.738	0.779	0.808	0.830	0.846	0.891	0.911	0.923	0.931	0.935	0.939	0.942	0.944	0.946	0.964
	6	0.682	0.741	0.783	0.812	0.834	0.851	0.896	0.916	0.928	0.935	0.940	0.944	0.947	0.949	0.951	0.972
	7	0.685	0.744	0.786	0.816	0.837	0.854	0.900	0.920	0.932	0.939	0.944	0.948	0.951	0.953	0.955	0.980
	8	0.686	0.746	0.788	0.818	0.840	0.856	0.902	0.923	0.934	0.942	0.947	0.951	0.954	0.956	0.958	0.984
	9	0.688	0.747	0.789	0.819	0.842	0.858	0.904	0.925	0.937	0.944	0.949	0.953	0.956	0.959	0.961	0.991
	10	0.689	0.748	0.791	0.821	0.843	0.860	0.906	0.927	0.939	0.946	0.951	0.955	0.958	0.961	0.962	0.997
	∞	0.700	0.760	0.804	0.835	0.858	0.875	0.922	0.944	0.956	0.964	0.972	0.980	0.984	0.991	0.997	1

表 10-6　反对称屈曲门架支腿的腿端约束长度系数 μ_1

简图	γ_1 / γ_2	0	0.2	0.4	0.6	0.8	1	2	3	4	5	6	7	8	9	10	∞
	0	1	1.033	1.066	1.097	1.127	1.157	1.280	1.373	1.444	1.502	1.548	1.587	1.619	1.647	1.671	2
	0.2	1.033	1.066	1.099	1.131	1.161	1.190	1.315	1.410	1.484	1.543	1.591	1.631	1.665	1.694	1.719	2.067
	0.4	1.066	1.099	1.132	1.164	1.194	1.224	1.349	1.446	1.523	1.584	1.633	1.675	1.710	1.740	1.766	2.133
	0.6	1.097	1.131	1.164	1.196	1.226	1.256	1.384	1.483	1.561	1.624	1.675	1.718	1.754	1.786	1.813	2.198
	0.8	1.127	1.161	1.194	1.226	1.257	1.287	1.417	1.517	1.597	1.662	1.715	1.760	1.797	1.830	1.858	2.264
	1	1.157	1.190	1.224	1.256	1.287	1.317	1.449	1.552	1.639	1.700	1.754	1.800	1.839	1.873	2.043	2.328
	2	1.280	1.315	1.349	1.384	1.417	1.449	1.589	1.702	1.794	1.870	1.932	1.985	2.031	2.071	2.128	2.635
	3	1.373	1.410	1.446	1.483	1.517	1.552	1.702	1.826	1.927	2.028	2.081	2.141	2.194	2.239	2.279	2.917
	4	1.444	1.484	1.523	1.561	1.597	1.639	1.794	1.927	2.036	2.128	2.206	2.273	2.332	2.387	2.445	3.179
	5	1.502	1.543	1.584	1.624	1.662	1.700	1.870	2.028	2.128	2.228	2.312	2.386	2.450	2.507	2.557	3.423
	6	1.548	1.591	1.633	1.675	1.715	1.754	1.932	2.081	2.206	2.312	2.404	2.484	2.553	2.615	2.670	3.651
	7	1.587	1.631	1.675	1.718	1.760	1.800	1.985	2.141	2.273	2.386	2.484	2.569	2.664	2.710	2.770	3.867
	8	1.619	1.665	1.710	1.754	1.797	1.839	2.031	2.194	2.332	2.450	2.553	2.644	2.724	2.795	2.859	4.072
	9	1.647	1.694	1.740	1.786	1.830	1.873	2.071	2.239	2.387	2.507	2.615	2.710	2.795	2.870	2.938	4.268
	10	1.671	1.719	1.766	1.813	1.858	2.043	2.128	2.279	2.445	2.557	2.670	2.770	2.859	2.938	3.010	4.455
	∞	2	2.067	2.133	2.198	2.264	2.328	2.635	2.917	3.179	3.423	3.651	3.867	4.072	4.268	4.455	∞

注：1. $\gamma_1 = Il_1/(HI_1)$，$\gamma_2 = Il_2/(HI_2)$，对于支腿刚架，H 即 H_1，计算 γ_i 时不考虑腿端约束。
　　2. 对于变截面支腿，需先换算成等效（等稳定性）等截面支腿后计算出 γ_i，再查表中的 μ_1 值。
　　3. 表中 μ_1 值适用于实腹式和格构式门架支腿的整体稳定性计算。
　　4. 计算带马鞍的门架时，可将马鞍展开取其展开总长度作为上横梁长度，其截面惯性矩不变，斜支腿可取斜支腿长度 l_t 代替 H 计算 γ_i。

在集中载荷作用下，门架和支腿刚架任意点的位移计算公式列于表 10-7，供选用。

表 10-7　门架及支腿刚架任意点的位移计算公式

序号	计算简图	主位移和副位移
1	$a=\alpha L$ $b=(1-\alpha)L$ Δ ——主位移 δ ——副位移 δ_V ——垂直副位移 δ_H ——水平副位移 A ——一侧支腿截面面积 L ——门架跨度，也可用 S 表示	$\Delta_{EV}=\Delta_{PV}=\dfrac{Pa^2b^2}{3EIL}=\dfrac{P\alpha^2(1-\alpha)^2L^3}{3EI}\downarrow$ $\delta_{EH}=\dfrac{PabH}{6EIL}(L+b)\rightarrow$（均向柔性支腿侧移） $\theta_B=\dfrac{Pb}{6EIL}(L^2-b^2)=\dfrac{Pab}{6EIL}(L+b)\downarrow$ $\theta_C=-\dfrac{Pa}{6EIL}(L^2-a^2)=-\dfrac{Pab}{6EIL}(L+a)\downarrow$ $\delta_{1V}=\theta_B x_1=\dfrac{Pabx_1}{6EIL}(L+b)\uparrow$ $\delta_{1H}=\delta_{BH}=\cdots=\delta_{EH}\rightarrow$ $x\leq a$ 时，$\delta_{2V}=\dfrac{Pbx}{6EIL}(L^2-b^2-x^2)\downarrow$ $x>a$ 时，$\delta_{3V}=\dfrac{Pa(L-x)}{6EIL}(2xL-a^2-x^2)\downarrow$ $\delta_{4V}=\theta_C x_2\uparrow$，$\delta_{BV}=\dfrac{PbH}{LEA}\downarrow$，$\delta_{CV}=\dfrac{PaH}{LEA}\downarrow$ $\delta_{5V}=\dfrac{Pbh}{LEA}\downarrow$，$\delta_{5H}=\dfrac{Pabh}{6EIL}(L+b)\rightarrow$ 柔性支腿任一点水平位移，可按与 $\delta_{CH}=\delta_{EH}$ 成线性比例求得

340

序号	计 算 简 图	主位移和副位移
2		$\Delta_{EV}=\dfrac{Pc^2(c+L)}{3EI}\downarrow$ $\delta_{EH}=\delta_{BH}=\delta_{CH}=\cdots=\dfrac{PcHL}{3EI}\leftarrow(P\text{ 在刚腿侧悬臂上})$ $\delta_{EH}=\dfrac{PCHL}{6EI}\leftarrow(P\text{ 在柔腿侧悬臂上，以上两种情况均向刚腿侧移})$ $P\text{ 在 }E\text{ 点上：}$ $\delta_{1V}=\dfrac{Px_1}{6EI}(3cx_1-x_1^2+2LC)\downarrow,\ \delta_{2V}=-\dfrac{Pcx(L-x)(2L-x)}{6EIL}\uparrow$ $\delta_{4V}=\theta_c x_2\downarrow,\ \theta_c=\dfrac{PcL}{6EI}\downarrow$ $\delta_{BV}=\dfrac{P(c+L)H}{LEA}\downarrow,\ \delta_{5V}=\dfrac{P(c+L)h}{LEA}\downarrow$ $\delta_{5H}=\dfrac{PchL}{3EI}\leftarrow(P\text{ 在刚腿侧悬臂上}),\ \delta_{5H}=\dfrac{PchL}{6EI}\leftarrow(P\text{ 在柔腿侧悬臂上})$
3	 $k=\dfrac{IH}{I_1L}$	$\Delta_{EH}=\dfrac{PH^2L(k+1)}{3EI}\rightarrow$ $\delta_{EV}=\dfrac{PabH}{6EIL}(L+b)\downarrow\text{（副位移互等（同 1 号 }\delta_{EH}\text{）}$ $\delta_{CV}=\dfrac{PH^2}{LEA}\downarrow,\ \delta_{CH}=\Delta_{EH}\rightarrow,\ \delta_{5V}=\dfrac{PHh}{LEA}\uparrow$ $\delta_{5H}=\dfrac{PHhL}{3EI}+\dfrac{Ph}{6EI_1}(3H^2-h^2)\rightarrow$
4	 $h=\beta H$	$\Delta_{5H}=\dfrac{Ph^2L}{3EI}+\dfrac{Ph^2}{3EI_1}(3H-2h)=\dfrac{P\beta^2H^2L}{3EI}+\dfrac{P\beta^2H^3}{3EI_1}(3-2\beta)\rightarrow$ $\delta_{5V}=\dfrac{Ph^2}{LEA}\uparrow,\ \delta_{EV}=\dfrac{Pabh}{6EIL}(L+b)\downarrow,\ \delta_{1V}=\dfrac{Phx_1L}{3EI}\uparrow$ 其余各点位移按位移互等原理求得
5	 $k=\dfrac{IH}{I_1L}$ $a=\alpha L$ $b=(1-\alpha)L$ $h=\beta H$ L——门架跨度，也可用 S 表示	$\Delta_{EV}=\Delta_{PV}=\dfrac{Pa^2b^2}{3EIL}-\dfrac{3Pa^2b^2}{4EIL(2k+3)}=\dfrac{Pa^2b^2}{3EIL}\left(\dfrac{8k+3}{8k+12}\right)$ $=\dfrac{P\alpha^2(1-\alpha)^2L^3}{3EI}\left(\dfrac{8k+3}{8k+12}\right)\downarrow$ $\delta_{EH}=\dfrac{PabH}{12EIL}(b-a)\begin{array}{l}\rightarrow(a<b)\\\leftarrow(a>b)\end{array}$ $\delta_{1V}=\dfrac{Pabx_1}{6EIL}(L+b)-\dfrac{3pabx_1}{4EI(2k+3)}\uparrow$ $\delta_{1H}=\delta_{BH}=\delta_{CH}=\delta_{EH}\leftarrow(a<b),\leftarrow(a>b)$ $x\leqslant a$ 时 $\delta_{2V}=\dfrac{Pbx}{6EIL}(L^2-b^2-x^2)-\dfrac{3Pabx(L-x)}{4EIL(2k+3)}\downarrow$ $\delta_{2H}=\delta_{EH}\rightarrow(a<b),\leftarrow(a>b)$ $x>a$ 时

（续）

序号	计 算 简 图	主位移和副位移
6		
7		

序号 6

$$k=\frac{IH}{I_1L}$$
$$a=\alpha L$$
$$b=(1-\alpha)L$$
$$h=\beta H$$
L——门架跨度,也可用 S 表示

$$\delta_{3V}=\frac{Pa(L-x)}{6EIL}(2Lx-a^2-x^2)-\frac{3Pabx(L-x)}{4EIL(2k+3)}\downarrow$$

$$\delta_{4V}=\frac{Pabx_2}{6EIL}(L+a)-\frac{3Pabx_2}{4EI(2k+3)}\uparrow$$

$$\delta_{BV}=\frac{PbH}{EAL}\downarrow,\quad \delta_{CV}=\frac{PaH}{EAL}\downarrow$$

$$\delta_{5V}=\frac{Pbh}{EAL}\downarrow$$

$$\delta_{5H}=\frac{Pabh(L+b)}{6EIL}-\frac{3Pabh}{4EI(2k+3)}\left(1+k-\frac{1}{3}k\beta^2\right)\begin{array}{l}\rightarrow（正值）\\\leftarrow（负值）\end{array}$$

$$\delta_{6V}=\frac{Pah}{EAL}\downarrow$$

$$\delta_{6H}=-\frac{Pabh(L+a)}{6EIL}+\frac{3Pabh}{4EI(2k+3)}\left(1+k-\frac{1}{3}k\beta^2\right)\begin{array}{l}\rightarrow（正值）\\\leftarrow（负值）\end{array}$$

序号 7

$$k=\frac{IH}{I_1L},\quad h=\beta H$$

$$\Delta_{EV}=\frac{Pc^2(c+L)}{3EI}-\frac{3Pc^2L}{4EI(2k+3)}$$
$$=\frac{Pc^2}{3EI}\left[c+L\left(\frac{8k+3}{8k+12}\right)\right]\downarrow$$

$$\delta_{EH}=\frac{PcHL}{12EI}\leftarrow$$

$$\delta_{1V}=\frac{Px_1}{6EI}[x_1(3c-x_1)+2cL]-\frac{3Pcx_1L}{4EI(2k+3)}\downarrow$$

$$\delta_{1H}=\delta_{BH}=\cdots=\delta_{EH}\leftarrow$$

$$\delta_{2V}=\frac{Pcx(L-x)(2L-x)}{6EIL}-\frac{3Pcx(L-x)}{4EI(2k+3)}\uparrow$$

$$\delta_{4V}=\frac{Pcx_2L}{6EI}-\frac{3Pcx_2L}{4EI(2k+3)}=\frac{Pcx_2L(4k-3)}{12EI(2k+3)}\downarrow（正）或\uparrow（负）$$

$$\delta_{BV}=\frac{P(c+L)H}{LEA}\downarrow$$

$$\delta_{5V}=\frac{P(c+L)h}{LEA}\downarrow$$

$$\delta_{5H}=\frac{PchL}{3EI}-\frac{3PchL}{4EI(2k+3)}\left(1+k-\frac{1}{3}k\beta^2\right)$$
$$=\frac{PchL(3-k+3k\beta^2)}{12EI(2k+3)}\leftarrow$$

$$\delta_{6V}=\frac{Pch}{LEA}\uparrow$$

$$\delta_{6H}=-\frac{PchL}{6EI}+\frac{3PchL}{4EI(2k+3)}\left(1+k-\frac{1}{3}k\beta^2\right)$$
$$=\frac{PchL}{12EI(2k+3)}(3+5k-3k\beta^2)\leftarrow$$

（续）

序号	计 算 简 图	主位移和副位移
8		$\Delta_{EH}=\Delta_{1H}=\Delta_{BH}=\dfrac{PH^2L(2k+1)}{12EI}\longrightarrow$ $\delta_{EV}=\delta_{2V}=\dfrac{PHx(L-x)(L-2x)}{12EIL}\ {\downarrow\atop(x<L/2)}$ 或 ${\uparrow\atop(x>L/2)}$ $\delta_{1V}=\dfrac{PHx_1L}{12EI}\uparrow$ $\delta_{BV}=\dfrac{PH^2}{LEA}\uparrow,\ \delta_{CV}=\dfrac{PH^2}{LEA}\downarrow$ $\delta_{4V}=\dfrac{PHx_2L}{12EI}\downarrow,\ \delta_{4H}=\Delta_{BH}\longrightarrow$ $\delta_{5V}=\dfrac{PHh}{LEA}\uparrow,\ \delta_{6V}=\dfrac{PHh}{LEA}\downarrow$ $\delta_{5H}=\dfrac{PHhL}{12EI}+\dfrac{PHhLk}{12EI}(3-\beta^2)$ $=\dfrac{PHhL}{12EI}(1+3k-k\beta^2)\longrightarrow$ $\delta_{6H}=\dfrac{PHhL}{12EI}(1+3k-k\beta^2)\longrightarrow$
9	$h=\beta H$	$\Delta_{5H}=\dfrac{PH^2L\beta}{12EI(2k+3)}\left[(3\beta^3-\beta)k+3\beta\right]$ $\quad+\dfrac{PH^3\beta}{12EI_1(2k+3)}\left[(6\beta^3-16\beta^2+15\beta-\beta^5)k+(3\beta^2-24\beta+27)\beta\right]\longrightarrow$ $\delta_{5V}=\dfrac{Ph^2}{LEA}\uparrow$ $\delta_{1V}=\dfrac{Phx_1L}{3EI}-\dfrac{3Phx_1L}{4EI(2k+3)}\left(1+k-\dfrac{1}{3}k\beta^2\right)$ $\quad=\dfrac{Phx_1L}{12EI(2k+3)}(3-k+3k\beta^2)\uparrow$（同6号 δ_{5H}） $\delta_{1H}=\dfrac{PhHL}{12EI}(1+3k-k\beta^2)\longrightarrow$（同7号 δ_{5H}） $\delta_{2V}=\dfrac{Phx(L-x)(2L-x)}{6EIL}-\dfrac{3Phx(L-x)}{4EI(2k+3)}\left(1+k-\dfrac{1}{3}k\beta^2\right)\ {\downarrow\atop(正)}$ 或 ${\uparrow\atop(负)}$ $\delta_{2H}=\delta_{1H}=\delta_{BH}\longrightarrow$ $\delta_{BV}=\dfrac{PhH}{LEA}\uparrow$ $\delta_{4V}=-\dfrac{Phx_2L}{6EI}+\dfrac{3Phx_2L}{4EI(2k+3)}\left(1+k-\dfrac{1}{3}k\beta^2\right)$ $\quad=\dfrac{Phx_2L}{12EI(2k+3)}(3+5k-3k\beta^2)\downarrow$ $\delta_{4H}=\delta_{1H}=\delta_{BH}\longrightarrow$ $\delta_{6V}=\dfrac{Ph^2}{LEA}\downarrow$ $\delta_{6H}=\dfrac{Ph^2L}{12EI(2k+3)}\left[3+(14-6\beta^2)k+(9-6\beta^2+\beta^4)k^2\right]\longrightarrow$

（续）

序号	计算简图	主位移和副位移
10	$k_1=\dfrac{I_1 l_{\rm t}}{I_{\rm t}b}$ A——一侧斜支腿截面面积	$\Delta_{EV}\approx\dfrac{Pb^3}{48EI_1}\left(\dfrac{8k_1+3}{8k_1+12}\right)\downarrow$　公式推导中忽略下横梁 （拉杆）的微小变形，将两边视为固定铰支座（以下同） $\delta_{EH}=0$（P 力对称，刚架无侧移） $\delta_{BV}=0$（刚架弯曲）或 $\delta_{BV}=\dfrac{PH_{\rm t}}{2EA\sin\theta}\downarrow$（斜腿压缩竖直分量） $\delta_{BH}=0$ $\delta_{FV}=\delta_{GV}\approx\dfrac{Pab^2k_1(33a+12b)}{128BEI_1(2k_1+3)}\uparrow$ $\delta_{FH}\approx\dfrac{3Pb^2H_{\rm t}k_1}{128EI_1(2k_1+3)}\leftarrow$ $\delta_{GH}=-\delta_{FH}\rightarrow$
11		$\Delta_{BV}\approx\dfrac{Pa^2b^3(2k_1+1)}{12B^2EI_1}\downarrow$ $\delta_{BH}=\delta_{CH}\approx\dfrac{Pab^3H_{\rm t}(2k_1+1)}{12B^2EI_1}\rightarrow$ $\delta_{CV}=-\delta_{BV}\uparrow$ $\delta_{FV}\approx\dfrac{Pa^2b^2}{96B^2EI_1}(4b+6ak_1+11bk_1)\downarrow$ $\delta_{FH}\approx\dfrac{Pab^2H_{\rm t}}{96B^2EI_1}(4b+6ak_1+11bk_1)\rightarrow$ $\delta_{GV}\approx\dfrac{Pa^2b^2}{96B^2EI_1}(4b+6ak_1+11bk_1)\uparrow$ $\delta_{GH}=\delta_{FH}\rightarrow$
12		$\Delta_{FV}\approx\dfrac{Pa^2b}{768B^2EI_1(2k_1+3)}\left[(92k_1^2+192k_1)a^2+\right.$ $\left.(135k_1^2+248k_1+48)b^2+(188k_1^2+336k_1)ab\right]\downarrow$ $\delta_{FH}\approx\dfrac{PabH_{\rm t}}{768B^2EI_1(2k_1+3)}\left[(92k_1^2+192k_1)a^2+\right.$ $\left.(135k_1^2+248k_1+48)b^2+(188k_1^2+336k_1)ab\right]\rightarrow$ $\delta_{GV}\approx\dfrac{Pa^2b}{768B^2EI_1(2k_1+3)}\left[36k_1^2a^2+\right.$ $\left.(121k_1^2+200k_1+48)b^2+(132k_1^2+144k_1)ab\right]\uparrow$ $\delta_{GH}\approx\dfrac{PabH_{\rm t}}{768B^2EI_1(2k_1+3)}\left[36k_1^2a^2+\right.$ $\left.(121k_1^2+200k_1+48)b^2+(132k_1^2+144k_1)ab\right]\rightarrow$ $\delta_{BV}=\delta_{FV}(10\text{ 号})\downarrow$ $\delta_{CV}=\delta_{GV}(10\text{ 号})\uparrow$ $\delta_{BH}=\delta_{CH}=\delta_{FV}(12\text{ 号})\rightarrow$

（续）

序号	计 算 简 图	主位移和副位移
13	 A_{x1}—下横梁的截面面积	$\Delta_{BH} = \Delta_{CH} = \dfrac{PbH_t^2(2k_1+1)}{12EI_1}\left(\dfrac{b}{B}\right)^2 + \dfrac{PB}{4EA_{x1}} \approx \dfrac{Pb^3H_t^2(2k_1+1)}{12B^2EI_1} \rightarrow$ $\delta_{BV} \approx \dfrac{Pab^3H_t(2k_1+1)}{12B^2EI_1} \downarrow$ $\delta_{CV} = -\delta_{BV} \uparrow$ $\delta_{FV} \approx \dfrac{Pab^2H_t}{96B^2EI_1}(4b+6ak_1+11bk_1) \downarrow$ $\delta_{FH} \approx \dfrac{Pb^2H_t^2}{96B^2EI_1}(4b+6ak_1+11bk_1) \rightarrow$ $\delta_{GV} = -\delta_{FV} \uparrow$ $\delta_{GH} \approx \dfrac{Pb^2H_t^2}{96B^2EI_1}(4b+6ak_1+11bk_1) \rightarrow$
14		$\Delta_{FH} \approx \dfrac{PbH_t^2}{768B^2EI_1(2k_1+3)}\big[(92k_1^2+192k_1)a^2+(135k_1^2+248k_1+48)b^2+$ $\qquad(188k_1^2+336k_1)ab\big] \rightarrow$ $\delta_{FV} \approx \dfrac{PabH_t}{768B^2EI_1(2k_1+3)}\big[(92k_1^2+192k_1)a^2+(135k_1^2+248k_1+48)b^2+$ $\qquad(188k_1^2+336k_1)ab\big] \downarrow$ $\delta_{GV} \approx \dfrac{PabH_t}{768B^2EI_1(2k_1+3)}\big[36k_1^2a^2+(121k_1^2+$ $\qquad200k_1+48)b^2+(132k_1^2+144k_1)ab\big] \downarrow$ $\delta_{GH} \approx \dfrac{PbH_t^2}{768B^2EI_1(2k_1+3)}\big[36k_1^2a^2+(121k_1^2+200k_1+48)b^2+$ $\qquad(132k_1^2+144k_1)ab\big] \rightarrow$ 其余各点位移可按位移互等原理求得
15	 $k_1=\dfrac{I_1l_t}{I_tb}$	$\Delta_{EH} = \dfrac{Pbh^2}{12EI_1}\left(2k_1+\dfrac{6h_1}{b}+1\right)\left(\dfrac{b}{B}\right)^2 + \dfrac{PB}{4EA_{x1}}$ $\approx \dfrac{Pbh^2}{12EI_1}\left(2k_1+\dfrac{6h_1}{b}+1\right)\left(\dfrac{b}{B}\right)^2 \rightarrow$

（续）

序号	计算简图	主位移和副位移
16		下横梁（拉杆）拉力（忽略拉杆的变形）$$T=\frac{P\{2abhk_1+3(a+c)[h_1(H+h)+bH]\}}{2bh^2k_1+2h_1^3+3bH^2+6hh_1H}$$ 1-2点相对水平位移：$$\delta_{1-2}=\frac{h_1}{3EI_1}\{[h_1(2H+h)+3bH]T-3P(a+c)(h_1+b)\}\rightarrow\leftarrow$$
17	$c=l_t\cos\theta$ $k_2=\dfrac{I_1l_t}{I_tB}$	$$\Delta_{EV}=\frac{P}{3BEI_1}[B^2c^2k_2+a^2(b-c)^2+bc(2ab+bc-ac)]\downarrow$$ $$\delta_{EH}=\frac{PH_t}{3BEI_1}[B^2c(k_2+1)+ab(b-a-3c)]\rightarrow$$
18		$$\Delta_{EH}=\frac{PBH_t^2}{3EI_1}\left(k_2+1-\frac{3ab}{B^2}\right)\rightarrow$$ $$\delta_{EV}=\delta_{EH}(16号)\downarrow$$

（2）门式起重机的动态刚度　门式起重机的动态刚度分垂直动态刚度和水平动态刚度两类。

1）门式起重机的垂直动态刚度。门式起重机的垂直动态刚度一般取满载小车位于门架跨中或悬臂极限位置，按第四章方法及公式（4-93）计算，取 $[f_V]=1.4\sim2\mathrm{Hz}$。

2）门式起重机的水平动态刚度。门式起重机工作时，除产生垂直振动外，还存在纵向和横向的水平振动，过大过慢的水平振动也会影响门式起重机的正常工作。若要控制其水平振动，则需验算其水平动态刚度。门式起重机的水平动态刚度分门架平面和支腿刚架平面两个方向，均取换算等效质量集中于等效悬臂柱顶的计算简图计算，可统一按下式计算，即

$$f_{\mathrm{H}} = \frac{1}{2\pi}\sqrt{\frac{K_e}{m_e}} = \frac{1}{2\pi}\sqrt{\frac{1}{\delta_i m_e}} \geq [f_{\mathrm{H}}] \tag{10-17}$$

式中　δ_i——单位水平力作用于门架或支腿刚架顶部，在该处产生的水平位移，按表 10-7 相关公式计算，$K_e = 1/\delta_i$；

m_e——集中在门架或支腿刚架顶部的换算等效质量，分为两种情况：总起升质量高位悬挂，视为刚接于悬臂柱顶，则 $m_e = m_Q + m_0 + m_x + m_{zl} + m_t/4$；或小车空载，小车质量在柱顶，则 $m_e = m_x + m_0 + m_{zl} + m_t/4$，其中 m_Q、m_0、m_x、m_{zl}、m_t 分别为起升质量、吊具、小车、主梁和支腿的质量；结构部分的换算质量见表 4-27；推荐许用值 $[f_{\mathrm{H}}] = 1 \sim 1.5\mathrm{Hz}$，不考虑起升质量低位悬挂的情况；桥架水平动态刚度分析计算可参考文献 [22，26，30]。

二、造船用门式起重机的门架

近年来我国造船工业的蓬勃发展，使得船舶的吨位越来越大，很多造船厂采用大分段制造法来建造船舶，因而促使造船门式起重机向大型化发展。国外已制造出起重量为 1000t 的造船门式起重机，我国已建造出 900t 大型造船门式起重机。图 10-22 所示为我国自行设计制造的起重量 200t，跨度 S 为 66.5m，净空高度为 45m 的造船门式起重机。

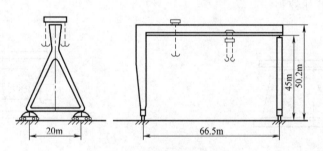

图 10-22　200t 门式起重机

造船门式起重机的门架结构由主梁、刚性支腿和柔性支腿三大部分组成。它们多采用箱形结构制造，但柔性支腿也常做成圆管结构，这使得结构及制造工艺大为简化。

1. 主梁结构

主梁截面型式分为两种类型，一是单梁结构（见图 10-23a、b）；二是双梁结构（见图 10-23c、d）。单梁式主梁截面的横向尺寸较大，可将所有电气控制设备及部分传动装置放在主梁内，这样小车自重可以减轻，迎风面积也相应减小。但是，净空高度损失较大（特别是图 10-23a），并且由于下部安装放置小车，使主梁下部结构及其受力复杂化，增加了设计和制造的困难。双梁式主梁结构的主要缺点是自重较大，而且由于梁高度较大，小车较高，迎风面积也增大。图 10-23c 所示的双梁结构，其净空高度无损失。

主梁的高度由静、动态刚度条件来确定。通常，梁高取为

347

$$h \geq \left(\frac{1}{12} \sim \frac{1}{8}\right)S \qquad (10\text{-}18)$$

单梁式主梁宽度 b 与安装在梁内的电气控制设备、部分传动装置的外形尺寸、梁的水平刚度以及小车的稳定性等有关，一般取 $b \approx h$。

双梁式主梁的宽度 b 较小，它与水平刚度及梁的整体稳定性有关。两根主梁之间的间距不宜过大。如果没有特殊的要求，为保证主梁的整体刚度，一般主梁间距取为 $(1/15 \sim 1/12)S$。

大型造船门式起重机的跨度 S 常在 50m 以上。应当考虑温度变化所引起的主梁伸长和缩短，以及两边运行机构不同步运行时所引起的主梁变形，所以均采用一侧为柔性支腿，另一侧为刚性支腿的门架。主梁和柔性支腿采用球铰连接，允许主梁和柔性支腿无论在门架平面内还是在水平平面内均可做相对转动。图 10-24 为球铰示意图。通常球铰采用铸钢制造，其实际构造可参阅起重机设计手册和相关文献。

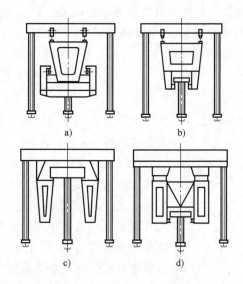

图 10-23 造船门式起重机主梁的截面型式

随着造船门式起重机起重量的增加，球铰尺寸和自重必然相应增大，为减轻球铰的自重，并能吸收结构的部分变形能，近年来国内外已采用了一种新型材料轴承（氯丁橡胶轴承，图 10-25）代替球铰。

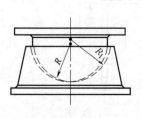

图 10-24 球铰示意图

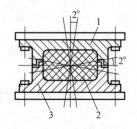

图 10-25 氯丁橡胶轴承

1—上壳体 2—氯丁橡胶 3—下壳体

主梁与刚性支腿是刚性连接，不允许有相对转动。主梁与柔性支腿是铰接的，故在近似计算中，无论在主梁垂直平面内还是在水平平面内，均可将主梁视为简支梁进行计算。在门架平面内，主梁与刚性支腿连接处是能够承受弯矩的，因而在计算刚性支腿时，应考虑使其具有足够的抗弯刚度（EI）。

由于主梁截面尺寸很大且钢板很薄，因此板的局部稳定性计算尤为重要。主梁的局部稳定性计算包括受压翼缘板和腹板两部分。关于板的局部稳定性计算请参阅第七章。图 10-26 示出了 200t 造船门式起重机主梁加劲肋的设置情况。在主梁的受压翼缘板的中间区段上的钢板较薄（16mm），需布置较密的纵向加劲肋，以提高其局部稳定性。而受压翼缘板边缘的钢板较厚（25mm），不需加强。在主梁结构内，沿纵向每隔 3m 设置一横隔框架。在腹板上部，沿纵向每隔 1m 设置内、外侧横向加劲肋，每隔 0.5m 设置小肋板。在腹板上设置四条纵向加劲肋，其中三条布置在受压区，第四条布置在受拉区。图 10-27 示出了主梁腹板一个区格的加劲肋布置情况。

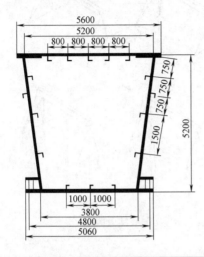

图 10-26 200t 造船门式起重机主梁加劲肋的设置情况

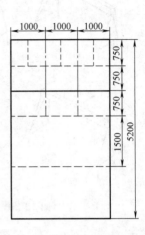

图 10-27 主梁腹板一个区格的加劲肋布置

2. 支腿结构

造船门式起重机由于跨度较大，均设计成一侧刚性支腿，一侧柔性支腿。图 10-28 示出了几种支腿的结构型式。支腿结构型式与主梁截面的结构型式以及支腿同主梁的连接构造有关。图 10-28a 用于双梁式主梁结构，而图 10-28 中其他三种型式多用于单梁式主梁结构中。

支腿的高度取决于所需的起升高度。支腿的轴距 B 取决于当风力平行于轨道时起重机的抗倾覆稳定性，一般取为 $B \geqslant (1/6 \sim 1/4)S$。

刚性支腿为一空间结构，它除承受顶部的

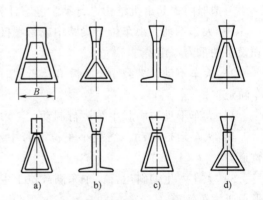

图 10-28 支腿的结构型式

压缩力外，还承受支腿平面内、外的弯矩，应当按双向偏心压杆计算。柔性支腿是一平面结构。其顶部与主梁用球铰相连，它在门架平面内受压并可以绕球铰转动而不能承受水平力，因此在支腿平面内按单向偏心压杆计算。

3. 造船门式起重机受载情况及支承反力

图 10-29 示出了门式起重机上所受各种载荷的情况以及产生的支承反力。这些载荷有：

1）主梁及支腿自身重力，上部机电设备的自身重力。

2）满载小车轮压（小车载荷）。

3）小车制动惯性力或小车对缓冲器的碰撞载荷。

4）小车车轮对轨道的横向冲击力（一般取满载小车轮压的 1/10 计算）。

5）起重机运行起、制动惯性力。

6）起重机偏斜运行所引起的侧向力。

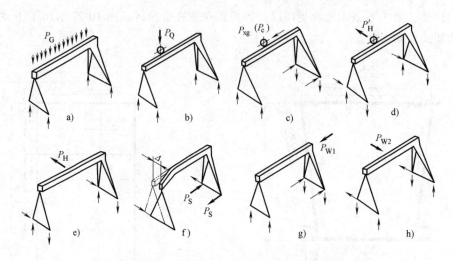

图 10-29 门式起重机承受的载荷情况及支承反力图

7）主梁端部的风载荷。

8）主梁正面（顺大车轨道）的风载荷。

对造船门式起重机结构进行动、静态计算时，应考虑以下几种载荷组合工况：

1）大车不动，小车位于梁跨中或跨端极限位置，满载起升或下降制动，同时考虑结构和设备的重力作用。

2）大车不动，满载小车下降和运行同时制动，考虑结构和设备的重力，风力平行于小车轨道。

3）大车不动，满载小车运行制动，考虑结构和设备重力，风力平行于大车轨道。

4）大车运行制动，满载小车位于跨中不动，考虑结构和设备重力，风力平行于大车轨道。

5）大车发生偏斜运行，小车满载位于主梁端部极限位置，考虑结构和设备重力，风力平行于大车轨道。

按载荷组合对门架结构进行强度、静刚度和稳定性计算，此外，因门架高大，空间刚度差，应考虑门架平面的动态刚度计算。

水电站坝顶门式起重机（启闭机）主要起吊闸门，起重量可达 450～500t，跨度为 7～16m，高度在 20m 左右，一般均做成箱形刚架结构，主梁与支腿采用焊缝或高强度螺栓连接。为适应坝顶工作要求，这种门式起重机的高度大于跨度。为起吊上游的拦污栅，起重机靠上游一侧装设臂架式回转起重机。水电站坝顶门式起重机的具体结构可参阅有关资料。

第二节 装卸桥的门架结构

一、装卸桥

1. 结构特点

在港口、矿山和铁路堆场等地，常用装卸桥来装卸散体物料。装卸桥与门式起重机并无严格区别,它们的结构和受力情况非常类似。装卸桥的结构特点在于跨度较大($S \geqslant 40\text{m}$),因此门架的支腿采取一侧刚性,另一侧柔性的结构型式。由于装卸桥跨度较大,为了减轻桥架自重,装卸桥常做成桁架结构(见图 10-30)。有些装卸桥做成实体箱形结构(见图 10-31),以便于制造。为提高桥架刚度,在桥架上设置附加拉杆。

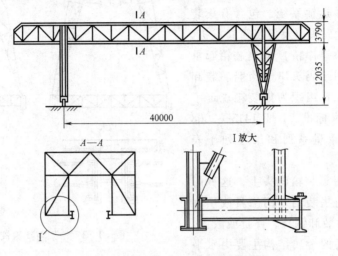

图 10-30 双悬臂桁架结构装卸桥

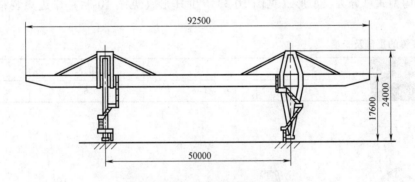

图 10-31 实体箱形结构装卸桥

对于大跨度装卸桥,桥架悬臂长度可取为 $l = (0.25 \sim 0.35)S$。桥架高度 $h = (1/14 \sim 1/8)S$。通常取桁架斜杆的倾角为 $\alpha = 40° \sim 50°$,以便于确定节间长度。若桥架截面为 Π 形桁架结构而且对小车轨距无特殊要求时,则两片主桁架间距取为 $(1/15 \sim 1/12)S$。支腿高度一般为 $15 \sim 25\text{m}$。如为桁架式主梁,则支腿上部的主桁架高度 $h_1 = (1/5 \sim 1/3)l$。

桁架结构装卸桥的桥架与支腿铰接结构如图 10-32 所示。其中,刚性支腿与桥架用垂直枢轴相连,在支腿的四角支承处,设有支承滑板,以传递垂直载荷,而柔性支腿与桥架用球铰相连。大跨度的装卸桥往往运行不同步而使桥架发生偏斜,设计时应采取措施(如采用偏斜限制器)限制其偏斜量。对滑板-球铰式装卸桥,主梁轴线在水平平面内的相对偏斜量不超过 6°。

2. 设计计算

装卸桥结构的受载情况及计算原则与门式起重机结构类似,故不再复述。

二、岸边集装箱装卸桥

1. 结构特点

近年来集装箱装卸作业迅速发展，已形成国际化的完整运输系统，包含有集装箱专用船舶、专用码头以及集装箱起重机。岸边集装箱装卸桥（岸桥）是集装箱起重机之一，它主要用于码头岸边为船舶装卸集装箱。国际标准化组织为集装箱规定了统一规格，按国家标准 GB/T 1413—2008 所规定的集装箱重量系列和尺寸列于表 10-8。

在一些非专用集装箱码头上，这种门式装卸起重机可将集装箱专用吊具改换为吊钩或抓斗，以便装卸钢材、件货或散货。

集装箱装卸桥的金属结构主要由水平伸臂结构和门架结构两部分组成。通常根据门架的结构型式可分为：A 形（见图 10-33）和 H 形（见图 10-34）岸边集装箱装卸桥两种类型。

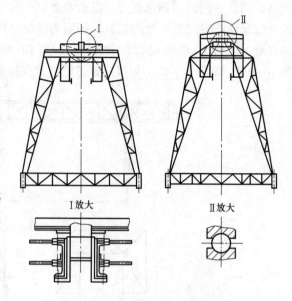

图 10-32　桥架与支腿铰接结构

表 10-8　集装箱的重量及长度

重　量/t	5	10	20、32	30、48
长　度/m	<3	3~6	6	12

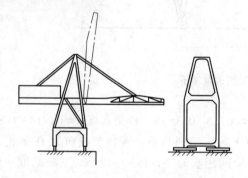

图 10-33　A 形岸边集装箱装卸桥

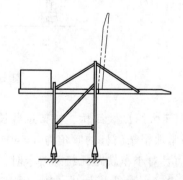

图 10-34　H 形岸边集装箱装卸桥

水平伸臂结构由前伸臂和后伸臂两部分组成。近水的一侧伸臂称为前伸臂，它的长度较长，可达轨距的两倍以上，这是为了把集装箱送到船舶的任何位置。另一侧伸臂称为后伸臂，其下方为码头临时堆货场，后伸臂尺寸稍短些。通常，伸臂总是做成双梁式的，这两根梁在端部有横梁相连。为了减小伸臂的下挠度，常用拉杆将前后伸臂拉住。此外，在靠近前门框处，前后伸臂用铰接相连，以便前伸臂能向上仰起，让船舶停靠码头。伸臂仰角一般为

85°，前伸臂也可做成伸缩式的，以避免与船舶干涉相碰。

为减轻臂架自重及降低码头前方的轮压，伸臂上的小车由绳索牵引移动，即所谓牵引式小车。在小车上并不安装起升机构和运行机构，而是将这两个机构安装在后伸臂的机器房中。因此，在小车上仅设有导向滑轮和止摇装置。随着起重机大型化，伸臂长度加大，因而牵引绳索增长，影响小车停车位置的准确性和装卸性能。目前，在一些集装箱装卸桥中，仍将运行机构安装在小车上，而将起升机构安装在机器房中。

伸臂结构可做成桁架式的，也可做成箱形或板梁式的。前伸臂的有效长度可由船舶宽度及起重机离岸边的距离来确定，小车前方装卸作业的有效幅度约在20~35m，根据起重机后方临时堆场的要求，后伸臂外伸幅度一般在7.5m以上，而前后伸臂的实际长度还要比上述尺寸大些，以便安装机器房和导向滑轮装置。

A形门架出现得较早，后经改进产生了H形门架。A形门架刚度比较好，但门架的净空高度低，自重较大。近年来采用H形门架比较多，其门架结构是由前后两片门框和一些侧面斜杆构成的空间结构，杆件的数目并不多，但多为刚劲的箱形或管形截面杆件，前后门框有多种型式，两侧为桁构式结构。

在确定门架结构的高度尺寸时，要考虑到装卸桥能在最高潮位时为空船装载，这时船体纵向倾角$1°$，横向倾角$3°$，吊具应能自由通过堆放集装箱的甲板上方，故轨面以上的起升高度约为20~25m，吊具底面距伸臂大梁底面的距离一般不小于6m。此处还要考虑到门架下面有火车、汽车及运载的集装箱通过，门架下部应有足够的净空高度，一般不低于9.5m。如果允许12m（40ft）集装箱和船舶的大型舱盖顺利通过前、后门框而不相碰，则平行于轨道的门框的立柱间距（即轴距）应在16m以上。

2. 设计计算

门架的轨距按倾覆稳定性和装卸工艺要求而定，一般为10.5m和16m。门架结构可分解成平面的框架结构和桁构结构进行近似计算。对于前门框，取满载小车位于前伸臂端部及前门框平面内两个位置来计算；对于后门框，取满载小车位于后伸臂端部及后门框平面内两个位置来计算，侧面按桁构结构计算。空间门架的精确计算可采用有限单元法。

第三节 门座起重机的门架结构

门座起重机广泛用于港口、造船厂、水电站和建筑工地等。起重机的门架结构支承着起重机回转部分的全部重力和外载荷。因此，门架结构对整个起重机的稳定性和减轻自重有很重要的意义。门架结构必须有足够的强度，特别是有较好的刚度。

一、门架的结构

近年来，由于门座起重机的支承回转装置不断地改进，门架结构也相应得到发展。

根据支承回转装置的结构型式，门架可分为下述类型。

1. 转柱式门架结构

此类起重机上部回转结构与转柱连成一体，转柱插入门架中，转柱上端安装有水平滚轮，它支承在门架顶部的水平圆环上，转柱下端支承在门架中部的横梁上。图10-35为5t门座起重机交叉门架结构。门架的顶部有一圆环，其上装有环形轨道和大齿轮。门架当中有一个水平十字横梁，在横梁的交叉处装有转柱下支承的球铰轴承。顺着起重机轨道用拉杆将两条门腿下部连接在一起，以增加门架的空间刚度。若要求设计的门架高度较高，则可将门架做成有两层十字横梁的空间结构。造船用100t门座起重机的交叉门架结构如图10-36所示。此类交叉门架多由箱形截面构件制造，也有用板梁构件制造的。交叉门架结构简单，构件较少，便于制造和维修。近年来又出现了撑杆式门架，又称八杆门架结构，如图10-37所示。门架结构顶部设有一个大圆环承受水平力，其上装有环形轨道和大齿轮。在圆环下面是由八根箱形或圆管截面撑杆组成的对称的空间桁架结构。每个侧面为由两根撑杆组成的三角形桁架结构。高度较高的门架可再加一层八杆结构形成两层八杆空间桁架结构，图10-38示出了150t造船用门座起重机的八杆门架

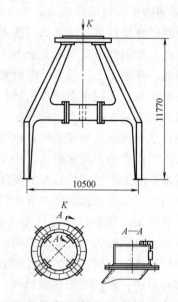

图 10-35　5t门座起重机的交叉门架结构

结构。这种门架的最底部为一个下门架。有一些下门架是由两片平面刚架交叉组成的空间结构（见图10-37），有些则由前后两片刚架和两个侧桁架所组成（见图10-38）。八杆门架结构的优点在于结构简单，便于装拆运输以及自重较轻等，目前被国内外广泛采用。

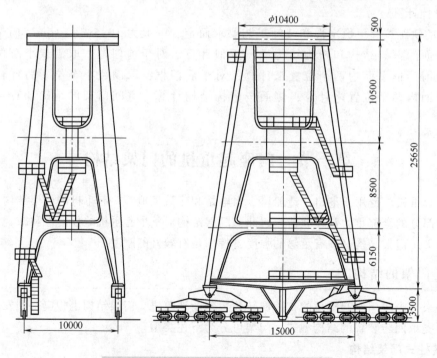

图 10-36　100t门座起重机的交叉门架结构

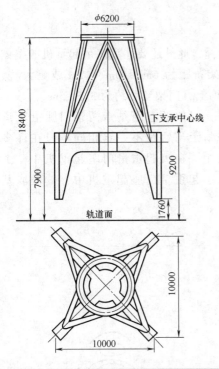

图 10-37 25t 门座起重机的八杆门架结构

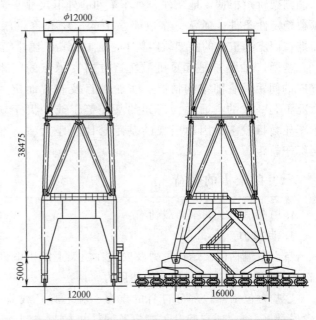

图 10-38 150t 选船用门座起重机的八杆门架结构

2. 大轴承式门架结构

这类起重机的支承回转装置采用大型滚动轴承，因而简化了门架结构。来自起重机回转部分的垂直力、水平力和不平衡力矩，通过大轴承直接传给门架的顶部结构。图 10-39 所示为 80t 造船用大轴承式的圆筒形门架。它由圆筒塔柱和下部门架组成，该类门架结构紧凑、风阻力小、自重较轻，且外形美观，能减少锈蚀，因而近年来使用逐渐增多。

以上两种回转支承结构都能使回转部分和门架连成一体传递载荷，而不会使回转部分发生局部倾覆失稳。

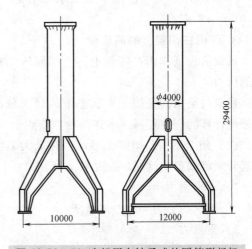

图 10-39 80t 造船用大轴承式的圆筒形门架

二、门架外形尺寸选择的原则

1. 门架高度

门架高度取决于工作条件和场地条件。例如，造船厂用的门座起重机的门架较高，通常超过 30m，以便安装船舶部件。门架下部应有较大的净空高度，用以存放船舶部件，通常要求 14m 左右，而港口上所用的门座起重机的门架高度一般在 20m 以下，门架下部的净空高度不小于 5m，以便火车在门架内顺利通过。

2. 轨距和基距（轴距）

门架轨距根据场地条件、火车车厢的外形尺寸来选择，此外还要注意满足起重机的整体倾覆稳定性条件。通常，在造船厂中的门座起重机门架轨距为 6m、10m、12m 或更大些，而港口门座起重机的门架轨距为 6m 及 10.5m，在浮船坞上，门架轨距约为 3.5~5m。

基距（轴距）是起重机沿轨道方向支承点的间距，门架的基距是指两条门腿沿轨道方向的间距，它随结构情况、车轮数目及布置而定，基距与轨距不一定相同，但在许多情况下是一致的。通常，门架的基距等于或稍大于轨距。在大起重量门座起重机中，由于车轮数目较多，因而门架的基距总比轨距大些。在小起重量门座起重机中，一般取基距等于轨距。

三、门架上的载荷

作用在门架上的主要载荷有：

1. 自重力

自重力包括门架结构重力及安放在门架上的机电设备重力。

2. 起重机回转部分传来的作用力

这些力包括回转部分自身的重力、额定起升载荷（含吊具重力），还有起升、变幅及回转机构起、制动的惯性力等。这些载荷作用在门架上，表现为垂直力 F_N、不平衡力矩 M、扭矩 T 以及水平力 P_H 等，如图 10-40 所示。

3. 作用在门架上的风载荷

风载荷包括作用在臂架上、上部回转结构和门架上的风力。

通常门架结构是按工作状态下的最大载荷进行结构强度计算的。主要考虑下述两种载荷组合情况。

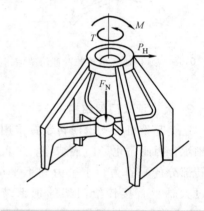

图 10-40　回转部分作用在门架上的外力

（1）组合 A　门架停止不动，在最大幅度处由地面起升额定载荷。这时门架受有下列外力：

1）不平衡力矩

$$M = \phi_2 P_Q R - \phi_1 P_{Gh} a \qquad (10\text{-}19)$$

2）垂直力

$$F_N = \phi_2 P_Q + \phi_1 P_{Gh} \qquad (10\text{-}20)$$

3）门架重力 P_{Gm}

（2）组合 B　门架停止不动，在产生最大不平衡力矩幅度处悬吊着额定起升载荷，回转和变幅机构紧急制动，工作状态下有最大风力（见图 10-41）。这时，门架受有如下外力：

1）在变幅平面内的不平衡力矩（换算到上部圆环平面）：

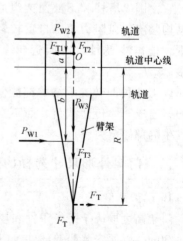

图 10-41　回转部分传到门架上的水平力

$$M = P_Q R + F_T h_1 - F_{T2} h_2 + F_{T3} h_3 - P_{GH} a + P_{W2} h_4 + P_{W3} h_5 \tag{10-21}$$

2）垂直力

$$F_N = P_Q + P_{Gh} \tag{10-22}$$

3）水平力

$$P_H = F_T - F_{T2} + F_{T3} + P_{W2} + P_{W3} \tag{10-23}$$

4）回转平面内的回转力矩（相当于外扭矩）

$$T = F_T R + F_{T1} a + P_{W1} b \tag{10-24}$$

式中　　　　　　P_Q——额定起升载荷（包括吊具重力）；

P_{Gh}——回转部分（结构和设备）所有重力；

ϕ_1、ϕ_2——载荷起升时的冲击系数 $\phi_1 = 1.1$，动载系数 $\phi_2 = 1.1 \sim 1.8$，港口门座起重机取较大值，造船和安装用门座起重机取较小值；

F_T——物品偏摆力，$F_T = P_Q \tan\alpha$；

α——变幅和回转机构制动时及风力作用使物品对铅垂线产生的偏摆角；

F_{T1}——回转部分的质量在回转制动时的切向惯性力；

F_{T2}——回转部分的质量 m_h 在回转时的离心力 $F_{T2} = m_h \omega^2 a$，应注意 F_{T1}、F_{T2} 与回转部分的质心 O 点的位置有关；

F_{T3}——起重臂在变幅制动时的惯性力；

P_{W1}——作用在起重臂上的侧向风力；

P_{W2}——作用在回转结构上的风力；

P_{W3}——在变幅平面内起重臂上的风力；

R——产生最大不平衡力矩时的幅度，一般为最大幅度；

a——回转部分质心至回转中心的距离；

b——P_{W1} 至回转中心的距离；

h_1、h_2、h_3、h_4、h_5——F_T、F_{T2}、F_{T3}、P_{W2}、P_{W3} 至圆环截面中心的垂直高度。

计算时应注意，1）和3）中的 F_T 可同时出现，而3）和4）中的 F_T 不能同时出现，只能分别计算，在进行门架内力分析时，需考虑不同的载荷组合。

计算门架时可将不平衡力矩 M 转化为水平偶力 $P_{H0} = M/h_0$（h_0 为圆环截面中心至转柱下支承点的垂直距离），这样，上支承圆环将承受水平力 $P_{H1} = P_H + P_{H0}$ 的作用，下支承点承受水平力 $P_{H2} = P_{H0}$ 的作用。

除以上由回转部分传来的外力外，还有门架重力 P_{Gm} 和门架的风力 P_W。

此外，设计门架时，还应考虑到起重机在安装和检修时的情况。这时可按起重机在最小幅度、不吊载、风压为 100Pa 进行结构的强度验算。如果起重机具有较大的幅度，又是重型起重机，则应对门架进行非工作状态下承受最大载荷的强度验算。此时除自身重力外，还应计入作用在起重机上非工作状态的最大风力。若需计算结构的疲劳强度时，应取载荷组合 A。

四、交叉门架结构的计算

1. 计算假定

交叉门架为一空间结构。为使计算简化，可将门架视为由两片交叉的平面刚架构成的结构，这样就可把空间结构转化为平面结构来计算。由于两片刚架接近直角交叉，故只需计算其中一片刚架即可，这时假定臂架正好位于刚架平面内。计算时假定：

1）作用在十字横梁上的垂直力 F_N 及门架重力 P_{Gm} 平均地作用在两片刚架上，而水平力 P_H、不平衡力矩 M 和回转力矩 T 等载荷由一片刚架所承受。

2）刚架的各等截面构件的惯性矩不变，对变截面构件段，每段构件的惯性矩取为该构件两端截面惯性矩的算术平均值。顶部圆环也当作一根横梁，其惯性矩为圆环截面惯性矩的两倍。

3）这种两层刚架可作为外部静定结构来计算。根据研究表明，刚架无横推力时最不利，这种计算假定是合适的。

2. 作用载荷

作用在一片刚架上的外力如下述（见图10-42）。

（1）垂直力 F_{N1}

$$F_{N1} = \frac{F_N}{2} + \frac{P_{Gm}}{2} \quad (10\text{-}25)$$

由于门架自重力不大，计算时可与回转部分垂直力一起作用在中间横梁上。

（2）不平衡力矩 M　M 可转化为一对水平力 P_{H0} 组成的力偶 $P_{H0}h_0$，上水平力 P_{H0} 通过支承滚轮作用在顶部圆环上，下水平力 P_{H0} 通过下轴承作用在中间横梁上。

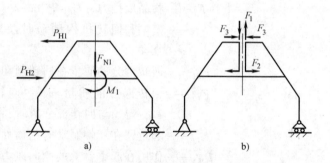

图10-42　交叉门架一片刚架计算简图

（3）门架顶部水平力 P_{H1}　此水平力也作用在顶部圆环上，因此作用在圆环上的总水平力为 $P_{H1} = P_H + P_{H0}$。

（4）中间横梁附加弯矩　由于下水平力 $P_{H2} = P_{H0}$ 和横梁轴线有一偏心距 e，因而产生偏心附加弯矩 $M_1 = P_{H2}e$。

（5）从固定在圆环上的大齿轮传到门架上的回转力矩 T　该回转力矩产生一对方向相反的垂直于刚架平面并作用于刚架顶部的水平偶力（见图10-43），即

$$P_T = \frac{T}{2R_1} \quad (10\text{-}26)$$

式中　R_1——门架顶部圆环的半径。

3. 内力分析

（1）刚架平面内的内力分析　在刚架平面内，可用力法求解平面刚架的内力。此两层平面刚架是一个内部三次超静定结构，平面刚架的受力简图如

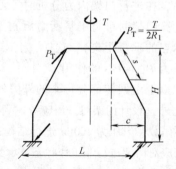

图10-43　垂直于刚架平面的水平偶力

图10-42a所示。如果将圆环上横梁中点切开可用三个未知力 F_1、F_2、F_3 代替切口处三个多余约束的作用，将三个未知力去掉，就形成了刚架的基本结构（见图10-42b）。

（2）刚架平面外的内力分析 在刚架平面外，可将支腿当作下端嵌固的悬臂梁来计算，由门架顶部回转力矩产生的水平偶力 P_T 使门腿受弯矩和扭矩，门腿下端产生水平反力和反扭矩（图中没有示出）。

门架斜腿上某截面所受的弯矩为

$$M_s = P_T s \tag{10-27}$$

门架直腿下端的弯矩和扭矩分别为

$$M_t = P_T H \tag{10-28}$$

$$T_{tn} = P_T c \tag{10-29}$$

式中 s、H、c——图 10-43 中所示的尺寸。

垂直于刚架平面的水平力对顶部和中间横梁均不引起内力。在刚架平面外，门腿也可取另外的计算假定，但上面所用的假定是与刚架计算的假定相符合的。最后分别计算两个平面内的应力，并把应力进行叠加。

对于较高的门架（见图 10-36），可设置两层水平十字横梁，加上顶部圆环就构成了三层刚架结构。同样，将空间交叉门架划分成平面刚架计算，这时可视其为三层平面刚架并假定支座为简支而内部为 6 次超静定结构进行分析。这种三层交叉门架的自重较大，它应分散作用在每片刚架支腿的各点上，不宜将全部门架重力集中作用在十字横梁上。

对于三层平面刚架结构，仍可用力法求解，但手算工作量太大，可用有限元软件进行计算。

（3）门架顶部圆环的内力计算 图 10-44 为圆环受力计算简图。通过两组水平滚轮传递来的水平力 $P_{H1} = P_H + P_{H0}$ 对称作用在圆环上，每组滚轮上的作用力为 $2P = 0.5P_{H1}$。圆环支承在四条腿上，因此它有四个支承，设每个支承反力为 $F_R = P$（恰与两组滚轮传力相平衡）。在圆环的切口处有三个多余的未知力，从而解得圆环截面上的弯矩、径向剪力和拉力（轴力）：

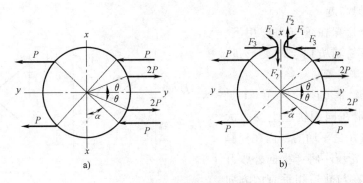

图 10-44 圆环计算简图

$$\left. \begin{aligned} F_1 &= \frac{2PR_1}{\pi}\left(\frac{\pi}{2} - \theta\sin\theta - \cos\theta\right) \\ F_2 &= \frac{2P}{\pi}(\cos^2\alpha - \sin^2\theta) \\ F_3 &= P \end{aligned} \right\} \tag{10-30}$$

圆环两边沿 x 或 y 方向的相对总变形量的通用公式为

$$\Delta_x = \frac{2PR_1^3}{EI}\left[\frac{1}{2}(1+\sin^2\theta) - \frac{2}{\pi}(\theta\sin\theta+\cos\theta)\right] \tag{10-31}$$

$$\Delta_y = \frac{2PR_1^3}{EI}\left[\frac{1}{2}\left(\frac{\pi}{2}-\theta\right) + \sin\theta\left(1-\frac{1}{2}\cos\theta\right) - \frac{\pi}{2}(\theta\sin\theta+\cos\theta)\right] \tag{10-32}$$

式中　I——圆环截面对垂直轴的惯性矩。

通常取 $\alpha \approx 45°$，即交叉刚架接近于互相垂直的情况。若计算结果为正值，表示直径增大；为负值，则表示直径缩小。

（4）交叉门架的刚度验算　验算门架十字横梁的垂直挠度。假定每根横梁的两端为简支（见图10-45a），不考虑门架重力而只在垂直力 F_N 作用下计算十字横梁的垂直挠度，并应满足下式要求：

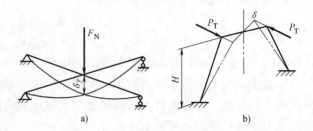

图 10-45　交叉门架的刚度计算简图

$$\delta_y \leqslant \frac{l}{1500}$$

式中　l——横梁的跨度。

验算门架的扭转刚度。假定门腿下端为嵌固支承（见图10-45b）。在水平力 P_T 作用下计算门腿顶部的水平位移，并应满足下式要求：

$$\delta \leqslant \frac{H}{700}$$

式中　H——门架高度。

此外，还须验算在垂直力作用下，门腿下端垂直于轨道方向上的变形量。可分为两种情况来计算：

1）起重臂垂直于轨道（见图10-46a）。假定在同侧轨道上受力大的门腿柱脚 A 和 B 是不动的，而在柱脚 C 和 D 处，由于轮压小将产生向外张开的变形量 Δ，则在与轨道相垂直的方向上的变形分量为 $\Delta_c = \Delta\cos\varphi$。$\Delta$ 按一片刚架受垂直力 F_{N1} 来计算。

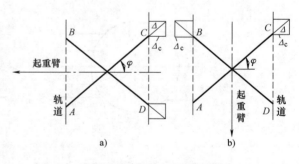

图 10-46　交叉门腿变形图

2）起重臂平行于轨道（见图10-46b）。假定在不同轨道上受力大的门腿柱脚 A 和 D 不动，而在柱脚 B 和 C 处，分别有与轨道垂直方向上的变形分量 Δ_c。因此，在垂直于轨道方向上门腿总的变形分量为 $2\Delta_c$。

由以上分析可见，在制造交叉门架时，两门腿下端在与轨道相垂直方向上的间距尺寸应适当缩小。但是，实际上由于门腿下面装有行走台车和拉杆，而车轮与轨道之间还存在着黏着力，所以门腿的实际变形量要比理论计算值小。

五、八杆门架结构的计算

1. 作用在门架上的载荷

八杆门架是由顶部圆环、8根撑杆及下门架三部分所组成的空间结构。作用在门架上的外力如下（见图10-47）：

1）垂直力 F_N，它作用在下门架的水平横梁上。

2）回转力矩 T，它以水平力 $T/(4R_1)$ 的形式通过圆环的 4 个支点 1、2、3、4 传到 8 根撑杆上。

3）水平力 $P_{H1} = \dfrac{M}{h_0} + P_H$（此处 M 为不平衡力矩），它通过两组水平滚轮传到圆环上。计算时可取臂架与轨道相垂直的位置，则上水平力 P_{H1} 被其左右两边平行平面的撑杆支点 2 和 4 的反力所平衡（假定由该两点传力），而与 P_{H1} 相对应（接近垂直）的前后两片平面中的撑杆交点 1 和 3

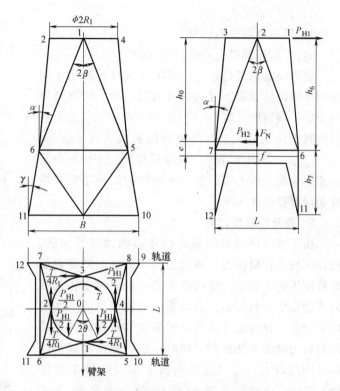

图 10-47 八杆门架结构的计算简图

却几乎不能传力（因刚度很小），可以假定其不起支承作用，这样就可将空间结构简化为平面结构来计算。

4）下水平力 $P_{H2} = M/h_0$，它作用在水平横梁上。

5）附加弯矩 $M_1 = P_{H2}e$，它作用在水平横梁上。

2. 八杆门架结构的分析

八杆门架结构是一种复杂的混合结构。可将其分解成顶部圆环、撑杆和下门架逐个进行计算，但相当烦琐。较为有效的方法是采用有限元商业软件计算。顶部圆环可划分为由许多空间梁单元组成的多边形环代替；8 根撑杆可作为空间桁架杆单元，它仅承受轴向力，不能承受弯矩及剪力；下门架由许多空间梁单元和空间桁架杆单元组成。图10-48 示出了 30t 八杆门架的有限元计算模型，标出了单元的划分和节点编号。使用 SAP 通用有限元软件可对门架做静、动态分析以及门架内力和稳定性的计算。

六、圆筒形门架结构的计算

1. 圆筒形门架上作用的载荷

这些载荷是：

1）垂直轴向力 N，它包括回转部分的全部重力和额定起升载荷。

2）不平衡力矩 M。

3）水平力 P_H。

4）回转力矩 T。

5）圆筒及门腿的自身重力。

6）作用在圆筒上的风力 P_w 或 F_w。

前四项载荷都是通过大滚珠（滚柱）轴承座圈作用在圆筒的顶部。在这种大直径（D）的圆筒形门架中，圆筒的长度 $l=（4~6）D$。由于圆筒的横截面回转半径 r_0 较大，常使圆筒的长细比 $\lambda = l_0/r_0 < 60$，$l_0 = \mu l$，因此它不是一根细长构件，一般不会发生整体失稳，故不需验算。这类圆筒结构主要是强度和局部稳定性问题。

2. 圆筒的强度计算

由于圆筒内壁被刚强的圆环形加劲肋所加强，所以可假定在横向力和垂直力作用下，圆筒横截面保持刚周边不变形，即圆筒在丧失稳定之前，其截面不会发生翘曲变形，仍能满足弯曲变形的平面假定。因此，在近似计算圆筒的强度和刚度时，可按照材料力学的方法进行。同时，由于圆筒和腿架连接处刚度较大，可以假定圆筒下端（与腿架连接处）为固定端，上端为自由端，计算简图如图 10-49 所示。

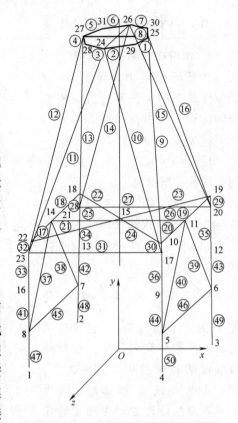

图 10-48　八杆门架的有限单元划分

圆筒根部的最大正应力为

$$\sigma = \frac{\sum MD}{2I} + \frac{\sum N}{A} \leqslant [\sigma] \qquad (10\text{-}33)$$

圆筒根部截面中性轴上的最大切应力为

$$\tau = \frac{T}{2A_0\delta} + \frac{FS}{2I\delta} \leqslant [\tau] \qquad (10\text{-}34)$$

圆筒顶端的水平位移（不考虑风力）为

$$\Delta = \frac{P_H l^3}{3EI} + \frac{Ml^2}{2EI} \qquad (10\text{-}35)$$

式中　$\sum M$——圆筒根部的弯矩，$\sum M = M + M_H$；

M——圆筒顶部的不平衡力矩；

M_H——圆筒水平力和风力对其根部产生的弯矩，

$$M_H = P_H l + \frac{1}{2}F_W l^2；$$

T——回转力矩，对圆筒即为扭矩；

P_H、F_W——圆筒所受的水平力和均布风力；

$\sum N$——圆筒根部的轴向力，$\sum N = N + P_{GC}$；

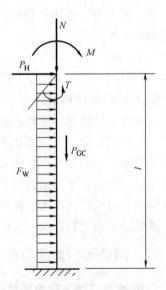

图 10-49　圆筒结构的计算图

N——由回转部分作用于圆筒顶部的轴向力；

P_{GC}——圆筒结构重力；

F——圆筒根部所受的剪力，$F = P_H + F_W l$；

δ——圆筒壁厚；

S——圆筒截面的最大静矩，$S = \dfrac{1}{12}(D^3 - d^3) \approx \dfrac{1}{2}D_0^2 \delta$；

D_0——圆筒平均直径，$D_0 = \dfrac{1}{2}(D + d) = d + \delta$；

I——圆筒截面惯性矩，$I = \dfrac{\pi}{64}(D^4 - d^4)$；

D、d——圆筒的外径和内径；

A_0——圆筒封闭的截面面积，$A_0 = \dfrac{\pi}{4}D_0^2$；

A——圆筒横截面面积，$A = \pi D_0 \delta$；

l——圆筒长度。

当圆筒有连续的纵向加劲肋焊在筒壁上时，则计算圆筒的截面特性时应包括纵向加劲肋的截面。若纵向加劲肋截面尺寸相对于圆筒的截面尺寸很小，则可近似地认为由于纵向加劲肋的存在相当于使圆筒的壁厚增大。这时圆筒的壁厚可取为

$$\delta_0 = \delta + \frac{A_z}{b} \qquad (10\text{-}36)$$

式中 A_z——单根纵向加劲肋的横截面面积；

b——两根纵向加劲肋之间的圆弧距离（弧长）。

3. 圆筒的局部稳定性计算

对两端为铰支的轴向均匀受压的圆柱壳体，筒壁临界应力的理论值为

$$\sigma_{ccr} = \frac{E\delta}{R\sqrt{3(1-\mu^2)}} \approx 0.6E\frac{\delta}{R} \qquad (10\text{-}37)$$

式中 R——圆筒壁厚中心层的半径，$R = \dfrac{1}{2}D_0$。

上式也适用于偏心受压的圆筒。

对于较长的圆筒，其临界应力与长度无关，而与比值 R/δ 有关，当 $R/\delta < 50$ 时，其临界应力为

$$\sigma_{ccr} = 0.36\frac{E\delta}{R} \qquad (10\text{-}38)$$

根据现有资料，当 $R/\delta = 50 \sim 200$ 时，临界应力为 $\sigma_{ccr} = (0.18 \sim 0.3)\dfrac{E\delta}{R}$

通常，门座起重机的圆筒大部分 $R/\delta > 50$，考虑到圆筒壳体形状在制造时产生的误差（圆筒直径偏差不超过 $\delta/2$）会使 σ_{ccr} 降低，故近似取最小临界应力为

$$\sigma_{ccr} = 0.2\frac{E\delta}{R} \qquad (10\text{-}39)$$

圆筒在弹性范围内工作时，按上式算得的临界应力不应超过钢材的比例极限（$0.8\sigma_s$）。若 $\sigma_{ccr} > 0.8\sigma_s$，则应按式（7-80）进行修正。

对轴心受压和偏心受压的圆筒壳体，当 $R/\delta < 50$（$235/\sigma_s$）时，不必验算筒壁的局部稳定性。

当 $R/\delta \geqslant 50$（$235/\sigma_s$）时，需按下式验算筒壁的局部稳定性：

$$\sigma_{max} \leqslant \frac{\sigma_{ccr}}{n} \tag{10-40}$$

式中　σ_{max}——圆筒壳体边缘的最大压应力；

　　　σ_{ccr}——由式（10-39）算得的临界应力，或修正后的临界应力；

　　　n——安全系数，因 σ_{ccr} 已含缺陷，可取为强度的安全系数，其余符号同前。

当筒壁局部稳定性验算不合格时，需用横向加劲隔环和纵向加劲肋来加强筒壁，横向加劲隔环应设置在筒体两端和中间，环的间距不大于 $10R$，其截面对筒壁内表面的计算惯性矩（也可按有效的组合截面确定）应满足下式要求，即

$$I_h \geqslant \frac{R\delta^3}{2}\sqrt{\frac{R}{\delta}} \tag{10-41}$$

纵向加劲肋不少于 10 根，其弧线间距 b 和加劲肋尺寸参照第七章第八节确定。当 $R/\delta \leqslant 175$（$235/\sigma_s$）时，不需设置纵向加劲肋。圆筒结构也常用来作为塔式起重机的筒塔塔身，但筒塔比较细长，而 R/δ 比值较小，因此当 $R/\delta < 50$ 时，筒壁的临界应力可按式（10-38）决定。也不需验算筒壁的局部稳定性。

4. 门腿的计算

门座起重机圆筒的根部与四条门腿刚性地连接在一起（见图 10-39），构成两片互相交叉的门架，计算时取在同一垂直平面内的两腿所构成的平面刚架进行分析，其方法和前面所述的交叉门架类似，所不同的是，假定平面刚架的横梁具有无限大的刚度并同样假定刚架为简支支承。

此外，门座起重机还可以用桁构式门架。它由四片构架构成空间结构，顶部设置中心枢轴和圆形轨道，回转部分通过轨道上的支承滚子或轮子将载荷传给门架。由于这种门架的杆件大多制造复杂，而且回转部分比较重，还要考虑其局部倾覆稳定性问题，故目前已很少使用。

364

第四节　自动化立体仓库巷道堆垛机的门架结构

一、自动化仓库系统简介

自动化仓库系统（Automated Storage and Retrieval System，ASRS）是在不直接进行人工处理的情况下能自动地存储和取出物料的系统，如图 10-50 所示。

它主要包括：

A——货架，立体多层式，用于存放货箱（单元）；

B_i——巷道堆垛机，在货架巷道内任何货位能自动存入和取出货物，下标 i 为巷道堆垛机台数；

C_j——出入库系统，连接货架巷道口和出入库台口的货物输送及缓冲调节设备，下标 j 为独立的链、辊段数；

D_k——AGV（自动地面搬运车辆）或其他地面搬运车辆，用于连接出入库台口和仓库外部运输车辆（或自动运输线）的货物搬运和装卸，k 为搬运车台数；

E——管理控制中心，包括整个仓库的信息、数据处理的管理计算机、监控终端、货物形状自重检测显示、条形码阅读设备及有关主要电气控制操作台等。

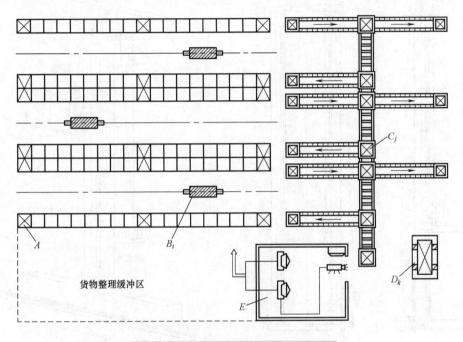

图 10-50 自动化仓库平面布置示意图

二、巷道堆垛机简介

巷道堆垛机是立体仓库中用于搬运和存取货物的主要设备，是随立体仓库的使用而发展起来的专用起重机。巷道堆垛机起重量一般不超过 2t，特殊情况可达 4~5t，起升高度最高到 40m，大多数在 20m 左右。堆垛机正常的作业过程是：在高层货架区的巷道内沿纵向往返运行（运行机构），载货台沿立柱高度方向升降（起升卷绕机构），货叉从巷道横向伸入货格或缩回（货叉伸缩机构）。堆垛机由以上三个机构运行，可以从巷道口到巷道内两侧任何一个货格位置完成货物的存取作业。因此，堆垛机具有整机结构高而窄，设计时对金属结构强度、刚度及稳定性要求较高的特点。另外依据结构型式可分为单立柱和双立柱两种类型，如图 10-51 所示。

三、单立柱巷道堆垛机结构计算

目前多数立体仓库采用的是单立柱结构的巷道堆垛机，如图 10-52 所示。它的优点是构造简单，横向尺寸紧凑，巷道宽度比较小，而且根据立柱型式可以选用不同载货台，立柱高达 20m 以上，载货质量达 1500kg。它的缺点是受力情况比较复杂，立柱难以保证具有足够的强度、刚度和稳定性。以下介绍堆垛机结构的强度、刚度和稳定性分析计算。

1. 载荷计算

（1）总体载荷与受力分析　巷道堆垛机沿巷道内的地面轨道运行，视为沿 y 轴运行，立柱上的载货台沿导轨升降，视为沿 z 轴运行；载货台的货叉对巷道两边货架进行存取作业，视为沿 x 轴运行。图 10-52 是堆垛机正常作业的示意图。

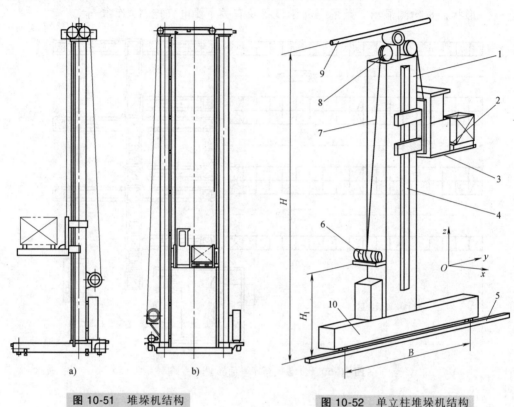

图 10-51　堆垛机结构

a）单立柱型式　b）双立柱型式

图 10-52　单立柱堆垛机结构

1—立柱　2—货叉机构　3—载货台　4—导轨　5—地面轨道
6—提升机构　7—钢丝绳　8—滑轮　9—上部导轨　10—下横梁

当载荷处于最高位置时，立柱的受力状况最为不利，这时各部分的载荷位置及尺寸如图 10-53 所示。由力学平衡条件可求得载货台滚轮对立柱导轨的作用力和总提升拉力。图中：

Q——额定起升载荷，单位为 kN；

G_t——载货台自重载荷，单位为 kN；

G_s——包括司机体重在内的司机室自重载荷，单位为 kN；

G_c——货叉机构自重载荷，单位为 kN；

G_c'——横向伸出部分货叉自重载荷，单位为 kN；

P_z、P_c——导轨对正滚轮和侧滚轮的反作用力，单位为 kN；

T——总提升拉力，单位为 kN；

L_1、L_2、L_3、L_0、e——各种载荷作用位置至导轨或立柱轴线的距离，单位为 mm；

L_s——上、下两对正（侧）滚轮的间距，单位为 mm。

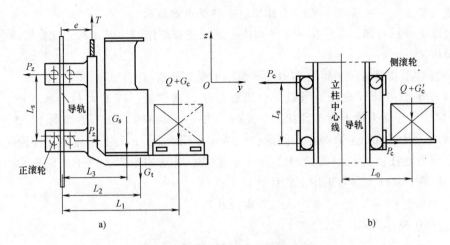

图 10-53 载货台受力分析简图

1）载货台滚轮轮压。由图 10-53a，$\sum M = 0$，得导轨一侧正滚轮轮压之和，即

$$P_z = \frac{1}{L_s}\left[(Q+G_c)L_1 + G_t L_2 + G_s L_3 - Te\right] \qquad (10\text{-}42)$$

由图 10-53b，$\sum M = 0$，得立柱一侧侧滚轮轮压之和

$$P_c = \frac{1}{L_s}(Q+G'_c)L_0 \qquad (10\text{-}43)$$

2）总提升力。由图 10-53a，$\sum F_z = 0$，得

$$T = Q + G_c + G_t + G_s \qquad (10\text{-}44)$$

3）立柱顶部作用力。利用图 10-54 堆垛机载货台提升卷绕系统的力学简图，确定立柱顶部上横梁上的作用力 F，即立柱的轴向压缩力。

① 提升载荷。

$$W = \phi_2 T = \phi_2(Q+G_c+G_t+G_s) \qquad (10\text{-}45)$$

式中 ϕ_2——动力载荷系数，一般可取 $\phi_2 = 1.05 \sim 1.1$。

② 全部滚轮的滚动摩擦力。

$$F_f = 2(P_z + P_c)f' \qquad (10\text{-}46)$$

式中 f'——滚动摩擦系数，钢制滚轮取 $f' = 0.08$。

③ 提升绳张力。

$$S = \frac{W + F_f}{m\eta} \qquad (10\text{-}47)$$

式中 m——绕绳倍率，图中 $m = 2$；

η——提升系统效率，可取 $\eta = 0.98 \sim 0.99$。

④ 立柱顶部压缩力。

$$N = F = 3S + G_h + G_1 + 1/3\, G_{lz} \qquad (10\text{-}48)$$

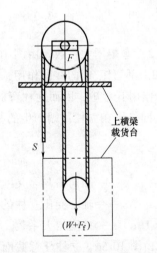

图 10-54 提升卷绕系统力学简图

367

式中　　G_h、G_1、G_{lz}——顶部滑轮、上横梁、立柱的自重载荷。

通过以上分析可知，立柱在两个平面内分别承受载荷作用，因此对立柱应按两个平面进行受力分析。

（2）立柱沿巷道纵向平面（即 Oyz 平面）的受力分析

1）Oyz 平面内计算简图。当载货台满载位于最高位置，以最大行走加（减）速度起（制）动时，立柱受力处于最不利状态。此时的 Oyz 平面结构计算简图如图 10-55 所示。图中 H 和 B 分别为堆垛机总高与走轮间距；P_H 为水平惯性力，h 为上滚轮距立柱顶端的距离，b_1 和 b_2 分别为立柱轴线到下横梁两支点（车轮中心线）的距离。图中的轴向力 N 可用式（10-48）计算，立柱上部弯矩用下式计算：

$$M_z = P_z L_s \tag{10-49}$$

将式（10-42）代入上式，则

$$M_z = (Q + G_c)L_1 + G_t L_2 + G_s L_3 - Te \tag{10-50}$$

立柱水平惯性力 P_H 用下式计算

$$P_H = m_e a S_w \tag{10-51}$$

式中　　a——最大加（减）速度，单位为 m/s²；

S_w——立柱振动载荷增大系数，$S_w = \cos\omega_n t - 1$，一般 $S_w = 1.1 \sim 1.4$，S_w 的最大绝对值取 2；

ω_n——立柱振动圆频率，$\omega_n = \sqrt{K/m_e}$；

K——立柱顶部的水平刚度；

m_e——由各部分质量换算至柱顶的等效质量，单位为 kg，按下式计算，即

$$m_e = (m_1 + m_h) + \left(\frac{H-h}{H}\right)^2 m_t + \left(\frac{H_1}{H}\right)^2 m_{ts} + \frac{1}{4} m_{lz}$$

式中　　m_1、m_h、m_t、m_{ts}、m_{lz}——上部横梁质量、滑轮质量、包括货物在内的载货台总质量、提升机构质量和立柱总质量。

2）弯矩增大系数。由图 10-55 可见，在 Oyz 平面内，立柱承受轴向压缩力 N、水平力 P_H 和上部弯矩 M_z 的共同作用，属于压弯构件，可认为：轴向压缩力始终平行于 z 轴，并在顶端作用有弯矩，因而立柱弯曲变形可用图 10-56 表示。图中 f_0 是出水平力 P_H 与上部弯矩 M_z 共同作用在立柱顶端产生的挠度。在轴向力 N 的作用下，挠度由 f_0 增大为 f，其公式为

$$f = \frac{f_0}{1-\alpha} \tag{10-52}$$

式中　　α——轴向力与名义欧拉临界力的比值，$\alpha = N/N_E$；

N_E——轴心受压立柱的名义欧拉临界力；

$1/(1-\alpha)$——挠度增大系数。

由图 10-56，立柱任意截面 z 的弯矩为

$$M(z) = N(f-y) + P_H(H-z) + M_z \tag{10-53}$$

令

$$M_x(z) = P_H(H-z) + M_z \tag{10-54}$$

并称 $M_x(z)$ 为横向基本弯矩，则有

$$M(z) = N(f-y) + M_x(z) \tag{10-55}$$

在式（10-54）、式（10-55）中，当 $z=0$，$y=0$，立柱根部有最大弯矩，即

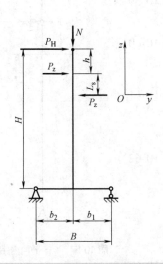

图 10-55 Oyz 平面内结构受力简图

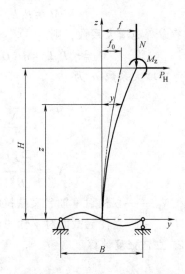

图 10-56 结构挠曲变形示意图

$$M_{\max}=M_x+Nf=M_x+\frac{Nf_0}{1-\alpha}=\frac{M_x}{1-\alpha}\left[(1-\alpha)+\frac{Nf_0}{M_x}\right]$$

$$\tag{10-56}$$

$$=\frac{M_x}{1-\alpha}\left[1+\left(\frac{N_Ef_0}{M_x}-1\right)\alpha\right]=\frac{\beta_mM_x}{1-\alpha}=\eta_xM_x=\frac{M_x}{1-\alpha}$$

式中　β_m——等效弯矩系数，它与横向载荷作用方式有关，$\beta_m=1+\left(\frac{N_Ef_0}{M_x}-1\right)\frac{N}{N_E}$；

　　　　η_x——弯矩增大系数，$\eta_x=\beta_m/(1-\alpha)$，由第四章第四节可知，对于图 10-56 所示结构，$M_x=P_HH+M_z$，$N_Ef_0=M_x$，故 $\beta_m=1.0$，则

$$\eta_x=\frac{1}{1-\alpha}=\frac{1}{1-N/N_{Ex}}$$

$$\tag{10-57}$$

式中　N_{Ex}——立柱对其截面 x 轴的名义欧拉临界力。

表明弯矩与挠度的增大系数相同。

立柱下端支承的下横梁是一弹性支座，它对立柱下端的约束与单主梁门式起重机的支腿相同，因此可根据立柱与下横梁的线性（单位）刚度比 γ 由表 10-4 序号 5 查取立柱下端约束的计算长度系数 μ_1 计算欧拉临界力，即

$$N_{Ex}=\frac{\pi^2EI_x}{(\mu_1H)^2}$$

$$\tag{10-58}$$

式中　I_x——立柱毛截面对 x 轴的惯性矩，单位为 mm^4；

　　　　H——立柱的高度，单位为 mm；

　　　　E——钢材的弹性模量，单位为 MPa。

（3）立柱沿巷道横向平面（即 Oxz 平面）的受力分析　如图 10-52 所示，在 Oxz 平面内由于上部导轨的导向作用，立柱为两端简支构件，其计算简图如图 10-57 所示。在此平面内

369

立柱也是压弯构件，轴向力为 N，上部基本弯矩为

$$M_y = P_c L_s \quad (10\text{-}59)$$

考虑弯矩增大系数，则

$$M_y = \eta_y P_c L_s = \eta_y (Q + G_c') L_0 \quad (10\text{-}60)$$

弯矩增大系数 η_y 为

$$\eta_y = \frac{1}{1 - \dfrac{N}{N_{Ey}}} \quad (10\text{-}61)$$

$$N_{Ey} = \frac{\pi^2 E I_y}{H^2} \quad (10\text{-}62)$$

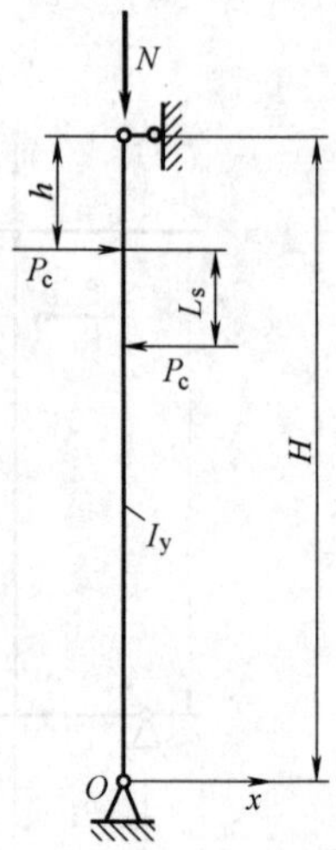

式中　N_{Ey}——立柱对 y 轴名义欧拉临界力；

　　　I_y——立柱毛截面对 y 轴的惯性矩。

2. 立柱强度计算

$$\frac{N}{A_j} + \frac{M_x}{(1 - N/N_{Ex}) W_{jx}} + \frac{M_y}{(1 - N/N_{Ey}) W_{jy}} \le [\sigma] \quad (10\text{-}63)$$

式中　N——立柱所受的轴向力，单位为 N；

　M_x、M_y——立柱计算截面对 x 轴或 y 轴的基本弯矩；

N_{Ex}、N_{Ey}——立柱的名义欧拉临界力；

　　　A_j——立柱净截面面积，单位为 mm^2；

W_{jx}、W_{jy}——立柱净截面对 x 轴或 y 轴的抗弯截面系数，单位为 mm^3；

　　$[\sigma]$——钢材的许用应力，单位为 MPa。

3. 立柱整体稳定性计算

$$\frac{N}{\varphi A} + \frac{M_x}{(1 - N/N_{Ex}) W_x} + \frac{M_y}{(1 - N/N_{Ey}) W_y} \le [\sigma] \quad (10\text{-}64)$$

式中　φ——立柱的轴压稳定系数，用立柱计算长细比 λ_x 和 λ_y 的较小者查 φ；

　　　A——立柱毛截面面积，单位为 mm^2；

W_x、W_y——立柱毛截面对 x 轴或 y 轴的抗弯截面系数，单位为 mm^3。

其余符号同前。

4. 下横梁强度计算

根据图 10-52，下横梁在 Oyz 平面内可以简化为图 10-58 所示的计算简图。图中 G_d 为电气柜自重载荷，q_{xl} 为下横梁自重均布载荷，M 为立柱底部截面传递的最大弯矩，由式（10-56）确定，P_0 为额定载荷和上部结构自重载荷的总和，由此可确定下横梁和立柱连接处的截面为危险截面。则

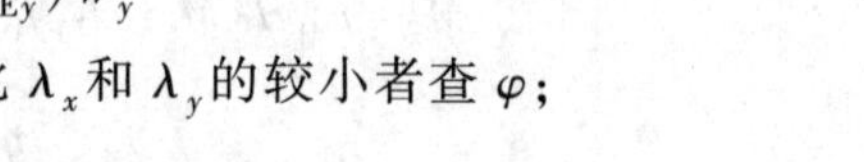

$$\sigma = \frac{M_{max}}{W_x'} \le [\sigma] \quad (10\text{-}65)$$

式中　M_{max}——危险截面弯矩，包括 M 及下横梁其他载荷产生的弯矩；

图 10-57 Oxz 平面内结构受力简图

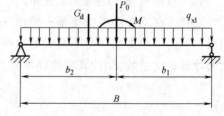

图 10-58　下横梁计算简图

W_x'——下横梁对 x 轴的抗弯截面系数。

5. 结构刚度计算

由计算机管理和控制的自动化仓库，货物的搬运和存取全部自动进行，它要求堆垛机在作业时平稳可靠，停位准确，一般货叉与托盘孔的对位偏差不应大于 10mm。由于载货台和货物重力对立柱的偏心作用以及堆垛机行走起、制动和加、减速时的水平惯性力作用，立柱在巷道纵向平面内会产生一定的水平位移，当载货台处于最高位置时，水平惯性力使立柱端部的位移和振动幅度最大，其值超过许用值时，难以保证堆垛机停位。立柱的静、动态刚度是影响堆垛机停位精度和工作平稳性的决定因素，其刚度计算便成为堆垛机设计计算的重要环节之一。以下阐述单立柱型巷道堆垛机的静、动态刚度计算。

（1）静态刚度计算 立柱的静态刚度是以满载载货台位于立柱最高位置时，用立柱顶端在巷道纵向的水平静位移来表征。这时不考虑行走的水平惯性力。设计位移应小于许用值，$f \leqslant [f]$。

当载货台升至立柱最高位置时，各种载荷位置及结构尺寸如图 10-59 所示。载货台通过一对滚轮作用在升降导轨上的力（忽略卷扬提升力）为

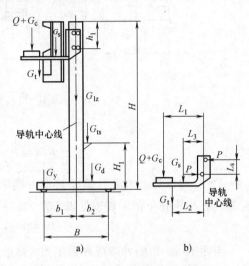

图 10-59 堆垛机结构载荷简图

$$P = \frac{1}{L_s}\left[(Q+G_c)L_1 + G_t L_2 + G_s L_3\right] \quad (10\text{-}66)$$

可以认为，立柱在距顶端 h_1 截面上受弯矩 M 的作用，即

$$M = PL_s = (Q+G_c)L_1 + G_t L_2 + G_s L_3 \quad (10\text{-}67)$$

立柱在力矩 M 作用下，立柱顶端产生的水平位移 f 主要由三部分组成：

1）在 M 作用下，立柱顶端产生的水平位移 f_0。

2）在 M 作用下，下滚轮处截面转角 θ_1 对立柱顶端引起的水平位移 $f_1 = \theta_1 h_1$。

3）下横梁和立柱连接处截面转角 θ_2 对立柱顶端引起的水平位移 $f_2 = \theta_2 H$。即

$$f = f_0 + f_1 + f_2$$

1）f_0 的计算。图 10-60 中，$\overline{P}$ 为求立柱顶端水平位移施于柱顶的单位力，$\overline{M}$ 为求立柱下滚轮处截面转角施加的单位力偶。

由图 10-60 中的外载荷弯矩图 M_P（即 M_M）和单位载荷弯矩图 $\overline{M}_1$ 进行图乘得

$$f_0 = \int \frac{M_P \overline{M}_1}{EI_z}\mathrm{d}s = \frac{1}{EI_z}\left[M(H-h_1)\frac{1}{2}(H+h_1)\right]$$

$$+ \frac{1}{EI_1}\left[\frac{b_1}{2B}Hb_1\frac{2b_1}{3B}M + \frac{b_2}{2B}Hb_2\frac{2b_2}{3B}M\right] = \frac{M}{2EI_z}(H^2 - h_1^2) + \frac{MH}{3EI_1}\frac{b_1^3 + b_2^3}{B^2} \quad (10\text{-}68)$$

式中 I_z——立柱对其 x 轴的截面惯性矩；

371

I_1——下横梁对其 x 轴的截面惯性矩；

E——钢材弹性模量。

2）f_1 的计算。由图 10-60 中的外载荷弯矩图 M_P 和单位载荷弯矩图 $\overline{M}_2$ 进行图乘得

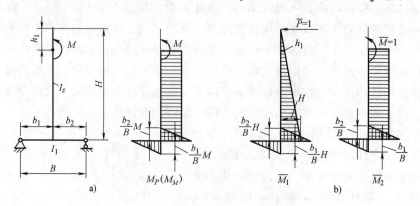

图 10-60 堆垛机结构计算简图

$$f_1 \approx \theta_1 h_1 \approx \frac{Mh_1}{EI_z}(H-h_1)+\frac{Mh_1}{3EI_1}\frac{b_1^3+b_2^3}{B^2} \tag{10-69}$$

3）f_2 的计算。为求 f_2 需单独取下横梁为研究对象，其计算简图如图 10-61 所示，图中 P_0 为立柱作用在下横梁连接处的总重力。可用下式表示，即

$$P_0 = Q+G_c+G_t+G_s+G_{lz}+G_{ts}$$

由图 10-61 中的外载荷弯矩图 M_P 和单位载荷弯矩图 $\overline{M}$ 图乘可得立柱与下横梁连接面转角 θ_2，即

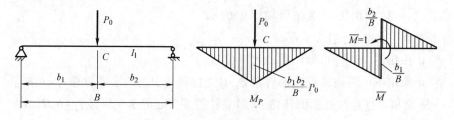

图 10-61 下横梁计算简图

$$\theta_2 = \frac{1}{EI_1}\left(\frac{1}{2}\frac{b_1 b_2}{B}P_0 b_1 \frac{2}{3}\frac{b_1}{B}-\frac{1}{2}\frac{b_1 b_2}{B}P_0 b_2 \frac{2}{3}\frac{b_2}{B}\right)=\frac{P_0}{3EI_1}\frac{b_1 b_2}{B^2}(b_1^2-b_2^2)$$

而

$$f_2 = \theta_2 H = \frac{P_0 H}{3EI_1}\frac{b_1 b_2}{B^2}(b_1^2-b_2^2) \tag{10-70}$$

根据已有的设计资料，立柱一般位于下横梁跨中附近，即 $b_1 \approx b_2$，加之下横梁的截面设计总是尽量避免出现明显的下挠和转角变形，所以由下横梁转角变形引起的柱顶水平位移 f_2 常忽略不计。

通过对某单位立体仓库使用的堆垛机进行分析，载货台升至最高位置时，$h_1 = 1.6 \sim 2.0\text{m}$，由式（10-68）和式（10-69）可得

$$f_1 = (0.1 \sim 0.2)f_0$$

因此立柱顶部总位移可按下式近似计算：

$$f = (1.1 \sim 1.2)f_0$$

在静态刚度校核时，要求 $f \leqslant [f]$。

水平位移的许用值 $[f]$ 目前没有统一标准，根据设计单位的经验，通常取 $[f] = \dfrac{H}{2000} \sim \dfrac{H}{1000}$，$H$ 为立柱高度。

当立柱顶部位移较大时，根据国外的经验，可以将行走的从动轮采用可调偏心定轴结构，在现场安装时为立柱预调后倾（见图10-62），当立柱受载变形后基本保持垂直。

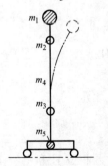

图 10-62 立柱预调后倾示意图

（2）动态刚度计算 堆垛机立柱的动态刚度可采用自振频率加以表征，要求该频率（单位：Hz）不低于许用值，即

$$f_\text{d} \geqslant [f_\text{d}]$$

堆垛机运行制动时，各部分质量将产生惯性力的作用。由于金属结构为弹性构件，惯性力将引起堆垛机振动。此时将堆垛机图10-59简化为图10-63所示的多质量振动系统。

利用等效质量原理可将图10-63的振动系统简化为图10-64的立柱下端固定的单自由度系统。根据有关文献换算简化到立柱顶部的总等效质量为

$$m_0 = m_1 + \left(\frac{H - h_1}{H}\right)^2 m_2 + \left(\frac{H_1}{H}\right)^2 m_3 + \frac{1}{4}m_4 \tag{10-71}$$

式中 m_1、m_2、m_3、m_4——立柱顶部的横梁及滑轮、含货物的载货台、提升机构和立柱的质量，单位为 kg。

m_5——下横梁质量，对立柱动刚度无影响，不计入。

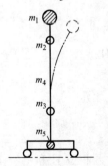

图 10-63 堆垛机结构振动简图

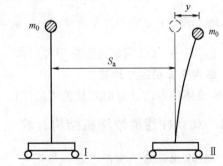

图 10-64 堆垛机结构振动力学模型

图10-64所示堆垛机运行至位置 I 制动，制动距离为 S_a，至位置 II 时运行停止。此时振动力学方程为

$$m_0 \ddot{y} + ky + m_0 a = 0 \tag{10-72}$$

式中 m_0——立柱顶部等效质量；

k——立柱顶部横向水平刚度；

a——堆垛机运行制动减速度；

y、$\ddot{y}$——立柱顶部等效质量在水平方向的位移和振动加速度。

将式（10-72）改写成 $\qquad \ddot{y}+\dfrac{k}{m_0}y+a=0$

令 $\omega_n^2=k/m_0$，并写成标准方程为 $\ddot{y}+\omega_n^2y=-a$

其解为 $y(t)=A\sin\omega_nt+B\cos\omega_nt-\dfrac{a}{\omega_n^2}$

由 $\quad y(0)=y_0=0$，$\dot{y}(0)=\dot{y}_0=0$

得 $\quad y(0)=A\cdot0+B\cdot1-\dfrac{a}{\omega_n^2}=0$，$B=\dfrac{a}{\omega_n^2}$，$\dot{y}(0)=A\omega_n+B\cdot0=0$，故 $A=0$

代入方程得 $\qquad y(t)=\dfrac{a}{\omega_n^2}(\cos\omega_nt-1)$

将 $\omega_n^2=\dfrac{k}{m_0}$ 代入上式得

$$y(t)=\frac{m_0a}{k}(\cos\omega_nt-1)=\frac{m_0a}{k}S_w \qquad (10\text{-}73)$$

其中：1）立柱静态变形为 $\dfrac{m_0a}{k}$。

2）立柱振动变形增大系数 $S_w=\cos\omega_nt-1$。

3）立柱振动圆频率 $\omega_n=\sqrt{\dfrac{k}{m_0}}$。

4）立柱振动频率 $f_d=\dfrac{\omega_n}{2\pi}$。

至此已确定了立柱的振动频率：$\qquad f_d=\dfrac{\omega_n}{2\pi}=\dfrac{1}{2\pi}\sqrt{\dfrac{k}{m_0}}\geqslant[f_d] \qquad (10\text{-}74)$

式中 $\quad[f_d]$——立柱满载自振频率容许值，一般取 $[f_d]=2\text{Hz}$。

6. 结构整体稳定性计算

结构整体稳定性计算即立柱整体稳定性可按式（10-64）计算。

四、双立柱巷道堆垛机结构计算

双立柱堆垛机的结构特点是，外形如"门"框形式，由两根立柱和上、下横梁组成一个长方形框架（见图10-65）。这种结构的起升机构、载货台及司机室一般安装在两立柱之间，因此其受力状况较好，立柱与上、下横梁之间用法兰盘连接。上、下横梁及立柱根据不同情况采用箱形结构或其他组合结构。这种结构所占用空间位置大，结构复杂，一般用于较大型的立体仓库。

1. 载荷计算

如本节"三"，双立柱巷道堆垛机的基本载荷包括：

1）自重载荷，包括上、下横梁自重，立柱自重，机械和电气装置及部分固定牵引构件自重等的重力。

2）起升载荷，包括额定起载荷 Q、载货台自重载荷 G_t、司机室自重载荷 G_s、货叉机构自重载荷 G_c 等。

3）垂直惯性力，由自重载荷和起升载荷的垂直运动产生的惯性力。

4）水平惯性力，堆垛机在加速或者减速行走过程中，由自重载荷和起升载荷等质量单元产生的惯性力。

参照图 10-52 的三维坐标系，堆垛机变速运行时，双立柱门架在 Oyz 平面的受力如图 10-65 所示，其力学模型如图 10-66 所示。图中：

G_1——上横梁及附件重力；

G_2——载货台、货物、司机室及附件的重力；

G_3——起升装置的重力；

G_4——电气控制柜的重力；

G_5——下横梁及附件重力；

G_6、G_7——立柱重力；

$H_1 \sim H_7$——对应于 $G_1 \sim G_7$ 的水平惯性力；

$h_1 \sim h_4$——$G_1 \sim G_4$ 分别到下横梁中心线的质心高度；

F_1、F_2——立柱顶部作用力，可参考图 10-54、图 10-55 及公式（10-48）确定；

$q_上$、$q_下$——上、下横梁单位长度平均重力；

q——立柱的单位长度平均质量产生的水平惯性力（总惯性力为 H_6、H_7）；

$G_柱$——立柱单位长度平均重力。

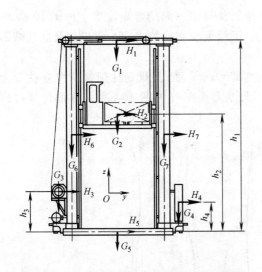

图 10-65 双立柱门架受力示意图（Oyz 平面）

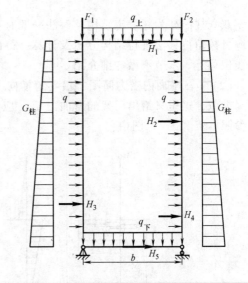

图 10-66 双立柱门架结构力学模型（Oyz 平面）

2. 受力分析

双柱门架在运行起动、停止和加减速时产生的惯性力，使得机架在 Oyz 平面发生挠曲，整个门架成为振动体，立柱端的振动较大；同时，在 Oxz 平面，立柱由于货叉作业时的弯矩作用而发生弯曲。下面定性分析在 Oyz 平面和 Oxz 平面内，双立柱堆垛机门架分别受水平惯性力和货叉提取物品的载荷作用而产生的弯曲变形。

（1）Oyz 平面内受力简图　将图 10-66 中水平惯性力分解，如图 10-67 所示。图中：

Φ——上、下横梁端部的偏转角；

δ——立柱端部的线位移；

R——由构件两端位移产生的节点角位移。

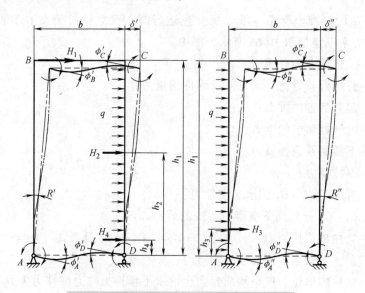

图 10-67　双立柱门架水平惯性力分解简图

双立柱门架为超静定结构，解法一般有：力法、位移法、固端弯矩法等。如图 10-67 的分解可按角位移法进行结构分析及计算，得出上、下横梁及立柱的内力、弯矩，及立柱端部的线位移等，本节不做详细介绍。

（2）Oxz 平面内受力简图　沿港巷道横向平面（即 Oxz 平面），双立柱门架与单立柱受力情况类似，这里只给出门架的弯曲力矩（应力）与变形简图（见图 10-68），详细计算过程可参照本节"三"。图中：

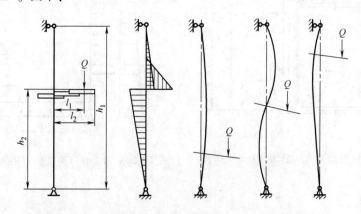

图 10-68　双立柱门架弯曲力矩与变形简图（Oxz 平面）

Q——起升载荷;

l_1——货叉行程;

l_2——到货叉尖端的长度。

一般情况下，Oyz 平面内的水平惯性力所产生的弯矩较大，对图 10-67 分解计算得到的弯矩进行合成即可得到最大弯矩，进而可计算得到门架结构的最大应力，并进行校核。

双立柱巷道堆垛机门架的受力分析，除利用经典力学方法及公式外，还可利用三维建模软件（如 Solidworks、Pro/E、UG）建模，导入有限元分析软件（如 Cosmos、Ansys、Algor）进行分析，免去烦琐的计算过程。

第五节 自动化立体仓库货架群金属结构计算机辅助设计

对一个自动化立体仓库而言，货架是一个多层连体的门式刚架群，货架造价通常占到总造价的 60%~80%。因此要降低总成本，首先要解决货架群的计算模型和求解方法问题，以便确定货架的实际受力，才能开发出最佳截面型式，使结构匹配合理，充分发挥材料性能，最大限度减少材料费用。但目前尚缺乏科学合理的货架群设计模型和计算方法，货架群依然依据独立货架设计，忽略了货架群之间的相互辅助作用，增加了货架材料的支出。因此探索合理的货架群内力分析计算方法，指导货架群结构设计是降低仓储设备总成本的关键。

运用结构力学分析方法，结构设计理论和计算机软件技术，建立合理实用的货架群力学模型，寻求符合实际、计算量小、便于计算机计算的矩阵迭代方法，研制货架群金属结构计算机辅助设计软件，来实现货架结构分析设计的 CAD。

一、理论建模

1. 计算载荷的确定

作用在货架垂直方向上的载荷有货架自重均布载荷，货物和托盘的重力集中载荷以及地震载荷效应。此外对库架合一的仓库还应考虑地震和风载的水平作用。这些载荷的动力效应采用动力载荷系数加以表征并引入到设计计算中。

2. 结构分析及理论建模

组合式货架是一个庞大的三维轻型刚架系统，根据空间位置可定义为排、列、层（见图 10-69），是具有规律性构造的结构群，因此为建立模块化平面简化模型提供了依据。由于各列货架结构、受载状态完全相同，因此可取其中一

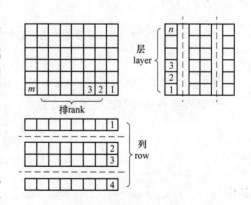

图 10-69 货架的排、列、层

列计算即可覆盖其余列货架。作用在同一列货架的前、后横梁上的载荷基本相同（忽略偏载），故可取前一列（见图 10-70）作为研究模型。在此模型中的第一排与最后一排的结构和载荷对应相同而与中间各排的不同。而中间各排的结构和载荷对应相同，因此可取包含首尾排的连续三排平面结构（见图 10-71）作为典型模型进行分析和计算。

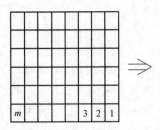

图 10-70　货架的前一列

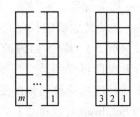

图 10-71　货架的连续三排

3. 货架结构的内力分析方法

由于各层的外载荷基本相同，不同的只是通过立柱传递的内力，因此可从第 n 层开始计算。计算所得的立柱内力传递到相邻的第 $n-1$ 层。如此循环迭代直至最底层，即最危险截面所在的单元层。这就是整个内力迭代分析的基本思路。

4. 内力计算迭代的形成

分析第 n 层：从图 10-72 可见该结构和载荷均为对称，因此根据结构力学对称性原理，可取半个结构进行计算（见图 10-73）。

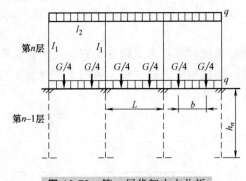

图 10-72　第 n 层货架内力分析

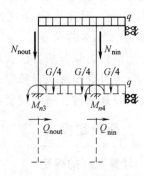

图 10-73　对称半个结构

图 10-72 中 q 为横梁自重均布载荷，L 为横梁长，b 为托盘支承间距。

根据结构力学位移法得典型方程

$$\left.\begin{array}{c} r_{11}Z_{n1}+r_{12}Z_{n2}+R_1=0 \\ r_{21}Z_{n1}+r_{22}Z_{n2}+R_2=0 \end{array}\right\} \tag{10-75}$$

其中　　　$r_{11}=4i_1+4i_2$，$r_{12}=r_{21}=2i_2$，$r_{22}=4i_1+6i_2$，$R_1=-K_{\mathrm{d}}qL^2/12$，$R_2=0$

式中　i_1——立柱的线刚度，$i_1=EI_1/h_n$；

　　　i_2——横梁的线刚度，$i_2=EI_2/L$；

　　　Z_{ni}——角位移；

　　　R_i——由外载荷引起的角位移；

　　　K_{d}——地震载荷系数。

则方程式（10-75）的矩阵表达形式为

$$\begin{pmatrix} 4i_1+4i_2 & 2i_2 \\ 2i_2 & 4i_1+6i_2 \end{pmatrix} \begin{pmatrix} Z_{n1} \\ Z_{n2} \end{pmatrix} = \begin{pmatrix} \dfrac{K_dqL^2}{12} \\ 0 \end{pmatrix} \tag{10-76}$$

由方程式（10-76）可解得：Z_{n1}、Z_{n2}。而第 n 层向第 $n-1$ 层传递的弯矩为

$$\left.\begin{array}{l} M_{n3}=2i_1Z_{n1} \\ M_{n4}=2i_1Z_{n2} \end{array}\right\} \tag{10-77}$$

分析第 $n-1$ 层：与第 n 层受力相比，除多了从第 n 层传递下来的三组广义力外，还有集中载荷 G 的作用。而刚度矩阵不变，只是自由项发生了改变，$R_1=-K_dqL^2/12-K_d(L^2-b^2)$ $G/(16L)+M_{n3}$，$R_2=M_{n4}$。式中 M 和 Z 的脚标定义为：第一脚标表示第 i 层，第二脚标表示每层的四个节点标号，G 为货物和托盘的重力，则方程可写成

$$\begin{pmatrix} 4i_1+4i_2 & 2i_2 \\ 2i_2 & 4i_1+6i_2 \end{pmatrix} \begin{pmatrix} Z_{(n-1)1} \\ Z_{(n-1)2} \end{pmatrix} = \begin{pmatrix} K_d\left(\dfrac{qL^2}{12}+\dfrac{L^2-b^2}{16L}G\right)-M_{n3} \\ -M_{n4} \end{pmatrix} \tag{10-78}$$

由方程式（10-78）可解得 $Z_{(n-1)1}$、$Z_{(n-1)2}$。

同理，第 $n-1$ 层向第 $n-2$ 层传递的弯矩为

$$\left.\begin{array}{l} M_{(n-1)3}=2i_1Z_{(n-1)1} \\ M_{(n-1)4}=2i_1Z_{(n-1)2} \end{array}\right\} \tag{10-79}$$

如此循环迭代直至最底层，完成整个迭代过程。

分析第一（最底）层（见图 10-74）：考虑到弯矩在同一刚节点上按线刚度正比分配原则，第二层还应向第一层分配一部分弯矩。因此对于外侧立柱有

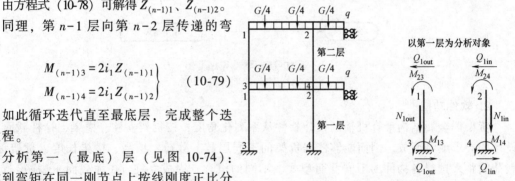

图 10-74 第一层货架内力分析

$$M_{13}=2i_1Z_{11},\ M_{23}=\frac{i_1}{2i_1+i_2}2i_1Z_{21}+4i_1Z_{12},\ Q_{\text{out}}=\frac{M_{13}+M_{23}}{h_n}$$

$$N_{1\text{out}}=K_d\left[nh_n\rho A_1g+\frac{1}{2}nL\rho A_2g+(n-1)\frac{G}{4}\right] \tag{10-80}$$

同理，对于内侧立柱有

$$M_{14}=2i_1Z_{12},\ M_{24}=\frac{i_1}{2i_1+i_2}2i_1Z_{22}+4i_1Z_{12},\ Q_{\text{in}}=\frac{M_{14}+M_{24}}{h_n}$$

$$N_{1\text{in}}=K_d\left[nh_n\rho A_1g+nL\rho A_2g+2(n-1)\frac{G}{4}\right] \tag{10-81}$$

式中　h_n——货架层高；

　　　　A_1——立柱截面面积；

　　　　A_2——横梁截面面积；

　　　　ρ——钢材密度；

g——重力加速度。

上述迭代过程非常有利于实现计算机编程。因为它只用到一组系数矩阵,一组未知矩阵和一组自由项矩阵,所以它占用内存小,计算简明快捷,具有较高的迭代精度。

二、货架群金属结构计算机辅助设计

1. 程序框图

货架群金属结构计算机辅助设计软件程序框图如图 10-75 所示。

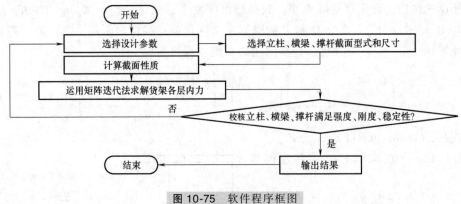

图 10-75 软件程序框图

2. 软件功能

货架群金属结构计算机辅助设计软件从系列化角度,按货架立柱、横梁、撑杆截面型谱设计的要求编制而成。因而能够依据货架的不同层数、载荷、层高、横梁长度、货架深度、载荷间距来选择各构件的不同截面型式、不同的组合,完成立柱(3 种截面)、横梁(2 种截面)、撑杆(2 种截面)、焊缝(横梁与挂片)的强度、刚度、稳定性计算。货架群金属结构计算机辅助设计软件设计选择界面如图 10-76 所示。

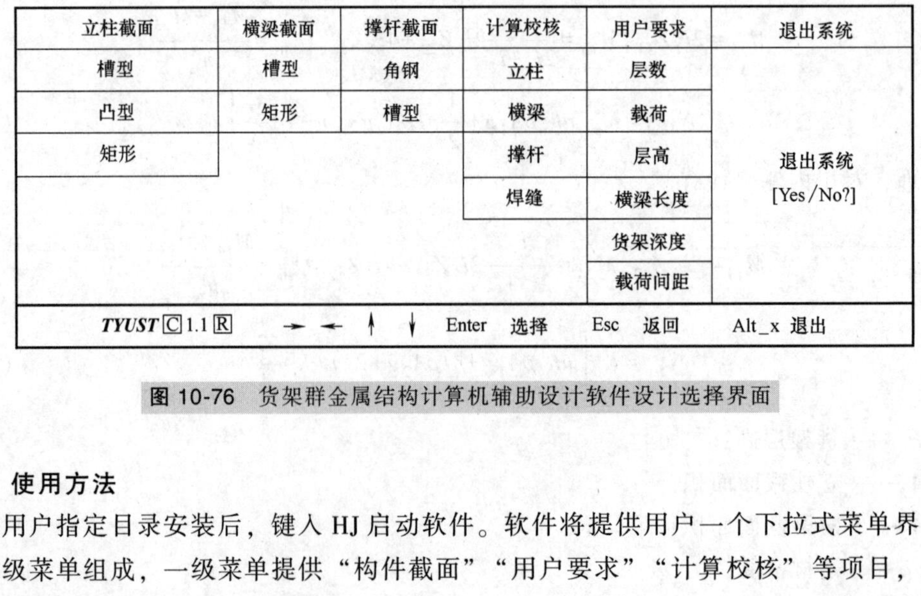

立柱截面	横梁截面	撑杆截面	计算校核	用户要求	退出系统
槽型	槽型	角钢	立柱	层数	
凸型	矩形	槽型	横梁	载荷	
矩形			撑杆	层高	退出系统 [Yes/No?]
			焊缝	横梁长度	
				货架深度	
				载荷间距	
TYUST Ⓒ 1.1 Ⓡ → ← ↑ ↓ Enter 选择 Esc 返回 Alt_x 退出					

图 10-76 货架群金属结构计算机辅助设计软件设计选择界面

3. 使用方法

在用户指定目录安装后,键入 HJ 启动软件。软件将提供用户一个下拉式菜单界面。界面由三级菜单组成,一级菜单提供"构件截面""用户要求""计算校核"等项目,二级菜单提供对应于一级菜单的具体内容，用户只需操作"→ ← ↑↓"箭头键选择菜单内容，键入回车键"Enter"即可完成设计计算。三级为图形和尺寸符号菜单，用户可用小键盘的"+、−"号增大或减小截面尺寸值。若要返回上一级菜单，键入"Esc"键即可。

三、工程实例

运用软件设计表10-9所列参数的组合式货架，设计结果见表10-9。工程实例表明：应用结构分析理论，建立的货架群内力计算模型是合理、高效、实用的。所提出和运用的计算机程序实现了货架结构内力矩阵迭代算法，为货架群金属结构计算机辅助设计奠定了基础。借助货架群金属结构计算机辅助设计软件，可进行钢结构货架的构件系列型谱优化设计。

表 10-9 立体仓库货架群金属结构设计工程实例

设计参数	层(n)	载荷(G)	层高(h_n)	横梁长度(L)		货架深度(d)		载荷间距(b)	
	10	kg		mm					
		1000	700	1200		900		960	
截面型式	箱形-立柱			箱形-横梁			槽型-撑杆		
截面尺寸 /mm	B_1	B_2	B_3	C_1	C_2	C_3	D_1	D_2	D_3
	50	30	2	30	55	2	10	10	2
应力/MPa、位移/mm	$\sigma_{out}=82$	$\sigma_{in}=161.13$	$\sigma_W=117.53$	$\sigma=37$	$y=0.53$	$[\sigma]=165$	$\sigma=89$	$\tau=92$	$[\tau]=100$

本 章 小 结

本章主要介绍了通用、造船门式起重机，通用、岸边集装箱装卸桥，门座起重机的门架型式、结构特点和适用场合，门架的载荷计算与载荷组合，不同起重机的设计要点和计算的特殊性；重点阐述通用门式起重机主梁、支腿结构的设计计算方法、门架结构的刚度（位移）计算，基于支腿与主梁（横梁）刚性连接构成空间刚架的支腿整体稳定性计算方法；巷道堆垛机的结构与分析；最后介绍了自动化立体仓库设备结构的设计计算方法、货架群金属结构计算机辅助设计方法和软件应用实例。

本章应了解不同门式起重机门架型式、结构特点和适用场合，门架的载荷计算与载荷组合，巷道堆垛机的结构型式与分析方法，自动化立体仓库设备结构的设计计算方法。

本章应理解门架作为整体结构与单根构件（梁、支腿、横梁等）结构的尺寸控制、连接要求、公差配合的不同，货架群结构内力分析的基本概念和编程思路。本章是前序章节的综合应用。

本章应掌握通用门式起重机主梁、支腿结构的设计步骤和计算方法，门架结构的刚度（位移）计算方法，特别是基于支腿与主梁（横梁）刚性连接构成空间刚架的支腿整体稳定性计算方法，巷道堆垛机结构设计步骤，货架群金属结构计算机辅助设计方法。

第十一章

臂 架

第一节 臂架的应用与分类

一、臂架的应用

臂架是起重和装卸机械中常用的一种重要结构型式，由于它在整台机械中占据空间小而服务面积大，作业方式机动灵活，可满足不同的使用要求，因此广泛地应用于各种起重、装卸机械中。例如，简单的悬臂起重机、壁行起重机、动臂起重机；复杂的汽车起重机、轮胎起重机、履带起重机、铁路起重机、塔式起重机、门座起重机、浮游起重机以及装载机和挖掘机的工作装置臂架。

二、臂架的分类

1. 按使用要求分类

按不同的使用要求，臂架分为变幅臂架和定幅臂架两类。变幅臂架借助变幅机构来改变臂架的倾角，使臂架顶端悬吊点的物品做水平移动；定幅臂架本身不能俯仰，只能用回转动作或借助于大、小车运行来使货物（物品）移动。

2. 按臂架的型式分类

（1）按组成型式分类

1）单臂架。它是一根单独的构件，如图 11-1a 所示的起重量为 16t 的轮胎起重机。这种臂架尺寸相差较大，小的如臂长仅几米、起重量仅几十千克的少先式起重机；大的如图 11-1b 所示的臂长达 90m，起重量为 200t 的动臂起重机。根据不同用途，其外形有直线形、折线形和曲线形几种。

近年来，液压式伸缩直臂架在汽车起重机中得到了广泛的应用。

2）铰接组合臂架。它是由若干刚性构件用铰链连接组合而成的整体臂架，根据合理选择的铰点位置和构件几何形状的变化来满足不同的使用要求，如门座起重机起吊物品走水平线省功的要求及装载机铲斗装载运动不撒料的要求等，图 11-2 所示为四连杆组合臂架的门座起重机。

（2）按结构型式分类

1）桁架式臂架。主要用于移动式起重机中，如汽车起重机、轮胎起重机、履带起重机和塔式起重机等。由于它比较轻，所以桁架式单臂架也广泛用于门座起重机中。

2）无斜杆臂架。它主要用于船舶起重机和小型门座起重机中，其结构如图11-3所示。

3）实腹式臂架。它主要用于汽车起重机、全路面起重机，用作门座起重机的组合臂架和作为工作装置的挖掘机及装载机臂架。

（3）按受力特点分类

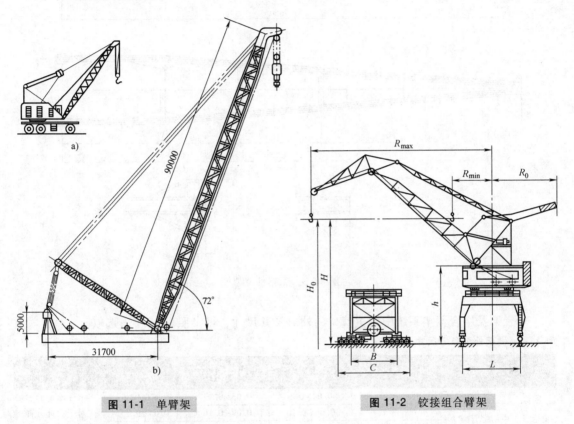

图 11-1　单臂架　　　　　　　　　图 11-2　铰接组合臂架

1）受压臂架。它利用固定在臂架顶端（或很接近顶端）的变幅绳来实现臂架的俯仰变幅，臂架在顶端悬吊的载荷和起升绳、变幅绳拉力作用下，主要承受轴向力（臂架自身重力和风力产生的弯矩相对不大），因此其侧面尺寸远比臂长和宽度小，通常取为中间等高而两端缩小的形状。影响这种臂架承载能力的主要因素是整体稳定性。

2）压弯臂架。这类臂架往往是靠连接在臂架中下部或后部的变幅连杆（如齿条、螺杆、液压缸等构件）的牵引运动实现臂架变幅，因此臂架的前段形成悬臂状态，在载荷作用下臂架承受很大的弯曲和轴向力。这种臂架侧面高度一般都比较大且做成变截面的结构型式。臂架的整体稳定性、强度和刚度都对其承载能力有重要的影响。

3）受弯臂架。借助沿臂架运行的小车来实现变幅的起重机水平臂架，它主要承受横向弯曲作用。显然，臂架的强度和刚度是设计中的主要问题。

臂架式起重机臂架结构的自重在整机中占有较大比重，因此臂架自重是影响提高起重能力、减轻起重机上部结构自重的主要因素，而臂架结构型式的选择及其主要尺寸的确定，不仅直接影响起重机的使用要求（如幅度、起升高度），而且还会影响起重机的整机性能（如倾覆稳定性等），因此根据使用要求合理地选择臂架型式和尺寸是起重机金属结构设计的重要环节。

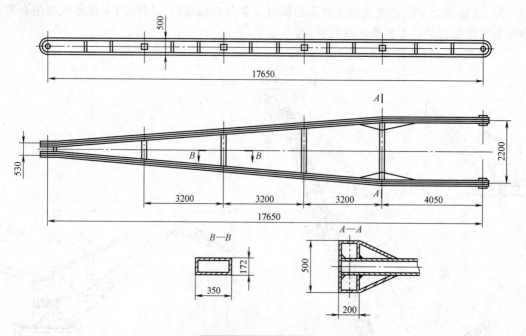

图 11-3 无斜杆臂架

单臂架及组合臂架系统中的主臂架的外形及其尺寸，可参照表 11-1 来选取。

表 11-1 臂架外形参考尺寸

臂 架 类 型		臂 架 几 何 参 数			
		H/L	B_1/L	B_2/L	a/L
单（直）臂架		0.04～0.1	0.03～0.13	≤0.02	0.13～0.43（对于大部分臂架取 0.2～0.3）
组合臂架中的主臂架	柔性拉索式	0.06～0.10	0.09～0.16	0.03～0.06	
	刚性拉杆式	0.10～0.17	0.14～0.26	0.06～0.16	

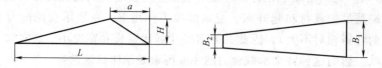

注：表中 H/L 比值不适用于复滑轮组补偿式直臂架。

第二节 单 臂 架

单臂架使起重机总体布置简单，制造安装方便，自重较轻，因而广泛用于移动式起重机械、塔式起重机和门座起重机中。在大多数情况下，臂架依靠固定于臂架头部的柔性拉索实现变幅。但在门座起重机中也广泛采用齿条、螺杆等刚性部件作为变幅传动装置（见图 11-4）。臂架根部与支承结构铰接。

一、单臂架的结构型式

1. 桁架式臂架

为了减轻自重、降低制造成本，单臂架大多数采用型钢制作主肢的矩形截面桁架式结构，特别当臂架较长、受轴向力不大时更为合理。

图 11-5 所示为管结构桁架式臂架。它在变幅平面中段通常是等截面的，而向两端逐渐缩小并用钢板加固，也呈变截面型式。由于臂较长，为了减小自重引起的横向弯曲影响，臂架设计应使顶端合力作用线与臂架轴线有一偏心距离。回转平面内由头部向根部逐渐扩大，构成变截面臂架，以便承受水平载荷引起的水平弯矩。

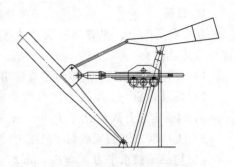

图 11-4 刚性变幅传动装置

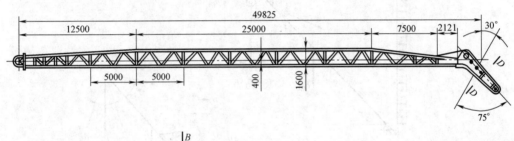

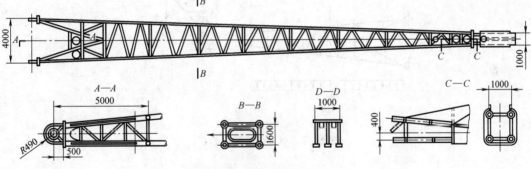

图 11-5 管结构桁架式臂架

管结构外形清晰美观，风阻力较小，是一种较理想的受压构件截面型式，因此在桁架式臂架结构中应用较多。但为了便于选材和简化制造工艺，目前在臂架中普遍采用角钢等型材作为主肢和杆件。

2. 无斜杆臂架

图 11-3 所示的无斜杆臂架，是一个平面框架结构，杆件均为焊接箱形截面，由于没有斜腹杆，又是平面结构，因而空间刚度较差。

3. 实腹式臂架

为了简化制造和便于涂装、维修，有时还采用单根轧制钢管或薄钢板焊接的实腹式臂架（见图 11-6），特别当起重量较大而臂长不大时，用实腹式臂架较为合理。当臂架较长时，

385

实体结构就显得过于笨重，且迎风面积较大，因而应用并不广泛。

二、单臂架设计计算

1. 载荷

在一般情况下，单臂架的受力情况如图 11-7 所示。
这些载荷是：

1）臂架自重载荷 P_{Gb} 和固定滑轮组自重载荷 F_{hi}。

2）吊具自重 m_0 和随工作幅度而异的最大起重量
m_Q 产生的额定起升载荷 P_Q，$P_Q =（m_Q+m_0）g=F_Q+F_0$

3）工作状态下的风载荷 P_W 或 P'_W（F_W 或 F'_W）。

4）物品偏摆水平力 $F_T = P_Q \tan\alpha$。

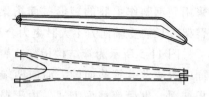
图 11-6　钢板焊接的实腹式臂架

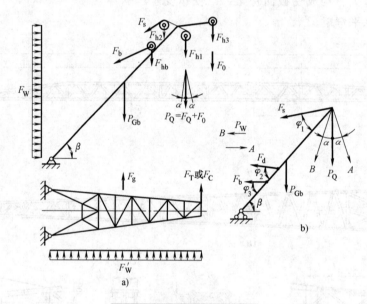

图 11-7　单臂架的受力情况

5）臂架回转惯性力 F_g、F_C。

6）起升绳拉力 F_s。

7）变幅绳拉力 F_b。

此外，在进行结构的强度计算时，还应计及冲击系数 ϕ_1 和动载系数 ϕ_2。

单臂架的载荷组合见表 3-24、表 3-26。

通常臂架按下面两种载荷情况进行计算：

1）在臂架变幅平面内作用有臂架自重载荷、起升载荷、物品偏摆力、惯性力和风力。

2）在臂架回转平面内作用有物品偏摆力、惯性力和风力。

起重机运行产生的惯性力工况，与臂架变幅、回转工况并不组合，一般不计算。

图 11-7b 为具有中间变幅支承和平衡对重的单臂架受力图。图中 F_d 为活动配重对臂架
的拉力，F_b 为变幅机构对臂架的作用力。

2. 设计计算

单臂架的几何尺寸确定后，可以利用图解法或解析法求得臂架的支反力和轴向力（对臂架稳定性和动力计算可近似取 $P_{Gb}/3$ 作用于臂架顶端考虑，对有变幅绳时可取 $P_{Gb}/2$ 作用于臂顶计算）。

分析表明，臂架的最大轴向力可能发生在两个位置：

1）最小幅度起吊最大起重量。

2）最大幅度起吊最小起重量。

对于较长的臂架，需考虑自重载荷引起的横向弯曲影响，因最大轴向力和最大弯矩往往并不在同一幅度时产生，故必须对最大幅度、最小幅度及某些中间幅度进行内力分析，加以比较，然后确定臂架设计计算的最不利位置。臂架应进行强度、刚度和整体稳定性计算。

通常在变幅平面内假定变截面臂架的两端为铰接支承（见图 11-7a）或为简支伸臂杆（见图 11-7b），其计算长度为

$$l_0 = \mu_1 \mu_2 l \tag{11-1}$$

式中　μ_1——在变幅平面内由臂架支承方式决定的长度系数，由表 6-1 或表 6-2 查取；

μ_2——变截面臂架的长度系数，按第六章决定，等截面臂架取 $\mu_2 = 1$；

l——臂架长度。

臂架质量产生的回转惯性力，可按集中质量近似计算。也可按分布质量精确计算，臂架分布质量的切向惯性力与其至回转中心的水平距离成正比，从臂端至回转中心呈线性分布。

在回转平面内，认为臂架是一端固定（假定支承结构为刚体）另一端自由的悬臂杆，忽略变幅绳和起升绳的柔性约束，这样偏于安全。若考虑变幅绳和起升绳在臂架侧向屈曲时对臂架端点产生的支承影响，则将提高臂架的稳定性，这时臂架在回转平面内总的计算长度系数 $\mu = \mu_1 \mu_3 < 2$（不包括变截面臂架长度系数 μ_2）。

在回转平面的变截面臂架计算长度按下式计算，即

$$l_0 = \mu_1 \mu_2 \mu_3 l \tag{11-2}$$

式中　μ_1——在回转平面内考虑臂架支承方式不同的长度系数，对一端固定另一端自由者，取 $\mu_1 = 2$；

μ_2——变截面臂架的长度系数；

μ_3——考虑变幅拉臂绳或起升绳影响的长度系数，当臂架用拉臂绳变幅时（见图 11-8a），由下式求得

$$\mu_3 = 1 - \frac{A}{2B} \tag{11-3}$$

若上式计算的数值小于 0.5，则取 $\mu_3 = 0.5$。

当臂架用变幅液压缸变幅时，则主要由起升绳产生影响（见图 11-8b），长度系数可由下式算得

$$\mu_3 = 1 - \frac{C}{2} \tag{11-4}$$

其中

$$C = \frac{1}{\cos\alpha + n_r \sin\theta} \frac{l}{H}$$

式中　　　　n_r——起升滑轮组倍率；

l——臂架长度；

α、θ、A、B、H——几何尺寸，如图
11-8所示。

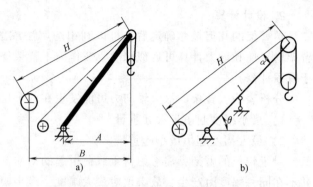

关于受压臂架稳定性的详细计算，可参阅第四章和第六章。

单臂架的刚度可用长细比和变形来衡量。

按长细比条件，有

图 11-8　单臂架在回转平面内的计算长度

$$\lambda = \frac{l_0}{r} \leq [\lambda] \qquad (11-5)$$

式中　l_0——臂架计算长度，根据支承方式、截面变化规律以及拉臂绳的影响而定；

　　　r——臂架截面的回转半径，对变截面臂架按等效截面（一般取最大截面）计算；

　　　$[\lambda]$——臂架的容许长细比，一般取 $[\lambda]$ = 150～180。

按变形条件：

桁架式臂架顶端在变幅平面内的位移主要是由拉臂绳的变形引起的，一般不予计算；由臂架自重载荷产生的中点挠度不大，也不考虑。臂架顶端在回转平面内的侧向位移可按一端固定另一端自由的悬臂梁计算，对变截面臂架的位移计算可参照第七章。臂端侧向位移应在相应工作变幅的额定（有效）载荷 $m_Q g$ 和 $(0.03～0.05)$ $m_Q g$ 侧向载荷作用下计算（最大起重量 $m_Q > 40t$ 时，侧向载荷系数取 0.03，各幅度下的 m_Q 不相同）。因臂架在起吊载荷前，悬挂在臂端的吊具重力对臂端已产生了位移，故额定载荷中不含吊具的重力。臂端侧向位移不应大于 $l/100$，此处 l 为臂架轴线长度。

箱形伸缩臂架的位移计算见本章第四节。

3. 无斜杆单臂架在水平力作用下的内力分析

无斜杆单臂架可视为杆件交点处为刚性连接的平面框架。如果它有 n 个节间，它就是一个 $3n$ 次超静定结构，用有限元通用计算程序很容易计算这类平面框架结构。框架的节点自然地为有限元法的节点，由此可划分成若干平面梁单元。有关有限元分析方法可参阅有关文献。无斜杆单臂架还可用反弯点法进行内力的近似分析[1]。

第三节　组 合 臂 架

388

一、组合臂架的类型

由多个臂架组合起来的臂架系统称为组合臂架，它们有主、副臂架系统（见图 11-9）和四连杆组合臂架系统（见图 11-10）。

主、副臂架系统的组合臂架多用于吊装高大设备，并且具有流动性，图 11-9 为最大起重量 300t（倾覆力矩 20000kN·m），主臂架长 78m，副臂架长 54m 的履带起重机。

门座起重机的四连杆臂架系统是组合式起重臂架的一种典型型式，它避免了前述单臂架

结构的缺点：一是有效空间小，影响使用；二是悬挂钢丝绳过长，不利于装卸作业；三是为了实现水平变幅，需要借助钢丝绳进行补偿，从而使机构布置复杂化，同时增加了钢丝绳的磨损。因此，组合臂架得到了广泛应用。

四连杆组合臂架可以分为柔性拉索式和刚性拉杆式两种结构型式（见图 11-10）。柔性拉索式组合臂架采用钢丝绳作为拉杆，并借助象鼻架尾部一定几何形状的曲线来实现变幅过程中物品的水平移动，整个结构自重较轻，但存在着结构刚度较差、与象鼻架尾部连接的拉索容易磨损等缺点。以前多用于中、小起重量门座起重机，近年来已逐渐被刚性拉杆式组合臂架所替代。

刚性拉杆式组合臂架是由象鼻架、刚性拉杆及臂架三部分通过铰轴连接而成的，并与机架组成四连杆机构，以实现变幅过程中物品的水平移动。下面只介绍这种组合臂架。

组合臂架各部分的几何尺寸和铰点位置都是根据已知的设计参数（如起重量、起升高度、起重机变幅范围等）按物品做水平移动的条件，在总体设计时予以确定的，一般应符合下列要求：

1）满足起升高度和变幅工作范围的要求。

2）变幅时物品沿水平线移动。

3）在任意幅度下，垂直的起升载荷与臂架和

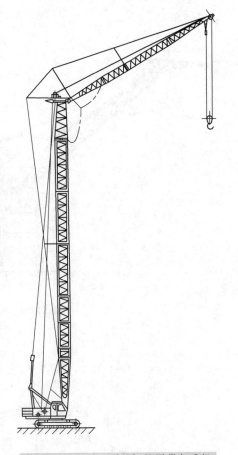

图 11-9　有主、副臂架的履带起重机

刚性拉杆的支承反力（以象鼻架为分离体）应完全处于平衡状态，即臂架和刚性拉杆只受轴向力作用。

4）活动对重主要用来平衡臂架系统的全部或大部分自重。

5）变幅拉杆只用来承受物品偏摆力、风力或臂架系统部分自重产生的作用力。

当组合臂架系统满足上述要求时，变幅机构的负荷不大，臂架变幅机构可设计得较为轻巧，是其优点之一。此外，该系统同时应保证组合臂架具有良好的使用性能。

二、象鼻架

1. 象鼻架的结构型式

（1）桁构式象鼻架　图 11-11 所示为港口用小型门座起重机的桁构式象鼻架的构造。它由底面的一根箱形主梁和其上面的两片撑杆结构所组成，象鼻架与臂架铰接中心向下偏离主梁轴线一定距离，以便能把整个铰轴结构布置在主梁下方，保证受弯矩最大的主梁截面不被削弱，同时又不会使臂架头部加宽导致构造复杂，因而这种结构型式被广泛采用。在小型门座起重机中，为了便于臂架系统的总装，象鼻架与拉杆铰接孔及起升机构上的滑轮轴孔常采用剖分式。

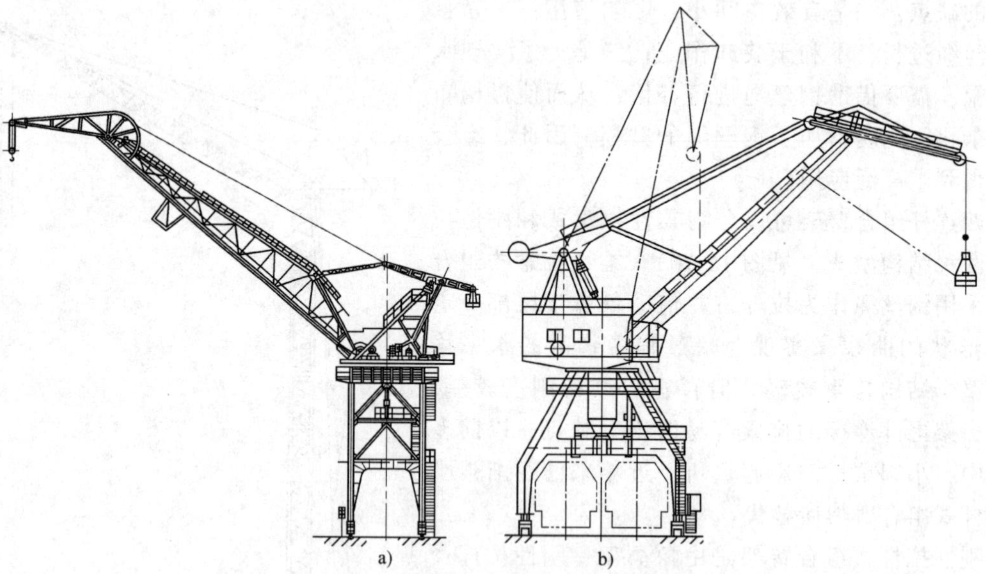

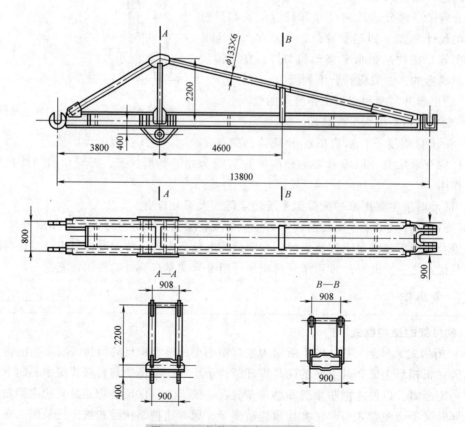

图 11-10　四连杆组合臂架门座起重机

a）柔性拉索式　　b）刚性拉杆式

图 11-11　桁构式象鼻架的构造

桁构式象鼻架利用前斜支杆改善了主梁悬臂的受力状态，具有自重较轻、构造简单等优点，因而成为中、小型门座起重机象鼻架的主要结构型式。

（2）板梁式象鼻架　图11-12所示为板梁式象鼻架的构造。它是由两片工字形单腹板梁借助横向隔板连接而成的空间板梁结构。腹板上开孔，孔周边用扁钢加固。其上水平面做成敞开的，便于钢丝绳通过，下水平面构成一平面框架，以承受水平载荷，因此横隔板呈凹槽型。

由于采用两片单腹板梁，臂架顶端可以嵌入象鼻架内部，从而使臂架头部及象鼻架铰接孔的构造大为简化。这种象鼻架的型式和构造简单，制造方便，但自重较大，因而仅在大起重量门座起重机中应用。

（3）箱形截面刚架式象鼻架　对于起重量较大的门座起重机，其象鼻架结构目前越来越多地采用箱形刚架式结构（见图11-13），例如起重量为80t和150t的造船用门座起重机就采用这种结构型式，它与桁构式象鼻架不同，是一个空间刚架系统。象鼻架与臂架、刚性拉杆的铰接方式同样采用插入式，因而使臂架头部和象鼻架铰接孔的构造十分简单。

（4）桁架式象鼻架　这种型式在转盘式门座起重机中曾普遍采用（见图11-2），但因不能采用自动焊接，制造费工时，涂装及维护的表面积较多，故已很少采用。

2. 作用载荷

作用在象鼻架上的载荷有：

1）象鼻架自重载荷 P_{Gx}。

2）额定起升载荷 $P_Q = (m_Q + m_0) g$。

3）起升绳拉力 F_s 产生的压缩力。

4）刚性拉杆重力的一半 $P_{G1}/2$。

5）物品的惯性力，通常用物品对铅垂线的偏摆角计算其水平惯性力 F_T，用动载系数考虑其垂直惯性力 $(\phi_2 - 1) P_Q$。

6）风载荷。

7）象鼻架自重（质量）引起的水平惯性力。

上述载荷应根据不同工况分别在变幅平面和回转平面进行组合。

显然，象鼻架迎风面积较小，其所受风力较小，通常仅需对表3-26的载荷组合B（工作状态下的最大载荷）进行强度、刚度及稳定性计算。

3. 象鼻架的设计计算

（1）计算简图　在臂架变幅平面内象鼻架有两个支承点：臂架头部的固定铰支座和刚性拉杆的活动铰支座（沿拉杆轴线方向的定向铰）。图11-14a所示为象鼻架在某一幅度位置的计算简图。

象鼻架计算位置取为：最小幅度、最大幅度以及象鼻架与臂架互相垂直时的幅度。按内力分析找出其最不利位置。

在回转平面内，象鼻架与臂架头部连接点 B 可作为象鼻架的固定铰支座，而与拉杆的连接点 A 则分三种情况：一是拉杆的水平抗弯刚度较大（如桁架式拉杆，其根部宽度 $b \geq l/10$，l 为拉杆长度），则 A 点可作为刚性铰支座（见图11-14b）；二是拉杆的抗弯刚度较差（如箱形拉杆，$b < l/10$），则 A 点不能承力，象鼻架的水平力和扭转力矩全由臂架头部两侧的铰轴 B 来承担（见图11-14c），这时臂架应具有很强的抗扭刚度；三是拉杆具有一定的抗弯刚度，则 A 点可作为弹性支承，此时象鼻架在外力作用下将产生一扭转角（见图11-14d），

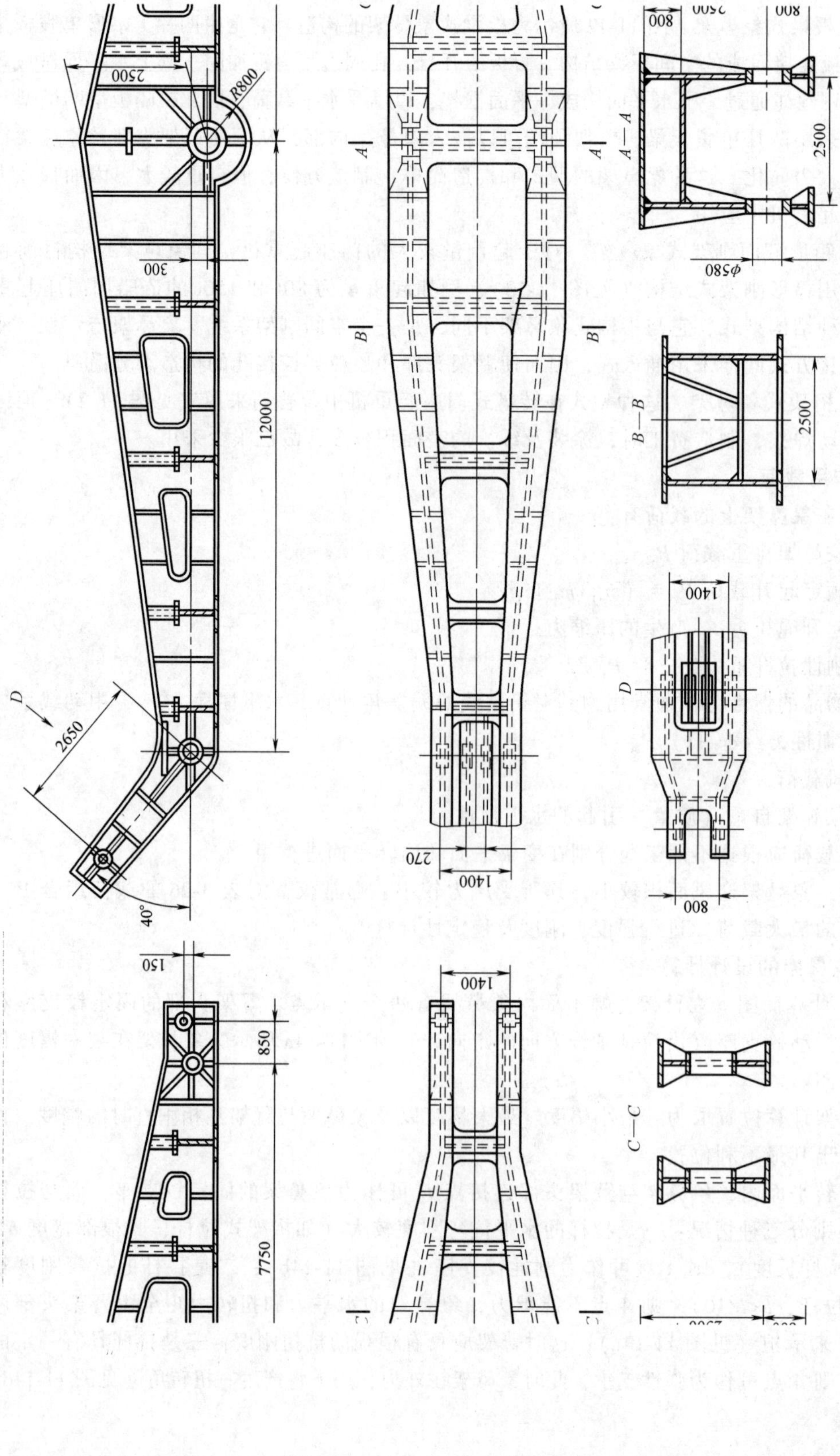

图 11-12 板梁式象鼻架的构造

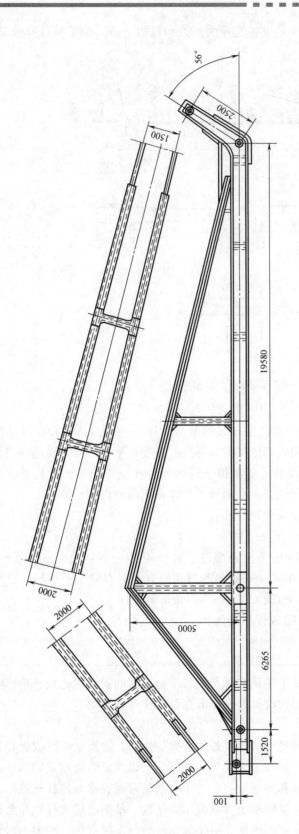

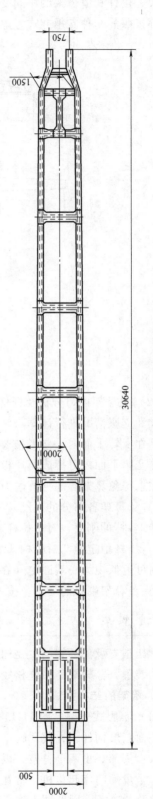

图 11-13　箱形截面刚架式象鼻架的构造

由臂架、拉杆和象鼻架的协同变形条件来求各支点的反力和扭矩。第三种情况计算较复杂，一般都按照前两种支承方式考虑。

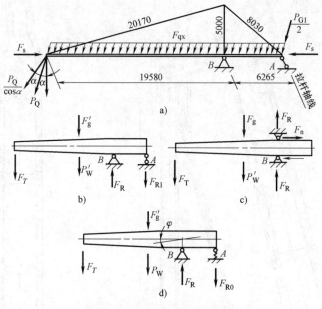

图 11-14 象鼻架计算简图

a) 变幅平面 b)、c)、d) 回转平面

（2）象鼻架内力分析及杆件计算 象鼻架在各种载荷作用下的内力，可根据其不同结构型式和支座情况进行计算。对于桁构式和刚架式象鼻架，在变幅平面内按一次超静定结构计算，在回转平面内，前者按悬臂杆计算，后者按悬臂的无斜杆框架计算；对板梁式象鼻架，在变幅平面内可拆成两片板梁分别计算，在回转平面也按无斜杆框架计算。

在求得象鼻架各部分的内力以后，应分别计算：

1）象鼻架各部分的强度。

2）各杆的刚度。对斜拉杆，$\lambda \leqslant 180$；对受压竖杆，$\lambda \leqslant 150$。

3）压杆稳定性。对桁构式象鼻架的主梁在最不利载荷组合下为双向偏心压杆，在两个平面内可近似视为一端固定（在臂架上铰支点）、一端自由的悬臂杆。

4）象鼻架端点的变形，按一般方法或近似法计算。

三、臂架

臂架是支承象鼻架的主要构件，其下端用铰轴与回转平台前方的支座相连接，中部与变幅传动装置、臂架平衡系统相铰接，因此臂架是一根有悬臂的压弯构件。

1. 臂架的结构型式

（1）实腹式臂架 图 11-15 所示为箱形截面实腹式臂架的构造。臂架是由薄钢板焊接成的变截面箱形构件，在其回转平面内，根部分成叉形作为支腿，以满足结构布置和水平刚度的要求；头部焊出两个分肢，以便与象鼻架相铰接。为了与活动对重、变幅连杆相连接，对于大起重量的门座起重机，常在靠近臂架根部上方设置吊架结构，吊架的前支杆就作为臂架前伸部分的支承，因此要求支杆具有足够的刚度，对小起重量的门座起重机，臂架不另设吊架，而将铰接耳板直接焊在臂架的上翼缘板上。

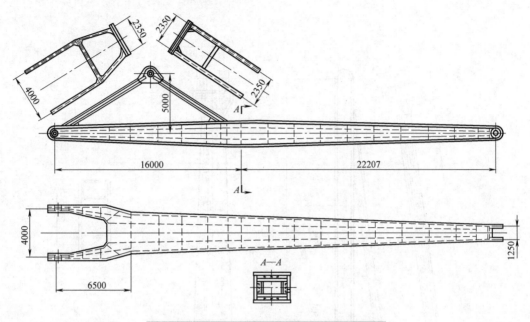

图 11-15　80t 门座起重机实腹式臂架的结构

箱形截面实腹式臂架具有较强的抗扭刚度，且构造简单，制造方便，宜用自动焊接，涂装、维修面少，造价较低，同时外形美观大方，所以在组合臂架中被广泛应用。

（2）桁构式臂架　实腹式臂架是以其下铰点和吊架前支杆作为支承的压弯构件，实腹式臂架自重较大，过长的外伸悬臂限制了臂架承载能力的提高，因此为了改善其受力状况，采用桁构式臂架是一个有效的途径。

这种臂架是由一根箱形主梁和它上面的斜支杆、竖支杆组成的混合结构（见图 11-16），前支杆一端与臂架头部相接，另一端与后支杆组成节点，以便连接活动平衡对重的拉杆和变幅拉杆；在变幅平面内沿臂架长度方向布置有竖杆，以减小前支杆的节间长度。

这种结构相当于将实腹式臂架的吊架前支杆与臂架的连接点移向头部，连接点的前移消除了臂架主梁前悬臂极不利的受力状态，可有效地减轻自重，但也带来了构造复杂、制造麻烦的缺点。

此外，在门座起重机中还使用桁架式、无斜杆式臂架，它们的自重较轻，但外形尺寸大、制造费工，后一种的空间刚度也较差，故这两种臂架应用较少。

2. 臂架的作用载荷

作用在臂架上的载荷（见图 11-17）有：

1）臂架自重载荷 P_{Gb}，可转化为均布载荷 F_q。

2）作用在臂架头部铰轴上的作用力，这些力可归结为在变幅平面内由额定起升载荷和起升绳拉力引起的合力，按臂架和拉杆对象鼻架支承的平衡条件求得的作用力 F_Q，象鼻架及拉杆重力按其平衡条件求得的作用力 F_x，在回转平面内臂架头部作用着水平力 $P_H = F_T + F_g' + P_W'$（F_T 为物品侧向偏摆力，F_g' 为象鼻架回转惯性力，P_W' 为象鼻架的侧向风力）和附加力矩 M_0 以及对臂架轴线的扭矩 T_n。

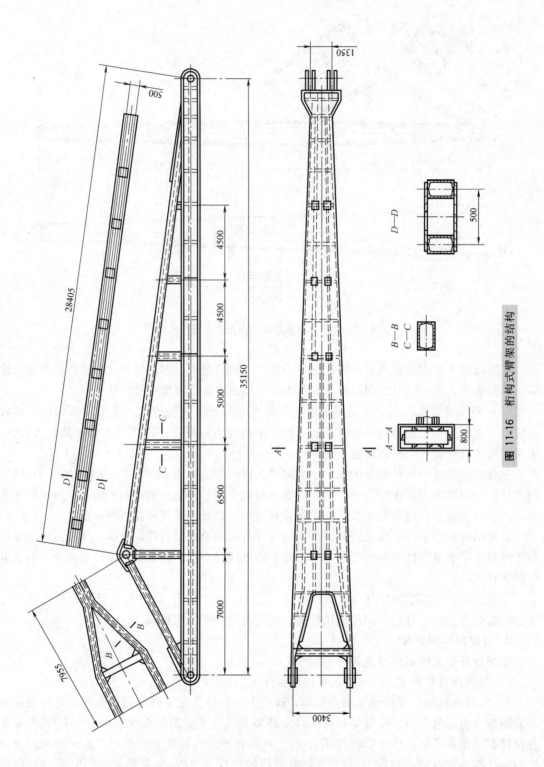

图 11-16 桁构式臂架的结构

3）作用在臂架背面的风载荷 F_W 和侧向风载荷 F'_W。

4）活动平衡对重拉杆的拉力 F_d。

5）变幅螺杆或齿条的拉力 F_b。

6）回转机构起、制动时，由臂架自重引起的切向惯性力，沿臂架呈线性分布。

其他机构制动的惯性力影响甚微，一般略去不计。

上述载荷应根据门座起重机的实际工作情况，在两个平面内分别进行计算和可能的组合（参见表3-26），计算时要考虑物品发生内偏、外偏和侧向偏摆的三种可能性。

3. 臂架的设计计算

（1）臂架系统受力分析

1）臂架变幅平面。根据静力平衡条件，用图解法可求得臂架上的全部作用力如下：

① 画出臂架系统的几何简图（见图11-18a）。

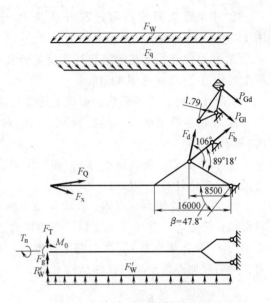

图 11-17 作用在臂架上的载荷

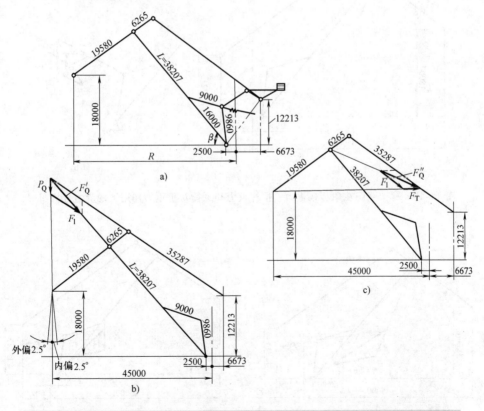

图 11-18 臂架系统几何简图和额定起升载荷及其偏摆力对臂架作用的受力分析图解

② 求出臂架系统在额定起升载荷 P_Q 作用下，对臂架上铰点产生的作用力 F'_Q（见图 11-18b，尚未包括起升绳拉力）。

③ 找出臂架系统在额定起升载荷偏摆水平力 F_T（内偏或外偏）作用下，对臂架上铰点产生的作用力 F''_Q（见图 11-18c）。

实际计算时，为了简化，可将上述②、③两步图解过程一次完成。

④ 找出象鼻架重力 P_{Gx} 及拉杆重力 P_{Gl} 对臂架上铰点的作用力 F_x（见图 11-19a，E 点为 P_{Gx} 和 $P_{Gl}/2$ 的重心）。

⑤ 找出活动平衡对重重力 P_{Gd} 和均衡梁重力 P_{Gl}，所引起的对重拉杆拉力 F_d，这时取均衡梁为分离体计算（见图 11-19b）。

⑥ 最后取臂架为分离体，找出臂架在各种外力（臂架上铰点作用力、臂架重力、平衡对重拉杆拉力等）作用下的变幅拉杆的拉力，图 11-20a 和图 11-20b 所示分别为臂架上铰点作用力 F_x 和臂架重力 P_{Gb} 所引起的变幅拉杆拉力图解，对其他外力可分别求出变幅拉杆拉力，然后叠加即得变幅拉杆的总拉力 F_b。

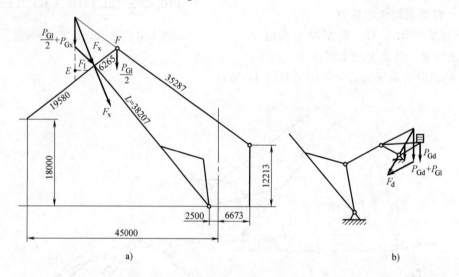

图 11-19　臂架系统在象鼻架重力、拉杆重力和平衡对重重力作用下的受力分析图解

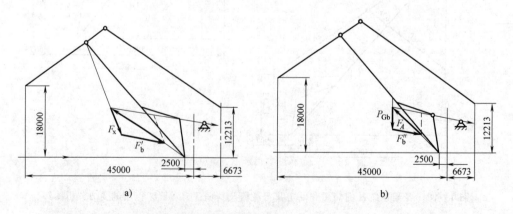

图 11-20　臂架上铰点作用力 F_x 和臂架重力 P_{Gb} 所引起的变幅拉杆拉力图解

2）臂架回转平面。作用在象鼻架上的侧向载荷为 F_T、F_g' 和 P_W'，通过上铰轴传递给臂架，其顶端总水平力 $P_H = F_R = F_T + F_g' + P_W'$，同时使臂架顶端受附加力矩 M_0 和扭矩 T_n（见图 11-14 及图 11-17）的作用。

（2）臂架计算　臂架受力情况复杂，实际设计时可先作出臂架在变幅平面最大幅度、最小幅度（或最大起重量的极限幅度）和臂架与象鼻架互相垂直时的幅度等位置的受力图，然后再计算臂架在回转平面的受力情况，综合两个平面的载荷作用进行分析比较，以确定臂架工作的最不利位置，从而求得臂架的内力，最后进行下列计算：

1）强度计算。

2）刚度计算。

3）稳定性计算。

4）臂架上铰点的位移计算。

四、拉杆

1. 拉杆结构

拉杆是一根上端与象鼻架尾部相铰接，下端与人字架顶部铰接的刚性受拉构件。由于臂架一般多采用抗扭刚度较强的箱形结构，当象鼻架在回转平面内受有水平力作用时，并不一定要求拉杆作为象鼻架的支承，因此拉杆多采用横向（水平）尺寸与长度之比很小的细长杆。在桁架式组合臂架中，为使拉杆配合臂架能承受象鼻架尾部传来的水平力，而采用横向尺寸较大的（$b > l/10$，l 为拉杆长度）桁架式结构，这种拉杆由上、下和两侧桁架组成，侧面多为平行弦桁架型式，侧面（铅垂面）高度不大，只用来承担其自重载荷作用（见图 11-2）。

图 11-21 所示为 M5-30 型门座起重机的拉杆结构。拉杆的主肢为两块纵向的模压槽型薄钢板，上、下平面内设置小角钢缀条，某些横截面可设置带中心孔洞的模压槽型板作为隔板。

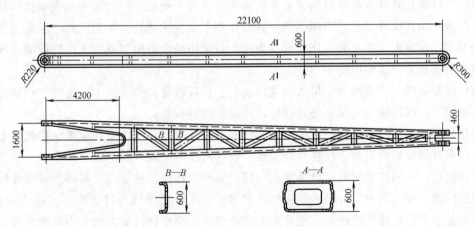

图 11-21　M5-30 型门座起重机的拉杆结构

这种拉杆的特点是构造简单，易于制造，它不能承受水平力，适合于小起重量门座起重机的臂架系统。

对于起重量较大的门座起重机，拉杆一般都采用由薄钢板焊成箱形或管形截面的细长杆。为便于和象鼻架及人字架相铰接，拉杆两端在水平面内常分叉做成门腿状（见图 11-22）。

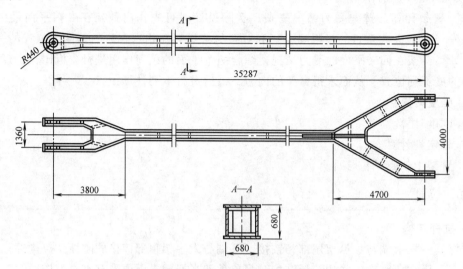

图 11-22 80t 造船用门座起重机的拉杆结构

2. 作用在刚性拉杆上的载荷

1）由象鼻架尾部传来的作用力。

2）起升钢丝绳拉力对拉杆的作用力（受压）。

3）拉杆自身重力。

4）拉杆质量引起的惯性力及风力。

3. 拉杆的计算

拉杆的计算位置和载荷可以从臂架系统的受力分析中确定，一般取为最大幅度和最小幅度两个位置。刚性拉杆在臂架变幅平面的载荷作用下主要承受轴向拉力，同时承受自身重力引起的弯矩，并常出现明显的下挠变形，为此，可采用增设小桁架或加大拉杆截面高度的办法来减少自身重力引起的下挠变形。

设计经验表明，当臂架处于最大幅度位置时，拉杆将受到最大拉力，这时拉杆自身重力的影响也较大，因此这个位置往往是拉杆设计时的控制位置。

当物品向外偏摆时，或者在最小幅度位置非工作状态风载作用下，应考虑在拉杆上平行于拉杆的起升绳拉力的影响，拉杆可能受压，设计时应考虑这种情况。

应该指出，在回转平面内，象鼻架上的侧向水平力将使象鼻架发生扭转，若刚性拉杆的横向刚度较差，则扭矩主要由刚度较强的臂架承担，实际上刚性拉杆还有一定的支承作用，会有一部分水平力传递至拉杆上，使它产生横向弯曲，刚性拉杆受力的大小取决于臂架的抗扭刚度和拉杆的横向抗弯刚度。通常对于细长拉杆可不考虑承受水平力作用，扭矩全部由臂架承受。

拉杆应进行下列计算：

1）跨中和分叉处截面的强度计算。

2）刚度计算，$\lambda \leqslant [\lambda]$，通常$[\lambda] = 180 \sim 200$。

3）当拉杆受压时，应进行稳定性计算。

按上述条件设计的拉杆，其截面尺寸往往不需要很大，然而实际结构中受到制造工艺的限制和考虑到风振（有时很严重）的影响，需将拉杆截面增大。

实践表明，由于组合臂架中的刚性拉杆截面较小又处于高处，它在一定的风速作用下会产生弯曲振动（风振），其振动方向与风向相垂直。当拉杆方向与风力方向相垂直时，振动最强烈；当拉杆与风向平行时，振动马上停止。拉杆风振会引起断裂破坏，应予重视。

为消除这种振动，可在拉杆上安装干扰肋板以改变气流状态，但这种方法有不少缺点，例如使风阻力系数增大，因焊接的增加而降低了拉杆的疲劳强度等。另一个有效的措施就是提高拉杆弯曲振动的固有频率，这就要求选取一个合适的拉杆截面，在拉杆的垂直腹板上开孔让风通过，以改善气流状态，改变结构的振动频率。拉杆的合理截面有待于进一步研究探讨。

五、臂架的铰接关节

臂架借助于活动关节与固定在起重机回转部分上的平台、人字架等构件相连接，以实现臂架的俯仰。刚性拉杆式组合臂架是一个四连杆机构，除了臂架的上、下关节外，臂架系统各构件之间也是通过活动关节相连接的。

现代门座起重机中，为了减小臂架变幅时的运动摩擦和便于维修，臂架的铰接关节一般都采用滚动轴承，主要是球面滚柱轴承；只是在起重量不大、变幅不太频繁的小型门座起重机中，为了降低成本，便于加工制造才采用滑动轴承。

在臂架或其他构件的支承铰点距离较大，而固定心轴的支座在构造上也允许分立时，一般总是分开做成两个对称于臂架变幅平面的具有单独心轴的活动关节（铰），图 11-23 所示为臂架下铰点的一侧结构。然而在某些情况下，由于受到构造上的限制，臂架的支承铰也可制成一根共同的心轴，例如臂架和象鼻架的铰接通常都采用通轴结构。

铰接的心轴通常利用轴端的压板紧固在相互铰接构件的一个构件上，轴承用两个有通孔的端盖封闭。在端盖和心轴之间装有油封毡圈，润滑油从心轴端面用油杯注入，经过心轴内油孔进入轴承。

为了简化构造、便于装配，大多数臂架系统的铰接心轴都采用等直径的光轴结构（见图 11-23），在这种结构中，滚动轴承的外圈依靠两端通盖定位，轴承内圈则利用位于轴承两侧松套于心轴上的两个衬套作为轴向定位，并可凭衬套长度来弥补构件的制造误差和调整安装的间隙。

在某些情况下，如对起重量较小的门座起重机臂架，其心轴可以采用带环形凸缘的阶梯轴（见图 11-24）。这时轴承内圈一侧依靠心轴的轴肩定位，而另一侧可用挡圈或隔套定位，以防止其轴向窜动。这种结构要求构件的支承耳板上必须开设与支承轴径相同的缺口，缺口方向应与所传递的作用力方向相反。

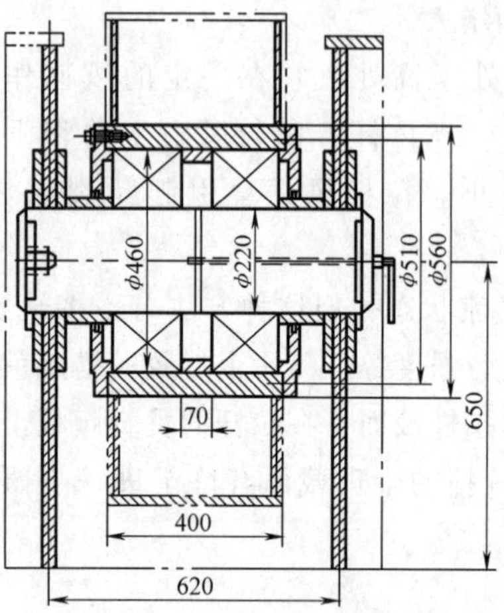

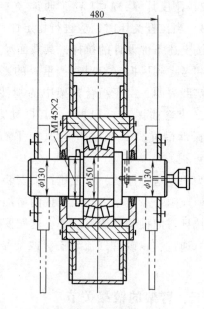

图 11-23 臂架下铰点的一侧结构

图 11-24 带凸缘心轴的臂架下铰点关节（一侧）

第四节 伸 缩 臂 架

一、伸缩臂架的结构及工作原理

带有伸缩臂架的汽车起重机及轮胎起重机，具有工作机动灵活的优点，从而得到广泛应用。伸缩臂架由基本臂、伸缩臂及附加臂组成，如图 11-25 所示。伸缩臂有一节或几节，在臂架中装有伸缩液压缸，靠它来使臂架伸缩，各节臂之间靠导向元件导向，现在大多数采用滑块式导向元件。变幅液压缸使臂架仰俯，根据变幅液压缸布置的位置不同，分为前置式及后置式。变幅液压缸一端铰接在基本臂上，大约在基本臂 1/3～1/2 长度处，另一端铰接在回转平台上。

为了减轻伸缩臂的自重，提高整机的工作性能，国内外对伸缩臂的截面形状进行了大量的研究，目前已有的伸缩臂截面形状是矩形、梯形、倒置梯形、五边形、六边形、八边形、大圆角矩形及类椭圆形等薄壁箱形结构（见图 11-26）。研究伸缩臂截面的基本出发点是想寻找一种承载能力大、工艺方便及自重轻的合理截面形状。

矩形截面伸缩臂架常用于中、小吨位轮式起重机常用的截面型式，其工艺简单，具有较大的抗弯能力及抗扭刚

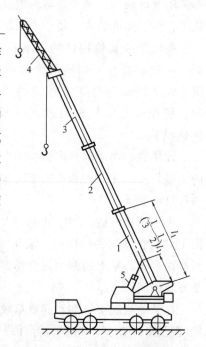

图 11-25 箱形伸缩式臂架结构

1—基本臂 2、3—伸缩臂

4—附加臂 5—变幅液压缸

度。为了保证板的局部稳定性，腹板的厚度不能太薄，这种臂架的自重较大。其他如八边形、大圆角矩形等截面，翼缘板及腹板的实际计算宽度减小了，从而提高了板的局部稳定性，因此在大吨位大轮廓尺寸下，可以有比较合理的板厚，自重较轻，但工艺性较矩形截面复杂些。臂架合理截面的高宽比约为 1.5 ~ 1.8，板厚约为 3 ~ 10mm，依受力大小而异。

为了减轻臂架自重，臂架多采用高强度结构钢，目前国内外已广泛采用屈服强度为 600 ~ 1100MPa 的高强度钢。

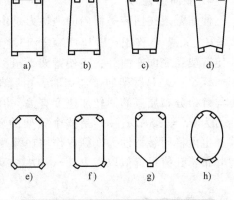

图 11-26　伸缩臂架的几种典型截面

二、箱形伸缩臂受力分析

汽车起重机及轮胎起重机的起重量是随幅度而变化的，在小幅度时，其起吊能力由臂架的强度决定，而大幅度时是由起重机的整体稳定性决定的，因此箱形伸缩臂的计算可按最小幅度起吊最大起重量的工况计算，当然要根据具体情况进行分析，也可能需要根据几个位置进行计算。

臂架上所受的载荷有起升载荷、臂架重力、惯性载荷及风载荷等。

1. 额定起升载荷 P_Q

变幅平面起升质量 m_Q 是相应幅度下的额定起重量，吊具自重为 m_0，由此构成额定起升载荷 P_Q，若考虑起吊时的动力影响，应乘以动载系数 ϕ_2，则计算的额定起升载荷为

$$P_{Qj} = \phi_2 P_Q \tag{11-6}$$

式中　P_Q——额定起升载荷，$P_Q = (m_Q + m_0) g$；

　　　g——重力加速度；

　　　ϕ_2——按第三章的方法决定的动载系数。

2. 臂架重力 F_{Gb}

臂架重力 $P_{Gb} = m_b g$，包括臂架和伸缩液压缸的重力，它是垂直的分布载荷，为了能方便地进行非线性计算，可以将它换算为作用在臂架顶端及作用在臂架根部的集中载荷。因为各节伸缩臂架截面不同，基本臂最大，向伸缩臂顶端方向逐节减小，所以可近似地假定为 $P_{Gb}/3$ 作用在臂架顶端，$2P_{Gb}/3$ 作用在臂架根部，考虑自重所受的动力影响，应乘以冲击系数 ϕ_1，作用在臂架顶端的重力为 $\phi_1 P_{Gb}/3$，臂架根部的重力为 $2\phi_1 P_{Gb}/3$。

3. 额定起升绳拉力 F_s

$$F_s = \frac{P_Q}{n_r \eta} \tag{11-7}$$

起升时起升绳计算拉力为

$$F_{sj} = \phi_2 F_s \tag{11-8}$$

式中　n_r——倍率；

　　　η——起升滑轮组效率，一般取 0.96 ~ 0.99（n_r 小时取大值）。

4. 侧向惯性力

伸缩臂架在回转平面内的惯性力是由两部分组成的：一是由物品偏摆产生的水平力 F_T，$F_T = P_Q \tan\alpha$，它作用在臂架顶端定滑轮上，因为臂端定滑轮与臂架中心线有偏心，所以 F_T 除使臂架受侧向弯曲外，还使臂架受扭，扭矩 $T_n = P_Q e_1 \tan\alpha$，α 是允许的物品偏摆角，一般 $\alpha = 3° \sim 6°$；二是臂架回转加速时，由臂架自重产生的切向惯性力，它也是分布载荷，其大小与臂架分布质点的回转加速度有关，沿臂长呈线性分布，臂端最大，根部最小，其总的惯性力为 $P_H = 1.5 m_b a$，m_b 是整个臂架的质量，a 是臂架质心处的切线加速度。为了简化计算，也可将回转惯性力换算成作用在臂端的集中载荷，考虑到臂架惯性力沿臂轴的非线性均匀分布，其值可近似取为 $P_{Hd} = 0.4 P_H$，因此，作用在臂端上总的侧向力为

$$P_{xd} = F_T + P_{Hd} \tag{11-9}$$

5. 风载荷 P_W

臂架风载荷的计算方法如第三章所述，其作用方向按所计算的工况而定，可能顺着臂架方向，也可能垂直于臂架方向，如果是后者（侧向风力），为了计算简便，也可以换算成作用在臂端的集中载荷，其值也近似取 $P_W' = 0.4 P_W$，P_W 为臂架的侧向总风力。

6. 副臂的作用力

为了提高轮式起重机的起升高度，常常附设副臂架。在使用副臂时，还应考虑由于副臂而产生的作用力，此时其起重量最小。

综上所述，假定风力 P_W 垂直臂架方向，其总的受力情况如图 11-27 和图 11-28 所示。

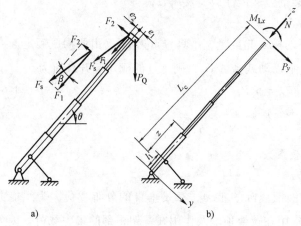

图 11-27　变幅平面伸缩臂架受力简图

a) 载荷图　b) 受力图

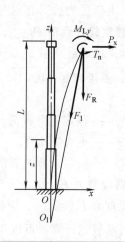

图 11-28　回转平面伸缩臂架受力简图

1）在变幅平面内，臂架顶端承受的外力如图 11-27 所示，将所有的载荷分解为沿臂架轴线方向的力及垂直于臂架轴线方向的力，得

沿臂架的轴向力为

$$N = \left(\phi_2 P_Q + \frac{1}{3}\phi_1 P_{Gb}\right)\sin\theta + \phi_2 F_s \cos\beta = F_R + F_1 \tag{11-10}$$

垂直于臂架的横向力为

$$P_y = \left(\phi_2 P_Q + \frac{1}{3}\phi_1 P_{Gb}\right)\cos\theta - \phi_2 F_s \sin\beta = F_y - F_2 \tag{11-11}$$

由于额定起升载荷 P_Q 和起升绳拉力 F_s 相对臂架轴线偏心而引起的臂端弯矩为

$$M_{Lx} = \phi_2 P_Q e_1 \sin\theta - \phi_2 F_s e_2 \cos\beta \tag{11-12}$$

式中　θ——伸缩臂架在变幅平面内的倾角；

β——起升绳与臂架轴线的夹角；

e_1——臂架顶端定滑轮与臂架轴线的偏心距；

e_2——臂架顶端导向滑轮与臂架轴线的偏心距。

2）在回转平面内，臂架顶端所受外力如图 11-28 所示，图中沿臂架轴线方向的力与变幅平面内沿臂架轴线方向的力相同，即当臂架产生侧向弯曲变形后，由臂端的铅垂载荷沿臂架轴线产生的分力 $F_R = (\phi_2 P_Q + \phi_1 P_{Gb}/3)\sin\theta$ 的方向不变，而由起升绳拉力 F_s 沿臂轴产生的分力 F_1 却偏离臂架轴线，但总是通过卷筒所在的位置，即不论臂架侧向变形多大，F_1 永远指向 O_1 点，其值为 $F_1 = \phi_2 F_s \cos\beta$，$F_1$ 对臂架侧向变形有一定的阻止作用。

臂端侧向水平力为

$$P_x = P_{xd} + P'_W$$

由附加副臂架载荷产生的臂端弯矩为 M_{Ly}，由物品偏摆力 F_T 对臂端产生的扭矩为 T_n。

三、箱形伸缩臂架的设计计算

箱形伸缩臂架是一个细长的压弯构件，工作时臂架弯曲变形较大，轴向力引起的弯矩是不能忽略的，因此除短的臂架外，都应按几何非线性理论进行计算，也就是按大挠度理论处理问题，否则会带来明显的误差。

一般情况下，由伸缩液压缸直接承受伸缩臂架的轴向力 N（但不能承受弯曲）。由于各节臂架重叠处滑块上的摩擦阻力，臂架也承担一部分轴向力（约为 $N/3$），根据臂架伸缩机构的不同，臂架承受的轴向力也不同，通常可偏安全地近似认为臂架承受全部轴向力 N 的作用。

伸缩臂架要承受由横向力和轴向力（不管是否由臂架全部承受）引起的全部弯矩。

箱形伸缩臂架的设计计算必须满足强度、导向滑块附近处板的局部强度、刚度、整体稳定性和板的局部稳定性要求。

1. 伸缩臂架的临界力

伸缩臂架按非线性理论计算位移、强度和稳定性时，都要使用增大系数，故需要先确定臂架的临界力，下面介绍伸缩臂架临界力的计算。

（1）回转平面的临界力　在回转平面内，臂架是一端固定、另一端自由的压弯构件（见图 11-28），但在臂架侧向变形时，起升绳的方向永远指向一个固定点，对臂架有一定的支承作用，臂架对截面 y 轴的临界力为

$$N_{Ey} = \frac{\pi^2 E I_{y1}}{(\mu_1\mu_2\mu_3 L)^2} \tag{11-13}$$

式中　μ_1——在回转平面内，由伸缩臂支承方式决定的长度系数，此处，$\mu_1 = 2$；

μ_2——在回转平面内，变截面伸缩臂架的长度系数，可用能量法近似求得 k 节臂的长度系数为

$$\mu_2 = \sqrt{\sum_{i=1}^{k} \frac{I_{y1}}{I_{yi}}\left[\alpha_i - \alpha_{i-1} + \frac{1}{\pi}(\sin\pi\alpha_i - \sin\pi\alpha_{i-1})\right]}$$

式中　I_{y1}、I_{yi}——基本臂或第 i 节臂对 y 轴的截面惯性矩；

μ_3——考虑起升绳影响的臂架长度系数，对液压缸变幅臂架按本章第二节决定。

或按各节臂伸出后的长度与臂架全长之比 α_i（见图 11-29）和相邻臂刚度之比 β_i，由表 11-2 查取。

405

（2）变幅平面内的临界力 在变幅平面内臂架的支承方式与回转平面不同，它是由变幅液压缸和臂架根部铰点所支承，形成简支伸臂构件，臂架在变幅平面内变形时起升绳不起支承作用，所以不需考虑起升绳的影响，臂架对截面 x 轴的临界力为

$$N_{Ex} = \frac{\pi^2 E I_{x1}}{(\mu_1 \mu_2 L)^2} \qquad (11\text{-}14)$$

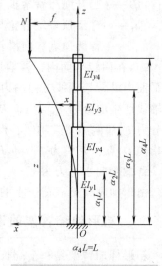

式中　μ_1——在变幅平面内，由伸缩臂支承方式决定的长度系数，按表 6-2 查取；

μ_2——在变幅平面内，变截面伸缩臂架的长度系数，由于臂架在变幅平面内的支承不同，所以其总长度也不同，臂架的挠曲线在臂架液压缸支点与臂架下铰点中间某点的斜度为零（相当于固定支承），因此可近似取臂架换算总长度为 $L_c = L' = \mu_1 L/2$ 或近似取 $L_c = L' = L - l_1/2$，l_1 为变幅液压缸支点与臂架下铰点的间距。当确定了伸缩臂架在变幅平面内的总长度后，即可利用前面的 μ_2 公式计算。此时，各节臂伸出后的长度与换算总长度 L_c 之比分别为 $\alpha_1' = \dfrac{L_1'}{L_c}$，$\alpha_i' = \dfrac{L_i'}{L_c}$，则 μ_2 式变为

图 11-29　变截面伸缩臂架
长度系数的确定

$$\mu_2 = \sqrt{\sum_{i=1}^{k} \frac{I_{x1}}{I_{xi}}\left[\alpha_i' - \alpha_{i-1}' + \frac{1}{\pi}(\sin\pi\alpha_i' - \sin\pi\alpha_{i-1}')\right]}$$

式中　I_{x1}、I_{xi}——基本臂或第 i 节臂对 x 轴的截面惯性矩。

同理，μ_2 值也可由表 11-2 查取。

表 11-2　变截面箱形伸缩臂的长度系数 μ_2 值

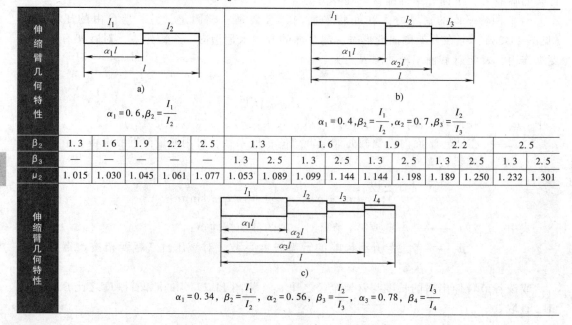

伸缩臂几何特性	a) $\alpha_1 = 0.6, \beta_2 = \dfrac{I_1}{I_2}$					b) $\alpha_1 = 0.4, \beta_2 = \dfrac{I_1}{I_2}, \alpha_2 = 0.7, \beta_3 = \dfrac{I_2}{I_3}$								
β_2	1.3	1.6	1.9	2.2	2.5	1.3		1.6		1.9		2.2		2.5
β_3	—	—	—	—	—	1.3	2.5	1.3	2.5	1.3	2.5	1.3	2.5	1.3	2.5
μ_2	1.015	1.030	1.045	1.061	1.077	1.053	1.089	1.099	1.144	1.144	1.198	1.189	1.250	1.232	1.301

伸缩臂几何特性	c) $\alpha_1 = 0.34, \beta_2 = \dfrac{I_1}{I_2}, \alpha_2 = 0.56, \beta_3 = \dfrac{I_2}{I_3}, \alpha_3 = 0.78, \beta_4 = \dfrac{I_3}{I_4}$

（续）

β_2	1.3										1.6							
β_3	1.3		1.6		1.9		2.2		2.5		1.3		1.6		1.9		2.2	
β_4	1.3	2.5	1.3	2.5	1.3	2.5	1.3	2.5	1.3	2.5	1.3	2.5	1.3	2.5	1.3	2.5	1.3	2.5
μ_2	1.086	1.105	1.113	1.138	1.140	1.170	1.167	1.203	1.194	1.236	1.147	1.171	1.179	1.210	1.212	1.249	1.244	1.288

β_2	1.6		1.9										2.2					
β_3	2.5		1.3		1.6		1.9		2.2		2.5		1.3		1.6		1.9	
β_4	1.3	2.5	1.3	2.5	1.3	2.5	1.3	2.5	1.3	2.5	1.3	2.5	1.3	2.5	1.3	2.5	1.3	2.5
μ_2	1.277	1.327	1.207	1.235	1.244	1.279	1.281	1.325	1.319	1.370	1.356	1.414	1.264	1.296	1.306	1.346	1.348	1.397

β_2	2.2				2.5									
β_3	2.2		2.5		1.3		1.6		1.9		2.2		2.5	
β_4	1.3	2.5	1.3	2.5	1.3	2.5	1.3	2.5	1.3	2.5	1.3	2.5	1.3	2.5
μ_2	1.390	1.447	1.432	1.497	1.319	1.355	1.366	1.411	1.412	1.466	1.458	1.521	1.504	1.576

伸缩臂几何特性

d)

$$\alpha_1 = 0.24, \quad \beta_2 = \frac{I_1}{I_2}, \quad \alpha_2 = 0.43, \quad \beta_3 = \frac{I_2}{I_3}, \quad \alpha_3 = 0.62, \quad \beta_4 = \frac{I_3}{I_4}, \quad \alpha_4 = 0.81, \quad \beta_5 = \frac{I_4}{I_5}$$

β_2	1.3																			
β_3	1.3				1.6				1.9				2.2				2.5			
β_4	1.3		2.5		1.3		2.5		1.3		2.5		1.3		2.5		1.3		2.5	
β_5	1.3	2.5	1.3	2.5	1.3	2.5	1.3	2.5	1.3	2.5	1.3	2.5	1.3	2.5	1.3	2.5	1.3	2.5	1.3	2.5
μ_2	1.152	1.168	1.245	1.281	1.206	1.226	1.320	1.364	1.259	1.283	1.392	1.444	1.310	1.338	1.461	1.520	1.360	1.392	1.529	1.594

β_2	1.6																			
β_3	1.3				1.6				1.9				2.2				2.5			
β_4	1.3		2.5		1.3		2.5		1.3		2.5		1.3		2.5		1.3		2.5	
β_5	1.3	2.5	1.3	2.5	1.3	2.5	1.3	2.5	1.3	2.5	1.3	2.5	1.3	2.5	1.3	2.5	1.3	2.5	1.3	2.5
μ_2	1.240	1.259	1.349	1.391	1.302	1.326	1.435	1.486	1.363	1.391	1.517	1.577	1.422	1.455	1.597	1.664	1.480	1.517	1.673	1.748

β_2	1.9																			
β_3	1.3				1.6				1.9				2.2				2.5			
β_4	1.3		2.5		1.3		2.5		1.3		2.5		1.3		2.5		1.3		2.5	
β_5	1.3	2.5	1.3	2.5	1.3	2.5	1.3	2.5	1.3	2.5	1.3	2.5	1.3	2.5	1.3	2.5	1.3	2.5	1.3	2.5
μ_2	1.322	1.344	1.446	1.493	1.392	1.420	1.542	1.599	1.461	1.493	1.634	1.701	1.527	1.564	1.722	1.798	1.591	1.633	1.807	1.890

β_2	2.2																			
β_3	1.3				1.6				1.9				2.2				2.5			
β_4	1.3		2.5		1.3		2.5		1.3		2.5		1.3		2.5		1.3		2.5	
β_5	1.3	2.5	1.3	2.5	1.3	2.5	1.3	2.5	1.3	2.5	1.3	2.5	1.3	2.5	1.3	2.5	1.3	2.5	1.3	2.5
μ_2	1.400	1.425	1.537	1.590	1.478	1.508	1.642	1.706	1.553	1.588	1.743	1.817	1.626	1.666	1.839	1.922	1.696	1.741	1.931	2.022

β_2	2.5																			
β_3	1.3				1.6				1.9				2.2				2.5			
β_4	1.3		2.5		1.3		2.5		1.3		2.5		1.3		2.5		1.3		2.5	
β_5	1.3	2.5	1.3	2.5	1.3	2.5	1.3	2.5	1.3	2.5	1.3	2.5	1.3	2.5	1.3	2.5	1.3	2.5	1.3	2.5
μ_2	1.474	1.501	1.623	1.681	1.559	1.591	1.737	1.806	1.640	1.678	1.845	1.925	1.718	1.762	1.949	2.039	1.794	1.843	2.048	2.147

407

注：1. I_i 为第 i 节臂的截面平均惯性矩。
　　2. 若 β_i 值为 1.3~2.5，可用线性插值法查得 μ_2 值。

2. 伸缩臂架的刚度计算

臂架刚度计算只考虑在各种幅度下额定载荷（$m_Q g$）的静力作用，不计动力载荷系数（ϕ_1、ϕ_2）和吊具的重力（$m_0 g$）。

（1）由伸缩臂架套接处间隙引起的臂端位移 各节伸缩臂是靠着导向元件（滑块）及一定长度的含入量 l_{i+1} 套装在一起的，由于导向元件与臂板存在一定的间隙，在自重载荷作用下使臂架产生一定的初始弯曲变形，如图 11-30 所示。由此间隙在臂架顶端引起的初始位移（与原轴线的偏离量）为

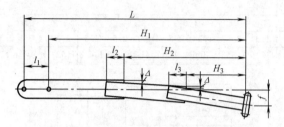

图 11-30 伸缩臂架套接处间隙引起的臂端位移

变幅平面内

$$f_{jy} = \Delta_y \sum_{i=1}^{k-1} \frac{H_{i+1}}{l_{i+1}} \tag{11-15}$$

回转平面内

$$f_{jx} = \Delta_x \sum_{i=1}^{k-1} \frac{H_{i+1}}{l_{i+1}} \tag{11-16}$$

式中 Δ_y、Δ_x——在变幅平面和回转平面内相邻各节臂之间的间隙，通常各节臂间隙大致相同，可取为 $\Delta = 1 \sim 3\,\text{mm}$；

k——伸缩臂的节数，因为从第二节臂开始有间隙，所以上面计算只涉及 $k-1$ 节臂；

H_{i+1}——各节臂伸出后第 $i+1$ 节臂至臂端的长度（见图 11-30）；

l_{i+1}——各节臂之间的套接长度。

如果把臂架顶端做成一定上翘度以抵消由自重载荷与各节臂间隙产生的下挠时，则计算变幅平面内臂架的位移不再考虑上述因素。但在回转平面内，仍然存在各节臂间隙引起的位移。

（2）由臂端横向力和弯矩产生的静位移 由于伸缩臂架是变截面构件，在计算位移时可利用位移相等条件，把它折算成等截面的当量臂架（见图 11-31），其折算（当量）截面惯性矩按下式计算，即

$$I_{zh} = I_d = \frac{1}{\sum\limits_{i=1}^{k} \frac{1}{I_i}(\gamma_i^3 - \gamma_{i+1}^3)} = \frac{I_1}{\sum\limits_{i=1}^{k} \frac{I_1}{I_i}(\gamma_i^3 - \gamma_{i+1}^3)} \tag{11-17}$$

式中 $\gamma_i = L_i/L$；

408

L_i——第 i 节臂伸出后，从套接中
 心至臂端的长度；

L——伸缩臂的全长，在变幅平面
 内，按臂架的支承方式取
 为 L_c。

1）变幅平面内由臂端 P'_y 和 M'_{Lx} 产生
的静位移按线性理论计算：

$$f_{wy} = \frac{P'_y L_c^3}{3EI_{xd}} + \frac{M'_{Lx} L_c^2}{2EI_{xd}} \qquad (11\text{-}18)$$

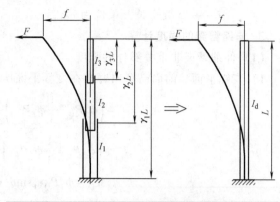

图 11-31 等截面当量臂架的截面惯性矩 I_d 计算简图

其中 $P'_y = m_Q g \cos\theta - \dfrac{m_Q g}{n_r \eta} \sin\beta$，

$$M'_{Lx} = m_Q g e_1 \sin\theta - \frac{m_Q g}{n_r \eta} e_2 \cos\beta$$

式中 I_{xd}——伸缩臂对截面 x 轴的当量惯性矩。

2）回转平面内由臂端 P'_x 和 M'_{Ly} 产生的静位移为

$$f_{wx} = \frac{P'_x L^3}{3EI_{yd}} + \frac{M'_{Ly} L^2}{2EI_{yd}} \qquad (11\text{-}19)$$

式中 $P'_x = m_Q g \tan\alpha$（α 为物品偏摆角），P'_x 也相当于 $0.05 m_Q g$ 的侧向载荷作用，取较大者
 计算；

M'_{Ly}——由附加副臂架作用于臂端的力矩，无副臂时，$M'_{Ly} = 0$；

I_{yd}——伸缩臂对截面 y 轴的当量惯性矩。

用当量惯性矩计算的臂端位移稍偏大。

（3）伸缩臂架在外力作用下的实际位移 同时考虑间隙影响，臂架在外载荷静力作用
下所产生的臂端基本位移为 $f'_{0y} = f_{wy} + f_{jy}$ 及 $f'_{0x} = f_{wx} + f_{jx}$。当考虑臂架受轴向力作用时，应按非
线性理论计算臂端的实际位移。

变幅平面内

$$f_y = \frac{1}{\left(1 - \dfrac{N}{N_{Ex}}\right)}(f_{wy} + f_{jy}) \leqslant [Y_L] \qquad (11\text{-}20)$$

式中 $[Y_L]$——许用位移，$[Y_L] = L_c^2 \times 10^{-5} \text{cm}$，单位为 cm；

L_c——臂架换算长度，单位为 cm。

回转平面内

$$f_x = \frac{1}{\left(1 - \dfrac{N}{N_{Ey}}\right)}(f_{wx} + f_{jx}) \leqslant [X_L] \qquad (11\text{-}21)$$

式中 $[X_L]$——许用位移，$[X_L] = 7L^2 \times 10^{-6} \text{cm}$，单位为 cm；

L——臂架全长，单位为 cm。

3. 伸缩臂架的强度计算

（1）伸缩臂架非重叠部分的强度

1）变幅平面。前面已算出臂架在变幅平面所受外力为

$$N=\left(\phi_2 P_Q+\frac{1}{3}\phi_1 P_{Gb}\right)\sin\theta+\phi_2 F_s\cos\beta$$

$$P_y=\left(\phi_2 P_Q+\frac{1}{3}\phi_1 P_{Gb}\right)\cos\theta-\phi_2 F_s\sin\beta$$

$$M_{Lx}=\phi_2 P_Q e_1\sin\theta-\phi_2 F_s e_2\cos\beta$$

假定臂架的位移曲线为 $y=f_{0y}\left(1-\cos\dfrac{\pi z}{2L_c}\right)$，$z$ 为任意截面至臂架根部变幅液压缸支点与臂架下铰点间距中点的距离，如图 11-27 所示。对臂架任意截面 z 处的弯矩为

$$M_x(z)=P_y(L_c-z)+N\left[f_{0y}-f_{0y}\left(1-\cos\frac{\pi z}{2L_c}\right)\right]+M_{Lx}$$

$$=P_c(L_c-z)+Nf_{0y}\cos\frac{\pi z}{2L_c}+M_{Lx} \tag{11-22}$$

式中　f_{0y}——由 P_y、M_{Lx} 和各节臂的间隙对臂端产生的基本动位移，其计算方法同静位移计算；

　　　　L_c——伸缩臂的换算长度。

2）回转平面。臂架在侧向变形过程中，起升绳拉力 F_s 顺臂架轴线的分力 F_1 始终指向卷筒点 O_1（见图 11-28），它倾斜后的增值不大，强度计算时可忽略不计，于是臂架在回转平面内所受轴向力（N）与变幅平面相同。

前面已算出臂架顶端在回转平面所受的力为

$$P_x=P_{xd}+P'_w$$

如有副臂工作，则臂端还受 M_{Ly} 的作用。

这样，臂架任意截面 z 处的弯矩为

$$M_y(z)=P_x(L-z)+N\left[f_{0x}-f_{0x}\left(1-\cos\frac{\pi z}{2L}\right)\right]+M_{Ly}$$

$$=P_x(L-z)+Nf_{0x}\cos\frac{\pi z}{2L}+M_{Ly} \tag{11-23}$$

式中　f_{0x}——由 P_x、M_{Ly} 和各节臂的间隙对臂端产生的基本动位移，计算方法同静位移；

　　　　L——伸缩臂架全长。

由物品偏摆使臂架承受的扭矩：$T_n=F_T e_1$，有副臂工作时，则用副臂产生的扭矩。

3）伸缩臂架任意截面 z 的最大应力。

① 截面正应力。臂架任意截面的角点应力可按下式计算：

$$\sigma(z)=\frac{N}{A}+\frac{M_x(z)}{\left(1-\dfrac{N}{N_{Ex}}\right)W_x(z)}+\frac{M_y(z)}{\left(1-\dfrac{N}{N_{Ey}}\right)W_y(z)}\leqslant[\sigma] \tag{11-24}$$

式中　　　　　　　N——伸缩臂所受的轴向力，视具体构造而定；

$M_x(z)$、$M_y(z)$——伸缩臂由全部载荷对计算截面 z 产生的基本弯矩；

N_{Ex}、N_{Ey}——伸缩臂在变幅平面或回转平面的临界力；

A——伸缩臂计算截面的截面面积；

$W_x(z)$、$W_y(z)$——伸缩臂计算截面对 x 轴或 y 轴的抗弯截面系数。

当轴向力由伸缩液压缸承受时，式中 $N=0$，首项为零，但轴向力对弯矩仍有非线性增大的影响，所以后两项仍应考虑 N 的作用。

考虑到箱形臂架截面上可能存在着约束弯曲和部分约束扭转应力的因素，计算时可将上式应力乘以 1.1 予以增大。

② 截面切应力。横向力（剪切力）和扭矩在伸缩臂翼缘板和腹板中产生切应力。翼缘板的切应力为

$$\tau_y = \frac{P_x}{2b\delta_0} + \frac{T_n}{2A_0\delta_0} \leqslant [\tau] \tag{11-25}$$

腹板切应力为

$$\tau_f = \frac{P_y}{2h\delta} + \frac{T_n}{2A_0\delta} \leqslant [\tau] \tag{11-26}$$

式中　b、h——翼缘板和腹板的宽度；

δ_0、δ——翼缘板和腹板的厚度；

A_0——翼缘板和腹板的板厚中线所包围的面积，$A_0 = b_0 h_0$。

此外，若按非线性理论计算，由于臂架挠曲变形很大，轴向力对臂架将产生剪切力并使之非线性增大，可参照第六章第四节的二 [需修改挠曲线，见式（6-35）] 和第十二章第三节的三进行计算。

（2）伸缩臂架重叠部分的强度

1）导向滑块所受支承力。臂架套接处滑块承受由臂端传来的弯矩和横向力所引起的支承力。如图 11-32 所示，在臂架套接处紧靠外节臂端部的一对滑块受力最大，该截面的弯矩为 $M_x(z)$，横向力为 P_y，则两滑块的支承力为

$$2F = \frac{M_x(z)}{l} + P_y \tag{11-27}$$

式中　l——臂架套接处前后滑块沿臂长的间距。

2）翼缘板的局部弯曲应力。由于伸缩臂导向滑块承受很大的集中力，所以在滑块附近的翼缘板上产生局部弯曲应力。滑块附近局部弯曲应力的计算相当复杂，可采用不同的方法，例如按集中力作用下的两边简支无限长板计算，或按滑块均布载荷计算，或考虑翼缘板与腹板之间的弹性约束用有限元方法计算等，其计算误差与试验误差都很大，不仅大小不同，而且最大应力点也不同，只是其分布规律和变化趋势大体相似。究其原因，一方面由于翼缘板的弹性变形和滑块刚度之间的关系不明确，致使滑块对翼缘板压力分布不均匀的规律不详，另一方面是翼缘板与腹板之间存在着一定的相互约束，因而在翼缘板相应的边缘上作用有分布不均匀的约束弯矩，而上述计算尚无法考虑这些因素，致使计算结果偏大。

以下给出两边简支无限长板的局部弯曲应力近似计算式供参考使用。伸缩臂的下翼缘板滑块附近的局部弯曲应力按下式计算，即

411

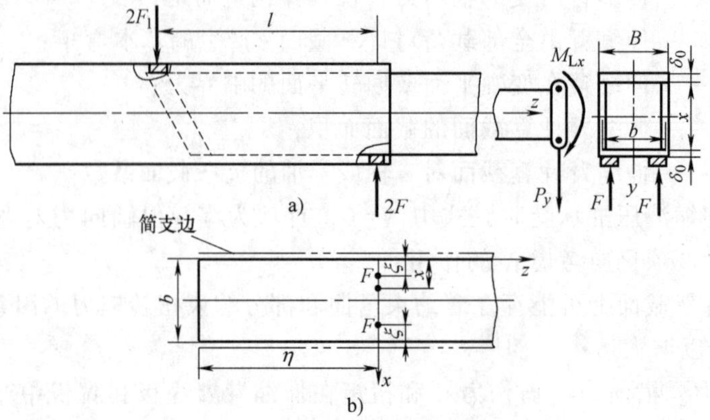

图 11-32 导向滑块对翼缘板的作用简图

a）伸缩臂重叠部分的构造简图 b）内节臂端下翼缘板的受力简图

$$\sigma_{zj} = \sigma_{xj} = k\,\frac{3F(1+\mu)}{4\pi\delta_0^2}\ln\left\{\left[\frac{1-\cos\dfrac{\pi(x+\xi)}{b}}{1-\cos\dfrac{\pi(x-\xi)}{b}}\right]\left[\frac{1+\cos\dfrac{\pi(x-\xi)}{b}}{1+\cos\dfrac{\pi(x+\xi)}{b}}\right]\right\}$$ （11-28）

$$x \neq \xi$$

式中 F——滑块支承力，对于长臂应按非线性理论计算；

k——修正系数，用以考虑理论计算与实际的差异，$k=1/20\sim1/10$，常取 $k=1/15$；

ξ——滑块中点的位置（见图 11-32）；

x——计算点的位置，不能选取滑块中点的位置；

b——两腹板板厚中心线间距；

δ_0——翼缘板厚度；

μ——泊松比，一般取 $\mu=0.3$。

3）滑块附近翼缘板的强度验算。滑块附近受有整体弯曲和局部弯曲应力的联合作用，按下式验算，即

$$\sigma = \sqrt{(\sigma_z+\sigma_{zj})^2+\sigma_{xj}^2-(\sigma_z+\sigma_{zj})\sigma_{xj}+3\tau^2} \leqslant [\sigma]$$ （11-29）

式中 σ_z——滑块附近翼缘板计算点 z 方向的整体弯曲应力，按非线性理论计算；

σ_{zj}、σ_{xj}——滑块附近翼缘板计算点的局部弯曲应力；

τ——滑块附近翼缘板计算点的切应力；

$[\sigma]$——钢材的许用应力。

4. 伸缩臂架的稳定性计算

（1）腹板及翼缘板的局部稳定性 为了减轻臂架自重，伸缩臂架多采用高强度钢板制造，尽量减小翼缘板和腹板的厚度，又因结构空间较小，各节臂很难设置加强肋，实际使用中常发生臂板局部失稳的事故，所以腹板和翼缘板的局部稳定性常是设计中的一个关键问题。伸缩臂采用大圆角矩形、八边形等截面结构，其原因之一也是为了减小板宽，提高局部稳定性。

计算板的局部稳定性时应特别注意，各节伸缩臂在滑块附近板的应力最大，最易发生板

的局部失稳，目前尚无法进行精确的计算。实际上由于滑块支承力的作用，该处板已产生了弯曲变形，它不再是一块平板，应按大挠度板来计算板的稳定问题，限于篇幅，不再详述。

为慎重处理臂板的局部稳定性和计算简化，通常按四边简支方板进行计算会偏于安全。可按同时受压应力、局部压应力和切应力作用的板块计算局部稳定性，参阅第七章。

（2）伸缩臂架的整体稳定性　一般而言，箱形伸缩臂是一个双向压弯构件，由于它还受扭矩作用，会降低臂架的整体稳定性，所以在计算时应予注意。

考虑到伸缩臂架的结构特点，在臂架整体稳定性计算的轴压部分不考虑初始缺陷的影响，而将套接处间隙所引起的臂端初始位移 f_j 和由外力产生的基本动位移 f_L 所形成的附加弯矩 $N(f_j+f_L)$，叠加在相应平面的弯矩（M_x，M_y）中计算。故伸缩臂架整体稳定性计算与强度计算并无本质区别，只是取臂架根部最大的内力进行计算，即

$$\frac{N}{A}+\frac{M_x}{\left(1-\dfrac{N}{N_{Ex}}\right)W_x}+\frac{M_y}{\left(1-\dfrac{N}{N_{Ey}}\right)W_y}\leqslant[\sigma] \tag{11-30}$$

式中　N——伸缩臂架所受的轴向力，当臂架不受轴向力时，$N=0$，但仍需考虑弯矩值的非
　　　　　线性增大；

M_x、M_y——伸缩臂根部的最大（基本）弯矩，可由式（11-22）和式（11-23）算得；

　　　A——伸缩臂根部的截面面积；

W_x、W_y——伸缩臂根部截面抗弯截面系数；

N_{Ex}、N_{Ey}——伸缩臂对截面 x 轴或 y 轴的名义临界力。

第五节　小车变幅臂架和挖掘机臂架

一、小车变幅臂架结构型式

用于建筑安装的塔式起重机中或类似的起重机中，幅度的变化常借助一个牵引小车沿臂架移动来实现，这种臂架只能处于水平位置。图 11-33 所示为这种臂架的结构型式，臂架一端铰接于塔架上或集装箱装卸桥的门架上，臂架的中前部用钢丝绳或拉杆支承并有一段悬

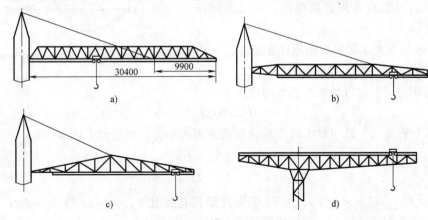

a)　　　　　　　　　　　b)

c)　　　　　　　　　　　d)

图 11-33　小车变幅臂架的结构型式

413

伸臂（见图 11-33a、b、c），变幅小车沿臂架下弦运行。图 11-33d 所示为转柱塔式（锤形）起重机的水平臂架结构，它没有拉杆，小车沿臂架上弦运行。小车也可在特设的轨道上行驶。

臂架在自重载荷和外载荷作用下主要承受弯曲作用，在拉杆（索）的简支跨度内还受有轴向压缩。臂架结构型式和截面如图 11-33 和图 11-34 所示。

在集装箱装卸桥中多采用箱形或工字形梁式臂架结构，而在塔式起重机中多采用桁架式臂架结构。图 11-33a 为起重质量矩 120t·m 的自升塔式起重机的臂架结构。为减轻臂架自重，普遍采用三角形截面的钢管结构。为了使臂架的弦杆作为小车的轨道，常采用钢管和特种型钢或用角钢焊成矩形管作为臂架的上、下弦杆（见图 11-34）。

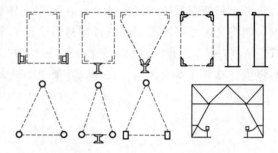

在桁架式臂架中，拉杆（钢丝绳拉索）可与臂架上弦杆相连接（见图 11-33b、c），也可与臂架下弦杆相连接（见图 11-33a）。对于后者，由拉杆对臂架产生的轴向分力只

图 11-34　小车变幅臂架的截面型式

由下弦杆承受。臂架受有自重载荷与外载荷所引起的弯矩及拉臂绳（拉杆）产生的轴向压缩作用。

二、小车变幅臂架的合理吊点位置

为充分利用材料和减轻自重，应该合理地选择拉杆的吊点位置。臂架吊点的合理位置应按等强度原则确定，并应考虑塔式起重机的起重量特性曲线和实际工况。其方法是根据简支跨的弯矩和伸臂在吊点处弯矩相等的条件来确定吊点位置。

为了简化，可分别求均布自重载荷与移动集中载荷作用下的吊点位置，然后取其平均值，这比同时考虑两种载荷作用要简单些，但结果却接近于精确解。

图 11-35 所示的水平臂架吊点计算简图，吊点将臂架分成 l_1 和 l_2 两段，即臂长 $L = l_1 + l_2$，在均布自重载荷作用下，伸臂段在吊点处的弯矩为

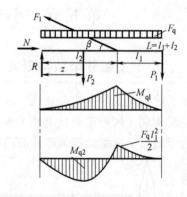

图 11-35　有拉杆（索）的臂架弯矩图

$$M_{q1} = 0.5 F_q l_1^2$$

对图示的臂架简支跨中最大的弯矩位置稍偏离跨中，近似按跨中计算：

$$M_{q2} = \frac{F_q l_2^2}{8} - \frac{1}{2} \frac{F_q l_1^2}{2}$$

按 $M_{q1} = M_{q2}$，得 $l_1 = l_2/\sqrt{6}$，令吊点位置分段长度比 $k_q = l_1/l_2$，即 $k_q = l_1/l_2 = 1/\sqrt{6} = 0.4082$，在均布载荷作用下，这个比值是不变的。

1. 按起重力矩恒等条件确定吊点位置

塔式起重机的起升载荷随幅度而变化，在臂架外端最小，越靠近臂架后铰点越大。为求跨中弯矩，必须根据起重力矩恒等条件确定跨中处的移动载荷值。

设 P_1 为作用于臂架外端的移动集中载荷（含小车重力），当小车移至跨中央时 P_1 变成 P_2，按起重力矩恒等条件可求出 P_2，即

$$M = P_1(l_1 + l_2) = P_2 l_2 / 2$$

得

$$P_2 = \frac{2(l_1 + l_2)}{l_2} P_1 \tag{11-31}$$

显然，$P_2 > P_1$，在悬臂端的 P_1 对吊点产生的弯矩为 $M_{P1} = P_1 l_1$，而移至跨中的 P_2 产生的跨中弯矩为 $M_{P2} = P_2 l_2 / 4$，根据 $M_{P1} = M_{P2}$，得

$$P_1 l_1 = \frac{P_2 l_2}{4} \tag{11-32}$$

将式（11-31）代入式（11-32）得到：$P_1 l_1 = (l_1 + l_2) P_1 / 2$，则 $l_1 = l_2$，即 $k_P = l_1 / l_2 = 1$。

若考虑均布载荷与移动集中载荷同时作用，则吊点位置分段长度比的平均值为

$$k_1 = 0.5(k_q + k_P) = 0.5(0.4082 + 1) = 0.7041 = l_1 / l_2$$

则有 $l_1 = k_1 l_2 = k_1 (L - l_1)$，即

$$l_1 = \frac{k_1 L}{1 + k_1} = 0.4131L \tag{11-33}$$

这是按起重量曲线求得的吊点位置。

2. 按移动集中载荷不变的经常工况确定吊点位置

为使塔式起重机保持较高工效，司机操作时不愿经常改变沿臂架移动的物品，因此只能按臂架外端最小的载荷 P_1 计算，即 $P_2 = P_1$。由式（11-32）知，$l_1 = l_2 / 4$，即

$$k_P = l_1 / l_2 = 0.25$$

若考虑均布载荷与移动集中载荷同时作用，则吊点位置分段长度比的平均值为

$$k_2 = 0.5(k_q + k_P) = 0.5(0.4082 + 0.25) = 0.3291 = l_1 / l_2$$

故

$$l_1 = k_2 l_2 = k_2 (L - l_1)$$

得

$$l_1 = \frac{k_2 L}{1 + k_2} = 0.2476L \tag{11-34}$$

这是按最大幅度的最小载荷求得的吊点位置。

综合考虑以上两种载荷情况，合理的吊点位置为

$$l_1 = 0.5(0.4131 + 0.2476)L = 0.33L \tag{11-35}$$

即拉索吊点的合理位置约在 $L/3$ 处。

三、挖掘机臂架系统的型式

单斗液压挖掘机的臂架系统由一根斗杆和一根动臂及有源液压缸所组成（见图 11-36），有的臂架系统由一根斗杆和两根动臂及有源液压缸所组成（见图 11-37），还有一种臂架系统是由一根斗杆、一根动臂和两根拉杆及有源液压缸组成的四连杆机构，使铲斗能进行水平作业（见图 11-38）。

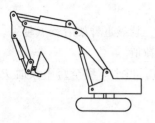

图 11-36　单斗液压挖掘机的臂架系统

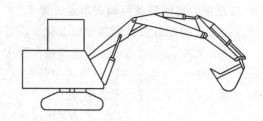

图 11-37　具有一根斗杆和两根动臂的挖掘机臂架系统

挖掘机臂架多为板梁或箱形结构。臂架系统所受的载荷有：挖掘阻力、转斗阻力、铲取阻力及自重力。

根据上述载荷按实际工况进行组合，确定斗杆和动臂最不利的载荷位置并求得臂架系统各构件的最大内力，然后选取截面，验算强度，特别应注意受力大和削弱处的强度计算，需要时计算臂架系统的变形。由于挖掘机臂架形状不规则，弯折处较多，采用传统计算方法会带来一定误差，应采用有限元方法分析。

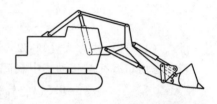

图 11-38　四连杆机构的挖掘机臂架系统

四、挖掘机臂架的计算机辅助设计与分析

由于挖掘机臂架系统作业姿态、作业工况的复杂性，臂架系统设计受到整机抗倾覆稳定性和地面支承条件的限制，导致计算工况繁多，计算工作量颇大，依靠人工计算分析需要消耗大量的时间与精力，同时由于计算过程繁杂，人工计算极易出错，其结果直接影响臂架结构设计的合理性和强度分析的可靠性，因此，开发挖掘机臂架系统计算机辅助设计分析软件代替人工计算，实现快速设计，提高设计质量，保证产品内在品质是十分必要的。

以下介绍采用挖掘机臂架的计算机辅助设计软件设计分析的内容。

1. 选择机型和臂架系统（工作装置）型式

选择履带式、轮胎式单斗液压挖掘机普通反铲工作装置和悬挂式反铲工作装置（反铲六连杆机构）的性能分析模型，如图 11-39 所示。

2. 工作装置几何参数设计

通过改变相关设计参数进行工作装置的设计，即时显示和观察参数修改后的一系列影响。

3. 臂架系统机构运动仿真

通过操纵代表油缸长度的按钮再现工作装置的动态运动情况、分析机构干涉情况并指出产生干涉原因和修改建议。

4. 挖掘包络图和特殊姿态绘制

自动绘制生成挖掘机斗齿运动轨迹的挖掘包络图和挖掘机的纵向、横向机身作业姿态，如图 11-40 所示。

5. 不同工况挖掘作业分析

计算两种机身姿态、六种作业方式、工作装置任意位置时斗齿上所能发挥的最大理论挖掘力、消耗的挖掘功率并分析影响挖掘力发挥的因素。

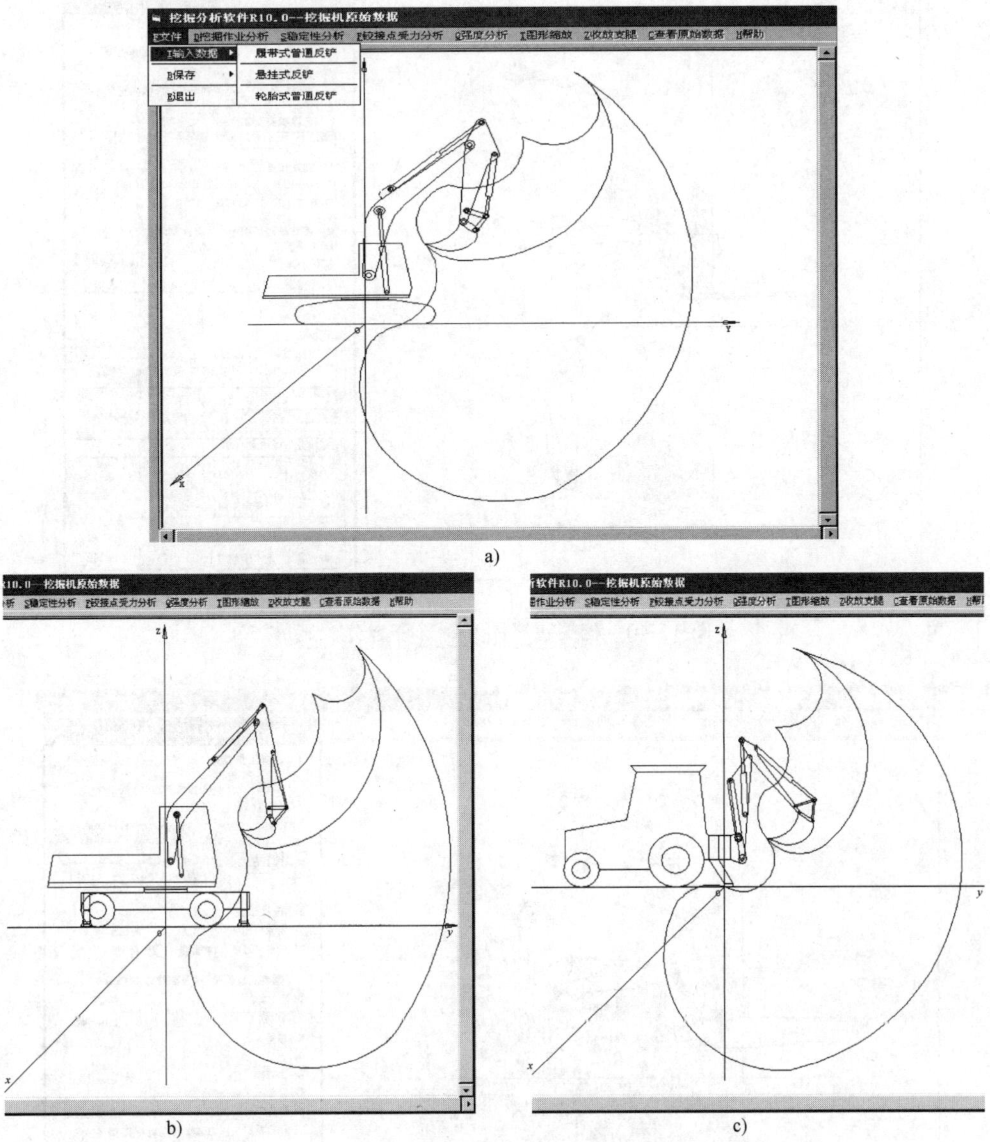

图 11-39 选择机型和臂架系统（工作装置）模型

a）履带式普通反铲工作装置 b）轮胎式普通反铲工作装置 c）悬挂式反铲工作装置

（1）单点即时计算 通过调整油缸长度确定一个挖掘点，计算该点沿切线方向发挥的最大理论挖掘力、最大功率及影响挖掘力发挥的因素。

（2）多点同时计算 可一次计算最多1000个点的挖掘参数，为挖掘作业分析提供详细而全面的计算数据，如图11-41所示。

（3）姿态显示控制 通过鼠标控制显示或消除某个或某些指定点的工作装置姿态，以帮助观察具体的挖掘姿态下的有关性能指标，如图11-42所示。

（4）区域显示控制 可单独显示某影响因素控制的区域。

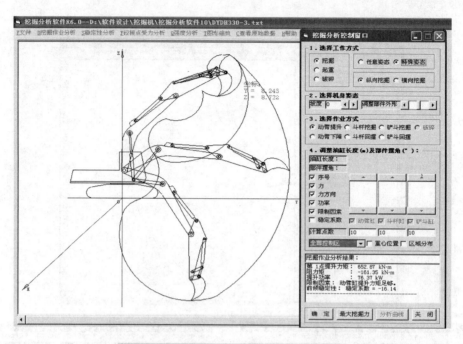

图 11-40 挖掘包络图和特殊姿态分析显示

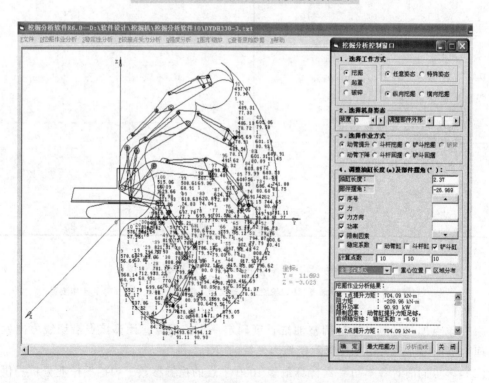

图 11-41 挖掘作业分析（多点计算、多姿态显示）

（5）范围显示控制 可根据挖掘力、发挥功率的计算值按特定范围显示，如图 11-43 所示。

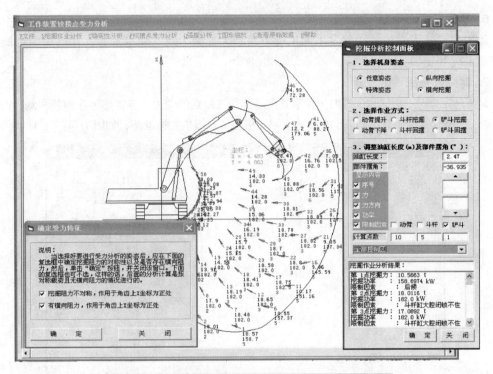

图 11-42　对选定的位置姿态进行受力分析（横向挖掘）

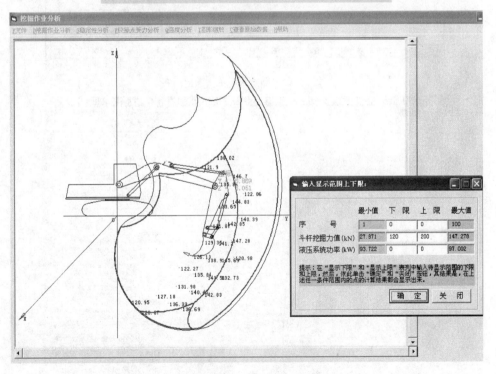

图 11-43　按挖掘力范围显示

419

（6）自动生成区域分布曲线　根据限制最大挖掘力发挥的因素自动生成区域分布曲线。

6. 最大挖掘力确定

运用全局寻优方法自动确定不同工况下的最大挖掘力及其相应姿态，以迅速确定最恶劣的作业工况和姿态。

7. 臂架铰接点受力分析

计算选定工况下，任意姿态时工作装置的各部件铰接点的受力，并考虑铲斗偏载和侧向力的作用与否，所有计算结果自动列表汇总，为有限元模型加载提供数据准备，如图 11-44~图 11-48 所示。

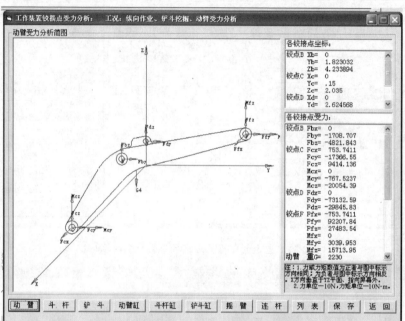

图 11-44　动臂铰接点受力分析

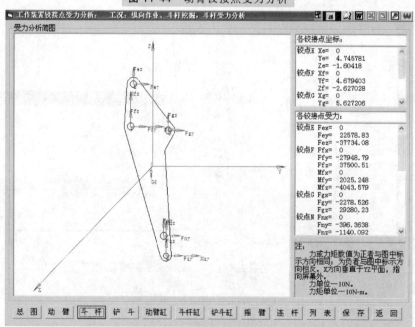

图 11-45　斗杆铰接点受力分析

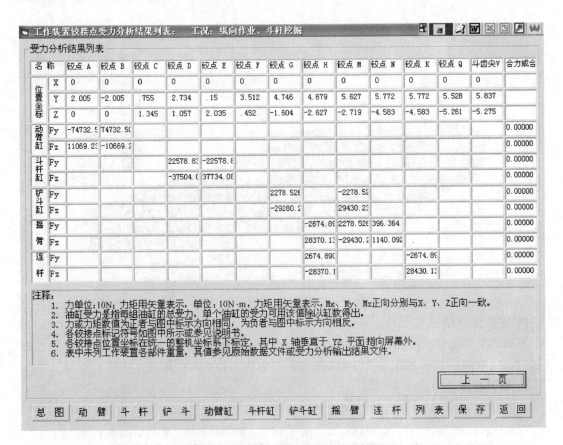

工作装置铰接点受力分析结果列表： 工况：纵向作业、斗杆挖掘

受力分析结果列表

名称		铰点A	铰点B	铰点C	铰点D	铰点E	铰点F	铰点G	铰点H	铰点M	铰点N	铰点K	铰点Q	斗齿尖V	合力或合
位置坐标	X	0	0	0	0	0	0	0	0	0	0	0	0	0	
	Y	2.005	-2.005	.755	2.734	.15	3.512	4.746	4.679	5.627	5.772	5.772	5.528	5.837	
	Z	0	0	1.345	1.057	2.035	.452	-1.604	-2.627	-2.719	-4.583	-4.583	-5.261	-5.275	
动臂缸	Fy	-74732.5	74732.50												0.00000
	Fz	11069.23	-10669.2												0.00000
斗杆缸	Fy				22578.83	-22578.8									0.00000
	Fz				-37504.0	37734.08									0.00000
铲斗缸	Fy						2278.526		-2278.52						0.00000
	Fz						-29280.2		29430.23						0.00000
摇臂	Fy								-2674.89	2278.526	396.364				0.00000
	Fz								28370.13	-29430.2	1140.092				0.00000
连杆	Fy							2674.890				-2674.89			0.00000
	Fz							-28370.1				28430.13			0.00000

注释：
1. 力单位：10N；力矩用矢量表示，单位：10N·m，力矩用矢量表示，Mx、My、Mz正向分别与X、Y、Z正向一致。
2. 油缸受力是指每组油缸的总受力，单个油缸的受力可用该值除以缸数得出。
3. 力或力矩数值为正者与图中标示方向相同，为负者与图中标示方向相反。
4. 各铰接点标记符号如图中所示或参见说明书。
5. 各铰接点位置坐标在统一的整机坐标系下标定，其中 X 轴垂直于 YZ 平面指向屏幕外。
6. 表中未列工作装置各部件重量，其值参见原始数据文件或受力分析输出结果文件。

上 一 页

总 图　动 臂　斗 杆　铲 斗　动臂缸　斗杆缸　铲斗缸　摇 臂　连 杆　列 表　保 存　返 回

图 11-46　各部件铰接点的受力分析汇总

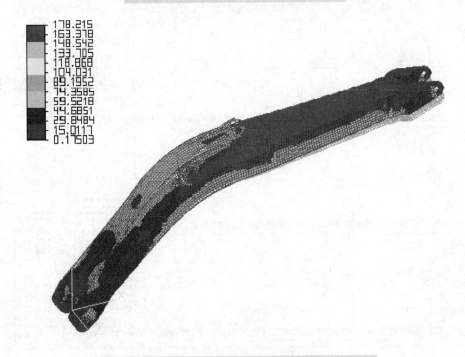

图 11-47　动臂变形及应力三维图（变形放大 10 倍）

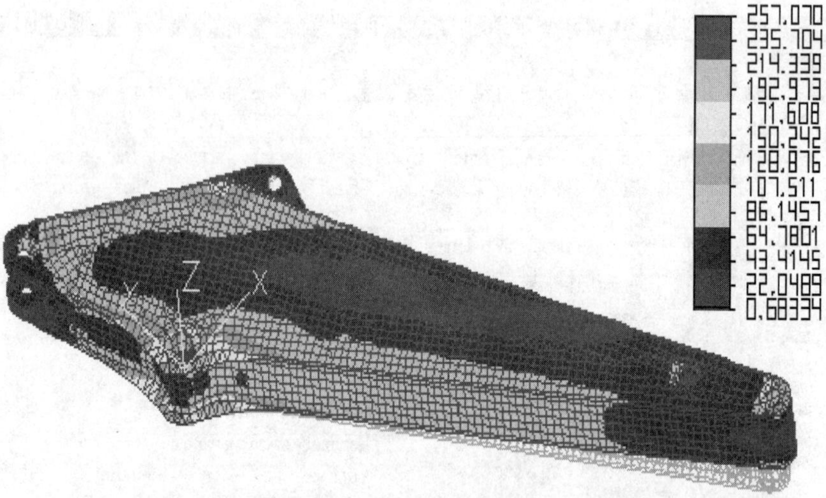

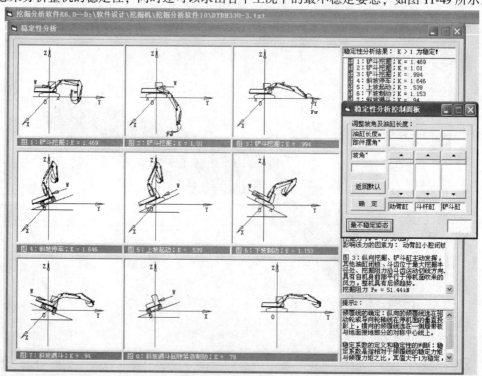

图 11-48 斗杆变形及应力三维图（变形放大 10 倍）

8. 车架受力分析

根据选定姿态和工况计算车架的受力（回转平台和地面对车架的空间作用力和力矩）及地面对履带的垂直分布力（履带接地比压的分布规律和两端的接地比压值）。

9. 整机稳定性分析

同时对整机的八个典型工况进行稳定性分析，计算其稳定系数，并可任意调整坡度和工作装置姿态来分析整机的稳定性，同时还可以求出各个工况下的最不稳定姿态，如图 11-49 所示。

图 11-49 整机稳定性分析（通过选定某一工况可具体分析其稳定性，并可确定其最不稳定姿态）

10. 起重作业分析

在考虑多种限制因素的条件下分析各点的最大起重量、整机的稳定性及工作装置的受力，如图 11-50 所示。

11. 破碎作业分析

在破碎作业情况下，考虑多种限制因素分析能产生的最大静态破碎力、整机的稳定性、工作装置的运动特性及其受力情况。

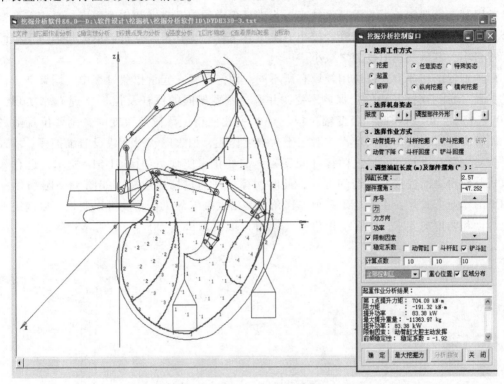

图 11-50　起重作业分析（多点计算及区域分布图）

第六节　履带起重机臂架

一、履带起重机简介

履带起重机具有起重性能好、接地比压小、转弯半径小、起吊作业不打支腿、带载行驶，并可借助附加装置实现一机多用等优点，被广泛应用于桥梁施工、石油化工、水利电力建设等领域。产品的系列、性能及功能日趋完善，已由最初的小吨位（35t）、机械传动、简单的机电控制发展到现代的大吨位（3200t）、液压传动、智能化控制。

二、履带起重机臂架组合方式

履带起重机的优越性主要体现在臂架的多种组合方式上。臂架具有两个作用：一是用以提升物品，使其具有一定的高度与幅度；二是用以承受载荷，使其通过臂架逐步传递到整机及地面。因此臂架的长度是决定履带起重机作业高度与幅度的主要参数。为了追求更大的起升高度与作业幅度，需要增加臂架的长度，但受整机倾覆稳定性条件所限，臂架长度不能无限增加，解决此矛盾的方法是采用不同的主臂与副臂的组合方式。

对于标配的履带起重机，通常有三种臂架方式：主臂、固定副臂和塔式副臂。三种臂架的组合方式为：主臂、主臂+固定副臂、主臂+塔式副臂，如图 11-51 所示。主臂的截面、杆件的管径规格相对较大，因此可承受较大的起重量。但由此会增加臂架自重，受整机倾覆稳定性的限制，臂架越长，起重量将越小。为满足更大的起升高度和作业幅度，采用了副臂结构型式。相对主臂，其截面和管径较小，使得自重较轻，其组合臂长会更大。但由于截面与管径规格小，其承载能力也随之减小。

两种副臂的作业方式视应用领域有所不同。固定副臂在起重作业过程中，副臂与主臂轴线的夹角（称为副臂安装角）保持不变，并通过两臂架间的撑杆及拉板（绳）来实现，设为 10°、15°、30°。因此，当变幅拉板（绳）变化使得主臂倾角改变时，副臂位置随之变化。副臂由副臂安装角所固定，一般用于大幅度作业，如火电、冶金建设与维护等。塔式副臂可相对主臂自由转动，通过两撑杆间变幅绳的变化来实现，如图 11-51c 所示，也有采用后拉板与转台之间连接变幅绳的方式，此时两撑杆间通过拉板连接，如图 11-51d 所示。塔式副臂的作业方式是：主臂处于某种工作角度，塔式副臂的工作角度可以变化，以满足不同作业高度和幅度的要求。主臂工作角度（倾角）可设为 88°、85°、75°、65° 等。

图 11-51 履带起重机

a）主臂作业 b）固定副臂作业 c）塔式副臂作业 d）塔式副臂用后拉板变幅

424

目前国外主臂角度已能连续变化，以实现更大的作业覆盖面。主臂角度较大，接近直角时，很类似于动臂塔式起重机作业方式，其组合方式名称也由此而来。由于主臂工作角度较大，因此塔式副臂相对于固定副臂方式，其起升高度相对更高，而不追求作业幅度。其臂架规格比固定副臂大，起重量自然高于后者。所以这种组合方式通常用于近距离、大高度的吊装作业，如石油石化企业各种反应塔、核电中各种关键设备的吊装等。

为进一步增加作业空间及臂架的最大化利用，臂架长度及组合方式不断发展。目前又新推出多种组合方式，以满足各种特殊场合的需求。

（1）臂架的重轻组合方式 由于受整机倾覆稳定性的约束，臂架长度增加受限。若增加臂长，则需臂架减重，于是出现了不同臂架截面型式的直接组合——臂架重轻组合方式。由受力分析可知，臂架根部应力最大，上部及头部应力较小，因此可按等应力截面方式设计臂架截面及选定管材规格。以往采取不改变臂架截面尺寸、只递减管材规格的设计方式，不仅增加了管材规格，而且通用性差，难以实现。为此现在更多采用变截面尺寸，尽量减少臂架管材规格的设计方式。为合理利用已有臂架型式，通常主臂的重轻组合采用主臂与塔式副臂直接结合的方式，两者由过渡臂节连接，实现不同截面尺寸臂节的有机连接。这种方式相对于塔式副臂作业方式，无撑杆与副臂变幅拉板（绳），拆装时更为方便，因此得到广泛应用，如图 11-52 所示。以 Liebherr 公司的 LR1200 型 200t 履带起重机为例，主臂重轻组合方式臂长可达到 117m，相应的起重量为 7.5t。这种方式在大吨位履带起重机上更为普遍，而且臂架组合也不仅局限于两种规格臂架的组合及主臂的重轻组合上。例如 Liebherr 公司的 LR1400/2 型 400t 履带

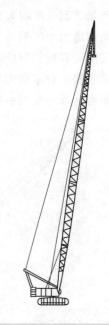

图 11-52 主臂重轻组合

起重机，主臂长度组合如图 11-53a 所示，其中 LL 型是两种臂架型式的组合，最大臂长可达 105m。L 型与 LD、LDB/BW（超起）型由三种臂架型式组合，最大臂长分别可达 98m 和 105m。此外，其塔式副臂也采用了两种臂架型式组合，如图 11-53b 所示。

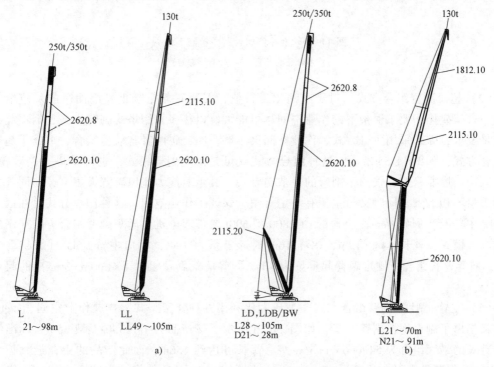

图 11-53 Liebherr 公司的 400t 履带起重机

a）主臂的重轻组合方式　b）塔式副臂的重轻组合方式

履带式起重机的大型化受到整机抗倾覆稳定性、结构材料、机构能力、结构强度、运输条件及制造水平的制约。为满足工程需要，突破上述制约，超起装置应运而生。所谓超起装置是借助超起桅杆和控制系统可控施加超起配重，通过增加整机抗前倾覆稳定性改善整机抗倾覆稳定和主臂架受力状况，从而提高整机起重能力的一种装置。超起装置主要由超起桅杆、超起配重与控制系统组成，如图 11-54 所示。

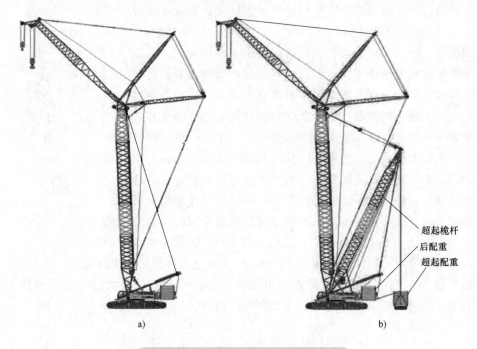

a)   b)

超起桅杆
后配重
超起配重

图 11-54　大吨位履带起重机超起装置

a) 不带超起装置　b) 带有超起装置

（2）超短副臂组合方式　对于石油化工行业，安装对象是既重又细而高的反应塔。为避免与臂架碰撞，要求臂架下的作业空间尽可能大。以往多采用塔式副臂方式，但不能满足起重量要求；如果采用主臂方式，作业空间又不够。因此将两者有效地结合，形成了超短副臂组合方式，如图 11-55 所示。这种组合方式既可是固定副臂模式，也可是塔式副臂模式，只是副臂长度非常短，仅用了副臂的底节与臂头，其承载能力比原副臂大很多，与同等主臂的起重量不相上下。同时又与主臂有一定夹角，保证了作业空间。这种作业方式已在国外大型产品中普及，例如 Demag 公司的 CC2800 型 600t 履带起重机，超短副臂组合方式采用的是固定副臂模式，臂长 84m+12m、幅度 16m 时起重量为 194t，相应主臂 96m 时的起重量为 213t，同等臂长组合下固定副臂起重量为 80t，同等塔式副臂组合下（60m+36m）的起重量为 178t。

（3）主臂+副臂+副臂组合方式　为最大化利用各种臂架型式，扩展作业空间，Liebherr公司又推出了副臂连接副臂方式，如图 11-56 所示。该产品为 LR1350/1 型 350t，标准型工况下臂长的最大组合为 54m+66m+36m，总臂长可达到 156m，而此产品的主臂最大长度仅为 120m，副臂最大组合长度为 48m+90m，总计 138m，可见其作业空间之大。这种组合方式主要用于电力建设方面。

图 11-55 超短副臂组合方式

图 11-56 主臂+副臂+副臂方式

（4）并（双）联臂架方式 随着吊装技术与要求的不断发展与提高，对起重设备的承载能力提出更高要求。受运输自重尺寸的限制，臂架截面尺寸不能无限增大。因此为获得更大的承载力，业界开始考虑臂架横向并联组合方式。最典型的是荷兰马姆特（Mammoet）公司及德国 Terex-Demag 公司。前者在 20 世纪 70~80 年代已开发出 A 字形臂架的环轨起重机，起重量有 1200t、1440t、1600t 等，最大可达 3070t。它采用两套臂架，组合成 A 字形，如图 11-57a 所示，安装在环形轨道上。图 11-57b 所示为该产品在内蒙古神华煤制油项目吊装 2000t 级反应器。每套臂架还可以单独使用，其最大起吊能力可为总起重量的一半。受 A 字形臂架的启发，Terex-Demag 公司推出了平行（并列）臂架，起吊能力达 3200t，是目前世界上最大吨位的履带起重机，如图 11-57c 所示。每套臂架单独作业可达到 1600t，较好地体现了模块化和并联设计。

三、臂架结构特点与组成

履带起重机之所以采用空间桁架臂结构，主要是具有力传递性好、结构抗弯抗扭能力强、自重轻、抗风能力强等特点。此外，与箱形臂架比较，其杆件分明，构造简单，自重轻，风阻小，臂架长度组合形式多样。

截面为矩形的臂架，主要承受轴向载荷及两个主平面内的弯矩。在变幅平面内，臂架相当于两端简支构件，主要承受自重、臂头附加载荷（如果带副臂时）及横向载荷引起的弯矩等。回转平面内相当于悬臂结构，主要承受头部侧向载荷引起的弯矩。与变幅平面相比，在回转平面内臂架承受的载荷更大，故履带起重机臂架的矩形截面在回转方向的宽度要比变幅平面的高度大。

a) b) c)

图 11-57 双臂架起重机

a）A 字形臂架 b）3070t 环轨起重机 c）3200t 履带起重机

臂架通常由弦杆和腹杆组成，如图 11-58 所示。弦杆布置在矩形截面的四个角点，用以承受臂架轴向载荷，采用斜腹杆连接弦杆，主要承受臂架水平剪切力。为保证截面形状，通常还有直腹杆（位于臂节两端）及空间斜腹（撑）杆。弦杆与腹杆常用无缝钢管，与以往采用的方钢、角钢相比，单肢抗失稳能力强，自重轻。但由于不同直径的腹杆与弦杆要进行相贯线焊接，其工艺要求和成本较高。为提高单肢抗失稳能力，弦杆与腹杆通常根据宽肢薄

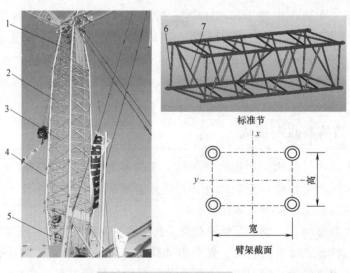

图 11-58 臂架结构组成

1—顶节 2—标准节 3—腹杆 4—弦杆 5—底节 6—直腹杆 7—空间斜腹杆

壁的原则选用外径大壁薄的管材，考虑抗腐蚀与易焊接，弦杆的壁厚不小于 5mm。

为尽量减轻自重并获得更大的承载能力，目前臂架的弦杆与腹杆均选用高强度材料。国内外的大吨位履带起重机（300t 以上）臂架材料屈服强度级别已接近 900MPa，比国内其他起重机普遍采用的 Q355 材料，自重明显降低。因此在保证整体及局部稳定性的前提下，尽量选用高强度材料。

履带起重机臂架（无论主臂还是副臂），通常由三种臂节组成，即底节、标准节和顶节。标准节可按照长度分为以下几种：3m 臂节、6m 臂节、9m 臂节、12m 臂节等。通过各种标准节与底节、顶节的组合，形成不同长度的臂架，以满足不同作业空间的要求。

臂架底节与转台连接，因此与转台连接的一端为双铰点，与其他臂节连接的另一端为四铰点型式。由于臂架根部受较大集中载荷（四铰点变成两铰点，回转平面内的悬臂弯矩等），通常对底节结构进行局部加强。加强方式有两种，一种是采用加强板，可有效地减小应力集中，提高抗剪能力，如图 11-59a 所示。另一种是仍采用钢管型式，杆件密集，需选用较大规格管材，如图 11-59b 所示。两者比较，后者沿应力流方向布置管材，更为经济，自重有所降低，但对设计者的力学基础要求更高。前者抗剪能力强，制造简单，但存在小应力区域，可采取开孔方式减轻自重。小吨位履带起重机一般采用板加强方式，大吨位起重机逐渐采用纯桁架结构型式。

a)　　　　　　　　　　　b)

图 11-59　底节结构

a）板加强方式的底节　b）桁架式底节

与底节结构及受力原理类似，臂架顶节也存在应力集中，加强方式同前，但比底节结构更为复杂，原因是臂头承受的载荷更复杂，如图 11-60 所示。例如当有副臂方式作业时，臂头还要考虑副臂传递的载荷，及撑杆、防后倾等铰点载荷。因此臂头的结构型式在细节上也呈现多样化。其目的只有一个，合理布置铰点位置，合理传递载荷。

底节和顶节都有集中载荷存在，前者

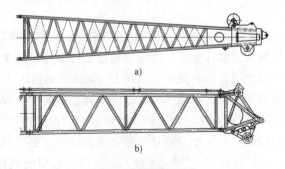

a)

b)

图 11-60　顶节结构

a）板加强顶节结构　b）桁架式顶节

是将分散的载荷集中后传递到转台，后者将集中载荷分散后传递到其他臂节。因此这两种臂节通常都做成变截面型式。

对于臂架标准节，所受到的载荷较为均匀，同时为满足连接方便，因此均做成等截面型式。

臂节之间的连接接头采用销轴式连接，如图 11-61 所示，接头通常为单双耳式结构。为更好地传递载荷，及便于拆装，目前国外又出现新的连接方式。

1）Manitowoc 公司的新式连接。以往弦杆的四点连接很难共面，载荷的传递完全靠销轴。为方便拆装及载荷传递，Manitowoc 公司的臂节上接头力的传递不再是销轴型式，而由定位销和挤压面共同完成，如图 11-62a 所示。定位销尺寸小，只起到定位作用，

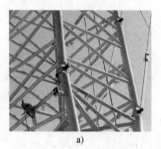
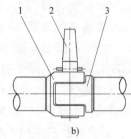

图 11-61　臂节间的销轴连接

a）接头与销轴连接　b）接头与销轴连接示意
1—双耳接头　2—销轴　3—单耳接头

力的传递完全通过挤压面实现，其安装更为简便。这种新式连接已用于 18000 型 600/750t 和 21000 型 907t 产品上。

图 11-62　臂节间的新式连接

a）Manitowoc 公司的新式连接　b）Liebherr 公司的新式连接　c）Demag 公司的新式连接

2）Liebherr 公司的新式连接。通常接头的双耳板厚相同，小吨位情况下为使臂架截面尽量大，双耳宽度沿边缘不超过弦杆外径，以免占用更多空间，保证运输不超限。但是大吨位情况下，很难保证。因此 Liebherr 公司推出了新式连接结构（见图 11-62b），连接接头都是双耳型式，但两耳板的厚度不同，主要是由厚耳板承担传力，其位置也更接近弦杆轴线。

3）Demag 公司的新式连接。销轴在此连接处主要承受剪切力，剪切面数量越多，销轴的切应力会越小，销轴的直径也会越小，更为经济。基于此原理，Demag 公司推出了双耳与三耳的连接方式，如图 11-62c 所示。剪切面数量比单双耳连接方式增加一倍，销轴直径自然减小，但这种结构的加工精度要求更高。

臂节内部的弦杆与腹杆通常采用焊接连接，腹杆规格小于弦杆规格，因此两者连接点可

看作铰接节点，只传递轴向力，而不能传递弯矩。

不同臂架的连接一般采用销轴式连接，如主、副臂的连接，便于拆装，传力明确。对于A字形臂架和双平行臂架，通常采用刚性连接将两套臂架连接在一起。在连接部位会产生应力集中，因此对局部结构应有所加强，如图11-57a所示。

四、臂架结构设计要点

尽管履带起重机臂架组合方式多种多样，但仍属于承受双向弯矩和轴向压缩力的空间桁架结构，可按双向压弯空间桁架结构的计算方法进行设计校核，其中结构的整体稳定性与局部稳定性是设计的关键。在设计中，应尽量做到受力与结构合理、便于拆装、制造工艺合理。以下就履带起重机臂架设计要点和需要注意的问题进行说明。

（1）受力合理 从臂架受力简图看出，除臂架自重外，臂架主要承受物品自重及变幅系统的合力。在理想状态下，变幅拉板铰点与起吊物品的滑轮组铰点的设置应使两者力的作用线相交于臂架轴线上，但实际上受尺寸布置的限制，两者往往不能相交于臂架轴线上。此外受导向滑轮单绳起升拉力的作用，也不能保证臂头轴向合力通过臂架截面形心。因此臂架所受轴向载荷势必存在偏心，从而导致附加弯矩及附加应力，如图11-63a所示。当臂架角度变化时，臂架轴向组合外力作用点也将在臂架轴线附近变化。如果是副臂作业方式，主臂头的受力就更为复杂。因此在设计时，为尽量使附加载荷最小化，应使臂架头部结构紧凑，铰点位置尽量选在臂架轴线附近。相对于主臂的臂头，副臂的臂头受力较为简单，但仍需考虑结构紧凑问题，如图11-63b所示。当起升倍率仅为1或2时，应将滑轮组与变幅索具铰点置于同一轴上，并布置在臂架轴线上，如图11-63c所示。

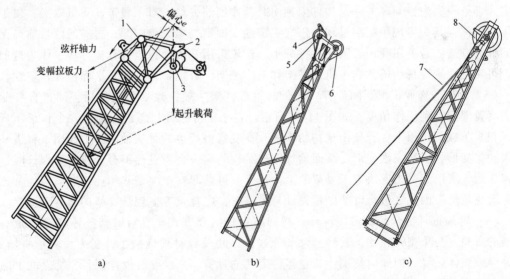

图 11-63 臂头结构

a）主臂头受力简图 b）多倍率副臂臂头 c）单双倍率副臂臂头

1—弦杆铰点 2—索具铰点 3、6—滑轮组 4—导向滑轮 5—变幅拉板铰点 7—变幅拉板 8—单滑轮

（2）臂架截面尺寸与管材规格关系的确定 臂架在作业过程中，既承受物品及变幅施加的轴向载荷作用，又承受侧向载荷及自重载荷引起的弯矩作用，而这是确定臂架截面尺寸

与管材规格关系的依据。通常，弦杆主要承受轴向力，轴向力一旦确定，弦杆管材规格随即确定。与此同时所承受的弯矩可按力偶方式折算为弦杆的轴向力。臂架截面尺寸越大，折算到弦杆的轴向力就越小。因此弯矩较大的结构，其截面尺寸应尽量大，即惯性矩大。所以弯矩的大小决定了臂架的截面尺寸，轴向力决定了弦杆截面尺寸。腹杆承受臂架的剪切力作用，通常比较小，因此多按弦杆刚度（长细比）和腹杆与弦杆的夹角来决定腹杆长度尺寸，通常在材料及尺寸规格上比弦杆低一个级别。

（3）结构的整体稳定性与局部稳定性的关系　根据（2）的设计原则，可确定结构的截面尺寸与管材规格，同时还要重点考虑结构的整体稳定性及局部稳定性，由此决定弦杆节点间距的大小及腹杆的数量。结构局部稳定性表示的是弦杆的单肢稳定性，它与弦杆单肢长细比及截面面积相关。在相同载荷下，当弦杆面积较小时，节点间距应减小，以保证单肢长细比，腹杆布置得较密集。反之，如果弦杆面积较大，节点间距可加大，腹杆可布置得较稀疏。而弦杆的面积又关系到结构的整体稳定性，所以结构的整体稳定性与局部稳定性存在内在联系。为尽量降低结构自重，应合理选择弦杆尺寸及合理布置腹杆。通过计算比较，腹杆与弦杆夹角应为 50°~60°。

（4）副臂作业方式的计算　在变幅平面内，可按照前述计算方法分别计算主臂和副臂的强度、刚度、稳定性；同时还要计算主、副臂在回转平面内的整体稳定性，这时臂架相当于折线型臂架，如图 11-51b 和 c 所示。而常规的稳定性计算是直线形，所选取的臂架长度修正系数也仅限于直线形臂架。对于折线形臂架，可根据稳定性基本原理推导结构的临界载荷[38]，或采用有限单元法，但需要推导刚度矩阵。若采用商用有限元软件，如 Ansys、Ideas 等，应特别注意稳定性的计算含义。因为软件采用特征值法计算的稳定性通常是压杆稳定，即第一类失稳问题——结构件因轴向载荷作用而失稳。对于履带起重机臂架，属于双向压弯构件，其失稳现象更多呈现为压弯稳定性，即第二类失稳问题。这类问题目前尚无成熟的计算方法。若采用商用有限元软件分析，建议采用非线性稳定性分析方法。作为近似方法，可将主、副臂视为塔式起重机的塔架和俯仰臂架，分别计算其回转平面整体稳定性。

（5）臂架非作业工况下的计算　履带起重机臂架一般在地面组装好后，通过自身变幅能力将臂架起臂到工作角度，如图 11-64 所示。在水平待起臂状态，臂架是一个长细压弯结构，在自重载荷作用下，臂架出现初始下挠，在变幅力产生的臂架轴向分力作用下将进一步加大初始变形，引起二次变形，从而增加臂架结构的应力。当设计不合理或臂架很长时，臂架将失稳。所以起臂工况决定了臂架的最大长度。虽然起臂工况是非作业工况，但通常比作业工况更危险。因此在进行臂架结构设计与校核时，应重点考虑较长臂架的起臂工况。

（6）臂架重轻组合的稳定性计算　在臂架重轻组合方式中，对臂架整体稳定性是一种严峻的考验。与重型臂相比，其轻型臂部分截面尺寸及管材规格减小，受力后变形将增加，更易导致整体失稳。因此应特别注意整体稳定性的计算。《起重机设计规范》[4]提供了两端铰支、截面或惯性矩对称变化及沿轴线线性变化构件的长度修正系数，也列举了箱形臂不同臂节不同伸出比例情况下的长度修正系数，但对臂架重轻组合这种特殊的组合方式并不适用，未能提供长度修正系数 μ_2。因此在进行临界载荷计算时，应根据实际重型臂和轻型臂长度比例推导具体的长度修正系数 μ_2[37-38]，也可采用第十二章第三节中四的方法求重型臂和轻型臂两段组合臂的计算长度，从而计算臂架在回转平面的整体稳定性。

（7）腰绳的计算　随着履带起重机吨位和起升高度的不断增加，臂架的长度势必也要

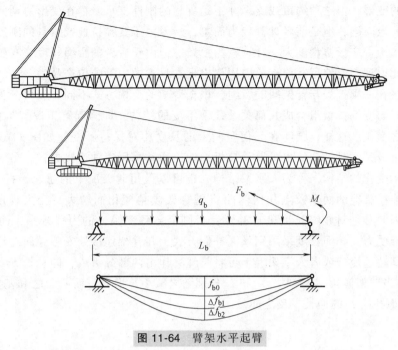

图 11-64　臂架水平起臂

L_b—臂长　q_b—臂架自重均布载荷　F_b—变幅拉板力　M—臂头附加弯矩

f_{b0}—臂架自重载荷引起的初始变形　Δf_{b1}、Δf_{b2}—轴向载荷引起的附加变形

增加，加之为减小臂架自重而出现的重轻组合方式及采用高强材料趋势，都将导致臂架的截面及管材规格的减小，由此引发臂架的刚度问题。材料强度级别越高，截面尺寸越小。当臂架较长时，受自重及横向载荷影响，臂架的挠曲变形非常明显，在起臂工况下表现尤为突出。从（5）、（6）的描述可以看出，臂架失稳的原因在于臂架的变形量太大。若能减小其变形量，则会减小失稳的可能性。有效的方法是在较长臂架中间增加支承或约束，以减小臂架的变形。目前常采用的是腰绳方式，即在变幅平面增加腰绳构件。腰绳连接方式有两种，如图 11-65 所示。第一种是腰绳连接在臂架中部与桅杆顶点之间，类似于塔式起重机变幅臂与塔帽的连接方式；第二种是直接连接在臂架中部与变幅拉板之间。两者都是通过腰绳有效

433

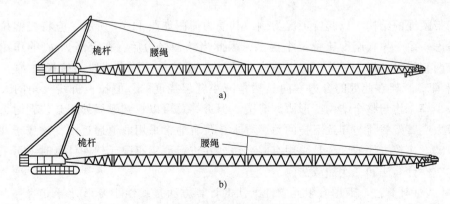

图 11-65　腰绳连接方式

a）腰绳连接在臂架中部与桅杆顶点之间　b）腰绳连在臂架中部与变幅拉板之间

地减小臂架的变形，但这种约束或支承并不是理想的刚性支承，存在变形协调问题。尽管两者均属于超静定问题，但是前者计算较为简单，后者由于变幅拉板或索具的刚度比较小，加之腰绳力的作用，变形协调度大，计算较为复杂。但由于后者的腰绳长度、布置、安装等相对方便，因此得到广泛使用。前者的应用仅出现在日本的中等吨位产品中。

对于连接在变幅拉板与臂架间的腰绳，根据臂架的变幅方式不同，又可分为两种。一种是桅杆、臂架与变幅拉板组合成几何关系几乎不变的结构，即当起臂工况臂架倾角变化时，桅杆位置随之变化。这样，腰绳在几何空间上的长度相对保持不变，如图 11-65b 所示。这种腰绳结构可以是索具结构，也可以是拉板结构，通常采用销轴连接方式。另一种是起臂时不随臂架倾角变化的结构，称为人字架结构，也可以是超起工况下的超起桅杆，如图 11-66 所示。此时连接腰绳的两个铰点几何间距将随臂架倾角变化而增大，变大程度可达"米"的数量级。因此必须对腰绳长度进行补偿，否则会导致变幅力的力臂减小，而使变幅力增大，影响臂架受力。腰绳长度采用钢丝绳补偿方式，在臂架连接处安装导向滑轮，将腰绳的另一端连接到超起桅杆或者人字架上。可将腰绳看作由两部分组成，即总长 $L = L_1 + L_2$，如图 11-66 所示。当臂架倾角 □ 增大时，L_1 和 L_2 分别随之减小与增大，而两者之和基本保持不变，通过 L_1 的减小补偿 L_2 的伸长，反之亦然。

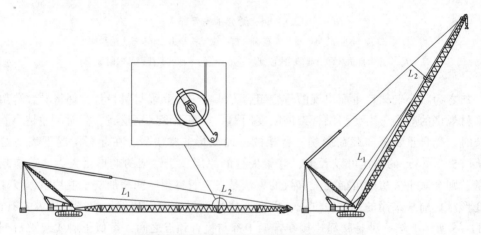

图 11-66　超起桅杆工况下的腰绳方式

对于带腰绳的结构，以起臂工况为例，其受力简图如图 11-67 所示，应将变幅拉板或索具一并考虑。由于拉板刚度比臂架小得多，因此当结构受力后，在腰绳力 F_3 的作用下，使拉板分成两直线段，形成折线形，以适应和承受腰绳力 F_3。两直线段的拉板力 F_1、F_2 与腰绳力 F_3 平衡。臂架在此处的合力方向显然是减小臂架挠度的。但拉板折线夹角的大小与臂架挠度减少率，均与整个结构变形协调有关。但最终总可以找到腰绳处于某位置时，恰好能平衡拉板力、臂架载荷与导致下挠的力。寻求该位置通常采用数值逼近法，这属于几何非线性计算范畴，比较方便的方法是采用有限元法。在进行商用有限元软件计算时，可采用两种方式：非线性计算法和二次加载法。

1）非线性计算法。商用有限元软件默认的计算方法是线性小变形计算方法——认为结构变形前后的方程都是平衡的。而对于几何非线性结构而言，变形前后的方程不再平衡，应以变形后的平衡方程为准。商用软件提供了非线性计算方法，但要特别注意其收敛性。软件

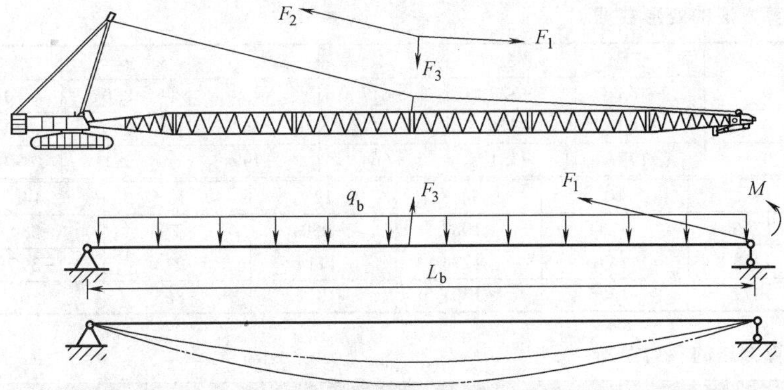

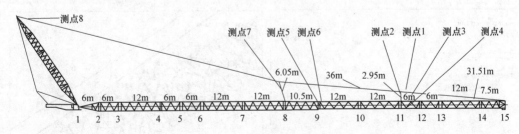

图 11-67 腰绳结构受力简图

一般不提示是否收敛，因此应进行多次计算，选取不同参数因子，直到多次计算结果比较接近为止，或者通过后台计算数据了解确实收敛为止。

2）二次加载法。臂架的轴向载荷会因变形产生附加变形与应力，这在进行线性分析时是不体现的。因此若仍应用线性分析方法计算时，可采用二次加载方式。具体地，首先计算自重载荷引起的结构应力与变形，然后将变形后的模型导入计算模型中，再施加轴向载荷进行计算。这相当于具有初始变形结构的计算，轴向载荷施加在具有初始变形的结构上，其附加变形与应力也自然得到计算。如果进行腰绳计算时，则需在导入具有初始变形的模型中，构建腰绳、拉板、桅杆模型，然后进行计算即可。计算方法参见文献［35-36］。两种计算结果基本接近。以图 11-68 的 450t 履带起重机为例，计算 126m 主臂起臂工况。臂架几何尺寸见表 11-3，臂架自重 46.7t，重心距臂架根部 51m 处，超起桅杆长 30m，变幅拉板及变幅绳总长 122m，连接有前后两组腰绳，长度分别为 2.95m 和 6.05m，连接位置如图 11-68 所示。分别对模型进行线性、二次加载及非线性分析，选取图示节点进行结果分析，模型、应力与位移云图如图 11-69 所示，三者结果比较见表 11-4 和表 11-5。从表中看出二次加载与非线性两种计算方法的结果接近，线性计算方法的结果与其差别还是比较明显的。

图 11-68 450t-126m 超起主臂起臂

表 11-3 臂架管材规格 （单位：mm）

项 目	重型主臂	过 渡 节	轻型主臂
截面宽×高	2600×2400	—	2200×2000
弦杆外径×厚度	φ193.7×14.2	φ133×12	φ121×8.8
腹杆外径×厚度	φ89×5	φ80×3	φ70×3

表 11-4　不同计算方法的变形数据 （单位：mm）

节点	1	2	3	4	5	6	7	8
线性	0	−163	−327	−617	−739	−850	−1026	−1154
二次加载	0	−189	−376	−713	−852	−990	−1203	−1363
非线性	0	−177	−351	−664	−799	−921	−1120	−1271
节点	9	10	11	12	13	14	15	
线性	−1246	−1241	−1087	−950	−778	−334	0	
二次加载	−1478	−1470	−1274	−1114	−913	−390	0	
非线性	−1377	−1375	−1201	−1052	−863	−367	0	

表 11-5　不同计算方法的应力数据

| 测点 | 测点1 | 测点2 | 测点3 | 测点4 | 测点5 | 测点6 | 测点7 | 测点8 |
	前拉板力	前腰绳力	前腰绳处上弦杆应力	前腰绳处下弦杆应力	后腰绳处下弦杆应力	后腰绳处上弦杆应力	后腰绳力	后拉板力
线性	1280kN	4kN	−325MPa	130MPa	110MPa	−310MPa	180kN	1340kN
二次加载	1358kN	107kN	−345MPa	135MPa	30MPa	−170MPa	269kN	1475kN
非线性	1354kN	102kN	−346MPa	132MPa	25MPa	−170MPa	221kN	1441kN

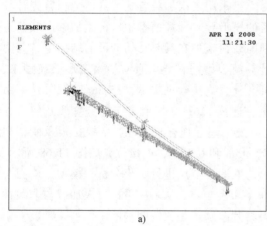

a)

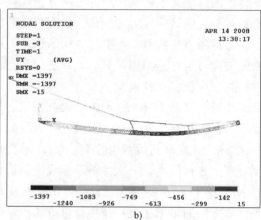

b)

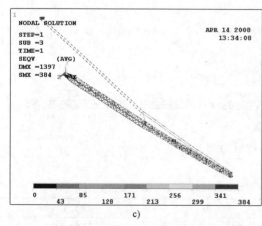

c)

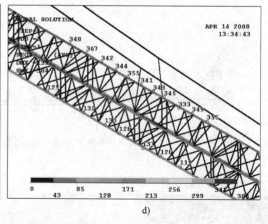

d)

图 11-69　非线性计算法的应力与变形云图

a）有限元模型　b）变形云图（放大倍数5）　c）应力云图　d）局部应力云图

本 章 小 结

　　本章主要介绍了不同臂架的分类、结构特点和适用场合，单臂架的结构型式、组合臂架的类型以及各组成构件——象鼻架、臂架、拉杆、臂架的铰接关节的构造，伸缩臂架的结构及工作原理，液压挖掘机臂架的型式和特点，小车变幅臂架结构型式，履带起重机臂架作业特点和臂架的组合方式以及臂架结构特点与组成。

　　本章应了解不同臂架的分类、结构特点和适用场合，单臂架的结构型式、组合臂架的类型以及各组成构件的铰接关节的构造，伸缩臂架的结构及工作原理，液压挖掘机臂架的型式和特点，小车变幅臂架结构型式，履带起重机臂架作业特点和臂架的组合方式以及臂架结构特点与组成。

　　本章应理解对于不同臂架的设计方法的差异性，并通过差异性理解各种臂架的设计要点，以及挖掘机臂架设计的特殊性和复杂性及采用计算机辅助设计的基本概念和编程思路。本章是前序章节的综合应用。

　　本章应掌握单臂架、组合臂架的设计计算方法，箱形伸缩臂架的受力分析和设计计算方法，小车变幅臂架合理吊点位置的优化设计方法，履带起重机臂架结构设计要点、液压挖掘机臂架的计算机辅助设计要点。

第十二章

塔　架

塔架结构是一种高耸的支承构架，如电视塔、塔式起重机的塔身、石油钻机的塔架等都是属于塔桅结构，本章重点讨论塔式起重机塔身的构造及设计，并对桅杆式起重机的桅杆等做简单介绍。

第一节　塔式起重机塔身的结构及载荷

塔式起重机是机械化建筑施工中不可缺少的起重机械，新中国成立以来，我国自行设计制造了多种塔式起重机，如适用于一般房屋建筑的 QT2-6、QT3-8、QT-15 等移动（上旋转）式塔式起重机（见图 12-1）；适用于电站设备安装的起重量为 80t、起升高度达 100m 以上的巨型塔式起重机以及用于高层建筑工程的自升式塔式起重机（见图 12-2）等，其结构型式是多种多样的。

一、塔身的结构与类别

桁架式塔身由弦杆和腹杆组成，但塔身的结构型式与塔式起重机的型式密切相关，其具体结构型式呈多样化，难以统一分类，只能从不同的角度划分，以便于讨论。

1. 按塔身工作情况分类

（1）固定的塔身　这种塔式起重机的塔身是固定在下部支承结构上，下部支承结构可能是在轨道上移动的门架，也可能是固定在基础上的支架。在塔身顶部有一个塔帽结构套装在塔身上，借助回转机构，使塔帽围绕着塔身转动，臂架及平衡臂都铰接在塔帽上，此为上旋转式（见图 12-1）。塔身除了承受轴向力外，还承受弯矩。为了减小塔身上的弯矩以及维持整机倾覆稳定性，需在平衡臂上放置平衡重，使塔身在满载时向前弯曲，而空载时向后弯曲。尽管如此，塔身还是承受相当大的不平衡力矩。

由于平衡臂、平衡重、塔式起重机回转机构等都在塔顶上，使得这种塔式起重机重心高、迎风面积大。这样，一方

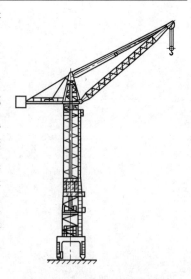

图 12-1　上旋转式塔式起重机

面增加了风载及惯性载荷，同时也对整机倾覆稳定性不利。为了维持必要的整机稳定性，常常还需在塔身的下部支承结构上放置一定数量的压重。

由于塔帽回转，塔身不转，所以塔身的受力情况是随着臂架的不同方位而变化的。对正方形截面的桁架式塔身，当臂架正处于塔身正方形截面的对角线位置时，塔身弦杆受力最大，当臂架处于平行轨道位置，风向平行于臂架时，塔身腹杆受力最大。因此，对这种结构的塔身设计要考虑上述受力特点，根据不同位置计算有关杆件的强度、刚度和稳定性。

为使一种型式的起重机可以适用于更多的工况，目前多设计成三用或四用的自升式塔式起重机，即通过更换或增减一些部件或辅助装置，分别用于以下四种情况：

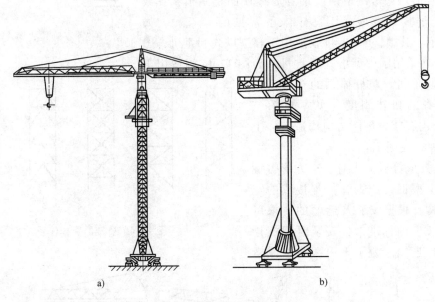

图 12-2 自升式塔式起重机

a）QT4-10A 型　b）QTZ80 型

1）附着式塔式起重机。将塔身用一定数量的锚固装置，附着在正在施工的建造物上，塔身下端支承在地基上，这样使塔式起重机所承受的水平力，通过锚固装置传到建筑物上，同时由于塔身附着在建筑物上，使得塔式起重机不会发生整机倾翻，并且改善了塔身的受力状态，提高了塔身的弹性稳定性，从而可以大大增加塔身的高度，以满足高层建筑的需要。

2）轨道式自升塔式起重机。将塔身固定在沿轨道运行的支架上，起重机受塔身的强度、弹性稳定性和整机倾覆稳定性的限制，因而其塔身高度较比附着式塔式起重机的低。

3）独立固定式塔式起重机。将塔身固定在预制的钢筋混凝土地基上。

4）内爬式塔式起重机。将塔身通过钢结构固定装置固定在建筑物的电梯井道内。

这种四用起重机的塔身都采用等截面的桁架式或实体结构，塔身用多段标准节拼接而成。

（2）回转的塔身　这种起重机是将起重臂直接铰接在塔顶上，平衡重布置在塔身下部回转平台上，如图 12-3 所示。塔身的受力情况是：如果牵引绳能保证在臂架的各种仰角位置都平行于塔身轴线，则物品重力及臂架重力只在塔身上产生轴向力，塔身受力情况好。平

439

衡配重及回转机构都配置在下部回转平台上，其重心低，倾覆稳定性好；塔式起重机工作时塔身与臂架一起回转，塔身各构件受力状态基本不变。这种结构的缺点是对回转支承装置的加工精度要求高，转台尺寸较大，其尾部回转时占据的空间大，此外由于塔身回转，而不能与建筑物附着。

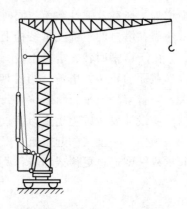

图 12-3　下旋转式塔式起重机

2. 按结构构造分类

（1）桁架式塔身　目前大多数塔式起重机的塔身都做成桁架式结构，它是由型钢或钢管焊接成的空间桁架，截面多为正方形或矩形。其腹杆体系常见的有五种，如图 12-4 所示。其中，图 12-4a 仅适用于轻型塔式起重机，图 12-4b、c、d 适用于中型塔式起重机，而图 12-4e 则适用于重型塔式起重机。腹杆体系的布置不同会影响塔身的扭转刚度（见本章第三节）。桁架式塔身的具体结构构造大体上有如下几种（见图 12-5）。

1）正方形等截面塔身。正方形等截面塔身是由型钢（或钢管）焊接成的空间桁架结构，根据安装及运输的要求可做成一定长度的标准节，安装时用螺栓或销轴进行连接。为便于用铁路整体运

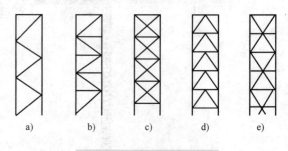

图 12-4　塔身的腹杆体系

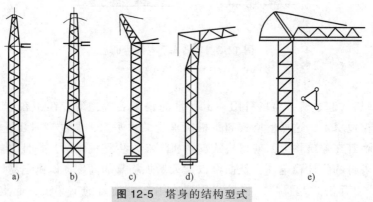

图 12-5　塔身的结构型式

输，通常塔身的宽度不大于 2.8m。回转的塔身，主要承受轴向力，所以多做成等截面塔身，我国生产的 QT-20 塔式起重机（见图 12-5a）的塔身就是正方形等截面结构，其标准节尺寸为 2310mm×2310mm×5100mm。为了爬升的需要，自升式塔式起重机（如 QT4-10 型）的塔身也做成正方形等截面的空间桁架结构。

2）正方形变截面不回转塔身。不回转的塔身承受弯矩和轴向力，在风力和惯性力作用下，其弯矩由上而下逐渐增大，为适应这种受力特点，将塔身做成变截面结构型式，下部截面尺寸较大，上部截面尺寸较小，中间为连接上下部的过渡截锥体，塔身顶部做成正方形锥体，用以支承塔帽。目前常使用的 QT3-8，QT2-6 型塔式起重机的塔身均为这种正方形变截

面结构，例如 QT2-6 的塔身分为第一节架、驾驶人室架、延接架和塔顶四部分（见图 12-6）。第一节架与下部门架连接在一起，其外形尺寸为 2310mm×2310mm×5060mm，司机室架为正方形截锥体构架，用精制螺栓连接在第一节架上，下层装起升机构，上层为司机室，这个节架的上部截面外形尺寸为 1200mm×1200mm，延接架的尺寸为 1200mm×1200mm×5100mm，共有两节。可根据不同的起升高度要求选用一节或两节。当然节数不同，起重机的起重能力也不相同。

为满足高层建筑施工的需要，除延接架选用一节或两节外，还可以在第一节架与司机室架之间加入 2310mm×2310mm×5100mm 的标准段。

3）塔顶支架向后偏置或向前偏置的可回转塔身。图 12-5c 所示为塔顶支架向后偏置的塔身，图 12-5d 所示为塔顶支架向前偏置的塔身。塔顶支架向前偏置或向后偏置，要由塔式起重机的总体布置及组立方法而定。我国生产的 QT1-2 型塔式起重机就是塔顶支架向前偏置的塔身（见图 12-3）。通常塔身是正方形截面的空间桁架结构，由角钢组焊而成。为了便于安装、拆卸及分段运输，可将整个塔身分成数段，各段之间采用法兰盘连接，为了增加塔身的空间刚度，在各段端部加设水平撑杆，在塔身顶部变截面处加设槽钢焊成的箍圈。图 12-5e 是三角形截面塔身，这种塔身比较少用。

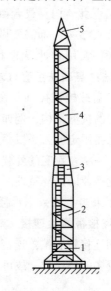

图 12-6 变截面塔身

1—门架 2—第一节架 3—驾驶人室架 4—延接架 5—塔顶

4）伸缩塔身。塔身是由两段空间桁架套装在一起，能迅速地组立，便于运输。

（2）管型塔身 我国设计并制造的 QTZ80 筒体自升式塔式起重机的塔身是直径为 1.2m 的圆筒，圆筒是用 22mm 厚度的 Q235 钢板轧圆焊接而成，图 12-7 所示为筒体附着式塔式起重机的筒体塔身标准段结构。筒内有加劲环和加劲肋板，上下端为带凹凸止口的连接法兰，以利于定位安装。每个标准节的长度为 3m，在爬升时，一节一节地接上去。在筒内还装有供人员上、下之用的爬梯。为避免妨碍爬升，爬升式塔式起重机的爬梯多布置在内部，以避免运输时将梯子碰坏。但筒体上要开设人员出入孔，由于出入孔

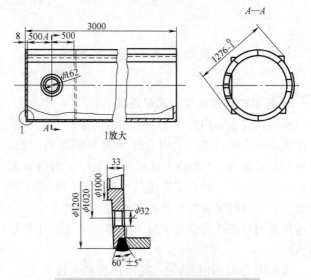

图 12-7 QTZ80 筒体塔身标准段结构

大大地减小了塔身的截面面积，因此出入孔需要用镶边来加强并尽量减少应力集中。德国学者 E. Bahke 进行的带孔管壁管型塔身的受压试验研究指出[39]，当孔的截面面积达到管子截面面积的 13%时，其破坏载荷将小于无孔的整体管子载荷的 39%；当能正确加强时，可以

达到等强度。因此，对塔身开设出入孔的位置及加强方案要进行精确验算和妥善处理。

二、塔身标准节之间接头的型式

对于塔身结构，或者由于运输上的需要，或者由于用同一设备适应不同高度的需要，或者是爬升式结构，都需要做成许多段标准节，在组装时连接在一起，所以要求这种接头安全可靠、经济实用和拆装迅速。目前常用的接头型式有三种。

1. 法兰盘或法兰套柱螺栓连接

法兰盘螺栓连接（见图 12-8）接头自重较大，螺栓多，拆装烦琐。在接头处必须有能承受水平力的抗剪结构，例如加设一个抗剪环，或在法兰上开一个"止口"，以承受水平载荷。另外，需要用定值力矩扳手对螺栓进行预紧，这对于连接受拉弦杆的螺栓更为重要。预紧的作用有二：一是在额定的外载荷作用下受拉的弦杆接头处不要产生过大的缝隙，二是为了改善螺栓受变化载荷的循环特性。据统计，螺栓连接事故有 90% 是因为变化载荷作用所引发的。

近年来多主张采用承插式销柱连接。

2. 连接板螺栓连接

采用连接板和螺栓连接杆件（见图 12-9），螺栓数目根据杆件受力的大小来确定。由于可采用比较多的螺栓数，故可承受大的载荷。缺点是杆件因螺栓孔而被削弱，拆装费工费时。

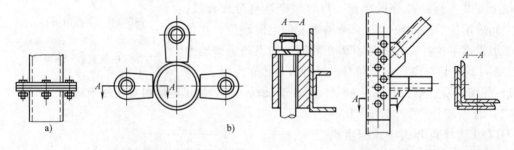

图 12-8　法兰盘接头型式　　　　　图 12-9　连接板螺栓连接

3. 插销式连接或接板式销连接

插销式连接结构如图 12-10 所示，这种连接拆装方便，销子承受剪切力。因为受到销子强度的限制，此种连接仅适用于 800kN·m 起重力矩以下的塔式起重机的塔身连接。插销式连接是一种紧密接触承压连接型式，除应按紧密接触承压和承剪计算销子外，由于连接板和耳板孔边的集中应力很高，还需要计算板的强度。

若板宽为 b，孔径为 d，孔两边板的宽度各为 a，则当 $b/d \geqslant 1.5$ 时，可用下式计算板的孔边顺受力方向的最大应力，即

$$\sigma = \frac{kN}{2a\delta} \leqslant [\sigma] \qquad (12-1)$$

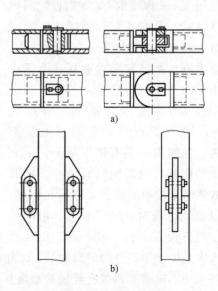

图 12-10　插销式连接

442

式中 N——连接板或耳板所传递的内力；

k——应力集中系数，$k = 2 \sim 3$，计算时多取较大值；

δ——板的厚度；

$[\sigma]$——与板的钢材相应的许用应力，对最大载荷情况，可取 $[\sigma] = 0.85\sigma_s$。

对带孔耳板的精确计算可查阅有关文献。

三、载荷及载荷组合

如上所述，塔身受力情况基本上分为两类，一类是不回转的塔身，它受有轴向力、不平衡力矩和风载荷及惯性载荷引起的弯矩，同时还受垂直于臂架的风载荷及上部回转惯性力所产生的扭矩。相对而言，弯矩是主要内力，附着式塔式起重机的塔身也基本如此。为了提高塔身的抗弯能力，这类塔身截面轮廓尺寸都选得比较大，因而塔身整体弹性稳定性比较好，所以塔身强度及单肢（弦杆）的弹性稳定性常常是确定杆件截面尺寸的主要因素。另一类是回转的塔身，它主要受轴向力，此外也同样受有风载荷和惯性载荷产生的弯矩及扭矩作用，因此这类塔身截面的轮廓尺寸可以选得小些，这样腹杆的长度可以减小，从而减轻了自重。塔身相对比较细长，所以塔身的整体弹性稳定性常是必须注意的问题。

无论是哪种塔身，都必须在各种载荷组合的情况下，满足强度、刚度、整体弹性稳定性和振动条件等要求，因此，设计人员必须根据外部作用的载荷来计算，以满足上述要求。

作用在塔式起重机上的外载荷如下所述：

（1）自重载荷 它包括臂架、平衡臂架、塔帽、塔架等金属结构的重力及传动机构、电气设备的重力。塔式起重机的自重载荷是比较大的，有些杆件由自重载荷产生的应力占有相当大的比例，但在开始设计时，尚未知各部分的自重载荷，只能参考已有的设备做出估计，待设计完成后，需要再校核原来估计的自重载荷与设计后的实际自重载荷的差别，如果超过3%，则需重新计算。考虑到起升冲击的影响，计算时自重载荷应乘以起升冲击系数 ϕ_1。参见第三章。

（2）额定起升载荷 它包括物品重力及动滑轮、吊钩等重力。由物品离地起升和起升机构起、制动时产生的动力效应，可用动载系数 ϕ_2 和 ϕ_5 来考虑；参见第三章。

（3）惯性力 惯性力按运行、变幅、回转等机构起、制动时的加速度 a 计算，并应考虑由此引起的结构振动的影响，$F_g = \phi_5 ma$，m 为运动的质量，参见第三章。

（4）离心力 参见第三章。

（5）风载荷 塔式起重机是高耸的结构，在计算风的载荷时，要考虑风振的影响，参见第三章。

（6）由于地基轨道不平而产生的力 运行式塔式起重机在临时铺设的轨道上工作，由于轨道不平而产生倾斜，固定式塔式起重机也常常由于基础不平而产生倾斜，在设计计算时取倾斜度 i 为

$$i = \frac{0.05}{B} + 0.004$$

式中 B——移动式起重机的轨距（基距）或爬升式起重机的基座间距，单位为 m。

如果轨道是铺设在混凝土路基上，则取 $i = 0 \sim 0.01$。附着式起重机，不考虑基础倾斜的问题，取 $i = 0$。

（7）其他 如雪载、冰载、温度影响等 参见第三章。

将上述各种载荷按起重机设计规范（GB/T 3811—2008）载荷组合原则及内容（见表3-25）计算出塔身所受的弯矩及轴向力，再计算塔身的强度、刚度和稳定性。

第二节 桅杆式起重机的结构及载荷

常见的桅杆式起重机可分为两类：一类是独杆式桅杆起重机，它可以是格构式结构，也可以是薄壁管结构，俗称"抱杆"；另一类是臂架回转式桅杆起重机。

一、独杆式桅杆起重机

图12-11所示的起重滑车的支柱是一根独立的桅杆，在桅杆顶部有一块顶板，用以固定牵拉绳，在接近桅杆顶部处焊有滑轮支架，用以悬挂滑车，桅杆的下端常做成球面，这样可使支反力通过中心，另外还可使桅杆处于倾斜状态使用，下端支承在枕木上，起升绳通过导向滑轮绕到卷扬机的卷筒上。

二、臂架回转式桅杆起重机

图12-12所示的臂架回转式桅杆起重机由主桅杆及回转动臂组成。主桅杆多为四根角钢焊成的正方形截面格构式结构，一般主桅杆中间截面大，两端较小，整体是变截面构件；为便于拆装连接，通常做成6~8m一段，组装时采用精制螺栓连接。为增加接头的刚度，防止变形，在接头处采用钢板加固，形成一段"腰带"。为了检修方便，在主桅杆的一侧还装有梯子。主桅杆的顶部，是一个铸造的或用几层钢板焊成的圆盘。该圆盘边缘向下弯曲，以适应牵拉绳的方向，在靠近边缘的圆周上开有很多小孔，以固定牵拉绳。圆盘套在桅杆顶部的转轴上，通常装有滑动轴瓦，采用润滑脂润滑，以减少磨损。顶部结构如图12-13所示，回转式桅杆起重机通常用6~8根牵拉绳，在特殊情况下可增至12根。

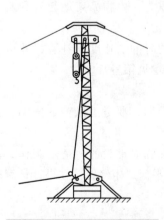

图 12-11 独杆式桅杆起重机

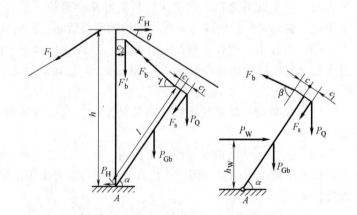

图 12-12 臂架回转式桅杆起重机的受力分析

主桅杆和动臂下端分别固定和铰接在底部转盘上，其结构如图12-14所示，全部载荷都由转盘传到基础上。

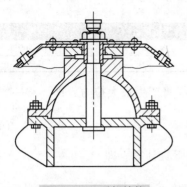

图 12-13　顶部结构

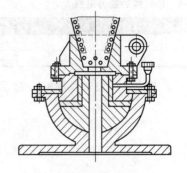

图 12-14　底部支承结构

1. 臂架回转式桅杆起重机的受力分析（见图 12-12）

回转臂架顶端是靠变幅绳牵拉着，其总拉力为 F_b，以臂架作为分离体，其平衡方程为

$$F_b c \cos\beta + F_b l \sin\beta = \phi_2 P_Q(l\cos\alpha + c_1\sin\alpha) + 0.5\phi_1 P_{Gb} l\cos\alpha + F_s c_1 + P_W h_W$$

则
$$F_b = \frac{\phi_2 P_Q(l\cos\alpha + c_1\sin\alpha) + 0.5\phi_1 P_{Gb} l\cos\alpha + F_s c_1 + P_W h_W}{c\cos\beta + l\sin\beta} \tag{12-2}$$

式中　P_Q——额定起升载荷，根据起升速度乘以相应的动载系数 ϕ_2，单位为 kN；

P_{Gb}——回转臂架重力，单位为 kN；

P_W——回转臂架上的风载荷，如果物品迎风面积比较大时，尚应考虑传到臂架顶端的物品风载荷，单位为 kN；

F_s——起升绳拉力，$F_s = \dfrac{\phi_2 P_Q}{n_r \eta}$，单位为 kN；

h_W——风载荷的作用高度，单位为 m；

c——变幅绳在臂端的偏心距，单位为 m；

c_1——起升绳在臂端的偏心距，单位为 m；，

l——臂架长度，单位为 m；

α、β——臂架倾角和变幅绳与臂架轴线的夹角。

回转臂架是一个受轴向压缩力及弯矩的构件，必须计算其强度及稳定性。

臂架顶端的最大轴向力为

$$N = \phi_2 P_Q \sin\alpha + F_b \cos\beta + F_s + \frac{1}{2}\phi_1 P_{Gb}\sin\alpha \pm \frac{1}{2}P_W \cos\alpha \tag{12-3}$$

各截面的弯矩按截面的具体位置而不同，起升绳在臂架下面通过会减小臂架自身重力产生的弯矩。

主桅杆牵拉绳的拉力是由两部分组成的：一是预紧力，在组立桅杆时，为了保证牵拉绳的垂度不要过大，都施加一定的预紧力；二是由于变幅拉力作用在主桅杆上而使一部分牵拉绳拉力增大，另一部分绳的拉力减小，其变化情况是一个超静定问题，根据主桅杆顶点的位移，使各条牵拉绳的长度发生变化，由长度的变化量可求各绳内力的变化，表 12-1 中所列的 k_1 值就是受力最大的牵拉绳的拉力系数。

445

表 12-1　牵拉绳的拉力系数 k_1

牵拉绳数目 n	k_1	牵拉绳数目 n	k_1
4	1.000	8	0.500
6	0.667	12	0.333

当臂架位于一根牵拉绳同一铅垂平面内时，该牵拉绳将产生最大拉力，即

$$F_1 = \frac{F_H}{\cos\theta} k_1 \tag{12-4}$$

式中　F_H——臂架载荷对主桅杆顶部产生的水平力，按下式计算，即

$$F_H = \frac{\phi_2 P_Q (l\cos\alpha + c_1\sin\alpha) + \phi_1 P_{Gb}\dfrac{l}{2}\cos\alpha + F_s c_1 + P_W h_W}{h} \approx F_b\cos\gamma$$

式中　h——主桅杆的高度，单位为 m；

　　　γ——臂架变幅绳的倾角；

　　　θ——牵拉绳的倾角。

牵拉绳最大总拉力为

$$F = F_1 + F_2 \tag{12-5}$$

式中　F_2——牵拉绳预紧力，一般可取 $10\sim30$kN，也可按牵拉绳的允许垂度决定。

牵拉绳由于自身重力而产生的最大垂度可按下式估计（见图 12-15），即

$$f_0 = \frac{F_q l_0^2}{8 F_2 \cos\theta} \leqslant [f_0] \tag{12-6}$$

式中　F_q——牵拉绳单位长度的重力，单位为 kN/m；

　　　l_0——一根牵拉绳的长度，单位为 m；

　　　$[f_0]$——牵拉绳允许的垂度，单位为 m，一般可取 $(0.04\sim0.22)l_0$。

所以　　　　$$F_2 \geqslant \frac{F_q l_0^2}{8[f_0]\cos\theta} \tag{12-7}$$

2. 主桅受力情况

主桅杆受有自身重力、变幅绳拉力、牵拉绳拉力和风力的作用，如起升绳通过固定在主桅下部的滑轮，则还需考虑起升绳的作用力。自身重力、变幅绳拉力及牵拉绳拉力对主桅杆都产生轴向压缩力，同时这些绳索拉力和风力对主桅杆又引起弯矩作用。

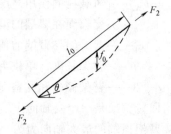

图 12-15　牵拉绳最大垂度计算图

牵拉绳对主桅杆的轴向力是指每根牵拉绳拉力沿主桅杆轴线方向的分力之和，在没有起吊物品时，各绳的拉力相等，都是预紧力，其在主桅杆轴向的分力之和为 $nF_2\sin\theta$，此处 n 为牵拉绳的根数。但在吊运物品时，由于变幅绳拉力 F_b 的作用使牵拉绳内力发生变化，各有增减，其精确计算是很麻烦的，为此可以近似地认为吊载时一根牵拉绳的最大拉力沿主桅杆轴向的分力为 $F_1\sin\theta$，这样主桅杆上的总轴向力为

$$N = (nF_2 + F_1)\sin\theta + F_b\sin\gamma + F_b' + P_{Gz}/m \tag{12-8}$$

式中　F_b'——变幅绳经过定滑轮顺主桅杆轴线的拉力，依滑轮组的结构而定；

　　　P_{Gz}/m——主桅杆的部分自身重力，计算中央截面强度时取 $P_{Gz}/2$，计算整体稳定性时，

取 $P_{Gz}/3$ 作用于桅杆顶部。

若考虑使弯矩增大的风力，则主桅杆上的弯矩为

$$M = F_b'c_2 + \frac{F_w h^2}{8} \tag{12-9}$$

式中　F_W——主桅杆单位长度上的风力；

　　　c_2——变幅绳在主桅杆顶部的偏心距。

根据主桅杆所受的内力计算其强度和稳定性，确定主桅杆各部分的尺寸。

第三节　塔桅结构的分析计算方法

对于塔式起重机的塔身结构以及其他塔桅结构，随着工作要求的不同，其结构型式及截面形状也各不相同，但最常见的是截面为矩形的空间桁架结构，由上部结构传给塔架的外力可以最终归纳为轴向力 N、水平力 P、端弯矩 M_0、扭矩 T_n 和沿塔身的均布水平力 F_H 及塔身重力 P_{Gt}，如图 12-16 所示。空间塔架腹杆体系多为三角形腹杆、半斜杆（K 形）腹杆及交叉（十字）腹杆（见图 12-4 及图 12-17）。

下面对常见塔桅空间桁架计算中的共性问题进行讨论。

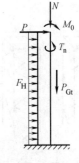

图 12-16　塔架所受外力

一、空间桁架的内力分析方法

空间桁架的内力分析方法主要有两种：一种是将空间桁架按一定规则分解成平面桁架进行计算；另一种是把空间桁架作为一个整体，用杆系有限元法，借助电子计算机进行内力分析。

1. 将空间桁架分解成平面桁架的内力分析

一个平面桁架只能承受作用在桁架平面内的外力，而不能承受垂直于桁架平面方向的力。塔桅空间桁架多数由平面桁架组合而成，如塔式起重机的塔身，通常是由四片静定的平面桁架组成的空间桁架悬臂塔柱，但是四片桁架之间有数个横框相连接，因此，这种空间桁架多是超静定结构。为使计算简化，对这种空间桁架结构，可将外载荷分解到各片平面桁架，再分别单独计算各片桁架的杆件内力，然后将属于不同平面桁架的同一根弦杆的内力叠加起来，用这种方法处理等截面空间桁架柱是比较简单可行的。

对于等截面悬臂塔柱，将各种外力分解到各片平面桁架的方法如下：

（1）水平力的分解　当水平力 P 或 F_H 作用在对称的矩形截面塔柱中间时，将该水平力平均分配到两个与该力平行的侧面桁架上；若水平力未作用在截面中间，则按杠杆比的原则分解到两侧面桁架上。

若水平力沿对角线方向作用在正方形截面的空间结构上，则各片桁架受力如图 12-18 所示，三角形截面空间结构外力的分解也如图 12-18 所示。

（2）轴向力的分解　图 12-19 是一个悬臂塔柱的顶视图，轴向力 N 作用在 E 点，则通过横梁 LM 将力分解到桁架 BC 和 AD 上，作用在 BC 片桁架上的力为 $\frac{a}{a+b}N$，作用在 AD 片桁

架上的力为$\dfrac{b}{a+b}N$。

（3）弯矩的分解　一个对称的矩形截面塔架，如在对称轴上作用有弯矩M_x，则平均分配到AB和CD两片桁架上；如在对称轴上受有弯矩M_y，则平均分配到AD和BC上；如在任意方向作用着弯矩M，则将M先分解为x轴和y轴的M_x和M_y，再将其分解到AB、CD、AD、BC四片桁架上，如图12-20所示。

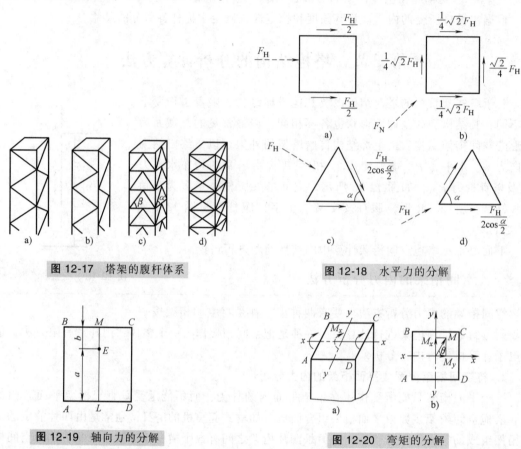

图 12-17　塔架的腹杆体系

图 12-18　水平力的分解

图 12-19　轴向力的分解

图 12-20　弯矩的分解

（4）扭矩的分解　上述关于N、M、P（F_H）分解到平面桁架的方法，简单易行，并已被试验及理论分析所证实。但扭矩T_n的分解方法以及受到不同腹杆体系的影响显得较为复杂。由于对这个问题研究的观点不同，得出的计算公式不同，所以将扭矩分配到各片桁架的力也不同。

以下介绍图12-17所示的几种腹杆体系等截面空间桁架柱在扭矩作用下比较准确的内力和转角分析方法[19-20,28]。

塔架受扭矩作用时，腹杆是主要的受力杆件，并假定塔架横截面的形状保持不变。塔架在扭矩作用下会产生约束扭转现象，但由分析表明，约束扭转和自由扭转所引起的腹杆内力并无多大差别，约束扭转仅对弦杆内力有影响，为了阐述方便，先按自由扭转分析。塔架受扭按整体塔架分析，从而得出分解到各片平面桁架上的力，再进行后面的计算。

1）相邻桁架同节间的斜腹杆相交于弦杆同一点上的三角形腹杆体系塔架，如图12-21

所示。塔架受扭矩 T_n 作用时，容易判断出各斜腹杆的内力性质（受压或受拉），任意取某个节点 D，该点上诸杆件内力在 z 轴方向上的平衡方程式为

$$2N_a\sin\alpha - 2N_b\sin\beta = N_D - N_{D-1} \qquad (12\text{-}10)$$

式中　N_a、N_b——A 平面和 B 平面桁架上斜腹杆的轴向力；

　　　　N_D、N_{D-1}——连接于 D 点的相邻节间弦杆的轴向力；

　　　　α、β——A 平面和 B 平面桁架斜腹杆的倾角。

因为是自由扭转，塔架截面会发生自由翘曲，故可判断同一根弦杆上各节间所受的轴向力相等，即 $N_D = N_{D-1}$，所以

$$N_a\sin\alpha - N_b\sin\beta = 0 \qquad (12\text{-}11)$$

塔架截面上斜腹杆内力所形成的力矩与扭矩 T_n 相平衡，得

$$bN_a\cos\alpha + aN_b\cos\beta = T_n \qquad (12\text{-}12)$$

已知 $c = a\tan\alpha = b\tan\beta$，由式（12-11）和式（12-12）解得斜腹杆内力为

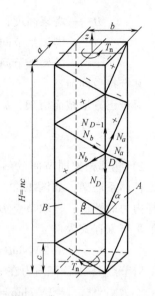

图 12-21　塔架 a 的计算简图

$$\left.\begin{array}{c} N_a = \dfrac{T_n}{2b\cos\alpha} \\[3mm] N_b = \dfrac{T_n}{2a\cos\beta} \end{array}\right\} \qquad (12\text{-}13)$$

式中　a、b——塔架横截面的长度和宽度。

可以看出扭矩分解在各平面桁架上的力偶力为 $(T_n/2)/a$ 和 $(T_n/2)/b$，如图 12-22 所示。这种分配只与桁架的轮廓几何尺寸有关，而与各杆件的截面大小无关。各节间的弦杆内力，从塔顶（底）节点可知 $N_{c1} = 0$，所以 $N_{ci} = 0$，即相邻桁架斜腹杆相交于弦杆同一点的塔架，在自由扭转下，节间弦杆均不受力。

塔架的扭转刚度以其扭转角来表征。塔架自由扭转角可用莫尔位移公式计算并等效于相同外形尺寸的实体杆件的扭转角，即

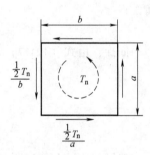

图 12-22　扭矩的分解

$$\phi = \sum_{i=1}^{n} \frac{N_1 N_T}{EA_i} l_i = \sum_{i=1}^{n}\left[\frac{2}{2a\cos\beta}\left(\frac{T_n}{2a\cos\beta}\right)\frac{l_{bi}}{EA_{bi}} + \frac{2}{2b\cos\alpha}\left(\frac{T_n}{2b\cos\alpha}\right)\frac{l_{ai}}{EA_{ai}}\right]$$

$$= \frac{T_n H}{2Ea^2 A_b \sin\beta\,\cos^2\beta}\left[1 + \left(\frac{\sin\beta}{\sin\alpha}\right)^3\frac{A_b}{A_a}\right] = \frac{T_n H}{GI_{n1}} \qquad (12\text{-}14)$$

从而得塔架的自由扭转惯性矩为

$$I_{n1} = \frac{2E}{G}a^2 A_b \frac{\sin\beta\,\cos^2\beta}{1 + \left(\dfrac{\sin\beta}{\sin\alpha}\right)^3\dfrac{A_b}{A_a}} \qquad (12\text{-}15)$$

式中　A_a、A_b——A 平面和 B 平面桁架中一根斜腹杆的截面面积；

　　　　E——弹性模量；

　　　　G——切变模量；

H——塔架高度；

i——塔架半节间序号；

n——塔架半节间数。

其余符号同前。

对于正方形截面塔架，$a=b$，$\alpha=\beta$，且 $A_a=A_b$，则得

$$I_{n1}=\frac{E}{G}a^2A_b\sin\beta\cos^2\beta \tag{12-16}$$

2）相邻桁架同节间的斜腹杆不相交于弦杆同点的三角形腹杆体系塔架，如图 12-23 所示。在自由扭转时容易判断各杆内力的性质，任取节点 D，则 D 点诸杆内力在 z 轴方向上的平衡方程式为

$$2N_b\sin\beta=N_{D-1}+N_D$$

对节点 $D-1$ 各杆内力在 z 轴方向上的平衡方程式为

$$2N_a\sin\alpha=N_{D-1}+N_{D-2}$$

在自由扭转情况下，对相邻平面斜腹杆相同间隔交会于同一弦杆节点的塔架，可判断出相间隔的节间弦杆内力相同，即 $N_D=N_{D-2}$，由此得

$$N_a\sin\alpha=N_b\sin\beta \tag{12-17}$$

塔架横截面上斜腹杆内力所形成的力矩与扭矩 T_n 相平衡，得

$$bN_a\cos\alpha+aN_b\cos\beta=T_n \tag{12-18}$$

同理，由式（12-17）及式（12-18）得

$$\left.\begin{array}{l}N_a=\dfrac{T_n}{2b\cos\alpha}\\[3mm]N_b=\dfrac{T_n}{2a\cos\beta}\end{array}\right\} \tag{12-19}$$

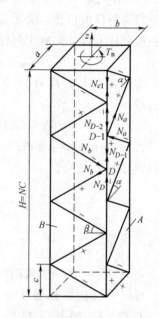

图 12-23 塔架 b 的计算简图

扭矩 T_n 分配在各片桁架上的力仍为 $(T_n/2)/a$ 和 $(T_n/2)/b$，其中 N_a、N_b 与 1）中所述的腹杆体系受力相同，但这种塔架弦杆是受力的，如图 12-23 所示；在所示扭矩作用下，塔顶斜腹杆受压，故弦杆内力为

$$\left.\begin{array}{l}N_{c1}=N_a\sin\alpha=+\dfrac{T_n}{2b}\tan\alpha\\[3mm]N_{c2}=N_{D-2}=-2N_b\sin\beta+N_a\sin\alpha=-\dfrac{T_n}{2b}\tan\alpha\end{array}\right\} \tag{12-20}$$

各节间弦杆内力相等，但符号交替变化。由于杆件都受力使扭转变形增大，因此这种腹杆体系塔架的扭转刚度要小些。

同理可导出其自由扭转惯性矩为

$$I_{n2}=\frac{2E}{G}a^2A_b\frac{\sin\beta\cos^2\beta}{1+\dfrac{A_b}{A_a}\left(\dfrac{\sin\beta}{\sin\alpha}\right)^3+2\dfrac{A_b}{A_c}\sin^3\beta} \tag{12-21}$$

对正方形截面塔柱，$\alpha = \beta$，$A_a = A_b$，则

$$I_{n2} = \frac{2E}{G} a^2 A_b \frac{\sin\beta \cos^2\beta}{2 + 2\frac{A_b}{A_c}\sin^3\beta} = \frac{E}{G} a^2 A_b \frac{\sin\beta \cos^2\beta}{1 + \frac{A_b}{A_c}\sin^3\beta} \qquad (12\text{-}22)$$

式中　A_c——一根弦杆（柱肢）的截面面积。

其余符号同前。

3）K 形腹杆体系塔架（见图 12-17c）。在自由扭转时，因各节间构造相同，节间弦杆受力相同，并由顶部节点可知各弦杆内力均为零。任取节点 D，各斜腹杆内力在 z 轴方向上的平衡方程式为

$$N_a \sin\alpha - N_b \sin\beta = 0 \qquad (12\text{-}23)$$

扭矩 T_n 与斜腹杆内力所形成的力矩平衡方程式为

$$2N_a b\cos\alpha + 2N_b a\cos\beta = T_n \qquad (12\text{-}24)$$

由以上两式得

$$\left. \begin{aligned} N_a &= \frac{T_n}{4b\cos\alpha} \\ N_b &= \frac{T_n}{4a\cos\beta} \end{aligned} \right\} \qquad (12\text{-}25)$$

这种腹杆体系的水平横杆也受力，即

$$\left. \begin{aligned} F_a &= N_a \cos\alpha = \frac{T_n}{4b} \\ F_b &= N_b \cos\beta = \frac{T_n}{4a} \end{aligned} \right\} \qquad (12\text{-}26)$$

扭矩分配到各片平面桁架上的力仍为 $(T_n/2)/a$ 和 $(T_n/2)/b$。

K 形腹杆体系塔架的自由扭转惯性矩为

$$\begin{aligned} I_{n3} &= \frac{4E}{G} a^2 A_b \frac{\sin\beta \cos^2\beta}{1 + \frac{A_b}{A_a}\left(\frac{\sin\beta}{\sin\alpha}\right)^3 + \frac{A_b}{A_s^a}\left(\frac{\sin\beta}{\tan\alpha}\right)^3 + \frac{A_b}{A_s^b}\cos^3\beta} \\ &= \frac{4E}{G} a^2 A_b \frac{\sin\beta \cos^2\beta}{1 + \frac{A_b}{A_a}\left(\frac{\sin\beta}{\sin\alpha}\right)^3 + \left[1 + \left(\frac{a}{b}\right)^3 \frac{A_s^b}{A_s^a}\right]\frac{A_b}{A_s^b}\cos^3\beta} \end{aligned} \qquad (12\text{-}27)$$

式中　A_s^a、A_s^b——A 平面和 B 平面桁架中一根水平横腹杆的截面面积。

其余符号同前。

对正方形截面塔架，通常，$a = b$，$\alpha = \beta$，$A_a = A_b = A_d$，$A_s^a = A_s^b = A_s$，则上式为

$$I_{n3} = \frac{2E}{G} a^2 A_d \frac{\sin\beta \cos^2\beta}{1 + \cos^3\beta \frac{A_d}{A_s}} \qquad (12\text{-}28)$$

式中　A_d——塔架中一根斜腹杆的截面面积；

A_s——塔架中一根水平横腹杆的截面面积。

其余符号同前。

4）对十字形腹杆体系塔架（见图 12-17d），因节间内斜腹杆数目比三角形腹杆体系的增加一倍，所以 $I_{n4} = 2I_{n1}$。

5）塔架因用途不同，可能设计成其他的腹杆体系，甚至在相邻平面中采用不同的腹杆体系，例如自升式塔式起重机的塔身需要支承顶升机构，在两片平行的桁架中采用 K 形腹杆，而在另外两片桁架中则用三角形腹杆。图 12-24 示出了相邻平面中采用不同腹杆体系的由各杆轴线构成的塔架。

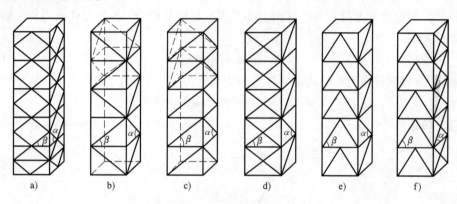

a)　　　　b)　　　　c)　　　　d)　　　　e)　　　　f)

图 12-24　其他腹杆体系的塔架

由同样的分析得知，扭矩分配在这些不同腹杆体系塔架的相应各片平面桁架上的力是不变的，但自由扭转惯性矩却不相同。

对于图 12-24a，有
$$I_{n5} = I_{n4} = 2I_{n1}$$

对于图 12-24b，有

$$I_{n6} = \frac{2E}{G}a^2 A_b \frac{\sin\beta \cos^2\beta}{1+\frac{A_b}{A_a}\left(\frac{\sin\beta}{\sin\alpha}\right)^3+\frac{A_b}{A_c}\sin^3\beta} = \frac{2E}{G}a^2 A_b \frac{\sin\beta \cos^2\beta}{1+\left(\frac{1}{\sin^3\alpha}+\frac{A_a}{A_c}\right)\frac{A_b}{A_a}\sin^3\beta} \qquad (12\text{-}29)$$

对于图 12-24c，有

$$I_{n7} = \frac{2E}{G}a^2 A_b \frac{\sin\beta \cos^2\beta}{1+\frac{A_b}{A_a}\left(\frac{\sin\beta}{\sin\alpha}\right)^3+\left[1+\left(\frac{a}{b}\right)^3\frac{A_s^b}{A_s^a}\right]\frac{A_b}{A_s^b}\cos^3\beta} = \frac{1}{2}I_{n3} \qquad (12\text{-}30)$$

对图 12-24d，有

$$I_{n8} = \frac{4E}{G}a^2 A_b \frac{\sin\beta \cos^2\beta}{1+2\frac{A_b}{A_a}\left(\frac{\sin\beta}{\sin\alpha}\right)^3+\frac{A_b}{A_c}\sin^3\beta} \qquad (12\text{-}31)$$

对于图 12-24e，有

$$I_{n9} = \frac{4E}{G}a^2 A_b \frac{\sin\beta \cos^2\beta}{1+\frac{A_b}{2A_a}\left(\frac{\sin\beta}{\sin\alpha}\right)^3+\frac{A_b}{A_s^b}\cos^3\beta+\frac{A_b}{2A_c}\sin^3\beta} \qquad (12\text{-}32)$$

对于图 12-24f，有

$$I_{n10} = \frac{4E}{G} a^2 A_b \frac{\sin\beta \cos^2\beta}{1 + \frac{A_b}{4A_a}\left(\frac{\sin\beta}{\sin\alpha}\right)^3 + \frac{A_b}{A_s^b}\cos^3\beta + \frac{A_b}{4A_c}\sin^3\beta} \tag{12-33}$$

由上述分析可以看出，不论塔架采用何种腹杆体系和高度，其扭矩分配到塔架各片平面桁架上的力偶力均为 $(T_n/2)/a$ 和 $(T_n/2)/b$，并且不论相邻两片平面桁架的腹杆体系是否相同，也不论腹杆截面面积的大小，扭矩分配到各片平面桁架上的力都是不变的（而扭矩在两对互相平行的桁架之间的分配则相同，都是 $T_n/2$，可称为扭矩均分法），只是当腹杆体系不同时，其杆件的内力不同，弦杆受力与否不同以及塔架的扭转变形不同，也就是空间塔架的扭转刚度不同；图 12-17 所示的塔架 a 比 b 的扭转刚度大。

通常塔架的下端都是与基础或其他结构件相连接成一体的，可视为下端固定，而上述分析是以自由扭转为前提的，这将带来一定的误差。矩形截面塔架（$a \neq b$）受扭时存在着约束扭转现象，其主要反映是弦杆因约束而受力，并与塔架高度（节间数）有关，根部弦杆受力最大，离开根部向上的节间弦杆内力迅速减小，由约束扭转理论分析[20]得知：正方形截面塔架无约束扭转作用，弦杆不受力，而矩形截面塔架受扭时，在弦杆中引起约束扭转正应力，离开根部约束点就很快衰减，有限元分析计算和试验数据均已证实。当三角形腹杆体系的塔架节间数 $n=3$ 时，约束最大，根部弦杆应力约为腹杆应力的 $15\% \sim 20\%$，当节间较多时，离开根部向上第 4 个节间弦杆应力将减小一半，第 6 节间弦杆则几乎不受力，这表明其离开根部向上的各弦杆应力衰减的迅速性。就根部弦杆受力而言，当节间数 $n>10$ 时，根部弦杆应力不到腹杆应力的 10%，当节间数 $n>20$ 时，它就小于腹杆应力的 5%，其他节间弦杆应力则更小。其他腹杆体系塔架的约束扭转情况与此类似。

通常塔架的节间数 $n>10$，且多为正方形截面，按自由扭转计算基本上是符合实际的。塔架的约束扭转角小于自由扭转角，但对较高的塔架（$n \geq 10$），两种扭转角相差甚微，也可按自由扭转计算。

将各种外力按一定规则分配到各片平面桁架以后，就可按照分配来的力分别计算各片平面桁架的杆件内力，并将属于相邻桁架的同一弦杆的内力叠加起来，最后用求得的塔架各杆的内力来计算各杆的强度和稳定性。

2. 对空间塔架危险截面的内力分析

若只需对塔架受力最大的危险截面计算，则不必将塔架分解为平面桁架，而先根据外力作用求出该截面上的轴向力、弯矩、剪切力和扭矩，再计算塔架的弦杆和腹杆内力，扭矩主要由腹杆承担，计算方法与前述相同。

3. 把空间桁架作为一个整体结构计算

对轻型空间桁架，多视为铰接的杆系结构；对重型空间桁架，则应考虑节点连接刚度的影响。采用杆系有限单元法对整体结构进行应力和位移分析能达到所需要的精度。

二、位移的计算方法

在 P、M_0、F_H 作用下，图 12-25 所示塔架塔顶产生的侧向水平位移，由下面分别计算。

1）在水平力 P 作用下的水平位移，用莫尔位移公式计算，即

$$\Delta_P = 2\left(\sum_{i=1}^{n} \frac{N_{1i}N_{Pi}}{EA_c}l_{ci} + \sum_{j=1}^{m} \frac{N_{1j}N_{Pj}}{EA_{fj}}l_{fj} \right) \tag{12-34}$$

式中 N_{1i}、N_{Pi}——塔顶分别在单位水平力 $F=1$ 和 P 力作用下第 i 根弦杆的轴向力；

$\quad\quad N_{1j}$、N_{Pj}——塔顶分别在 $F=1$ 和 P 力作用下第 j 根腹杆的轴向力；

$\quad\quad i$——弦杆（节间）的序号；

$\quad\quad j$——腹杆的序号；

$\quad\quad n$——一片桁架中弦杆的根数；

$\quad\quad m$——一片桁架中腹杆的根数；

$\quad\quad l_{ci}$——第 i 节间弦杆长度，对三角形腹杆体系，$l_{ci}=2c$，$l_{cn}=c$，对其他腹杆体系，$l_{ci}=c$，或依具体结构而定，c 为节间长度；

$\quad\quad l_{fj}$——第 j 根腹杆长度；

$\quad\quad A_c$——一根弦杆截面面积，通常各弦杆截面面积相等；

$\quad\quad A_{fj}$——第 j 根腹杆截面面积。

如对于三角形腹杆体系塔架，塔顶在 P 力作用下弦杆和斜腹杆受力，而塔顶两横杆和塔顶节间的两根弦杆不受力，则

$$N_{1i}=\frac{ic}{2a},\quad N_{Pi}=\frac{Pic}{2a},\quad N_{1j}=\frac{1}{2\cos\alpha},\quad N_{Pj}=\frac{P}{2\cos\alpha}$$

代入式（12-34）得

$$\Delta_P = 2\frac{Pc^3}{4a^2EA_c}\left(\sum_{i=1}^{n-1}2i^2+n^2\right)+\frac{2Pl_d}{EA_d}\left(\frac{m}{4\cos^2\alpha}\right)=\frac{PH^3}{3EA_ca^2}\left(1+\frac{1}{2n^2}\right)+\frac{PH^3}{3EA_ca^2}\left(\frac{1.5A_c}{A_dm^2\sin^3\alpha}\right)$$

当 n 较大时，$1/(2n)^2$ 一项可略去，即得

$$\Delta_P \approx \frac{PH^3}{3EA_ca^2}\left(1+\frac{1.5A_c}{A_dm^2\sin^3\alpha}\right) \tag{12-35}$$

式中 H——塔架高度，$H=nc$（见图 12-25）；

$\quad\quad l_d$、A_d——一根斜腹杆的长度和截面面积，设平行的两桁架中各斜腹杆均相同；

$\quad\quad a$——塔架截面长度。

可以看出，式（12-35）中的括号项为腹杆受力变形影响系数。

2）在端弯矩 M_0 作用下，只有弦杆受力，腹杆不受力，即 $N_{Mi}=M_0/(2a)$，$N_{1i}=ic/(2a)$，$N_{Mj}=0$，则

$$\Delta_M = \frac{2M_0c^2}{4EA_ca^2}\left(\sum_{i=1}^{n-1}2i+n\right)=\frac{M_0H^2}{2EA_ca^2} \tag{12-36}$$

3）在均布力 F_H 作用下，弦杆、腹杆均受力，即

$$N_{Fi}=\frac{F_H(ic)^2}{4a},\quad N_{1i}=\frac{ic}{2a},\quad N_{Fj}=\frac{F_Hjc}{2\cos\alpha},\quad N_{1j}=\frac{1}{2\cos\alpha}$$

$$\Delta_F = \frac{2F_Hc^4}{8a^2EA_c}\left(\sum_{i=1}^{n-1}2i^3+n^3\right)+\frac{2F_Hcl_d}{4\cos^2\alpha EA_d}\sum_{j=1}^{m}j$$

$$= \frac{F_HH^4}{8a^2EA_c}+\frac{F_HH^2(1+m)}{4mEA_d\cos^2\alpha\sin\alpha}=\frac{F_HH^4}{8EA_ca^2}\left[1+\frac{A_c}{A_d}\frac{2(1+m)}{m^3\sin^3\alpha}\right] \tag{12-37}$$

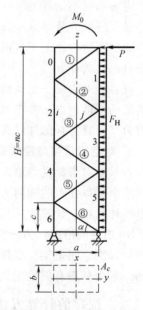

图 12-25 塔架位移计算

式（12-37）中的括号项为腹杆受力变形影响系数。

塔架顶部总的水平位移为

$$\Delta = \Delta_P + \Delta_M + \Delta_F$$

$$= \frac{PH^3}{3EA_ca^2}\left(1+\frac{1.5A_c}{A_dm^2\sin^3\alpha}\right)+\frac{M_0H^2}{2EA_ca^2}+\frac{F_HH^4}{8EA_ca^2}\left[1+\frac{A_c}{A_d}\frac{2(1+m)}{m^3\sin^3\alpha}\right] \tag{12-38}$$

其他腹杆体系塔架的位移计算式与此式类似，可参阅文献［19］。

《起重机设计规范》规定，小车变幅塔式起重机在额定起升载荷及小车自重载荷作用下计算塔架与臂架连接处的水平静位移，而臂架变幅者则用不同幅度下确定的额定载荷计算，因此只需考虑塔顶不平衡力矩 M_0 的作用。塔架在臂架连接处的水平位移不应大于 $1.34H/100$，H 为塔架位移点的计算高度（见表 4-25）。对高耸塔架的位移应按非线性方法计算。

三、高耸塔架的非线性分析方法

随着城市高层建筑的飞速发展，要求塔式起重机塔身的高度越来越高，由于轴向力的存在，塔架的载荷与变形之间的非线性影响也随之增大，主要反映在塔架的位移和剪切力的计算中存在明显差异，因此塔桅结构的非线性计算更显其重要性。塔架的非线性力学模型如图 12-26 所示，其受力情况可归纳为轴向力 N 与水平力 P、弯矩 M_0 和均布水平力 F_H 的联合作用。

塔架在轴向力 N、集中水平力 P、弯矩 M_0 和均布水平力 F_H 的联合作用下产生挠曲变形时，其微分方程的表达形式为

$$EI\ddot{y}+Ny=M_P(z)+M_F(z)+M_M(z) \tag{12-39}$$

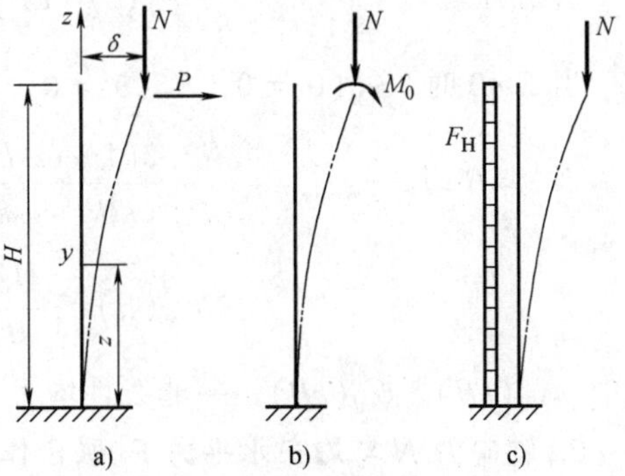

图 12-26　塔架非线性计算载荷

从式（12-39）的性质可以看出，外力 P、F_H、M_0 具有独立性，可以分别计算而后叠加，因此分别计算如下。

1. 轴向力 N 与集中水平力 P 联合作用

塔架挠曲微分方程为

$$EI\ddot{y}+Ny=P(H-z)+N\delta \tag{12-40}$$

$$\ddot{y}+\frac{Ny}{EI}=\frac{P(H-z)}{EI}+\frac{N\delta}{EI}$$

令 $k^2=\dfrac{N}{EI}$，EI 为塔架的抗弯刚度，则 $\ddot{y}+k^2y=\dfrac{P(H-z)}{EI}+\dfrac{N\delta}{EI}$

解得位移方程式为

$$y_P(z)=\frac{P}{Nk}\sin kz-\left[\frac{P}{Nk}(\tan kH-kH)+\frac{PH}{N}\right]\cos kz+\frac{P}{Nk}(\tan kH-kH)+\frac{P(H-z)}{N} \tag{12-41}$$

截面水平剪切力

$$F_P(z)=EI\dddot{y}_P=[-P\tan kH]\sin kz-P\cos kz \tag{12-42}$$

当 $z = 0$ 时，得

$$y_P(0) = 0, F_P(0) = -P$$

当 $z = H$ 时，得

$$y_{Pmax} = \delta = \frac{P}{Nk}(\tan kH - kH) = \frac{PH^3}{3EI}\left[\frac{3(\tan kH - kH)}{(kH)^3}\right] = \frac{PH^3}{3EI}\chi_P(kH)$$

$$F_P(H) = -P\frac{1}{\cos kH} = -P\psi_P(kH)$$

式中　$\chi_P(kH)$、$\psi_P(kH)$——非线性增大系数，其值见表 12-2，可根据 kH 值查取。

2. 轴向力 N 与端弯矩 M_0 联合作用

塔架挠曲的微分方程为

$$\ddot{y} + k^2 y = \frac{N\delta}{EI} + \frac{M_0}{EI} \tag{12-43}$$

解得位移

$$y_M(z) = \frac{M_0 H^2}{2EI}\left[\frac{2(1-\cos kz)}{(kH)^2\cos kH}\right] \tag{12-44}$$

剪切力

$$F_M(z) = EI\,\dddot{y}_M = -\frac{M_0}{H}\left(\frac{kH}{\cos kH}\sin kz\right) \tag{12-45}$$

当 $z = 0$ 时，$y_M(0) = 0$，$F_M(0) = 0$

当 $z = H$ 时，$y_{Mmax} = \frac{M_0 H^2}{2EI}\left[\frac{2(1-\cos kH)}{(kH)^2\cos kH}\right] = \frac{M_0 H^2}{2EI}\chi_M(kH)$

$$F_M(H) = -\frac{M_0}{H}kH\tan kH = -\frac{M_0}{H}\psi_M(kH)$$

式中　$\chi_M(kH)$、$\psi_M(kH)$——非线性增大系数，其数值见表 12-2。

3. 轴向力 N 与均布水平力 F_H 联合作用

塔架挠曲微分方程为

$$\ddot{y} + k^2 y = \frac{F_H(H-z)^2}{2EI} + \frac{N\delta}{EI} \tag{12-46}$$

解得

$$y_F(z) = -\frac{F_H H^2}{N}\left[-\frac{1}{2} + \frac{\tan kH}{kH} + \frac{1}{(kH)^2}\left(1 - \frac{1}{\cos kH}\right)\right](\cos kz - 1)$$

$$+ \frac{F_H H^2}{N}\sin kz + \frac{F_H}{N}\left(\frac{1}{k^2} - \frac{H^2}{2}\right)\cos kz + \frac{(H-z)^2 F_H}{2N} - \frac{F_H}{Nk^2} \tag{12-47}$$

剪切力

$$F_F(z) = EI\,\dddot{y}_P = \left(-F_H H\tan kH + \frac{F_H}{k\cos kH}\right)\sin kz - F_H H\cos kz \tag{12-48}$$

当 $z = 0$ 时，$y_F(0) = 0, F_F(0) = -F_H H$

当 $z = H$ 时，$y_{Fmax} = -\frac{F_H H^4}{8EI}\left[\frac{4}{(kH)^2} - \frac{8\tan kH}{(kH)^3} - \frac{8}{(kH)^4} + \frac{8}{(kH)^4\cos kH}\right] = \frac{F_H H^4}{8EI}\chi_F(kH)$

$$F_F(H) = -F_H H\left(\frac{1}{\cos kH} - \frac{1}{kH}\tan kH\right) = -F_H H\psi_F(kH)$$

式中　$\chi_F(kH)$、$\psi_F(kH)$——非线性增大系数，其数值见表 12-2。

4. 多种载荷同时作用下塔架的计算

综合上述，在 N 与 P、M_0、F_H 联合作用时，塔顶的最大位移为

$$y_{max} = \frac{PH^3}{3EI}\chi_P(kH) + \frac{M_0H^2}{2EI}\chi_M(kH) + \frac{F_HH^4}{8EI}\chi_F(kH) \quad (12-49)$$

表 12-2 非线性增大系数

kH	集中水平力 P		端弯矩 M_0		均布水平力 F_H	
	$\chi_P(kH)$	$\psi_P(kH)$	$\chi_M(kH)$	$\psi_M(kH)$	$\chi_F(kH)$	$\psi_F(kH)$
0.1	1.0040	1.0050	1.0042	0.0100	1.0039	0.0017
0.2	1.0163	1.0203	1.0169	0.0405	1.0158	0.0068
0.3	1.0374	1.0468	1.0389	0.0928	1.0363	0.0156
0.4	1.0684	1.0857	1.0713	0.1691	1.0665	0.0287
0.5	1.1113	1.1395	1.1159	0.2732	1.1081	0.0469
0.6	1.1686	1.2116	1.1757	0.4105	1.1638	0.0714
0.7	1.2445	1.3075	1.2549	0.5896	1.2376	0.1042
0.8	1.3455	1.4353	1.3604	0.8237	1.3357	0.1483
0.9	1.4821	1.6087	1.5030	1.1341	1.4683	0.2086
1.0	1.6722	1.8508	1.7016	1.5574	1.6527	0.2934
1.1	1.9491	2.2046	1.9911	2.1612	1.9214	0.4185
1.2	2.3822	2.7597	2.4440	3.0866	2.3414	0.6162
1.3	3.1435	3.7383	3.2406	4.6827	3.0794	0.9675
1.4	4.8082	5.8835	4.9832	8.1170	4.6929	1.7421
1.5	11.2012	14.1368	11.6771	21.1521	10.8883	4.7359

首、末两项尚需考虑腹杆变形的影响。

任意一截面的总弯矩为

$$M_z(z) = M_0 + P(H-z) + \frac{1}{2}F_H(H-z)^2 + N(y_{max}-y) \quad (12-50)$$

其中

$$y = y_P(z) + y_M(z) + y_F(z)$$

最大弯矩发生在根部,其值为

$$M_{max} = M_0 + PH + \frac{1}{2}F_HH^2 + Ny_{max} \quad (12-51)$$

任意一截面的总剪切力为

$$F_z(z) = F_P(z) + F_M(z) + F_F(z) \quad (12-52)$$

在塔顶部附近的总剪切力为

$$F_z(H) = P\psi_P(kH) + \frac{M_0}{H}\psi_M(kH) + F_HH\psi_F(kH) \quad (12-53)$$

在塔根部附近的总剪切力为

$$F_z(0) = P + F_HH \quad (12-54)$$

由上述分析可以看出,按线性计算与按非线性计算,塔架截面上的剪切力明显不同。在塔根部两者剪切力相同,因为当 $z=0$ 时,$\mathrm{d}y/\mathrm{d}z = 0$(塔架轴线转角为零),轴向力不产生剪切力;而在塔顶时,$\mathrm{d}y/\mathrm{d}z$ 最大,轴向力产生较大的水平剪切力(即轴向力的分力),在各种载荷作用下,塔架各截面上的剪切力变化如图 12-27 所示。因此在设计时,特别是对于高耸的塔身,不仅要考虑根部的剪切力,还必须计算塔顶附近的剪切力,此剪切力与扭矩分解到侧桁架中的剪切力(偶力)相组合,并用此组合剪切力与塔架等效剪切力中较大者计算腹杆体系。因为 $kH = \sqrt{NH^2/(EI)} = \sqrt{(\pi^2/4)N/[\pi^2EI/(4H^2)]} = (\pi/2)\sqrt{N/N_E}$,而 $N_E = $

$\pi^2 EI/(4H^2)$，它是一端固定另一端自由等截面轴心压杆的临界力，显然 kH 值是表示轴向力与临界力比值的一个重要参数，因此考虑轴向力作用的最大位移 y_{max} 和最大弯矩的非线性增大也可以近似采用下式计算，即

$$y_{max} = \left(\frac{PH^3}{3EI} + \frac{M_0 H^2}{2EI} + \frac{F_H H^4}{8EI} \right) \frac{1}{1 - \dfrac{N}{N_E}} \quad (12\text{-}55)$$

$$M_z(z) = \frac{M(z)}{1 - \dfrac{N}{N_E}} \quad (12\text{-}56)$$

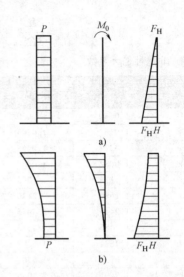

图 12-27 塔架各截面剪切力沿高度变化

a) 按线性计算的剪切力

b) 按非线性计算的剪切力

式中　$M(z)$——按线性计算的塔架任意截面上的基本弯矩；

　　　　N——塔架所受的轴向力，计算时应计入塔架的 1/3 自身重力。

但采用近似方法计算截面上的剪切力，则误差较大。

根据作用的外力和确定的塔架临界力，可求得 kH 值，从而由表 12-2 找出增大系数 $\chi(kH)$ 及 $\psi(kH)$ 值，即可按非线性理论计算塔架的最大位移和最大剪切力，而最大弯矩仍可用式（12-56）算出，用来验算塔架的刚度和强度。

塔顶水平位移　　　　　　　　　$y_{Mmax} \leq [\Delta_H]$ 　　　　　　　　　　　　　（12-57）

弦杆应力　　　　　　$\sigma = \dfrac{N}{\sum A_c} + \dfrac{M_x}{W_x} + \dfrac{M_y}{W_y} \leq [\sigma]$ 　　　　　　　（12-58）

腹杆应力　　　　　　　　　　$\sigma = \dfrac{N_f}{A_f} \leq [\sigma]$ 　　　　　　　　　　　（12-59）

式中　y_{Mmax}——仅由塔顶端弯矩（不平衡力矩）产生的水平静位移，$y_{Mmax} = M_0 H^2/(2EI_x)$
　　　　　　　　$\chi_M(kH)$，其中 $I_x = A_c a^2$；

　　　$[\Delta_H]$——塔架许用水平位移，$[\Delta_H] = 1.34H/100$；

　　　M_x、M_y——外力对塔架根部截面 x 轴或 y 轴产生的最大弯矩，按式（12-51）计算；

　　　N_f——腹杆所受轴向力，按剪切力公式（12-53）和扭矩 T_n 引起剪切力的组合剪切力与等效剪切力之较大者计算；

　　　A_c、A_f——弦杆或腹杆的截面面积；

　　　W_x、W_y——塔架截面对 x 轴或 y 轴的抗弯截面系数，对于矩形截面，$W_x = 2A_c a$，$W_y = 2A_c b$。

四、塔架整体稳定性计算方法

塔式起重机的塔身及其他塔桅结构的整体稳定性是必须考虑的，一般而言，压杆失稳可能有三种情况，即轴心压杆失稳、偏心压杆的边缘纤维屈服及侧向弯扭失稳。对于封闭的矩形空间桁架式塔柱，发生侧向弯扭失稳的可能性极小，因此，在偏心载荷比较大时，主要是以塔架边缘纤维屈服作为失稳准则；而偏心载荷较小时，主要是轴心压杆失稳，应根据不同

的外载情况，分别计算其整体稳定性。

1. 一端固定、一端自由的悬臂塔身稳定性

如上旋式塔式起重机的塔身，可视为一个上端自由、下端固定的空间桁架式压杆，塔顶通常有较大的水平力和不平衡力矩，并应考虑因塔架初弯曲（制造缺陷 δ_0）由轴向力所引起的附加弯矩 $N\delta_0$ 的影响，受压弯的悬臂塔身整体稳定性用下式计算：

$$\sigma = \frac{N}{A} + \frac{M_x}{(1-N/N_{Ex})W_x} + \frac{M_y}{(1-N/N_{Ey})W_y} \leq [\sigma] \tag{12-60}$$

式中　M_x、M_y——塔柱根部的最大弯矩，$M_x = M_{0x} + P_y H + 0.5F_{Hy}H^2 + N\delta_{0y}$，$M_y = M_{0y} + P_x H +$
　　　　　　　　$0.5F_{Hx}H^2 + N\delta_{0x}$；

　　　　N——塔顶所受轴向力，考虑高塔自身重力的影响，应计入 1/3 的塔身重力；

　N_{Ex}、N_{Ey}——塔身对 x 轴或 y 轴的临界力，计算时要用格构件的换算长细比 λ_h，$N_E = \pi^2 EA/\lambda_h^2$；

　　　　A——塔身（弦杆）总的毛截面面积，$A = \sum A_c$；

　W_x、W_y——塔身截面对 x 轴或 y 轴的抗弯截面系数，应计算到弦杆重心位置，同式
　　　　　　　　（12-58）。

对变截面塔架，式（12-60）中的临界力 N_E 需改用换算的计算长度来计算。对一端固定，一端自由的变截面塔身，需先将变截面塔段换算成最大截面的等截面柱，再与最小截面塔段组成阶梯悬臂柱来确定其换算的计算长度（见图 12-28）。

变截面塔段 l_2 按两端铰接非对称的变截面柱换算成长度为 a 的等截面柱（对中段变截面柱，a 为变截面段换算长度与最大等截面段 l_3 之和）

对图 12-28a　　　　　　　　　$a = \mu_2 l_2$ 　　　　　　　　　　　　　（12-61）

对图 12-28b　　　　　　　　　$a = \mu_2 l_2 + l_3$ 　　　　　　　　　　（12-62）

式中　μ_2——两端铰接非对称的变截面柱的长度换算系数，由表 6-14 查取。

非对称阶梯悬臂柱的组合长度为

$$l = l_1 + a \tag{12-63}$$

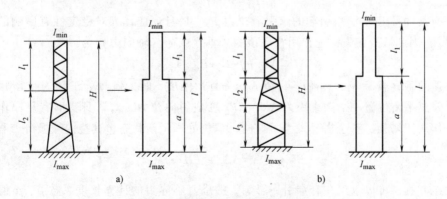

图 12-28　变截面塔身的计算长度

因缺乏非对称的阶梯悬臂柱长度换算系数表，不能直接查找换算系数，但可利用其对称性，将非对称阶梯悬臂柱视为换算长度为 $l_h = \mu_1 l = 2l$ 的两端铰接的对称阶梯柱计算。

根据阶梯悬臂柱的 I_{min}/I_{max} 和 $2a/2l=m_1$ 的比值，由表6-13查取其变截面柱长度换算系数 μ_2，则变截面塔身换算的计算长度为

$$l_0 = \mu_2 l_h = \mu_1 \mu_2 l \qquad (12\text{-}64)$$

由此可参照前面相应的计算公式，计算塔身的换算长细比 λ_h 和临界力。

除塔身整体稳定性外，还需验算主肢（弦杆）的局部稳定性。

2. 具有牵引绳的塔身稳定性

图12-29示出了以受压为主的回转式塔身的塔式起重机简图，这类塔身的计算原则与前面相同，需要计算塔身的强度、整体稳定性和单肢稳定性。在一般情况下，忽略支承结构的弹性，将塔身视为一端固定一端自由的等截面轴心压杆来计算其整体稳定性，这时没有考虑臂架尾部牵引绳对稳定性的有利作用，其结果是偏安全的，这种计算也是可行的。

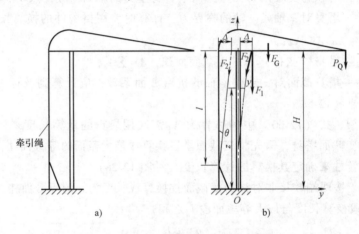

图12-29　具有牵引绳的塔身稳定性计算

以下讨论在臂架变幅平面内考虑尾部牵引绳作用的等截面受压塔身的整体稳定性问题。图12-29b示出了塔式起重机的上部结构自重载荷 F_G 及起升载荷 P_Q 的合力为

$$F_1 = F_G + P_Q$$

按平衡条件可求得由 F_1 引起的牵引绳拉力 F_2，塔身还应计入对稳定性有影响的1/3塔身重力 P_{Gt}，因此塔身在失稳前作用在塔顶的总垂直载荷（轴向力）为

$$N = F_1 + F_2 + P_{Gt}/3$$

当塔顶的垂直载荷 N 达到临界载荷 $N_E = \pi^2 EI/(\mu H)^2$ 时，塔身处于随遇平衡状态，这时，塔顶偏离平衡位置一个微小距离 Δ 时，F_2 变成斜向拉力，对塔身变形有复原作用，而 F_1 仍向下作用于塔顶，整个塔身发生了弯曲，但仍处于平衡状态，其挠曲线微分方程为

$$EI\,\ddot{y} + Ny = N\Delta - F_2(H-z)\frac{\Delta}{l} \qquad (12\text{-}65)$$

解上述方程，可以求出在有牵引绳影响下的塔身临界力的计算长度系数 μ，μ 值实际上考虑了塔身支承和牵引绳两方面的影响，$\mu = \mu_1 \mu_3$。μ 值见表12-3。

在实际结构中，塔身下部固定处和牵引绳的固定支架并不是绝对的刚性体，这对上述计算结果有一定影响，因此在查取表中 μ 值时应考虑这一因素，可取得稍偏大些。当确定了塔身的计算长度系数后，则塔身的计算长度为 $l_0 = \mu H$，$\lambda = l_0/r$，即可算出临界力或查取稳定系

数 φ 值，其整体稳定性的计算方法与受轴压的悬臂塔身相同。

表 12-3 有牵引绳的塔身计算长度系数 μ 值

$\dfrac{F_2 H}{NI}$	0	0.1	0.2	0.3	0.4	0.5	0.6	0.7
μ	2.00	1.92	1.83	1.75	1.65	1.55	1.44	1.34
$\dfrac{F_2 H}{NI}$	0.8	0.9	1.0	1.1	1.2	1.5	2.0	∞
μ	1.21	1.11	1.00	0.90	0.85	0.77	0.75	0.70

表 12-3 的计算长度系数 μ 值也适用于流动式起重机和塔式起重机的等截面单臂架在回转平面计算长度的确定，对变截面单臂架，计算时还应考虑变截面臂架长度系数 μ_2 值。

五、附着式塔身的强度、位移及稳定性计算方法

附着式塔身一般按带悬臂的多跨连续梁计算，锚固装置相当于一个刚性支点（见图 12-30）。我国 QT4-10 型塔式起重机设计组曾对该型塔式起重机进行过现场应力实测，从实测的数据来看，与按多跨连续梁的理论计算不相符合，理论计算表示出塔身主角钢应力自上而下沿跨度交替变号递减，而实测表明塔身应力自上而下同号递减。这可能是由于锚固装置相对的刚度比很小，它只能起弹性支承作用，而不能作为刚性支点。不管支承如何，对于等截面塔身，其最危险截面总是在最高锚固点 I-I 截面处，该处的内力与支承情况无关，实测结果与理论值也很接近（第三锚固截面），所以可简化为只计算最危险截面 I-I 处的强度。

锚固装置的数量及锚固装置的位置，对其塔身的变形和临界载荷是有影响的，为了简化计算，也可按只有最高一道锚固装置和下端固定的情况计算，这样计算结果偏于安全，如图 12-31 所示，其计算长度系数 μ_1 由表 6-2 查取。塔身临界力应用格构构件的换算长细比计算：$N_E = \pi^2 EA / \lambda_h^2$。塔身强度取最高一道锚固截面 I-I 的内力计算；塔身稳定性取塔身的最大弯矩和轴向力计算，其验算公式和要求均与式（12-60）相同。塔顶的位移则按多跨连续梁计算，也可按只有最高一道锚固支承点和底部固定点的伸臂梁（杆）近似计算。

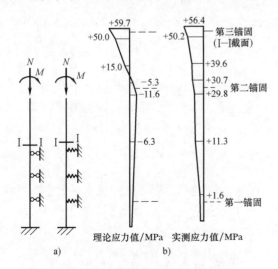

图 12-30 附着式塔身的强度计算

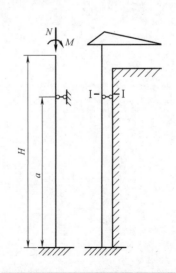

图 12-31 附着式塔身稳定性计算

本 章 小 结

本章主要介绍了塔式、桅杆式起重机塔架结构型式、结构特点和适用场合，塔架的载荷计算与载荷组合，不同起重机的设计要点和计算的特殊性；重点阐述塔桅结构的分析计算方法，包括空间桁架的内力分析方法、位移的计算方法、高耸塔架的非线性分析方法、塔架整体稳定性计算方法、附着式塔身的强度、位移及稳定性计算。

本章应了解不同塔式、桅杆式起重机塔架结构型式、结构特点和适用场合，塔架的载荷计算与载荷组合，不同起重机的设计要点和计算的特殊性。

本章应理解不同支承情况导致塔桅结构计算模型差异及计算方法的不同，高耸塔架的非线性现象以及高耸塔架的相对性。本章是前序章节的综合应用。

本章应掌握塔式、桅杆式起重机塔桅结构的内力分析方法，位移的计算方法，塔架整体稳定性计算方法、附着式塔身的强度、位移及稳定性计算方法，特别是高耸塔架的非线性分析方法。

附　　录

附录 A　热轧钢板的尺寸、质量（GB/T 709—2016）

1. 钢板的尺寸范围

单轧钢板的公称厚度　3~400mm；

单轧钢板的公称宽度　600~4800mm；

钢板的公称长度　2000~20000mm。

2. 钢板推荐的公称尺寸

1）单轧钢板的公称厚度在"1. 钢板的尺寸范围"所规定的范围内，厚度小于 30mm 的钢板按 0.5mm 倍数的任何尺寸；厚度不小于 30mm 的钢板按 1mm 倍数的任何尺寸。

2）单轧钢板的公称宽度在"1. 钢板的尺寸范围"所规定的范围内，按 10mm 或 50mm 倍数的任何尺寸。

3）钢板的长度在"1. 钢板的尺寸范围"所规定的范围内，按 50mm 或 100mm 倍数的任何尺寸。

3. 钢板的质量

钢板按理论或实际质量交货。

1）钢板按理论质量交货时，理论计重采用公称尺寸，碳钢密度为 $7.85g/cm^3$，其他钢种按相应标准规定。

2）当钢板的厚度允许偏差为限定正、负偏差时，理论计重所采用的厚度为允许的最大厚度和最小厚度的平均值。

3）钢板理论计重的计算方法按附表 A-1 的规定。

附表 A-1　钢板理论计重的计算方法

计算顺序	计算方法	结果的修约
基本质量/[kg/(mm·m²)]	7.85（厚度 1mm，面积 1m² 的质量）	—
单位质量/(kg/m²)	基本质量[kg/(mm·m²)]×厚度(mm)	修约到有效数字 4 位
钢板的面积/m²	宽度(m)×长度(m)	修约到有效数字 4 位
一张钢板的质量/kg	单位质量(kg/m²)×面积(m²)	修约到有效数字 3 位
总质量/kg	各张钢板质量之和	kg 的整数值

附录 B 热轧型钢截面尺寸、截面面积、理论质量及截面特性（GB/T 706—2016）

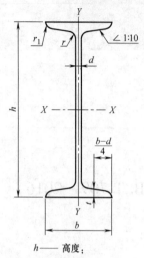

h——高度；

b——腿宽度；

d——腰厚度；

t——平均腿厚度；

r——内圆弧半径；

r_1——腿端圆弧半径。

附图 B-1 工字钢截面图

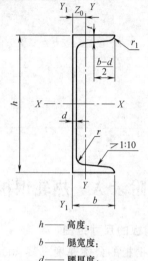

h——高度；

b——腿宽度；

d——腰厚度；

t——平均腿厚度；

r——内圆弧半径；

r_1——腿端圆弧半径；

Z_0——YY轴与Y_1Y_1轴间距。

附图 B-2 槽钢截面图

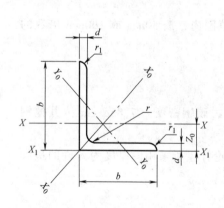

b——边宽度；

d——边厚度；

r——内圆弧半径；

r_1——边端圆弧半径；

Z_0——重心距离。

附图 B-3 等边角钢截面图

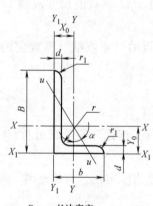

B——长边宽度；

b——短边宽度；

d——边厚度；

r——内圆弧半径；

r_1——边端圆弧半径；

X_0——重心距离；

Y_0——重心距离。

附图 B-4 不等边角钢截面图

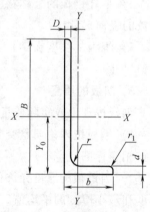

B——长边宽度；

b——短边宽度；

D——长边厚度；

d——短边厚度；

r——内圆弧半径；

r_1——边端圆弧半径；

Y_0——重心距离。

附图 B-5 L 型钢截面图

附表 B-1　工字钢截面尺寸、截面面积、理论质量及截面特性

型号	截面尺寸/mm						截面面积/cm²	理论质量/(kg/m)	外表面积/(m²/m)	惯性矩/cm⁴		惯性半径/cm		截面系数/cm³	
	h	b	d	t	r	r_1				I_x	I_y	i_x	i_y	W_x	W_y
10	100	68	4.5	7.6	6.5	3.3	14.33	11.3	0.432	245	33.0	4.14	1.52	49.0	9.72
12	120	74	5.0	8.4	7.0	3.5	17.80	14.0	0.493	436	46.9	4.95	1.62	72.7	12.7
12.6	126	74	5.0	8.4	7.0	3.5	18.10	14.2	0.505	488	46.9	5.20	1.61	77.5	12.7
14	140	80	5.5	9.1	7.5	3.8	21.50	16.9	0.553	712	64.4	5.76	1.73	102	16.1
16	160	88	6.0	9.9	8.0	4.0	26.11	20.5	0.621	1130	93.1	6.58	1.89	141	21.2
18	180	94	6.5	10.7	8.5	4.3	30.74	24.1	0.681	1660	122	7.36	2.00	185	26.0
20a	200	100	7.0	11.4	9.0	4.5	35.55	27.9	0.742	2370	158	8.15	2.12	237	31.5
20b	200	102	9.0	11.4	9.0	4.5	39.55	31.1	0.746	2500	169	7.96	2.06	250	33.1
22a	220	110	7.5	12.3	9.5	4.8	42.10	33.1	0.817	3400	225	8.99	2.31	309	40.9
22b	220	112	9.5	12.3	9.5	4.8	46.50	36.5	0.821	3570	239	8.78	2.27	325	42.7
24a	240	116	8.0	13.0	10.0	5.0	47.71	37.5	0.878	4570	280	9.77	2.42	381	48.4
24b	240	118	10.0	13.0	10.0	5.0	52.51	41.2	0.882	4800	297	9.57	2.38	400	50.4
25a	250	116	8.0	13.0	10.0	5.0	48.51	38.1	0.898	5020	280	10.2	2.40	402	48.3
25b	250	118	10.0	13.0	10.0	5.0	53.51	42.0	0.902	5280	309	9.94	2.40	423	52.4
27a	270	122	8.5	13.7	10.5	5.3	54.52	42.8	0.958	6550	345	10.9	2.51	485	56.6
27b	270	124	10.5	13.7	10.5	5.3	59.92	47.0	0.962	6870	366	10.7	2.47	509	58.9
28a	280	122	8.5	13.7	10.5	5.3	55.37	43.5	0.978	7110	345	11.3	2.50	508	56.6
28b	280	124	10.5	13.7	10.5	5.3	60.97	47.9	0.982	7480	379	11.1	2.49	534	61.2
30a	300	126	9.0	14.4	11.0	5.5	61.22	48.1	1.031	8950	400	12.1	2.55	597	63.5
30b	300	128	11.0	14.4	11.0	5.5	67.22	52.8	1.035	9400	422	11.8	2.50	627	65.9
30c	300	130	13.0	14.4	11.0	5.5	73.22	57.5	1.039	9850	445	11.6	2.46	657	68.5
32a	320	130	9.5	15.0	11.5	5.8	67.12	52.7	1.084	11100	460	12.8	2.62	692	70.8
32b	320	132	11.5	15.0	11.5	5.8	73.52	57.7	1.088	11600	502	12.6	2.61	726	76.0
32c	320	134	13.5	15.0	11.5	5.8	79.92	62.7	1.092	12200	544	12.3	2.61	760	81.2
36a	360	136	10.0	15.8	12.0	6.0	76.44	60.0	1.185	15800	552	14.4	2.69	875	81.2
36b	360	138	12.0	15.8	12.0	6.0	83.64	65.7	1.189	16500	582	14.1	2.64	919	84.3
36c	360	140	14.0	15.8	12.0	6.0	90.84	71.3	1.193	17300	612	13.8	2.60	962	87.4
40a	400	142	10.5	16.5	12.5	6.3	86.07	67.6	1.285	21700	660	15.9	2.77	1090	93.2
40b	400	144	12.5	16.5	12.5	6.3	94.07	73.8	1.289	22800	692	15.6	2.71	1140	96.2
40c	400	146	14.5	16.5	12.5	6.3	102.1	80.1	1.293	23900	727	15.2	2.65	1190	99.6
45a	450	150	11.5	18.0	13.5	6.8	102.4	80.4	1.411	32200	855	17.7	2.89	1430	114
45b	450	152	13.5	18.0	13.5	6.8	111.4	87.4	1.415	33800	894	17.4	2.84	1500	118
45c	450	154	15.5	18.0	13.5	6.8	120.4	94.5	1.419	35300	938	17.1	2.79	1570	122

（续）

型号	截面尺寸/mm						截面面积/cm²	理论质量/(kg/m)	外表面积/(m²/m)	惯性矩/cm⁴		惯性半径/cm		截面系数/cm³	
	h	b	d	t	r	r_1				I_x	I_y	i_x	i_y	W_x	W_y
50a		158	12.0				119.2	93.6	1.539	46500	1120	19.7	3.07	1860	142
50b	500	160	14.0	20.0	14.0	7.0	129.2	101	1.543	48600	1170	19.4	3.01	1940	146
50c		162	16.0				139.2	109	1.547	50600	1220	19.0	2.96	2080	151
55a		166	12.5				134.1	105	1.667	62900	1370	21.6	3.19	2290	164
55b	550	168	14.5				145.1	114	1.671	65600	1420	21.2	3.14	2390	170
55c		170	16.5	21.0	14.5	7.3	156.1	123	1.675	68400	1480	20.9	3.08	2490	175
56a		166	12.5				135.4	106	1.687	65600	1370	22.0	3.18	2340	165
56b	560	168	14.5				146.6	115	1.691	68500	1490	21.6	3.16	2450	174
56c		170	16.5				157.8	124	1.695	71400	1560	21.3	3.16	2550	183
63a		176	13.0				154.6	121	1.862	93900	1700	24.5	3.31	2980	193
63b	630	178	15.0	22.0	15.0	7.5	167.2	131	1.866	98100	1810	24.2	3.29	3160	204
63c		180	17.0				179.8	141	1.870	102000	1920	23.8	3.27	3300	214

注：表中 r、r_1 的数据用于孔型设计，不作为交货条件。

附表 B-2 槽钢截面尺寸、截面面积、理论质量及截面特性

型号	截面尺寸/mm						截面面积/cm²	理论质量/(kg/m)	外表面积/(m²/m)	惯性矩/cm⁴			惯性半径/cm		截面系数/cm³		重心距离/cm
	h	b	d	t	r	r_1				I_x	I_y	I_{y1}	i_x	i_y	W_x	W_y	Z_0
5	50	37	4.5	7.0	7.0	3.5	6.925	5.44	0.226	26.0	8.30	20.9	1.94	1.10	10.4	3.55	1.35
6.3	63	40	4.8	7.5	7.5	3.8	8.446	6.63	0.262	50.8	11.9	28.4	2.45	1.19	16.1	4.50	1.36
6.5	65	40	4.3	7.5	7.5	3.8	8.292	6.51	0.267	55.2	12.0	28.3	2.54	1.19	17.0	4.59	1.38
8	80	43	5.0	8.0	8.0	4.0	10.24	8.04	0.307	101	16.6	37.4	3.15	1.27	25.3	5.79	1.43
10	100	48	5.3	8.5	8.5	4.2	12.74	10.0	0.365	198	25.6	54.9	3.95	1.41	39.7	7.80	1.52
12	120	53	5.5	9.0	9.0	4.5	15.36	12.1	0.423	346	37.3	77.7	4.75	1.56	57.7	10.2	1.62
12.6	126	53	5.5	9.0	9.0	4.5	15.69	12.3	0.435	391	38.0	77.1	4.95	1.57	62.1	10.2	1.59
14a	140	58	6.0	9.5	9.5	4.8	18.51	14.5	0.480	564	53.2	107	5.52	1.70	80.5	13.0	1.71
14b		60	8.0				21.31	16.7	0.484	609	61.1	121	5.35	1.69	87.1	14.1	1.67
16a	160	63	6.5	10.0	10.0	5.0	21.95	17.2	0.538	866	73.3	144	6.28	1.83	108	16.3	1.80
16b		65	8.5				25.15	19.8	0.542	935	83.4	161	6.10	1.82	117	17.6	1.75
18a	180	68	7.0	10.5	10.5	5.2	25.69	20.2	0.596	1270	98.6	190	7.04	1.96	141	20.0	1.88
18b		70	9.0				29.29	23.0	0.600	1370	111	210	6.84	1.95	152	21.5	1.84
20a	200	73	7.0	11.0	11.0	5.5	28.83	22.6	0.654	1780	128	244	7.86	2.11	178	24.2	2.01
20b		75	9.0				32.83	25.8	0.658	1910	144	268	7.64	2.09	191	25.9	1.95
22a	220	77	7.0	11.5	11.5	5.8	31.83	25.0	0.709	2390	158	298	8.67	2.23	218	28.2	2.10
22b		79	9.0				36.23	28.5	0.713	2570	176	326	8.42	2.21	234	30.1	2.03

（续）

型号	截面尺寸/mm						截面面积/cm²	理论质量/(kg/m)	外表面积/(m²/m)	惯性矩/cm⁴			惯性半径/cm		截面系数/cm³		重心距离/cm
	h	b	d	t	r	r_1				I_x	I_y	I_{y1}	i_x	i_y	W_x	W_y	Z_0
24a		78	7.0				34.21	26.9	0.752	3050	174	325	9.45	2.25	254	30.5	2.10
24b	240	80	9.0				39.01	30.6	0.756	3280	194	355	9.17	2.23	274	32.5	2.03
24c		82	11.0	12.0	12.0	6.0	43.81	34.4	0.760	3510	213	388	8.96	2.21	293	34.4	2.00
25a		78	7.0				34.91	27.4	0.722	3370	176	322	9.82	2.24	270	30.6	2.07
25b	250	80	9.0				39.91	31.3	0.776	3530	196	353	9.41	2.22	282	32.7	1.98
25c		82	11.0				44.91	35.3	0.780	3690	218	384	9.07	2.21	295	35.9	1.92
27a		82	7.5				39.27	30.8	0.826	4360	216	393	10.5	2.34	323	35.5	2.13
27b	270	84	9.5				44.67	35.1	0.830	4690	239	428	10.3	2.31	347	37.7	2.06
27c		86	11.5	12.5	12.5	6.2	50.07	39.3	0.834	5020	261	467	10.1	2.28	372	39.8	2.03
28a		82	7.5				40.02	31.4	0.846	4760	218	388	10.9	2.33	340	35.7	2.10
28b	280	84	9.5				45.62	35.8	0.850	5130	242	428	10.6	2.30	366	37.9	2.02
28c		86	11.5				51.22	40.2	0.854	5500	268	463	10.4	2.29	393	40.3	1.95
30a		85	7.5				43.89	34.5	0.897	6050	260	467	11.7	2.43	403	41.1	2.17
30b	300	87	9.5	13.5	13.5	6.8	49.89	39.2	0.901	6500	289	515	11.4	2.41	433	44.0	2.13
30c		89	11.5				55.89	43.9	0.905	6950	316	560	11.2	2.38	463	46.4	2.09
32a		88	8.0				48.50	38.1	0.947	7600	305	552	12.5	2.50	475	46.5	2.24
32b	320	90	10.0	14.0	14.0	7.0	54.90	43.1	0.951	8140	336	593	12.2	2.47	509	49.2	2.16
32c		92	12.0				61.30	48.1	0.955	8690	374	643	11.9	2.47	543	52.6	2.09
36a		96	9.0				60.89	47.8	1.053	11900	455	818	14.0	2.73	660	63.5	2.44
36b	360	98	11.0	16.0	16.0	8.0	68.09	53.5	1.057	12700	497	880	13.6	2.70	703	66.9	2.37
36c		100	13.0				75.29	59.1	1.061	13400	536	948	13.4	2.67	746	70.0	2.34
40a		100	10.5				75.04	58.9	1.144	17600	592	1070	15.3	2.81	879	78.8	2.49
40b	400	102	12.5	18.0	18.0	9.0	83.04	65.2	1.148	18600	640	1140	15.0	2.78	932	82.5	2.44
40c		104	14.5				91.04	71.5	1.152	19700	688	1220	14.7	2.75	986	86.2	2.42

注：表中 r、r_1 的数据用于孔型设计，不作为交货条件。

附表 B-3　等边角钢截面尺寸、截面面积、理论重量及截面特性

型号	截面尺寸/mm			截面面积/cm²	理论质量/(kg/m)	外表面积/(m²/m)	惯性矩/cm⁴				惯性半径/cm			截面系数/cm³			重心距离/cm
	b	d	r				I_x	I_{x1}	I_{x0}	I_{y0}	i_x	i_{x0}	i_{y0}	W_x	W_{x0}	W_{y0}	Z_0
2	20	3		1.132	0.89	0.078	0.40	0.81	0.63	0.17	0.59	0.75	0.39	0.29	0.45	0.20	0.60
		4		1.459	1.15	0.077	0.50	1.09	0.78	0.22	0.58	0.73	0.38	0.36	0.55	0.24	0.64
2.5	25	3	3.5	1.432	1.12	0.098	0.82	1.57	1.29	0.34	0.76	0.95	0.49	0.46	0.73	0.33	0.73
		4		1.859	1.46	0.097	1.03	2.11	1.62	0.43	0.74	0.93	0.48	0.59	0.92	0.40	0.76
3.0	30	3		1.749	1.37	0.117	1.46	2.71	2.31	0.61	0.91	1.15	0.59	0.68	1.09	0.51	0.85
		4		2.276	1.79	0.117	1.84	3.63	2.92	0.77	0.90	1.13	0.58	0.87	1.37	0.62	0.89
3.6	36	3	4.5	2.109	1.66	0.141	2.58	4.68	4.09	1.07	1.11	1.39	0.71	0.99	1.61	0.76	1.00
		4		2.756	2.16	0.141	3.29	6.25	5.22	1.37	1.09	1.38	0.70	1.28	2.05	0.93	1.04
		5		3.382	2.65	0.141	3.95	7.84	6.24	1.65	1.08	1.36	0.70	1.56	2.45	1.00	1.07

（续）

型号	截面尺寸/mm			截面面积/cm²	理论质量/(kg/m)	外表面积/(m²/m)	惯性矩/cm⁴				惯性半径/cm			截面系数/cm³			重心距离/cm
	b	d	r				I_x	I_{x1}	I_{x0}	I_{y0}	i_x	i_{x0}	i_{y0}	W_x	W_{x0}	W_{y0}	Z_0
4	40	3	5	2.359	1.85	0.157	3.59	6.41	5.69	1.49	1.23	1.55	0.79	1.23	2.01	0.96	1.09
		4		3.086	2.42	0.157	4.60	8.56	7.29	1.91	1.22	1.54	0.79	1.60	2.58	1.19	1.13
		5		3.792	2.98	0.156	5.53	10.7	8.76	2.30	1.21	1.52	0.78	1.96	3.10	1.39	1.17
4.5	45	3	5	2.659	2.09	0.177	5.17	9.12	8.20	2.14	1.40	1.76	0.89	1.58	2.58	1.24	1.22
		4		3.486	2.74	0.177	6.65	12.2	10.6	2.75	1.38	1.74	0.89	2.05	3.32	1.54	1.26
		5		4.292	3.37	0.176	8.04	15.2	12.7	3.33	1.37	1.72	0.88	2.51	4.00	1.81	1.30
		6		5.077	3.99	0.176	9.33	18.4	14.8	3.89	1.36	1.70	0.80	2.95	4.64	2.06	1.33
5	50	3	5.5	2.971	2.33	0.197	7.18	12.5	11.4	2.98	1.55	1.96	1.00	1.96	3.22	1.57	1.34
		4		3.897	3.06	0.197	9.26	16.7	14.7	3.82	1.54	1.94	0.99	2.56	4.16	1.96	1.38
		5		4.803	3.77	0.196	11.2	20.9	17.8	4.64	1.53	1.92	0.98	3.13	5.03	2.31	1.42
		6		5.688	4.46	0.196	13.1	25.1	20.7	5.42	1.52	1.91	0.98	3.68	5.85	2.63	1.46
5.6	56	3	6	3.343	2.62	0.221	10.2	17.6	16.1	4.24	1.75	2.20	1.13	2.48	4.08	2.02	1.48
		4		4.39	3.45	0.220	13.2	23.4	20.9	5.46	1.73	2.18	1.11	3.24	5.28	2.52	1.53
		5		5.415	4.25	0.220	16.0	29.3	25.4	6.61	1.72	2.17	1.10	3.97	6.42	2.98	1.57
		6		6.42	5.04	0.220	18.7	35.3	29.7	7.73	1.71	2.15	1.10	4.68	7.49	3.40	1.61
		7		7.404	5.81	0.219	21.2	41.2	33.6	8.82	1.69	2.13	1.09	5.36	8.49	3.80	1.64
		8		8.367	6.57	0.219	23.6	47.2	37.4	9.89	1.68	2.11	1.09	6.03	9.44	4.16	1.68
6	60	5	6.5	5.829	4.58	0.236	19.9	36.1	31.6	8.21	1.85	2.33	1.19	4.59	7.44	3.48	1.67
		6		6.914	5.43	0.235	23.4	43.3	36.9	9.60	1.83	2.31	1.18	5.41	8.70	3.98	1.70
		7		7.977	6.26	0.235	26.4	50.7	41.9	11.0	1.82	2.29	1.17	6.21	9.88	4.45	1.74
		8		9.02	7.08	0.235	29.5	58.0	46.7	12.3	1.81	2.27	1.17	6.98	11.0	4.88	1.78
6.3	63	4	7	4.978	3.91	0.248	19.0	33.4	30.2	7.89	1.96	2.46	1.26	4.13	6.78	3.29	1.70
		5		6.143	4.82	0.248	23.2	41.7	36.8	9.57	1.94	2.45	1.25	5.08	8.25	3.90	1.74
		6		7.288	5.72	0.247	27.1	50.1	43.0	11.2	1.93	2.43	1.24	6.00	9.66	4.46	1.78
		7		8.412	6.60	0.247	30.9	58.6	49.0	12.8	1.92	2.41	1.23	6.88	11.0	4.98	1.82
		8		9.515	7.47	0.247	34.5	67.1	54.6	14.3	1.90	2.40	1.23	7.75	12.3	5.47	1.85
		10		11.66	9.15	0.246	41.1	84.3	64.9	17.3	1.88	2.36	1.22	9.39	14.6	6.36	1.93
7	70	4	8	5.570	4.37	0.275	26.4	45.7	41.8	11.0	2.18	2.74	1.40	5.14	8.44	4.17	1.86
		5		6.876	5.40	0.275	32.2	57.2	51.1	13.3	2.16	2.73	1.39	6.32	10.3	4.95	1.91
		6		8.160	6.41	0.275	37.8	68.7	59.9	15.6	2.15	2.71	1.38	7.48	12.1	5.67	1.95
		7		9.424	7.40	0.275	43.1	80.3	68.4	17.8	2.14	2.69	1.38	8.59	13.8	6.34	1.99
		8		10.67	8.37	0.274	48.2	91.9	76.4	20.0	2.12	2.68	1.37	9.68	15.4	6.98	2.03

（续）

型号	截面尺寸/mm			截面面积/cm²	理论质量/(kg/m)	外表面积/(m²/m)	惯性矩/cm⁴				惯性半径/cm			截面系数/cm³			重心距离/cm
	b	d	r				I_x	I_{x1}	I_{x0}	I_{y0}	i_x	i_{x0}	i_{y0}	W_x	W_{x0}	W_{y0}	Z_0
7.5	75	5	9	7.412	5.82	0.295	40.0	70.6	63.3	16.6	2.33	2.92	1.50	7.32	11.9	5.77	2.04
		6		8.797	6.91	0.294	47.0	84.6	74.4	19.5	2.31	2.90	1.49	8.64	14.0	6.67	2.07
		7		10.16	7.98	0.294	53.6	98.7	85.0	22.2	2.30	2.89	1.48	9.93	16.0	7.44	2.11
		8		11.50	9.03	0.294	60.0	113	95.1	24.9	2.28	2.88	1.47	11.2	17.9	8.19	2.15
		9		12.83	10.1	0.294	66.1	127	105	27.5	2.27	2.86	1.46	12.4	19.8	8.89	2.18
		10		14.13	11.1	0.293	72.0	142	114	30.1	2.26	2.84	1.46	13.6	21.5	9.56	2.22
8	80	5	9	7.912	6.21	0.315	48.8	85.4	77.3	20.3	2.48	3.13	1.60	8.34	13.7	6.66	2.15
		6		9.397	7.38	0.314	57.4	103	91.0	23.7	2.47	3.11	1.59	9.87	16.1	7.65	2.19
		7		10.86	8.53	0.314	65.6	120	104	27.1	2.46	3.10	1.58	11.4	18.4	8.58	2.23
		8		12.30	9.66	0.314	73.5	137	117	30.4	2.44	3.08	1.57	12.8	20.6	9.46	2.27
		9		13.73	10.8	0.314	81.1	154	129	33.6	2.43	3.06	1.56	14.3	22.7	10.3	2.31
		10		15.13	11.9	0.313	88.4	172	140	36.8	2.42	3.04	1.56	15.6	24.8	11.1	2.35
9	90	6	10	10.64	8.35	0.354	82.8	146	131	34.3	2.79	3.51	1.80	12.6	20.6	9.95	2.44
		7		12.30	9.66	0.354	94.8	170	150	39.2	2.78	3.50	1.78	14.5	23.6	11.2	2.48
		8		13.94	10.9	0.353	106	195	169	44.0	2.76	3.48	1.78	16.4	26.6	12.4	2.52
		9		15.57	12.2	0.353	118	219	187	48.7	2.75	3.46	1.77	18.3	29.4	13.5	2.56
		10		17.17	13.5	0.353	129	244	204	53.3	2.74	3.45	1.76	20.1	32.0	14.5	2.59
		12		20.31	15.9	0.352	149	294	236	62.2	2.71	3.41	1.75	23.6	37.1	16.5	2.67
10	100	6	12	11.93	9.37	0.393	115	200	182	47.9	3.10	3.90	2.00	15.7	25.7	12.7	2.67
		7		13.80	10.8	0.393	132	234	209	54.7	3.09	3.89	1.99	18.1	29.6	14.3	2.71
		8		15.64	12.3	0.393	148	267	235	61.4	3.08	3.88	1.98	20.5	33.2	15.8	2.76
		9		17.46	13.7	0.392	164	300	260	68.0	3.07	3.86	1.97	22.8	36.8	17.2	2.80
		10		19.26	15.1	0.392	180	334	285	74.4	3.05	3.84	1.96	25.1	40.3	18.5	2.84
		12		22.80	17.9	0.391	209	402	331	86.8	3.03	3.81	1.95	29.5	46.8	21.1	2.91
		14		26.26	20.6	0.391	237	471	374	99.0	3.00	3.77	1.94	33.7	52.9	23.4	2.99
		16		29.63	23.3	0.390	263	540	414	111	2.98	3.74	1.94	37.8	58.6	25.6	3.06
11	110	7	12	15.20	11.9	0.433	177	311	281	73.4	3.41	4.30	2.20	22.1	36.1	17.5	2.96
		8		17.24	13.5	0.433	199	355	316	82.4	3.40	4.28	2.19	25.0	40.7	19.4	3.01
		10		21.26	16.7	0.432	242	445	384	100	3.38	4.25	2.17	30.6	49.4	22.9	3.09
		12		25.20	19.8	0.431	283	535	448	117	3.35	4.22	2.15	36.1	57.6	26.2	3.16
		14		29.06	22.8	0.431	321	625	508	133	3.32	4.18	2.14	41.3	65.3	29.1	3.24

（续）

型号	b	d	r	截面面积/cm²	理论质量/(kg/m)	外表面积/(m²/m)	I_x	I_{x1}	I_{x0}	I_{y0}	i_x	i_{x0}	i_{y0}	W_x	W_{x0}	W_{y0}	Z_0
							惯性矩/cm⁴				惯性半径/cm			截面系数/cm³			重心距离/cm
12.5	125	8		19.75	15.5	0.492	297	521	471	123	3.88	4.88	2.50	32.5	53.3	25.9	3.37
		10		24.37	19.1	0.491	362	652	574	149	3.85	4.85	2.48	40.0	64.9	30.6	3.45
		12		28.91	22.7	0.491	423	783	671	175	3.83	4.82	2.46	41.2	76.0	35.0	3.53
		14		33.37	26.2	0.490	482	916	764	200	3.80	4.78	2.45	54.2	86.4	39.1	3.61
		16		37.74	29.6	0.489	537	1050	851	224	3.77	4.75	2.43	60.9	96.3	43.0	3.68
14	140	10	14	27.37	21.5	0.551	515	915	817	212	4.34	5.46	2.78	50.6	82.6	39.2	3.82
		12		32.51	25.5	0.551	604	1100	959	249	4.31	5.43	2.76	59.8	96.9	45.0	3.90
		14		37.57	29.5	0.550	689	1280	1090	284	4.28	5.40	2.75	68.8	110	50.5	3.98
		16		42.54	33.4	0.549	770	1470	1220	319	4.26	5.36	2.74	77.5	123	55.6	4.06
15	150	8		23.75	18.6	0.592	521	900	827	215	4.69	5.90	3.01	47.4	78.0	38.1	3.99
		10		29.37	23.1	0.591	638	1130	1010	262	4.66	5.87	2.99	58.4	95.5	45.5	4.08
		12		34.91	27.4	0.591	749	1350	1190	308	4.63	5.84	2.97	69.0	112	52.4	4.15
		14		40.37	31.7	0.590	856	1580	1360	352	4.60	5.80	2.95	79.5	128	58.8	4.23
		15		43.06	33.8	0.590	907	1690	1440	374	4.59	5.78	2.95	84.6	136	61.9	4.27
		16		45.74	35.9	0.589	958	1810	1520	395	4.58	5.77	2.94	89.6	143	64.9	4.31
16	160	10	16	31.50	24.7	0.630	780	1370	1240	322	4.98	6.27	3.20	66.7	109	52.8	4.31
		12		37.44	29.4	0.630	917	1640	1460	377	4.95	6.24	3.18	79.0	129	60.7	4.39
		14		43.30	34.0	0.629	1050	1910	1670	432	4.92	6.20	3.16	91.0	147	68.2	4.47
		16		49.07	38.5	0.629	1180	2190	1870	485	4.89	6.17	3.14	103	165	75.3	4.55
18	180	12		42.24	33.2	0.710	1320	2330	2100	543	5.59	7.05	3.58	101	165	78.4	4.89
		14		48.90	38.4	0.709	1510	2720	2410	622	5.56	7.02	3.56	116	189	88.4	4.97
		16		55.47	43.5	0.709	1700	3120	2700	699	5.54	6.98	3.55	131	212	97.8	5.05
		18		61.96	48.6	0.708	1880	3500	2990	762	5.50	6.94	3.51	146	235	105	5.13
20	200	14	18	54.64	42.9	0.788	2100	3730	3340	864	6.20	7.82	3.98	145	236	112	5.46
		16		62.01	48.7	0.788	2370	4270	3760	971	6.18	7.79	3.96	164	266	124	5.54
		18		69.30	54.4	0.787	2620	4810	4160	1080	6.15	7.75	3.94	182	294	136	5.62
		20		76.51	60.1	0.787	2870	5350	4550	1180	6.12	7.72	3.93	200	322	147	5.69
		24		90.66	71.2	0.785	3340	6460	6290	1380	6.07	7.64	3.90	236	374	167	5.87
22	220	16	21	68.67	53.9	0.866	3190	5680	5060	1310	6.81	8.59	4.37	200	326	154	6.03
		18		76.76	60.3	0.866	3540	6400	5620	1450	6.79	8.55	4.35	223	361	168	6.11
		20		84.76	66.5	0.865	3870	7110	6150	1590	6.76	8.52	4.34	245	395	182	6.18
		22		92.68	72.8	0.865	4200	7830	6670	1730	6.73	8.48	4.32	267	429	195	6.26
		24		100.5	78.9	0.864	4520	8550	7170	1870	6.71	8.45	4.31	289	461	208	6.33
		26		108.3	85.0	0.864	4830	9280	7690	2000	6.68	8.41	4.30	310	492	221	6.41

（续）

型号	截面尺寸/mm			截面面积/cm²	理论质量/(kg/m)	外表面积/(m²/m)	惯性矩/cm⁴				惯性半径/cm			截面系数/cm³			重心距离/cm
	b	d	r				I_x	I_{x1}	I_{x0}	I_{y0}	i_x	i_{x0}	i_{y0}	W_x	W_{x0}	W_{y0}	Z_0
25	250	18	24	87.84	69.0	0.985	5270	9380	8370	2170	7.75	9.76	4.97	290	473	224	6.84
		20		97.05	76.2	0.984	5780	10400	9180	2380	7.72	9.73	4.95	320	519	243	6.92
		22		106.2	83.3	0.983	6280	11500	9970	2580	7.69	9.69	4.93	349	564	261	7.00
		24		115.2	90.4	0.983	6770	12500	10700	2790	7.67	9.66	4.92	378	608	278	7.07
		26		124.2	97.5	0.982	7240	13600	11500	2980	7.64	9.62	4.90	406	650	295	7.15
		28		133.0	104	0.982	7700	14600	12200	3180	7.61	9.58	4.89	433	691	311	7.22
		30		141.8	111	0.981	8160	15700	12900	3380	7.58	9.55	4.88	461	731	327	7.30
		32		150.5	118	0.981	8600	16800	13600	3570	7.56	9.51	4.87	488	770	342	7.37
		35		163.4	128	0.980	9240	18400	14600	3850	7.52	9.46	4.86	527	827	364	7.48

注：截面图中的 $r_1 = 1/3d$ 及表中 r 的数据用于孔型设计，不作为交货条件。

附表 B-4　L 型钢截面尺寸、截面面积、理论质量及截面特性

型号	截面尺寸/mm						截面面积/cm²	理论质量/(kg/m)	惯性矩 I_x/cm⁴	重心距离 Y_0/cm
	B	b	D	d	r	r_1				
L250×90×9×13	250	90		9	13	15	7.5	33.4	26.2	2190	8.64
L250×90×10.5×15				10.5	15			38.5	30.3	2510	8.76
L250×90×11.5×16				11.5	16			41.7	32.7	2710	8.90
L300×100×10.5×15	300	100		10.5	15			45.3	35.6	4290	10.6
L300×100×11.5×16				11.5	16			49.0	38.5	4630	10.7
L350×120×10.5×16	350	120		10.5	16			54.9	43.1	7110	12.0
L350×120×11.5×18				11.5	18			60.4	47.4	7780	12.0
L400×120×11.5×23	400	120		11.5	23	20	10	71.6	56.2	11900	13.3
L450×120×11.5×25	450	120		11.5	25			79.5	62.4	16800	15.1
L500×120×12.5×33	500	120		12.5	33			98.6	77.4	25500	16.5
L500×120×13.5×35				13.5	35			105.0	82.8	27100	16.6

附录 B-5　不等边角钢截面尺寸、截面面积、理论质量及截面特性

型号	截面尺寸/mm				截面面积/cm²	理论质量/(kg/m)	外表面积/(m²/m)	惯性矩/cm⁴					惯性半径/cm			截面系数/cm³			tanα	重心距离/cm	
	B	b	d	r				I_x	I_{x1}	I_y	I_{y1}	I_u	i_x	i_y	i_u	W_x	W_y	W_u		X_0	Y_0
2.5/1.6	25	16	3	3.5	1.162	0.91	0.080	0.70	1.56	0.22	0.43	0.14	0.78	0.44	0.34	0.43	0.19	0.16	0.392	0.42	0.86
			4		1.499	1.18	0.079	0.88	2.09	0.27	0.59	0.17	0.77	0.43	0.34	0.55	0.24	0.20	0.381	0.46	0.90
3.2/2	32	20	3	3.5	1.492	1.17	0.102	1.53	3.27	0.46	0.82	0.28	1.01	0.55	0.43	0.72	0.30	0.25	0.382	0.49	1.08
			4		1.939	1.52	0.101	1.93	4.37	0.57	1.12	0.35	1.00	0.54	0.42	0.93	0.39	0.32	0.374	0.53	1.12
4/2.5	40	25	3	4	1.890	1.48	0.127	3.08	5.39	0.93	1.59	0.56	1.28	0.70	0.54	1.15	0.49	0.40	0.385	0.59	1.32
			4		2.467	1.94	0.127	3.93	8.53	1.18	2.14	0.71	1.36	0.69	0.54	1.49	0.63	0.52	0.381	0.63	1.37
4.5/2.8	45	28	3	5	2.149	1.69	0.143	4.45	9.10	1.34	2.23	0.80	1.44	0.79	0.61	1.47	0.62	0.51	0.383	0.64	1.47
			4		2.806	2.20	0.143	5.69	12.1	1.70	3.00	1.02	1.42	0.78	0.60	1.91	0.80	0.66	0.380	0.68	1.51
5/3.2	50	32	3	5.5	2.431	1.91	0.161	6.24	12.5	2.02	3.31	1.20	1.60	0.91	0.70	1.84	0.82	0.68	0.404	0.73	1.60
			4		3.177	2.49	0.160	8.02	16.7	2.58	4.45	1.53	1.59	0.90	0.69	2.39	1.06	0.87	0.402	0.77	1.65
5.6/3.6	56	36	3	6	2.743	2.15	0.181	8.88	17.5	2.92	4.7	1.73	1.80	1.03	0.79	2.32	1.05	0.87	0.408	0.80	1.78
			4		3.590	2.82	0.180	11.5	23.4	3.76	6.33	2.23	1.79	1.02	0.79	3.03	1.37	1.13	0.408	0.85	1.82
			5		4.415	3.47	0.180	13.9	29.3	4.49	7.94	2.67	1.77	1.01	0.78	3.71	1.65	1.36	0.404	0.88	1.87
6.3/4	63	40	4	7	4.058	3.19	0.202	16.5	33.3	5.23	8.63	3.12	2.02	1.14	0.88	3.87	1.70	1.40	0.398	0.92	2.04
			5		4.993	3.92	0.202	20.0	41.6	6.31	10.9	3.76	2.00	1.12	0.87	4.74	2.07	1.71	0.396	0.95	2.08
			6		5.908	4.64	0.201	23.4	50.0	7.29	13.1	4.34	1.96	1.11	0.86	5.59	2.43	1.99	0.393	0.99	2.12
			7		6.802	5.34	0.201	26.5	58.1	8.24	15.5	4.97	1.98	1.10	0.86	6.40	2.78	2.29	0.389	1.03	2.15
7/4.5	70	45	4	7.5	4.553	3.57	0.226	23.2	45.9	7.55	12.3	4.40	2.26	1.29	0.98	4.86	2.17	1.77	0.410	1.02	2.24
			5		5.609	4.40	0.225	28.0	57.1	9.13	15.4	5.40	2.23	1.28	0.98	5.92	2.65	2.19	0.407	1.06	2.28
			6		6.644	5.22	0.225	32.5	68.4	10.6	18.6	6.35	2.21	1.26	0.98	6.95	3.12	2.59	0.404	1.09	2.32
			7		7.658	6.01	0.225	37.2	80.0	12.0	21.8	7.16	2.20	1.25	0.97	8.03	3.57	2.94	0.402	1.13	2.36

型号	B	b	d	r																
7.5/5	75	50	5	8	6.126	4.81	0.245	34.9	70.0	12.6	21.0	7.41	2.39	1.44	1.10	6.83	3.3	2.74	0.435	1.17	2.40
			6		7.260	5.70	0.245	41.1	84.3	14.7	25.4	8.54	2.38	1.42	1.08	8.12	3.88	3.19	0.435	1.21	2.44
			8		9.467	7.43	0.244	52.4	113	18.5	34.2	10.9	2.35	1.40	1.07	10.5	4.99	4.10	0.429	1.29	2.52
			10		11.59	9.10	0.244	62.7	141	22.0	43.4	13.1	2.33	1.38	1.06	12.8	6.04	4.99	0.423	1.36	2.60
8/5	80	50	5	8	6.376	5.00	0.255	42.0	85.2	12.8	21.1	7.66	2.56	1.42	1.10	7.78	3.32	2.74	0.388	1.14	2.60
			6		7.560	5.93	0.255	49.5	103	15.0	25.4	8.85	2.56	1.41	1.08	9.25	3.91	3.20	0.387	1.18	2.65
			7		8.724	6.85	0.255	56.2	119	17.0	29.8	10.2	2.54	1.39	1.08	10.6	4.48	3.70	0.384	1.21	2.69
			8		9.867	7.75	0.254	62.8	136	18.9	34.3	11.4	2.52	1.38	1.07	11.9	5.03	4.16	0.381	1.25	2.73
9/5.6	90	56	5	9	7.212	5.66	0.287	60.5	121	18.3	29.5	11.0	2.90	1.59	1.23	9.92	4.21	3.49	0.385	1.25	2.91
			6		8.557	6.72	0.286	71.0	146	21.4	35.6	12.9	2.88	1.58	1.23	11.7	4.96	4.13	0.384	1.29	2.95
			7		9.881	7.76	0.286	81.0	170	24.4	41.7	14.7	2.86	1.57	1.22	13.5	5.70	4.72	0.382	1.33	3.00
			8		11.18	8.78	0.286	91.0	194	27.2	47.9	16.3	2.85	1.56	1.21	15.3	6.41	5.29	0.380	1.36	3.04
10/6.3	100	63	6	10	9.618	7.55	0.320	99.1	200	30.9	50.5	18.4	3.21	1.79	1.38	14.6	6.35	5.25	0.394	1.43	3.24
			7		11.11	8.72	0.320	113	233	35.3	59.1	21.0	3.20	1.78	1.38	16.9	7.29	6.02	0.394	1.47	3.28
			8		12.58	9.88	0.319	127	266	39.4	67.9	23.5	3.18	1.77	1.37	19.1	8.21	6.78	0.391	1.50	3.32
			10		15.47	12.1	0.319	154	333	47.1	85.7	28.3	3.15	1.74	1.35	23.3	9.98	8.24	0.387	1.58	3.40
10/8	100	80	6	10	10.64	8.35	0.354	107	200	61.2	103	31.7	3.17	2.40	1.72	15.2	10.2	8.37	0.627	1.97	2.95
			7		12.30	9.66	0.354	123	233	70.1	120	36.2	3.16	2.39	1.72	17.5	11.7	9.60	0.626	2.01	3.00
			8		13.94	10.9	0.353	138	267	78.6	137	40.6	3.14	2.37	1.71	19.8	13.2	10.8	0.625	2.05	3.04
			10		17.17	13.5	0.353	167	334	94.7	172	49.1	3.12	2.35	1.69	24.2	16.1	13.1	0.622	2.13	3.12

（续）

型号	截面尺寸/mm				截面面积 /cm²	理论质量 /(kg/m)	外表面积 /(m²/m)	惯性矩/cm⁴				惯性半径/cm			截面系数/cm³			tanα	重心距离/cm	
	B	b	d	r				I_x	I_{x1}	I_y	I_{y1}	I_u	i_x	i_y	i_u	W_x	W_y	W_u		X_0	Y_0
11/7	110	70	6	10	10.64	8.35	0.354	133	266	42.9	69.1	25.4	3.54	2.01	1.54	17.9	7.90	6.53	0.403	1.57	3.53
			7		12.30	9.66	0.354	153	310	49.0	80.8	29.0	3.53	2.00	1.53	20.6	9.09	7.50	0.402	1.61	3.57
			8		13.94	10.9	0.353	172	354	54.9	92.7	32.5	3.51	1.98	1.53	23.3	10.3	8.45	0.401	1.65	3.62
			10		17.17	13.5	0.353	208	443	65.9	117	39.2	3.48	1.96	1.51	28.5	12.5	10.3	0.397	1.72	3.70
12.5/8	125	80	7	11	14.10	11.1	0.403	228	455	74.4	120	43.8	4.02	2.30	1.76	26.9	12.0	9.92	0.408	1.80	4.01
			8		15.99	12.6	0.403	257	520	83.5	138	49.2	4.01	2.28	1.75	30.4	13.6	11.2	0.407	1.84	4.06
			10		19.71	15.5	0.402	312	650	101	173	59.5	3.98	2.26	1.74	37.3	16.6	13.6	0.404	1.92	4.14
			12		23.35	18.3	0.402	364	780	117	210	69.4	3.95	2.24	1.72	44.0	19.4	16.0	0.400	2.00	4.22
14/9	140	90	8	12	18.04	14.2	0.453	366	731	121	196	70.8	4.50	2.59	1.98	38.5	17.3	14.3	0.411	2.04	4.50
			10		22.26	17.5	0.452	446	913	140	246	85.8	4.47	2.56	1.96	47.3	21.2	17.5	0.409	2.12	4.58
			12		26.40	20.7	0.451	522	1100	170	297	100	4.44	2.54	1.95	55.9	25.0	20.5	0.406	2.19	4.66
			14		30.46	23.9	0.451	594	1280	192	349	114	4.42	2.51	1.94	64.2	28.5	23.5	0.403	2.27	4.74
15/9	150	90	8	12	18.84	14.8	0.473	442	898	123	196	74.1	4.84	2.55	1.98	43.9	17.5	14.5	0.364	1.97	4.92
			10		23.26	18.3	0.472	539	1120	149	246	89.9	4.81	2.53	1.97	54.0	21.4	17.7	0.362	2.05	5.01
			12		27.60	21.7	0.471	632	1350	173	297	105	4.79	2.50	1.95	63.8	25.1	20.8	0.359	2.12	5.09
			14		31.86	25.0	0.471	721	1570	196	350	120	4.76	2.48	1.94	73.3	28.8	23.8	0.356	2.20	5.17
			15		33.95	26.7	0.471	764	1680	207	376	127	4.74	2.47	1.93	78.0	30.5	25.3	0.354	2.24	5.21
			16		36.03	28.3	0.470	806	1800	217	403	134	4.73	2.45	1.93	82.6	32.3	26.8	0.352	2.27	5.25

型号	尺寸 b/a	r	d	A (cm²)	理论重量	外表面积	Ix	Iy	Ix1	Iy1	Iu	ix	iy	iu	Wx	Wy	Wu	tanα	x0	y0
16/10	160/100	13	10	25.32	19.9	0.512	669	1360	205	337	122	5.14	2.85	2.19	62.1	26.6	21.9	0.390	2.28	5.24
			12	30.05	23.6	0.511	785	1640	239	406	142	5.11	2.82	2.17	73.5	31.3	25.8	0.388	2.36	5.32
			14	34.71	27.2	0.510	896	1910	271	476	162	5.08	2.80	2.16	84.6	35.8	29.6	0.385	2.43	5.40
			16	39.28	30.8	0.510	1000	2180	302	548	183	5.05	2.77	2.16	95.3	40.2	33.4	0.382	2.51	5.48
18/11	180/110	14	10	28.37	22.3	0.571	956	1940	278	447	167	5.80	3.13	2.42	79.0	32.5	26.9	0.376	2.44	5.89
			12	33.71	26.5	0.571	1120	2330	325	539	195	5.78	3.10	2.40	93.5	38.3	31.7	0.374	2.52	5.98
			14	38.97	30.6	0.570	1290	2720	370	632	222	5.75	3.08	2.39	108	44.0	36.3	0.372	2.59	6.06
			16	44.14	34.6	0.569	1440	3110	412	726	249	5.72	3.06	2.38	122	49.4	40.9	0.369	2.67	6.14
20/12.5	200/125	14	12	37.91	29.8	0.641	1570	3190	483	788	286	6.44	3.57	2.74	117	50.0	41.2	0.392	2.83	6.54
			14	43.87	34.4	0.640	1800	3730	551	922	327	6.41	3.54	2.73	135	57.4	47.3	0.390	2.91	6.62
			16	49.74	39.0	0.639	2020	4260	615	1060	366	6.38	3.52	2.71	152	64.9	53.3	0.388	2.99	6.70
			18	55.53	43.6	0.639	2240	4790	677	1200	405	6.35	3.49	2.70	169	71.7	59.2	0.385	3.06	6.78

注：截面图中的 $r_1 = 1/3d$ 及表中 r 的数据用于孔型设计，不作为交货条件。

附录 C 热轧圆钢和方钢的尺寸、理论质量 （GB/T 702—2017）

附表 C-1 热轧圆钢和方钢的截面尺寸、理论质量

圆钢公称直径 d/mm 方钢公称边长 a/mm	理论质量/（kg/m）		圆钢公称直径 d/mm 方钢公称边长 a/mm	理论质量/（kg/m）	
	圆钢	方钢		圆钢	方钢
5.5	0.187	0.237	36	7.99	10.2
6	0.222	0.283	38	8.90	11.3
6.5	0.260	0.332	40	9.86	12.6
7	0.302	0.385	42	10.9	13.8
8	0.395	0.502	45	12.5	15.9
9	0.499	0.636	48	14.2	18.1
10	0.617	0.785	50	15.4	19.6
11	0.746	0.950	53	17.3	22.1
12	0.888	1.13	55	18.7	23.7
13	1.04	1.33	56	19.3	24.6
14	1.21	1.54	58	20.7	26.4
15	1.39	1.77	60	22.2	28.3
16	1.58	2.01	63	24.5	31.2
17	1.78	2.27	65	26.0	33.2
18	2.00	2.54	68	28.5	36.3
19	2.23	2.83	70	30.2	38.5
20	2.47	3.14	75	34.7	44.2
21	2.72	3.46	80	39.5	50.2
22	2.98	3.80	85	44.5	56.7
23	3.26	4.15	90	49.9	63.6
24	3.55	4.52	95	55.6	70.8
25	3.85	4.91	100	61.7	78.5
26	4.17	5.31	105	68.0	86.5
27	4.49	5.72	110	74.6	95.0
28	4.83	6.15	115	81.5	104
29	5.19	6.60	120	88.8	113
30	5.55	7.07	125	96.3	123
31	5.92	7.54	130	104	133
32	6.31	8.04	135	112	143
33	6.71	8.55	140	121	154
34	7.13	9.07	145	130	165
35	7.55	9.62	150	139	177

圆钢公称直径 d/mm 方钢公称边长 a/mm	理论质量/(kg/m)		圆钢公称直径 d/mm 方钢公称边长 a/mm	理论质量/(kg/m)	
	圆钢	方钢		圆钢	方钢
155	148	189	270	449	447
160	158	201	280	483	468
165	168	214	290	519	488
170	178	227	300	555	509
180	200	254	310	592	
190	223	283	320	631	
200	247	314	330	671	
210	272	323	340	713	
220	298	344	350	755	
230	326	364	360	799	
240	355	385	370	844	
250	385	406	380	890	
260	417	426			

注：表中钢的理论质量按密度为 7.85g/cm³ 计算。

附表 C-2　热轧圆钢和方钢的通常长度及短尺长度

通常长度/mm		短尺长度/mm
截面公称尺寸	钢棒长度	
全部规格	2000~12000	≥1500
碳素和合金工具钢 　　　　　　　≤75	2000~12000	≥1000
>75	1000~8000	≥500①

① 包括高速工具钢全部规格。

附录 D　热轧 H 型钢和剖分 T 型钢的截面尺寸、截面面积、理论质量及截面特性（GB/T 11263—2017）

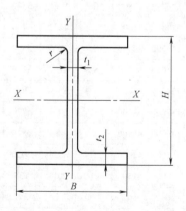

H——高度　B——宽度　t_1——腹板厚度
t_2——翼缘厚度　r——圆角半径

附图 D-1　H 型钢截面图

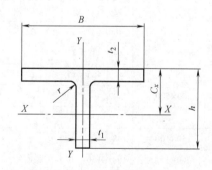

h——高度　B——宽度　t_1——腹板厚度
t_2——翼缘厚度　C_x——重心　r——圆角半径

附图 D-2　部分 T 型钢截面图

附表 D-1　热轧 H 型钢截面尺寸、截面面积、理论质量及截面特性

类别	型号（高度×宽度）/（mm×mm）	截面尺寸/mm					截面面积/cm²	理论质量/（kg/m）	惯性矩/cm⁴		惯性半径/cm		截面系数/cm³	
		H	B	t_1	t_2	r			I_x	I_y	i_x	i_y	W_x	W_y
HW	100×100	100	100	6	8	8	21.58	16.9	378	134	4.18	2.48	75.6	26.7
	125×125	125	125	6.5	9	8	30.00	23.6	839	293	5.28	3.12	134	46.9
	150×150	150	150	7	10	8	39.64	31.1	1620	563	6.39	3.76	216	75.1
	175×175	175	175	7.5	11	13	51.42	40.4	2900	984	7.50	4.37	331	112
	200×200	200	200	8	12	13	63.53	49.9	4720	1600	8.61	5.02	472	160
		*200	204	12	12	13	71.53	56.2	4980	1700	8.34	4.87	498	167
	250×250	*244	252	11	11	13	81.31	63.8	8700	2940	10.3	6.01	713	233
		250	250	9	14	13	91.43	71.8	10700	3650	10.8	6.31	860	292
		*250	255	14	14	13	103.9	81.6	11400	3880	10.5	6.10	912	304
	300×300	*294	302	12	12	13	106.3	83.5	16600	5510	12.5	7.20	1130	365
		300	300	10	15	13	118.5	93.0	20200	6750	13.1	7.55	1350	450
		*300	305	15	15	13	133.5	105	21300	7100	12.6	7.29	1420	466
	350×350	*338	351	13	13	13	133.3	105	27700	9380	14.4	8.38	1640	534
		*344	348	10	16	13	144.0	113	32800	11200	15.1	8.83	1910	646
		*344	354	16	16	13	164.7	129	34900	11800	14.6	8.48	2030	669
		350	350	12	19	13	171.9	135	39800	13600	15.2	8.88	2280	776
		*350	357	19	19	13	196.4	154	42300	14400	14.7	8.57	2420	808
	400×400	*388	402	15	15	22	178.5	140	49000	16300	16.6	9.54	2520	809
		*394	398	11	18	22	186.8	147	56100	18900	17.3	10.1	2850	951
		*394	405	18	18	22	214.4	168	59700	20000	16.7	9.64	3030	985
		400	400	13	21	22	218.7	172	66600	22400	17.5	10.1	3330	1120
		*400	408	21	21	22	250.7	197	70900	23800	16.8	9.74	3540	1170
		*414	405	18	28	22	295.4	232	92800	31000	17.7	10.2	4480	1530
		*428	407	20	35	22	360.7	283	119000	39400	18.2	10.4	5570	1930
		*458	417	30	50	22	528.6	415	187000	60500	18.8	10.7	8170	2900
		*498	432	45	70	22	770.1	604	298000	94400	19.7	11.1	12000	4370
	500×500	*492	465	15	20	22	258.0	202	117000	33500	21.3	11.4	4770	1440
		*502	465	15	25	22	304.5	239	146000	41900	21.9	11.7	5810	1800
		*502	470	20	25	22	329.6	259	151000	43300	21.4	11.5	6020	1840
HM	150×100	148	100	6	9	8	26.34	20.7	1000	150	6.16	2.38	135	30.1
	200×150	194	150	6	9	8	38.10	29.9	2630	507	8.30	3.64	271	67.6
	250×175	244	175	7	11	13	55.49	43.6	6040	984	10.4	4.21	495	112
	300×200	294	200	8	12	13	71.05	55.8	11100	1600	12.5	4.74	756	160
		*298	201	9	14	13	82.03	64.4	13100	1900	12.6	4.80	878	189
	350×250	340	250	9	14	13	99.53	78.1	21200	3650	14.6	6.05	1250	292

（续）

类别	型　号 （高度×宽度）/ （mm×mm）	截面尺寸/mm					截面面 积/cm²	理论质量 /（kg/m）	惯性矩/cm⁴		惯性半径/cm		截面系数/cm³	
		H	B	t_1	t_2	r			I_x	I_y	i_x	i_y	W_x	W_y
HM	400×300	390	300	10	16	13	133.3	105	37900	7200	16.9	7.35	1940	480
	450×300	440	300	11	18	13	153.9	121	54700	8110	18.9	7.25	2490	540
	500×300	*482	300	11	15	13	141.2	111	58300	6760	20.3	6.91	2420	450
		488	300	11	18	13	159.2	125	68900	8110	20.8	7.13	2820	540
	550×300	*544	300	11	15	13	148.0	116	76400	6760	22.7	6.75	2810	450
		*550	300	11	18	13	166.0	130	89800	8110	23.3	6.98	3270	540
	600×300	*582	300	12	17	13	169.2	133	98900	7660	24.2	6.72	3400	511
		588	300	12	20	13	187.2	147	114000	9010	24.7	6.93	3890	601
		*594	302	14	23	13	217.1	170	134000	10600	24.8	6.97	4500	700
IIN	*100×50	100	50	5	7	8	11.84	9.30	187	14.8	3.97	1.11	37.5	5.91
	*125×60	125	60	6	8	8	16.68	13.1	409	29.1	4.95	1.32	65.4	9.71
	150×75	150	75	5	7	8	17.84	14.0	666	49.5	6.10	1.66	88.8	13.2
	175×90	175	90	5	8	8	22.89	18.0	1210	97.5	7.25	2.06	138	21.7
	200×100	*198	99	4.5	7	8	22.68	17.8	1540	113	8.24	2.23	156	22.9
		200	100	5.5	8	8	26.66	20.9	1810	134	8.22	2.23	181	26.7
	250×125	*248	124	5	8	8	31.98	25.1	3450	255	10.4	2.82	278	41.1
		250	125	6	9	8	36.96	29.0	3960	294	10.4	2.81	317	47.0
	300×150	*298	149	5.5	8	13	40.80	32.0	6320	442	12.4	3.29	424	59.3
		300	150	6.5	9	13	46.78	36.7	7210	508	12.4	3.29	481	67.7
	350×175	*346	174	6	9	13	52.45	41.2	11000	791	14.5	3.88	638	91.0
		350	175	7	11	13	62.91	49.4	13500	984	14.6	3.95	771	112
	400×150	400	150	8	13	13	70.37	55.2	18600	734	16.3	3.22	929	97.8
	400×200	*396	199	7	11	13	71.41	56.1	19800	1450	16.6	4.50	999	145
		400	200	8	13	13	83.37	65.4	23500	1740	16.8	4.56	1170	174
	450×150	*446	150	7	12	13	66.99	52.6	22000	677	18.1	3.17	985	90.3
		450	151	8	14	13	77.49	60.8	25700	806	18.2	3.22	1140	107
	450×200	*446	199	8	12	13	82.97	65.1	28100	1580	18.4	4.36	1260	159
		450	200	9	14	13	95.43	74.9	32900	1870	18.6	4.42	1460	187
	475×150	*470	150	7	13	13	71.53	56.2	26200	733	19.1	3.20	1110	97.8
		*475	151.5	8.5	15.5	13	86.15	67.6	31700	901	19.2	3.23	1330	119
		482	153.5	10.5	19	13	106.4	83.5	39600	1150	19.3	3.28	1640	150
	500×150	*492	150	7	12	13	70.21	55.1	27500	677	19.8	3.10	1120	90.3
		*500	152	9	16	13	92.21	72.4	37000	940	20.0	3.19	1480	124
		504	153	10	18	13	103.3	81.1	41900	1080	20.1	3.23	1660	141

479

（续）

类别	型 号 （高度×宽度）/ （mm×mm）	截面尺寸/mm					截面面 积/cm²	理论质量 /（kg/m）	惯性矩/cm⁴		惯性半径/cm		截面系数/cm³	
		H	B	t_1	t_2	r			I_x	I_y	i_x	i_y	W_x	W_y
HN	500×200	* 496	199	9	14	13	99.29	77.9	40800	1840	20.3	4.30	1650	185
		500	200	10	16	13	112.3	88.1	46800	2140	20.4	4.36	1870	214
		* 506	201	11	19	13	129.3	102	55500	2580	20.7	4.46	2190	257
	550×200	* 546	199	9	14	13	103.8	81.5	50800	1840	22.1	4.21	1860	185
		550	200	10	16	13	117.3	92.0	58200	2140	22.3	4.27	2120	214
	600×200	* 596	199	10	15	13	117.8	92.4	66600	1980	23.8	4.09	2240	199
		600	200	11	17	13	131.7	103	75600	2270	24.0	4.15	2520	227
		* 606	201	12	20	13	149.8	118	88300	2720	24.3	4.25	2910	270
	625×200	* 625	198.5	13.5	17.5	13	150.6	118	88500	2300	24.2	3.90	2830	231
		630	200	15	20	13	170.0	133	101000	2690	24.4	3.97	3220	268
		* 638	202	17	24	13	198.7	156	122000	3320	24.8	4.09	3820	329
	650×300	* 646	299	12	18	18	183.5	144	131000	8030	26.7	6.61	4080	537
		* 650	300	13	20	18	202.1	159	146000	9010	26.9	6.67	4500	601
		* 654	301	14	22	18	220.6	173	161000	10000	27.4	6.81	4930	656
	700×300	* 629	300	13	20	18	207.5	163	168000	9020	28.5	6.59	4870	601
		700	300	13	24	18	231.5	182	197000	10800	29.2	6.83	5640	721
	750×300	* 734	299	12	16	18	182.7	143	161000	7140	29.7	6.25	4390	478
		* 742	300	13	20	18	214.0	168	197000	9020	30.4	6.49	5320	601
		* 750	300	13	24	18	238.0	187	231000	10800	31.1	6.74	6150	721
		* 758	303	16	28	18	284.8	224	276000	13000	31.1	6.75	7270	859
	800×300	* 792	300	14	22	18	239.5	188	248000	9920	32.2	6.43	6270	661
		800	300	14	26	18	263.5	207	286000	11700	33.0	6.66	7160	781
	850×300	* 834	298	14	19	18	227.5	179	251000	8400	33.2	6.07	6020	564
		* 842	299	15	23	18	259.7	204	298000	10300	33.9	6.28	7080	687
		* 850	300	16	27	18	292.1	229	346000	12200	34.4	6.45	8140	812
		* 858	301	17	31	18	324.7	255	395000	14100	34.9	6.59	9210	939
	900×300	* 890	299	15	23	18	266.9	210	339000	10300	35.6	6.20	7610	687
		900	300	16	28	18	305.8	240	404000	12600	36.4	6.42	8990	842
		* 912	302	18	34	18	360.1	283	491000	15700	36.9	6.59	10800	1040
	1000×300	* 970	297	16	21	18	276.0	217	393000	9210	37.8	5.77	8110	620
		* 980	298	17	26	18	315.5	248	472000	11500	38.7	6.04	9630	772
		* 990	298	17	31	18	345.3	271	544000	13700	39.7	6.30	11000	921
		* 1000	300	19	36	18	395.1	310	634000	16300	40.1	6.41	12700	1080
		* 1008	302	21	40	18	439.3	345	712000	18400	40.3	6.47	14100	1220

（续）

类别	型号（高度×宽度）/（mm×mm）	截面尺寸/mm					截面面积/cm²	理论质量/（kg/m）	惯性矩/cm⁴		惯性半径/cm		截面系数/cm³	
		H	B	t_1	t_2	r			I_x	I_y	i_x	i_y	W_x	W_y
HT	100×50	95	48	3.2	4.5	8	7.620	5.98	115	8.39	3.88	1.04	24.2	3.49
		97	49	4	5.5	8	9.370	7.36	143	10.9	3.91	1.07	29.6	4.45
	100×100	96	99	4.5	6	8	16.20	12.7	272	97.2	4.09	2.44	56.7	19.6
	125×60	118	58	3.2	4.5	8	9.250	7.26	218	14.7	4.85	1.26	37.0	5.08
		120	59	4	5.5	8	11.39	8.94	271	19.0	4.87	1.29	45.2	6.43
	125×125	119	123	4.5	6	8	20.12	15.8	532	186	5.14	3.04	89.5	30.3
	150×75	145	73	3.2	4.5	8	11.47	9.00	416	29.3	6.01	1.59	57.3	8.02
		147	74	4	5.5	8	14.12	11.1	516	37.3	6.04	1.62	70.2	10.1
	150×100	139	97	3.2	4.5	8	13.43	10.6	476	68.6	5.94	2.25	68.4	14.1
		142	99	4.5	6	8	18.27	14.3	654	97.2	5.98	2.30	92.1	19.6
	150×150	144	148	5	7	8	27.76	21.8	1090	378	6.25	3.69	151	51.1
		147	149	6	8.5	8	33.67	26.4	1350	469	6.32	3.73	183	63.0
	175×90	168	88	3.2	4.5	8	13.55	10.6	670	51.2	7.02	1.94	79.7	11.6
		171	89	4	6	8	17.58	13.8	894	70.7	7.13	2.00	105	15.9
	175×175	167	173	5	7	13	33.32	26.2	1780	605	7.30	4.26	213	69.9
		172	175	6.5	9.5	13	44.64	35.0	2470	850	7.43	4.36	287	97.1
	200×100	193	98	3.2	4.5	8	15.25	12.0	994	70.7	8.07	2.15	103	14.4
		196	99	4	6	8	19.78	15.5	1320	97.2	8.18	2.21	135	19.6
	200×150	188	149	4.5	6	8	26.34	20.7	1730	331	8.09	3.54	184	44.4
	200×200	192	198	6	8	13	43.69	34.3	3060	1040	8.37	4.86	319	105
	250×125	244	124	4.5	6	8	25.86	20.3	2650	191	10.1	2.71	217	30.8
	250×175	238	173	4.5	6	13	39.12	30.7	4240	691	10.4	4.20	356	79.9
	300×150	294	148	4.5	6	13	31.90	25.0	4800	325	12.3	3.19	327	43.9
	300×200	286	198	6	8	13	49.33	38.7	7360	1040	12.2	4.58	515	105
	350×175	340	173	4.5	6	13	36.97	29.0	7490	518	14.2	3.74	441	59.9
	400×150	390	148	6	8	13	47.57	37.3	11700	434	15.7	3.01	602	58.6
	400×200	390	198	6	8	13	55.57	43.6	14700	1040	16.2	4.31	752	105

注：1. 表中同一型号的产品，其内侧尺寸高度一致。
　　2. 表中截面面积计算公式为："$t_1(H-2t_2)+2Bt_2+0.858r^2$"。
　　3. 表中"＊"表示的规格为市场非常用规格。

481

附表 D-2　部分 T 型钢截面尺寸、截面面积、理论质量及截面特性

类别	型 号 (高度×宽度) /（mm×mm）	截面尺寸/mm					截面 面积 /cm²	理论质 量/ （kg/m）	惯性矩/cm⁴		惯性半径/cm		截面 系数/cm³		重心 C_x /cm	对应 H 型 钢系列型 号
		H	B	t_1	t_2	r			I_x	I_y	i_x	i_y	W_x	W_y		
TW	50×100	50	100	6	8	8	10.79	8.47	16.1	66.8	1.22	2.48	4.02	13.4	1.00	100×100
	62.5×125	62.5	125	6.5	9	8	15.00	11.8	35.0	147	1.52	3.12	6.91	23.5	1.19	125×125
	75×150	75	150	7	10	8	19.82	15.6	66.4	282	1.82	3.76	10.8	37.5	1.37	150×150
	87.5×175	87.5	175	7.5	11	13	25.71	20.2	115	492	2.11	4.37	15.9	56.2	1.55	175×175
	100×200	100	200	8	12	13	31.76	24.9	184	801	2.40	5.02	22.3	80.1	1.73	200×200
		100	204	12	12	13	35.76	28.1	256	851	2.67	4.87	32.4	83.4	2.09	
	125×250	125	250	9	14	13	45.71	35.9	412	1820	3.00	6.31	39.5	146	2.08	250×250
		125	255	14	14	13	51.96	40.8	589	1940	3.36	6.10	59.4	152	2.58	
	150×300	147	302	12	12	13	53.16	41.7	857	2760	4.01	7.20	72.3	183	2.85	300×300
		150	300	10	15	13	59.22	46.5	798	3380	3.67	7.55	63.7	225	2.47	
		150	305	15	15	13	66.72	52.4	1110	3550	4.07	7.29	92.5	233	3.04	
	175×350	172	348	10	16	13	72.00	56.5	1230	5620	4.13	8.83	84.7	323	2.67	350×350
		175	350	12	19	13	85.94	67.5	1520	6790	4.20	8.88	104	388	2.87	
	200×400	194	402	15	15	22	89.22	70.0	2480	8130	5.27	9.54	158	404	3.70	400×400
		197	398	11	18	22	93.40	73.3	2050	9460	4.67	10.1	123	475	3.01	
		200	400	13	21	22	109.3	85.8	2480	11200	4.75	10.1	147	560	3.21	
		200	408	21	21	22	125.3	98.4	3650	11900	5.39	9.74	229	584	4.07	
		207	405	18	28	22	147.7	116	3620	15500	4.95	10.2	213	766	3.68	
		214	407	20	35	22	180.3	142	4380	19700	4.92	10.4	250	957	3.90	
TM	75×100	74	100	6	9	8	13.17	10.3	51.7	75.2	1.98	2.38	8.84	15.0	1.56	150×100
	100×150	97	150	6	9	8	19.05	15.0	124	253	2.55	3.64	15.8	33.8	1.80	200×150
	125×175	122	175	7	11	13	27.74	21.8	288	492	3.22	4.21	29.1	56.2	2.28	250×175
	150×200	147	200	8	12	13	35.52	27.9	571	801	4.00	4.74	48.2	80.1	2.85	300×200
		149	201	9	14	13	41.01	32.2	661	949	4.01	4.80	55.2	94.4	2.92	
	175×250	170	250	9	14	13	49.76	39.1	1020	1820	4.51	6.05	73.2	146	3.11	350×250
	200×300	195	300	10	16	13	66.62	52.3	1730	3600	5.09	7.35	108	240	3.43	400×300
	225×300	220	300	11	18	13	76.94	60.4	2680	4050	5.89	7.25	150	270	4.09	450×300
	250×300	241	300	11	15	13	70.58	55.4	3400	3380	6.93	6.91	178	225	5.00	500×300
		244	300	11	18	13	79.58	62.5	3610	4050	6.73	7.13	184	270	4.72	
	275×300	272	300	11	15	13	73.99	58.1	4790	3380	8.04	6.75	225	225	5.96	550×300
		275	300	11	18	13	82.99	65.2	5090	4050	7.82	6.98	232	270	5.59	
	300×300	291	300	12	17	13	84.60	66.4	6320	3830	8.64	6.72	280	255	6.51	600×300
		294	300	12	20	13	93.60	73.5	6680	4500	8.44	6.93	288	300	6.17	
		297	302	14	23	13	108.5	85.2	7890	5290	8.52	6.97	339	350	64.1	

（续）

类别	型 号（高度×宽度）/（mm×mm）	截面尺寸/mm					截面面积/cm²	理论质量/（kg/m）	惯性矩/cm⁴		惯性半径/cm		截面系数/cm³		重心C_x/cm	对应H型钢系列型号
		H	B	t_1	t_2	r			I_x	I_y	i_x	i_y	W_x	W_y		
TN	50×50	50	50	5	7	8	5.920	4.65	11.8	7.39	1.41	1.11	3.18	2.95	1.28	100×50
	62.5×60	62.5	60	6	8	8	8.340	6.55	27.5	14.6	1.81	1.32	5.96	4.85	1.64	125×60
	75×75	75	75	5	7	8	8.920	7.00	42.6	24.7	2.18	1.66	7.46	6.59	1.79	150×75
	87.5×90	85.5	89	4	6	8	8.790	6.90	53.7	35.3	2.47	2.00	8.02	7.94	1.86	175×90
		87.5	90	5	8	8	11.44	8.98	70.6	48.7	2.48	2.06	10.4	10.8	1.93	
	100×100	99	99	4.5	7	8	11.34	8.90	93.5	56.7	2.87	2.23	12.1	11.5	2.17	200×100
		100	100	5.5	8	8	13.33	10.5	114	66.9	2.92	2.23	14.8	13.4	2.31	
	125×125	124	124	5	8	8	15.99	12.6	207	127	3.59	2.82	21.3	20.5	2.66	250×125
		125	125	6	9	8	18.48	14.5	248	147	3.66	2.81	25.6	23.5	2.81	
	150×150	149	149	5.5	8	13	20.40	16.0	393	221	4.39	3.29	33.8	29.7	3.26	300×150
		150	150	6.5	9	13	23.39	18.4	464	254	4.45	3.29	40.0	33.8	3.41	
	175×175	173	174	6	9	13	26.22	20.6	679	396	5.08	3.88	50.0	45.5	3.72	350×175
		175	175	7	11	13	31.45	24.7	814	492	5.08	3.95	59.3	56.2	3.76	
	200×200	198	199	7	11	13	35.70	28.0	1190	723	5.77	4.50	76.4	72.7	4.20	400×200
		200	200	8	13	13	41.68	32.7	1390	868	5.78	4.56	88.6	86.8	4.26	
	225×150	223	150	7	12	13	33.49	26.3	1570	338	6.84	3.17	93.7	45.1	5.54	450×150
		225	151	8	14	13	38.74	30.4	1830	403	6.87	3.22	108	53.4	5.62	
	225×200	223	199	8	12	13	41.48	32.6	1870	789	6.71	4.36	109	79.3	5.15	450×200
		225	200	9	14	13	47.71	37.5	2150	935	6.71	4.42	124	93.5	5.19	
	237.5×150	235	150	7	13	13	35.76	28.1	1850	367	7.18	3.20	104	48.9	7.50	475×150
		237.5	151.5	8.5	15.5	13	43.07	33.8	2270	451	7.25	3.23	128	59.5	7.57	
		241	153.5	10.5	19	13	53.20	41.8	2860	575	7.33	3.28	160	75.0	7.67	
	250×150	246	150	7	12	13	35.10	27.6	2060	339	7.66	3.10	113	45.1	6.36	500×150
		250	152	9	16	13	46.10	36.2	2750	470	7.71	3.19	149	61.9	6.53	
		252	153	10	18	13	51.66	40.6	3100	540	7.74	3.23	167	70.5	6.62	
	250×200	248	199	9	14	13	49.64	39.0	2820	921	7.54	4.30	150	92.6	5.97	500×200
		250	200	10	16	13	56.12	44.1	3200	1070	7.54	4.36	169	107	6.03	
		253	201	11	19	13	64.65	50.8	3660	1290	7.52	4.46	189	128	6.00	
	275×200	273	199	9	14	13	51.89	40.7	3690	921	8.43	4.21	180	92.6	6.85	550×200
		275	200	10	16	13	58.62	46.0	4180	1070	8.44	4.27	203	107	6.89	
	300×200	298	199	10	15	13	58.87	46.2	5150	988	9.35	4.09	235	99.3	7.92	600×200
		300	200	11	17	13	65.85	51.7	5770	1140	9.35	4.15	262	114	7.95	
		303	201	12	20	13	74.88	58.8	6530	1360	9.33	4.25	291	135	7.88	

（续）

类别	型 号 （高度×宽度） /（mm×mm）	截面尺寸/mm					截面面积 /cm²	理论质量/ （kg/m）	惯性矩/cm⁴		惯性半径/cm		截面系数/cm³		重心 C_x /cm	对应H型钢系列型号
		H	B	t_1	t_2	r			I_x	I_y	i_x	i_y	W_x	W_y		
TN	312.5×200	312.5	198.5	13.5	17.5	13	75.28	59.1	7460	1150	9.95	3.90	338	116	9.15	625×200
		315	200	15	20	13	84.97	66.7	8470	1340	9.98	3.97	380	134	9.21	
		319	202	17	24	13	99.35	78.0	9960	1160	10.0	4.08	440	165	9.26	
	325×300	323	299	12	18	18	91.81	72.1	8570	4020	9.66	6.61	344	269	7.36	650×300
		325	300	13	20	18	101.00	79.3	9430	4510	9.66	6.67	376	300	7.40	
		327	301	14	22	18	110.3	86.59	10300	5010	9.66	6.81	356	302	7.20	
	350×300	346	300	13	18	18	103.1	80.9	11200	4510	10.4	6.59	424	301	8.12	700×300
		350	300	13	24	13	115.8	90.9	12000	5410	10.2	6.85	438	361	7.65	
	400×300	396	300	14	22	18	119.8	94.0	17600	4960	12.1	6.43	592	331	9.77	800×300
		400	300	14	26	18	131.8	103	18700	5860	11.9	6.66	610	391	9.27	
	450×300	445	299	15	23	18	133.5	105	25900	5140	13.9	6.20	789	344	11.7	900×300
		450	300	16	28	18	152.9	120	29100	6320	13.8	6.42	865	421	11.4	
		456	302	18	34	18	180.0	141	34100	7830	13.8	6.59	997	518	11.3	

附录 E 低压流体输送用焊接钢管（GB/T 3091—2015）

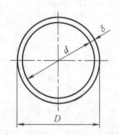

截面面积 $A = \frac{\pi}{4}(D^2 - d^2)$

惯性半径 $r = \frac{1}{4}\sqrt{D^2 + d^2}$

附图 E-1 钢管截面图

附表 E-1 钢管的公称口径、公称外径、公称壁厚 （单位：mm）

公称口径 DN	外径 D			最小公称壁厚 t	圆度 不大于
	系列 1	系列 2	系列 3		
6	10.2	10.0	—	2.0	0.20
8	13.5	12.7	—	2.0	0.20
10	17.2	16.0	—	2.2	0.20
15	21.3	20.8	—	2.2	0.30
20	26.9	26.0	—	2.2	0.35
25	33.7	33.0	32.5	2.5	0.40
32	42.4	42.0	41.5	2.5	0.40
40	48.3	48.0	47.5	2.75	0.50
50	60.3	59.5	59.0	3.0	0.60
65	76.1	75.5	75.0	3.0	0.60
80	88.9	88.5	88.0	3.25	0.70
100	114.3	114.0	—	3.25	0.80
125	139.7	141.3	140.0	3.5	1.00
150	165.1	168.3	159.0	3.5	1.20
200	219.1	219.0	—	4.0	1.60

注：1. 表中的公称口径是近似内径的名义尺寸，不表示外径减去两倍壁厚所得的内径。
2. 系列 1 是通用系列，属推荐选用系列；系列 2 是非通用系列；系列 3 是少数特殊、专用系列。

附表 E-2　镀锌层 500g/m² 的重量系数

公称壁厚/mm	2.0	2.2	2.3	2.5	2.8	2.9	3.0	3.2	3.5	3.6
系数 c	1.064	1.058	1.055	1.051	1.045	1.044	1.042	1.040	1.036	1.035
公称壁厚/mm	3.8	4.0	4.5	5.0	5.4	5.5	5.6	6.0	6.3	7.0
系数 c	1.034	1.032	1.028	1.025	1.024	1.023	1.023	1.021	1.020	1.018
公称壁厚/mm	7.1	8.0	8.8	1.0	11	12.5	14.2	16	17.5	20
系数 c	1.018	1.016	1.014	1.013	1.012	1.010	1.009	1.008	1.007	1.006

附录 F　起重机钢轨的截面尺寸、截面面积、理论质量及截面特性（YB/T 5055—2014）

1. 本标准适用于起重机大车及小车用的特种截面起重机钢轨。
2. 钢轨的标准长度为：9m、9.5m、10m、10.5m、11m、11.5m、12m、12.5m。
3. 钢轨的材料规定为 U71Mn。

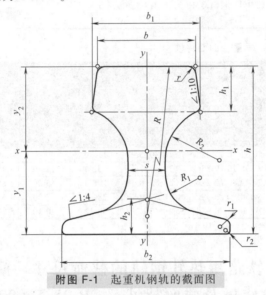

附图 F-1　起重机钢轨的截面图

附表 F-1　起重机钢轨的截面尺寸

型号	b	b_1	b_2	s	h	h_1	h_2	R	R_1	R_2	r	r_1	r_2
	mm												
QU70	70	76.5	120	28	120	32.5	24	400	23	38	6	6	1.5
QU80	80	87	130	32	130	35	26	400	26	44	8	6	1.5
QU100	100	108	150	38	150	40	30	450	30	50	8	8	2
QU120	120	129	170	44	170	45	35	500	34	56	8	8	2

附表 F-2　起重机钢轨的截面面积、质量、截面特性

型号	横截面面积 /cm²	理论质量 /(kg/m)	重心距轨底距离/cm	重心距轨头距离/cm	对水平轴线的惯性力矩 /cm⁴	对垂直轴线的惯性力矩 /cm⁴	下部截面系数 /cm³	上部截面系数 /cm³	底侧边截面系数 /cm³
QU70	67.22	52.77	5.93	6.07	1083.25	319.67	182.80	178.34	53.28
QU80	82.05	64.41	6.49	6.51	1530.12	472.14	235.95	234.86	72.64
QU100	113.44	89.05	7.63	7.37	2806.11	919.70	367.87	380.64	122.63
QU120	150.95	118.50	8.70	8.30	4796.71	1677.34	551.41	577.85	197.33

注：起重机小车轨道用方钢可查阅 GB/T 702—2017。

附录 G 轻轨的截面尺寸、截面面积、理论质量及截面特性（GB/T 11264—2012）

附表 G-1 轻轨的截面尺寸

轨型/(kg/m)	C	B	A	t
	mm			
9	32.10	63.50	63.50	5.90
12	38.10	69.85	69.85	7.54
15	42.86	79.37	79.37	8.33
22	50.80	93.66	93.66	10.72
30	60.33	107.95	107.95	12.30

附表 G-2 轻轨的长度

型号/(kg/m)	长度/m
9,12,15,18,22,24,30	12.0,11.5,11.0,10.5,10.0,9.5,9.0,8.5, 8.0,7.5,7.0,6.5,6.0,5.5,5.0

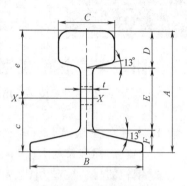

附图 G-1 轻轨截面图

附表 G-3 轻轨的截面面积、质量、截面特性

项 目	截面尺寸							截面面积	理论质量	截面特性参数				
	轨高	底宽	头宽	头高	腰高	底高	腰厚			重心位置		惯性矩	截面系数	惯性半径
型 号/(kg/m)	A	B	C	D	E	F	t	A/cm²	G/(kg/m)	c/cm	e/cm	I/cm⁴	W/cm³	i/cm
	mm													
9	63.50	63.50	32.10	17.48	35.72	10.30	5.90	11.39	8.94	3.09	3.26	62.41	19.10	2.33
12	69.85	69.85	38.10	19.85	37.70	12.30	7.54	15.54	12.20	3.40	3.59	98.82	27.60	2.51
15	79.37	79.37	42.86	22.22	43.65	13.50	8.33	19.33	15.20	3.89	4.05	156.10	38.60	2.83
22	93.66	93.66	50.80	26.99	50.00	16.67	10.72	28.39	22.30	4.52	4.85	339.00	69.60	3.45
30	107.95	107.95	60.33	30.95	57.55	19.45	12.30	38.32	30.10	5.21	5.59	606.00	108.00	3.98

注：表中理论质量按密度为 7.85g/cm³ 计算。

附录 H 铁路用热轧钢轨的截面尺寸、截面面积、理论质量及截面特性（GB 2585—2007）

附表 H-1 铁路用热轧钢轨的截面尺寸

轨型/(kg/m)	b/mm	b₁/mm	h/mm	s/mm
38	68	114	134	13
43	70	114	140	14.5
50	70	132	152	15.5
60	73	150	176	16.5
75	75	150	192	20

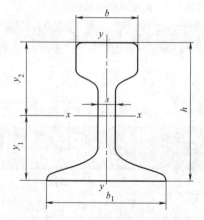

附图 H-1 铁路用热轧钢轨截面图

附表 H-2　钢轨计算数据

轨型/ (kg/m)	横截面面 积 A /cm²	重心距 轨底距离 y_1/cm	重心距 轨顶距离 y_2/cm	对水平轴线的 惯性力矩 I_x/cm⁴	对垂直轴线 的惯性力矩 I_y/cm⁴	下部截面 系数 W_1/cm³	上部截面 系数 W_2/cm³	底侧边截 面系数 W_3/cm³	理论质量/ (kg/m)
38	49.50	6.67	6.73	1204.4	209.3	180.6	178.9	36.7	38.86
43	57.00	6.90	7.10	1489.0	260.0	217.3	208.3	45.6	44.75
50	65.80	7.10	8.10	2037.0	377.0	287.2	251.3	57.1	51.65
60	77.45	8.12	9.48	3217.0	524.0	369.0	339.4	69.9	60.80
75	95.04	8.82	10.38	4489.0	665.0	509.0	432.0	89.0	74.60

附表 H-3　铁路用热轧钢轨的长度　　　　　　　　　　　　　　　　　　　　（单位：m）

标准钢轨定尺长度		12.5,25,50,100
曲线缩短钢轨长度	对于 12.5m 的钢轨	12.46,12.42,12.38
	对于 25m 的钢轨	24.96,24.92,24.84
短尺钢轨长度	对于 12.5m 的钢轨	9,9.5,11,11.5,12
	对于 25m 的钢轨	21,22,23,24,24.5

参 考 文 献

[1] 徐克晋. 金属结构 [M]. 北京：机械工业出版社，1982.

[2] 徐克晋. 金属结构 [M]. 2 版. 北京：机械工业出版社，1993.

[3] 徐格宁. 起重运输机金属结构设计 [M]. 北京：机械工业出版社，1997.

[4] 全国起重机械标准化技术委员会. 起重机设计规范：GB/T 3811—2008 [S]. 北京：中国标准出版社，2008.

[5] 徐格宁. GB/T 3811—2008《起重机设计规范》释义与应用 [M]. 北京：中国标准出版社，2008.

[6] 王金诺，于兰峰. 起重运输机金属结构 [M]. 北京：中国铁道出版社，2002.

[7] 张质文，虞和谦，王金诺，等. 起重机设计手册 [M]. 北京：中国铁道出版社，2013.

[8] 卢耀祖，郑惠强. 机械结构设计 [M]. 上海：同济大学出版社，2004.

[9] 范祖尧，郁永熙. 结构力学 [M]. 修订版. 北京：机械工业出版社，1988.

[10] 龙驭球，包世华. 结构力学 [M]. 北京：高等教育出版社，1996.

[11] 铁摩辛柯 S，盖尔 J. 材料力学 [M]. 胡人礼，译. 北京：科学出版社，1979.

[12] 铁摩辛柯 S. 弹性稳定理论 [M]. 张福范，译. 北京：科学出版社，1958.

[13] 铁摩辛柯 S，沃诺斯基 S. 板壳理论 [M].《板壳理论》翻译组，译. 北京：科学出版社，1977.

[14] 日本长柱研究委员会. 结构稳定手册 [M]. 四川交通局勘测设计院等，译. 北京：人民交通出版社，1977.

[15] 戈赫别尔格 M. 起重机金属结构（考虑疲劳现象的计算）[M]. 郁永熙，刘锡山，译. 北京：机械工业出版社，1964.

[16] 戈赫别尔格 M. 起重运输机的金属结构理论及计算 [M]. 彭声汉，译. 北京：高等教育出版社，1957.

[17] 胡宗武. 起重机动载荷的简化计算 [J]. 起重运输机械，1982（2）：2-3.

[18] 徐克晋. 起重机变截面构件的位移计算 [J]. 起重运输机械，1985（5）：19-25.

[19] 曹俊杰，徐克晋. 空间塔架静力分析 [J]. 太原重型机械学院学报，1985（1）：39-51，1986（2）：22-32.

[20] 曹俊杰. 塔式起重机塔架的扭转计算 [J]. 工程机械，1985（11）：37-43.

[21] 徐克晋，徐格宁. 起重机桁架上弦杆的合理计算 [J]. 工程施工机械，1986（4）：1-7，1987（1）：10-15.

[22] 徐格宁. 双梁龙门起重机水平刚度计算 [J]. 太原重型机械学院学报，1988（4）：56-69.

[23] 徐格宁. 门式起重机支腿的整体稳定性 [J]. 起重运输机械，1989（4）：10-17.

[24] 周培德，宫本智. 起重机工字钢轨下翼缘局部弯曲应力的研究 [J]. 起重运输机械，1990（7）：20-28.

[25] 苏东海，徐克晋. 平翼缘工字钢局部弯曲应力分析 [J]. 起重运输机械，1993（3）：4-7.

[26] 曹俊杰，徐格宁. 双梁龙门起重机在水平载荷作用下强度与刚度分析 [J]. 太原重型机械学院学报，1990（1）：37-46.

[27] 徐格宁. 梁式起重机的动载荷研究 [J]. 起重运输机械，1991（7）.

[28] 徐格宁. 特殊腹杆系统塔架的扭转惯性矩 [J]. 太原科技大学学报，1992（1）.

[29] 徐格宁，徐克晋. 门式起重机的合理悬臂长度 [J]. 太原重型机械学院学报，1994（1）.

[30] 徐格宁，徐克晋. 门式起重机的垂直与水平动态刚度 [J]. 太原重型机械学院学报，1994（2）.

[31] 陆凤仪，徐格宁. 集中载荷作用下门架结构任意点的位移计算 [J]. 太原重型机械学院学报，1997（1）.

[32] 徐格宁. 立体仓库货架结构计算机辅助设计 [J]. 机械管理开发，1998（4）.

[33] 毛海军，徐克晋. 高强度螺栓偏心受剪连接接头的受力计算 [J]. 起重运输机械，1998（6）.

[34] 徐格宁. 自动化仓库巷道堆垛机的计算机辅助设计 [J]. 物流技术与应用，1999（2）.

[35] 王欣，辛宏彦，孙丽. 基于有限元的腰绳系统设计方法 [J]. 中国工程机械学报，2006（4）：452-455.

[36] 王欣，卜筠燕，滕儒民. 履带起重机超起型臂架补偿式腰绳结构设计研究 [J]. 建筑机械，2008（2）：83-86.

[37] 顾迪民. 工程起重机 [M]. 2 版. 北京：中国建筑工业出版社，1988.

[38] 刘古岷，张若晞，张田申. 应用结构稳定计算 [M]. 北京：科学出版社，2005.

[39] BAHK E. Gmudbegriffe der Leichtbautechnik und Ihre Anwendung [M]. Konstruktion，1954.

[40] 徐格宁. 起重机 载荷与载荷组合的设计原则 第 1 部分：总则：GB/T 22437. 1—2018 [S]. 北京：中国标准出版社，2008.

[41] 徐格宁. 起重机 载荷与载荷组合的设计原则 第 5 部分：桥式和门式起重机：GB/T 22437. 5—2008 [S]. 北京：中国标准出版社，2008.

[42] 徐格宁. 起重机 载荷与载荷组合的设计原则 第 2 部分：流动式起重机：GB/T 22437. 2—2010 [S]. 北京：中国标准出版社，2011.

[43] 徐格宁. 起重机 载荷与载荷组合的设计原则 第 4 部分：臂架起重机：GB/T 22437. 4—2010 [S]. 北京：中国标准出版社，2011.

[44] 徐格宁. 起重机 金属结构能力验证：GB/T 30024—2013 [S]. 北京：中国标准出版社，2014.

[45] 徐格宁. 起重机 刚性 桥式和门式起重机：GB/T 30561—2014 [S]. 北京：中国标准出版社，2014.

[46] 郑荣. 关于结构变位简算法的论证 [J]. 太原重型机械学院学报，1985（1）.

[47] 柏拉希 F. 金属结构的屈曲强度 [M]. 同济大学钢木结构教研室，译. 北京：科学出版社，1965.

[48] 《钢结构设计规范》编写组. 钢结构设计规范：GB 50017—2017 [S]. 北京：中国计划出版社，2003.